Schritt für Schritt zum Staatsexamen Mathematik

Joaquin M. Veith · Philipp Bitzenbauer

Schritt für Schritt
zum Staatsexamen
Mathematik

Theorie und Praxis zur ersten
Staatsprüfung Grund-, Mittel- und
Realschullehramt

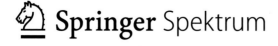 Springer Spektrum

Joaquin M. Veith
Institut für Mathematik und Angewandte
Informatik
Universität Hildesheim
Hildesheim, Deutschland

Dr. Philipp Bitzenbauer
Physikalisches Institut
Friedrich-Alexander-
Universität Erlangen-Nürnberg
Erlangen, Deutschland

ISBN 978-3-662-62947-5   ISBN 978-3-662-62948-2   (eBook)
https://doi.org/10.1007/978-3-662-62948-2

Die Deutsche Nationalbibliothek verzeichnet diese Publikation in der Deutschen Nationalbibliografie; detailliertebibliografische Daten sind im Internet über http://dnb.d-nb.de abrufbar.

Planung/Lektorat: Iris Ruhmann
Springer Spektrum ist ein Imprint der eingetragenen Gesellschaft Springer-Verlag GmbH, DE und ist ein Teil von Springer Nature.
Die Anschrift der Gesellschaft ist: Heidelberger Platz 3, 14197 Berlin, Germany

Vorwort

Das vorliegende praxisorientierte Lehrbuch der Analysis und Linearen Algebra richtet sich vor allem an Studentinnen und Studenten für das Lehramt Mathematik. Zwar führen wir in den jeweils an den Anfang eines Kapitels gestellten Theorieteilen die wichtigsten Konzepte eines Themas ein, der Schwerpunkt liegt dabei aber nicht bei der Konstruktion der Theorie, sondern vielmehr beim Aufzeigen ihrer Anwendung. An Stellen, an denen üblicherweise ein Beweis steht, finden sich stattdessen daher Beispiele, Übungsaufgaben, Abbildungen und anschauliche Erklärungen oder Motivationen. Im daran anschließenden Praxisteil präsentieren wir zahlreiche Lösungsvorschläge zu Aufgaben aus dem Staatsexamen für das nicht-vertiefte Lehramt Mathematik (Bayern). Die im originalen Wortlaut übernommenen Aufgaben sind dabei jeweils mit eindeutigen Kürzeln versehen, F18-T2-A3 etwa steht für Frühjahr 2018, Thema 2, Aufgabe 3. Der erste Teil des Buches ist der Analysis, der zweite Teil der Linearen Algebra gewidmet. In Teil drei präsentieren wir vollständige Prüfungsjahrgänge mit den Aufgaben und zugehörigen Lösungsvorschlägen aus den Staatsexamina der Jahre 2019 und 2020.

Dieses Buch bietet also nicht nur ein Kompendium der wichtigsten Definitionen und Sätze zur Analysis und zur Linearen Algebra des nicht-vertieften Lehramtstudiums, sondern ermöglicht eine zielgerichtete Einübung der mathematischen Theorie in umfassenden Praxiskapiteln. Dabei heben wir für die Leserinnen und Leser mathematische Kniffe oder immer wiederkehrende Beweisideen in unseren Aufgepasst-Kästen hervor – damit sich Studierende Schritt für Schritt auf das Staatsexamen oder auch die Grundlagen- und Orientierungsprüfung vorbereiten können. Dieses Buch kann und darf gerne schon studiumsbegleitend eingesetzt und für die Vorbereitung auf die einzelnen Modulprüfungen verwendet werden.

Wir weisen darauf hin, dass wir keine Garantie auf Vollständigkeit geben können; weder bei den Inhalten noch bei den Lösungsvorschlägen. Damit einher geht, dass unsere Lösungsvorschläge selbstverständlich nicht die volle Punktzahl im Staatsexamen garantieren. Insbesondere um die Lesbarkeit dieses Buchs zu wahren und den Umfang in einem gewissen Rahmen zu halten, haben wir an einigen Stellen Details ausgespart. Für die eigene Staatsprüfung empfehlen wir daher: Jeder Rechen- oder Beweisschritt muss unter Zitation der verwendeten Rechenregel oder des ausgenutzten Satzes begründet werden. Schreiben Sie lieber einen Satz mehr als einen zu wenig.

Anregungen und Verbesserungsvorschläge sind den Autoren jederzeit herzlich willkommen.

Joaquin Veith und Philipp Bitzenbauer
im Dezember 2020

Inhaltsverzeichnis

Teil I
Analysis

In diesem ersten Teil des Buches wollen wir zunächst ein paar grundlegende Begriffe in einem vorangestellten Grundlagenkapitel einführen, die wir in den Abschnitten danach benötigen. Wir halten uns dabei so kurz wie möglich, aber so ausführlich wie nötig. Anschließend werden wir die fundamentalen Werkzeuge der Analysis einführen, von Folgen und Reihen über Differential- und Integralrechnung bis hin zu Differentialgleichungen.

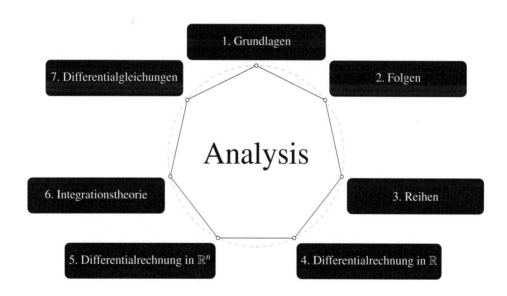

1 Grundlagen

1.1 Mengen

Cantor beschrieb 1895 Mengen als „Zusammenfassung M von bestimmten wohlunterschiedenen Objekten m unserer Anschauung oder unseres Denkens (welche die 'Elemente' von M genannt werden) zu einem Ganzen". Diese Auffassung von Mengen führt auf Antinomien, also auf zunächst unauflösbare Widersprüche.[1]

Beispiel 1.1

 Man betrachte die „Menge"

$$M := \{\rho : \rho \text{ ist Menge}\}$$

aller Mengen. In der Antinomie von Russel[a] wird nun die Menge T eingeführt, definiert als

$$T := \{\rho \in M : \rho \notin \rho\}.$$

Die Menge T ist also die Menge aller Mengen, die sich nicht selbst enthalten. Die Frage, ob nun $T \in T$ ist, kann auf unterschiedliche Arten beantwortet werden, nämlich:

1. Mit ja. Denn dann ist $T \notin T$ nach Definition von T. Widerspruch.

2. Mit nein. Denn dann ist $T \in T$ ebenfalls ein Widerspruch zur Definition.

Diese Antinomie erscheint manchmal auch eingebettet in verschiedene Situationen, z.B.

- Ein Barbier in einem Dorf, der alle Einwohner rasiert, die sich nicht selbst rasieren – rasiert der sich selbst?

- Ein Katalog, der alle Kataloge auflistet, die sich nicht selbst auflisten – listet der sich selbst auf?

---

[a]Es gibt gute Gründe diese Antinomie gleichermaßen nach Russel und Zermelo zu benennen. Letzterer entdeckte diesen Widerspruch wohl unabhängig von Russel, wie man beim von Deiser veröffentlichten Buch „Einführung in die Mengenlehre" (erschienen bei Springer) nachlesen kann.

Wie oben bereits geschrieben, handelt es sich im hier aufgeführten Beispiel um einen nur zunächst unauflösbaren Widerspruch. Legt man nämlich einen anderen Mengenbegriff mittels Axiomen fest, so kann mittels dieses Axiomensystems ausgeschlossen werden, dass sich Antinomien, wie die obige, bilden lassen. Dass dies notwendig ist, schreibt Zermelo in seinem Aufsatz „Untersuchungen über die Grundlagen der Mengenlehre" erschienen im Jahr 1908 im 2. Heft des 65. Bands der *Mathematischen Annalen*:[2]

> *„Die Mengenlehre ist derjenige Zweig der Mathematik, dem die Aufgabe zufällt,*
> *die Grundbegriffe der Zahl, der Anordnung und der Funktion in ihrer ursprünglichen*
> *Einfachheit mathematisch zu untersuchen und damit die logischen Grundlagen der ge-*

---

[1]Die Betonung liege hier auf dem Wort „zunächst".

[2]Auszug aus dem Aufsatz von Zermelo in den Mathematischen Annalen. Die Mengenlehre von Zermelo war die erste Mengenlehre, die axiomatisch festgelegt und veröffentlicht wurde. Sie diente als Grundlage der weiterentwickelten und heute etablierten Zermelo-Fraenkel-Mengenlehre.

© Der/die Autor(en), exklusiv lizenziert durch
Springer-Verlag GmbH, DE, ein Teil von Springer Nature 2021
J. M. Veith und P. Bitzenbauer, *Schritt für Schritt zum Staatsexamen Mathematik*, https://doi.org/10.1007/978-3-662-62948-2_1

samten Arithmetik und Analysis zu entwickeln; sie bildet somit einen unentbehrlichen Bestandteil der mathematischen Wissenschaft. Nun scheint aber gegenwärtig gerade diese Disziplin in ihrer Existenz bedroht durch gewisse Widersprüche oder 'Antinomieen', die sich aus ihren scheinbar denknotwendig gegebenen Prinzipien herleiten lassen und bisher noch keine allseitig befriedigende Lösung gefunden haben. Angesichts namentlich der 'Russelschen Antinomie' von der 'Menge aller Mengen, welche sich selbst nicht als Element enthalten' scheint es heute nicht mehr zulässig, einem beliebigen logisch definierbaren Begriffe eine 'Menge' oder 'Klasse' als seinen 'Umfang' zuzuweisen. Die ursprüngliche Cantorsche Definition einer 'Menge' als einer 'Zusammenfassung von bestimmten wohlunterschiedenen Objekten unserer Anschauung oder unseres Denkens zu einem Ganzen' bedarf also jedenfalls einer Einschränkung, ohne daß es doch schon gelungen wäre, sie durch eine andere, ebenso einfache zu ersetzen, welche zu keinen solchem Bedenken mehr Anlaß gäbe. Unter diesen Umständen bleibt gegenwärtig nichts anders übrig, als den umgekehrten Weg einzuschlagen und, ausgehend von der historisch bestehenden 'Mengenlehre', die Prinzipien aufzusuchen, welche zur Begründung dieser mathematischen Disziplin erforderlich sind. Diese Aufgabe muß in der Weise gelöst werden, daß man die Prinzipien einmal eng genug einschränkt, um alle Widersprüche auszuschließen, gleichzeitig aber auch weit genug ausdehnt, um alles Wertvolle dieser Lehre beizubehalten."*

Eines der Axiome ist zum Beispiel das Extensionalitätsaxiom. Dieses sagt, dass zwei Mengen gleich sind, wenn sie die gleichen Elemente enthalten. Aufgrund dieses Axioms kann man beispielsweise sagen, dass $\{e, \pi\} = \{\pi, e\} = \{\pi, \pi, e\}$. Es folgt ein wichtiges Beweisprinzip zum Zeigen der Gleichheit von Mengen. Das Extensionalitätsaxiom besagt:

$$\forall A, B : A = B \iff (\forall x : x \in A \iff x \in B)$$

Man zeigt daher $A = B$, indem man zwei Schritte geht:

1. Für ein $x \in A$ beliebig zeigt man, dass auch $x \in B$ gilt. Hieraus folgt $A \subseteq B$, d.h. A ist Teilmenge von B.

2. Für ein $y \in B$ beliebig zeigt man, dass auch $y \in A$ gilt. Hieraus folgt $B \subseteq A$, d.h. B ist Teilmenge von A.

Insgesamt folgt: $A \subseteq B$ und $B \subseteq A$, also $A = B$ die Gleichheit der beiden Mengen. Beim Beweisverfahren spricht man auch davon in den Schritten 1 und 2 die zwei Inklusionen zu zeigen. Heute genügt zum Umgang mit Mengen meist ein intuitives Verständnis von Mengen, auf das wir hier zurückgreifen wollen. Die obige Diskussion zur mathematischen Fundierung des Begriffs habe man aber im Kopf, wenn man mit Schülerinnen und Schülern über darauf aufbauende Begriffe, wie den der Strecke oder der Figur spricht. Man bedenke, dass die begrifflichen Unklarheiten, die durch bloße begriffliche Vereinfachungen entstehen können, für Lernende quasi nicht aufzulösen sind – wenn die grundlegenden Begriffe gar die Mathematik des 19. und frühen 20. Jahrhunderts in eine existenzielle Krise zu drängen vermochten.

Betrachten wir nun ein System S von Mengen $M_1, ..., M_n$. Es gibt grundlegende Operationen, die man mit solchen Mengen durchführen kann, nämlich:

- Den Durchschnitt über alle Mengen des Systems S schreibt man als

$$\bigcap_{M \in S} M = M_1 \cap ... \cap M_n.$$

Man meint damit die Menge aller Elemente, die in allen Mengen $M_1, ..., M_n$ des Systems S enthalten sind. Oder in anderen Worten: $\bigcap_{M \in S} M$ ist die bezüglich der Inklusion größte gemeinsame Teilmenge von $M_1, ..., M_n$.

- Die Vereinigung über alle Mengen des Systems S schreibt man als

$$\bigcup_{M \in S} M = M_1 \cup ... \cup M_n.$$

Es ist klar, dass $M_i \subseteq \bigcup_{M \in S} M$ für alle $i \in \{1, ..., n\}$. Das heißt: $\bigcup_{M \in S} M$ ist die kleinste Menge, die alle Mengen $M_1, ..., M_n$ enthält.

Häufig legt man Mengen mittels Aussagen fest, z.B.

$$M := \{x : A(x)\} = \{x | A(x)\}.$$

Man meint damit: Die Menge M besteht aus allen Elementen x aus einer Obermenge, für die die Aussage $A(x)$ wahr ist. Auf diese Art und Weise kann man den Durchschnitt und die Vereinigung von Mengen M_1, M_2 einer Obermenge M auch umschreiben als

$$M_1 \cap M_2 = \{x \in M : x \in M_1 \wedge x \in M_2\}$$

und

$$M_1 \cup M_2 = \{x \in M : x \in M_1 \vee x \in M_2\}.$$

Mit dieser Schreibweise lassen sich noch weitere Mengenoperationen hinschreiben, z.B.:

- Die Differenzenmenge zweier Mengen schreibt man als

$$M_1 \setminus M_2 := \{x \in M_1 | x \notin M_2\}$$

und meint damit die Menge aller Elemente aus M_1, die nicht in M_2 enthalten sind.

- Die Potenzmenge einer Menge M erhält man zu

$$\mathscr{P}(M) := \{T | T \subseteq M\}.$$

Die Potenzmenge enthält alle Teilmengen von M.

- Das kartesische Produkt zweier Mengen M_1 und M_2 schreibt man als

$$M_1 \times M_2 := \{(m_1, m_2) | m_1 \in M_1, m_2 \in M_2\}$$

und meint damit die Menge aller geordneten Paare (m_1, m_2).

- Sei $M_1 \subseteq M$. Das Komplement von M_1 in M ist gegeben durch

$$\overline{M_1} := \{x \in M : x \notin M_1\}.$$

Beispiel 1.2

 Seien A und B Mengen. Zeigen Sie:

$$\overline{A \cup B} = \overline{A} \cap \overline{B}$$

Lösungsvorschlag: Wie oben angemerkt, zeigen wir zwei Inklusionen:

- Sei zunächst $x \in \overline{A \cup B}$ beliebig. Dann gelten die folgenden Implikationen:

$$x \in \overline{A \cup B} \Longrightarrow x \notin A \cup B$$
$$\Longrightarrow x \notin A \land x \notin B$$
$$\Longrightarrow x \in \overline{A} \land x \in \overline{B}$$
$$\Longrightarrow x \in \overline{A} \cap \overline{B}$$

Also ist $\overline{A \cup B} \subseteq \overline{A} \cap \overline{B}$.

- Für die andere Inklusion sei nun $x \in \overline{A} \cap \overline{B}$ beliebig. Es gelten nun die folgenden Implikationen:

$$x \in \overline{A} \cap \overline{B} \Longrightarrow x \in \overline{A} \land x \in \overline{B}$$
$$\Longrightarrow x \notin A \land x \notin B$$
$$\Longrightarrow x \notin A \cup B$$
$$\Longrightarrow x \in \overline{A \cup B}$$

Also ist $\overline{A} \cap \overline{B} \subseteq \overline{A \cup B}$.

Nachdem wir beide Inklusionen nachgewiesen haben, ist die zu zeigende Mengengleichheit bewiesen. Es verbleibt dem Leser nach dem gleichen Vorgehen auch die andere demorgansche Regel

$$\overline{A \cap B} = \overline{A} \cup \overline{B}$$

nachzuweisen.

1.2 Relationen

Definition 1.3 (Relation). Eine Teilmenge $R \subseteq A \times B$ heißt *Relation* zwischen Mengen A und B. Bei einer Relation $R \subseteq M \times M$ spricht man auch von einer Relation auf M.

Beispiel 1.4

 Man betrachte etwa die folgenden Relationen:

1. Sei M die Menge aller Menschen. Wir betrachten die Relation

$$R := \{(m_1, m_2) \in M \times M : m_1 \star m_2\}.$$

Die Elemente m_1 und m_2 (zwei Menschen) stehen dabei in Relation zueinander – $m_1 \star m_2$ – wobei $\star$ für „ist verheiratet mit" steht.

2. Die Teilbarkeitsrelation legt eine Relation auf $\mathbb{N}$ fest:

$$R := \{(a, b) \in \mathbb{N} \times \mathbb{N} : a \mid b\}$$

3. $\leq$ legt eine Relation auf $\mathbb{R}$ fest:

$$R := \{(x,y) \in \mathbb{R} \times \mathbb{R} : x \leq y\}$$

Definition 1.5. Sei R eine Relation auf einer Menge M. Man nennt R

- *reflexiv*, falls für alle $x \in M$ gilt: $(x,x) \in R$

- *symmetrisch*, falls gilt: $(x,y) \in R \Longrightarrow (y,x) \in R$

- *antisymmetrisch*, falls gilt: $(x,y) \in R \wedge (y,x) \in R \Longrightarrow x = y$

- *transitiv*, falls gilt: $(x,y) \in R \wedge (y,z) \in R \Longrightarrow (x,z) \in R$

Beispiel 1.6

 Einfache Beispiele für Relationen mit besonderen Eigenschaften sind die folgenden:

1. Sei M die Menge aller Mengen. Es definiert $\subseteq$ eine reflexive Relation auf M

   $$R := \{(A,B) \in M \times M : A \subseteq B\}.$$

   Für alle $A \in M$ gilt nämlich $A \subseteq A$, also $(A,A) \in R$.

2. Die Relation $\perp$ ist symmetrisch auf der Menge aller Geraden im $\mathbb{R}^2$. Seien nämlich g,h zwei orthogonale Geraden, dann ist

   $$g \perp h \Longleftrightarrow h \perp g.$$

3. Die Relation $R := \{(r,q) \in \mathbb{R} \times \mathbb{R} : r \leq q\}$ ist antisymmetrisch. Denn falls $(r,q) \in R$, also $r \leq q$ ist, kann nicht auch $q \leq r$, also $(q,r) \in R$ sein, außer es ist $q = r$.

4. Die Relation $\cong$ „ist kongruent zu" ist auf der Menge aller Figuren im $\mathbb{R}^2$ transitiv.

   Vorab eine kurze Anmerkung: Zwei Figuren $F_1, F_2 \subseteq \mathbb{R}^2$ nennt man kongruent zueinander, wenn sie durch eine Kongruenzabbildung $\psi : \mathbb{R}^2 \to \mathbb{R}^2$ (also eine Verschiebung, eine Achsenspiegelung, eine Drehung oder deren Verkettung) aufeinander abgebildet werden können. Die Eigenschaft der beiden Figuren zueinander kongruent zu sein, bezeichnet man als *Kongruenz*.

   Seien nämlich die Figuren F_1 und F_2 kongruent, so gibt es eine Kongruenzabbildung ψ mit $\psi(F_1) = F_2$. Seien ferner F_2 und F_3 kongruent, so gibt es eine Kongruenzabbildung φ mit $\varphi(F_2) = F_3$. Damit sieht man, dass auch $F_1 \cong F_3$, denn die Abbildung $\varphi \circ \psi$ ist als Verkettung von Kongruenzabbildungen wieder eine solche und genügt

   $$(\varphi \circ \psi)(F_1) = \varphi(\psi(F_1)) = \varphi(F_2) = F_3.$$

Besonders wichtig sind Äquivalenzrelationen. Dies sind Relationen auf einer Menge M, die reflexiv, symmetrisch und transitiv sind. Im Fall einer Äquivalenzrelation gilt: Alle zueinander in Relation stehenden Elemente der Menge liegen in einer gemeinsamen Äquivalenzklasse. Diese Äquivalenzklassen zerlegen die Menge M in eine Menge paarweise disjunkter Teilmengen von M, deren Vereinigung gerade M entspricht. Jedes Element von M liegt also genau in einer der Äquivalenzklassen bezüglich der Äquivalenzrelation, oder anders ausgedrückt: zwei Äquivalenzklassen sind entweder disjunkt oder bereits identisch. Im Fall einer Äquivalenzrelation schreibt man für zwei in Beziehung stehende Elemente $x, y \in M$:

$$x \sim y$$

und die Menge aller Äquivalenzklassen bezeichnet man mit $M/\sim$.

Beispiel 1.7

 Auf der Menge M aller Mengen definiert man eine Äquivalenzrelation durch:

$$A \sim B :\Longleftrightarrow A \text{ und } B \text{ sind gleichmächtig}$$

Wieder eine Anmerkung vorneweg: Seien A und B Mengen. Man nennt A und B gleichmächtig, falls es eine Bijektion $\tau : A \to B$ gibt.

Dies ist in der Tat eine Äquivalenzrelation, denn sei $A \sim B$, dann

- ist diese transitiv, denn id $: A \to A$ ist eine Bijektion von A in sich, sodass $A \sim A$;

- sind A und B gleichmächtig, d.h., es gibt eine Bijektion $\tau : A \to B$. Es ist damit $\tau^{-1} : B \to A$ eine Bijektion zwischen B und A, sodass auch $B \sim A$. Die Relation ist also symmetrisch.

- folgt aus $A \sim B$ und $B \sim C$ auch, dass $A \sim C$. Dazu wähle man Bijektionen $\tau_1 : A \to B$ und $\tau_2 : B \to C$, sodass
$$\tau_2 \circ \tau_1 : A \to C$$
eine Bijektion zwischen A und C ist.

Alle Mengen gleicher Mächtigkeit liegen nun in einer Äquivalenzklasse. Diese Äquivalenzklassen stellen eine Möglichkeit dar, die Kardinalzahlen, also die „Zählzahlen", zu definieren.

Aufgabe 1.8:

 Zeigen Sie, dass
$$R := \{(a,b) \in \mathbb{Z} \times \mathbb{Z} : 3 \mid a-b\}$$
eine Äquivalenzrelation auf $\mathbb{Z}$ ist und bestimmen Sie die Äquivalenzklassen.

Lösungsvorschlag:

- Zunächst ist R reflexiv, denn $a - a = 0$ wird von jeder ganzen Zahl geteilt.

- R ist symmetrisch. Denn $(a,b) \in R$ bedeutet $3|a-b$, d.h., es gibt ein $k \in \mathbb{Z}$, sodass $a-b=3k$. Es folgt:

$$a-b=3k \iff b-a=-3k \overset{-k=\tilde{k}}{\iff} b-a=3\tilde{k} \iff 3|b-a$$

Damit ist auch $(b,a) \in R$.

- Seien $(a,b) \in R$ und $(b,c) \in R$. Das heißt, es gibt $k_1, k_2 \in \mathbb{Z}$, sodass

$$a-b=3k_1$$

und

$$b-c=3k_2.$$

Daraus folgt:

$$\begin{aligned}
a-c &= a+(-b+b)-c \\
&= (a-b)+(b-c) \\
&= 3k_1+3k_2 \\
&= 3(k_1+k_2) \\
&= 3\tilde{k}
\end{aligned}$$

Dabei wurde $\tilde{k} := k_1 + k_2$ gewählt. Also ist auch $(a,c) \in R$.

- Bezeichne $[a]$ die Äquivalenzklasse von $a \in \mathbb{Z}$. Dann ist

$$b \in [a] \iff a \sim b \iff 3|a-b \overset{k\in\mathbb{Z}}{\iff} a-b=3k \iff b=a-3k \overset{-k=\tilde{k}}{\iff} b=a+3\tilde{k}.$$

Die Elemente aus $[a]$ haben also alle die Form $a+3\tilde{k}$. Man schreibt auch

$$[a] = \{\, a+3k \,|\, k \in \mathbb{Z} \,\} = a+3\mathbb{Z}.$$

Das Element a nennt man übrigens einen Repräsentanten der Äquivalenzklasse.

- Die Menge $\mathbb{Z}/\sim$ aller Äquivalenzklassen schreibt man auch als

$$\mathbb{Z}/3\mathbb{Z} = \{[0],[1],[2]\}.$$

Die Menge aller Äquivalenzklassen besitzt also nur drei Elemente. Das ist nicht verwunderlich: Bei der Division einer ganzen Zahl durch 3 können nur drei mögliche Reste auftreten, nämlich gerade 0, 1 oder 2.

1.3 Abbildungen

Eine Abbildung f zwischen Mengen A und B ordnet jedem Element aus A ein eindeutiges Element aus B zu. Man schreibt

$$f : A \to B, \ a \mapsto f(a).$$

Eine Abbildung kann man als eine Relation auf $A \times B$ begreifen. Zwei wichtige Begriffe sind Bild und Urbild:

Definition 1.9 (Bild und Urbild). Sei $f : A \to B$ eine Abbildung zwischen Mengen A und B.

- Die Menge $\mathrm{Im}\,(f) := \{\, b \in B \,|\, \exists a \in A : f(a) = b \,\}$ nennt man das *Bild* von f.

- Die Menge $f^{-1}(b) := \{\, a \in A \,|\, f(a) = b \,\}$ nennt man das *Urbild* von b (unter der Abbildung f).

Beispiel 1.10

Betrachte $A = B = \mathbb{R}$ und die Abbildung $f : A \to B, x \mapsto \exp(x)$. Es ist

$$\mathrm{Im}\,(f) = \mathbb{R}^+$$

und

$$f^{-1}(1) = \{0\}.$$

Nun kann es vorkommen, dass die Urbildmenge bezüglich eines $b \in B$ nicht nur einelementig ist, wie im obigen Beispiel. Entscheidend sind die folgenden Eigenschaften von Abbildungen:

Definition 1.11. Sei $f : A \to B$ eine Abbildung.

- Falls gilt

$$f(a) = f(b) \Longrightarrow a = b,$$

so nennt man f *injektiv*.

- Falls gilt $f(A) = B$, so nennt man f *surjektiv*.

- Falls f injektiv und surjektiv ist, nennt man f *bijektiv*.

Bei einer injektiven Abbildung gibt es also für jeden Bildpunkt nur genau einen Urbildpunkt. Mit anderen Worten: Bilder verschiedener Urbilder sind verschieden. Die Surjektivität einer Abbildung bedeutet, dass alle Elemente aus dem Zielbereich ein Urbild besitzen.

Beispiel 1.12

Man prüfe die Abbildung

$$g : \mathbb{N} \times \mathbb{N} \to \mathbb{N}, \ (a,b) \mapsto a \cdot b$$

auf Bijektivität.

Lösungsvorschlag: Es kann g nicht injektiv sein, denn $g^{-1}(6) = \{(1,6),(2,3)\}$ hat verschiedene Urbilder.

Zeigen Sie:

$$h : \mathbb{N} \to \mathbb{Z}, \; n \mapsto \begin{cases} \frac{n}{2} & n \in 2\mathbb{N} \\ -\frac{n-1}{2} & n \in 2\mathbb{N}+1 \end{cases}$$

ist bijektiv.

Lösungsvorschlag: Wir zeigen zunächst, dass h injektiv ist. Seien dazu $n \neq m$ aus $\mathbb{N}$. Wir unterscheiden drei Fälle, nämlich die, dass:

1. n und m gerade sind,

2. n und m ungerade sind und

3. dass o.B.d.A. n gerade und m ungerade sind.

1. Fall: Seien $n \neq m$ gerade, d.h., es gibt ganze Zahlen $k \neq l$ mit $n = 2k$ und $m = 2l$. Es gilt dann

$$f(n) = \frac{2k}{2} = k \neq l = \frac{2l}{l} = f(m).$$

2. Fall: Seien $n \neq m$ ungerade, d.h., es gibt ganze Zahlen $k \neq l$ mit $n = 2k-1$ und $m = 2l-1$. Es gilt dann

$$f(n) = -\frac{2k-1-1}{2} = -k+1 \neq -l+1 = -\frac{2l-1-1}{2} = f(l).$$

3. Fall: Sei n gerade und m ungerade, so gilt

$$f(m) = -\frac{m-1}{2} < 0 < \frac{n}{2} = f(n).$$

In jedem der drei Fälle sind also die Bilder unterschiedlicher Urbilder unterschiedlich, also ist h injektiv.

Wir zeigen nun, dass h surjektiv ist. Für alle $z \in \mathbb{Z}$ finden wir also ein $n \in \mathbb{N}$ mit $h(n) = z$. Betrachten wir $z \in \mathbb{Z}^+$. Dann gibt es $n = 2z \in \mathbb{N}$, sodass

$$h(n) = \frac{2z}{2} = z.$$

Ist $z \in \mathbb{Z}^- \cup \{0\}$, so wähle $n = -2z+1 \in \mathbb{N}$, und man sieht

$$h(n) = -\frac{-2z+1-1}{2} = z.$$

Damit haben wir für alle $z \in \mathbb{Z}^+ \cup \mathbb{Z}^- \cup \{0\} = \mathbb{Z}$ ein Urbild konstruiert. h ist also auch surjektiv und folglich bijektiv.

1.4 Funktionsgraphen und ihre Symmetrie

Wie allgemein bekannt, lassen sich Funktionen $f : \mathbb{R} \to \mathbb{R}$ als Punktmengen im $\mathbb{R}^2$ visualisieren, dabei nennt man diese Punktmengen Graphen.

Definition 1.14 (Funktionsgraph). Es sei $f : D_f \to \mathbb{R}$ eine Funktion, wobei $D_f \subseteq \mathbb{R}$. Dann heißt die Menge

$$G_f = \left\{ (r, f(r)) \mid r \in D_f \right\}$$

der *Funktionsgraph* von f.

Wir wollen nun kurz darauf eingehen, welche relevanten Symmetrieeigenschaften die Punktmenge G_f im Kontext analytischer Betrachtungen haben kann und wie sich diese Eigenschaften im Funktionsterm widerspiegeln.

Definition 1.15 (Achsensymmetrie). Ein Funktionsgraph G_f einer Funktion $f : \mathbb{R} \to \mathbb{R}$ heißt *achsensymmetrisch bezüglich der Achse* $x = a$ $(a \in \mathbb{R})$, falls gilt

$$f(a-x) = f(a+x),$$

also wenn die Funktionswerte in Argumenten, die gleichen Abstand von a haben, übereinstimmen. Man schreibt diese Bedingung auch alternativ

$$f(x) = f(2a - x).$$

Definition 1.16 (Punktsymmetrie). Ein Funktionsgraph G_f einer Funktion $f : \mathbb{R} \to \mathbb{R}$ heißt *punktsymmetrisch bezüglich* $(a,b) \in \mathbb{R}^2$, falls gilt

$$f(a+x) - b = -f(a-x) + b.$$

Man schreibt diese Bedingung auch alternativ

$$f(x) = 2b - f(2a - x).$$

Häufig sind die Spezialfälle $x = 0$ bzw. $(0,0)$ relevant, also Achsensymmetrie bezüglich der y-Achse bzw. Punktsymmetrie zum Ursprung. In diesen Fällen vereinfacht sich die Bedingung an den Funktionsterm zu $f(x) = f(-x)$ bzw. $f(x) = -f(-x)$.

Beispiel 1.17

Der Funktionsgraph von

- $f : \mathbb{R} \to \mathbb{R}$, $x \mapsto |x|$ ist achsensymmetrisch bezüglich der y-Achse $x = 0$.
- $f : \mathbb{R} \to \mathbb{R}$, $x \mapsto \frac{1}{x}$ ist punktsymmetrisch bezüglich $(0,0)$.

Beispiel 1.18

Wir betrachten die Funktionen

$$f : \mathbb{R} \to \mathbb{R}, \ x \mapsto -x^3 + 3x^2$$

und
$$g \colon \mathbb{R} \to \mathbb{R}, \ x \mapsto -(x-2)^2 + 1.$$

Es ist G_f punktsymmetrisch zu $p = (1|2)$, denn

$$
\begin{aligned}
2b - f(2a-x) &= 4 - f(2-x) \\
&= 4 + (2-x)^3 - 3(2-x)^2 \\
&= -x^3 + 3x^2 \\
&= f(x).
\end{aligned}
$$

Außerdem ist G_g achsensymmetrisch zu $x = 2$, denn

$$
\begin{aligned}
g(2a-x) &= g(4-x) \\
&= -(4-x-2)^2 + 1 \\
&= -(2-x)^2 + 1 \\
&= -(x-2)^2 + 1 \\
&= g(x).
\end{aligned}
$$

Dies lässt sich auch leicht visualisieren:

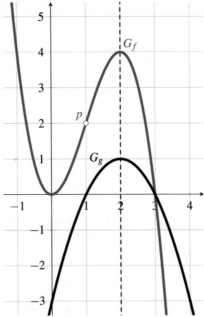

Abbildung 1.1 Skizziert sind hier die Graphen G_f und G_g der Funktionen f und g, sowie der Symmetriepunkt p von G_f und die Symmetrieachse (gestrichelt) von G_g.

Definition 1.19 (Gerade und Ungerade Funktion). Eine Funktion $f : \mathbb{R} \to \mathbb{R}$ nennen wir

- *ungerade*, wenn G_f punktsymmetrisch bezüglich $(0,0)$ ist.

- *gerade*, wenn G_f achsensymmetrisch bezüglich $x = 0$ ist.

1.5 Topologische Grundbegriffe

Eine Handvoll topologischer Grundbegriffe begegnet uns im Kapitel zur Differentialrechnung, wir wollen uns auf das dort Notwendige beschränken, d.h. auf einen speziellen Offenheitsbegriff im $\mathbb{R}^n$, den wir im Folgenden erläutern wollen.

Definition 1.20 (Euklidischer Abstand). Es seien $p = (p_1, \ldots, p_n)$, $q = (q_1, \ldots, q_n) \in \mathbb{R}^n$, $n \in \mathbb{N}$. Dann nennen wir

$$d(p,q) = \sqrt{\sum_{i=1}^{n} (q_i - p_i)^2}$$

den *euklidischen Abstand* von p und q.

Es handelt sich dabei um eine Verallgemeinerung des naiven Abstandsbegriffs aus den Mengen $\mathbb{R}$, $\mathbb{R}^2$ und $\mathbb{R}^3$.

Definition 1.21 (ε-Umgebung). Es sei $p \in \mathbb{R}^n$. Dann nennen wir für $\varepsilon \in \mathbb{R}_{>0}$ die Menge

$$U_\varepsilon(p) := \{q \in \mathbb{R}^n \,|\, d(p,q) < \varepsilon\}$$

ε-Umgebung von p.

In $\mathbb{R}$ entsprechen solche Umgebungen also gerade den symmetrischen Intervallen $(p - \varepsilon, p + \varepsilon)$, in $\mathbb{R}^2$ gerade Kreisscheiben (ohne die Kreislinie) und in $\mathbb{R}^3$ Kugeln (ohne die Kugelschale), jeweils mit Mittelpunkt p.

Definition 1.22 (Offenheit, Abgeschlossenheit, Rand). Es sei $p \in \mathbb{R}^n$. Dann nennen wir die Menge $M \subseteq \mathbb{R}^n$

- *offen*, wenn jeder Punkt $q \in M$ eine ε-Umgebung $U_\varepsilon(q)$ besitzt, die vollständig in M liegt, d.h., $U_\varepsilon(q) \subseteq M$;

- *abgeschlossen*, wenn das Komplement $\mathbb{R}^n \backslash M$ offen ist.

Der Punkt p heißt *Randpunkt* von M, wenn in jeder Umgebung $U_\varepsilon(p)$ sowohl Elemente aus M als auch Elemente aus $\mathbb{R}^n \backslash M$ liegen.

Beispiel 1.23

 Die Menge
$$A = \left\{(x,y) \in \mathbb{R}^2 \,|\, (x-2)^2 + (y-1)^2 < 3\right\} \subseteq \mathbb{R}^2$$
ist offen und ihr Rand besteht gerade aus der Menge

$$\left\{(x,y) \in \mathbb{R}^2 \,|\, (x-2)^2 + (y-1)^2 = 3\right\} \subseteq \mathbb{R}^2.$$

Wir begnügen uns mit einer heuristischen Begründung und visualisieren zunächst die Menge A:

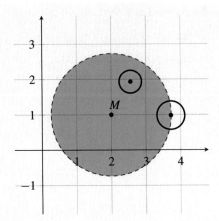

Abbildung 1.2 Visualisierung der Menge A.

Wir sehen, dass A ein Kreis (ohne Kreislinie) mit Mittelpunkt $M = (2,1)$ und Radius $r = \sqrt{3}$ ist. Haben wir also einen beliebigen Punkt $p \in A$, so können wir eine ε-Umgebung $U_\varepsilon(p) \subset A$ konstruieren, indem wir den Abstand von p zur Kreislinie halbieren (oder dritteln, vierteln, ...) , d.h., wir wählen

$$\varepsilon := \frac{\sqrt{3} - d(p,M)}{2},$$

und $U_\varepsilon(p)$ wird ganz in A liegen, wie dargestellt. Für Punkte q auf der Kreislinie hingegen gilt $d(M,q) = \sqrt{3}$, also gilt in diesen Fällen $\varepsilon = 0$. Und in der Tat sehen wir ein, dass wir keinen Kreis um solche Punkte ziehen können, der nicht aus A herausragt.

Aufgabe 1.24: H03-T2-A7

Seien p ein Punkt und M eine offene Teilmenge des $\mathbb{R}^2$. Beweisen Sie, dass auch

$$\{p + x \mid x \in M\}$$

eine offene Teilmenge des $\mathbb{R}^2$ ist.

Lösungsvorschlag: Intiutiv ist diese Aussage klar. Betrachten wir Beispiel 1.23, so ist klar, dass die Offenheit der Menge nicht davon abhängt, wo sich die Kreisscheibe genau befindet in der Ebene. Wir können sie also um beliebige „Vektoren" $p \in \mathbb{R}^2$ verschieben und die Offenheit bleibt erhalten. Dies gibt auch schon eine grobe Beweisidee vor: Sei $q \in \{p + x \mid x \in M\} =: N$ beliebig. Wir wollen nun zeigen, dass es eine Umgebung $U_\varepsilon(q)$ gibt, die ganz in N liegt. Zunächst wissen wir dazu, dass es ein $y \in M$ gibt, sodass $q = p + y$ ist. Da M offen ist, gibt es ein $\varepsilon > 0$, sodass $U_\varepsilon(y) \subset M$ gilt. Nun verschieben wir diese Umgebung ebenfalls um p, d.h. wir betrachten die Umgebung

$$V_\varepsilon := p + U_\varepsilon(y).$$

Wegen $p \in N$ und $U_\varepsilon(y) \subset M$ folgt nun

$$V_\varepsilon = p + U_\varepsilon(y) \subset N,$$

oder mit anderen Worten: Jeder Punkt von $U_\varepsilon(y)$ liegt in M, also liegt jeder Punkt von $p + U_\varepsilon(y) = V_\varepsilon$ in N. Das war gerade das, was zu zeigen war.

1.6 Vollständige Induktion

Schülerinnen oder Schüler werden die Gültigkeit von Gleichungen, wie

$$1 + 1 = 2$$

nicht hinterfragen, weil sie ein intuitives Begriffsverständnis natürlicher Zahlen besitzen: Sie wissen, dass es eine kleinste natürliche Zahl gibt, denn sie beginnen stets bei 1 (bzw. 0) zu zählen. Ihnen ist klar, dass jede natürliche Zahl einen eindeutigen Nachfolger besitzt, den man durch die Addition von 1 erhält, denn nach 1 kommt 2 und danach die 3 und so weiter. Die Schülerinnen und Schüler kennen also im Prinzip aus ihrer Erfahrungswelt sehr genau die Axiome von Peano (1889), die die Eigenschaften natürlicher Zahlen festlegen.[3] Umgangssprachlich formuliert, besagen die Peano-Axiome das Folgende:

1. Es gibt genau eine natürliche Zahl 0.

2. Zu jeder natürlichen Zahl n gibt es einen eindeutigen Nachfolger $n + 1$.

3. Wenn zwei natürliche Zahlen n und n' den gleichen Nachfolger besitzen, so sind sie gleich, also $n = n'$.

4. 0 ist kein Nachfolger einer natürlichen Zahl.

5. Enthält eine Menge X natürlicher Zahlen die 0 und mit jeder Zahl auch ihren Nachfolger, so enthält diese besagte Menge X bereits jede natürliche Zahl.

Auf dieser Grundlage ist eine Menge eindeutig charakterisiert, ohne zu zeigen, dass es eine Menge **gibt**, die diese Eigenschaften besitzt. Erst Anfang des 20. Jahrhundert präsentierte John v. Neumann ein Modell natürlicher Zahlen basierend auf der leeren Menge $\emptyset$ und der Teilmengenrelation $\subseteq$. Er definierte beispielsweise 0 als die Mächtigkeit der leeren Menge

$$0 := |\emptyset|$$

und darauf aufbauend $1 := |\{\emptyset\}|$, $2 := |\{\emptyset, \{\emptyset\}\}|$ und so weiter. Die so festgelegte Menge [4] $\mathbb{N} := \{0, 1, 2, ...\}$ erfüllt tatsächlich die Axiome von Peano.

Das letzte Peano-Axiom (5.) wird auch Induktionsaxiom genannt und stellt sicher, dass es sich bei der oben konstruierten Zahlenmenge um die „kleinste" Menge handelt, welche die Peano-Axiome erfüllt. In einem Gedankenexperiment denke man sich die Menge der natürlichen Zahlen, wie oben konstruiert. Zusätzlich gebe es zu den Zahlen $0, 1, 2, ...$ die nicht weiter spezifizierten Zahlen α und β.

---

[3] Auf eine detaillierte Einführung in die Definition der Menge $\mathbb{N}$ der natürlichen Zahlen auf Grundlage von Äquivalenzklassen gleichmächtiger Mengen wird an dieser Stelle verzichtet.

[4] Häufig exkludiert man die 0 in $\mathbb{N}$. Wir hingegen nehmen Sie dazu. In den in diesem Buch dargestellten Aufgaben wird erklärt, welche Auffassung gemeint ist, sofern es nicht aus dem Kontext hervorgeht.

Es sei β der Nachfolger von α und α der Nachfolger von β. Die ersten vier Peano-Axiome schließen solche „Zahlen" wie das α und das β nicht aus. Das Induktionsaxiom besagt nun, dass eine beliebige Menge von natürlichen Zahlen, die die Zahl 0 und mit jeder Zahl auch ihren Nachfolger enthält, bereits alle natürlichen Zahlen enthalten muss. In unserem Beispiel enthält die Menge 0, 1, 2, ... und so weiter ohne α und β die Zahl 0 und mit jeder Zahl auch ihren Nachfolger. Nach dem Induktionsaxiom handelt es sich dabei also schon um alle natürlichen Zahlen und „Zahlen" α und β mit der oben beschriebenen Eigenschaft können daher nicht wirklich existieren.

Möchte man für eine mathematische Aussage $A(n)$ zeigen, dass sie für alle natürlichen Zahlen n (größer oder gleich einem gewissen Startwert n_0) wahr ist, so liefert das Induktionsaxiom eine Beweismethode, nämlich die vollständige Induktion. Die Idee dieser Beweismethode ist intuitiv:

- Man bezeichne die Menge aller natürlicher Zahlen, für die eine bestimmte Aussage $A(n)$ wahr ist, mit $M \subseteq \mathbb{N}$. Zunächst schließt man, dass $M \neq \emptyset$, indem man zeigt, dass die Aussage $A(n)$ für ein bestimmtes $n_0 \in M \subseteq \mathbb{N}$ wahr ist (*Induktionsanfang*).

- Die *Induktionsvoraussetzung* drückt aus, dass die Aussage $A(n)$ für ein $n \in \mathbb{N}$ gelte, dass also $n \in M$.

- Anschließend zeigt man, dass für beliebiges $n \in \mathbb{N}$ die folgende Implikation wahr ist:

$$A(n) \implies A(n+1)$$

Dieser Schritt wird als *Induktionsschritt* bezeichnet. Im Induktionsschritt zeigt man letztlich:

$$n \in M \implies n+1 \in M$$

- Aus dem Induktionsaxiom sieht man zusammenfassend, dass $M = \mathbb{N}$, falls $n_0 = 0$.

Aufgepasst!

Der Startwert n_0 kann auch verschieden von 0 sein. Dann kann man das Induktionsprinzip dennoch anwenden, um die Gültigkeit einer Aussage für alle $n \in \mathbb{N}_{\geq n_0}$ zeigen.

Beispiel 1.25

Es ist zu zeigen, dass die Aussage

$$\sum_{k=1}^{n} k^2 = \frac{n(n+1)(2n+1)}{6}$$

für alle $n \in \mathbb{N}_{\geq 1}$ gilt. Wir beginnen mit dem Induktionsanfang für $n = 1$ und rechnen für die linke Seite

$$\sum_{k=1}^{1} k^2 = 1^2 = 1.$$

Für die rechte Seite erhalten wir:

$$\frac{1(1+1)(2 \cdot 1 + 1)}{6} = \frac{1 \cdot 2 \cdot 3}{6} = 1 \checkmark$$

Der Induktionsanfang ist also gemacht, und die Aussage gilt in jedem Fall für $n = 1$. Induktionsvoraussetzung (IV): Obige Aussage gelte für ein $n \in \mathbb{N}$. Wir wollen zeigen, dass sie auch für den Nachfolger $n + 1$ gilt, dass also

$$\sum_{k=1}^{n+1} k^2 = \frac{(n+1)(n+2)(2n+3)}{6} \overset{(*)}{=} \frac{2n^3 + 9n^2 + 13n + 6}{6}.$$

Induktionsschritt:

$$\begin{aligned}
\sum_{k=1}^{n+1} k^2 &= \sum_{k=1}^{n} k^2 + (n+1)^2 \\
&\overset{(IV)}{=} \frac{n(n+1)(2n+1)}{6} + (n+1)^2 \\
&= \frac{(n^2+n)(2n+1)}{6} + \frac{6(n^2+2n+1)}{6} \\
&= \frac{2n^3 + n^2 + 2n^2 + n + 6n^2 + 12n + 6}{6} \\
&= \frac{2n^3 + 9n^2 + 13n + 6}{6} \\
&\overset{(*)}{=} \frac{(n+1)(n+2)(2n+3)}{6}
\end{aligned}$$

Dies schließt den Induktionsschritt ab, und die Aussage gilt für alle $n \in \mathbb{N}_{\geq 1}$.

Wir wollen nachfolgend noch eine Aufgabe bearbeiten, bei der man neben der Induktionsvoraussetzung auch noch eine Rekursionsformel im Induktionsschritt mit einbezieht. Dies ist manchmal der Fall im Kontext rekursiv definierter Folgen, wie wir sie in Kapitel 2.3 noch kennenlernen werden.

Aufgabe 1.26:

 Die sog. Fibonacci-Folge $(f_n)_{n \in \mathbb{N}}$ ist eine rekursiv definierte Folge:

$$f_1 := 1, \ f_2 := 1 \text{ und } f_{n+1} := f_{n-1} + f_n$$

Es ist zu zeigen, dass für die Folgenglieder mit $n \geq 2$ die folgende Beziehung gilt:

$$f_{n-1} f_{n+1} - f_n^2 = (-1)^n$$

Wir beginnen wieder mit dem Induktionsanfang, also mit $n = 2$. $f_{2-1} = f_1 := 1$ per Definition und $f_3 = f_1 + f_2 = 2$ laut der Rekursionsvorschrift. Es gilt:

$$f_1 f_3 - f_2^2 = 1 \cdot 2 - 1^2 = 1 = (-1)^2 \ \checkmark$$

Induktionsvoraussetzung: Obige Aussage gelte für ein $n \in \mathbb{N}$. Wir wollen zeigen, dass sie auch für den Nachfolger $n + 1$ gilt, dass also

$$f_n f_{n+2} - f_{n+1}^2 = (-1)^{n+1}.$$

Induktionsschritt:

$$f_n f_{n+2} - f_{n+1}^2 = f_n(f_n + f_{n+1}) - f_{n+1}^2$$
$$= f_n^2 + f_n f_{n+1} - (f_{n-1} + f_n)^2$$
$$= f_n^2 + f_n f_{n+1} - f_{n-1}^2 - 2f_{n-1}f_n - f_n^2$$
$$= f_n f_{n+1} - f_{n-1}f_n - f_{n-1}^2 - f_{n-1}f_n$$
$$= f_n \underbrace{(f_{n+1} - f_{n-1})}_{=f_n} - f_{n-1}\underbrace{(f_{n-1} + f_n)}_{=f_{n+1}}$$
$$= f_n^2 - f_{n-1}f_{n+1}$$
$$= -\left(f_{n-1}f_{n+1} - f_n^2\right)$$
$$\overset{(IV)}{=} -(-1)^n$$
$$= (-1)^{n+1}$$

Dies schließt den Induktionsschritt ab, und die Aussage gilt für alle $n \in \mathbb{N}_{\geq 2}$.

Aufgabe 1.27: F02-T3-A2

Formulieren Sie das Prinzip der vollständigen Induktion und beweisen Sie damit folgende Aussage: Für alle $n \in \mathbb{N}$, $n \geq 1$, gilt

$$\sum_{k=1}^{n} (-1)^{k+1} k^2 = (-1)^{n+1} \frac{n(n+1)}{2}.$$

Lösungsvorschlag: Wir machen den Induktionsanfang für $n = 1$ und erhalten für die linke Seite

$$\sum_{k=1}^{1} (-1)^{k+1} k^2 = (-1)^{1+1} 1^2 = 1.$$

Und für die rechte Seite

$$(-1)^{1+1} \cdot \frac{1 \cdot (1+1)}{2} = 1.$$

Induktionsvoraussetzung: Obige Aussage gelte für ein $n \in \mathbb{N}$. Wir wollen zeigen, dass sie dann auch für den Nachfolger $n + 1$ gilt, d.h.

$$\sum_{k=1}^{n+1} (-1)^{k+1} k^2 = (-1)^{n+2} \frac{(n+1)(n+2)}{2}.$$

Induktionsschritt:

$$\sum_{k=1}^{n+1} (-1)^{k+1} k^2 = (-1)^{n+2}(n+1)^2 + \sum_{k=1}^{n} (-1)^{k+1} k^2$$
$$\overset{(IV)}{=} (-1)^{n+2}(n+1)^2 + (-1)^{n+1} \frac{n(n+1)}{2}$$

$$= (-1)^{n+2}\left((n+1)^2 - \frac{n(n+1)}{2}\right)$$

$$= (-1)^{n+2}\frac{(n+1)(2(n+1)-n)}{2}$$

$$= (-1)^{n+2}\frac{(n+1)(n+2)}{2}$$

Dies schließt den Induktionsschritt ab, und die Aussage gilt für alle $n \in \mathbb{N}$.

Aufgabe 1.28: H05-T3-A1

Beweisen Sie mittels vollständiger Induktion die Gleichheit für $n \in \mathbb{N}$, $n \geq 2$

$$\prod_{k=2}^{n}\left(1 - \frac{2}{k(k+1)}\right) = \frac{1}{3}\left(1 + \frac{2}{n}\right).$$

Lösungsvorschlag: Wir machen den Induktionsanfang für $n = 2$ und erhalten für die linke Seite

$$\prod_{k=2}^{2}\left(1 - \frac{2}{k(k+1)}\right) = 1 - \frac{2}{2\cdot(2+1)} = 1 - \frac{1}{3} = \frac{2}{3}.$$

Und für die rechte Seite

$$\frac{1}{3}\cdot\left(1 + \frac{2}{2}\right) = \frac{1}{3}\cdot 2 = \frac{2}{3}.$$

Induktionsvoraussetzung: Obige Aussage gelte für ein $n \in \mathbb{N}_{\geq 2}$. Wir wollen zeigen, dass sie dann auch für den Nachfolger $n+1$ gilt, d.h.

$$\prod_{k=2}^{n+1}\left(1 - \frac{2}{k(k+1)}\right) = \frac{1}{3}\left(1 + \frac{2}{n+1}\right).$$

Induktionsschritt:

$$\prod_{k=2}^{n+1}\left(1 - \frac{2}{k(k+1)}\right) = \left(1 - \frac{2}{(n+1)(n+2)}\right)\cdot\prod_{k=2}^{n}\left(1 - \frac{2}{k(k+1)}\right)$$

$$\stackrel{(IV)}{=} \left(1 - \frac{2}{(n+1)(n+2)}\right)\cdot\frac{1}{3}\left(1 + \frac{2}{n}\right)$$

$$= \frac{1}{3}\left(1 + \frac{2}{n} - \frac{2}{(n+1)(n+2)} - \frac{4}{n(n+1)(n+2)}\right)$$

$$= \frac{1}{3}\left(1 + \frac{2(n+1)(n+2) - 2n - 4}{n(n+1)(n+2)}\right)$$

$$= \frac{1}{3}\left(1 + \frac{2n(n+2)}{n(n+1)(n+2)}\right)$$

$$= \frac{1}{3}\left(1 + \frac{2}{n+1}\right)$$

Dies schließt den Induktionsschritt ab, und die Aussage gilt für alle $n \in \mathbb{N}_{\geq 2}$.

1.7 Komplexe Zahlen

Die komplexen Zahlen werden uns im Kapitel zu Differentialgleichungen begegnen. Da wir sie selbst dort jedoch nur in sehr geringem Umfang benötigen werden, verzichten wir auf eine saubere Konstruktion dieser Menge aus den reellen Zahlen und gehen nur auf die notwendigsten Eigenschaften ein.

Definition 1.29 (Komplexe Zahlen). Die Menge

$$\mathbb{C} := \{a + \mathrm{i}b \mid a, b \in \mathbb{R}\}$$

nennen wir *Menge der komplexen Zahlen*, wobei $\mathrm{i}^2 = -1$ gilt.

Das Element $\mathrm{i} \in \mathbb{C}$ nennt man leider[5] *imaginäre Einheit*. Jede komplexe Zahl $z = a + \mathrm{i}b \in \mathbb{C}$ ist also zusammengesetzt aus zwei reellen Zahlen a und b, die man *Real-* und *Imaginärteil* nennt. Insbesondere ist jede reelle Zahl auch eine komplexe Zahl (eben mit Imaginärteil $b = 0$), d.h., es ist $\mathbb{R} \subseteq \mathbb{C}$.

Definition 1.30. Auf $\mathbb{C}$ definieren wir die Multiplikation bzw. Addition zweier komplexer Zahlen $a + \mathrm{i}b, c + \mathrm{i}d \in \mathbb{C}$ durch

- $(a + \mathrm{i}b) + (c + \mathrm{i}d) := (a + b) + \mathrm{i}(c + d)$

- $(a + \mathrm{i}b) \cdot (c + \mathrm{i}d) := (ac - bd) + \mathrm{i}(bc + ad)$

Dabei haben wir auf eine Unterscheidung zwischen den hier verwendeten Additions- und Multiplikationssymbolen verzichtet, da klar sein sollte, was gemeint ist.

Satz 1.31. Die Menge $\mathbb{C}$ zusammen mit den oben definierten Verknüpfungen bildet einen Körper.

Mit anderen Worten: In $\mathbb{C}$ gelten dieselben „Rechengesetze" wie auch in $\mathbb{R}$. Wir können komplexe Zahlen multiplizieren, addieren, subtrahieren usw.

Definition 1.32. Es sei $z = a + \mathrm{i}b \in \mathbb{C}$, dann nennt man

- $\bar{z} = a - \mathrm{i}b$ die zu z *komplex konjugierte* Zahl;

- $|z| = \sqrt{z\bar{z}} = \sqrt{a^2 + b^2}$ den *Betrag* von z.

Durch Einsetzen in die Exponentialreihe (vgl. Tab. 3.1) verifiziert man leicht den folgenden zentralen Satz.

Satz 1.33 (Euler-Formel). Es sei $\varphi \in \mathbb{R}$, dann ist

$$\mathrm{e}^{\mathrm{i}\varphi} = \cos(\varphi) + \mathrm{i}\sin(\varphi).$$

Man sieht leicht

$$\left|\mathrm{e}^{\mathrm{i}\varphi}\right|^2 = \cos^2(\varphi) + \sin^2(\varphi) = 1,$$

d.h., die Menge $\left\{\mathrm{e}^{\mathrm{i}\varphi} : \varphi \in \mathbb{R}\right\}$ beschreibt gerade einen Kreis mit Mittelpunkt $0 + \mathrm{i}0$ und Radius 1 (Abb. 1.3).

---

[5] Die Bezeichnung imaginär trennt, wo es nichts zu trennen gibt. Zahlen sind menschengemachte Konstrukte, mit denen wir mentale Operationen durchführen – nicht mehr und nicht weniger. In diesem Sinne ist i in gleichem Maße imaginär oder reell wie 1, π, $\frac{2}{3}$ und generell alles, was der Mathematiker gemeinhin mit dem Begriff „Zahl" meint.

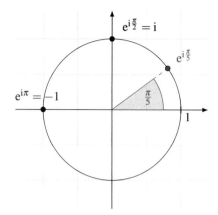

Abbildung 1.3 Die Menge $\{e^{i\varphi} : \varphi \in \mathbb{R}\}$ visualisiert als schwarzer Kreis.

Wie es auch in der reellen Ebene $\mathbb{R}^2$ Polarkoordinaten als Alternative zu Kartesischen Koordinaten gibt, so lassen sich damit auch komplexe Zahlen über ein Winkelmaß und einen Abstand zum Ursprung beschreiben.

Satz 1.34 (Polardarstellung). Es seien $z = a + ib \in \mathbb{C}$, $r := |z|$ und

$$\varphi = \begin{cases} \arccos\left(\frac{a}{r}\right), & \text{für } b \geq 0 \\ -\arccos\left(\frac{a}{r}\right) & \text{für } b < 0. \end{cases}$$

Dann ist

$$z = re^{i\varphi}.$$

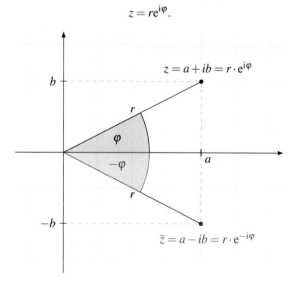

Abbildung 1.4 Eine komplexe Zahl z und ihr komplexes Konjugat $\bar{z}$ in der Ebene sowie jeweilige Darstellung der Zahl in Polar- oder kartesischen Koordinaten.

2 Folgen

Den Ausgangspunkt aller weiteren Kapitel der reellen Analysis stellt der Folgenbegriff dar, z.B. bei der Definition von Stetigkeit. Unter einer Folge versteht man dabei vereinfacht ausgedrückt eine geordnete Auflistung von Elementen einer Menge. Die einzelnen Elemente nennt man dabei Folgenglieder. Wichtig hierbei ist, dass Elemente auch mehrfach aufgelistet werden können, sodass eine Folge i.A. nicht durch die Menge der Folgenglieder charakterisiert ist. Da man durch die geordnete Auflistung der Folgenglieder auf natürliche Weise eine Zuordnung zu den natürlichen Zahlen erhält (es gibt genau ein n-tes Folgenglied), werden wir Folgen über den Abbildungsbegriff definieren.

2.1 Grundbegriffe

Definition 2.1 (Folge). Eine auf ganz $\mathbb{N}$ definierte Abbildung

$$a : \mathbb{N} \to \mathbb{R}$$

nennen wir *unendliche reelle Folge* oder kurz Folge. Das Bild $a(n)$ von $n \in \mathbb{N}$ unter a bezeichnen wir als *n-tes Folgenglied*. Wir schreiben kurz a_n.

Es ist üblich, unendliche Folgen in der Form $(a_n)_{n \in \mathbb{N}}$ anzugeben. Damit betont man das konkrete Folgenglied gegenüber der Abbildung. Eine konkrete (Abb-)Bildungsvorschrift für das n-te Folgenglied muss aber nicht notwendigerweise existieren. Bis heute beispielsweise existiert keine Möglichkeit, die n-te Primzahl geschlossen darzustellen und dementsprechend auch keine Bildungsvorschrift für die Folge $(p_n)_{n \in \mathbb{N}}$ aller Primzahlen.

Beispiel 2.2

Wir betrachten die durch $a_n =$ „Summe aller natürlichen Zahlen kleiner oder gleich n" definierte Folge $(a_n)_{n \in \mathbb{N}}$. Die ersten Folgenglieder sind $a_1 = 1$, $a_2 = 3$, $a_3 = 6$ usw. Eine Abbildungsvorschrift wäre etwa

$$a : \quad \mathbb{N} \quad \to \qquad\qquad \mathbb{R}$$
$$n \quad \mapsto \quad a_n = 1 + 2 + 3 + \cdots + n$$

und mit Induktion sieht man leicht

$$a_n = \sum_{k=1}^{n} k = \frac{n(n+1)}{2}.$$

Der Induktionsbeweis sei dabei dem Leser als Übung überlassen.

Nun besitzen Folgen gewisse Eigenschaften, etwa können die Folgenglieder oder deren Abstände größer bzw. kleiner werden.

J. M. Veith und P. Bitzenbauer, *Schritt für Schritt zum Staatsexamen Mathematik*, https://doi.org/10.1007/978-3-662-62948-2_2

Definition 2.3 (Monotonie). Eine Folge $(a_n)_{n \in \mathbb{N}}$ heißt

- *monoton wachsend*, falls $a_{n+1} \geq a_n$ für alle $n \in \mathbb{N}$ gilt. Im Falle $a_{n+1} > a_n$ streng monoton wachsend;

- *monoton fallend*, falls $a_{n+1} \leq a_n$ für alle $n \in \mathbb{N}$ gilt. Im Falle $a_{n+1} < a_n$ streng monoton fallend.

Aufgepasst!

Monotonie von Folgen zeigt man üblicherweise, indem man

- entweder den Quotienten $\frac{a_n}{a_{n+1}}$ (nach oben oder unten) gegen 1

- oder die Differenz $a_{n+1} - a_n$ (nach oben oder unten) gegen 0 abschätzt.

Beispiel 2.4

Die in Beispiel 2.2 betrachtete Folge ist wegen $a_{n+1} - a_n = n + 1 > 0$ streng monoton steigend. Die Folge $(-a_n)_{n \in \mathbb{N}}$ entsprechend streng monoton fallend.

Nicht jede Folge ist entweder monoton wachsend oder monoton fallend, wie man am Beispiel der alternierenden Folge $((-1)^n)_{n \in \mathbb{N}}$ leicht sieht.

Weiterhin lässt sich beobachten, dass die Folge $(a_n)_{n \in \mathbb{N}}$ aus Beispiel 2.2 ausschließlich Folgenglieder ≥ 1 besitzt, die Folge $(-a_n)_{n \in \mathbb{N}}$ hingegen ausschließlich Folgenglieder ≤ 1. Für die Folgenglieder lässt sich eine obere bzw. untere Grenze (bezüglich der Relation $<$) angeben.

Definition 2.5 (Beschränktheit). Eine Folge $(a_n)_{n \in \mathbb{N}}$ heißt

- *nach oben beschränkt*, falls es ein $S \in \mathbb{R}$ gibt, sodass für alle $n \in \mathbb{N}$ gilt: $a_n \leq S$. Die Zahl S nennt man dabei *obere Schranke* der Folge $(a_n)_{n \in \mathbb{N}}$. Die kleinste aller solchen Zahlen S nennt man *Supremum* der Folge, man schreibt auch $\sup_{n \in \mathbb{N}} \{a_n\}$;

- *nach unten beschränkt*, falls es ein $I \in \mathbb{R}$ gibt, sodass für alle $n \in \mathbb{N}$ gilt: $a_n \geq I$. Die Zahl I nennt man dabei *untere Schranke* der Folge $(a_n)_{n \in \mathbb{N}}$. Die größte aller solchen Zahlen I nennt man *Infimum* der Folge, man schreibt auch $\inf_{n \in \mathbb{N}} \{a_n\}$;

- *beschränkt*, falls sie nach oben beschränkt und nach unten beschränkt ist.

Beispiel 2.6

Sei $a_n = 1 - \frac{1}{n}$ mit $n \in \mathbb{N}$. Dann ist $0 < \frac{1}{n} \leq 1$ und daher $0 \leq a_n < 1$. Die Folge ist also beschränkt. Wir möchten an dieser Stelle einmal ausführlich das Supremum bestimmen. Das Infimum ergibt sich trivialerweise zu $I = 0$, da die Folge streng monoton wächst und damit in $a_1 = 0$ ihren kleinsten Wert annimmt. Das Supremum hingegen bedarf eines genaueren Blicks, wir vermuten es bei $S = 1$. Sei dazu $S' < S$ eine kleinere obere Schranke. Wir wollen nun zeigen, dass dies nicht möglich ist.

Zunächst ist trivialerweise $0 < S' < 1$. Den Abstand von S' zu 1 nennen wir d, d.h., es ist $d = 1 - S'$. Wir wollen nun zeigen, dass der Abstand zwischen 1 und a_n (ab einem bestimmten n) kleiner als d werden kann, dass es also Folgenglieder größer als S' gibt. Dazu setzen wir $N := \lceil \frac{1}{d} \rceil + 1$, d.h., es ist $N > \frac{1}{d}$. Dann folgt

$$\left|1 - a_N\right| = \left|1 - \left(1 - \tfrac{1}{N}\right)\right| = \frac{1}{N} < d.$$

Alle Folgengliender a_n mit $n \geq N$ sind also größer als S', d.h., S' kann keine obere Schranke sein. Das bedeutet, $S = 1$ ist die kleinste solche Schranke und damit das Supremum.[a]

Wer möchte, kann dies anhand konkreter Zahlen verifizieren. Betrachten wir bspw. $S' = 0.99$, so ist $d = 1 - S' = 0.01$ und folglich $N = \lceil 100 \rceil + 1 = 101$. Und in der Tat ist $a_{101} = 0.\overline{9900} > S'$, die Folge kann also durch kein $S' < 1$ beschränkt werden (Abb. 2.1).

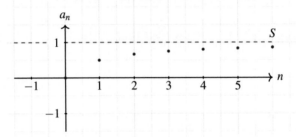

Abbildung 2.1 Die durch $a_n = 1 - \frac{1}{n}$ definierte Folge ist beschränkt mit Supremum $S = 1$ und Infimum $I = 0$.

Die Frage, wie obiges N zu bestimmen ist, lässt sich einfach klären: Es soll ein N so gewählt werden, dass $|1 - a_N| < d$ ist. Einsetzen von a_N und Auflösen nach N ergibt $N > \frac{1}{d}$. Nun ist nur noch eine natürliche Zahl größer als $\frac{1}{d}$ zu finden, dies leistet bspw. $\lceil \frac{1}{d} \rceil + 1$.

---

[a]Die $\lceil$- und $\rceil$-Klammern nennt man Gauß-Klammern. Es ist $\lceil r \rceil$ die kleinste ganze Zahl, die größer oder gleich r ist.

2.2 Konvergenz

Wie wir in Beispiel 2.6 gesehen haben, nähert sich die Folge $(a_n)_{n \in \mathbb{N}}$ von unten an die Zahl 1 und kommt dieser für immer größer werdende n beliebig Nahe. Anders ausgedrückt läuft die Folge $(a_n)_{n \in \mathbb{N}}$ asymptotisch gegen den Wert 1 – solche Werte nenn man Grenzwerte. In der Mathematik sind Folgen, die einen Grenzwert besitzen, besonders interessant, sodass diese Eigenschaft einen eigenen Namen erhält.

Definition 2.7 (Grenzwert und Konvergenz). Sei $(a_n)_{n \in \mathbb{N}}$ eine Folge. Gibt es ein $a \in \mathbb{R}$, sodass für alle $\varepsilon > 0$ ein $N \in \mathbb{N}$ existiert, sodass für alle $n \geq N$ stets $|a - a_n| < \varepsilon$ gilt, so heißt die Folge *konvergent* und a ihr *Grenzwert*. Man sagt auch, $(a_n)_{n \in \mathbb{N}}$ *konvergiere gegen* a und schreibt $\lim_{n \to \infty} a_n = a$.

Die Konvergenz einer Folge lässt sich auch etwas informaler umschreiben: Konvergiert die Folge $(a_n)_{n \in \mathbb{N}}$ gegen ein $a \in \mathbb{R}$, so können wir uns ein beliebig kleines $\varepsilon > 0$ als Abstand vorgeben, und es wird (unendlich viele) Folgenglieder geben, die von a einen Abstand kleiner als ε besitzen. Wenn das erste Folgenglied, das einen Abstand kleiner als ε besitzt, den Index N hat, sollen auch alle nachfolgenden Glieder $a_{N+1}, a_{N+2}, \ldots$ nahe an a liegen. Es gibt also nur endlich viele Folgenglieder $a_1, a_2, \ldots, a_{N-1}$, die außerhalb des Intervalls $(a - \varepsilon, a + \varepsilon)$ liegen.

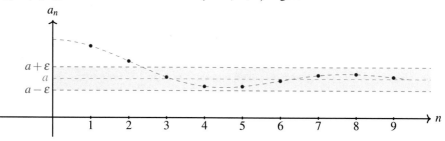

Abbildung 2.2 Grafische Darstellung der Definition des Konvergenzbegriffs am Beispiel der durch $a_n = 1 + \frac{\sin(n)}{n}$ definierten Folge, die gegen $a = 1$ konvergiert (vgl. Beispiel 2.11). Wählt man etwa $\varepsilon = 0.2$, so sieht man, dass $N = 3$ bereits ausreichend ist, denn alle Folgenglieder a_n mit $n \geq 3$ liegen innerhalb des „ε-Schlauchs" um a. Oder formal: $|a - a_n| < \varepsilon = 0.2$ für alle $n \geq 3$.

Der Grenzwert einer Folge ist immer *eindeutig*, sofern er existiert. Besitzt eine Folge keinen Grenzwert, so heißt sie *divergent*. Jede Folge ist also entweder konvergent oder divergent.

Aufgabe 2.8: F18-T2-A1

 Sei für $n \in \mathbb{N}$

$$a_n = \prod_{k=2}^{n} \frac{k^2}{k^2 - 1}.$$

(a) Zeigen Sie für alle $n \geq 2$

$$a_n = \frac{2n}{n+1}$$

mithilfe vollständiger Induktion.

(b) Beweisen Sie, dass die Folge $(a_n)_{n \geq 2}$ einen Grenzwert a besitzt.

(c) Finden Sie zu jedem $\varepsilon > 0$ ein $n_0 \geq 2$, sodass für alle $n \geq n_0$

$$|a_n - a| < \varepsilon$$

gilt.

Lösungsvorschlag: Ad (a): Für den Induktionsanfang rechnet man bspw.

$$a_2 = \prod_{k=2}^{2} \frac{k^2}{k^2 - 1} = \frac{2^2}{2^2 - 1} = \frac{4}{3} = \frac{2n}{n+1} \Big|_{n=2}.$$

Für den Induktionsschritt anschließend

$$\prod_{k=2}^{n+1} \frac{k^2}{k^2 - 1} = \frac{(n+1)^2}{(n+1)^2 - 1} \cdot \prod_{k=2}^{n} \frac{k^2}{k^2 - 1}$$

$$\overset{(IV)}{=} \frac{(n+1)^2}{(n+1)^2 - 1} \cdot \frac{2n}{n+1}$$

$$= \frac{2n(n+1)}{n(n+2)}$$
$$= \frac{2(n+1)}{n+2}$$
$$= a_{n+1}.$$

Ad (b) & (c): Aus (c) folgt bereits (b) nach Definition 2.7, sodass wir uns direkt an Teilaufgabe (c) machen. Den Grenzwert vermuten wir bei $a = 2$, da $\frac{n}{n+1}$ für große n sehr nahe an 1 liegen wird. Nun reicht es aus, ein n_0 wie gefordert zu bestimmen. Wir setzen daher an mit

$$\varepsilon \overset{!}{>} |a_{n_0} - 2| = \left| \frac{2n_0}{n_0+1} - 2 \right| = 2 \left| \frac{n_0 - (n_0+1)}{n_0+1} \right| = 2 \left| \frac{-1}{n_0+1} \right| = \frac{2}{n_0 + 1}.$$

Es muss also mindestens

$$n_0 > \left\lceil \frac{2}{\varepsilon} - 1 \right\rceil$$

sein, zusätzlich zu $n_0 \geq 2$. Ein Kandidat, bei dem sicherlich nichts verkehrt laufen wird, ist daher

$$n_0 = \left\lceil \frac{2}{\varepsilon} - 1 \right\rceil + 2 = \left\lceil \frac{2}{\varepsilon} \right\rceil + 1.$$

Machen wir die Probe:

$$|a_{n_0} - 2| = \left| \frac{2n_0}{n_0+1} - 2 \right| = \frac{2}{n_0 + 1} \overset{n_0 > 2/\varepsilon - 1}{<} \frac{2}{2/\varepsilon} = \varepsilon$$

Unser n_0 erfüllt also alle in (c) geforderten Kriterien. Wegen $\varepsilon > 0$ beliebig also auch alle für (b) relevanten Kriterien. Der Grenzwert der Folge ist daher $a = 2$, wie vermutet.

In der Praxis haben sich für den Nachweis der Konvergenz die nachfolgenden zwei Sätze bewährt.

Satz 2.9 (von der monotonen Konvergenz). Gegeben sei eine Folge $(a_n)_{n \in \mathbb{N}}$. Dann gilt

$$(a_n)_{n \in \mathbb{N}} \text{ ist monoton und beschränkt} \quad \Leftrightarrow \quad (a_n)_{n \in \mathbb{N}} \text{ konvergiert}$$

Eine Abschwächung dieser Aussage ist ebenso möglich: Falls eine Folge entweder (streng) monoton wachsend und nach oben beschränkt oder (streng) monoton fallend und nach unten beschränkt ist, so konvergiert sie, vgl. Beispiel 2.6.

Satz 2.10 (Sandwichlemma). Gegeben sei eine Folge $(a_n)_{n \in \mathbb{N}}$. Existieren nun konvergente Folgen $(b_n)_{n \in \mathbb{N}}$ und $(c_n)_{n \in \mathbb{N}}$ mit $\lim_{n \to \infty} b_n = \lim_{n \to \infty} c_n = a$ (wobei $a \in \mathbb{R}$), so konvergiert $(a_n)_{n \in \mathbb{N}}$ ebenfalls gegen a, falls $b_n \leq a_n \leq c_n$ für alle bis auf endlich viele $n \in \mathbb{N}$.

Wir sehen uns direkt ein Beispiel an.

Beispiel 2.11

Gegeben sei die durch $a_n = \frac{\cos(n)}{n}$ definierte Folge $(a_n)_{n \in \mathbb{N}}$. Hier ist es nicht möglich, mit der Definition unmittelbar die Konvergenz nachzuweisen. Anschaulich ist jedoch klar, dass diese Folge gegen 0 konvergieren wird, da der Kosinus beschränkt ist. Wir betrachten dazu zunächst die durch $b_n = \frac{1}{n}$ definierte Folge $(b_n)_{n\in\mathbb{N}}$. Diese Folge ist streng monoton fallend und nach unten durch 0 beschränkt, nach dem Satz von der monotonen Konvergenz also konvergent. Man zeigt nun leicht $\lim_{n\to\infty} b_n = 0$ (wähle etwa $N = \lceil \frac{1}{\varepsilon} \rceil + 1$, dann ist $|b_n - 0| < \varepsilon$ für alle $n \geq N$), und analog konvergiert die durch $c_n = -\frac{1}{n}$ definierte Folge $(c_n)_{n\in\mathbb{N}}$ gegen 0. Nun können wir die Folge $(a_n)_{n\in\mathbb{N}}$ von oben und unten wie ein „Sandwich" einpacken. Aus

$$-1 \leq \cos(n) \leq 1$$

folgt

$$-\frac{1}{n} \leq \frac{\cos(n)}{n} \leq \frac{1}{n}$$

wegen $n \geq 1$ und damit letztlich $c_n \leq a_n \leq b_n$. Wir können das Sandwichlemma anwenden und wissen somit, dass $(a_n)_{n\in\mathbb{N}}$ gegen 0 konvergiert.

Ein alternativer Weg, der die Abschätzung des Kosinus direkt benutzt, führt über den folgenden Satz:

Satz 2.12 (Betragskriterium). Gegeben sei eine Folge $(a_n)_{n\in\mathbb{N}}$. Dann folgt aus $\lim_{n\to\infty} |a_n| = 0$ unmittelbar $\lim_{n\to\infty} a_n = 0$.

Folgen treten häufig als Summen, Produkte, Differenzen oder Quotienten anderer Folgen auf. In diesen Fällen kann man diese Folgen getrennt untersuchen und mithilfe der sogenannten Konvergenzsätze oder „Rechenregeln für Grenzwerte" auf die Konvergenz der ursprünglichen Folge schließen. Wir werden in den nachfolgenden Aufgaben auf diese Rechenregeln Bezug nehmen:

Aufgepasst!

Für Grenzwerte gelten die folgenden Rechenregeln:

- Existiert der Grenzwert $\lim_{n\to\infty} a_n = a$, so gilt für jedes $b \in \mathbb{R}$:

  ▷ $\lim_{n\to\infty}(b \cdot a_n) = b \cdot a$

  ▷ $\lim_{n\to\infty}(b \pm a_n) = b \pm a$

  ▷ $\lim_{n\to\infty}\left(\frac{b}{a_n}\right) = \frac{b}{a}$, sofern $a \neq 0$

- Existieren die Grenzwerte $\lim_{n\to\infty} a_n = a$ und $\lim_{n\to\infty} b_n = b$, so gilt:

  ▷ $\lim_{n\to\infty}(a_n \cdot b_n) = a \cdot b$

  ▷ $\lim_{n\to\infty}(a_n \pm b_n) = a \pm b$

  ▷ $\lim_{n\to\infty}\left(\frac{a_n}{b_n}\right) = \frac{a}{b}$, sofern $b \neq 0$

Für die Quotienten ist dabei anzumerken, dass nur endlich viele Folgenglieder gleich 0 sein können, wenn die Folge nicht gegen 0 konvergiert. Damit die Folgen $\left(\frac{b}{a_n}\right)_{n\in\mathbb{N}}$ bzw. $\left(\frac{a_n}{b_n}\right)_{n\in\mathbb{N}}$ wohldefiniert sind, können deshalb entsprechende Teilfolgen betrachtet werden mit $a_n \neq 0$ bzw. $b_n \neq 0$.

2.3 Rekursive Folgen

Aus Aufgabe 1.26 ist bereits die Fibonacci-Folge bekannt. Diese wird meist mithilfe der bekannten Rekursionsgleichung angegeben. Folgen, die durch eine Rekursion definiert sind, bezeichnet man als *rekursive Folgen*. Es sei an dieser Stelle angemerkt, dass für die Fibonacci-Folge auch eine nicht rekursive Bildungsvorschrift existiert, nämlich

$$a_n = \frac{1}{\sqrt{5}}\left(\left(\frac{1+\sqrt{5}}{2}\right)^n - \left(\frac{1-\sqrt{5}}{2}\right)^n\right).$$

Die Frage, wie man die Konvergenz solcher Folgen überprüft, wird im Folgenden thematisiert.

Aufgepasst!

Für die Konvergenz und Berechnung der Grenzwerte rekursiver Folgen bieten sich die folgenden zwei Möglichkeiten an:

1. Man findet eine explizite Bildungsvorschrift, weist die Richtigkeit per Induktion nach und verwendet die Definition von Konvergenz.

2. Man verwendet den Satz von der monotonen Konvergenz.

Den Grenzwert erhält man anschließend, indem man in $a = \lim_{n\to\infty} a_n = \lim_{n\to\infty} a_{n+1}$ die Rekursion einsetzt und die Rechenregeln für Grenzwerte anwendet.

Es sei hier als Faustregel festgehalten, dass üblicherweise die zweite Strategie ohne Umwege zum Ziel führt. Falls man also eine Rekursionsgleichung nicht sofort aus den ersten 4 bis 5 Folgengliedern ablesen kann, sollte man aus Zeitgründen die Strategie wechseln.

Aufgabe 2.13: F15-T1-A1

Zeigen Sie, dass die rekursiv gegebene Folge

$$a_{n+1} = \frac{a_n}{2} + 1, \quad a_0 = 1$$

konvergiert.

Lösungsvorschlag: Mit Strategie 1: Wir berechnen die ersten Folgenglieder zu $1, \frac{3}{2}, \frac{7}{4}, \frac{15}{8}, \frac{31}{16}, \ldots$ und untersuchen diese auf eine explizite Bildungsvorschrift

$$0 \mapsto 1, \quad 1 \mapsto \frac{3}{2}, \quad 2 \mapsto \frac{7}{4}, \quad 3 \mapsto \frac{15}{8}, \quad 4 \mapsto \frac{31}{16}, \quad \cdots \mapsto \ldots$$

Auffällig ist, dass im Nenner immer die zu n gehörige Zweierpotenz 2^n steht. Im Zähler dagegen das Doppelte, vermindert um 1. Wir vermuten daher

$$a_n = \frac{2^{n+1} - 1}{2^n}.$$

Der Induktionsanfang ist trivial. Für den Induktionsschritt rechnet man ebenfalls recht einfach

$$\frac{a_n}{2} + 1 \overset{\text{I.V.}}{=} \frac{1}{2} \cdot \left(\frac{2^{n+1} - 1}{2^n} \right) + 1 = \frac{2^{n+1} - 1}{2^{n+1}} + \frac{2^{n+1}}{2^{n+1}} = \frac{2 \cdot 2^{n+1} - 1}{2^{n+1}} = \frac{2^{n+2} - 1}{2^{n+1}} = a_{n+1}.$$

Nun können wir den Grenzwert direkt berechnen: Die durch $b_n = \frac{1}{2^{n+1}}$ definierte Folge $(b_n)_{n \in \mathbb{N}}$ konvergiert als streng monoton fallende und nach unten beschränkte Folge nach dem Satz von der monotonen Konvergenz gegen 0. Damit folgt aus den Rechenregeln für Grenzwerte sofort

$$\begin{aligned} \lim_{n \to \infty} a_n &= \lim_{n \to \infty} \left(\frac{2^{n+1} - 1}{2^n} \right) = \lim_{n \to \infty} \left(\frac{2^{n+1} \cdot \left(1 - \frac{1}{2^{n+1}} \right)}{2^{n+1} \cdot \left(\frac{1}{2} \right)} \right) \\ &= \lim_{n \to \infty} (2 \cdot (1 - b_n)) = 2 \cdot (1 - \underbrace{\lim_{n \to \infty} b_n}_{=0}) \\ &= 2. \end{aligned}$$

Die Folge $(a_n)_{n \in \mathbb{N}}$ konvergiert daher gegen 2.

Mit Strategie 2: Auch hier berechnen wir die ersten Folgenglieder zu $1, \frac{3}{2}, \frac{7}{4}, \frac{15}{8}, \frac{31}{16}, \ldots$ und vermuten, dass die Folge von unten gegen 2 konvergiert. Eine Induktion soll diese Vermutung beweisen: Der Induktionsanfang ist wegen $a_0 = 1$ trivial. Mit unser Induktionsvoraussetzung $a_n < 2$ folgt anschließend $a_{n+1} = \frac{a_n}{2} + 1 \overset{\text{I.V.}}{<} \frac{2}{2} + 1 = 2$. Die Folge ist also von oben durch 2 beschränkt.

Für die Konvergenz fehlt also nur noch, dass sie monoton steigt. Auch das ist trivial:

$$\begin{aligned} & a_{n+1} > a_n \\ \Leftrightarrow \quad & \frac{a_n}{2} + 1 > a_n \\ \Leftrightarrow \quad & a_n < 2 \end{aligned}$$

Die letzte Ungleichung ist nach unserer Beschränktheitsüberlegung immer erfüllt, also gilt für alle $n \in \mathbb{N}$ auch $a_{n+1} > a_n$. Aus dem Satz von der Monotonen Konvergenz folgt nun, dass $(a_n)_{n \in \mathbb{N}}$ als monotone und beschränkte Folge konvergiert.

Nach dem Grenzwert ist zwar in der Aufgabenstellung nicht gefragt, aber um die Strategie bei einer solchen Fragestellung vorzuführen, berechnen wir ihn dennoch. Die

Idee ist dabei, sich die Rekursion zunutze zu machen:

Wir wissen nach unseren vorangegangenen Überlegungen, dass die Folge $(a_n)_{n \in \mathbb{N}}$ konvergiert. Es gibt also ein $a = \lim_{n \to \infty} a_n$. Da die „verschobene" Folge $(a_{n+1})_{n \in \mathbb{N}}$ trivialerweise denselben Grenzwert besitzt, rechnen wir

$$a = \lim_{n \to \infty} a_n = \lim_{n \to \infty} a_{n+1} = \lim_{n \to \infty} \frac{a_n}{2} + 1 = \frac{1}{2}a + 1,$$

wobei wir beim letzten Gleichheitszeichen die Rechenregeln für Grenzwerte verwendet haben. Die Gleichung $a = \frac{1}{2}a + 1$ wird nun von $a = 2$ gelöst, und wir haben unseren Grenzwert.

2.4 Praxisteil

Aufgabe 2.14: H19-T1-A1

 Folgende Teilaufgaben:

(a) Beweisen Sie: Für alle $n \in \mathbb{N}$, $n \geq 1$, gilt

$$\sum_{k=1}^{n} k^2 = \frac{1}{6}n(n+1)(2n+1).$$

(b) Für $n \in \mathbb{N}$, $n \geq 1$, sei

$$a_n = \frac{1}{n^3} \sum_{k=1}^{n} k^2.$$

Berechnen Sie

$$\lim_{n \to \infty} a_n.$$

(c) Für $n \in \mathbb{N}$, $n \geq 2$, sei

$$b_n = \prod_{k=2}^{n} \left(1 - \frac{1}{k}\right).$$

Berechnen Sie $\lim_{n \to \infty} b_n$.

Lösungsvorschlag: Ad (a): Der Induktionsanfang für $n = 1$ ist trivial:

$$\frac{1}{6}(1+1)(2 \cdot 1 + 1) = \frac{2 \cdot 3}{6} = 1 = \sum_{k=1}^{1} k^2$$

Für den Induktionsschritt rechnen wir

$$
\begin{aligned}
\sum_{k=1}^{n+1} k^2 &= (n+1)^2 + \sum_{k=1}^{n+1} k^2 \\
&\overset{\text{I.V.}}{=} (n+1)^2 + \frac{1}{6}n(n+1)(2n+1) \\
&= \frac{6(n+1)^2 + n(n+1)(2n+1)}{6} \\
&= \frac{(n+1)(6(n+1) + n(2n+1))}{6} \\
&= \frac{(n+1)(2n^2 + 7n + 6)}{6} \\
&= \frac{1}{6}(n+1)(n+2)(2n+3).
\end{aligned}
$$

Ad (b): Nach Teilaufgabe (a) können wir wegen $n \neq 0$ schreiben

$$
a_n = \frac{1}{n^3} \sum_{k=1}^{n} k^2 = \frac{n(n+1)(2n+1)}{6n^3} = \frac{2n^3 + 3n^2 + n}{6n^3} = \frac{2 + \frac{3}{n} + \frac{1}{n^2}}{6}.
$$

Nach den Rechenregeln für Grenzwerte können wir wegen $\frac{3}{n} \xrightarrow{n\to\infty} 0$ und $\frac{1}{n^2} \xrightarrow{n\to\infty} 0$ daher folgern

$$
\lim_{n\to\infty} a_n = \frac{2+0+0}{6} = \frac{1}{3}.
$$

Ad (c): Wir gehen analog zu den ersten Teilaufgaben vor, d.h., wir versuchen mittels vollständiger Induktion eine alternative Darstellung für b_n zu finden. Dazu berechnen wir

$$
\begin{aligned}
b_2 &= 1 - \frac{1}{2} = \frac{1}{2} \\
b_3 &= \left(1 - \frac{1}{3}\right) \cdot b_2 = \frac{2}{3} \cdot \frac{1}{2} = \frac{1}{3} \\
&\vdots \qquad \vdots
\end{aligned}
$$

und vermuten $b_n = \frac{1}{n}$. Der Induktionsanfang ist diesbezüglich bereits geschehen und für den Induktionsschritt rechnen wir

$$
\begin{aligned}
\prod_{k=2}^{n+1} \left(1 - \frac{1}{k}\right) &= \left(1 - \frac{1}{n+1}\right) \cdot \prod_{k=2}^{n} \left(1 - \frac{1}{k}\right) \\
&\overset{\text{I.V.}}{=} \left(1 - \frac{1}{n+1}\right) \cdot \frac{1}{n} \\
&= \frac{n}{n+1} \cdot \frac{1}{n} \\
&= \frac{1}{n+1}.
\end{aligned}
$$

In der Tat ist also $b_n = \frac{1}{n}$, also folgt direkt $\lim_{n\to\infty} b_n = 0$.

Es sei $r > 0$ eine fest gewählte reelle Zahl. Man zeige, dass die Folge $(a_n)_{n\in\mathbb{N}}$ mit

$$a_n = \frac{\sqrt{rn}}{1+r\sqrt{n}} \quad \text{für alle } n \in \mathbb{N}$$

einen Grenzwert $a \in \mathbb{R}$ besitzt und bestimme für jedes $\varepsilon > 0$ ein $n_0 \in \mathbb{N}$ mit

$$|a_n - a| < \varepsilon \quad \text{für alle } n \geq n_0.$$

Lösungsvorschlag: Für festes $r > 0$ sieht man nach Kürzen mit $\sqrt{n}$, dass $a = r^{-\frac{1}{2}}$, denn

$$a_n = \frac{\sqrt{rn}}{1+r\sqrt{n}} = \frac{\sqrt{r}}{r+\frac{1}{\sqrt{n}}} \xrightarrow{n\to\infty} \frac{\sqrt{r}}{r} = \frac{1}{\sqrt{r}},$$

wobei wir den Grenzwert $\lim_{n\to\infty} \frac{1}{\sqrt{n}} = 0$ verwendet haben. Die Existenz des Grenzwerts $a = \frac{1}{\sqrt{r}}$ für $(a_n)_{n\in\mathbb{N}}$ ergibt sich daraus sofort durch die Rechenregeln für Grenzwerte. Die Aufgabe verlangt jedoch einen formalen Beweis. Wir müssen also für alle $\varepsilon > 0$ ein $n_0 \in \mathbb{N}$ derart bestimmen, dass obige Ungleichung gilt. Dazu gehen wir wie in Aufgabe 2.8 vor:

$$\varepsilon \stackrel{!}{>} |a_{n_0} - a| = \left| \frac{\sqrt{rn_0}}{1+r\sqrt{n_0}} - \frac{1}{\sqrt{r}} \right|$$

$$= \left| \frac{\sqrt{rn_0}\cdot\sqrt{r} - (1+r\sqrt{n_0})}{(1+r\sqrt{n_0})\sqrt{r}} \right|$$

$$= \left| -\frac{1}{(1+r\sqrt{n_0})\sqrt{r}} \right|$$

$$= \frac{1}{(1+r\sqrt{n_0})\sqrt{r}}$$

Diese Ungleichung impliziert wegen $r > 0$ auch

$$\frac{1}{\varepsilon} < (1+r\sqrt{n_0})\sqrt{r} \Leftrightarrow \frac{1}{\sqrt{r}\varepsilon} < 1 + r\sqrt{n_0}.$$

Insbesondere ist also auch folgende Ungleichung wahr:

$$\frac{1}{\sqrt{r}\varepsilon} < r\sqrt{n_0} \Longleftrightarrow \frac{1}{r^{\frac{3}{2}}\varepsilon} < \sqrt{n_0}$$

Damit ist aber nach Quadrieren auch

$$n_0 > \frac{1}{r^3\varepsilon^2}.$$

Zum Beispiel kann man also wählen $n_0(\varepsilon) = \left\lceil \frac{1}{r^3\varepsilon^2} \right\rceil + 1$. Damit ist dann für alle $n \geq n_0(\varepsilon)$

$$|a_n - a| = \frac{1}{(1+r\sqrt{n_0})\sqrt{r}} < \frac{1}{r\sqrt{r}\sqrt{n}} < \frac{1}{r^{\frac{3}{2}}\cdot\sqrt{\frac{1}{r^3\varepsilon^2}}} = \varepsilon.$$

Folgende Teilaufgaben:

(a) Sei $(a_n)_{n\in\mathbb{N}}$ eine gegen a konvergente Folge in $\mathbb{R}$. Zeigen Sie, dass dann auch die Folge $(b_n)_{n\in\mathbb{N}}$ mit

$$b_n := \frac{1}{2}(a_n + a_{n+1}) \quad \text{für alle } n \in \mathbb{N}$$

gegen a konvergiert.

(b) Finden Sie eine Folge $(a_n)_{n\in\mathbb{N}}$, die nicht konvergiert, sodass die zugehörige Folge $(b_n)_{n\in\mathbb{N}}$ konvergiert.

(c) Sei vorausgesetzt, dass $(a_n)_{n\in\mathbb{N}}$ monoton wächst und dass $(b_n)_{n\in\mathbb{N}}$ konvergiert. Zeigen Sie, dass dann auch $(a_n)_{n\in\mathbb{N}}$ konvergiert.

Lösungsvorschlag: Ad (a): Nach Voraussetzung konvergiert die Folge $(a_n)_{n\in\mathbb{N}}$, sodass gilt $\lim_{n\to\infty} a_n = \lim_{n\to\infty} a_{n+1} = a$. Nach den Regeln für Grenzwerte konvergiert also auch die Folge $(b_n)_{n\in\mathbb{N}}$ als Summe bzw. Vielfaches konvergenter Folgen, und ihr Grenzwert berechnet sich nach den Rechenregeln für Grenzwerte zu

$$\lim_{n\to\infty} b_n = \lim_{n\to\infty} \frac{1}{2}(a_n + a_{n+1}) = \frac{1}{2}\cdot\left(\lim_{n\to\infty} a_n + \lim_{n\to\infty} a_{n+1}\right) = \frac{1}{2}(a+a) = a.$$

Ad (b): Sei $a_n = (-1)^n$ die alternierende Folge. Diese ist offensichtlich divergent. Für $(b_n)_{n\in\mathbb{N}}$ gilt:

$$b_n = \frac{1}{2}(a_n + a_{n+1}) = \begin{cases} \frac{1}{2}(1+(-1)) = 0 & \text{für } n \text{ gerade} \\ \frac{1}{2}(-1+1) = 0 & \text{für } n \text{ ungerade} \end{cases}$$

Damit ist also $b_n \equiv 0$ die konstante Nullfolge und als solche konvergent.

Ad (c): Sei wie vorausgesetzt $(a_n)_{n\in\mathbb{N}}$ monoton wachsend, d.h., $a_n \le a_{n+1}$ für alle $n \in \mathbb{N}$. Angenommen, die Folge $(a_n)_{n\in\mathbb{N}}$ wäre nicht konvergent. Eine monoton wachsende Folge, die divergiert, kann nicht nach oben beschränkt sein, sonst wäre sie ja nach dem Satz von der monotonen Konvergenz kovergent. Das heißt, für alle $C \in \mathbb{N}$ gibt es ein $N \in \mathbb{N}$, sodass $a_N > C$. Weil $(a_n)_{n\in\mathbb{N}}$ monoton wachsend ist, ist damit insbesondere $a_{N+1} \ge a_N > C$. Zusammen ist

$$b_N = \frac{1}{2}(a_N + a_{N+1}) > \frac{1}{2}(C+C) = C,$$

was bedeuten würde, dass $(b_n)_{n\in\mathbb{N}}$ nicht (nach oben) beschränkt ist. Dies steht im Widerspruch zu Satz 2.9 und der Voraussetzung, dass die Folge $(b_n)_{n\in\mathbb{N}}$ konvergiert. Damit muss $(a_n)_{n\in\mathbb{N}}$ konvergent sein.

Beweisen Sie, dass die Folge $(a_n)_{n \geq 1}$ mit

$$a_n = \frac{(2n^2 + 1)(n+1)^n}{(3n+1)n^{n+1}}$$

konvergiert, und bestimmen Sie den Grenzwert der Folge.

Lösungsvorschlag: Wir beginnen mit einer kurzen Vorbetrachtung.

Aufgepasst!

Stehen Summen in Klammern als Basis einer n-ten Potenz, so lohnt sich die Frage, ob eine Umformung derart passieren kann, dass auf die bekannte Folge $a_n = \left(1 + \frac{1}{n}\right)^n$ zurückgegriffen werden kann, denn hierfür kennt man den Grenzwert

$$\lim_{n \to \infty} \left(1 + \frac{1}{n}\right)^n = e.$$

Im Kontext dieser Aufgabe finden wir im Zähler den Faktor $(n+1)^n$. Diesen mit dem binomischen Lehrsatz auszuschreiben, würde rein intuitiv keine Erleichterung mit sich bringen. Wir formen daher um:

$$(n+1)^n = \left(n\left(1 + \frac{1}{n}\right)\right)^n \overset{(*)}{=} n^n \left(1 + \frac{1}{n}\right)^n$$

Damit machen wir uns nun an die Folge:

$$\begin{aligned}
a_n &= \frac{(2n^2 + 1)(n+1)^n}{(3n+1)n^{n+1}} \\
&\overset{(*)}{=} \frac{(2n^2 + 1) \cdot n^n \left(1 + \frac{1}{n}\right)^n}{(3n+1)n^{n+1}} \\
&= \underbrace{\frac{2n^2 + 1}{n(3n+1)}}_{=:b_n} \cdot \underbrace{\left(1 + \frac{1}{n}\right)^n}_{=:c_n}
\end{aligned}$$

Wir betrachten die Folge $(a_n)_{n \in \mathbb{N}}$ nun also als Produkt der Folgen $(b_n)_{n \in \mathbb{N}}$ und $(c_n)_{n \in \mathbb{N}}$. Wegen

$$b_n = \frac{2n^2 + 1}{3n^2 + n} = \frac{n^2\left(2 + \frac{1}{n^2}\right)}{n^2\left(3 + \frac{1}{n}\right)} = \frac{2 + \frac{1}{n^2}}{3 + \frac{1}{n}} \xrightarrow{n \to \infty} \frac{2}{3}, \text{ wegen } \frac{1}{n^2} \xrightarrow{n \to \infty} 0 \text{ und } \frac{1}{n} \xrightarrow{n \to \infty} 0$$

und

$$c_n = \left(1 + \frac{1}{n}\right)^n \xrightarrow{n \to \infty} e$$

ist die Folge $(a_n)_{n \in \mathbb{N}}$ als Produkt konvergenter Folgen konvergent, und ihr Grenzwert ist das Produkt der Grenzwerte:

$$\lim_{n \to \infty} a_n = \lim_{n \to \infty} b_n \cdot \lim_{n \to \infty} c_n = \frac{2}{3} e$$

3 Reihen

Eine wichtige Operation, die mit Folgen durchgeführt werden kann, ist ihr gliedweises Aufsummieren – man spricht dann von *Reihen*. Bei endlich vielen Summanden $a_1, \ldots, a_n$ ist klar, dass die Summe $a_1 + \cdots + a_n$ einen endlichen Wert hat. Bei unendlich vielen Summanden hingegen kann die Summe sowohl endlich als auch unendlich sein. Etwa ist bekannt, dass

$$\frac{1}{1} + \frac{1}{2} + \cdots > N$$

für jede natürliche Zahl $N \in \mathbb{N}$. Die Summe sämtlicher Folgenglieder der durch $a_n = \frac{1}{n}$ definierten Folge $(a_n)_{n \in \mathbb{N}}$ ist also nach oben unbeschränkt. Anderes gilt hingegen bei

$$\frac{1}{1^2} + \frac{1}{2^2} + \cdots = \frac{\pi^2}{6}.$$

Es ist also auch erwartbar, dass etwa $\frac{1}{1^k} + \frac{1}{2^k} + \frac{1}{3^k} + \ldots$ für alle $k \geq 2$ einen endlichen Wert liefert. Damit stellt sich die Frage, wie man gezielt herausfinden kann, ob eine Reihe einen endlichen Wert besitzt und wie man diesen gegebenenfalls bestimmt. Dies führt auf das Konzept der Konvergenz von Reihen.

3.1 Konvergenz von Reihen

Definition 3.1 (Reihe). Gegeben sei eine Folge $(a_n)_{n \in \mathbb{N}}$. Dann heißt

$$s_m = a_1 + a_2 + \cdots + a_m$$

die *m-te Partialsumme der Folge*. Die Folge $(s_m)_{m \in \mathbb{N}}$ dieser Partialsummen heißt *Reihe*.

Da jede Reihe also eine Folge ist, können wir denselben Konvergenzbegriff verwenden, führen dabei aber neue Notationen ein.

Definition 3.2 (Konvergenz einer Reihe). Sei $(s_m)_{m \in \mathbb{N}}$ eine Reihe zur Folge $(a_n)_{n \in \mathbb{N}}$. Existiert der Folgengrenzwert $s = \lim_{m \to \infty} s_m$, so heißt die Reihe *konvergent*. Man schreibt

$$s = \lim_{m \to \infty} s_m = \lim_{m \to \infty} \sum_{n=1}^{m} a_n = \sum_{n=1}^{\infty} a_n$$

und nennt s den *Wert der Reihe* $(s_m)_{m \in \mathbb{N}}$.

Aufgepasst!

Es ist ratsam, beim Umgang mit Reihen nicht an endliche Summen zu denken. Das Umsortieren oder Klammern von Summanden führt zu widersprüchlichen Ergebnissen. Betrachten wir etwa die Reihe $(s)_{n \in \mathbb{N}}$ der durch $a_n = (-1)^n$ definierten Folge $(a_n)_{n \in \mathbb{N}}$, so führten derartige Überlegungen einerseits zu

$$\sum_{n=1}^{\infty} (-1)^n = \underbrace{(-1+1)}_{=0} + \underbrace{(-1+1)}_{=0} + \underbrace{\cdots}_{=0} = 0$$

© Der/die Autor(en), exklusiv lizenziert durch
Springer-Verlag GmbH, DE, ein Teil von Springer Nature 2021
J. M. Veith und P. Bitzenbauer, *Schritt für Schritt zum Staatsexamen
Mathematik*, https://doi.org/10.1007/978-3-662-62948-2_3

und andererseits zu

$$\sum_{n=1}^{\infty} (-1)^n = -1 + \underbrace{(1-1)}_{=0} + \underbrace{(1-1)}_{=0} + \underbrace{\ldots}_{=0} = -1,$$

was sich offensichtlich widerspricht. Insbesondere dürfen wir Reihen nicht trennen, d.h., im Allgemeinen gilt

$$\sum_{n=1}^{\infty} (a_n + b_n) \neq \sum_{n=1}^{\infty} a_n + \sum_{n=1}^{\infty} b_n.$$

(siehe Satz 3.19)

Bevor wir nun exemplarisch einmal die Konvergenz einer Reihe nachprüfen, sei noch eine wichtige Technik festgehalten. Seien $k \in \mathbb{Z}$ und $(a_n)_{n \in \mathbb{N}}$ eine Folge. Dann gilt

$$\sum_{n=1}^{m} a_n = a_1 + a_2 + \cdots + a_m = a_{(1-k)+k} + a_{(2-k)+k} + \cdots + a_{(m-k)+k} = \sum_{n=1+k}^{m+k} a_{(n-k)}.$$

Diese Verschiebung des Summationsindex bezeichnet an auch als *Indexshift*. An vielen Stellen erleichtert ein solcher Indexshift den Umgang mit einer Reihe. Beispielsweise können wir auf diese Weise unser Wissen über die Gaußsche Summenformel $\sum_{n=1}^{m} n = \frac{m(m+1)}{2}$ anwenden für

$$\sum_{n=1}^{m} (n+1) = \sum_{n=2}^{m+1} n = -1 + \sum_{n=1}^{m+1} n = -1 + \frac{(m+1)(m+2)}{2} = \frac{m}{2}(m+3).$$

Beim zweiten „=" haben wir den Index wieder bei 1 beginnen lassen und dafür den Summanden $a_1 = 1$ händisch abgezogen. Ein Indexshift ist analog für Reihen zulässig.

Definition 3.3 (Teleskopsumme). Sei $k \in \mathbb{N}_{<m}$. Eine Reihe der Form $s = \sum_{n=1}^{\infty} (a_{n+k} - a_n)$ heißt *Teleskopsumme*.

Da sich die Summanden unterschiedlichen Vorzeichens von Teleskopsummen gegenseitig aufheben, zerfallen die zu Teleskopsummen gehörigen Partialsummen zu genau *2k* Summanden:

$$\sum_{n=1}^{m} (a_{n+k} - a_n) = -\underbrace{(a_1 + a_2 + \cdots + a_k)}_{k\text{-viele}} + \underbrace{(\ldots)}_{=0} + \underbrace{a_{m+1} + a_{m+2} + \cdots + a_{m+k}}_{k\text{-viele}}$$

Damit lässt sich die Konvergenz solcher Reihen systematisch untersuchen.

Beispiel 3.4

 Betrachten wir die Reihe

$$s = \sum_{n=1}^{\infty} \left(\frac{1}{n} - \frac{1}{n+1} \right).$$

Hier ist

$$s_m = \sum_{n=1}^{m} \left(\frac{1}{n} - \frac{1}{n+1} \right)$$

$$= \left(\frac{1}{1} - \frac{1}{2} \right) + \left(\frac{1}{2} - \frac{1}{3} \right) + \cdots + \left(\frac{1}{m} - \frac{1}{m+1} \right)$$

$$= 1 + \left(-\frac{1}{2} + \frac{1}{2} \right) + \left(-\frac{1}{3} + \frac{1}{3} \right) + \cdots + \left(-\frac{1}{m} + \frac{1}{m} \right) - \frac{1}{m+1}$$

$$= 1 - \frac{1}{m+1},$$

und man sieht leicht

$$s = \lim_{m \to \infty} s_m = \lim_{m \to \infty} \left(1 - \frac{1}{m+1} \right) = 1.$$

Nicht immer präsentiert sich eine Teleskopsumme auch als solche. Als Faustregel lässt sich jedoch festhalten, dass bei einer Reihe $\sum_{n=1}^{\infty} a_n$ eine Partialbruchzerlegung von a_n zu einer solchen Darstellung führen kann, falls a_n ein Quotient zweier Polynome ist, wie das nachfolgende Beispiel zeigt.

Aufgabe 3.5: F04-T1-A1

Man zeige, dass die Reihe

$$\sum_{n=1}^{\infty} \frac{1}{n(n+2)}$$

konvergiert mit dem Grenzwert $\frac{3}{4}$.

Lösungsvorschlag: Die zur Reihe gehörige Folge $(a_n)_{n \in \mathbb{N}}$ ist definiert durch $a_n = \frac{1}{n(n+2)}$. Um die Reihe in eine Teleskopsumme zu überführen, zerlegen wir die einzelnen Summanden mit einer Partialbruchzerlegung:

$$\frac{1}{n(n+2)} \overset{!}{=} \frac{A}{n} + \frac{B}{n+2} = \frac{A(n+2) + Bn}{n(n+2)} = \frac{n(A+B) + 2A}{n(n+2)}$$

Ein Koeffizientenvergleich von linker und rechter Seite liefert:

$$A + B = 0 \quad \Longrightarrow \quad A = -B$$
$$2A = 1 \quad \Longrightarrow \quad A = \frac{1}{2}$$

sodass gilt:

$$\frac{1}{n(n+2)} = \frac{1}{2} \cdot \frac{1}{n} - \frac{1}{2} \cdot \frac{1}{n+2}$$

Für den Grenzwert der Reihe selbst hilft diese Zerlegung nicht, da wir nicht umsortieren und klammern dürfen. Wir können diese Zerlegung jedoch für die m-ten Partialsummen verwenden, für die diese Operationen zugelassen sind. Es folgt also

$$s_m = \sum_{n=1}^{m} \frac{1}{n(n+2)} = \frac{1}{2} \sum_{n=1}^{m} \frac{1}{n} - \frac{1}{2} \sum_{n=1}^{m} \frac{1}{n+2}.$$

Auf die zweite Summe wenden wir nun einen Indexshift an:

$$-\frac{1}{2} \sum_{n=1}^{m} \frac{1}{n+2} = -\frac{1}{2} \sum_{n=3}^{m+2} \frac{1}{n} = -\frac{1}{2} \left(\sum_{n=1}^{m+2} \frac{1}{n} - \left(\frac{1}{1} + \frac{1}{2} \right) \right) = \frac{3}{4} - \frac{1}{2} \sum_{n=1}^{m+2} \frac{1}{n}$$

womit wir die m-te Partialsumme schreiben können als

$$s_m = \frac{3}{4} + \frac{1}{2} \sum_{n=1}^{m} \frac{1}{n} - \frac{1}{2} \sum_{n=1}^{m+2} \frac{1}{n}.$$

Wir sehen, dass die erste Summe vollständig von der zweiten nivelliert wird – von der zweiten Summe bleiben dann nur noch die zu $m+2$ und $m+1$ gehörigen Summanden übrig, d.h., wir erhalten abschließend

$$s_m = \frac{3}{4} - \frac{1}{2} \frac{1}{m+1} - \frac{1}{2} \frac{1}{m+2}.$$

Dabei gilt $\frac{1}{m+1} \xrightarrow{m \to \infty} 0$ und $\frac{1}{m+2} \xrightarrow{m \to \infty} 0$. Aus den Rechenregeln für Grenzwerte folgt daher

$$s_m \xrightarrow{m \to \infty} \frac{3}{4} - 0 - 0 = \frac{3}{4}.$$

Der Grenzwert der Partialsummen existiert somit, d.h., die Reihe konvergiert gegen den angegebenen Wert.

Wir möchten uns im Folgenden einem stärkeren Konvergenzbegriff für Reihen nähern. Für manche Zwecke der Mathematik ist Konvergenz allein nicht ausreichend, man fordert deshalb, dass die einzelnen Summanden „sehr schnell" kleiner werden. Dies führt auf die folgende

Definition 3.6 (Absolute Konvergenz). Eine Reihe $\sum_{n=1}^{\infty} a_n$ heißt *absolut konvergent*, wenn die Reihe $\sum_{n=1}^{\infty} |a_n|$ ihrer Absolutbeträge konvergiert.

Dass der eben definierte Konvergenzbegriff tatsächlich ein stärkerer ist, bestätigt der folgende

Satz 3.7. Eine absolut konvergente Reihe $\sum_{n=1}^{\infty} a_n$ konvergiert.

Aufgepasst!

Die Umkehrung dieses Satzes gilt i.A. nicht. So entspricht die Reihe der Absolutbeträge von $\sum_{n=1}^{\infty} \frac{(-1)^n}{n}$ gerade der harmonischen Reihe $\sum_{n=1}^{\infty} \frac{1}{n}$, die bekanntermaßen divergiert.

Oftmals kann es leichter sein, die Konvergenz einer Reihe über diesen stärkeren Begriff nachzuweisen, wie das folgende Beispiel verdeutlicht.

Die zur Folge $\left(\frac{(-1)^n}{n^2}\right)_{n\in\mathbb{N}}$ gehörige Reihe konvergiert, denn die dazugehörige Reihe der Absolutbeträge konvergiert gemäß

$$\sum_{n=1}^{\infty}\left|\frac{(-1)^n}{n^2}\right| = \sum_{n=1}^{\infty}\frac{1}{n^2} = \frac{\pi^2}{6},$$

wie am Anfang dieses Abschnitts erwähnt wurde. Nach Satz 3.7 konvergiert also auch die Reihe $\sum_{n=1}^{\infty}\frac{(-1)^n}{n^2}$. Bei alternierenden Reihen ist üblicherweise das Leibnizkriterium 3.11 das Mittel der Wahl.

Satz 3.9 (Dreiecksungleichung in $\mathbb{R}$). Für $x,y \in \mathbb{R}$ beliebig gilt

$$\big||x|-|y|\big| \leq |x\pm y| \leq |x|+|y|.$$

Für größere Summen lässt sich diese Ungleichung iterieren zu

$$\left|\textstyle\sum_{n=1}^{m} a_n\right| \leq \sum_{n=1}^{m}|a_n|.$$

Für absolut konvergente Reihen gilt außerdem

$$\left|\textstyle\sum_{n=1}^{\infty} a_n\right| \leq \sum_{n=1}^{\infty}|a_n|.$$

Das Ziel dieses Kapitels wird im Folgenden darin bestehen, eine Reihe von Kriterien zur Verfügung zu stellen, die die Konvergenz bzw. Divergenz einer Reihe garantieren. Dazu ist es jedoch zunächst notwendig, einige bekannte Reihen vorzustellen.

3.2 Konvergenzkriterien

Für Konvergenznachweise haben sich eine Vielzahl nützlicher Kriterien etabliert. Solche Kriterien heißen Konvergenzkriterien – im Folgenden sei eine Auswahl wichtiger Kriterien vorgestellt.

Satz 3.10 (Nullfolgenkriterium). Gegeben sei eine Reihe $s = \sum_{n=1}^{\infty} a_n$. Ist die Folge $(a_n)_{n\in\mathbb{N}}$ keine Nullfolge, d.h., gilt $\lim_{n\to\infty} a_n \neq 0$, so divergiert die Reihe.

Satz 3.11 (Leibniz-Kriterium). Gegeben sei eine Reihe der Form $s = \sum_{n=1}^{\infty}(-1)^n a_n$. Ist die Folge $(a_n)_{n\in\mathbb{N}}$ eine monotone Nullfolge (steigend oder fallend), dann konvergiert die Reihe.

Dieses Kriterium liefert beispielsweise unmittelbar die Konvergenz der alternierenden harmonischen Reihe (vgl. Tab. 3.1). Reihen solcher Bauart (d.h. solche, bei denen das Vorzeichen der Summanden ständig wechselt) nennt man *alternierend*.

Satz 3.12 (Quotientenkriterium). Gegeben sei eine Reihe $s = \sum_{n=1}^{\infty} a_n$, wobei $a_n \neq 0$ für alle $n \in \mathbb{N}$. Gilt nun

$$\limsup_{n\to\infty}\left|\frac{a_{n+1}}{a_n}\right| < 1,$$

so konvergiert s absolut. Gilt dagegen

$$\limsup_{n\to\infty}\left|\frac{a_{n+1}}{a_n}\right| > 1,$$

so divergiert s. Ist der Grenzwert 1, so lässt sich über die Reihe in allgemeiner Form keine Aussage treffen, und es sind weitere Betrachtungen notwendig.

Aufgepasst!

Für den Fall, dass der Quotient von unten an 1 konvergiert, liefert das Quotientenkriterium keine Entscheidbarkeit. Diese Tatsache ist kaum verwunderlich, denn es gibt sowohl konvergente als auch divergente Reihen mit dieser Eigenschaft, wie die beiden Spezialfälle s_1 und s_2 der allgemeinen harmonischen Reihe zeigen (vgl. Tab. 3.1):

- Für s_1 ist $a_n = \frac{1}{n}$ und damit

$$\lim_{n\to\infty}\left|\frac{a_{n+1}}{a_n}\right| = \lim_{n\to\infty}\frac{1/(n+1)}{1/n} = \lim_{n\to\infty}\frac{n}{n+1} = 1,$$

und die Reihe divergiert.

- Für s_2 ist $a_n = \frac{1}{n^2}$ und damit ebenfalls

$$\lim_{n\to\infty}\left|\frac{a_{n+1}}{a_n}\right| = \lim_{n\to\infty}\frac{1/(n+1)^2}{1/n^2} = \lim_{n\to\infty}\frac{n^2}{n^2+2n+1} = \lim_{n\to\infty}\frac{1}{1+\frac{2}{n}+\frac{1}{n^2}} = 1,$$

und die Reihe konvergiert.

Satz 3.13 (Monotoniekriterium). Eine Reihe mit nicht negativen Summanden konvergiert genau dann, wenn ihre Partialsummen nach oben beschränkt sind.

Dieses Kriterium scheint zunächst trivial. Die Folge der Partialsummen ist bei nicht negativen Summanden stets monoton steigend. Ist sie zusätzlich nach oben beschränkt, so folgt die Konvergenz unmittelbar aus dem Satz der monotonen Konvergenz für Folgen. Wichtig hierbei ist jedoch, dass es für das Kriterium ausreicht, wenn alle bis auf endlich viele Summanden nicht negativ sind.

Satz 3.14 (Majorantenkriterium). Gegeben sei eine Reihe $s = \sum_{n=1}^{\infty} a_n$. Existiert nun eine konvergente Reihe $S = \sum_{n=1}^{\infty} b_n$, sodass für alle bis auf endlich viele $n \in \mathbb{N}$ stets $|a_n| \leq b_n$ gilt, so konvergiert s absolut.

Dieses Kriterium besitzt umso höhere Praktikabilität, je mehr Reihen man kennt. Auch bestätigt dieses Theorem die am Anfang dieses Kapitels geäußerte Vermutung, dass aufgrund der Konvergenz der Reihe $s_2 = \sum_{n=1}^{\infty} \frac{1}{n^2}$ auch sämtliche Reihen $s_a = \sum_{n=1}^{\infty} \frac{1}{n^a}$ mit $a \geq 2$ konvergieren, denn es ist $\frac{1}{n^a} \leq \frac{1}{n^2}$, d.h., s_2 stellt eine für sämtliche s_a konvergente Majorante dar.

Satz 3.15 (Minorantenkriterium). Gegeben sei eine Reihe $s = \sum_{n=1}^{\infty} a_n$. Existiert nun eine divergente Reihe $S = \sum_{n=1}^{\infty} b_n$, sodass für alle bis auf endlich viele $n \in \mathbb{N}$ stets $|a_n| \geq b_n$ gilt, so divergiert s.

Das Minorantenkriterium ist die Umkehrung des Majorantenkriteriums und besitzt eine vergleichbare Praktikabilität. Beispielsweise besitzt die Reihe $\sum_{n=1}^{\infty} \frac{1}{\sqrt{n}}$ die harmonische Reihe als divergente Minorante (vgl. Tab. 3.1).

Die Kenntnis folgender bekannter Reihen ist für die erfolgreiche Bearbeitung von Staatsexamensaufgaben äußerst hilfreich. Sie werden in Untersuchungen des Konvergenzverhaltens häufig als konvergente Majoranten bzw. divergente Minoraten genutzt:

Name	Reihe	Konvergenzverhalten
geometrische Reihe	$s = \sum_{n=0}^{\infty} aq^n$, wobei $a, q \in \mathbb{R}$	konvergiert für $q \in (-1,1)$, $s = \frac{a}{1-q}$
allgemeine harmonische Reihe	$s_a = \sum_{n=1}^{\infty} \frac{1}{n^a}$, wobei $a \in \mathbb{Z}$	divergiert für $a \leq 1$ und konvergiert für $a > 1$, $s_2 = \frac{\pi^2}{6}$ etc.
alternierende harmonische Reihe	$s = \sum_{n=1}^{\infty} \frac{(-1)^{n+1}}{n}$	konvergiert, $s = \log(2)$
Exponentialreihe	$s = \sum_{n=1}^{\infty} \frac{1}{n!}$	konvergiert, $s = e$
Leibniz-Reihe	$s = \sum_{n=1}^{\infty} \frac{(-1)^n}{2n+1}$	konvergiert, $s = \frac{\pi}{4}$

Tabelle 3.1 Übersicht zu den wichtigen Reihen.

Satz 3.16 (Wurzelkriterium). Gegeben sei eine Reihe $s = \sum_{n=1}^{\infty} a_n$. Gilt

$$\limsup_{n\to\infty} \sqrt[n]{|a_n|} < 1,$$

so konvergiert s absolut.

Das Wurzelkriterium ist meistens dann eine gute Wahl, wenn die Folgenglieder a_n unter Anderem auch n-te Potenzen beinhalten. Wir werden dazu an entsprechender Stelle noch Beispiele sehen.

Satz 3.17 (Grenzwertkriterium). Konvergiert die Folge $\frac{a_n}{b_n}$ gegen einen Wert $c \in \mathbb{R}_{>0}$, so gilt:

$$\sum_{n=1}^{\infty} a_n \text{ konvergiert} \quad \Leftrightarrow \quad \sum_{n=1}^{\infty} b_n \text{ konvergiert}$$

Wir möchten diese Kriterien nun einmal explizit anwenden.

Aufgabe 3.18: H11-T2-A1

Untersuchen Sie folgende Reihen auf Konvergenz:

$$\sum_{n=1}^{\infty} \frac{n^2}{2^n}, \quad \sum_{n=1}^{\infty} \left(\frac{n}{n+1}\right)^n, \quad \sum_{n=1}^{\infty} \left(\sum_{k=1}^{n} \frac{k}{n^4}\right)$$

Lösungsvorschlag: Die Summanden der ersten Reihe sind recht simple Quotienten, wir setzen deshalb mit dem Quotientenkriterium an und sehen

$$\lim_{n\to\infty}\left|\frac{a_{n+1}}{a_n}\right| = \lim_{n\to\infty}\frac{(n+1)^2}{2^{n+1}}\cdot\frac{2^n}{n^2} = \lim_{n\to\infty}\frac{1}{2}\cdot\underbrace{\frac{(n+1)^2}{n^2}}_{\to 1} \to \frac{1}{2}.$$

Die Reihe konvergiert also nach dem Quotientenkriterium.

Die Summanden der zweiten Reihe sind n-te Potenzen, intuitiver Weise würde man also mit dem Wurzelkriterium ansetzen. Die darin auftauchende Folge konvergiert jedoch gegen 1, das Wurzelkriterium liefert also keine Aussage. Wir sehen uns die zugehörige Folge etwas genauer an:

$$a_n = \left(\frac{n}{n+1}\right)^n = \left(\frac{1}{1+\frac{1}{n}}\right)^n = \frac{1}{(1+\frac{1}{n})^n}$$

Wegen $\lim_{n\to\infty}(1+\frac{1}{n})^n = e$ sehen wir also, dass die Folge $(a_n)_{n\in\mathbb{N}}$ gegen $a = \frac{1}{e}$ konvergiert. Insbesondere handelt es sich nicht um eine Nullfolge. Nach dem Nullfolgenkriterium divergiert die Reihe daher.

Die Summanden der dritten Reihe können wir mit der Gaußschen Summenformel umformen zu

$$\sum_{k=1}^{n}\frac{k}{n^4} = \frac{1}{n^4}\sum_{k=1}^{n}k = \frac{n(n+1)}{2n^4}.$$

Die Folgenglieder $a_n = \frac{n(n+1)}{2n^4}$ fallen dabei etwa so schnell ab wie $\frac{1}{n^2}$. Wir wenden also das Majorantenkriterium an: Die Reihe $\sum_{n=1}^{\infty}\frac{1}{n^2}$ ist bekanntlich konvergent, es ist also lediglich zu überprüfen, ob sie auch eine Majorante unserer Reihe ist, d.h., es ist

$$a_n = \frac{n^2+n}{2n^4} \leq \frac{1}{n^2}$$

zu überprüfen. Diese Ungleichung ist wegen $n^2 > 0$ äquivalent zu

$$\frac{n^2+n}{2n^2} \leq 1,$$

und dies wiederum zu $n \leq n^2$ bzw. $1 \leq n$, was für alle $n \in \mathbb{N}$ erfüllt ist. Es gelten also alle für das Majorantenkriterium nötigen Bedingungen, und die Reihe konvergiert.

Bevor wir ein abschließendes Beispiel besprechen, sei an dieser Stelle ein wichtiges Resultat genannt, das unmittelbar aus den Rechenregeln für Grenzwerte folgt.

Satz 3.19. Sind $\sum_{n=1}^{\infty}a_n$ und $\sum_{n=1}^{\infty}b_n$ zwei konvergente Reihen mit Werten s_a und s_b. Dann ist die Reihe $\sum_{n=1}^{\infty}(a_n + b_n)$ konvergent und besitzt den Wert $s_a + s_b$. Es gilt dann

$$\sum_{n=1}^{\infty}a_n + \sum_{n=1}^{\infty}b_n = \sum_{n=1}^{\infty}(a_n + b_n).$$

Folgende Teilaufgaben:

(a) Zeigen Sie, dass die Reihe

$$\sum_{k=1}^{\infty} \left(\frac{1}{k} + \frac{(-1)^k}{\sqrt{k}} \right)$$

nicht konvergiert.

(b) Zeigen Sie, dass die Reihe

$$\sum_{k=2}^{\infty} \frac{(-1)^k}{k - \sqrt{k}}$$

konvergiert.

Lösungsvorschlag: Ad (a): Die Reihe $t = \sum_{k=1}^{\infty} (-1)^k \frac{1}{\sqrt{k}}$ konvergiert nach dem Leibniz-Kriterium. Würde nun die Reihe

$$s = \sum_{k=1}^{\infty} \left(\frac{1}{k} + \frac{(-1)^k}{\sqrt{k}} \right)$$

konvergieren, so auch die Reihe $s - t$ nach Satz 3.19. Es ist dann aber

$$s - t = \sum_{k=1}^{\infty} \left(\frac{1}{k} + \frac{(-1)^k}{\sqrt{k}} - \frac{(-1)^k}{\sqrt{k}} \right) = \sum_{k=1}^{\infty} \frac{1}{k},$$

d.h., $s - t$ ist die harmonische Reihe, die bekanntlich divergiert. Das ist ein Widerspruch, also kann s nicht konvergieren.

Ad (b): Gegeben ist eine alternierende Reihe, wir denken also wieder an das Leibniz-Kriterium. Sei dazu $a_k = \frac{1}{k - \sqrt{k}}$, dann gilt

$$\lim_{k \to \infty} a_k = \lim_{k \to \infty} \frac{1}{k - \sqrt{k}} = \lim_{k \to \infty} \frac{1}{k} \cdot \underbrace{\frac{1}{1 - \frac{1}{\sqrt{k}}}}_{\to 1} = 0,$$

d.h., $(a_k)_{k \in \mathbb{N}}$ ist eine Nullfolge. Die dazugehörige Reihe $\sum_{k=1}^{\infty} (-1)^k a_k$ konvergiert daher nach dem Leibniz-Kriterium, falls $(a_k)_{k \in \mathbb{N}}$ zusätzlich monoton ist. Für die Monotonie betrachten wir den Quotienten

$$\frac{a_{k+1}}{a_k} = \frac{\frac{1}{(k+1) - \sqrt{k+1}}}{\frac{1}{k - \sqrt{k}}} = \frac{k - \sqrt{k}}{(k+1) - \sqrt{k+1}},$$

und wir nutzen nun die 3. binomische Formel zum Erweitern gemäß

$$\frac{(k - \sqrt{k})((k+1) + \sqrt{k+1})}{(k+1)^2 - (k+1)} = \frac{k^2 + k + \sqrt{k^3 + k^2} - \sqrt{k^3 + 2k^2 + k} - \sqrt{k^2 + k}}{k^2 + k}$$

$$= 1 + \frac{\sqrt{k^3 + k^2} - \sqrt{k^3 + 2k^2 + k} - \sqrt{k^2 + k}}{k^2 + k}.$$

Nun ist $\sqrt{k^3 + k^2} < \sqrt{k^3 + 2k^2} < \sqrt{k^3 + 2k^2 + k}$ aufgrund der Monotonie der Wurzelfunktion und $k \geq 2$. Das bedeutet

$$= 1 + \frac{\overbrace{\sqrt{k^3 + k^2} - \sqrt{k^3 + 2k^2 + k}}^{<0} + \overbrace{\left(-\sqrt{k^2 + k}\right)}^{<0}}{k^2 + k} < 1,$$

also insgesamt $\frac{a_{k+1}}{a_k} < 1$ bzw. $a_{k+1} < a_k$, d.h., die Folge ist streng monoton fallend.

3.3 Potenzreihen

Die wohl wichtigste „Klasse" von Reihen stellen die sogenannten Potenzreihen dar, die über den Satz der Taylor-Entwicklung in enger Verbindung zu glatten Funktionen auf $\mathbb{R}^n$ stehen. Diese Verbindung werden wir im entsprechenden Abschnitt zur Differentialrechnung genauer eruieren und uns zunächst auf Konvergenzbetrachtungen beschränken.

Definition 3.21 (Potenzreihe). Seien $(a_n)_{n \in \mathbb{R}}$ eine Folge und $x_0 \in \mathbb{R}$ beliebig. Alle Reihen, die eine Darstellung der Form

$$s(x) = \sum_{n=0}^{\infty} a_n (x - x_0)^n$$

besitzen (wobei $x \in \mathbb{R}$ variabel), nennen wir *Potenzreihen*. Dabei heißen die Folgenglieder a_n *Koeffizienten der Reihe* und x_0 *Entwicklungspunkt der Reihe*.

Auffällig ist, dass die Werte s von Potenzreihen nicht eindeutig bestimmt sind, sondern von x abhängen. Somit wird i.A. auch die Konvergenz von Potenzreihen abhängig sein von x. Klar ist jedoch, dass es mindestens ein x gibt, für das $s(x)$ konvergiert, nämlich $x = x_0$.

Beispiel 3.22

 Potenzreihen sind uns bereits über den Weg gelaufen. Setzt man $a_n \equiv a$ für ein $a \in \mathbb{R}$ und $x_0 = 0$, so besitzt die zugehörige Potenzreihe die Darstellung

$$s(x) = \sum_{n=0}^{\infty} a x^n,$$

es handelt sich also um die aus Tab. 3.1 bekannte geometrische Reihe, die für alle $x \in (-1, 1)$ konvergiert.

Satz 3.23. Sei $s(x) = \sum_{n=0}^{\infty} a_n(x - x_0)^n$ eine Potenzreihe. Dann gibt es hinsichtlich der Konvergenz von $s(x)$ folgende Fälle:

- Die Reihe konvergiert ausschließlich für $x = x_0$.

- Die Reihe konvergiert auf ganz $\mathbb{R}$.

- Es gibt ein $r > 0$, sodass die Reihe für alle $x \in (x_0 - r, x_0 + r)$ konvergiert und für alle $x \in (-\infty, x_0 - r) \cup (x_0 + r, \infty)$ divergiert.

Aus Satz 3.23 ergeben sich die folgenden Bemerkungen:

- Die Zahl r ist nach Definition maximal gewählt, sodass die Reihe in Abständen $|x - x_0| < r$ konvergiert.

- Die Reihe konvergiert also auf dem Kreis $K_r(x_0)$, und man nennt r den *Konvergenzradius der Reihe*. In $\mathbb{R}$ bedeutet das: Potenzreihen konvergieren auf zu x_0 symmetrischen Intervallen.

- Auf dem Rand dieser Intervalle, d.h. für $x \in \mathbb{R}$ mit $|x - x_0| = r$, lässt sich keine allgemeine Aussage formulieren. Hier hängt das Konvergenzverhalten explizit von der jeweiligen Reihe ab, ähnlich wie das Quotientenkriterium für Grenzfälle keine Aussage liefert.

Die Frage ist nun, wie sich der Konvergenzradius einer Potenzreihe gezielt bestimmen lässt. Hierfür gibt es zwei recht simple Zusammenhänge.

Satz 3.24. Sei $s(x) = \sum_{n=0}^{\infty} a_n(x - x_0)^n$ eine Potenzreihe mit Konvergenzradius r. Dann gilt

- die Cauchy-Hadamard-Formel

$$\frac{1}{r} = \limsup_{n \to \infty} \left(\sqrt[n]{|a_n|} \right).$$

Zwei Fälle sind dabei gesondert zu betrachten: Divergiert der Grenzwert, so ist $r = 0$, und die Potenzreihe konvergiert nur in $x = x_0$. Konvergiert der Grenzwert gegen 0, so ist $r = \infty$, und die Potenzreihe konvergiert auf ganz $\mathbb{R}$.

- alternativ

$$r = \lim_{n \to \infty} \left| \frac{a_n}{a_{n+1}} \right|.$$

Aufgabe 3.25: F12-T2-A2

Folgende Teilaufgaben:

(a) Bestimmen Sie den Konvergenzradius r der Potenzreihe

$$R(x) = \sum_{n=0}^{\infty} (-1)^n \frac{1}{\sqrt{3^n}(5n^2 + 1)} x^n.$$

(b) Beurteilen Sie, ob $R(x)$ an den Stellen $x = r$ und $x = -r$ konvergiert oder divergiert.

Lösungsvorschlag: Ad (a): Die Koeffizientenfolge der Potenzreihe ist definiert durch

$$a_n = (-1)^n \frac{1}{\sqrt{3^n}(5n^2+1)}.$$

Um Satz 3.24 anzuwenden zu können, betrachten wir die Quotientenfolge $\frac{a_n}{a_{n+1}}$:

$$\frac{a_n}{a_{n+1}} = \frac{(-1)^n \cdot \sqrt{3^{n+1}} \cdot (5(n+1)^2+1)}{(-1)^{n+1} \cdot \sqrt{3^n} \cdot (5n^2+1)} = -\sqrt{3} \cdot \underbrace{\frac{5(n+1)^2+1}{5n^2+1}}_{\xrightarrow{n\to\infty} 1} \xrightarrow{n\to\infty} -\sqrt{3}$$

Der Konvergenzradius ist damit gegeben durch $r = \sqrt{3}$.

Ad (b): Für $x = r$ erhalten wir die Reihe

$$R(r) = \sum_{n=0}^{\infty} (-1)^n \frac{1}{5n^2+1}.$$

Trivialerweise ist $\left(\frac{1}{5n^2+1}\right)_{n\in\mathbb{N}}$ eine streng monoton fallende Nullfolge. Die Reihe konvergiert daher nach dem Leibniz-Kriterium.

Für $x = -r$ erhalten wir die Reihe

$$R(-r) = \sum_{n=0}^{\infty} \frac{1}{5n^2+1}.$$

Für die bei 1 startende Reihe $R'(-r) = \sum_{n=1}^{\infty} \frac{1}{5n^2+1}$ ist $\sum_{n=1}^{\infty} \frac{1}{n^2}$ eine konvergente Majorante. Nach dem Majorantenkriterium ist daher $R'(-r)$ konvergent. Insbesondere konvergiert $R(-r) = R'(-r) + 1$.

3.4 Praxisteil

Folgende Teilaufgaben:

(a) Bestimmen Sie für die Reihe

$$\sum_{k=0}^{\infty} \frac{x+3}{(x-3)^k}, \quad x \neq 3$$

alle $x \in \mathbb{R}$, für die die Reihe konvergiert, und berechnen Sie den Wert der Reihe.

(b) Beweisen Sie oder widerlegen Sie die Konvergenz der Reihe $\sum_{k=1}^{\infty} \left(\frac{1}{k^2} - \frac{1}{k}\right)$.

Lösungsvorschlag: Ad (a): Setzen wir $a = x+3$ und $q = \frac{1}{x-3}$, so sehen wir, dass es sich um eine geometrische Reihe $s(x) = \sum_{k=0}^{\infty} aq^k$ handelt. Diese konvergiert bekanntlich für $|q| < 1$ gegen

$$s = \frac{a}{1-q} = \frac{x+3}{1 - \frac{1}{x-3}} = \frac{x+3}{x-4} \cdot (x-3) = \frac{x^2 - 9}{x-4}.$$

Um alle $x \in \mathbb{R}$ zu erhalten, bezüglich derer die Reihe konvergiert, lösen wir die Ungleichung $|q| < 1$. Diese ist äquivalent zu

$$1 < |x-3| \quad \Leftrightarrow \quad (x-3 > 1) \vee (x-3 < -1) \quad \Leftrightarrow \quad (x > 4) \vee (x < 2),$$

sodass wir insgesamt $x \in \mathbb{R} \backslash [2,4]$ erhalten.

Ad (b): Wir gehen hier analog zu Aufgabe 3.20 vor. Sei $s = \sum_{k=1}^{\infty} \left(\frac{1}{k^2} - \frac{1}{k} \right)$. Die Reihe $t = \sum_{k=1}^{\infty} \frac{1}{k^2}$ konvergiert bekanntlich (gegen $\frac{\pi^2}{6}$). Würde nun s konvergieren, so insbesondere auch $t - s$ und nach Satz 3.19 können wir schreiben

$$t - s = \sum_{k=1}^{\infty} \left(\frac{1}{k^2} - \left(\frac{1}{k^2} - \frac{1}{k} \right) \right) = \sum_{k=1}^{\infty} \frac{1}{k},$$

es handelt sich also um die divergente harmonische Reihe. Das ist ein Widerspruch, also kann s nicht konvergent gewesen sein.

Aufgabe 3.27: F14-T3-A2

 Es sei $(f_n)_{n \in \mathbb{N}}$ die durch $f_1 = f_2 = 1$ und

$$f_{n+1} = f_n + f_{n-1} \text{ für alle } n \geq 2$$

rekursiv definierte Fibonacci-Folge.

(a) Beweisen Sie für alle $n \in \mathbb{N}$:

$$f_n \geq \frac{4}{9} \left(\frac{3}{2} \right)^n$$

(b) Zeigen Sie, dass die durch

$$a_n = \prod_{k=1}^{n} \frac{f_k}{f_{k+1}}$$

für $n \in \mathbb{N}$ definierte Folge gegen 0 konvergiert.

(c) Zeigen Sie, dass die Reihe

$$\sum_{k=1}^{\infty} \frac{1}{f_k}$$

konvergiert.

Lösungsvorschlag: Ad (a): Aufgrund der beiden Startwerte der Fibonacci-Folge müssen wir den Induktionsanfang für die beiden Startwerte durchführen. Damit können wir dann im anschließenden Induktionsschritt sowohl für f_n als auch für f_{n-1} die Induktionsvoraussetzung einsetzen. Wir führen einen Induktionsbeweis über n und beginnen mit dem Induktionsanfang für $n = 1$. Laut Definition ist $f_1 = 1$. Man rechnet:

$$\frac{4}{9}\left(\frac{3}{2}\right)^1 = \frac{4}{9}\cdot\frac{3}{2} = \frac{2\cdot 1}{3\cdot 1} = \frac{2}{3} \leq 1 = f_1 \checkmark$$

und für $n = 2$:

$$\frac{4}{9}\left(\frac{3}{2}\right)^2 = \frac{4}{9}\cdot\frac{9}{4} = 1 \leq 1 = f_2 \checkmark$$

Induktionsvoraussetzung (IV): Obige Aussage gelte für ein $n \in \mathbb{N}$ und zugehöriges $n-1 \in \mathbb{N}$. Wir wollen zeigen, dass sie auch für den Nachfolger $n+1$ gilt, dass also

$$f_{n+1} \geq \frac{4}{9}\left(\frac{3}{2}\right)^{n+1}.$$

Induktionsschritt:

$$f_{n+1} = f_n + f_{n-1}$$

$$\overset{\text{(IV)}}{\geq} \frac{4}{9}\left(\frac{3}{2}\right)^n + \frac{4}{9}\left(\frac{3}{2}\right)^{n-1}$$

$$= \frac{4}{9}\left(\frac{3}{2}\right)^{n-1}\left[1+\frac{3}{2}\right]$$

$$= \frac{4}{9}\left(\frac{3}{2}\right)^{n-1}\cdot\frac{10}{4}$$

$$\geq \frac{4}{9}\left(\frac{3}{2}\right)^{n-1}\cdot\underbrace{\frac{9}{4}}_{=\left(\frac{3}{2}\right)^2}$$

$$= \frac{4}{9}\left(\frac{3}{2}\right)^{n+1}$$

Ad (b): Zunächst ist $a_n > 0$ als Produkt positiver ganzer Zahlen. Wir verwenden direkt Teilaufgabe (a), um zu sehen, dass

$$a_n = \prod_{k=1}^{n}\frac{f_k}{f_{k+1}} = \frac{f_1}{f_2}\cdot\frac{f_2}{f_3}\cdot\ldots\cdot\frac{f_{n-1}}{f_n}\cdot\frac{f_n}{f_{n+1}} = \frac{f_1}{f_{n+1}}\cdot\frac{f_2\cdot\ldots\cdot f_n}{f_2\cdot\ldots\cdot f_n} = \frac{f_1}{f_{n+1}} \overset{f_1=1}{=} \frac{1}{f_{n+1}}.$$

Wegen $f_{n+1} \geq \frac{4}{9}\left(\frac{3}{2}\right)^{n+1}$ für $n \in \mathbb{N}$ folgt sofort, dass

$$\frac{1}{f_{n+1}} \leq \frac{9}{4}\left(\frac{2}{3}\right)^{n+1}.$$

Damit ergibt sich

$$0 < a_n = \frac{1}{f_{n+1}} \leq \frac{9}{4}\left(\frac{2}{3}\right)^{n+1} \overset{n\to\infty}{\underset{|\frac{2}{3}|<1}{\longrightarrow}} 0$$

und damit folglich $a_n \overset{n\to\infty}{\longrightarrow} 0$ nach dem Sandwichlemma.

Ad (c): Die Reihe ist nach Definition 3.2 konvergent, wenn die Folge der Partialsummen konvergiert. Die Folge $s_n = \sum_{k=1}^{n} \frac{1}{f_k}$ konvergiert nach dem Majorantenkriterium (Satz 3.14), denn sie besitzt eine konvergente Majorante, wie wir mit (a) ableiten:

$$\frac{1}{f_k} \leq \frac{9}{4}\left(\frac{2}{3}\right)^{k}$$

Also ist

$$s_n \leq \sum_{k=1}^{n} \frac{9}{4}\left(\frac{2}{3}\right)^{k}.$$

Die zugehörige Reihe konvergiert aber als geometrische Reihe mit $|q| = |\frac{2}{3}| < 1$. Somit konvergiert auch $\sum_{k=1}^{\infty} \frac{1}{f_k}$.

Aufgabe 3.28: F11-T2-A1

Folgende Teilaufgaben:

(a) Man zeige

$$1 - \sqrt{1 - \frac{1}{n}} > \frac{1}{2n}$$

für $n \geq 2$ und bestimme damit, ob die Reihe

$$\sum_{n=2}^{\infty} \left(1 - \sqrt{1 - \frac{1}{n}}\right)$$

konvergiert.

(b) Man bestimme, ob die Reihe

$$\sum_{n=2}^{\infty} \left(1 - \sqrt{1 - \frac{1}{n^2}}\right)$$

konvergiert.

Lösungsvorschlag: Ad (a): Wir wenden einen Standardtrick an, um die Abschätzung zu zeigen.

Aufgepasst!

 Sollen Differenzen abgeschätzt werden, in denen eine Quadratwurzel auftritt, so bietet es sich häufig an, die dritte binomische Formel auszunutzen, um die Wurzeln loszuwerden.

In unserem Fall ergibt sich für $\mathbb{N} \ni n \geq 2$:

$$1 - \sqrt{1 - \frac{1}{n}} = \frac{\left(1 - \sqrt{1-\frac{1}{n}}\right)\left(1+\sqrt{1-\frac{1}{n}}\right)}{\left(1+\sqrt{1-\frac{1}{n}}\right)} = \frac{\frac{1}{n}}{1+\sqrt{1-\frac{1}{n}}} \geq \frac{\frac{1}{n}}{1+\sqrt{1-0}} = \frac{1}{2n}$$

Dies folgt, weil $\sqrt{1-\frac{1}{n}}$ mit n streng monoton fällt. Es folgt also für die zu betrachtende Reihe:

$$\sum_{n=2}^{\infty}\left(1-\sqrt{1-\frac{1}{n}}\right) \geq \sum_{n=2}^{\infty}\frac{1}{2n} = \frac{1}{2} \cdot \underbrace{\sum_{n=2}^{\infty}\frac{1}{n}}_{\text{harmonische Reihe}} = +\infty$$

Die bei $n = 2$ startende harmonische Reihe ist also eine divergente Majorante zu der hier betrachteten Reihe, welche demnach nach dem Minorantenkriterium (Satz 3.15) divergiert.
Ad (b): Wieder wird der Standardtrick aus Teilaufgabe (a) angewandt. Dieses Mal ergibt sich nach analoger Rechnung schnell

$$0 \leq \underbrace{1-\sqrt{1-\frac{1}{n^2}}}_{<1} = \frac{\left(1-\sqrt{1-\frac{1}{n^2}}\right)\left(1+\sqrt{1-\frac{1}{n^2}}\right)}{\left(1+\sqrt{1-\frac{1}{n^2}}\right)} = \frac{\frac{1}{n^2}}{1+\sqrt{1-\frac{1}{n^2}}} \leq \frac{\frac{1}{n^2}}{1+0} = \frac{1}{n^2},$$

wieder mit der Monotonie der Wurzel. Es folgt also:

$$\sum_{k=2}^{\infty}\left(1-\sqrt{1-\frac{1}{n^2}}\right) \leq \sum_{n=2}^{\infty}\frac{1}{n^2} = \sum_{n=1}^{\infty}\frac{1}{n^2} - \frac{1}{1^2} = \frac{\pi^2}{6} - 1 < \infty$$

Damit besitzt die Reihe eine konvergente Majorante (allg. harmonische Reihe für $\alpha = 2$, siehe Tab. 3.1). Nach dem Majorantenkriterium (Satz 3.14) folgt also die Konvergenz.

Folgende Teilaufgaben:

(a) Zeigen Sie, dass die Reihe

$$\sum_{n=2}^{\infty} \frac{(-1)^n}{\log(n^2 - n)}$$

konvergiert. Konvergiert sie absolut?

(b) Zeigen Sie, dass die Reihe

$$\sum_{n=1}^{\infty} \frac{1 - n + n^2 - n^3 + n^4 - n^5}{n^7}$$

konvergiert. Konvergiert sie absolut?

(c) Zeigen Sie, dass die Reihe

$$\sum_{k=1}^{\infty} \frac{(kx)^k}{k!}$$

für alle $|x| < \frac{1}{e}$ konvergiert. Konvergiert sie absolut?

Lösungsvorschlag: Ad (a): Die Reihe ist eine alternierende Reihe mit der durch $a_n = \frac{1}{\log(n^2 - n)}$ definierten Folge. Es gilt

$$a_n = \frac{1}{\log(n(n-1))} \overset{(*)}{=} \frac{1}{\log(n) + \log(n-1)} \overset{n\to\infty}{\longrightarrow} 0,$$

weil $\log(n) \overset{n\to\infty}{\longrightarrow} \infty$. Die Folge ist auch monoton fallend, denn

$$
\begin{aligned}
\frac{1}{a_n} - \frac{1}{a_{n+1}} &= \log(n) + \log(n-1) - (\log(n+1) + \log(n)) \\
&= \log(n-1) - \log(n+1) \\
&= \log\left(\frac{n-1}{n+1}\right) \\
&< \log\left(\frac{n+1}{n+1}\right) \\
&= \log(1) = 0,
\end{aligned}
$$

und außerdem ist $a_n > 0$, denn für $n \geq 2$ ist stets $n^2 - n > 1$ und damit $\log(n^2 - n) > 0$ (siehe unten). Wir folgern also $\frac{1}{a_n} < \frac{1}{a_{n+1}}$ und letztlich $a_{n+1} < a_n$. Damit folgt nach dem Leibniz-Kriterium die Konvergenz der Reihe.

Für die absolute Konvergenz betrachte man die Reihe

$$\sum_{n=2}^{\infty} \left| \frac{(-1)^n}{\log(n^2 - n)} \right| = \sum_{n=2}^{\infty} \frac{1}{\log(n^2 - n)},$$

weil $\log\left(n^2 - n\right) > 0$, da $n^2 - n > 1$ für $n \geq 2$. (Abb. 3.1) Wir rechnen:

$$a_n = \frac{1}{\log\left(n^2 - n\right)} \overset{(*)}{=} \frac{1}{\log\left(n\right) + \log\left(n-1\right)} \underset{\text{Monotonie von } \log(\cdot)}{\geq} \frac{1}{\log(n) + \log(n)} = \frac{1}{2\log(n)} \geq \frac{1}{2n},$$

denn bekanntlich ist $n > \log(n)$ für $n > 0$ (Abb. 3.1). Insbesondere sieht man, dass eine divergente Minorante existiert, nämlich

$$\sum_{n=2}^{\infty} \frac{1}{2n} = +\infty.$$

Die ursprüngliche Reihe konvergiert daher nicht absolut.

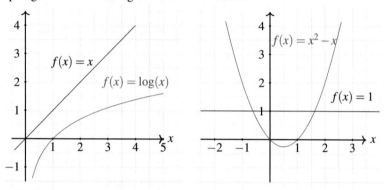

Abbildung 3.1 Man sieht, dass für $x > 0$ der durch den Term x den Term $\log(x)$ dominiert, ebenso wie der Term $x^2 - x$ den Term 1 dominiert für $x \geq 2$.

Ad (b): Wieder formt man zunächst um:

$$b_n = \frac{1 - n + n^2 - n^3 + n^4 - n^5}{n^7} = \frac{1}{n^7} - \frac{1}{n^6} + \frac{1}{n^5} - \frac{1}{n^4} + \frac{1}{n^3} - \frac{1}{n^2}$$

für $n \in \mathbb{N}$. Die allgemeine harmonische Reihe $\sum_{n=1}^{\infty} \frac{1}{n^\alpha}$ konvergiert bekanntlich für $\alpha \geq 2$. Es konvergiert mit den Reihen $\sum_{n=1}^{\infty} \frac{1}{n^k}$ für $k \in \{2,3,4,5,6,7\}$ also insbesondere deren Summe

$$\sum_{n=1}^{\infty} \left(\sum_{k=2}^{7} \frac{1}{n^k} \right),$$

die wegen

$$|b_n| = \left| \frac{1}{n^7} - \frac{1}{n^6} + \frac{1}{n^5} - \frac{1}{n^4} + \frac{1}{n^3} - \frac{1}{n^2} \right| \leq \sum_{k=2}^{7} \frac{1}{n^k}$$

eine konvergente Majorante zur gegebenen Reihe darstellt. Insbesondere konvergiert diese nach dem Majorantenkriterium absolut.

Ad (c): Es gilt

$$\sum_{k=1}^{\infty} \frac{(kx)^k}{k!} = \sum_{k=1}^{\infty} \frac{k^k}{k!} x^k.$$

Dies ist eine Potenzreihe mit $a_k = \frac{k^k}{k!}$ und Entwicklungspunkt 0. Für deren Konvergenzradius gilt nach Satz 3.24:

$$\frac{a_k}{a_{k+1}} = \frac{k^k}{k!} \cdot \frac{(k+1)!}{(k+1)^{k+1}} = \frac{k^k(k+1)}{(k+1)^{k+1}} = \frac{k^k(k+1)}{(k+1)(k+1)^k} = \frac{k^k}{\left(k\left(1+\frac{1}{k}\right)\right)^k} = \frac{1}{\left(1+\frac{1}{k}\right)^k} \xrightarrow{k\to\infty} e^{-1}$$

Also konvergiert die Potenzreihe für alle $x \in K_{e^{-1}}(0)$, insbesondere für alle $|x| < \frac{1}{e}$. Insbesondere konvergiert die Reihe als Potenzreihe auf ihrem Konvergenzkreis absolut.

4 Differentialrechnung in $\mathbb{R}$

4.1 Grenzwerte von Funktionen

Der Stetigkeitsbegriff kann ausgehend vom Grenzwertbegriff definiert werden. Wir definieren also zunächst Grenzwerte und unterscheiden dabei verschiedene Fälle.

Definition 4.1 (Grenzwert einer Funktion). Seien $I \in \mathbb{R}$ ein Intervall, $x_0 \in I$ ein innerer Punkt und

$$f : I \backslash \{x_0\} \to \mathbb{R}$$

eine Funktion. Man sagt, f besitze bei Annäherung an den Punkt x_0 den *Grenzwert* (bzw. *Limes*) y_0, falls es zu jedem $\varepsilon > 0$ ein von ε abhängiges $\delta > 0$ gibt, sodass gilt:

Für alle $x \in I$ mit $0 < |x - x_0| < \delta$ ist $|f(x) - y_0| < \varepsilon$

Als Schreibweise wählen wir aufgrund der Nähe zur Konvergenz von Folgen und Reihen

$$\lim_{x \to x_0} f(x) = y_0.$$

Es sei dabei ausdrücklich betont, dass die Funktion f an der Stelle x_0 nicht definiert sein muss. Diese Information spielt für die Existenz von y_0 (und wie groß dieses im Falle der Existenz ist) überhaupt keine Rolle. Entscheidend ist allein das Verhalten von f auf den punktierten δ-Umgebungen von x_0, d.h. auf den Mengen der Form $(x_0 - \delta, x_0 + \delta) \backslash \{x_0\} = (x_0 - \delta, x_0) \cup (x_0, x_0 + \delta)$. Hinsichtlich der Notation $\lim_{x \to x_0} f(x)$ bedeutet das insbesondere, dass bei der Annäherung von x an x_0 stets $x \neq x_0$ sein soll.

Ähnlich der Definition des Konvergenzbegriffs von Folgen (die ebenfalls gegen „Punkte" streben können) lässt sich obige Definition visualisieren (Abb. 4.1).

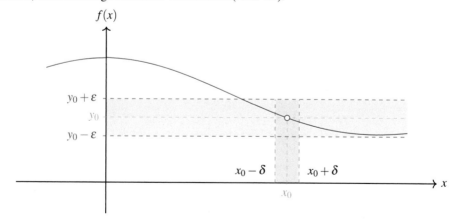

Abbildung 4.1 Für ein vorgegebenes $\varepsilon > 0$ können wir ein δ finden, sodass für alle Funktionswerte $x \in (x_0 - \delta, x_0 + \delta) \backslash \{x_0\}$ innerhalb des punktierten Intervalls stets die Ungleichung $|f(x) - y_0| < \varepsilon$ gilt. Oder mit anderen Worten: Jeder Funktionswert zu einem x aus dem δ-Schlauch um x_0 liegt in einem ε-Schlauch um y_0.

Alternativ lässt sich auch anschaulich formulieren: In der Nähe des Punktes (x_0, y_0) lässt sich der Graph von f in einen beliebig niedrigen und hinreichend schmalen ε-δ-Kasten einsperren. Für Abb. 4.1 wird dies in Abb. 4.2 dargestellt .

© Der/die Autor(en), exklusiv lizenziert durch
Springer-Verlag GmbH, DE, ein Teil von Springer Nature 2021
J. M. Veith und P. Bitzenbauer, *Schritt für Schritt zum Staatsexamen Mathematik*, https://doi.org/10.1007/978-3-662-62948-2_4

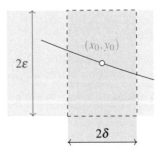

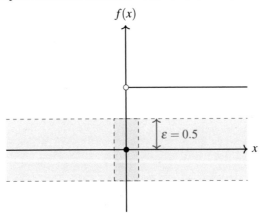

Abbildung 4.2 Für ein vorgegebenes $\varepsilon > 0$ können wir ein δ finden, sodass für alle Funktionswerte $x \in (x_0 - \delta, x_0 + \delta) \setminus \{y_0\}$ innerhalb des punktierten Intervalls stets die Ungleichung $|f(x) - y_0| < \varepsilon$ gilt. Oder mit anderen Worten: Jeder Funktionswert zu einem x aus dem δ-Schlauch um x_0 liegt in einem ε-Schlauch um y_0.

Mit dieser Anschauung lassen sich natürlich auch leicht Funktionen finden, für die gewisse Grenzwerte nicht existieren. Für die Funktion

$$f(x) = \begin{cases} 0, & x \le 0 \\ 1, & x > 0 \end{cases}$$

etwa existiert der Grenzwert $\lim_{x \to 0} f(x)$ nicht, denn wir können ihren Graphen nicht in beliebig kleine ε-δ-Kästen einsperren. Für $\varepsilon = 0.5$ bspw. kann man den ε-δ-Kasten beliebig schmal machen, ein Stück des Graphen wird stets außerhalb verlaufen (Abb. 4.3).

Abbildung 4.3 Hier wird man kein $y_0 \in \mathbb{R}$ finden, das den Kriterien der obigen Definition für $x_0 = 0$ genügt. Die Funktion $f(x)$ besitzt keinen Grenzwert bei Annäherung an 0.

Betrachtet man Abb. 4.3, so möge man eventuell argumentieren, dass die Funktion den Grenzwert $\lim_{x \to 0} f(x) = 0$ besitze, sofern man sich von der linken Seite der Stelle $x_0 = 0$ nähert, und andernfalls den Grenzwert $\lim_{x \to 0} f(x) = 1$. Diese Argumentation ist durchaus berechtigt, sie führt auf den Begriff des einseitigen Grenzwerts.

Definition 4.2 (Einseitiger Grenzwert einer Funktion). Seien $I \subset \mathbb{R}$ ein Intervall, x_0 ein rechter Randpunkt von I und $f : I \setminus \{x_0\} \to \mathbb{R}$ eine Funktion. Man sagt, f besitze bei Annäherung an die Stelle x_0 den *linksseitigen Grenzwert* y_0^-, falls es zu jedem $\varepsilon > 0$ ein von ε abhängiges $\delta > 0$ gibt,

sodass gilt:
$$\text{Für alle } x \in I \text{ mit } x_0 - \delta < x < x_0 \text{ ist } |f(x) - y_0^-| < \varepsilon.$$

Ist x_0 hingegen ein linker Randpunkt von I, so sagt man, f besitze bei Annäherung an den Punkt x_0 den *rechtsseitigen Grenzwert* y_0^+, falls es zu jedem $\varepsilon > 0$ ein von ε abhängiges $\delta > 0$ gibt, sodass gilt:
$$\text{Für alle } x \in I \text{ mit } x_0 < x < x_0 + \delta \text{ ist } |f(x) - y_0^+| < \varepsilon$$

Falls die Grenzwerte existieren, schreiben wir

$$\lim_{x \to x_0^-} f(x) = y_0^- \qquad \text{bzw.} \qquad \lim_{x \to x_0^+} f(x) = y_0^+.$$

Satz 4.3. Sei $f : I \backslash \{x_0\} \to \mathbb{R}$ eine Funktion. Der Grenzwert $\lim_{x \to x_0} f(x)$ existiert genau dann, wenn sowohl der linksseitige als auch der rechtsseitige Grenzwert von $f(x)$ in x_0 existiert und beide übereinstimmen.

Beispiel 4.4

 Sei $f(x) = \frac{2x^2 - 2x - 12}{x - 3}$. Wir zeigen, dass

$$\lim_{x \to 3} f(x) = 10$$

ist. Für $x \neq 3$ gelten nämlich die Äquivalenzen

$$|f(x) - 10| < \varepsilon$$
$$\Leftrightarrow \quad -\varepsilon < \frac{2x^2 - 2x - 12}{x - 3} - 10 < \varepsilon$$
$$\Leftrightarrow \quad -\varepsilon < \frac{2x^2 - 2x - 12 - 10(x - 3)}{x - 3} < \varepsilon$$
$$\Leftrightarrow \quad -\varepsilon < \frac{2x^2 - 12x + 18}{x - 3} < \varepsilon$$
$$\Leftrightarrow \quad -\varepsilon < \frac{2(x - 3)^2}{x - 3} < \varepsilon$$
$$\Leftrightarrow \quad -\varepsilon < 2(x - 3) < \varepsilon$$
$$\Leftrightarrow \quad -\frac{\varepsilon}{2} < x - 3 < \frac{\varepsilon}{2}.$$

Ist also $0 < |x - 3| < \frac{\varepsilon}{2}$, so ist $|f(x) - 10| < \varepsilon$. Nach Vergleich mit Definition 4.2 können wir also z.B. $\delta = \frac{\varepsilon}{2}$ wählen. Alternativ wäre natürlich auch jedes $\delta < \frac{\varepsilon}{2}$ möglich, wie etwa $\delta = \frac{\varepsilon}{3}$. Es sei noch einmal angemerkt, dass die Funktion an der Stelle $x = 3$ nicht definiert ist und dies für die Grenzwertbetrachtung keine Rolle spielte.

Um den Grenzwertbegriff abzurunden, fehlen noch zwei Fälle:

- Der Fall $f(x) \to \pm\infty$ für ein $x \to x_0$.

- Der Grenzwert für $x \to \pm\infty$.

Definition 4.5 (Grenzwerte im Unendlichen). Seien $f : I \to \mathbb{R}$ definiert und I unbeschränkt. Man sagt, f strebt für $x \to \infty$ gegen ein $y_0 \in \mathbb{R}$, wenn es zu jedem $\varepsilon > 0$ eine Stelle $x_0(\varepsilon)$ gibt, sodass für alle $x > x_0$ aus I stets $|f(x) - y_0| < \varepsilon$ ist. In diesem Fall schreiben wir $\lim_{x \to \infty} f(x) = y_0$.

Alternativ sagt man, f strebt für $x \to -\infty$ gegen ein $y_0 \in \mathbb{R}$, wenn es zu jedem $\varepsilon > 0$ eine Stelle $x_0(\varepsilon)$ gibt, sodass für alle $x < x_0$ aus I stets $|f(x) - y_0| < \varepsilon$ ist. In diesem Fall schreiben wir $\lim_{x \to -\infty} f(x) = y_0$.

Beispiel 4.6

Sei $f(x) = \frac{x+1}{x}$. Wir zeigen, dass $\lim_{x \to \infty} f(x) = 1$ ist. Für $x \neq 0$ gelten nämlich die Äquivalenzen

$$|f(x_0) - 1| < \varepsilon$$
$$\Leftrightarrow \left| \frac{x_0+1}{x_0} - 1 \right| < \varepsilon$$
$$\Leftrightarrow \left| \frac{1}{x_0} \right| < \varepsilon$$
$$\Leftrightarrow |x_0| > \frac{1}{\varepsilon}.$$

Wir können also z.B. $x_0 = \frac{1}{\varepsilon} + 1$ setzen, denn dann ist $|x_0| > \frac{1}{\varepsilon}$ und für alle $x > x_0 > 0$ folgt

$$|f(x) - 1| = \left| \frac{1}{x} \right| = \frac{1}{x} < \frac{1}{x_0} < \varepsilon.$$

Die Existenz des Grenzwerts $\lim_{x \to -\infty} f(x) = 1$ zeigt man analog.

Definition 4.7 (Konvergenz gegen Unendlich). Seien $I \subset \mathbb{R}$ ein Intervall mit rechtem Randpunkt x_0 und $f : I \setminus \{x_0\} \to \mathbb{R}$ eine reellwertige Funktion. Man sagt, f besitze bei Annäherung an x_0 den *linksseitigen Grenzwert* $+\infty$ *(bzw. $-\infty$)*, falls es zu jedem $c > 0$ ein $\delta > 0$, sodass gilt:

Für alle $x \in I$ mit $x_0 - \delta < x < x_0$ ist $f(x) > c$ (bzw. $f(x) < -c$)

Für einen linken Randpunkt und dementsprechend eine Annäherung von rechts definiert man diese Begriffe analog.

Das c in dieser Definition wirkt im Kontext der bisherigen Definitionen eventuell verwunderlich, es ist aber eine gezielte Notation. Üblicherweise sollen $\varepsilon > 0$ nahe bei 0 sein, während die Zahl c in obiger Definition sehr groß sein soll, die Funktion f wachse also über alle „großen" Schranken $c > 0$ hinaus.

Aufgepasst!

Analog zum Grenzwertbegriff für Folgen finden sich auch Rechenregeln für den Grenzwertbegriff von Funktionen. Existieren für zwei reellwertige Funktionen f und g jeweils die Grenzwerte $\lim_{x \to x_0} f(x) = r$ und $\lim_{x \to x_0} g(x) = s$, so gilt:

- $\lim_{x \to x_0} (f(x) \pm g(x)) = r \pm s$;

- $\lim_{x \to x_0} (f(x) \cdot g(x)) = r \cdot s$;

- im Falle $s \neq 0$ auch $\lim_{x \to x_0} \frac{f(x)}{g(x)} = \frac{r}{s}$;

- ist $\lim_{x \to x_0} f(x) = y_1$ und $g(y_1) = y_2$, so folgt $\lim_{x \to x_0} g(f(x)) = y_2$.

Um Grenzwerte explizit zu berechnen und deren Existenz zu beweisen, haben sich einige Sätze der Differentialrechnung als hilfreich erwiesen, die den Begriff der Differenzierbarkeit benötigen. Beispiele für die explizite Grenzwertberechnung finden sich daran anschließend in Abschnitt 4.3. Abschließend seien an dieser Stelle daher noch zwei wichtige Sätze genannt.

Satz 4.8 (Schachtelungssatz). Seien $f, g : I \to \mathbb{R}$ reellwertige Funktionen, $p \in I$ und $|f(x)| \leq |g(x)|$ für alle $x \in I$. Dann folgt aus $\lim_{x \to x_0} g(x) = 0$ unmittelbar $\lim_{x \to x_0} f(x) = 0$.

Satz 4.9 (Folgenkriterium). Seien $I \subset \mathbb{R}$ ein Intervall, $x_0 \in I$ ein innerer Punkt oder ein Randpunkt von I und $f : I \backslash \{x_0\} \to \mathbb{R}$ eine reellwertige Funktion. Dann sind äquivalent:

1. Es existiert der Grenzwert $\lim_{x \to x_0} f(x) =: y_0$.

2. Für jede Folge $(a_n)_{n \in \mathbb{N}} \in I$ mit $a_n \neq x_0$ und $\lim_{n \to \infty} a_n = x_0$ ist $\lim_{n \to \infty} f(a_n) = y_0$.

Aufgepasst!

Um zu zeigen, dass eine Funktion an einer bestimmten Stelle nicht differenzierbar oder stetig sein kann, zeigt man i.A. die Nicht-Existenz eines Grenzwertes. Nach dem Folgenkriterium sind dazu also explizit zwei gegen x_0 konvergente Folgen $(a_n)_{n \in \mathbb{N}}$ und $(b_n)_{n \in \mathbb{N}}$ zu konstruieren, sodass $\lim_{n \to \infty} f(a_n) \neq \lim_{n \to \infty} f(b_n)$ gilt. Siehe dazu Aufgabe 4.19.

4.2 Stetigkeit

Definition 4.10 (Stetigkeit). Seien $I \subset \mathbb{R}$ ein Intervall und $x_0 \in I$. Eine Funktion $f : I \to \mathbb{R}$ heißt *stetig in* x_0, wenn der Grenzwert $\lim_{x \to x_0} f(x)$ existiert und mit $f(x_0)$ übereinstimmt. Ist f in allen $x_0 \in I$ stetig, so heißt f *stetig*.

Alternativ kann man die Stetigkeit auch notieren als

$$\lim_{x \to x_0} f(x) = f\left(\lim_{x \to x_0} x\right).$$

Eine Funktion ist also genau dann stetig in x_0, wenn sie mit der Grenzwertbildung vertauscht. Oftmals wird angemerkt, die Stetigkeit einer Funktion f bedeute, dass ihr Graph gezeichnet werden könne, „ohne den Stift abzusetzen". In vielen Kontexten mag diese Vorstellung hilfreich sein, jedoch setzt sie voraus, die Funktion f besitzt einen darstellbaren Funktionsgraphen. Dies ist im Allgemeinen nicht der Fall, historische Beispiele sind die Weierstraß- oder Bolzano-Funktion.

Definition 4.11 (Stetige Fortsetzung). Sei $f : I \backslash \{x_0\} \to \mathbb{R}$ eine stetige Funktion. Gibt es eine stetige Funktion $\tilde{f} : I \to \mathbb{R}$ mit $f(x) = \tilde{f}(x)$ für alle $x \in I \backslash \{x_0\}$, so heißt $\tilde{f}$ *stetige Fortsetzung* von f.

Definition 4.12 (Minimum und Maximum). Sei $f : I \to \mathbb{R}$ eine Funktion. Dann heißt

- $M \in \mathbb{R}$ *Maximum* der Funktion f, wenn $f(x) \leq M$ für alle $x \in I$,

- $m \in \mathbb{R}$ *Minimum* der Funktion f, wenn $f(x) \geq m$ für alle $x \in I$.

Satz 4.13. Sei $f : [a, b] \to \mathbb{R}$ eine stetige Funktion. Dann nimmt f auf $[a, b]$ sowohl ein Maximum als auch ein Minimum an.

Satz 4.14 (Zwischenwertsatz). Sei $f : [a,b] \to \mathbb{R}$ eine stetige Funktion mit Maximum M und Minimum m, die nach Satz 4.13 existieren. Dann gibt es für jedes $c \in \mathbb{R}$ mit $m \leq c \leq M$ ein $x_0 \in [a,b]$, sodass $f(x_0) = c$.

Vereinfacht ausgedrückt besagt der Zwischenwertsatz, dass eine auf dem Intervall $[a,b]$ stetige Funktion jeden Wert zwischen ihrem Maximum und Minimum annimmt.

Um uns einen kleinen Überlick über stetige Funktionen zu verschaffen, sind in Tab. 4.1 gängige elementare Funktionstypen genannt, die stetig sind.

Funktionsart	Beispiele für Funktionsterme
Polynome	$x - 4$, $x^2 + x + 1,\ldots$
Exponentialfunktionen	2^x, $e^x,\ldots$
Logarithmusfunktionen	$\log_2(x)$, $\ln(x),\ldots$
trigonometrische Funktionen	$\sin(x)$, $\cos(x)$, $\arctan(x),\ldots$
eingeschränkte trigonometrische Funktionen	$\arcsin(x)$ auf $[-1,1],\ldots$ $\arccos(x)$ auf $[-1,1],\ldots$ $\tan(x)$ auf $\left(-\frac{\pi}{2}, \frac{\pi}{2}\right),\ldots$
hyperbolische Funktionen	$\sinh(x)$, $\cosh(x)$, $\tanh(x),\ldots$

Tabelle 4.1 Beispiele stetiger Funktionen.

Seien f,g reellwertige Funktionen, die stetig in x_0 sind. Dann gilt:

- Die Summe/Differenz $f \pm g$ ist stetig in x_0.

- Das Vielfache $\lambda \cdot f$ ist stetig in x_0, für alle $\lambda \in \mathbb{R}$.

- Das Produkt $f \cdot g$ ist stetig in x_0.

- Der Quotient $\frac{f}{g}$ ist stetig in x_0, falls $g(x_0) \neq 0$.

- Die Komposition $f \circ g$ ist stetig in x_0, falls f an der Stelle $g(x_0)$ stetig ist.

4.3 Differenzierbarkeit

Definition 4.15 (Differenzierbarkeit). Eine reellwertige Funktion $f : I \to \mathbb{R}$ heißt *differenzierbar in* $x_0 \in I$, falls der Grenzwert

$$\lim_{x \to x_0} \frac{f(x) - f(x_0)}{x - x_0} = \lim_{h \to 0} \frac{f(x_0 + h) - f(x_0)}{h}$$

für $x_0 \in I$ bzw. $x_0 + h \in I$ existiert. Für den Grenzwert schreibt man auch $f'(x_0)$ oder $\frac{df}{dx}(x_0)$ und nennt ihn *Ableitung von f an der Stelle x_0*. Ist f für alle $x \in I$ differenzierbar, so heißt f *differenzierbare Funktion*. In diesem Fall ist $f' : I \to \mathbb{R}$ eine wohldefinierte Funktion, die wir *Ableitungsfunktion* von f nennen.

Die Zahl $f'(x_0)$ wird in vielen Kontexten auch *Steigung von f an der Stelle x_0* genannt. Dies ist konsistent damit, dass für monoton steigende bzw. fallende Funktionen stets $f'(x) \geq 0$ ist bzw. $f'(x) \leq 0$ ist.

Satz 4.16. Eine differenzierbare Funktion $f : I \to \mathbb{R}$ ist stetig auf ganz I.

Definition 4.17 (Stetige Differenzierbarkeit). Eine reellwertige Funktion $f : I \to \mathbb{R}$, die auf I differenzierbar ist mit stetiger Ableitungsfunktion $f' : I \to \mathbb{R}$, heißt *stetig differenzierbare Funktion*.

Sei $I \subset \mathbb{R}$ ein offenes Intervall. Die Funktion $f : I \to \mathbb{R}$ erfülle die Bedingung

$$|f(x) - f(y)| \leq K |x - y|^2 \text{ für alle } x, y \in I, \text{ wobei } K \in \,]0, \infty[.$$

Beweisen Sie, dass f auf I konstant ist.

Lösungsvorschlag: Wir starten mit einer Anmerkung.

Aufgepasst!

Um zu zeigen, dass eine Funktion konstant ist, bietet sich oft ein Blick auf die Ableitungsfunktion an.

Setzen wir o.B.d.A $x = y + \varepsilon$, so folgt:

$$\frac{|f(x) - f(y)|}{|x - y|} \leq K |x - y|$$

$$\frac{|f(y + \varepsilon) - f(y)|}{|y + \varepsilon - y|} \leq K |y + \varepsilon - y|$$

$$\frac{|f(y + \varepsilon) - f(y)|}{|\varepsilon|} \leq K \varepsilon$$

$$\left| \frac{f(y + \varepsilon) - f(y)}{\varepsilon} \right| \leq K \varepsilon$$

Für den Grenzübergang $\varepsilon \to 0$ folgt nun sofort:

$$0 < \left| f'(y) \right| = \left| \frac{f(y + \varepsilon) - f(y)}{\varepsilon} \right| \leq K \varepsilon \longrightarrow 0$$

Insbesondere ist als $f'(y) = 0$ für alle $y \in I$ und folglich f auf I konstant.

Seien f, g reellwertige Funktionen, die differenzierbar in x_0 sind. Dann gilt:

- Die Summe/Differenz $f \pm g$ ist differenzierbar in x_0. Dabei gilt

$$(f \pm g)'(x_0) = f'(x) \pm g'(x_0).$$

- Das Vielfache $\lambda \cdot f$ ist differenzierbar in x_0. Dabei gilt

$$(\lambda \cdot f)'(x_0) = \lambda \cdot f'(x_0).$$

- Produktregel: Das Produkt $f \cdot g$ ist differenzierbar in x_0. Dabei gilt

$$(f \cdot g)'(x_0) = f'(x_0)g(x_0) + f(x_0)g'(x_0).$$

- Quotientenregel: Der Quotient $\frac{f}{g}$ ist differenzierbar in x_0, falls $g(x_0) \neq 0$. Dabei gilt

$$\left(\frac{f}{g}\right)'(x_0) = \frac{f'(x_0)g(x_0) - f(x_0)g'(x_0)}{g^2(x_0)}.$$

- Kettenregel: Die Komposition $f \circ g$ ist differenzierbar in x_0, falls f an der Stelle $g(x_0)$ differenzierbar ist. Dabei gilt

$$(f \circ g)'(x_0) = f'(g(x_0)) \cdot g'(x_0).$$

Es sei an dieser Stelle auch die wichtige Bemerkung festgehalten, dass die in Tab. 4.1 aufgeführten Funktionen auf den entsprechenden Definitionsbereichen differenzierbar sind. Zusammen mit obigen Regeln lassen sich damit bereits eine große Klasse stetiger und differenzierbarer Funktionen konstruieren.

Aufgabe 4.19: F12-T2-A4

Es seien $f : \mathbb{R} \to \mathbb{R}$ definiert durch

$$f(x) = \begin{cases} x\cos\left(\frac{1}{x}\right), & \text{für } x \neq 0, \\ 0 & \text{für } x = 0, \end{cases}$$

sowie $g : \mathbb{R} \to \mathbb{R}$ definiert durch

$$g(x) = \begin{cases} x^2 \cos\left(\frac{1}{x}\right), & \text{für } x \neq 0, \\ 0 & \text{für } x = 0, \end{cases}$$

gegeben.

(a) Zeigen Sie, dass f im Punkt $x = 0$ stetig, aber nicht differenzierbar ist.

(b) Zeigen Sie, dass g im Punkt $x = 0$ stetig und differenzierbar ist.

Lösungsvorschlag: Da man Kosinus- und Sinusfunktionen global abschätzen kann, bietet sich bei Grenzwertbetrachtungen daraus aufgebauter Funktionen häufig der Schachtelungssatz 4.8 an.

Ad (a): Wir berechnen

$$|f(x)| = \left|x\cos\left(\tfrac{1}{x}\right)\right| \leq |x| \underbrace{\left|\cos\left(\tfrac{1}{x}\right)\right|}_{\leq 1} \leq |x| \xrightarrow{x \to 0} 0.$$

Wählt man also $g(x) = x$, so sind alle Voraussetzungen für den Schachtelungssatz erfüllt, und wir folgern direkt $\lim_{x \to 0} f(x) = 0$, d.h., f ist stetig in $x = 0$. Für die Differenzierbarkeit berechnen wir den Differentialquotienten

$$\frac{f(x) - f(0)}{x - 0} = \frac{x\cos\left(\tfrac{1}{x}\right)}{x} = \cos\left(\frac{1}{x}\right)$$

und sehen, dass es keinen Grenzwert bei Annäherung an $x = 0$ geben kann. Dazu konstruieren wir uns die beiden Folgen

1. $(a_n)_{n \in \mathbb{N}}$ definiert durch $a_n = \frac{1}{2\pi n}$ liefert $\cos(a_n) = \cos(2\pi n) = 1$, d.h., trotz $\lim_{n \to \infty} a_n = 0$ ist

$$\lim_{n \to \infty} \frac{f(a_n) - f(0)}{a_n - 0} = 1.$$

2. $(b_n)_{n \in \mathbb{N}}$ definiert durch $b_n = \frac{1}{(2n+1)\pi}$ liefert $\cos(b_n) = \cos((2n+1)\pi) = -1$, d.h., trotz $\lim_{n \to \infty} b_n = 0$ ist

$$\lim_{n \to \infty} \frac{f(a_n) - f(0)}{a_n - 0} = -1.$$

Der Grenzwert $\lim_{x \to 0} \frac{f(x) - f(0)}{x - 0}$ kann daher nach dem Folgenkriterium 4.9 nicht existieren, womit die Funktion f nicht in 0 differenzierbar sein kann.

Ad (b): Dies folgt wieder unmittelbar aus dem Schachtelungssatz: Wir zeigen sofort die Differenzierbarkeit (dass der Grenzwert für die Stetigkeit existiert, zeigt man völlig analog) via

$$\left| \frac{g(x) - g(0)}{x - 0} \right| = \left| x \cos\left(\frac{1}{x} \right) \right| \leq |x| \xrightarrow{x \to 0} 0,$$

insbesondere existiert der Grenzwert des Differenzenquotienten, und g ist an der Stelle $x = 0$ differenzierbar (und damit auch stetig).

Für das explizite Berechnen von Grenzwerten reellwertiger Funktionen stellen die Mittel der Differentialrechnung zwei mächtige Werkzeuge zur Verfügung – die beiden Grenzwertsätze von L'Hospital.

Satz 4.20 (Erste Regel von L'Hospital). Sind $f, g : (a, b) \to \mathbb{R}$ zwei reellwertige Funktionen und $g'(x) \neq 0$ für alle $x \in (a, b)$. Weiterhin sei

$$\lim_{x \to a^+} f(x) = \lim_{x \to a^+} g(x) = 0.$$

Falls dann $\lim_{x \to a^+} \frac{f'(x)}{g'(x)}$ existiert, so existiert auch $\lim_{x \to a^+} \frac{f(x)}{g(x)}$, und beide Grenzwerte stimmen überein. Für linksseitige Grenzwerte (also bei Annäherung an b) gilt Entsprechendes.

Satz 4.21 (Zweite Regel von L'Hospital). Seien f, g und a, b wie eben. Weiterhin sei

$$\lim_{x \to a^+} f(x) = \lim_{x \to a^+} g(x) = +\infty.$$

Falls dann $\lim_{x \to a^+} \frac{f'(x)}{g'(x)}$ existiert, so existiert auch $\lim_{x \to a^+} \frac{f(x)}{g(x)}$, und beide Grenzwerte stimmen überein. Für linksseitige Grenzwerte (also bei Annäherung an b) gilt Entsprechendes.

Aufgabe 4.22: H11-T1-A1

 Gegeben sei die Funktion $x \mapsto f(x) = x \ln\left(1 + \frac{a}{x}\right)$ mit einer positiven reellen Zahl a.

(a) Bestimmen Sie den maximalen Definitionsbereich von f.

(b) Bestimmen Sie $\lim_{x \to \infty} f(x)$ und folgern Sie aus dem Ergebnis, dass

$$\lim_{x \to +\infty} \left(1 + \frac{a}{x}\right)^x = e^a.$$

(c) Konvergiert auch die Zahlenfolge $\left(\left(1 + \frac{a}{n}\right)^n\right)_{n \in \mathbb{N}}$ gegen e^a? Begründen Sie Ihre Antwort.

Lösungsvorschlag: Ad (a): Zunächst ist der Ausdruck $1 + \frac{a}{x}$ für alle $x \in \mathbb{R} \setminus \{0\}$ wohldefiniert. Da der Logarithmus jedoch nur für positive reelle Zahlen definiert ist, müssen wir die Ungleichung $1 + \frac{a}{x} > 0$ lösen.

- Für $x > 0$ ist sie äquivalent zu $x > -a$. Da aber schon a als positiv vorausgesetzt war, erhalten wir daraus nur $x > 0$.

- Für $x < 0$ ist sie äquivalent zu $x < -a$.

Zusammen erhalten wir $D_f = \mathbb{R} \setminus [-a, 0]$.

Ad (b): Seien $g(x) = \ln\left(1 + \frac{a}{x}\right)$ und $h(x) = \frac{1}{x}$. Dann gilt $\lim_{x \to \infty} h(x) = 0$, damit folg $\lim_{x \to \infty} g(x) = \ln(1) = 0$ aus der Kettenregel für Grenzwerte. Weiterhin gilt $f(x) = \frac{g(x)}{h(x)}$. Wir wollen nun die erste L'Hospitalsche Regel anwenden und betrachten daher

$$\lim_{x \to \infty} \frac{g'(x)}{h'(x)} = \lim_{x \to \infty} \frac{-\frac{a}{ax + x^2}}{-\frac{1}{x^2}} = \lim_{x \to \infty} \frac{ax^2}{x^2 + ax} = \lim_{x \to \infty} \frac{a}{1 + \frac{a}{x}} = a,$$

wobei wir im letzten Schritt erneut die Kettenregel und die Rechenregeln für Grenzwerte angewendet haben. Es sind also alle Bedingungen erfüllt, nach der ersten Regel von L'Hospital ist somit $\lim_{x \to \infty} f(x) = a$.

Daraus ergibt sich unmittelbar

$$\ln(e^a) = a = \lim_{x \to \infty} f(x) = \lim_{x \to \infty} \left(x \ln\left(1 + \frac{a}{x}\right)\right) = \lim_{x \to \infty} \left(\ln\left(1 + \frac{a}{x}\right)^x\right) \stackrel{\ln \text{ stetig}}{=} \ln\left(\lim_{x \to \infty} \left(1 + \frac{a}{x}\right)^x\right),$$

bzw.

$$e^a = \lim_{x \to \infty} \left(1 + \frac{a}{x}\right)^x.$$

Ad (c): Die Aussage ist wahr. Sei dazu $\varepsilon > 0$ beliebig. Da die Funktion $p(x) := \left(1 + \frac{a}{x}\right)^x$ für $x \to \infty$ den Grenzwert e^a besitzt, gibt es nach Definition ein $c > 0$, sodass $|p(x) - e^a| \stackrel{\star}{<} \varepsilon$ für alle $x > c$. Für die durch $a_n := \left(1 + \frac{a}{n}\right)^n$ wählen wir nun $N = \lceil c \rceil$. Dann gilt für alle $n > N$

$$|a_n - e^a| = \left|\left(1 + \frac{a}{n}\right)^n - e^a\right| \stackrel{\star}{<} \varepsilon,$$

wegen $N > c$. Die Folge $(a_n)_{n \in \mathbb{N}}$ konvergiert also gegen e^a.

Abschließend wollen wir uns nun mit inversen Funktionen beschäftigen.

Definition 4.23 (Umkehrfunktion). Seien $A, B \subset \mathbb{R}$ und $f : A \to B$ eine Funktion. Eine Funktion $g : B \to A$ nennen wir *Umkehrfunktion von f*, wenn

- für alle $x \in A$ gilt $g(f(x)) = x$, und

- für alle $x \in B$ gilt $f(g(x)) = x$.

Man schreibt anstelle von g auch f^{-1}.

Anders ausgedrückt bedeuten die beiden Forderungen $g \circ f = \mathrm{id}_A$ und $f \circ g = \mathrm{id}_B$. Man zeigt leicht, dass eine solche Funktion g im Falle der Existenz auch eindeutig ist. Wann eine solche Umkehrfunktion existiert, besagt der nachfolgende Satz.

Satz 4.24. Eine reellwertige Funktion $f : A \to B$ besitzt eine Umkehrfunktion f^{-1} genau dann, wenn sie bijektiv ist.

Satz 4.25 (Umkehrregel). Es seien $I \subset \mathbb{R}$ ein Intervall und $f : I \to \mathbb{R}$ eine streng monotone und in $x_0 \in I$ differenzierbare Funktion mit $f'(x_0) \neq 0$. Dann ist die Umkehrfunktion $f^{-1} : f(I) \to I$ in $f(x_0)$ differenzierbar, und es gilt

$$\left(f^{-1}\right)'(f(x_0)) = \frac{1}{f'(x_0)}.$$

Die Praktikabilität der Umkehrregel werden wir uns zunächst anhand eines Beispiels ansehen.

Beispiel 4.26

Wir betrachten die Funktion $f : \left(-\frac{\pi}{2}, \frac{\pi}{2}\right) \to \mathbb{R}$, $x \mapsto \tan(x) = \frac{\sin(x)}{\cos(x)}$ und erhalten mit der Quotientenregel

$$f'(x) = \frac{\cos^2(x) + \sin^2(x)}{\cos^2(x)} = 1 + \tan^2(x).$$

Da die Tangensfunktion bekanntlich auf dem betrachteten Intervall streng monoton steigend ist und die Ableitungsfunktion offensichtlich nur Werte ≥ 1 annimmt, besitzt sie keine Nullstellen, und wir können die Umkehrregel für alle $x \in \mathbb{R}$ anwenden:

$$\arctan'(y) = \frac{1}{\tan'(\arctan(y))} = \frac{1}{1 + \tan^2(\arctan(y))} = \frac{1}{1 + y^2}$$

Aufgabe 4.27: H12-T1-A3

Sei $f : \mathbb{R} \to \mathbb{R}$ gegeben durch

$$f(x) = \frac{x^3}{x^2 + 1}.$$

(a) Man zeige, dass f streng monoton wächst.

(b) Für welche $x \in \mathbb{R}$ besitzt f lokal eine differenzierbare Umkehrfunktion

$$g = f^{-1}?$$

(c) Man berechne

$$g'\left(\frac{1}{2}\right).$$

Lösungsvorschlag: Ad (a): Sei $x < y$. Wir wollen nun $f(x) < f(y)$ zeigen. Wir betrachten die Differenz

$$f(y) - f(x) = \frac{y^3}{y^2+1} - \frac{x^3}{x^2+1} = \frac{y^3(x^2+1) - x^3(y^2+1)}{\underbrace{(x^2+1)}_{>0}\underbrace{(y^2+1)}_{>0}}.$$

Das Vorzeichen dieser Differenz hängt nur ab vom Zähler

$$y^3(x^2+1) - x^3(y^2+1).$$

Wegen $x < y$ gilt auch $x^n < y^n$ für alle $n \in \mathbb{N}$. Damit folgt

$$y^3(x^2+1) - x^3(y^2+1) > y^3(y^2+1) - x^3(x^2+1) = \underbrace{(y^5 - x^5)}_{>0} + \underbrace{(y^2 - x^2)}_{>0} > 0,$$

d.h., es ist $f(y) - f(x) > 0$ bzw. $f(y) > f(x)$, und die Funktion f damit streng monoton steigend.

Aufgepasst!

Die Gültigkeit von $f'(x) > 0$ für alle $x \in \mathbb{R}$ ist ein hinreichendes, aber nicht notwendiges Kriterium für strenge Monotonie. Die Ungleichung muss also nicht erfüllt sein, und in der Tat besitzt die Ableitungsfunktion f' in dieser Aufgabe an der Stelle $x = 0$ eine Nullstelle, wie wir gleich sehen werden.

Ad (b): Die Funktion f ist nach Teilaufgabe (a) streng monoton wachsend. Außerdem besitzt das Polynom $x^2 + 1$ keine reelle Nullstelle, d.h., f ist als Quotient zweier differenzierbarer Funktionen wieder differenzierbar. Nach der Umkehrregel besitzt sie damit überall dort lokal eine differenzierbare Umkehrfunktion, wo $f'(x) \neq 0$ gilt. Wir berechnen daher mit der Quotientenregel

$$f'(x) \overset{\star}{=} \frac{3x^2 \cdot (x^2+1) - x^3 \cdot (2x)}{(x^2+1)^2} = \frac{x^2 \overbrace{(x^2+3)}^{>0}}{(x^2+1)^2}$$

und sehen, dass die Ableitung nur die Nullstelle $x = 0$ besitzt. Damit ist $f^{-1}(x)$ für alle $x \in \mathbb{R} \setminus \{0\}$ differenzierbar.

Die Funktion ist lokal umkehrbar in x_0, wenn es ein $\varepsilon > 0$ gibt, sodass sie auf der ε-Umgebung $U_\varepsilon(x_0)$ umkehrbar ist. Da die hier vorliegende Funktion nicht global umkehrbar ist, ist lokale Umkehrbarkeit das Nächstbeste. Wir haben gezeigt, dass jeder Punkt $x \neq 0$ eine solche Umgebung besitzt, das größtmögliche ε ist dabei $|x|$.

Ad (c): Nach der Umkehrregel ist

$$g'\left(\frac{1}{2}\right) = \frac{1}{f'\left(f^{-1}\left(\frac{1}{2}\right)\right)},$$

wir benötigen daher das Urbild von $\frac{1}{2}$ unter f:

$$\frac{1}{2} = \frac{x^3}{x^2+1}$$
$$\Leftrightarrow \quad 2x^3 - x^2 - 1 = 0$$
$$\Leftrightarrow \quad (x-1)(2x^2 + x + 1) = 0$$

wobei wir (wie bei Gleichungen dritten Grades üblich) einen Faktor „geraten" haben. Mit einer quadratischen Ergänzung

$$2x^2 + x + 1 = 2\left(x + \frac{1}{4}\right)^2 + \frac{7}{16}$$

sehen wir, dass $2x^2 + x + 1 > 0$ für alle $x \in \mathbb{R}$ ist. Obige Gleichung besitzt also die eindeutige Lösung $x = 1$, bzw. ist $f(1) = \frac{1}{2}$. Einsetzen in die Umkehrregel liefert schlussendlich

$$g'\left(\frac{1}{2}\right) = \frac{1}{f'(1)} \stackrel{\star}{=} \frac{(1^2+1)^2}{1^2 \cdot (1^2+3)} = 1.$$

Bevor wir uns nun dem Praxisteil widmen, sei an dieser Stelle noch Tab. 4.2 zur Übersicht bekannter Funktionen und ihrer Ableitungsfunktionen präsentiert.

Funktion	Funktionsgraph	Ableitungsfunktion	Graph der Ableitungsfkt.
$x \mapsto \sin(x)$, $D = \mathbb{R}$ $W = [-1,1]$		$x \mapsto \cos(x)$, $D = \mathbb{R}$ $W = [-1,1]$	
$x \mapsto \tan(x)$, $D = \mathbb{R} \backslash \frac{\pi}{2}\mathbb{Z}$ $W = \mathbb{R}$		$x \mapsto \frac{1}{\cos^2(x)}$, $D = \mathbb{R} \backslash \frac{\pi}{2}\mathbb{Z}$ $W = \mathbb{R}_{\geq 1}$	
$x \mapsto e^x$, $D = \mathbb{R}$ $W = \mathbb{R}_{>0}$		$x \mapsto e^x$, $D = \mathbb{R}$ $W = \mathbb{R}_{>0}$	
$x \mapsto \ln(x)$, $D = \mathbb{R}_{>0}$ $W = \mathbb{R}$		$x \mapsto \frac{1}{x}$, $D = \mathbb{R} \backslash \{0\}$ $W = \mathbb{R} \backslash \{0\}$	
$x \mapsto \sinh(x)$, $D = \mathbb{R}$ $W = \mathbb{R}$		$x \mapsto \cosh(x)$, $D = \mathbb{R}$ $W = \mathbb{R}_{\geq 1}$	
$x \mapsto \arctan(x)$, $D = \mathbb{R}$ $W = \left(-\frac{\pi}{2}, \frac{\pi}{2}\right)$		$x \mapsto \frac{1}{1+x^2}$, $D = \mathbb{R}$ $W = (0,1]$	

Tabelle 4.2 Übersichtstabelle wichtiger Funktionen und ihrer Ableitungsfunktionen. Dabei bezeichnet D den Definitions- und W den Wertebereich. Wenn im Schaubild des Graphen nicht weiter vermerkt, sollten sich die groben Details aus diesen Mengen ergeben.

4.4 Extremwertrechnung

Satz 4.28 (Mittelwertsatz). Sei $f : [a,b] \to \mathbb{R}$ eine reellwertige und stetige Funktion, die auf (a,b) differenzierbar ist. Dann gibt es mindestens ein $x_0 \in (a,b)$, sodass

$$f'(x_0) = \frac{f(b) - f(a)}{b - a}$$

gilt.

Vereinfacht ausgedrückt, besagt der Mittelwertsatz, dass der Funktionsgraph von f in mindestens einem Punkt dieselbe Steigung wie die Sekante s durch die Punkte $(a, f(a))$ und $(b, f(b))$ besitzt (Abb. 4.4).

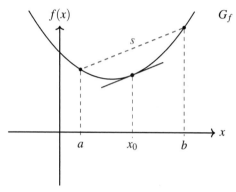

Abbildung 4.4 Die Sekante s durch die Punkte $(a, f(a))$ und $(b, f(b))$ besitzt die Steigung $\frac{f(b)-f(a)}{b-a}$. Der Mittelwertsatz besagt nun, dass es irgendwo im Intervall (a,b) eine Stelle x_0 geben muss, an der der Graph von f denselben Steigungswert besitzt.

Aufgabe 4.29: H17-T1-A2

Sei $f : \mathbb{R} \to \mathbb{R}$ eine differenzierbare Funktion mit

$$f'(x) \geq 0 \text{ für alle } x \in \mathbb{R}.$$

(a) Beweisen Sie mit Hilfe des Mittelwertsatzes, dass f monoton wachsend ist.

(b) Beweisen Sie: Wenn es zudem keine zwei reellen Zahlen $a < b$ gibt, sodass

$$f'(x) = 0 \text{ für alle } x \in]a,b[$$

gilt, dann ist f sogar streng monoton wachsend.

Lösungsvorschlag: Ad (a): Seien $a,b \in \mathbb{R}$ beliebig mit $a < b$. Wir wollen $f(a) \leq f(b)$ zeigen, denn dann ist f monoton wachsend. Nach dem Mittelwersatz gibt es ein $x_0 \in \mathbb{R}$, sodass

$$f'(x_0) = \frac{f(b) - f(a)}{b - a}$$

ist. Da $f'(x) \geq 0$ für alle $x \in \mathbb{R}$ ist, gilt insbesondere $f'(x_0) \geq 0$. Damit folgt

$$0 \leq \frac{f(b) - f(a)}{b - a},$$

was wegen $b - a > 0$ äquivalent ist zu $0 \leq f(b) - f(a)$ bzw. $f(a) \leq f(b)$.

Ad (b): Seien wieder $a, b \in \mathbb{R}$ beliebig mit $a < b$. Da f nach Teilaufgabe (a) monoton steigend ist, muss $f(b) \geq f(a)$ sein. Wäre nun $f(b) = f(a)$, so müsste, da f monoton steigend ist, $f(a) = f(x) = f(b)$ für alle $x \in]a, b[$ sein. Das bedeutet, dass f auf $]a, b[$ konstant ist. Insbesondere gilt $f'(x) = 0$ für alle $x \in]a, b[$, was gemäß der Forderung an f' nicht zutreffen kann.

Definition 4.30 (Lokale und globale Extremstelle). Sei $f : I \to \mathbb{R}$ eine reellwertige Funktion. Dann heißt eine Stelle $x_0 \in I$ *lokales Maximum (bzw. Minimum)*, falls es ein $\varepsilon > 0$ gibt, sodass gilt:

$$f(x) \leq f(x_0) \text{ (bzw.} f(x) \geq f(x_0))$$

für alle $x \in (x_0 - \varepsilon, x_0 + \varepsilon) \cap I$. Man bezeichnet lokale Minima und Maxima auch als *lokale Extremstellen*. Die Extremstelle heißt *global*, wenn obige Bedingung nicht nur auf einer ε-Umgebung von x_0 gilt, sondern auf dem gesamten Definitionsbereich von f.

Satz 4.31 (Notwendiges Kriterium für Extremstellen). Besitzt f an der Stelle $x_0 \in I$ ein lokales Extremum und ist dort differenzierbar, so gilt $f'(x_0) = 0$.

Satz 4.32 (Hinreichende Kriterien für Extremstellen). Sei $f : I \to \mathbb{R}$ eine reellwertige Funktion, die in x_0 differenzierbar ist. Dann gilt:

- Ist die Ableitungsfunktion f' ebenfalls differenzierbar, und gilt neben $f'(x_0) = 0$ zusätzlich $f''(x_0) \neq 0$, so besitzt f an der Stelle x_0 eine lokale Extremstelle. Ist $f''(x_0) > 0$ handelt es sich um ein lokales Minimum, andernfalls um ein lokales Maximum.

- Hat die Ableitungsfunktion f' bei x_0 einen Vorzeichenwechsel, so liegt dort eine lokale Extremstelle vor. Wechselt dabei das Vorzeichen von $+$ auf $-$ (d.h., die Funktionswerte steigen zunächst an und fallen anschließend), so handelt es sich um ein lokales Maximum, andernfalls um ein lokales Minimum.

Aufgabe 4.33: F14-T1-A1

 Folgende Teilaufgaben:

(a) Berechnen Sie für $c > 0$ die absoluten Extrema der Funktion $f_c :]0, \infty[\to \mathbb{R}$ definiert durch

$$f_c(x) = cx - \ln(x)$$

in Abhängigkeit von c.

(b) Bestimmen Sie alle Werte $c > 0$, für die die Gleichung

$$cx = \ln(x)$$

genau eine Lösung $x > 0$ hat.

Lösungsvorschlag: Ad (a): In jedem Fall ist f_c differenzierbar als Differenz differenzierbarer Funktionen. Der Term der Ableitungsfunktion $f_c' :]0, \infty[\to \mathbb{R}$ lautet nach Anwenden der Summenregel

$$f_c'(x) = c - \frac{1}{x}.$$

Die kritischen Stellen sind die Nullstellen der Ableitung: Die einzige Nullstelle von f_c' erhält man zu

$$f_c'(x_0) = 0 \iff x_0 = \frac{1}{c}.$$

Hinreichendes Kriterium für die Existenz eines Extremums ist nach Satz 4.32 ein Vorzeichenwechsel von f_c' bei x_0. Dies prüfen wir mittels der zweiten Ableitung, deren Term man findet zu

$$f_c''(x) = \frac{1}{x^2} > 0.$$

In jedem Fall ist also auch $f_c''(x_0) = c^2 > 0$. Damit liegt bei $x_0 = \frac{1}{c}$ ein lokales Minimum von f_c vor. Die Extremstelle besitzt wegen

$$f_c\left(\frac{1}{c}\right) = c\frac{1}{c} - \ln\left(\frac{1}{c}\right) = 1 - \ln\left(\frac{1}{c}\right) = 1 - \ln(1) + \ln(c) = 1 + \ln(c)$$

die Koordinaten

$$E\left(\frac{1}{c} \,\middle|\, 1 + \ln(c)\right).$$

Ad (b): Die Lösungen $x > 0$ der Gleichung entsprechen gerade den positiven Nullstellen der Funktin f_c aus Teilaufgabe (a). Das Minimum aus (a) liegt gerade auf der x-Achse für $1 + \ln(c) = 0$, was für $\ln(c) = -1$ beziehungsweise für $c = e^{-1}$ der Fall ist. Nachdem E ein Minimum ist, ist in diesem Fall $E(e \,|\, 0)$ die einzige Nullstelle von f_c.

- Im Fall $c < e^{-1}$ gilt $\ln(c) < \ln\left(e^{-1}\right) = -1$, und in diesem Fall liegt das in (a) bestimmte Minimum also unterhalb der x-Achse.

  ▷ Auf jeden Fall existiert der rechtsseitige Grenzwert $\lim_{x\to 0} f_c(x)$ nicht, weil $\lim_{x\to 0} -\ln(x) = +\infty$. Weil f_c als differenzierbare Funktion insbesondere stetig ist, existiert also nach dem Zwischenwertsatz ein $\zeta \in \left]0, \frac{1}{c}\right[$ mit

  $$f_c(\zeta) = 0.$$

  ▷ Aber auch für $x \to \infty$ divergiert f_c, denn

  $$\lim_{x\to\infty} f_c(x) = \lim_{x\to\infty} (cx - \ln(x))$$
  $$= \lim_{x\to\infty} \left(x\left(c - \frac{\ln(x)}{x}\right)\right)$$
  $$= +\infty,$$

  wobei wir verwendet haben, dass $\lim_{x\to\infty} \frac{\ln(x)}{x} = 0$, wie man durch Anwendung von Satz 4.21 sofort sieht.

  ▷ Folglich existiert ein $\varsigma \in \left]\frac{1}{c}, \infty\right[$ mit $f(\varsigma) = 0$. Somit gibt es zwei verschiedene Nullstellen $\zeta \neq \varsigma$ von f_c im Fall $c < e^{-1}$.

- Im Fall $c > e^{-1}$ gilt $\ln(c) > \ln\left(e^{-1}\right) = -1$, und damit sofort

$$f_c(x) \geq f_c\left(\frac{1}{c}\right) = 1 + \ln(c) > 0,$$

  sodass es in diesem Fall keine Nullstelle von f_c geben kann.

- Zusammen hat die gegebene Gleichung nur im Fall $c = e^{-1}$ genau eine Lösung $x > 0$.

Die Existenz von Extremstellen kann sich für stetige Funktionen bereits direkt aus ihrem Definitionsbereich ergeben.

Satz 4.34 (vom Minimum und Maximum). Eine reellwertige und auf $[a,b]$ stetige Funktion $f : [a,b] \to \mathbb{R}$ nimmt auf $[a,b]$ ein globales Maximum und ein globales Minimum an.

Satz 4.35. Bilder kompakter Mengen unter stetigen Funktionen sind kompakt.

4.5 Taylor-Reihen

Eine wichtige Klasse von Funktionen stellen die sogenannten *analytischen* Funktionen dar. Unter einer analytischen Funktion versteht man dabei eine Funktion, die lokal (also auf einer offenen Menge) durch eine konvergente Potenzreihe dargestellt werden kann. Man kann weiter zeigen, dass diese Darstellung sogar eindeutig ist. Nach ihrem Entdecker nennt man besagte Potenzreihen schließlich *Taylor-Reihen*.

Definition 4.36 (Taylor-Reihe). Seien $f : I \to \mathbb{R}$ eine unendlich oft differenzierbare Funktion, I ein offenes Intervall und $a \in I$. Dann heißt die Reihe

$$T_f^a(x) = \sum_{n=0}^{\infty} \frac{f^{(n)}(a)}{n!}(x-a)^n$$

die Taylor-Reihe von f im Entwicklungspunkt a.

Diese Taylor-Reihe ist zunächst jedoch als formale Reihe zu verstehen, denn a priori ist nicht klar, ob und wo sie konvergiert. Man kann dann allerdings zeigen, dass jede Taylor-Reihe auf ihrem Konvergenzkreis mit der Funktion f übereinstimmt. Man spricht deshalb auch davon, *f in eine Taylor-Reihe zu entwickeln.*

Funktionsterm	Entwicklungspunkt	Taylor-Reihe	Konvergenzbereich
$\sin(x)$	$a = 0$	$\sum_{n=0}^{\infty}(-1)^n \frac{x^{2n+1}}{(2n+1)!}$	$\mathbb{R}$
$\cos(x)$	$a = 0$	$\sum_{n=0}^{\infty}(-1)^n \frac{x^{2n}}{(2n)!}$	$\mathbb{R}$
e^x	$a = 0$	$\sum_{n=0}^{\infty} \frac{x^n}{n!}$	$\mathbb{R}$
$\ln(x)$	$a = 1$	$\sum_{n=1}^{\infty}(-1)^{n+1} \frac{(x-1)^n}{n}$	$]0,2]$
$\arctan(x)$	$a = 0$	$\sum_{n=0}^{\infty}(-1)^n \frac{x^{2n+1}}{2n+1}$	$[-1,1]$

Tabelle 4.3 Prominente Beispiele für Taylor-Reihen.

Man sieht leicht, dass wegen

$$T_f^a(x) = f(a) + \frac{f'(a)}{1!}(x-a) + \frac{f''(a)}{2!}(x-a)^2 + \dots$$

der Konvergenzbereich einer Taylor-Reihe nicht leer sein kann, denn sie konvergiert trivialerweise mindestens im Punkt $x = a$ und stellt dort $f(x)$ dar.

Definition 4.37 (N-tes Taylor-Polynom und Restglied). Seien $f : I \to \mathbb{R}$ eine mindestens N-mal differenzierbare Funktion, I ein offenes Intervall und $a \in I$. Dann heißt das Polynom

$$T_f^{a,N}(x) = \sum_{n=0}^{N} \frac{f^{(n)}(a)}{n!}(x-a)^n$$

N-tes Taylor-Polynom von f mit Entwicklungspunkt a.

Die Funktion

$$R_N(x) := f(x) - T_f^{a,N}(x)$$

heißt *N-tes Restglied in der Nähe von a.*

Satz 4.38 (von der Taylor-Entwicklung). Seien f eine auf dem offenen Intervall I n-mal differenzierbare reellwertige Funktion und $R_N(x)$ wie oben. Dann gilt:

1. Es gibt eine Funktion h mit $\lim_{x \to a} h(x) = 0$, sodass gilt:

$$R_N(x) = h(x) \cdot (x-a)^N$$

2. Ist f sogar $(n+1)$-mal differenzierbar, so gibt es zu jedem $x \neq a$ ein (von x abhängiges) c zwischen a und x, sodass gilt:

$$R_N(x) = \frac{f^{(N+1)}(c)}{(N+1)!} \cdot (x-a)^{N+1}$$

Diese Darstellung heißt *Lagrange-Form.*

Aufgabe 4.39: H17-T1-A3

Sei $f :]-1,1[\to \mathbb{R}$ definiert durch

$$f(x) = \frac{1}{1+x^2}.$$

(a) Stellen Sie f (z.B. mithilfe der geometrischen Reihe) als Potenzreihe mit Entwicklungspunkt 0 dar.

(b) Bestimmen Sie für alle $n \in \mathbb{N}$ die n-te Ableitung $f^{(n)}(0)$ von f an der Stelle $x = 0$.

Lösungsvorschlag: Ad (a): Ein Vergleich des Ausdrucks $\frac{1}{1+x^2}$ mit einer allgemeinen geometrischen Reihe $\sum_{k=0}^{\infty} q^k$ liefert für $x \in (-1,1)$:

$$\sum_{k=0}^{\infty} q^k \underset{|q|<1}{=} \frac{1}{1-q} \overset{!}{=} \frac{1}{1+x^2} \iff q = -x^2$$

73

Also folgt:

$$f(x) = \frac{1}{1+x^2} = \sum_{k=0}^{\infty}(-x^2)^k = \sum_{k=0}^{\infty}(-1)^k x^{2k}, \ |x| < 1$$

Ad (b): Nach der Definition gilt für die Koeffizienten a_n der Taylor-Reihe von f mit Entwicklungspunkt x_0 stets

$$a_n = \frac{f^{(n)}(x_0)}{n!},$$

hier also $a_n = \frac{f^{(n)}(0)}{n!}$. Wir bestimmen dazu die Koeffizienten a_n der in Teilaufgabe (a) ermittelten Potenzreihe:

$$a_n = \begin{cases} 0 & \text{für } n \text{ ungerade,} \\ (-1)^{n/2} & \text{für } n \text{ gerade} \end{cases}$$

Zusammen folgt also:

$$f^{(n)}(0) = a_n \cdot n! = \begin{cases} 0 & \text{für } n \text{ ungerade,} \\ (-1)^{n/2} \cdot n! & \text{für } n \text{ gerade} \end{cases}$$

Beispielhaft erhalten wir: $f'(0) = 0$, $f''(0) = -2$, $f'''(0) = 0$, $f^{(iv)}(0) = 24, \ldots$

4.6 Praxisteil

Aufgabe 4.40: H13-T1-A2

 Gegeben sei die Funktion $f : \mathbb{R} \to \mathbb{R}$ durch

$$f(x) = \begin{cases} x^2 \sin(\ln|x|) & \text{für } x \neq 0, \\ 0 & \text{für } x = 0 \end{cases}$$

(a) Zeigen Sie, dass f stetig differenzierbar ist, und bestimmen Sie die Ableitung f'.

(b) Zeigen Sie, dass f in $]0,1[$ und in $]1,\infty[$ jeweils unendlich viele Nullstellen besitzt.

Lösungsvorschlag: Ad (a): Wir zeigen zunächst wieder die Differenzierbarkeit auf $\mathbb{R}$.

- Für $x \neq 0$ ist f als Produkt differenzierbarer Funktionen differenzierbar: $x \mapsto x^2$ ist nämlich als Polynom differenzierbar und $x \mapsto \sin(\ln|x|)$ ebenfalls und zwar als Komposition differenzierbarer Funktionen.

- Für $x = 0$ prüfen wir, ob der Differentialquotient existiert ($h \neq 0$):

$$\frac{f(h) - f(0)}{h} = \frac{h^2 \sin(\ln|h|)}{h} = h \sin(\ln|h|)$$

Wieder verwenden wir unser Standardargument für den Grenzübergang $h \to 0$:

$$-1 \leq \sin(\ln|h|) \leq 1$$
$$-|h| \leq h \sin(\ln|h|) \leq |h|$$

Damit ist klar, dass $\lim_{h\to 0} h \sin(\ln|h|) = 0$.

- Damit existiert der Differentialquotient, und es gilt $f'(0) = 0$.

- Den Term der Ableitungsfunktion erhält man durch Anwendung der Ableitungsregeln zu:

$$f'(x) = \begin{cases} 2x\sin(\ln|x|) + x\cos(\ln|x|) & \text{für } x \neq 0, \\ 0 & \text{für } x = 0 \end{cases}$$

f ist auch stetig differenzierbar, denn f' ist stetig auf ganz $\mathbb{R}$. Das sieht man so:

- Für $x \neq 0$: Die reellen Funktion g und h mit $g(x) = 2x\sin(\ln|x|)$ und $h(x) = x\cos(\ln|x|)$ sind als Produkte stetiger Funktionen stetig. Insbesondere ist daher $f(x) = (g+h)(x)$ als Summe stetiger Funktionen stetig.

- Für $x = 0$: Es ist $f'(0) = 0$. Ferner ist:

$$\begin{aligned} 0 &\leq \lim_{x \to 0} \left| f'(x) \right| \\ &= \lim_{x \to 0} |2x\sin(\ln|x|) + x\cos(\ln|x|)| \\ &\stackrel{(\Delta)}{\leq} \lim_{x \to 0} (2|x||\sin(\ln|x|)| + |x||\cos(\ln|x|)|) \\ &\leq \lim_{x \to 0} (2|x| + |x|) \\ &= \lim_{x \to 0} 3|x| \\ &= 0 \end{aligned}$$

Also ist $\lim_{x \to 0} f'(x) = f'(0)$ und damit f' auch stetig in $x = 0$.

- Zusammenfassend ist f' stetig in allen $x \in \mathbb{R}$ und folglich f stetig differenzierbar.

Ad (b): Die Menge der Nullstellen der Sinusfunktion ist gegeben durch $\pi\mathbb{Z}$. Auch wissen wir, dass die Logarithmusfunktion jedes solche πk ($k \in \mathbb{Z}$) als Bildwert besitzt, denn es ist $\ln\left(e^{\pi k}\right) = \pi k$. Also wissen wir bereits, dass es mit $e^{\pi k} \in \mathbb{R}$ unendlich viele Nullstellen von f gibt. Für $k > 0$ liegen diese Nullstellen in $]1, \infty[$ und für $k < 0$ liegen sie in $]0, 1[$, denn aus der Monotonie der Exponentialfunktion folgt $0 < e^{\pi k} < e^{\pi \cdot 0} = 1$.
Fassen wir zusammen: Die Menge

$$\left\{ e^{\pi k} \mid k \in \mathbb{N} \right\} \subset]1, \infty[$$

enthält unendlich viele Nullstellen von f, ebenso wie die Menge

$$\left\{ e^{-\pi k} \mid k \in \mathbb{N} \right\} \subset]0, 1[.$$

Überprüfen Sie, ob die Funktion $f :\ ]-1,1[\setminus\{0\} \to \mathbb{R}$, die für $x \neq 0$ durch

$$f(x) = \begin{cases} \frac{1}{3e}(1+x)^{1/x} & \text{für } x > 0, \\ \frac{\tan(x)-x}{\sin(x)^3} & \text{für } x < 0 \end{cases}$$

definiert ist, in 0 stetig fortsetzbar ist.

Lösungsvorschlag: Die Funktion f ist nach Definition stetig fortsetzbar, wenn es eine stetige Fortsetzung $\tilde{f} :\ ]-1,1[\to \mathbb{R}$ mit $\tilde{f}(x) = f(x)$ für alle $x \in\ ]-1,1[\setminus\{0\}$ gibt. Dies ist äquivalent dazu, dass f einen links- und rechtsseitigen Grenzwert in $x_0 = 0$ besitzt. Wir berechnen daher einmal

$$
\begin{aligned}
\lim_{x \to 0^-} f(x) &= \lim_{x \to 0} \frac{1}{3e}(1+x)^{1/x} \\
&\overset{y:=1/x}{=} \lim_{y \to \infty} \frac{1}{3e}\left(1+\frac{1}{y}\right)^y \\
&= \frac{1}{3e} \underbrace{\lim_{y \to \infty}\left(1+\frac{1}{y}\right)^y}_{=e} \\
&= \frac{1}{3}
\end{aligned}
$$

(vgl. Aufgabe 4.22) und einmal

$$
\begin{aligned}
\lim_{x \to 0^+} f(x) &= \lim_{x \to 0} \frac{\tan(x) - x}{x^3} \\
&\overset{\text{L'H(1)}}{=} \lim_{x \to 0} \frac{1 - \cos^2(x)}{3\sin^2(x)\cos^3(x)} \\
&\overset{\text{L'H(1)}}{=} \lim_{x \to 0} \frac{2\cos(x)\sin(x)}{6\sin(x)\cos^4(x) - 9\sin^3(x)\cos^2(x)} \\
&= \lim_{x \to 0} \frac{2}{\underbrace{6\cos^3(x)}_{\to 1} - \underbrace{9\sin^2(x)\cos(x)}_{\to 0}} \\
&= \frac{1}{3},
\end{aligned}
$$

da $\sin(x)$ und $\cos(x)$ auf $]-1,1[\setminus\{0\}$ keine Nullstellen besitzen. Es gilt also $\lim_{x\to 0^+} f(x) = \lim_{x\to 0^-} f(x) = \frac{1}{3}$, womit f stetig fortgesetzt werden kann durch

$$\tilde{f}(x) = \begin{cases} \frac{1}{3e}(1+x)^{1/x} & \text{für } x > 0, \\ \frac{1}{3} & \text{für } x = 0, \\ \frac{\tan(x)-x}{\sin(x)^3} & \text{für } x < 0 \end{cases}$$

Bestimmen Sie die folgenden Grenzwerte:

$$\lim_{x \to 0} \frac{e^x + e^{-x} - 2}{1 - \cos(x)}$$

und

$$\lim_{x \to 0} \frac{x^2 \cos\left(\frac{1}{x}\right)}{\sin(x)}$$

Lösungsvorschlag: Wir sehen, dass $\lim_{x \to 0}(e^x + e^{-x} - 2) = 0$ mit dem Grenzwertsatz, genauso wie $\lim_{x \to 0}(1 - \cos(x)) = 0$. Wir sind also in der Situation, dass wir L'Hospital anwenden dürfen, weil beide Funktionen offensichtlich stetig sind. Wir leiten Zähler und Nenner getrennt ab:

$$\lim_{x \to 0} \frac{e^x + e^{-x} - 2}{1 - \cos(x)} = \lim_{x \to 0} \frac{e^x - e^{-x}}{\sin(x)}$$

Und können wegen $\lim_{x \to 0}(e^x - e^{-x}) = 0 = \lim_{x \to 0} \sin(x)$ gleich noch einmal L'Hospital anwenden:

$$\lim_{x \to 0} \frac{e^x - e^{-x}}{\sin(x)} = \lim_{x \to 0} \frac{2e^x}{\cos(x)} = 2$$

Der Grenzwert von $\cos\left(\frac{1}{x}\right)$ existiert für $x \to 0$ nicht, wie wir in Aufgabe 4.19 gesehen haben. Wir verwenden daher einfach das schon mehrfach angewandte Argument:

$$-1 \leq \cos\left(\frac{1}{x}\right) \leq 1$$

$$-x^2 \leq x^2 \cos\left(\frac{1}{x}\right) \leq x^2$$

$$\frac{-x^2}{\sin(x)} \leq \frac{x^2 \cos\left(\frac{1}{x}\right)}{\sin(x)} \leq \frac{x^2}{\sin(x)}$$

für $x \in \left(-\frac{\pi}{2}, \frac{\pi}{2}\right) \setminus \{0\}$. Nun gilt:

$$\lim_{x \to 0} \frac{x^2}{\sin(x)} \overset{\text{L'H}}{=} \lim_{x \to 0} \frac{2x}{\cos(x)} = 0 = \lim_{x \to 0}\left(-\frac{x^2}{\sin(x)}\right)$$

Nach dem Schachtelungssatz 4.8 folgt letztlich

$$\lim_{x \to 0} \frac{x^2 \cos\left(\frac{1}{x}\right)}{\sin(x)} = 0.$$

Man betrachte die Funktion

$$f : \mathbb{R} \to \mathbb{R}, \ x \mapsto \begin{cases} x + x^2 \cdot \sin\left(\frac{1}{x}\right) & \text{für } x < 0, \\ e^x - 1 & \text{für } x \geq 0 \end{cases}$$

Zeigen Sie, dass f differenzierbar, aber nicht stetig differenzierbar ist.

Lösungsvorschlag: Zunächst zeigen wir, dass f auf $\mathbb{R}$ differenzierbar ist.

- Für $x \neq 0$ ist die Situation klar: Sowohl für $x < 0$, als auch für $x \geq 0$ ist f als Summe differenzierbarer Funktionen differenzierbar. Die jeweiligen Summandenfunktionen sind als Polynome, Exponentialfunktion, konstante Funktion oder Produkt von Polynom und Sinusfunktion verkettet mit $x \mapsto x^{-1}$ in jedem Fall differenzierbar.

- Der spannende Fall ist $x = 0$. Wir rechnen nach, dass der links- und rechtsseitige Grenzwert des Differenzenquotienten übereinstimmen, dass der Differentialquotient also existiert. Dabei nutzen wir, dass

$$f(0) = e^0 - 1 = 1 - 1 = 0.$$

- Nähern wir uns zunächst von rechts an $x = 0$ an $(h > 0)$:

$$\lim_{h \to 0} \frac{f(h) - f(0)}{h} = \lim_{h \to 0} \frac{f(h)}{h} = \lim_{h \to 0} \frac{e^h - 1}{h} \overset{\text{L'H}}{=} \lim_{h \to 0} \frac{e^h}{1} = 1$$

- Nähern wir uns nun $x = 0$ von links an und bestimmen wir dazu zunächst $\lim_{h \to 0} h \cdot \sin\left(\frac{1}{h}\right)$ mit dem Standardargument:

$$-1 \leq \sin\left(\frac{1}{h}\right) \leq 1$$

$$-|h| \leq h\sin\left(\frac{1}{h}\right) \leq |h|$$

sodass also $\lim_{h \to 0} h \cdot \sin\left(\frac{1}{h}\right) \overset{(*)}{=} 0$. Damit sehen wir für den linksseitigen Grenzwert unter Ausnutzung des Grenzwertsatzes $(h < 0)$:

$$\lim_{h \to 0} \frac{f(h) - f(0)}{h} = \lim_{h \to 0} \frac{f(h)}{h} = \lim_{h \to 0} \left(1 + h \cdot \sin\left(\frac{1}{h}\right)\right) \overset{(*)}{=} \lim_{h \to 0} 1 + \lim_{h \to 0} h \cdot \sin\left(\frac{1}{h}\right) = 1$$

- Zusammengefasst existiert also der Differentialquotient in $x = 0$ und es gilt:

$$f'(0) = 1$$

- Damit ist f auf ganz $\mathbb{R}$ differenzierbar. Der Term der Ableitungsfunktion ergibt sich nach Ausnutzung der Ableitungsregeln zu:

$$f'(x) = \begin{cases} 2x\sin\left(\frac{1}{x}\right) - \cos\left(\frac{1}{x}\right) + 1 & \text{für } x < 0, \\ e^x & \text{für } x \geq 0 \end{cases}$$

Um zu zeigen, dass f nicht stetig differenzierbar ist, reicht es eine Stelle $x \in \mathbb{R}$ anzugeben, in der f' nicht stetig ist. Man betrachte $x = 0$. Es ist $f(0) = 1$. Aber der linksseitige Grenzwert $\lim_{x \to 0} f'(x)$ existiert nicht. Denn zwar ist

$$\lim_{x \to 0} 2x \sin\left(\frac{1}{x}\right) \overset{(*)}{=} 0 \text{ und } \lim_{x \to 0} 1 = 1,$$

aber der Grenzwert $\lim_{x \to 0} \cos\left(\frac{1}{x}\right)$ existiert nicht (vgl. Aufgabe 4.19). Daher existiert auch

$$\lim_{x \to 0}\left(2x \sin\left(\frac{1}{x}\right) - \cos\left(\frac{1}{x}\right) + 1 \right)$$

nach den Grenzwertsätzen nicht.

Aufgabe 4.44: H14-T3-A3

 Berechnen Sie

$$\lim_{x \to 0}\left(\frac{\sin(x)}{x} \right)^{\frac{3}{x^2}}.$$

Lösungsvorschlag: Zunächst eine wichtige Anmerkung.

Aufgepasst!

 Man könnte gewillt sein, folgendermaßen zu argumentieren: Nach der ersten Regel von L'Hospital ist

$$\lim_{x \to 0} \frac{\sin(x)}{x} = \lim_{x \to 0} \frac{\cos(x)}{1} \overset{(1)}{=} 1$$

und außerdem ist offensichtlich $\lim_{x \to 0} \frac{3}{x^2} = 0$. Also muss gelten:

$$\lim_{x \to 0}\left(\frac{\sin(x)}{x} \right)^{\frac{3}{x^2}} = 1^0 = 1.$$

Aber das ist **falsch**! Die Grenzwertbildung darf nicht ohne Weiteres in Exponenten „gezogen" werden.

Wir wissen aber aus der Definition von Stetigkeit, dass stetige Funktionen mit Grenzwertbildung vertauschen (2). Dies nutzen wir hier genauso aus, wie einen Standardtrick im Umgang mit Exponentialfunktionen: $a^x = e^{\ln|x|}$ für $a \in \mathbb{R}$, wobei das natürlich auch gilt, wenn $a(x)$ die Funktionswerte einer Funktion sind. Sei $a(x) = \left(\frac{\sin(x)}{x} \right)^{\frac{3}{x^2}}$ Funktionsterm der für $x \neq 0$ definierten Funktion a. Wir betrachten die Funktion a auf der Menge

$$M := \{x \in \mathbb{R} : -\pi < x < \pi, x \neq 0\}.$$

Auf dieser Menge ist $a(x) > 0$, weil

$$a(x) = \left(\overbrace{\underbrace{\frac{\overbrace{\sin(x)}^{>0}}{\underbrace{x}_{>0}}}}^{}\right)^{\overbrace{\frac{3}{x^2}}^{>0}} > 0 \quad \text{für alle } x \in M_{>0}$$

und

$$a(x) = \left(\frac{\overbrace{\sin(x)}^{<0}}{\underbrace{x}_{<0}} \right)^{\overbrace{\frac{3}{x^2}}^{>0}} > 0 \quad \text{für alle } x \in M_{<0}.$$

Wir können daher problemlos für $x \in M$ schreiben:

$$a(x) = \left(\frac{\sin(x)}{x} \right)^{\frac{3}{x^2}} = \exp\left(\frac{3}{x^2} \ln\left(\frac{\sin(x)}{x} \right) \right)$$

Wegen der Stetigkeit von $\exp(\cdot)$ gilt wegen (2, s.o.), dass

$$\lim_{x \to 0} \exp\left(\frac{3}{x^2} \ln\left(\frac{\sin(x)}{x} \right) \right) = \exp\left(\lim_{x \to 0} \frac{3}{x^2} \ln\left(\frac{\sin(x)}{x} \right) \right) \stackrel{(3)}{=} \exp\left(3 \cdot \lim_{x \to 0} \frac{\ln\left(\frac{\sin(x)}{x} \right)}{x^2} \right).$$

Wir wollen nachfolgend also den Grenzwert

$$\lim_{x \to 0} \frac{\ln\left(\frac{\sin(x)}{x} \right)}{x^2}$$

bestimmen, um die Aufgabe zu lösen. Wir sehen zunächst wegen (1, s.o.), dass sowohl Zähler als auch Nenner für $x \to 0$ offensichtlich gegen 0 konvergieren. Wir sind daher in der Situation der ersten Regel von L'Hospital und leiten Zähler und Nenner getrennt ab. Für den Zähler verwenden wir die Kettenregel, wobei für das „Nachdifferenzieren" die Quotientenregel verwendet wird. Wir erhalten:

$$\lim_{x \to 0} \frac{\ln\left(\frac{\sin(x)}{x} \right)}{x^2} = \lim_{x \to 0} \frac{\frac{\cos(x)}{x} - \frac{\sin(x)}{x^2}}{2\sin(x)} \stackrel{(4)}{=} \lim_{x \to 0} \frac{x - \tan(x)}{2x^2 \tan(x)}$$

Wobei wir im letzten Schritt die folgende Umformung verwendet haben:

$$\frac{\frac{\cos(x)}{x} - \frac{\sin(x)}{x^2}}{2\sin(x)} = \frac{\frac{x\cos(x) - \sin(x)}{x^2}}{2\sin(x)} = \frac{\cos(x)\left(x - \frac{\sin(x)}{\cos(x)} \right)}{2x^2 \sin(x)} = \frac{x - \tan(x)}{2x^2 \tan(x)}.$$

Damit rechnen wir weiter bei (3, s.o.):

$$\lim_{x\to 0}\left(\frac{\sin(x)}{x}\right)^{\frac{3}{x^2}} = \ldots \overset{(3)}{=} \exp\left(3\cdot\lim_{x\to 0}\frac{\ln\left(\frac{\sin(x)}{x}\right)}{x^2}\right)$$

$$\overset{(4)}{=} \exp\left(\frac{3}{2}\cdot\lim_{x\to 0}\frac{x-\tan(x)}{x^2\tan(x)}\right)$$

Wir wollen nun also den Grenzwert $\lim_{x\to 0}\frac{x-\tan(x)}{x^2\tan(x)}$ berechnen und sind wieder in der Situation von L'Hospital (Wieso?). Ableiten ergibt:

$$\lim_{x\to 0}\frac{x-\tan(x)}{x^2\tan(x)} = \lim_{x\to 0}\left(-\frac{\tan^2(x)}{x^2\left(\tan^2(x)+1\right)+2x\tan(x)}\right)$$

Eine Nebenrechnung liefert:

$$-\frac{\tan^2(x)}{x^2\left(\tan^2(x)+1\right)+2x\tan(x)} = -\frac{\tan^2(x)}{\tan^2(x)\left(x^2+\frac{x^2}{\tan^2(x)}+\frac{2x}{\tan(x)}\right)}$$

$$= -\left(\frac{x^2\left(\sin^2(x)+\cos^2(x)\right)+2x\cos(x)\sin(x)}{\sin(x)}\right)^{-1}$$

$$= -\frac{\sin^2(x)}{x^2+2x\sin(x)\cos(x)}$$

$$= \frac{\cos(2x)-1}{2x\left(x+\sin(2x)\right)}$$

Beim letzten Schritt wurde verwendet, dass $\cos(2x) = 1-\sin^2(x)$ und $\cos(x)\sin(x) = \frac{1}{2}\sin(2x)$. Wir rechnen daher in (4, s.o.) weiter und erhalten:

$$\ldots \overset{(4)}{=} \exp\left(\frac{3}{2}\cdot\lim_{x\to 0}\frac{x-\tan(x)}{x^2\tan(x)}\right) \overset{(5)}{=} \exp\left(\frac{3}{4}\cdot\lim_{x\to 0}\frac{\cos(2x)-1}{x\left(x+\sin(2x)\right)}\right).$$

Wir können wieder L'Hospital anwenden (Wieso?). Dieses Mal erhalten wir:

$$\lim_{x\to 0}\frac{\cos(2x)-1}{x(x+\sin(2x))} = \lim_{x\to 0}\left(-\frac{2\sin(2x)}{x\left(2\cos(2x)+1\right)+x+\sin(2x)}\right)$$

$$= \lim_{x\to 0}\left(-\frac{2\sin(x)}{2x\cos(x)+\sin(x)}\right)$$

Also eingesetzt in (5, s.o.):

$$\ldots \overset{(5)}{=} \exp\left(\frac{3}{4}\cdot\lim_{x\to 0}\frac{\cos(2x)-1}{x(x+\sin(2x))}\right) = \exp\left(-\frac{3}{2}\lim_{x\to 0}\frac{\sin(x)}{2x\cos(x)+\sin(x)}\right)$$

Ein weiteres Mal können wir L'Hospital anwenden:

$$\exp\left(-\frac{3}{2}\lim_{x\to 0}\frac{\sin(x)}{2x\cos(x)+\sin(x)}\right) = \exp\left(-\frac{3}{2}\lim_{x\to 0}\frac{\cos(x)}{-2x\sin(x)+3\cos(x)}\right)$$

Diesen Grenzwert kann man nun problemlos bestimmen, denn es ist:

$$\lim_{x\to 0} \frac{\overbrace{\cos(x)}^{\to 1}}{\underbrace{-2x\sin(x)}_{\to 0}+\underbrace{3\cos(x)}_{\to 1}} = \frac{1}{3}$$

Demnach folgt letzten Endes

$$\lim_{x\to 0}\left(\frac{\sin(x)}{x}\right)^{\frac{3}{x^2}} = \dots = \exp\left(-\frac{3}{2}\lim_{x\to 0}\frac{\cos(x)}{-2x\sin(x)+3\cos(x)}\right) = \exp\left(-\frac{3}{2}\cdot\frac{1}{3}\right) = \frac{1}{\sqrt{e}}.$$

Aufgabe 4.45: H08-T2-A3a

Bestimmen Sie eine reelle Zahl c so, dass die Funktion

$$f : [0,\infty[\to \mathbb{R}, \quad f(x) := \begin{cases} x^x & \text{falls } x > 0, \\ c & \text{falls } x = 0 \end{cases}$$

stetig ist.

Lösungvorschlag: Für $x > 0$ ist f als Verkettung stetiger Funktionen stetig, denn: Wir schreiben Funktionen der Form $x \mapsto x^x$ bekanntermaßen wie folgt um:

$$f(x) = x^x = \exp\left(\ln\left(x^x\right)\right) = \exp\left(x\ln\left(x\right)\right)$$

Für $x = 0$ argumentieren wir, wie folgt: Wir müssen $c \in \mathbb{R}$ derart bestimmen, dass

$$\lim_{x\to 0} f(x) = f(0) = c.$$

Gesucht ist also der Grenzwert $\lim_{x\to 0} x^x$. Wegen der Stetigkeit der natürlichen Exponentialfunktion gilt nun:

$$\lim_{x\to 0} x^x = \lim_{x\to 0} \exp\left(x\ln\left(x\right)\right)$$
$$= \exp\left(\lim_{x\to 0}\left(x\ln\left(x\right)\right)\right)$$

Wir berechnen also den Grenzwert $\lim_{x\to 0}\left(x\ln(x)\right)$. Hier hilft ein bekannter Trick:

Aufgepasst!

Grenzwerte von Produkten aus Polynomen und anderen bekannten Funktionen, die divergieren, lassen sich oft berechnen, indem man den Term derart umschreibt, dass durch den Kehrwert des Polynoms dividiert wird. Dann entsteht eine Situation, die der aus den Regeln von L'Hospital entspricht, und man kommt schnell ans Ziel.

Hier also

$$x\ln(x) = \frac{\ln(x)}{\frac{1}{x}}.$$

Für $x \to 0$ gilt $\ln(x) \to -\infty$ und $\frac{1}{x} \to +\infty$. Also folgt nach L'Hospital:

$$\lim_{x\to 0}(x\ln(x)) = \lim_{x\to 0}\frac{\ln(x)}{\frac{1}{x}}$$

$$\overset{\text{L'H}}{=} \lim_{x\to 0}\frac{\frac{1}{x}}{-\frac{1}{x^2}}$$

$$= -\lim_{x\to 0}x$$

$$= 0$$

Letztlich erhalten wir also:

$$\lim_{x\to 0}x^x = \lim_{x\to 0}\exp(x\ln(x))$$

$$= \exp\left(\lim_{x\to 0}(x\ln(x))\right)$$

$$= \exp(0)$$

$$= 1$$

Somit ist f für die Wahl $c = 1$ stetig, denn dann gilt:

$$\lim_{x\to 0}f(x) = \lim_{x\to 0}x^x = 1 = c = f(0)$$

Aufgabe 4.46: H13-T3-A3

Sei $f : [-1, 1] \to \mathbb{R}$ definiert durch

$$f(x) = \begin{cases} x^2\sin\left(\frac{1}{x^2}\right) & x \neq 0, \\ 0 & x = 0 \end{cases}$$

(a) Berechnen Sie für alle $x \in [-1, 1]$ die Ableitung $f'(x)$.

(b) Ist die Funktion f' beschränkt?

Lösungsvorschlag: Ad (a): Damit man den Term $f'(x)$ der Ableitungsfunktion f' auf $[-1, 1]$ überhaupt bestimmen kann, ist zunächst abzusichern, dass f auf dem Intervall differenzierbar ist. Dazu argumentiert man so:

- Für $x \neq 0$ ist f als Produkt differenzierbarer Funktionen differenzierbar. Denn $g : x \mapsto x^2$ ist als Polynomfunktion differenzierbar, und $h : x \mapsto \sin\left(\frac{1}{x^2}\right)$ ist als Komposition der differenzierbaren Funktionen $x \mapsto \sin(x)$ und $x \mapsto \frac{1}{x^2}$ $(x \neq 0)$ ebenfalls differenzierbar. Für $f'(x)$ rechnet man nach der Produktregel

$$f'(x) = g(x)h'(x) + g'(x)h(x).$$

Nach Ketten- und Quotientenregel folgt damit weiter:

$$f'(x) = g(x)h'(x) + g'(x)h(x)$$
$$= x^2 \cdot \cos\left(\frac{1}{x^2}\right) \cdot \left(-\frac{2}{x^3}\right) + 2x\sin\left(\frac{1}{x^2}\right)$$
$$= -\frac{2}{x}\cos\left(\frac{1}{x^2}\right) + 2x\sin\left(\frac{1}{x^2}\right)$$

- Für $x = 0$ ist zu zeigen, dass der Differentialquotient existiert, d.h., der Grenzwert

$$\lim_{h \to 0} \frac{f(h) - f(0)}{h}$$

existiert. Dazu rechnet man:

$$\frac{f(h) - f(0)}{h} \underset{h > 0}{=} \frac{h^2 \sin\left(\frac{1}{h^2}\right) - 0}{h} = h\sin\left(\frac{1}{h^2}\right)$$

Um den Grenzübergang $h \to 0$ abzubilden denke man an Beispiel 2.11 im Kontext des Sandwichlemmas. Ein analoges Argument führt hier zum Ziel, das wir im Folgenden häufiger verwenden und daher als „Standardargument" bezeichnen wollen:

$$-1 \leq \sin\left(\frac{1}{h^2}\right) \leq 1$$
$$-|h| \leq h\sin\left(\frac{1}{h^2}\right) \leq |h|$$

Der gesuchte Grenzwert muss also

$$\lim_{h \to 0} h\sin\left(\frac{1}{h^2}\right) = 0 < \infty$$

sein, sodass f auch für $x = 0$ differenzierbar ist mit $f'(0) = \lim_{h \to 0} \frac{f(h) - f(0)}{h} = 0$.

- Insgesamt liefert dies nun für den Term der Ableitungsfunktion auf besagtem Intervall:

$$f'(x) = \begin{cases} -\frac{2}{x}\cos\left(\frac{1}{x^2}\right) + 2x\sin\left(\frac{1}{x^2}\right) & \text{für } x \neq 0, \\ 0 & \text{für } x = 0 \end{cases}$$

Ad (b):

- Für $x_k = \frac{1}{\sqrt{2\pi k}}$ gilt $0 < x_k \leq 1$, denn $\sqrt{2\pi k} \geq 1$ für $k \in \mathbb{N}$.

- Für $x_k \in (0,1)$ gilt daher:

$$f'(x_k) = -\frac{2}{x_k}\cos\left(\frac{1}{x_k^2}\right) + 2x_k \sin\left(\frac{1}{x_k^2}\right)$$

$$= -\frac{2}{x_k}\underbrace{\cos(2\pi k)}_{=1} + 2x_k\underbrace{\sin(2\pi k)}_{=0}$$

$$= -2\sqrt{2\pi k} \overset{k\to\infty}{\longrightarrow} -\infty$$

Damit kann f' aber nicht beschränkt sein.

Aufgabe 4.47: H05-T3-A3

Folgende Teilaufgaben:

(a) Sei $f : [0,1] \to [0,1]$ stetig. Zeigen Sie: Es gibt ein $x \in [0,1]$ mit $f(x) = x$. *(Hinweis: Betrachten Sie $F : [0,1] \to \mathbb{R}, F(x) := f(x) - x$.)*

(b) Die durch $f(x) := x^2 - 2$ definierte Funktion $f : [0,2]\cap\mathbb{Q} \to \mathbb{Q}$ ist stetig und erfüllt $f(0) < 0$ und $f(2) > 0$, hat aber nirgends in $[0,2]\cap\mathbb{Q}$ eine Nullstelle. Wieso widerspricht dies nicht dem Zwischenwertsatz?

Lösungsvorschlag: Ad (a): Die im Hinweis vorgeschlagene Funktion F mit $F(x) = f(x) - x$ ist als Summe der stetigen Funktionen f (lt. Voraussetzung stetig) und der stetigen Polynomfunktion $x \mapsto -x$ in jedem Fall stetig, d.h., F nimmt als stetige Funktion auf einem Kompaktum $[0,1]$ sein Maximum $F(x^+)$ und sein Minimum $F(x^-)$ an, wobei $x^\pm \in [0,1]$. Weil $f([0,1]) \subseteq [0,1]$ gilt insbesondere, dass

$$F\left(x^+\right) = f(x^+) - x^+ \leq 1 - 0 = 1$$

und

$$F\left(x^-\right) = f(x^-) - x^- \geq 0 - 1 = -1.$$

Weil nach Satz 4.35 Bilder kompakter Mengen unter stetigen Abbildung kompakt sind , muss also $F([0,1]) \subseteq [-1,1]$. Sei o.B.d.A $F(x^-) = -1$ und $F(x^+) = 1$. Dann gibt es nach dem Zwischenwertsatz ein $\xi \in (0,1)$ mit

$$F(\xi) = 0 \Longleftrightarrow f(\xi) - \xi = 0 \Longleftrightarrow f(\xi) = \xi.$$

Ad (b): Damit der Zwischenwertsatz greift, muss f auf einem abgeschlossenen Intervall stetig sein. Zwar ist f stetig, aber das Intervall $[0,2] \cap \mathbb{Q}$ ist nicht abgeschlossen.

Aufgabe 4.48: F16-T2-A3

 Beweisen Sie, dass die Gleichung

$$\sin(x) = 1 - x$$

genau eine reelle Lösung besitzt.

Lösungsvorschlag:

- Für $x < 0$ kann die Gleichung keine Lösung besitzen. Denn es ist $|\sin(x)| \leq 1$ für alle $x \in \mathbb{R}$, aber für $x < 0$ ist $1 - x > 1$.

- Wir betrachten daher nachfolgend ausschließlich $x \in \mathbb{R}^+$. Für $x = \pi$ ist

$$1 - x|_{x=\pi} = 1 - \pi < 1 - 3 = -2 < -1.$$

Also kann es auch keine Lösung der Gleichung für $x > \pi$ geben.

- Aber auch auf dem Intervall $(\pi/2, \pi)$ kann es keine Lösung geben, denn $\sin((\pi/2, \pi)) = (0, 1)$, aber

$$1 - x|_{x \in (\frac{\pi}{2}, \pi)} = \left(1 - \pi, 1 - \frac{\pi}{2}\right),$$

und offensichtlich ist $(0,1) \cap (1 - \pi, 1 - \pi/2) = \emptyset$ wegen $\pi > 2$.

- Wir schränken uns fortan also auf das kompakte Intervall $[0, \pi/2]$ ein. Betrachten wir dazu die Funktion $f : [0, \pi/2] \to \mathbb{R}, x \mapsto \sin(x) - 1 + x$. Diese Funktion ist auf $[0, \pi/2]$ als Summe differenzierbarer Funktionen differenzierbar, insbesondere also stetig. Für den Term der Ableitungsfunktion findet man mithilfe der Summenregel:

$$f'(x) = \cos(x) + 1$$

- Wegen $x \in [0, \pi/2]$ ist $\cos(x) \geq 0$. Insbesondere ist also $f'(x) \geq 1$. f ist also auf besagtem Intervall streng monoton steigend. Es ist

$$f(0) = \sin(0) - 1 + 0 = -1 < 0.$$

Andererseits ist

$$f(\pi/2) = \sin(\pi/2) - 1 + \pi/2 = 1 - 1 + \pi/2 = \pi/2 > 0.$$

- Nach dem Zwischenwertsatz gibt es also ein $\xi \in (0, \pi/2)$ mit $f(\xi) = 0$. Dieses ξ ist aufgrund der strengen Monotonie insbesondere die einzige Lösung der gegebenen Gleichung.

Aufgabe 4.49: H08-T3-A2

Beweisen Sie mithilfe des Mittelwertsatzes der Differentialrechnung, dass für alle $n \in \mathbb{N}, n \geq 1$

$$\frac{1}{n+1} \leq \ln(n+1) - \ln(n) \leq \frac{1}{n}$$

gilt und schließen Sie hieraus, dass

$$\sum_{k=1}^{n} \frac{1}{k} \geq \ln(n+1), \quad \ln(n) \geq \left(\sum_{k=1}^{n} \frac{1}{k} \right) - 1.$$

Lösungsvorschlag: Wir zeigen zunächst die erste Ungleichung. Als Hinweis wird der Mittelwertsatz genannt; da in der Ungleichung der natürliche Logarithmus auftaucht, ist es naheliegend, folgende Funktion zu betrachten und zwar für $n \in \mathbb{N}$:

$$f : [n, n+1] \to \mathbb{R}, x \mapsto \ln(x)$$

Der Mittelwertsatz garantiert nun die Existenz eines $\xi \in [n, n+1]$ $(*)$, sodass

$$\frac{1}{\xi} = f'(\xi) = \frac{\ln(n+1) - \ln(n)}{n+1-n} = \ln(n+1) - \ln(n).$$

Wegen $(*)$ gilt insbesondere

$$\frac{1}{n+1} < \frac{1}{\xi} < \frac{1}{n} \iff \frac{1}{n+1} < \ln(n+1) - \ln(n) < \frac{1}{n}$$

und damit auch die Behauptung. Es gilt also insbesondere

$$\sum_{k=1}^{n} \frac{1}{k} \geq \sum_{k=1}^{n} \ln(k+1) - \ln(k)$$

$$= \sum_{k=1}^{n} \ln(k+1) - \sum_{k=1}^{n} \ln(k)$$

$$= (\ln 2 + \ln 3 + \ldots + \ln(n+1)) - (\ln 1 + \ln 2 + \ln 3 + \ldots + \ln(n))$$

$$= \ln(n+1) - \ln 1$$

$$= \ln(n+1).$$

Andererseits gilt:

$$\left(\sum_{k=1}^{n} \frac{1}{k} \right) - 1 = \left(1 + \sum_{k=2}^{n} \frac{1}{k} \right) - 1 = \sum_{k=2}^{n} \frac{1}{k}$$

An dieser Stelle kommen wir auf diese Weise nicht weiter, daher versuchen wir einen Indexshift, um wieder bei $k = 1$ mit der Summation zu beginnen. Dieser Versuch liefert:

$$\sum_{k=2}^{n} \frac{1}{k} = \sum_{k=1}^{n-1} \frac{1}{k+1}$$

Nun können wir die am Anfang gezeigte Ungleichung einsetzen, denn es gilt:

$$\sum_{k=2}^{n} \frac{1}{k} = \sum_{k=1}^{n-1} \frac{1}{k+1} \leq \sum_{k=1}^{n-1} (\ln(k+1) - \ln(k))$$

Nun können wir nicht anders verfahren, als diese Summe auseinanderzuziehen:

$$\sum_{k=1}^{n-1} (\ln(k+1) - \ln(k)) = \sum_{k=1}^{n-1} \ln(k+1) - \sum_{k=1}^{n.-1} \ln(k)$$
$$= (\ln 2 + \ln 3 + \ldots + \ln(n)) - (\ln 1 + \ldots + \ln(n-1))$$
$$= \ln(n) - \ln(1)$$
$$= \ln(n)$$

Insgesamt haben wir also gezeigt, dass $\left(\sum_{k=1}^{n} \frac{1}{k}\right) - 1 \leq \ln(n)$.

Aufgabe 4.50: F18-T2-A3

Für eine fest gewählte reelle Zahl $\lambda \in \mathbb{R}, \lambda \neq 0$ werde die Funktion $f : \mathbb{R} \to \mathbb{R}$ durch

$$f(x) = e^{\lambda x}$$

definiert. Für $n \in \mathbb{N}$ und $a \in \mathbb{R}$ bezeichne T_n das n-te Taylor-Polynom von f mit dem Entwicklungspunkg a.

(a) Bestimmen Sie $T_n(x)$ für alle $x \in \mathbb{R}$ und zeigen Sie

$$T_n(x) \neq f(x)$$

für alle $x \neq a$.

(b) Bestimmen Sie (in Abhängigkeit von n und λ) alle $x \in \mathbb{R}$ mit

$$T_n(x) < f(x).$$

Lösungsvorschlag: Ad (a): Mit Induktion sieht man leicht $f^{(n)}(x) = \lambda^n e^{\lambda x}$, außerdem ist die Funktion f unendlich oft differenzierbar. Nach dem Satz von der Taylor-Entwicklung besitzt das Restglied $R_n(x)$ die Lagrange-Form

$$R_n(x) = \frac{f^{(n+1)}(c)}{(n+1)!} \cdot (x-a)^{n+1} = \frac{\lambda^{n+1} e^{\lambda c}}{(n+1)!} \cdot (x-a)^{n+1}.$$

Das Restglied besitzt wegen $\lambda \neq 0$ also nur die Nullstelle $x = a$. Für alle $x \neq a$ ist es ungleich null, d.h., $f(x) - T_n(x) \neq 0$.

Ad (b): Der Langrange-Form

$$R_n(x) = \frac{\lambda^{n+1} e^{\lambda c}}{(n+1)!} \cdot (x-a)^{n+1} = \underbrace{\frac{e^{\lambda c}}{(n+1)!}}_{>0} \cdot \lambda^{n+1} \cdot (x-a)^{n+1}$$

entnehmen wir, dass das Vorzeichen von $R_n(x) = f(x) - T_n(x)$ ausschließlich vom Produkt $\lambda^{n+1} \cdot (x-a)^{n+1}$ abhängt. Wir machen eine Fallunterscheidung:

- n ungerade: Dann ist $n+1$ gerade und das Produkt wegen $\lambda \neq 0$ und $x \neq a$ stets positiv. Für alle $x \neq a$ ist dann also $R_n(x) > 0$ bzw. $f(x) > T_n(x)$.

- n gerade: Dann ist $n+1$ ungerade und das Produkt $\lambda^{n+1} \cdot (x-a)^{n+1}$ ist positiv, wenn beide Faktoren positiv oder beide Faktoren negativ sind. Ersteres ist für $\lambda > 0$ und $x > a$ der Fall, Letzteres für $\lambda < 0$ und $x < a$.

Aufgabe 4.51: F19-T1-A1

Gegeben sei die Funktion

$$f : \left] -\infty, \frac{1}{4} \right[\to \mathbb{R},$$

definiert durch

$$f(x) = \frac{1}{\sqrt{1-4x}}.$$

(a) Man zeige für alle $n \in \mathbb{N}_0$

$$f^{(n)}(x) = \frac{(2n)!}{n!}(1-4x)^{-\left(n+\frac{1}{2}\right)} \text{ für alle } x \in \left] -\infty, \frac{1}{4} \right[$$

mithilfe vollständiger Induktion.

(b) Man bestimme die Taylor-Reihe von f mit dem Entwicklungspunkt $a = 0$ und berechne ihren Konvergenzradius.

Lösungsvorschlag: Ad (a): Wir führen eine Induktion über $n \in \mathbb{N}_0$ durch und beginnen daher mit dem Induktionsanfang. Für $n = 0$ ist

$$f(x) = \frac{0!}{0!}(1 - 4 \cdot x)^{-\left(0+\frac{1}{2}\right)} = 1 \cdot (1-4x)^{-\frac{1}{2}} = \frac{1}{\sqrt{1-4x}} \checkmark$$

Induktionsvoraussetzung: Obige Aussage gelte für ein $n \in \mathbb{N}$. Wir wollen zeigen, dass sie auch für den Nachfolger $n+1$ gilt, dass also

$$f^{(n+1)}(x) = \frac{(2n+2)!}{(n+1)!}(1-4x)^{-\left(n+\frac{3}{2}\right)} \text{ für alle } x \in \left] -\infty, \frac{1}{4} \right[.$$

Induktionsschritt:

$$f^{(n+1)}(x) = \frac{d}{dx} f^{(n)}(x)$$

$$\overset{(IV)}{=} \frac{(2n)!}{n!} \frac{d}{dx} (1-4x)^{-(n+\frac{1}{2})}$$

$$\overset{\text{Ketten-}}{\underset{\text{regel}}{=}} \frac{(2n)!}{n!} \left(n+\frac{1}{2}\right) (1-4x)^{-(n+\frac{1}{2})-1} \cdot (-4)$$

$$= 4 \cdot \frac{(2n)!}{n!} \left(n+\frac{1}{2}\right) (1-4x)^{-(n+\frac{3}{2})}$$

$$= \frac{(2n)!}{n!} (4n+2)(1-4x)^{-(n+\frac{3}{2})}$$

$$\overset{(*)}{=} \frac{(2n)!}{n!} \frac{(2n+1)(2n+2)}{n+1} (1-4x)^{-(n+\frac{3}{2})}$$

$$= \frac{(2n+2)!}{(n+1)!} (1-4x)^{-(n+\frac{3}{2})}$$

Wobei wir an der Stelle $(*)$ ausgenutzt haben, dass

$$\frac{(2n+1)(2n+2)}{n+1} = \frac{4n^2+6n+2}{n+1} = 4n+2 = 4\left(n+\frac{1}{2}\right),$$

wie man mit einer Polynomdivision leicht sieht. Damit ist die Aussage für $n \in \mathbb{N}_0$ bewiesen.
Ad (b): Die Taylor-Reihe von f mit Entwicklungspunkt $a = 0$ ist gegeben durch

$$T(f;a=0) = \sum_{k=0}^{\infty} \frac{f^{(n)}(a)}{n!}(x-a)^n \bigg|_{a=0} = \sum_{k=0}^{\infty} \frac{f^{(n)}(0)}{n!}x^n.$$

Nutzen wir den in (a) gezeigten Ausdruck, so erhalten wir

$$T(f;0) = \sum_{k=0}^{\infty} \frac{(2n)!}{(n!)^2} x^n.$$

Für den Konvergenzradius berechnen wir:

$$\left| \frac{a_n}{a_{n+1}} \right| = \left| \frac{(2n)!}{(n!)^2} \cdot \frac{((n+1)!)^2}{(2n+2)!} \right|$$

$$= \left| \frac{(n+1)!(n+1)!}{n!n!(2n+1)(2n+2)} \right|$$

$$= \left| \frac{(n+1)(n+1)}{(2n+1)(2n+2)} \right|$$

$$= \left| \frac{n^2+2n+1}{4n^2+6n+2} \right|$$

$$= \frac{n^2(1+2/n+1/n^2)}{n^2(4+6/n+2/n^2)}$$

$$= \frac{1+\frac{2}{n}+\frac{1}{n^2}}{4+\frac{6}{n}+\frac{2}{n^2}} \overset{n \to \infty}{\longrightarrow} \frac{1}{4}$$

Also beträgt der Konvergenzradius gerade $r = \frac{1}{4}$.

Aufgabe 4.52: H13-T3-A4

Sei $f : \mathbb{R} \to \mathbb{R}$ gegeben durch

$$f(x) = \exp(x)\sin(x).$$

(a) Bestimmen Sie das Taylor-Polynom T_2 vom Grad 2 von f im Entwicklungspunkt 0.

(b) Zeigen Sie

$$|T_2(x) - f(x)| < 10^{-3}$$

für alle $x \in \left[-\frac{1}{10}, 0\right]$.

Lösungsvorschlag: Ad (a): Wir nutzen aus, dass wir die Reihendarstellungen von $\exp(\cdot)$ und $\sin(\cdot)$ kennen. Diese setzen wir an und erhalten daher sehr schnell das gesuchte Taylor-Polynom. Für den Entwicklungspunkt 0 rechnen wir:

$$
\begin{aligned}
f(x) &= \exp(x)\sin(x) \\
&= \left(\sum_{k=0}^{\infty} \frac{x^k}{k!}\right) \cdot \left(\sum_{k=0}^{\infty} (-1)^k \frac{x^{2k+1}}{(2k+1)!}\right) \\
&= \left(1 + x + \frac{x^2}{2} + \ldots\right)\left(x - \frac{x^3}{3!} \pm \ldots\right) \\
&= x - \frac{x^3}{3!} \pm \ldots + x^2 - \frac{x^4}{3!} \pm \ldots + \frac{x^3}{2} - \frac{x^5}{2 \cdot 3!} \pm \ldots + \frac{x^4}{6} - \frac{x^6}{6 \cdot 3!} \pm \ldots \\
&= \underbrace{x + x^2}_{T_2(x)} \pm \ldots
\end{aligned}
$$

Man erkennt so schnell, dass $T_2(x) = x + x^2$ bzw. $f(x) = x + x^2 + o(x^3)$.

Ad (b): Nach Satz 4.38 können wir für ein c zwischen dem Entwicklungspunkt $a = 0$ und $a \neq x \in \mathbb{R}$ schreiben:[a]

$$|T_2(x) - f(x)| = |-R_2(x)| \overset{\substack{\text{Lagrange-}\\\text{Restgl.}}}{=} \frac{\left|f'''(c)\right|}{3!} |x|^3$$

Für die dritte Ableitung von f sieht man durch mehrfaches Anwenden der Produktregel schnell:

$$f'''(x) = -2\exp(x)\,(\sin(x) - \cos(x))$$

Für $x \in \left[-\frac{1}{10}, 0\right]$, also insbesondere auch $c \in \left[-\frac{1}{10}, 0\right]$, kann man den Zähler oben abschätzen zu

$$\begin{aligned}
\left|f'''(c)\right| &= |-2\exp(c)\,(\sin(c) - \cos(c))| \\
&\overset{\Delta}{\leq} 2\exp(c)\,(|\sin(c)| + |\cos(c)|) \\
&\leq 2\exp(c)\,(1+1) \\
&= 4\exp(c) \\
&\leq 4,
\end{aligned}$$

weil $\exp(c) \leq 1$ für $c \in \left[-\frac{1}{10}, 0\right]$ wegen der Monotonie von $\exp(\cdot)$. Zusammen folgt also unter Verwendung von $|x| \leq \frac{1}{10}$:

$$\begin{aligned}
|T_2(x) - f(x)| &= \frac{\left|f'''(c)\right|}{3!} |x|^3 \\
&\leq \frac{4}{3!}\left(\frac{1}{10}\right)^3 \\
&= \frac{4}{6} \cdot 10^{-3} \\
&< 10^{-3}
\end{aligned}$$

Damit folgt die Behauptung.

---

[a]Man bedenke, dass f in jedem Fall sogar unendlich oft differenzierbar ist. Wieso?

Sei $n \in \mathbb{N}$ und sei $f : \mathbb{R} \to \mathbb{R}$ eine $(n+1)$-mal stetig differenzierbare Funktion. Das Taylor-Polynom der Ordnung n mit Entwicklungspunkt 0 werde mit T_n bezeichnet.

(a) Zeigen Sie mithilfe des Lagrangeschen Restglieds

$$\lim_{x \to 0} \frac{f(x) - T_n(x)}{x^n} = 0.$$

(b) Zeigen Sie: Sei Q_n ein Polynom vom Grad höchstens n mit

$$\lim_{x \to 0} \frac{Q_n(x)}{x^n} = 0.$$

Dann gilt $Q_n = 0$.

(c) Zeigen Sie: Ist P_n ein Polynom vom Grad höchstens n, welches

$$\lim_{x \to 0} \frac{f(x) - P_n(x)}{x^n} = 0$$

erfüllt, dann ist $T_n = P_n$.

Lösungsvorschlag: Ad (a): Die Funktion f erfüllt die Voraussetzungen von Satz 4.38 und daher können wir die Lagrange-Form des Restglieds

$$R_n(x) = f(x) - T_n(x)$$

einsetzen. Es gibt also zu jedem $x \neq 0$ ein (von x abhängiges) c zwischen 0 und x, sodass gilt:

$$R_n(x) = \frac{f^{(n+1)}(c)}{(n+1)!} x^{n+1}$$

Wir setzen ein und erhalten:

$$
\begin{aligned}
\frac{f(x) - T_n(x)}{x^n} &= \frac{R_n(x)}{x^n} \\
&= \frac{f^{(n+1)}(c)}{(n+1)!} \frac{x^{n+1}}{x^n} \\
&= \underbrace{\frac{f^{(n+1)}(c)}{(n+1)!}}_{\in \mathbb{R}} x \xrightarrow{x \to 0} 0
\end{aligned}
$$

Ad (b): Sei Q_n ein Polynom vom Grad höchstens n, dann lässt sich Q_n schreiben als:

$$Q_n(x) = \sum_{k=0}^{n} \lambda_k x^k \quad \text{mit } \lambda_i \in \mathbb{R},\ i \in \{0, ..., n\}$$

Setzen wir ein, so erhalten wir:

$$\frac{Q_n(x)}{x^n} = \frac{\sum_{k=0}^{n} \lambda_k x^k}{x^n}$$

$$= \frac{\lambda_0 + \lambda_1 x + \dots + \lambda_n x^n}{x^n}$$

$$= \frac{x^n}{x^n}\left(\frac{\lambda_0}{x^n} + \frac{\lambda_1}{x^{n-1}} + \dots + \lambda_n\right)$$

$$= \frac{\lambda_0}{x^n} + \frac{\lambda_1}{x^{n-1}} + \dots + \lambda_n$$

Im Grenzübergang gilt daher:

$$\lim_{x\to 0} \frac{Q_n(x)}{x^n} = 0 \iff \lambda_i = 0 \ \forall i \in \{1,\dots,n\} \iff Q_n(x) = 0$$

Ad (c): Wir inkludieren zunächst das Taylor-Polynom n-ter Ordnung, damit wir es mit P_n vergleichen können. Dies gelingt durch einen Standardtrick.

Aufgepasst!

Will man in einen gegebenen Term einen Ausdruck hineinbekommen, ohne den Termwert zu ändern, so empfiehlt es sich, 0 zu addieren. Dies gelingt durch Addition und gleichzeitige Subtraktion des gewünschten „Zusatzterms".

Wir fügen die künstliche „Null" $T_n(x) - T_n(x)$ ein und erhalten aus der Voraussetzung damit

$$0 = \lim_{x\to 0} \frac{f(x) - P_n(x)}{x^n}$$

$$= \lim_{x\to 0} \frac{f(x) - T_n(x) + T_n(x) - P_n(x)}{x^n}$$

$$\stackrel{(1)}{=} \lim_{x\to 0} \frac{(f(x) - T_n(x)) + (T_n(x) - P_n(x))}{x^n}.$$

Aus Teilaufgabe (a) wissen wir bereits

$$\lim_{x\to 0} \frac{f(x) - T_n(x)}{x^n} \stackrel{(2)}{=} 0.$$

Insbesondere existiert nach den Grenzwertsätzen also auch die Differenz der beiden Grenzwerte (1) und (2), und wir erhalten

$$0 = \lim_{x\to 0} \frac{T_n(x) - P_n(x)}{x^n}.$$

Die Funktion Q_n, gegeben durch $Q_n(x) = T_n(x) - P_n(x)$, ist ein Polynom vom Grad höchstens n. Nach Teilaufgabe (b) muss also

$$Q_n(x) = 0 \iff T_n(x) = P_n(x).$$

5 Differentialrechnung in $\mathbb{R}^n$

In diesem Kapitel wird die Differentialrechnung reeller Funktionen $f : D \to \mathbb{R}$ (für $D \subset \mathbb{R}$ offen) auf Funktionen $f : D \to \mathbb{R}^m$ mit $D \subset \mathbb{R}^n$ für $m, n \in \mathbb{N}$ erweitert. Dabei werden wir überwiegend den Spezialfall $n = 2$, $m = 1$ betrachten. In diesem Fall lässt sich der Graph $G_f = \left\{ (x, f(x)) \in \mathbb{R}^2 \times \mathbb{R} \,\middle|\, x \in D \right\}$ von f als Fläche über einer Ebene auffassen (Abb. 5.1).

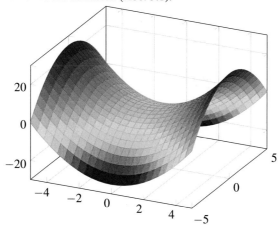

Abbildung 5.1 Graph der Funktion $f : \mathbb{R}^2 \to \mathbb{R}^2$, $(x, y) \mapsto x^2 - y^2$

Dies wird uns auch wieder im Kapitel über Flächenintegrale begegnen. Im Spezialfall $n = 1$ spricht man von parametrisierten Kurven, die wir im Kontext von Wegintegralen genauer untersuchen werden. Wie bei der Differentialrechnung von Funktionen in einer Variable, sind wir im Besonderen an stetigen Funktionen interessiert.

5.1 Stetigkeit

Wir beginnen klassisch mit dem Begriff der Stetigkeit, den wir nun auf mehrere Variablen verallgemeinern. Das Vorgehen bleibt dabei aber dasselbe.

Definition 5.1 (Stetigkeit in mehreren Variablen). Sei $D \subset \mathbb{R}^n$ offen und $(x_1, \ldots, x_n)^T \in D$. Eine Funktion $f : D \to \mathbb{R}^n$ heißt *stetig* in $(x_1, \ldots, x_n)^T$, wenn für jede gegen $(x_1, \ldots, x_n)^T$ konvergente Folge in D auch die Folge der zugehörigen Funktionswerte konvergiert, und zwar gegen $f(x_1, \ldots, x_n)$.

Satz 5.2. Die Funktion $f = \begin{pmatrix} f_1 \\ \vdots \\ f_n \end{pmatrix} : D \to \mathbb{R}^m$ für $D \subset \mathbb{R}^n$ offen ist genau dann stetig, wenn alle Komponentenfunktionen $f_k : D \to \mathbb{R}$ stetig sind.

Die Stetigkeit der Komponentenfunktionen impliziert die Stetigkeit von $f : U \to \mathbb{R}^m$. Im Spezialfall $m = 1$ kann es aber Gegenbeispiele geben, nämlich dann, wenn man $n - 1$ Koordinaten einen festen Wert zuordnet, wie das folgende Standardbeispiel zeigt.

Gegeben ist die Funktion $f : \mathbb{R}^2 \to \mathbb{R}$,

$$f(x,y) := \begin{cases} \frac{xy}{x^2+y^2} & \text{falls } (x,y) \neq (0,0). \\ 0 & \text{falls } (x,y) = (0,0). \end{cases}$$

Untersuchen Sie f auf Stetigkeit.

Lösungsvorschlag: Mit obigen Bezeichnungen ist hier $m = 1$ und $n = 2$, während $n-1 = 2-1 = 1$ Komponentenfunktionen der feste Wert 0 zugeordnet ist.

Für $(x,y) \neq (0,0)$ ist f als Quotient stetiger Funktionen stetig, denn $x^2 + y^2 \neq 0$ für $(x,y) \neq (0,0)$. Betrachten wir f daher an der Stelle $(0,0)$. Wir nutzen die Nullfolge $x_n := \left(\frac{1}{n}, \frac{1}{n}\right)$, d.h., wir nähern uns dem Punkt $(0,0)$ entlang der Winkelhalbierenden des ersten Quadranten und rechnen

$$f(x_n) = f\left(\frac{1}{n},\frac{1}{n}\right) = \frac{\frac{1}{n}\cdot\frac{1}{n}}{\left(\frac{1}{n}\right)^2 + \left(\frac{1}{n}\right)^2} = \frac{\frac{1}{n^2}}{\frac{2}{n^2}} = \frac{1}{2} \neq 0 = f(0).$$

Daher ist f im Punkt $(0,0)$ unstetig.

In der folgenden Aufgabe sieht man, dass es in diesem Spezialfall häufig darum geht, die Unstetigkeit nachzuweisen. Dazu eignen sich einfache Nullfolgen, wie gerade gesehen. Oftmals sind es Folgen der Gestalt $\left(\frac{1}{n^k}, \frac{1}{n^l}\right) \in \mathbb{R}^2$ für $k,l \in \mathbb{N}$, die nützlich sein können.

Gegeben sei die Funktion $f : \mathbb{R}^2 \to \mathbb{R}$ mit $f(0,0) = 0$ und $f(x,y) = \frac{x^2 y}{x^4+y^2}$ für jedes $(x,y) \in \mathbb{R}^2$ mit $(x,y) \neq (0,0)$. Zeigen Sie:

a) Für jedes $(a,b) \in \mathbb{R}^2$ mit $(a,b) \neq (0,0)$ ist die Funktion $g : \mathbb{R} \to \mathbb{R}$, $t \mapsto f(ta,tb)$ differenzierbar an der Stelle 0.

b) f ist nicht stetig an der Stelle $(0,0)$.

Lösungsvorschlag: Ad (a): Wir berechnen zunächst explizit den Term von g für $t \neq 0$, also $(ta,tb) \neq (0,0)$:

$$g(t) = f(ta,tb) = \frac{(ta)^2 (tb)}{(ta)^4 + (tb)^2} = \frac{t^3 a^2 b}{t^2 (t^2 a^4 + b^2)} = \frac{ta^2 b}{t^2 a^4 + b^2}$$

Außerdem ist $g(0) = f(0,0) = 0$. Wir haben also

$$g(t) := \begin{cases} \frac{ta^2 b}{t^2 a^4 + b^2} & \text{für } t \neq 0, \\ 0 & \text{für } t = 0 \end{cases}$$

Wir führen nun eine Fallunterscheidung durch, um den Nachweis der Differenzierbarkeit für alle $(a,b) \in \mathbb{R}^2$ zu erbringen. Betrachtet man zunächst den Fall $b = 0$, so ist $g \equiv 0$ und damit differenzierbar in $t = 0$. Sei nun $b \neq 0$. Dann betrachtet man den Differenzenquotienten und erhält

$$\frac{g(t) - g(0)}{t - 0} = \frac{a^2 b}{t^2 a^4 + b^2} \xrightarrow{t \to 0} \frac{a^2 b}{b^2} = \frac{a^2}{b} < \infty.$$

Also ist g auch in diesem Fall für $t = 0$ differenzierbar.

Ad (b): Betrachten wir die Nullfolge $x_n = \left(\frac{1}{n}, \frac{1}{n^2}\right) \in \mathbb{R}^2$. Dann sieht man:

$$f(x_n) = f\left(\frac{1}{n}, \frac{1}{n^2}\right) = \frac{\left(\frac{1}{n}\right)^2 \cdot \frac{1}{n^2}}{\left(\frac{1}{n}\right)^4 + \left(\frac{1}{n^2}\right)^2} = \frac{\frac{1}{n^4}}{\frac{2}{n^4}} = \frac{1}{2} \neq 0 = f(0,0)$$

Also ist f an der Stelle $(0,0)$ nicht stetig.

5.2 Differenzierbarkeit

Der Begriff der Differenzierbarkeit in mehreren Dimensionen ist ein stärkerer Begriff als der in einer Dimension. Für eine Funktion $f : \mathbb{R} \to \mathbb{R}$ betrachtet man, wie im vorangegangenen Kapitel erläutert, den Grenzwert $\lim_{h \to 0} \frac{f(x_0 + h) - f(x_0)}{h}$ von zwei Seiten, nämlich für $x > x_0$ und $x < x_0$. Stimmen der links- und rechtsseitige Grenzwert überein, so heißt f bekanntermaßen in $x_0 \in \mathbb{R}$ differenzierbar. Für $f : U \to \mathbb{R}^n$ mit $U \subset \mathbb{R}^m$ reichen zwei Richtungen nicht. Durch das Konzept der partiellen Differenzierbarkeit, lässt sich die Differenzierbarkeit aber reduzieren auf die Basisvektoren $\mathbf{e}_j$ ($1 \leq j \leq n$).

Definition 5.5 (Partielle Differenzierbarkeit). Sei $f : D \subset \mathbb{R}^n \to \mathbb{R}$ gegeben. f heißt in

$$\mathbf{x} = (x_1, ..., x_n)^T \in D$$

nach x_j ($1 \leq j \leq n$) *partiell differenzierbar*, wenn der Grenzwert

$$\lim_{h \to 0} \frac{f(\mathbf{x} + h \mathbf{e}_j) - f(\mathbf{x})}{h}$$

existiert. Man schreibt dann für die partielle Ableitung auch $\frac{\partial f}{\partial x_j}(\mathbf{x}) = \partial_{x_j} f(\mathbf{x})$. f heißt in D *partiell differenzierbar*, wenn f in jedem Punkt nach jeder Variable partiell differenzierbar ist.

Eine vektorwertige Funktion $f : D \to \mathbb{R}^m$, $\mathbf{x} \mapsto (f_1(\mathbf{x}), ..., f_n(\mathbf{x}))^T$ heißt partiell differenzierbar, falls alle Komponentenfunktionen partiell differenzierbar sind.

Aus der Existenz und Stetigkeit der partiellen Ableitungen folgt **nicht** die Stetigkeit einer Funktion. Beispielsweise existieren für die oben bereits betrachtete Funktion

$$f(x,y) = \begin{cases} \frac{xy}{x^2+y^2} & \text{falls } (x,y) \neq (0,0), \\ 0 & \text{falls } (x,y) = (0,0) \end{cases}$$

die partiellen Ableitungen, denn für $(x,y) = (0,0)$ ist $\partial_x f(x,y) = \partial_y f(x,y) = 0$, und für $(x,y) \neq (0,0)$ berechnet man leicht

$$\partial_x f(x,y) = -\frac{y(x-y)(x+y)}{(x^2+y^2)^2} \quad \text{und} \quad \partial_y f(x,y) = -\frac{x(y^2-x^2)}{(x^2+y^2)^2}.$$

Allerdings ist f in $(0,0)$ nicht stetig, wie wir bereits festgestellt haben.

Das Konzept der partiellen Ableitung reduziert sich auf das Ableiten nach einer Variablen und funktioniert daher nach den bekannten Differentiationsregeln für Funktionen in einer Veränderlichen. Die Terme mit den jeweils anderen Veränderlichen werden wie Konstanten behandelt.

Beispiel 5.6

Für die Funktion $g : \mathbb{R}^3 \to \mathbb{R}$ mit $(x,y,z)^T \mapsto x^2 \cdot e^{3y} + \cos(z)$ gilt:

$$\frac{\partial f}{\partial x}(x,y,z) = 2xe^{3y}, \quad \frac{\partial f}{\partial y}(x,y,z) = 3x^2 e^{3y}, \quad \frac{\partial f}{\partial z}(x,y,z) = -\sin(z)$$

Der Vektor

$$\nabla f(x,y,z) = \begin{pmatrix} \partial_x f(x,y,z) \\ \partial_y f(x,y,z) \\ \partial_z f(x,y,z) \end{pmatrix} = \begin{pmatrix} 2xe^{3y} \\ 3x^2 e^{3y} \\ -\sin(z) \end{pmatrix}$$

wird als **Gradient** von f bezeichnet.

Diesen Gradienten benötigen wir zur praktischen Bestimmung von Extremstellen. Wenn man sich an die eindimensionale Analysis erinnert, dann war hier $f'(x_0) = 0$ notwendiges Kriterium dafür, dass an der Stelle x_0 im offenen Definitonsbereich eine Extremstelle von f lag. Im mehrdimensionalen Fall formuliert man dieses notwendige Kriterium dadurch, dass alle partiellen Ableitungen verschwinden, oder kurz ausgedrückt:

$$\nabla f(\mathbf{x}_0) = \text{grad} f(\mathbf{x}_0) = 0$$

Solche Stellen $\mathbf{x}_0$ im Definitionsbereich von Funktionen $f : D \subset \mathbb{R}^n \to \mathbb{R}^m$, für die $\nabla f(\mathbf{x}_0) = 0$ gilt, nennt man *kritische Stellen*.

Das hinreichende Kriterium im eindimensionalen Fall betrifft weiter die zweite Ableitung:

$$f'' \neq 0$$

Der Frage, wie wir das hinreichende Kriterium auf den mehrdimensionalen Fall übertragen können, wollen wir uns im Folgenden nähern.

Definition 5.7 (Jacobi-Matrix). Sei $f : D \subset \mathbb{R}^n \to \mathbb{R}^m$ stetig partiell differenzierbar. Dann heißt die Matrix der partiellen Ableitungen die *Jacobi-Matrix von f* in $a \in D$:

$$J(f;a) := \begin{pmatrix} \partial_{x_1} f_1(a) & \cdots & \partial_{x_n} f_1(a) \\ \partial_{x_1} f_2(a) & \cdots & \partial_{x_n} f_2(a) \\ \vdots & \ddots & \vdots \\ \partial_{x_1} f_m(a) & \cdots & \partial_{x_n} f_m(a) \end{pmatrix}$$

Beispiel 5.8

Gegeben ist die Funktion $f : \mathbb{R}^2 \to \mathbb{R}^2$ mit $(x,y) \mapsto \begin{pmatrix} x^2 - y^2 \\ 2xy \end{pmatrix}$. Die Jacobi-Matrix für alle $a = (x,y) \in \mathbb{R}^2$ ist dann gegeben durch

$$J(f;a) := \begin{pmatrix} 2x & -2y \\ 2y & 2x \end{pmatrix}.$$

Die Jacobi-Matrix stellt, wie jede Matrix, eine lineare Abbildung dar. In der Definition der totalen Differenzierbarkeit erkennt man, wieso diese zuvor eingeführt wurde.

Definition 5.9 (Totale Differenzierbarkeit). Eine Funktion $f : D \subset \mathbb{R}^n \to \mathbb{R}^m$ heißt in $y \in D$ *total differenzierbar*, wenn es eine lineare Abbildung $L : \mathbb{R}^n \to \mathbb{R}^m$ gibt, sodass für $f(x) = f(y) + L(x - y) + r(x)$ mit $r : \mathbb{R}^n \to \mathbb{R}^m$ die Bedingung

$$\lim_{x \to y} \frac{r(x)}{\|x - y\|} = 0$$

erfüllt ist.

Diese Bedingung sorgt dafür, dass man f in einer Umgebung von $y \in D$ darstellen kann als

$$f(x) = f(y) + L(x - y).$$

Man erinnere sich jetzt an die eindimensionale Differentialrechnung. Man konnte dabei eine in $y \in \mathbb{R}$ differenzierbare Funktion g in einer Umgebung von y darstellen als

$$f(x) = f(y) + f'(y)(x - y).$$

Eine kleine Analogiebetrachtung liefert den Schluss, dass $L(x - y)$ die gleiche Rolle spielt wie $f'(y)(x - y)$ in einer Dimension. Die folgende Definition liegt demnach nahe:

Definition 5.10 (Totales Differential). Existiert die oben beschriebene Abbildung L, so wird diese das *totale Differential* von f in y genannt. Man schreibt:

$$L = df(y) = f'(y)$$

Es wird nun klarer, wie L konkret aussieht. Ist f in y total differenzierbar, so ist die darstellende Matrix der linearen Abbildung L bezüglich der Standardbasen in $\mathbb{R}^n$ bzw. $\mathbb{R}^m$ gerade die Jacobi-Matrix

$$L = f'(y) = J(f;y).$$

Bleibt nun also die Frage zu klären, mit welchem Kriterium man leicht feststellen kann, ob eine gegebene Funktion total differenzierbar ist. Dies liefert das sog. Hauptkriterium für Differenzierbarkeit:

Satz 5.11. Seien $f : D \subset \mathbb{R}^n \to \mathbb{R}^m$ und $y \in D$. Existieren die partiellen Ableitungen von f in einer Umgebung von y, und sind diese alle stetig in y, dann ist f in y total differenzierbar.

Aufgepasst!

Die Umkehrung dieses Satzes gilt nicht! Aus der totalen Differenzierbarkeit folgt nicht die Stetigkeit der partiellen Ableitungen.

Wie in einer Dimension auch, möchte man für Funktionen $f : D \subset \mathbb{R}^n \to \mathbb{R}$ Extremstellen finden. Für Abbildungen nach $\mathbb{R}^m$ mit $m > 1$ ergibt es keinen Sinn von Extremalstellen im klassischen Sinn zu sprechen.

Häufig begnügt man sich in der Mathematik zunächst mit Aussagen über die Existenz von Objekten, wie hier den Exstemstellen. Meist haben wir es in Aufgaben mit stetigen Funktionen zu tun. Sind diese auf kompakten Mengen definiert, also in unserem Fall solchen Teilmengen des $\mathbb{R}^n$, die abgeschlossen und beschränkt sind, so folgt sofort die Existenz eines Maximums. Dies wird im Satz vom Maximum fixiert:

Satz 5.12 (von Bolzano-Weierstraß). Seien $f : D \subset \mathbb{R}^n \to \mathbb{R}$ eine stetige Funktion und $\emptyset \neq D$ kompakt. Dann nimmt f auf D ein Maximum an.

Analog gilt, dass jede stetige Funktion auf einer kompakten Menge ein Minimum hat und das Bild $f(D)$ wiederrum kompakt ist.

Aufgepasst!

In Aufgaben des Staatsexamens soll häufig das Bild kompakter Mengen $D \subset \mathbb{R}^n$ unter stetigen Abbildungen bestimmt werden. Man denke dann daran, dass $f(D) \subset \mathbb{R}^m$ dann selbst kompakt, also insbesondere beschränkt ist. Es ist dann also sinnvoll Minimum und Maximum von f auf D zu bestimmen.

5.3 Extremwertrechnung

Wir haben nun also gesehen, wie man mitunter leicht die Existenz von Extremstellen zeigt. Im Folgenden wollen wir uns nun noch dem konkreten Berechnen von Extremstellen widmen. Dazu sei an folgende Definition erinnert:

Definition 5.13 (Lokales Minimum und Maximum). Eine Funktion $f : D \subset \mathbb{R}^n \to \mathbb{R}$ besitzt

- ein *lokales Maximum* bzw. ein *lokales Minimum* $\mathbf{x} \in D$, wenn es eine Umgebung $U \subset D$ von $\mathbf{x}$ gibt, für die

$$f(\mathbf{x}) \geq f(\mathbf{y}) \quad \text{bzw.} \quad f(\mathbf{x}) \leq f(\mathbf{y})$$

für alle $\mathbf{y} \in U$ gilt.

- ein *globales Maximum* bzw. ein *globales Minimum* $\mathbf{x} \in D$, wenn

$$f(\mathbf{x}) \geq f(\mathbf{y}) \quad \text{bzw.} \quad f(\mathbf{x}) \leq f(\mathbf{y})$$

für alle $\mathbf{y} \in D$ gilt.

- ein *isoliertes lokales Maximum* bzw. ein *isoliertes lokales Minimum*, wenn

$$f(\mathbf{y}) < f(\mathbf{x})$$

für alle $\mathbf{y} \in D \setminus \{\mathbf{x}\}$ gilt.

Mithilfe der sog. Hesse-Matrix können wir nun ein hinreichendes Kriterium für das Vorliegen eines Extremums formulieren. Dazu definieren wir diese zunächst:

Definition 5.14 (Hesse-Matrix). Seien $f : D \subset \mathbb{R}^n \to \mathbb{R}$ eine zweimal stetig differenzierbare Funktion und $\mathbf{x} \in D$. Die symmetrische Matrix

$$H_f(\mathbf{x}) := \begin{pmatrix} \partial_{x_1} \partial_{x_1} f(\mathbf{x}) & \cdots & \partial_{x_1} \partial_{x_n} f(\mathbf{x}) \\ \vdots & \ddots & \vdots \\ \partial_{x_n} \partial_{x_1} f(\mathbf{x}) & \cdots & \partial_{x_n} \partial_{x_n} f(\mathbf{x}) \end{pmatrix}$$

nennt man dann die *Hesse-Matrix von f* am Punkt $\mathbf{x}$.

Beispiel 5.15

Gegeben ist die Funktion $f : \mathbb{R}^2 \to \mathbb{R}$ mit $(x,y) \mapsto \sin(x) \cdot e^y$. Der Gradient dieser Funktion ist gegeben zu

$$\nabla f(x,y) = \begin{pmatrix} \cos(x) \cdot e^y \\ \sin(x) \cdot e^y \end{pmatrix}.$$

Die Hesse-Matrix erhält man ferner zu

$$H_f(x,y) = \begin{pmatrix} -\sin(x) \cdot e^y & \cos(x) \cdot e^y \\ \cos(x) \cdot e^y & \sin(x) \cdot e^y \end{pmatrix}.$$

Wie man sieht, ist die Hesse-Matrix von f symmetrisch. Das ist kein Zufall, denn nach dem Satz von Schwarz kommutieren die partiellen Ableitungen, sofern die gegebene Funktion zweimal stetig partiell differenzierbar ist. In den Staatsexamensaufgaben trifft dies in aller Regel zu.

Mittels der Hesse-Matrix klassifiziert man nun die Extremstellen, ausgehend von kritischen Stellen $\mathbf{x}_0$, also solchen, für die $\nabla f(\mathbf{x}_0) = 0$ gilt, wie folgt:

- Ist $H_f(\mathbf{x}_0)$ positiv definit, so ist $\mathbf{x}_0$ eine isolierte Minimalstelle.

- Ist $H_f(\mathbf{x}_0)$ negativ definit, so ist $\mathbf{x}_0$ eine isolierte Maximalstelle.

- Ist $H_f(\mathbf{x}_0)$ indefinit, so ist $\mathbf{x}_0$ eine Sattelstelle.

Wie kann man nun feststellen, ob $H_f(\mathbf{x}_0)$ positiv definit, negativ definit oder indefinit ist?

1. Eine symmetrische Matrix (wie z.B. die Hesse-Matrix) ist

   - positiv definit, wenn alle Eigenwerte positiv sind,
   - negativ definit, wenn alle Eigenwerte negativ sind,
   - indefinit, wenn es positive und negative Eigenwerte gibt.

2. Hauptminorenkriterium. Eine symmetrische Matrix

$$A = \begin{pmatrix} a_{11} & \cdots & a_{1n} \\ \vdots & & \vdots \\ a_{n1} & \cdots & a_{nn} \end{pmatrix} \in M^{n \times n}(\mathbb{R})$$

ist genau dann positiv definit, wenn für ihre Hauptminoren gilt:

$$\det \begin{pmatrix} a_{1k} & \cdots & a_{1k} \\ \vdots & & \vdots \\ a_{k1} & \cdots & a_{kk} \end{pmatrix} > 0$$

für alle $k \in \{1,...,n\}$. Wenn hingegen

$$(-1)^k \det \begin{pmatrix} a_{1k} & \cdots & a_{1k} \\ \vdots & & \vdots \\ a_{k1} & \cdots & a_{kk} \end{pmatrix} > 0$$

ist, so ist A negativ definit.

Um nun Extremstellen von Funktionen mehrerer Veränderlicher zu bestimmen, kann man in Analogie zum eindimensionalen Problem vorgehen (Tab. 5.1).

Funktion einer Veränderlichen	Funktion mehrerer Veränderlicher	Kommentar
notwendig: $f'(x_0) = 0$	notwendig: $\nabla f(\mathbf{x}_0) = 0$ $\Leftrightarrow \partial_{x_1} f = ... = \partial_{x_n} f = 0.$	Bestimmung des Gradienten und der kritischen Punkte $\mathbf{x}_0$
hinreichend: $f''(x_0) \neq 0$	hinreichend: $H_f(\mathbf{x}_0)$ ist nicht indefinit.	Bestimmung der Hesse-Matrix in den kritischen Punkten $\mathbf{x}_0$. Bestimmung der Definitheit
falls $f''(x_0) > 0$	falls $H_f(\mathbf{x}_0)$ positiv definit.	$\mathbf{x}_0$ ist isoliertes lokales Minimum
falls $f''(x_0) < 0$	falls $H_f(\mathbf{x}_0)$ negativ definit.	$\mathbf{x}_0$ ist isoliertes lokales Maximum.
falls $f''(x_0) = 0$	falls $H_f(\mathbf{x}_0)$ indefinit.	$\mathbf{x}_0$ ist ein Sattelpunkt (also kein Extremum)

Tabelle 5.1 Vergleich der Konzepte über $\mathbb{R}$ und $\mathbb{R}^n$.

Wir wollen uns die konkrete Umsetzung dieser Konzepte zunächst anhand einer Aufgabe verdeutlichen.

5.4 Praxisteil

 Die Funktion $f : \mathbb{R}^2 \to \mathbb{R}$ sei definiert durch

$$f(x,y) = 2x^2 + y^2 - xy^2.$$

(a) Bestimmen Sie alle kritischen Stellen und alle lokalen Extrema der Funktion f.

(b) Besitzt die Funktion f ein globales Maximum oder ein globales Minimum? Begründen Sie Ihre Antwort.

Lösungsvorschlag:

Ad (a): Die Funktion f ist als Polynomfunktion zweimal stetig partiell differenzierbar. Wir können also ungehindert sowohl den Gradienten als auch die Hesse-Matrix bestimmen. Für alle $(x,y) \in \mathbb{R}^2$ gilt dabei

$$\partial_x f(x,y) = 4x - y^2 \quad \text{und} \quad \partial_y f(x,y) = 2y - 2yx.$$

Der Gradient ist daher gegeben durch

$$\nabla f(x,y) = \begin{pmatrix} \partial_x f(x,y) \\ \partial_y f(x,y) \end{pmatrix} = \begin{pmatrix} 4x - y^2 \\ 2y - 2yx \end{pmatrix}.$$

Für eine kritische Stelle $(x,y) \in \mathbb{R}^2$ von f gilt nach Definition $\nabla f(x,y) = 0$, d.h., nun ist das Gleichungssystem

$$\begin{pmatrix} 4x - y^2 \\ 2y - 2yx \end{pmatrix} = \begin{pmatrix} 0 \\ 0 \end{pmatrix}$$

zu lösen:

- Die zweite Komponente liefert $2y(1-x) = 0$, und damit muss entweder $y = 0$ oder $x = 1$ sein.

- Die erste Komponente liefert $4x = y^2$. Aus $y = 0$ folgt daraus $x = 0$, und aus $x = 1$ folgt daraus $y^2 = 4$, d.h., $y = \pm 2$.

Die Funktion f besitzt also genau drei kritische Stellen bei

$$(0,0), \quad (1,2), \quad (1,-2).$$

Als Nächstes sind die lokalen Extrema (x,y) zu bestimmen. Notwendiges Kriterium hierfür ist (siehe Tab. 5.1) $\nabla f(x,y) = 0$. Es kommen also nur die eben berechneten kritischen Stellen infrage. Das hinreichende Kriterium hierfür ist, dass die Hesse-Matrix $H_f(x,y)$ an dieser Stelle nicht indefinit ist. Zunächst berechnen wir daher $H_f(x,y)$ aus den zweiten partiellen Ableitungen

$$\partial_x^2 f(x,y) = 4 \quad \text{und} \quad \partial_y \partial_x f(x,y) = -2y$$
$$\partial_x \partial_y f(x,y) = -2y \quad \text{und} \quad \partial_y^2 f(x,y) = 2 - 2x$$

und damit

$$H_f(x,y) = \begin{pmatrix} 4 & -2y \\ -2y & 2-2x \end{pmatrix}.$$

Aufgepasst!

Hesse-Matrizen sind, wie oben bemerkt, stets symmetrisch. Sollte man hier also feststellen, dass $H_f \neq H_f^T$ ist, hat sich bereits ein Fehler in die Rechnung eingeschlichen.

Wir setzen nun der Reihe nach die kritischen Stellen in die Hesse-Matrix ein und berechnen ihre Eigenwerte, um auf die Definitheit zu schließen:

- $H_f(0,0) = \begin{pmatrix} 4 & 0 \\ 0 & 2 \end{pmatrix}$ besitzt die beiden positiven Eigenwerte 4 und 2, ist also positiv definit. Ein Blick in Tab. 5.1 verrät: $(0,0)$ ist ein **isoliertes lokales Minimum** der Funktion f.

- $H_f(1,2) = \begin{pmatrix} 4 & -4 \\ -4 & 0 \end{pmatrix}$ besitzt die Eigenwerte $2 \pm 2\sqrt{5}$ und ist damit indefinit. Die Stelle $(1,2)$ ist damit ein **Sattelpunkt** von f, es handelt sich **nicht** um ein lokales Extremum.

- $H_f(1,-2) = \begin{pmatrix} 4 & 4 \\ 4 & 0 \end{pmatrix}$ besitzt dieselben Eigenwerte und ist damit ebenfalls indefinit. Auch bei $(1,-2)$ handelt es sich folglich **nicht** um ein lokales Extremum, sondern um einen **Sattelpunkt** von f.

Aufgepasst!

Oft ist zur Bestimmung der Definitheit die Tatsache nützlich, dass die Determinante mit den Eigenwerten verknüpft ist, gemäß $\det(A) = \prod_j \lambda_j$, wobei λ_j die Eigenwerte von A sind. Hier war $\det(H_f(1,\pm 2)) = -16$, also negativ. Damit müssen die beiden Eigenwerte gar nicht explizit berechnet werden, das Produkt zweier negativer oder zweier positiver reeller Zahlen kann nicht -16 ergeben. Die Matrix ist jeweils indefinit.

Wir halten insgesamt fest, dass f genau ein lokales Extremum besitzt, nämlich ein lokales Minimum an der Stelle $(0,0)$.

Ad (b): Nun möchten wir die Frage klären, ob f eventuelle globale Extrempunkte besitzt. Die Beschaffenheit des Funktionsterms $2x^2 + y^2 - xy^2$ legt die Vermutung nahe, dass dies nicht der Fall ist.

- Denn fixieren wir $y = 0$, so ist $f(x,0) = 2x^2 \to \infty$ für $x \to \infty$. Die Funktion ist also nach oben unbeschränkt und kann damit kein globales Maximum besitzen.

- Fixieren wir nun umgekehrt $x = 2$, so ist $f(2,y) = 8 + y^2 - 2y^2 = 8 - y^2 \to -\infty$ für $y \to \infty$. Die Funktion ist also auch nach unten unbeschränkt und kann damit kein globales Minimum besitzen.

Gegeben sei die Funktion $f : \mathbb{R}^2 \to \mathbb{R}$, definiert durch

$$f(x,y) = x^2(x^2 + y^2 - 2).$$

(a) Man bestimme die Nullstellen von f und skizziere die Bereiche des $\mathbb{R}^2$, in denen f positive bzw. negative Funktionswerte besitzt.

(b) Man bestimme alle lokalen Extremstellen von f.

Lösungsvorschlag:

Ad (a): Aus $0 = f(x,y) = x^2(x^2 + y^2 - 2)$ folgt entweder

- $x^2 = 0$ und somit $x = 0$ oder

- $x^2 + y^2 - 2 = 0$ und somit $x^2 + y^2 = 2$. Dies ist eine Teilmenge des $\mathbb{R}^2$, genauer gesagt der Kreis $K_{\sqrt{2}}(0,0)$ mit Raidus $\sqrt{2}$ und Mittelpunkt $(0,0)$.

Die Nullstellenmenge ist damit gegeben durch

$$K_{\sqrt{2}}(0,0) \cup \{(0,y) \mid y \in \mathbb{R}\}.$$

Für die Bereiche des Vorzeichens reicht folgende Überlegung: x^2 ist stets nicht negativ, d.h., das Vorzeichen von $f(x,y)$ wird allein durch den Faktor $(x^2 + y^2 - 2)$ festgelegt. Außerhalb von $K_{\sqrt{2}}(0,0)$ ist die Funktion daher positiv, innerhalb negativ, mit der kleinen Ausnahme der durch $x = 0$ beschriebenen Geraden (Abb. 5.2).

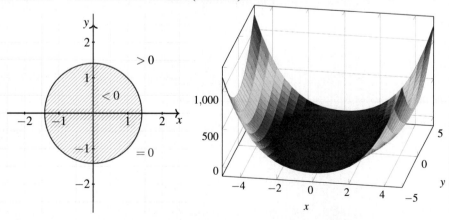

Abbildung 5.2 Die Menge $K_{\sqrt{2}}(0)$ (links) und der Graph der Funktion f (rechts).

Ad (b): Die Funktion ist als Polynomfunktion zweimal stetig partiell differenzierbar. Wir berechnen daher wie in der Aufgabe zuvor zunächst den Gradienten von f mitsamt seinen Nullstellen:

$$\partial_x f(x,y) = 2x(2x^2+y^2-2) \quad \text{und} \quad \partial_y f(x,y) = 2x^2 y$$

Der Gradient ist daher gegeben durch

$$\nabla f(x,y) = \begin{pmatrix} 2x(2x^2+y^2-2) \\ 2x^2 y \end{pmatrix},$$

und die Gleichung $\nabla f(x,y) = 0$ führt auf die beiden Gleichungen

- $2x(2x^2+y^2-2) = 0$, woraus entweder $x = 0$ folgt oder $y^2 = 2(1-x^2)$;

- $2x^2 y = 0$, woraus entweder $x = 0$ oder $y = 0$ folgt.

Gemeinsam sind also zunächst alle Punkte auf der Geraden $\{(0,y) \mid y \in \mathbb{R}\}$ lokale Extremstellen. Außerhalb dieser Geraden muss dann wegen der zweiten Gleichung $y = 0$ gelten, woraus mit der ersten Gleichung durch $0 = y^2 = 2(1-x^2)$ unmittelbar $x^2 = 1$ folgt, d.h., $x = \pm 1$. Die lokalen Extremstellen von f liegen also bei

$$\{(0,y) \mid y \in \mathbb{R}\} \cup \{(\pm 1, 0)\}.$$

Aufgabe 5.18: H19-T3-A4

Die Funktion $f : \mathbb{R}^2 \to \mathbb{R}$ sei definiert durch

$$f(x,y) = x^3 + 3xy^2 - 15xy - 12y + 7.$$

Bestimmen Sie alle lokalen Extrema von f und begründen Sie Ihre Ergebnisse.

Lösungsvorschlag: Die Funktion f ist als Polynomfunktion zweimal stetig partiell differenzierbar. Wir berechnen wie üblich den Gradienten

$$\nabla f(x,y) = \begin{pmatrix} 3x^2 + 3y^2 - 15 \\ 6xy - 12 \end{pmatrix},$$

und die Gleichung $\nabla f(x,y) = 0$ führt auf die beiden Gleichungen

- $3x^2 + 3y^2 - 15 = 0$, also $x^2 + y^2 = 5$, und

- $6xy - 12 = 0$, also $xy = 2$.

Aus der zweiten Gleichung folgt $x \neq 0$, sodass wir umformen können zu $y = \frac{2}{x}$. Eingesetzt in die erste Gleichung ergibt sich damit

$$5 = x^2 + y^2 = x^2 + \left(\frac{2}{x}\right)^2 = x^2 + \frac{4}{x^2}.$$

Wir multiplizieren beide Seiten mit x^2 und erhalten nach Umstellen

$$x^4 - 5x^2 + 4 = 0,$$

sodass die Substitution $u := x^2$ auf die quadratische Gleichung

$$u^2 - 5u + 4 = 0$$

führt, welche die Lösungen

$$u_{1,2} = \frac{5 \pm \sqrt{25 - 16}}{2} = \frac{5}{2} \pm \frac{3}{2}$$

besitzt, bzw. $u_1 = 4$ und $u_2 = 1$. Durch Rücksubstitution erhalten wir daraus

$$x_{1,2} = \pm\sqrt{u_1} = \pm 2 \qquad \text{und} \qquad x_{3,4} = \pm\sqrt{u_2} = \pm 1.$$

Damit erhalten wir die vier möglichen Extrema $(2,1)$, $(-2,-1)$, $(1,2)$ und $(-1,-2)$. Zur Klassifizierung dieser Extremstellen berechnen wir die Hesse-Matrix über die zweiten partiellen Ableitungen

$$\partial_x^2 f(x,y) = 6x, \qquad \partial_y^2 f(x,y) = 6x, \qquad \partial_x\partial_y f(x,y) = 6y$$

zu

$$H_f(x,y) = \begin{pmatrix} 6x & 6y \\ 6y & 6x \end{pmatrix}.$$

Es ist also

- $H_f(2,1) = \begin{pmatrix} 12 & 6 \\ 6 & 12 \end{pmatrix}$ mit Eigenwerten $\lambda_1 = 18$ und $\lambda_2 = 6$. $H_f(2,1)$ ist also positiv definit und $(2,1)$ damit lokales Minimum.

- $H_f(-2,-1) = -H_f(2,1)$, also negativ definit, und $(-2,-1)$ ist ein lokales Maximum.

- $H_f(1,2) = \begin{pmatrix} 6 & 12 \\ 12 & 6 \end{pmatrix}$ mit Eigenwerten $\lambda_1 = 18$ und $\lambda_2 = -6$. $H_f(1,2)$ ist also indefinit, und $(1,2)$ damit eine Sattelstelle.

- $H_f(-1,-2) = -H_f(1,2)$ ebenfalls indefinit und damit auch $(-1,-2)$ eine Sattelstelle.

Zusammengefasst besitzt f also in $(2,1)$ ein lokales Minimum $f(2,1) = -21$, in $(-2,-1)$ ein lokales Maximum $f(-2,-1) = -25$ und sonst keine weiteren Extrema.

Aufgabe 5.19: F11-T1-A2

Bestimmen Sie die Maxima und Minima der Funktion

$$f : \mathbb{R}^2 \to \mathbb{R}, \ (x,y) \mapsto e^{-(x^2+y^2)} \cdot (-x^2 + 1)$$

auf der Kreisschreibe $D := \{(x,y) \in \mathbb{R}^2 \mid x^2 + y^2 \leq 1\}$.

Lösungsvorschlag:

Erneut stellen wir zunächst fest, dass $f(x,y) = e^{-(x^2+y^2)} \cdot (-x^2+1)$ als Produkt und Komposition stetig partiell differenzierbarer Funktionen zweimal partiell stetig differenzierbar ist. Weiterhin ist D gerade die Einheitskreisscheibe, also insbesondere eine kompakte Menge. Als stetige Funktion besitzt f demnach darauf sowohl ein Maximum als auch ein Minimum auf D. Zusätzlich beobachten wir

$$f(x,y) = \underbrace{e^{-\left(x^2+y^2\right)}}_{\geq e^{-1}} \cdot \overbrace{\underbrace{(1-x^2)}_{\geq y^2 \geq 0}}^{\leq 1} \geq 0,$$

die Funktion f nimmt also keine negativen Werte an, der kleinstmögliche Wert ist 0.

Wir untersuchen im Folgenden das Innere von D und anschließend den Rand von D:

Im Inneren $\mathring{D} = \{(x,y) \in \mathbb{R}^2 \mid x^2 + y^2 < 1\}$ von D bestimmen wir zuerst die partiellen Ableitungen zu

$$\partial_x f(x,y) = \partial_x \left(e^{-(x^2+y^2)} \cdot (-x^2+1)\right) = 2x \cdot (x^2 - 2) \cdot e^{-(x^2+y^2)}$$

sowie

$$\partial_y f(x,y) = \partial_y \left(e^{-(x^2+y^2)} \cdot (-x^2+1)\right) = 2y \cdot (x^2-1) \cdot e^{-(x^2+y^2)}.$$

Aus der notwendigen Bedingung $\nabla f = 0$ folgt $\partial_x f = 0$ und $\partial_y f = 0$. Da aber gleichzeitig $x^2 + y^2 < 1$ und damit folglich $x^2 < 1 - y^2 < 1$ gilt, kann

- $\partial_x f = 0$ nur für $x = 0$ gelten, denn

$$0 = \partial_x f = 2x \cdot \underbrace{(x^2-2)}_{<-1} \cdot \underbrace{e^{-(x^2+y^2)}}_{>0};$$

- $\partial_y f = 0$ nur analog für $y = 0$ gelten, denn

$$0 = \partial_y f = 2y \cdot \underbrace{(x^2-1)}_{<0} \cdot \underbrace{e^{-(x^2+y^2)}}_{>0}.$$

Es gibt also nur eine lokale Extremstelle von f, die innerhalb D liegt, und das ist $(0,0)$. Ob es sich dabei um ein lokales Maximum oder Minimum handelt, ist vorerst uninteressant. Das werden wir anschließend im Vergleich mit etwaigen Randextrema herausfinden. Auf dem Rand $\overline{D} = \{(x,y) \in \mathbb{R}^2 \,|\, x^2 + y^2 = 1\}$ von D gilt offensichtlich $e^{-(x^2+y^2)} = e^{-1}$ und damit

$$f(x,y) = e^{-1}(1 - x^2) = e^{-1}y^2.$$

- Der kleinste Wert, den f auf $\overline{D}$ annimmt, ist folglich $f(x,0) = 0$. Auf $\overline{D}$ folgt aus $y = 0$ außerdem bereits $x = \pm 1$. Die Randminima liegen also bei $(\pm 1, 0)$ und sind auch globale Minima von f auf D.

- Der größte Wert, den f auf $\overline{D}$ annimmt, ist folglich $f(x, \pm 1) = \frac{1}{e}$. Auf $\overline{D}$ folgt aus $y = \pm 1$ außerdem bereits $x = 0$. Die Randmaxima liegen also bei $(0, \pm 1)$. Abschließend sind die Randmaxima nur noch mit dem inneren Extremum zu vergleichen: Dabei ist $f(0,0) = 1$ und $f(0, \pm 1) = e^{-1} < 1$.

Wir fassen zusammen: Die Funktion besitzt auf D das Minimum 0, welches in den Punkten $(\pm 1, 0)$ angenommen wird, und das Maximum 1, welches im Punkt $(0,0)$ angenommen wird.

Aufgepasst!

 Wie vor der Aufgabe angedeutet, kann man die Bedingung auch ignorieren und die Extremstellen wie bisher bestimmen. Weitere Nullstellen des Gradienten lassen sich berechnen, wenn man die durch D gegebenen Bedingungen einfach ignoriert:

- Aus $\partial_x f = 0$ folgt für $x \neq 0$ dann $x = \pm\sqrt{2}$, woraus eingesetzt in $\partial_y f = 0$ weiter $0 = 2y \cdot e^{-y^2}$, d.h. $y = 0$ folgt. Zusätzliche Extrema liegen also bei $(\pm\sqrt{2}, 0) \notin D$.

- Aus $\partial_y f = 0$ folgt nach einer Fallunterscheidung für $y = 0$ und $y \neq 0$ nichts Neues: Extrema liegen bei $(0,0)$ und $(\pm\sqrt{2}, 0) \notin D$.

Man erhält also weitere Extremstellen, die in der Aufgabenstellung nicht berücksichtigt sind und dementsprechend wegargumentiert werden müssen.

Gegeben sei die Funktion $f : \mathbb{R}^2 \to \mathbb{R}$, definiert durch

$$f(x,y) = \begin{cases} \arctan(xy) - x^2, & \text{falls } y \leq x, \\ xy - \arctan\left(x^2\right), & \text{falls } y > x. \end{cases}$$

(a) Untersuchen Sie, ob f auf ganz $\mathbb{R}^2$ stetig ist.

(b) Bestimmen Sie die globalen Extrema der Funktion f auf der Menge

$$\triangle = \{(x,y) \in \mathbb{R}^2 : 0 \leq y \leq x \leq 1\}.$$

Lösungsvorschlag: Ad (a): Als Verkettung/Differenz stetiger Funktionen sind die einzelnen Komponentenfunktionen von f jeweils stetig. Zu überprüfen bleiben also die „Nahtstellen" $\{(x,y) \in \mathbb{R}^2 : y = x\}$. An diesen Stellen ist

$$f_1(x) = \arctan\left(x^2\right) - x^2$$

und

$$f_2(x) = x^2 - \arctan\left(x^2\right) = -f_1(x),$$

wir vermuten daher einen Vorzeichensprung, womit die Funktion in allen Nahtstellen $\neq$ $(0,0)$ nicht stetig ist. Wir zeigen dies exemplarisch für den Punkt $(1,1)$. Seien dazu für $n \in \mathbb{N}$

- $(x_n, y_n) := \left(1, 1 + \frac{1}{n}\right)$, also

$$\begin{aligned} f(x_n, y_n) &= x_n y_n - \arctan\left(x_n^2\right) \\ &= 1 + \frac{1}{n} - \underbrace{\arctan(1)}_{=\frac{\pi}{4}} \\ &= 1 - \frac{\pi}{4} + \frac{1}{n} \\ &\xrightarrow{n \to \infty} 1 - \frac{\pi}{4}. \end{aligned}$$

- $(\tilde{x}_n, \tilde{y}_n) := \left(1, 1 - \frac{1}{n}\right)$, also

$$\begin{aligned} f(\tilde{x}_n, \tilde{y}_n) &= \arctan\left(\tilde{x}_n \tilde{y}_n\right) - \tilde{x}_n^2 \\ &= \arctan\left(1 - \frac{1}{n}\right) - 1 \\ &\xrightarrow{n \to \infty} \arctan(1) - 1 \\ &= \frac{\pi}{4} - 1. \end{aligned}$$

Es ist also $f(x_n, y_n) \neq f(\tilde{x}_n, \tilde{y}_n)$, obwohl $(x_n, y_n) \xrightarrow{n \to \infty} (1,1)$ und $(\tilde{x}_n, \tilde{y}_n) \xrightarrow{n \to \infty} (1,1)$. Damit ist f in $(1,1)$ nicht stetig, insbesondere ist f nicht auf ganz $\mathbb{R}^2$ stetig.

Ad (b): Da in $\triangle$ stets $y \le x$ gilt, können wir schreiben $f(x,y) = \arctan(xy) - x^2$. Auf dieser Menge ist f also stetig und besitzt nach Satz 5.12 (Bolzano-Weierstraß) sowohl ein Maximum als auch ein Minimum. Wir bestimmen den Gradienten (zur Ableitung des Tangens ziehe man etwa Tab. 4.2 und die Kettenregel heran):

$$\nabla f(x,y) = \begin{pmatrix} \partial_x f(x,y) \\ \partial_y f(x,y) \end{pmatrix} = \begin{pmatrix} \frac{y}{x^2 y^2 + 1} - 2x \\ \frac{x}{x^2 y^2 + 1} \end{pmatrix}$$

Aus $\nabla f(x,y) = (0,0)$ erhalten wir in der zweiten Komponente sofort $x = 0$ und deshalb in der ersten damit $y = 0$. Die Funktion f besitzt also die Extremstelle $(0,0)$ mit Extremwert $f(0,0) = 0$, den wir im Anschluss klassifizieren werden. Da der Gradient sonst keine weiteren Nullstellen besitzt, müssen wir weitere Extremstellen nur noch auf dem Rand von $\triangle$ suchen. Dazu erstellen wir zunächst eine Skizze des Randes (Abb. 5.3). Der Rand setzt sich also aus drei Komponenten zusammen:

- Für alle $(x,0) \in \triangle$ erhalten wir $f(x,0) = -x^2$. Die Funktion f nimmt auf diesem Randstück also wegen $0 \le x \le 1$ Werte zwischen 0 und -1 an.

- Für alle $(1,y) \in \triangle$ erhalten wir $f(1,y) = \arctan(y) - 1$. Die Funktion f nimmt auf diesem Randstück also (Tab. 4.2) Werte zwischen $\frac{\pi}{4} - 1$ und -1 an.

- Für alle $(x,x) \in \triangle$ erhalten wir $f(x,x) = \arctan\left(x^2\right) - x^2$. Wegen $\frac{d}{dx} f(x,x) = -\frac{2x^5}{x^4 + 1}$ sehen wir, dass die Funktion f für $x \in (0,1)$ streng monoton fällt, ihr größter Wert ist also $f(0,0) = 0$ und ihr kleinster Wert $f(1,1) = \frac{\pi}{4} - 1$.

Wir halten insgesamt fest, dass f das globale Maximum 0 im Punkt $(0,0)$ annimmt und das globale Minimum -1 im Punkt $(1,0)$.

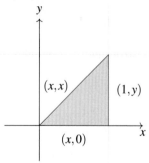

Abbildung 5.3 Visualisierung der Menge $\triangle$.

6 Integrationstheorie

6.1 Das Riemann-Integral

Oft wird die Integration als die Umkehrung der Differentiation bezeichnet. Konzeptuell sind die Ableitung und das Integral aber verschieden: Während die Ableitung einer Funktion lokal als ein Grenzwert definiert ist, bedeutet Integralbestimmung auch Produktsummenbildung. Die Idee der Integration besteht nämlich darin, die vom Graphen einer auf $[a,b] \subset \mathbb{R}$ beschränkten Funktion f und der x-Achse beranderten Figur durch disjunkte Rechtecke auszuschöpfen. Deren Flächeninhalte, also Produkte aus Länge und Breite, werden schließlich aufsummiert. Im Grenzfall unendlich vieler Rechtecke unendlich dünner Breite führt dies auf den Flächeninhalt der vom Graphen von f und der x-Achse beranderten Figur. Dabei ist der Flächeninhaltsbegriff aus der Elementargeometrie im Kontext der Integrationstheorie zu verallgemeinern.

6.1.1 Von Zerlegungen zum Integralbegriff

Will man die von einem Funktionsgraphen und der x-Achse auf einem Intervall $I := [a,b] \subset \mathbb{R}$ beranderte Figur durch Rechtecke gezielt ausschöpfen, so bedarf es einer gleichmäßigen Zerlegung von I. Eine Unterteilung von I in $(n+1)$-viele Teilpunkte t_i ($i \in \mathbb{N}$) führt auf eine Zerlegung $\mathscr{Z}$ mit

$$\mathscr{Z} := \{a = t_0, t_1, ..., t_n = b\}.$$

Sinnvollerweise wählt man damit die Breite von jedem der Rechtecke zu $\mathscr{B} = |t_i - t_{i-1}|$, während die Höhe $\mathscr{H}$ von den Funktionswerten von f abhängen muss. Auf jedem Teilintervall $[t_{i-1}, t_i]$ kann als Orientierungspunkt der maximale oder minimale Funktionswert von f auf dem Teilintervall dienen. Dies führt auf das Konzept von Ober- und Untersumme (Abb. 6.1).

Definition 6.1 (Ober- und Untersumme). Für eine beschränkte Funktion $f : [a,b] \to \mathbb{R}$ und eine Zerlegung $\mathscr{Z} := \{a = t_0, t_1, ..., t_n = b\}$ von $[a,b]$ heißt

$$O(f, \mathscr{Z}) := \sum_{i=1}^{n} (t_i - t_{i-1}) \cdot \sup f([t_{i-1}, t_i])$$

die *Obersumme* von f bezüglich der Zerlegung $\mathscr{Z}$ und analog

$$U(f, \mathscr{Z}) := \sum_{i=1}^{n} (t_i - t_{i-1}) \cdot \inf f([t_{i-1}, t_i])$$

die *Untersumme* von f bezüglich der Zerlegung $\mathscr{Z}$.[6]

Die obigen Ausdrücke addieren jeweils also gerade die Flächeninhalte von n Rechtecken der Breite $\mathscr{B} = |t_i - t_{i-1}| = \frac{b-a}{n}$.

---

[6]In manchen Definitionen wird hier das Maximum der Funktionswerte statt des Supremums der Funktionswerte auf den Intervallen $[t_{i-1}, t_i]$ verwendet. Setzt man die Stetigkeit der Funktion f voraus, so geht dies, weil die Intervalle $[t_{i-1}, t_i]$ kompakt sind und daher das Supremum in jedem Fall angenommen wird. Analog mit dem Minimum für die Untersumme.

© Der/die Autor(en), exklusiv lizenziert durch
Springer-Verlag GmbH, DE, ein Teil von Springer Nature 2021
J. M. Veith und P. Bitzenbauer, *Schritt für Schritt zum Staatsexamen Mathematik*, https://doi.org/10.1007/978-3-662-62948-2_6

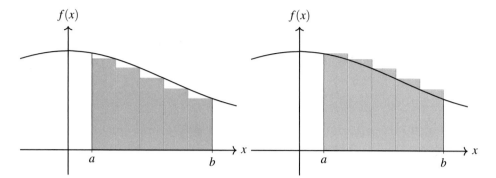

Abbildung 6.1 Untersumme (links) und Obersumme (rechts) bei einer Zerlegung der berandeten Figur in fünf Rechtecke.

Dabei macht man natürlich stets einen Fehler und wird am Ende den gesuchten Flächeninhalt nicht exakt ermitteln können. Dieser Fehler wird kleiner, wenn die Zerlegung $\mathscr{Z}$ verfeinert wird, wenn also beispielsweise $I = [a,b]$ statt in 5 Teilintervalle, sogar in $n = 100$ oder $n = 1000$ Teilintervalle unterteilt wird – das heißt die Obersumme wird immer kleiner, die Untersumme immer größer (Abb. 6.2).

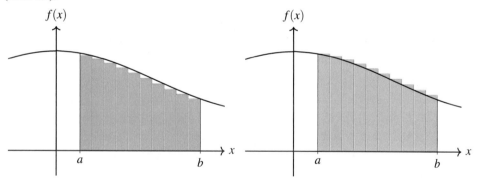

Abbildung 6.2 Unter- und Obersumme bei einer verfeinerten Zerlegung mit zehn Rechtecken. Die Flächeninhalte stimmen mit dem gesuchten Flächeninhalt nun genauer überein.

Das Supremum bzw. Infimum von Unter- bzw. Obersummen wird dann auch als Darbouxsches Integral bezeichnet. Man sagt oft aber auch einfach Ober- und Unterintegral dazu:

Definition 6.2 (Ober- und Unterintegral). Für eine beschränkte Funktion $f : [a,b] \to \mathbb{R}$ mit Obersummen $O(f, \mathscr{Z})$ und Untersummen $U(f, \mathscr{Z})$ heißen

$$\inf O(f, \mathscr{Z}) := O(f)$$

das *Oberintegral* und

$$\sup U(f, \mathscr{Z}) := U(f)$$

das *Unterintegral* von f.

Es ist offensichtlich, dass $O(f) \geq U(f)$ gilt. Im Falle der Gleichheit von $O(f)$ und $U(f)$ spricht man vom Riemann-Integral:

Definition 6.3 (Riemann-Integral). Gilt für eine beschränkte Funktion $f : [a,b] \to \mathbb{R}$ mit Obersummen $O(f, \mathscr{Z})$ und Untersummen $U(f, \mathscr{Z})$

$$O(f) = U(f),$$

so nennt man

$$O(f) = U(f) := \int_a^b f(x)\mathrm{d}x$$

das *Riemann-Integral* von f in den Grenzen a und b. Die Funktion f wird *Integrand* genannt.

Es gibt also höchstens eine Zahl, die kleiner oder gleich jeder Obersumme bzw. größer oder gleich jeder Untersumme ist. Diese Zahl – falls existent – ist das Riemann-Integral, weshalb man auch schreiben kann:

$$\lim_{n \to \infty} O(f, \mathscr{Z}) = \lim_{n \to \infty} U(f, \mathscr{Z}) = \int_a^b f(x)\mathrm{d}x$$

Eine Funktion f heißt auf $[a,b]$ Riemann-integrierbar, falls der gemeinsame Grenzwert von Ober- und Untersumme existiert. Die Existenz hängt ab von der konkreten Funktion f, sowie dem Integrationsbereich $[a,b]$.

Dass dies der Fall ist, ist keineswegs selbstverständlich, wie das folgende Beispiel zeigt:

Beispiel 6.4

 Die Funktion f definiert durch

$$f(x) := \begin{cases} 1, & x \in \mathbb{Q}, \\ 0, & x \notin \mathbb{Q} \end{cases}$$

wird Dirichlet-Funktion genannt. Man betrachte nun ein beliebiges Intevall $[a,b] \subset \mathbb{R}$ und eine Zerlegung $\mathscr{Z} := \{a = t_0, t_1, ..., t_n = b\}$. In jedem Teilintervall $[t_{i-1}, t_i]$ werden stets rationale und irrationale Zahlen liegen. Die Untersumme ist daher stets 0. Die Obersumme wird stets $b - a$, also die Länge des Intervalls sein, weil das Supremum auf allen Teilintervallen stets 1 ist, sodass deren Längen schlicht addiert werden. Im Grenzfall $n \to \infty$ werden Ober- und Untersumme also nicht gegeneinander konvergieren. Das Integral $\int_a^b f(x)\mathrm{d}x$ existiert daher nicht.

Wir wollen zunächst in zwei Sätzen festhalten, welche Funktionen – anders als im obigen Beispiel die Dirichlet-Funktion – in jedem Fall Riemann-integrierbar sind.

Satz 6.5. Sei $f : [a,b] \to \mathbb{R}$ stetig. Dann ist f auf $[a,b]$ Riemann-integrierbar.

Wir haben mit obigem Satz zwar eine große Klasse Riemann-integrierbarer Funktionen, die Umkehrung des Satzes ist aber falsch. Nicht jede Riemann-integrierbare Funktion muss stetig sein. Man denke dazu beispielsweise an die abschnittsweise definierte Funktion

$$f: [-1,1] \to \mathbb{R}, \, x \mapsto \begin{cases} 1, & x \leq 0 \\ 2, & x > 0 \end{cases}.$$

f ist offensichtlich nicht stetig, aber es gilt $\int_{-1}^{1} f(x)\mathrm{d}x = 1 \cdot 1 + 1 \cdot 2 = 1 + 2 = 3$, wie man leicht sieht, wenn man sich den Graphen von f ansieht (Abb. 6.3).

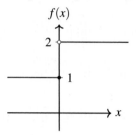

Abbildung 6.3 Graph der oben definierten Funktion f.

Wir wollen zeigen, dass auch monotone Funktionen auf $[a,b]$ Riemann-integrierbar sind.

Sei dazu $f : [a,b] \to \mathbb{R}$ o.B.d.A monoton steigend. Wir betrachten eine Zerlegung $\mathscr{Z}$ von $[a,b]$ in n gleich lange Teilintervalle, die also jeweils konstanter Länge $\frac{b-a}{n}$ sind. Weil f monoton steigend ist, ist $f(t_{i-1}) \leq f(t_i)$. Damit folgt

$$U(f, \mathscr{Z}) = \sum_{i=1}^{n} (t_i - t_{i-1}) \cdot \inf f([t_{i-1}, t_i])$$
$$= \frac{b-a}{n} \sum_{i=1}^{n} f(t_{i-1}).$$

Andererseits ist

$$O(f, \mathscr{Z}) = \sum_{i=1}^{n} (t_i - t_{i-1}) \cdot \sup f([t_{i-1}, t_i])$$
$$= \frac{b-a}{n} \sum_{i=1}^{n} f(t_i).$$

Es ist also

$$O(f, \mathscr{Z}) - U(f, \mathscr{Z}) = \frac{b-a}{n} \underbrace{\left(\sum_{i=1}^{n} f(t_i) - \sum_{i=1}^{n} f(t_{i-1}) \right)}_{=f(t_n)-f(t_0)}$$

$$= \frac{b-a}{n}(f(b) - f(a))$$

$$\xrightarrow{n \to \infty} 0.$$

Wie bereits in der Einleitung des Kapitels dargestellt, ist es ein gängiges Präkonzept zu denken, man könne mit dem Integral Flächeninhalte von Figuren „unter Funktionsgraphen" berechnen. Was man stattdessen berechnet, ist ein orientierter Flächeninhalt. Das Integral stellt damit geometrisch Flächenbilanzen auf und man kann sich merken: „Wert des Integrals = Flächeninhalt der Teilfigur innerhalb der Grenzen, die oberhalb der x−Achse vom Graphen von f begrenzt wird, minus Flächeninhalt der Teilfigur innerhalb der Grenzen, die unterhalb der x-Achse vom Graphen von f begrenzt wird."

Damit ist klar, dass beispielsweise $\int_{-\pi/2}^{\pi/2} \sin(x)\mathrm{d}x = 0$, obwohl die berandete Figur elementargeometrisch natürlich einen von 0 verschiedenen Flächeninhalt besitzt. Die Teilfiguren, die oberhalb der x-Achse bzw. unterhalb der x-Achse liegen, haben aber gleich großen Flächeninhalt, sodass die Flächenbilanz insgesamt ausgeglichen ist. Dieses Argument greift für alle Integranden mit zum Koordinatenursprung punktsymmetrischen Graphen, die über ein um den Ursprung symmetrisches Intervall zu integrieren sind (Abb. 6.4).

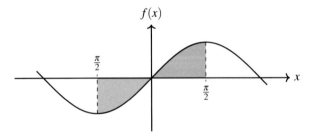

Abbildung 6.4 Die orientierten Flächen nivellieren sich.

 Aufgabe 6.8: F15-T2-A3b

Berechnen Sie für alle $a > 0$

$$\int_{-\pi}^{\pi} \frac{\sin(x)}{a + \sin^2(x)} \mathrm{d}x.$$

Lösungsvorschlag: Das Intervall $[-\pi, \pi]$ liegt symmetrisch um den Ursprung. Die Funktion $f : [-\pi, \pi] \to \mathbb{R}, x \mapsto \frac{\sin(x)}{a+\sin^2(x)}$ ist als Quotient stetiger Funktionen stetig, denn $a + \sin^2(x) > 0$ für $a > 0$, insbesondere also auf besagtem Intervall nach Satz 6.5 Riemann-integrierbar. Wegen

$$f(-x) = \frac{\sin(-x)}{a+\sin^2(-x)} = -\frac{\sin(x)}{a+\sin^2(x)} = -f(x),$$

ist der Graph G_f von f punktsymmetrisch zum Koordinatenursprung, also f ungerade. Folglich bleibt nur

$$\int_{-\pi}^{\pi} \frac{\sin(x)}{a+\sin^2(x)} \mathrm{d}x = 0.$$

6.1.2 Eigenschaften des Riemann-Integrals

Satz 6.9. Seien f auf $[a,b] \subset \mathbb{R}$ Riemann-integrierbar und $a \leq c \leq d \leq b$. Dann ist f auch auf $[c,d]$ Riemann-Integrierbar.

Satz 6.10. Seien $a < b < c$ aus $\mathbb{R}$. Sei ferner f auf $[a,b] \subset \mathbb{R}$ und auf $[b,c] \subset \mathbb{R}$ Riemann-integrierbar, dann ist f auch auf $[a,c]$ Riemann-integrierbar, und es gilt:

$$\int_a^c f(x)\mathrm{d}x = \int_a^b f(x)\mathrm{d}x + \int_b^c f(x)\mathrm{d}x$$

Die Menge der Riemann-integrierbaren Funktionen bildet einen linearen Vektorraum und die Abbildung $f \mapsto \int_a^b f(x)\mathrm{d}x$ ist linear, wie folgender Satz fixiert:

Satz 6.11. Seien $f,g : [a,b] \to \mathbb{R}$ Riemann-integrierbar und $\alpha, \beta \in \mathbb{R}$. Dann ist auch $\alpha f + \beta g$ Riemann-integrierbar auf $[a,b]$, und es gilt

$$\int_a^b (\alpha f + \beta g)(x)\mathrm{d}x = \alpha \int_a^b f(x)\mathrm{d}x + \beta \int_a^b g(x)\mathrm{d}x.$$

Die Abbildung $f \mapsto \int_a^b f(x)\mathrm{d}x$ ist insbesondere monoton, denn es gilt der folgende Satz:

Satz 6.12. Seien $f,g : [a,b] \to \mathbb{R}$ Riemann-integrierbar und $f(x) \geq g(x)$ für alle $x \in [a,b]$. Dann gilt:

$$\int_a^b f(x)\mathrm{d}x \geq \int_a^b g(x)\mathrm{d}x$$

Aus diesem Satz folgt wegen

$$f(x) \leq |f(x)| \implies \int_a^b f(x)\mathrm{d}x \leq \int_a^b |f(x)|\,\mathrm{d}x$$

bzw.

$$-f(x) \leq |f(x)| \implies -\int_a^b f(x)\mathrm{d}x \leq \int_a^b |f(x)|\,\mathrm{d}x$$

sofort die Dreiecksungleichung

$$\left| \int_a^b f(x)\mathrm{d}x \right| \leq \int_a^b |f(x)|\,\mathrm{d}x$$

für Integrale.

Satz 6.13 (Mittelwertsatz der Integralrechnung). Seien $f : [a,b] \to \mathbb{R}$ Riemann-integrierbar sowie ferner $m := \inf\{f(x) : x \in [a,b]\}$ und $M := \sup\{f(x) : x \in [a,b]\}$. Dann gibt es ein $\xi \in [m,M]$ mit

$$\xi = \frac{1}{b-a} \int_a^b f(x)\mathrm{d}x.$$

Ist f stetig, so gibt es sogar ein $\hat{x} \in [a,b]$, mit $\xi = f(\hat{x})$.

Die Zahl ξ wird üblicherweise auch als Mittelwert von f auf $[a,b]$ bezeichnet, wenn sie existiert.

6.1.3 Unbestimmtes und bestimmtes Integral

Definition 6.14 (Stammfunktion). Seien f und F Funktionen $[a,b] \to \mathbb{R}$ und sei ferner F differenzierbar mit $F'(x) = f(x)$ für alle $x \in [a,b]$. Dann nennt man F *Stammfunktion* von f.

Stammfunktionen auf Intervallen $[a,b]$ sind nur bis auf eine additive Konstante $c \in \mathbb{R}$ eindeutig bestimmt, denn ist F eine Stammfunktion von f auf $[a,b]$, so ist auch G mit $G(x) = F(x) + c$ eine Stammfunktion von f, wie man mit der Summenregel leicht sieht:

$$\frac{\mathrm{d}G}{\mathrm{d}x}(x) = \frac{\mathrm{d}}{\mathrm{d}x}(F(x)+c) = \frac{\mathrm{d}}{\mathrm{d}x}F(x) + \frac{\mathrm{d}}{\mathrm{d}x}c = f(x) + 0 = f(x)$$

Beispiel 6.15

Für den Satz „Stammfunktionen von f auf $[a,b]$ unterscheiden sich nur um eine additive Konstante" ist der Teil „auf $[a,b]$" zwingend erforderlich. Betrachte man z.B. die Funktion $f : [-1,1] \setminus \{0\} \to \mathbb{R}$, $x \mapsto \frac{1}{x^2}$, so sind folgende Funktionen F_1 und F_2 offensichtlich Stammfunktionen von f, aber diese unterscheiden sich nicht um eine additive Konstante:

$$F_1(x) = \begin{cases} -\frac{1}{x} + 2, & x > 0 \\ -\frac{1}{x} + 5, & x < 0 \end{cases} \quad \text{und} \quad F_2(x) = \begin{cases} -\frac{1}{x} + 1, & x > 0 \\ -\frac{1}{x} - 3, & x < 0 \end{cases}$$

Es gibt also jeweils eine ganze Reihe von Stammfunktionen von f. Die Menge aller Stammfunktionen bezeichnet man als unbestimmtes Integral:

$$\int f(x)\mathrm{d}x = \{F : [a,b] \to \mathbb{R} \text{ mit } F'(x) = f(x)\}$$

Es ist eine etablierte Schreibweise dies kürzer darzustellen als

$$\int f(x)\mathrm{d}x = F(x) + c,$$

wobei $c \in \mathbb{R}$ beliebig ist. Aus Tab. 4.2 zu bekannten Funktionen und ihren Ableitungsfunktionen erkennt man zum Beispiel, dass

$$\int \frac{1}{1+x^2}\mathrm{d}x = \arctan(x) + c$$

für $x \in \mathbb{R}$ und $c \in \mathbb{R}$ beliebig. Ein anderes bekanntes Beispiel ist die Stammfunktion der allgemeinen Potenzfunktion $x \mapsto x^n$ für $n \in \mathbb{Q}$ ($c \in \mathbb{R}$ beliebig):

$$\int x^n\mathrm{d}x = \frac{1}{n+1}x^{n+1} + c$$

Beispiel 6.16

Wir suchen eine Stammfunktion der reellen Funktion f mit $f(x) := \frac{3}{2}x^2 - 3x + \sqrt{x} - 5$ und nutzen die obige Stammfunktion der allg. Potenzfunktion aus. So finden wir mit der Linearität des Integrals:

$$\int \left(\frac{3}{2}x^2 - 3x + \sqrt{x} - 5 \right) dx = \frac{1}{2}x^3 - \frac{3}{2}x^2 + \frac{2}{3}x^{\frac{3}{2}} - 5x + c$$

für $c \in \mathbb{R}$ beliebig.

Wie wir gezielt Stammfunktionen finden, wollen wir in einem der folgenden Abschnitte thematisieren. Zunächst wollen wir aber neben dem unbestimmten Integral noch das bestimmte Integral definieren.

Sei dazu $f : [a,b] \to \mathbb{R}$ Riemann-integrierbar. Jede solche Funktion besitzt eine Stammfunktion auf $[a,b]$, nämlich die Integralfunktion:

Definition 6.17 (Integralfunktion). Sei $f : [a,b] \to \mathbb{R}$ stetig. Die Funktion I_a, die jedem $x \in [a,b]$ die Summe der orientierten Flächeninhalte zuordnet, die vom Graphen von f und der x-Achse zwischen a und x eingeschlossen wird, nennt man *Integralfunktion* von f mit der unteren Grenze a. Man schreibt:

$$I_a : x \mapsto I_a(x) := \int_a^x f(t)dt$$

Der Definitionsbereich von I_a ist die Menge aller $x \in [a,b]$, für die das Integral $\int_a^x f(t)dt$ existiert. Die Funktionswerte der Integralfunktion nennt man bestimmte Integrale.

Der Zusammenhang zwischen Stammfunktion und Integralfunktion wird im Hauptsatz der Differential- und Integralrechnung hergestellt:

Satz 6.18 (Hauptsatz der Differential- und Integralrechnung (HDI)). Sei $f : [a,b] \to \mathbb{R}$ eine stetige Funktion. Dann gilt:

1. Die Integralfunktion I_a mit $I_a(x) = \int_a^x f(t)dt$ ist eine Stammfunktion von f. Sie ist differenzierbar auf $[a,b]$ mit Ableitungsfunktion f.

2. Mit einer beliebigen Stammfunktion $F : [a,b] \to \mathbb{R}$ von f kann das bestimmte Integral $I_a(b)$ auf folgende Weise berechnet werden:

$$I_a(b) = \int_a^b f(t)dt = [F(x)]_a^b = F(b) - F(a)$$

Beispiel 6.19

Wir wollen das bestimmte Integral $\int_1^2 2x dx$ bestimmen. Eine Stammfunktion von $x \mapsto 2x$ ist F mit $F(x) = x^2$. Nach dem Hauptsatz der Differential- und Integralrechnung ist daher

$$\int_1^2 2x dx = [x^2]_1^2 = 4 - 1 = 3.$$

119

Da jede Integralfunktion per Definition die Nullstelle $x = a$ besitzt, ist nicht jede Stammfunktion auch eine Integralfunktion.

Beispiel 6.20

Nicht jede Stammfunktion von f mit $x \mapsto 2x$ ist eine Integralfunktion. Man betrachte etwa $F(x) = x^2 + c$ für $c \in \mathbb{R}$ beliebig. Wenn F eine Integralfunktion ist, dann gibt es eine Darstellung

$$F(x) = \int_a^x 2t\,\mathrm{d}t = x^2 - a^2 \stackrel{!}{=} x^2 + c.$$

Dies geht nur für $c \leq 0$. Die Existenz einer Nullstelle ist also eine notwendige Anforderung an eine Stammfunktion, um Integralfunktion sein zu können.

Wir wollen den HDI in einer Beispielaufgabe anwenden:

Aufgabe 6.21: H17-T1-A4

Sei $h : \mathbb{R} \to \mathbb{R}$ eine stetige, streng monoton wachsende Funktion mit

$$h(-1) < 0 < h(1).$$

Zeigen Sie, dass die Funktion $F : \mathbb{R} \to \mathbb{R}$, die durch

$$F(x) = \int_0^x h(t)\,\mathrm{d}t$$

definiert ist, ein globales Minimum besitzt.

Lösungsvorschlag: Aus dem Kapitel zur Differentialrechnung wissen wir, dass die notwendige Voraussetzung für Extrema ein Verschwinden der Ableitung ist, d.h., $F'(x_0) = 0$. Weil h stetig ist, besitzt sie insbesondere eine Stammfunktion $H : \mathbb{R} \to \mathbb{R}$, sodass $H'(x) = h(x)$. Nach dem HDI können wir schreiben:

$$F(x) = \int_0^x h(t)\,\mathrm{d}t = H(x) - H(0)$$

Ableiten ergibt nach der Summenregel: $F'(x) = H'(x) = h(x)$. Weil $h(-1) < 0$ und $h(1) > 0$, folgt wegen der Stetigkeit von h nach dem Zwischenwertsatz die Existenz eines $x_0 \in (-1, 1)$, sodass

$$0 = h(x_0) = F'(x_0).$$

x_0 ist also eine potentielle Extremstelle von F. Wir betrachten zur Charakterisierung die zweite Ableitung von F, für die gilt

$$F''(x) = h'(x) > 0 \quad \forall x \in \mathbb{R},$$

weil h nach Voraussetzung auf $\mathbb{R}$ streng monoton steigt. Demnach liegt bei x_0 in der Tat ein Minimum von F. Dieses ist auch global, weil F' wegen

$$h(-1) < 0 < h(1)$$

und der Monotonie von h keine weitere Nullstelle besitzt, also F keine weiteren Minima besitzen kann.

Wir nutzen den HDI auch oft gemeinsam mit der Kettenregel aus der Differentialrechnung, wie das folgende Beispiel zeigt:

Beispiel 6.22(F17-T1-A4a: Examen vertieft studiert)

 Bestimmen Sie die Ableitung der Funktion

$$f : \mathbb{R} \to \mathbb{R}, \ x \mapsto f(x) := \int_0^{\sin(x)} e^{t^2} dt.$$

Aufgepasst!

 Bei Aufgabenstellungen dieser Art ist folgender Trick hilfreich: Seien $a \in \mathbb{R}$ und $g : \mathbb{R} \to \mathbb{R}$, $h : \mathbb{R} \to \mathbb{R}$ jeweils stetige Funktionen und h zusätzlich differenzierbar. Dann können wir die Ableitung der Funktion

$$f(x) = \int_a^{h(x)} g(y) dy$$

ganz allgemein bestimmen, indem wir die Funktion

$$F(x) = \int_a^x g(y) dy$$

definieren. Denn dann ist $f(x) = F(h(x))$, und wir erhalten aus der Kettenregel $f'(x) = F'(h(x)) \cdot h'(x)$. Aus dem HDI folgt $F'(x) = g(x)$, zusammen also

$$f'(x) = g(h(x)) \cdot h'(x).$$

Lösungsvorschlag: Wir betrachten die Funktion $F : \mathbb{R} \to \mathbb{R}$, $x \mapsto \int_0^x e^{t^2} dt$. F ist nach dem HDI wohldefiniert, weil der Integrand als Verkettung stetiger Funktionen stetig ist. Außerdem ist nach dem HDI offensichtlich $F'(x) = e^{x^2}$ für $x \in \mathbb{R}$. Wir sehen, dass f eine Verkettung ist und zwar:

$$f(x) = F(\sin(x))$$

Nach der Kettenregel ist

$$f'(x) = F'(\sin(x)) \cdot (\sin(x))' = e^{\sin^2(x)} \cdot \cos(x).$$

Um „kompliziertere" Funktionen integrieren zu können, müssen wir uns zunächst mit einigen Integrationstechniken vertraut machen. Dies wollen wir im nächsten Abschnitt tun.

6.1.4 Integrationstechniken

Im Folgenden wollen wir vier Standardtechniken zum Integrieren in praktischen Situationen behandeln:

1. Substitutionsregel

2. Logarithmisches Integrieren

3. Partielle Integration

4. Integration mithilfe von Partialbruchzerlegung

Wir beginnen mit der Substitutionsregel:

Satz 6.23 (Substitutionsregel). Seien $f : [a,b] \to \mathbb{R}$ stetig und $\varphi : [\alpha, \beta] \to [a,b]$ mit $[\alpha, \beta] \subset [a,b]$ stetig differenzierbar. Dann gilt:

$$\int_\alpha^\beta f(\varphi(t))\, \varphi'(t)\mathrm{d}t = \int_{\varphi(\alpha)}^{\varphi(\beta)} f(x)\mathrm{d}x$$

Wir führen ein Beispiel explizit aus:

Beispiel 6.24

Berechnen Sie das folgende Integral:

$$\int_{\pi^2/25}^{\pi^2/16} \frac{1}{\sqrt{x}\sqrt{1-x}}\mathrm{d}x.$$

Lösungsvorschlag: Wir substituieren $\varphi(x) = \sqrt{x}$. Diese Funktion ist in jedem Fall auf $\left[\frac{\pi^2}{25}, \frac{\pi^2}{16}\right]$ stetig differenzierbar. Wir erhalten für $x > 0$

$$\frac{\mathrm{d}\varphi}{\mathrm{d}x} = \frac{1}{2\sqrt{x}} \implies \mathrm{d}x = 2\sqrt{x}\mathrm{d}\varphi.$$

Unter Verwendung von $\varphi^2 = x$ und der Substitutionsregel führt dies auf

$$\int_{\pi^2/25}^{\pi^2/16} \frac{1}{\sqrt{x}\sqrt{1-x}}\mathrm{d}x = 2 \int_{\varphi(\pi^2/25)}^{\varphi(\pi^2/16)} \frac{1}{\sqrt{x}\sqrt{1-\varphi^2}}\sqrt{x}\mathrm{d}\varphi$$

$$= \int_{\pi/5}^{\pi/4} \frac{1}{\sqrt{1-\varphi^2}}\mathrm{d}\varphi.$$

Dies ist nun ein Standardintegral, das man der Formelsammlung oder Tab. 4.2 entnehmen kann. Man findet:

$$\int_{\pi/5}^{\pi/4} \frac{1}{\sqrt{1-\varphi^2}}\mathrm{d}\varphi = 2\left[\arcsin(\varphi)\right]_{\pi/5}^{\pi/4}$$

$$= 2\left(\arcsin\left(\frac{\pi}{4}\right) - \arcsin\left(\frac{\pi}{5}\right)\right)$$

Ein Spezialfall der Substitutionsregel ist logarithmisches Integrieren. Integriert man Funktionen, die als Quotienten definiert sind, so kann es vorkommen, dass die Zählerfunktion gerade der Ableitung der Nennerfunktion entspricht. In diesem Fall findet man sofort:

$$\int \frac{f'(x)}{f(x)}\,\mathrm{d}x = \ln|f(x)| + c,$$

für $c \in \mathbb{R}$ beliebig. Der Nachweis ergibt sich aus Ableiten der Stammfunktion und sei dem Leser überlassen.

Beispiel 6.25

 Wir wollen das unbestimmte Integral

$$\int \cot(x)\,\mathrm{d}x$$

berechnen. Dazu erinnern wir uns daran, dass

$$\cot(x) := \frac{\cos(x)}{\sin(x)}.$$

Wir wissen, dass die Ableitungsfunktion der Sinusfunktion gerade die Kosinusfunktion ist. Logarithmisches Integrieren liefert daher:

$$\int \cot(x)\,\mathrm{d}x = \ln|\sin(x)| + c$$

für ein $c \in \mathbb{R}$.

Eine weitere gängige Integrationsmethode ist die der partiellen Integration: Die Produktregel aus der Differentialrechnung lautet für differenzierbare Funktionen u und v:

$$(uv)' = u'v + uv'$$

Integration auf beiden Seiten liefert die Regel

$$uv = \int u'v\,\mathrm{d}x + \int uv'\,\mathrm{d}x$$

unter Verwendung der Linearität des Integrals. Aus dieser Beobachtung folgt insbesondere der folgende Satz:

Satz 6.26 (Partielle Integration). Seien $u, v : [a,b] \to \mathbb{R}$ differenzierbar auf $[a,b]$, und uv' besitze eine Stammfunktion. Dann besitzt auch $u'v$ eine Stammfunktion auf $[a,b]$, und es gilt

$$\int u'v\,\mathrm{d}x = uv - \int uv'\,\mathrm{d}x.$$

123

Wir wollen eine Stammfunktion von der auf $\mathbb{R}$ definierten Funktion $x \mapsto \sin^2(x)$ bestimmen. Dazu nutzen wir die partielle Integration:

$$\int \sin^2(x)dx = \int \underbrace{\sin(x)}_{=:u'(x)} \cdot \underbrace{\sin(x)}_{=:v(x)}dx =$$

$$= \underbrace{-\cos(x)}_{=u(x)} \cdot \underbrace{\sin(x)}_{=v(x)} - \int \left(\underbrace{-\cos(x)}_{=u(x)} \cdot \underbrace{\cos(x)}_{=v'(x)} \right) dx$$

$$= -\cos(x)\sin(x) + \int \cos^2(x)dx$$

$$= -\cos(x)\sin(x) + \int \left(1 - \sin^2(x)\right) dx$$

$$= -\cos(x)\sin(x) + \int 1 dx - \int \sin^2(x)dx$$

Wir stellen um und erhalten letztlich

$$2 \int \sin^2(x)dx = -\cos(x)\sin(x) + x \Longleftrightarrow \int \sin^2(x)dx = \frac{x}{2} - \frac{\cos(x)\sin(x)}{2} + c$$

für $c \in \mathbb{R}$ beliebig.

Gegeben sei die Funktion $f : D \to \mathbb{R}$, definiert durch

$$f(x) = \frac{1}{x^2} \cdot \ln(x+1)$$

auf der Definitionsmenge $D =]0, \infty[$.

(a) Man bestimme $f(D)$.

(b) Man zeige

$$\int_1^2 f(x)dx = \frac{3}{2} \cdot \ln\left(\frac{4}{3}\right).$$

Lösungsvorschlag: Ad (a): Es ist wegen der Stetigkeit von Zähler- und Nennerfunktion und weil $x^2 \xrightarrow{x \to 0} 0$, sowie $\ln(x+1) \xrightarrow{x \to 0} \ln(1) = 0$ mithilfe von L'Hospital:

$$\lim_{x \to 0} f(x) = \lim_{x \to 0} \frac{\ln(x+1)}{x^2} = \lim_{x \to 0} \frac{\frac{1}{x+1}}{2x} = \lim_{x \to 0} \frac{1}{2x(x+1)} = +\infty$$

Außerdem wieder mit L'Hospital:

$$\lim_{x \to \infty} \frac{1}{x^2} \ln(x+1) = \lim_{x \to \infty} \frac{1}{2x(x+1)} = 0$$

Zusammen mit $f(x) > 0$ für $x > 0$ folgt mit der Stetigkeit von f sofort, dass

$$f(D) = D.$$

Ad (b): Da f stetig auf $[1,2]$ ist, existiert das bestimmte Integral $\int_1^2 f(x)\mathrm{d}x$ nach dem HDI. Wir benötigen zum Berechnen allerdings eine Stammfunktion. Diese wollen wir mithilfe partieller Integration ermitteln. Sei dazu mit den Bezeichnungen aus Satz 6.23 $u'(x) = \frac{1}{x^2}$ und $v(x) = \ln(x+1)$. Dann folgt:

$$\int \frac{1}{x^2}\ln(x+1)\mathrm{d}x = -\frac{1}{x}\ln(x+1) - \int \left(-\frac{1}{x}\cdot\frac{1}{x+1}\right)\mathrm{d}x$$

$$= -\frac{\ln(x+1)}{x} + \int \frac{1}{x(x+1)}\mathrm{d}x.$$

An dieser Stelle müssen wir das Integral $\int \frac{1}{x(x+1)}\mathrm{d}x$ bestimmen. Dazu benötigen wir ein weiteres Verfahren. Wir setzen diese Aufgabe in **??** fort.

Um gebrochenrationale Funktionen $f : [a,b] \to \mathbb{R}$ der Form

$$f(x) := \frac{p(x)}{q(x)}$$

mit Polynomfunktionen p und q integrieren zu können, eignet sich die Partialbruchzerlegung. Zur Integration mithilfe einer Partialbruchzerlegung wollen wir zwei zentrale Fälle unterscheiden:

- q besitzt einfache Nullstellen.

- q besitzt (mindestens) eine doppelte Nullstelle.

Partialbruchzerlegung bedeutet das Zerlegen eines Bruchs in eine Summe aus mehreren (Partial-)brüchen. Ziel ist es, nach einer Partialbruchzerlegung eine Summe aus gebrochen rationalen Funktionen vorliegen zu haben, um dann die Linearität des Integrals zu nutzen und die Summanden einzeln zu integrieren. Wir betrachten zunächst den einfachen Fall und zwar direkt in einem Beispiel: Die Polynomfunktion q im Nenner von f habe nur einfache Nullstellen.

Beispiel 6.29

Wir wollen das unbestimmte Integral $\int \frac{1}{x^2-1}\mathrm{d}x$ mittels Partialbruchzerlegung berechnen. Der Ansatz geht so:

$$\frac{1}{x^2-1} = \frac{1}{(x-1)(x+1)} = \frac{A}{x-1} + \frac{B}{x+1}$$

für $A, B \in \mathbb{R}$. Man rechnet dann rückwärts und bestimmt A und B via Koeffizientenvergleich:

$$\frac{A}{x-1} + \frac{B}{x+1} = \frac{A(x+1) + B(x-1)}{(x+1)(x-1)}$$
$$= \frac{x(A+B) + (A-B)}{(x+1)(x-1)}$$
$$\overset{!}{=} \frac{1}{(x+1)(x-1)}$$

Ein Koeffizentenvergleich führt nun auf das Gleichungssystem

$$A + B = 0$$
$$A - B = 1,$$

welches von $A = -B = \frac{1}{2}$ gelöst wird. Damit haben wir:

$$\int \frac{1}{x^2-1} dx = \frac{1}{2} \int \frac{1}{x-1} dx - \frac{1}{2} \int \frac{1}{x+1} dx$$
$$= \frac{1}{2} \ln|x-1| - \frac{1}{2} \ln|x+1| + c$$

für $c \in \mathbb{R}$ beliebig.

Ein Beispiel für den Fall, dass q eine doppelte Nullstelle hat, finden wir hier:

Beispiel 6.30

 Wir wollen das unbestimmte Integral

$$\int \frac{1}{(x-2)^2(x+1)} dx$$

berechnen. Dazu machen wir dieses Mal folgenden Ansatz:

$$\frac{1}{(x-2)^2(x+1)} = \frac{A}{(x-2)} + \frac{B}{(x-2)^2} + \frac{C}{x+1}$$

Wir benötigen im Falle doppelter Nullstellen also zwei Summanden. Ein Koeffizientenvergleich führt auf $A = -\frac{1}{9}$, $B = \frac{1}{3}$ und $C = \frac{1}{9}$. Dies zu explizieren verbleibt dem Leser. Um das obige Integral zu berechnen, verwenden wir nun die Linearität des Integrals und erhalten

$$\int \frac{1}{(x-2)^2(x+1)} dx = -\frac{1}{9} \int \frac{1}{x-2} dx + \frac{1}{3} \int \frac{1}{(x-2)^2} dx + \frac{1}{9} \int \frac{1}{x+1} dx.$$

Den ersten und letzten Summanden können wir leicht integrieren, denn hier kennen wir den natürlichen Logarithmus als Stammfunktion. Für den zweiten Summanden wenden wir die Substitutionsregel an. Wir substituieren $u := x - 2$ und erhalten

$$\frac{du}{dx} = 1 \implies du = dx.$$

Damit also:

$$\int \frac{1}{(x-2)^2}dx = \int \frac{1}{u^2}du = -\frac{1}{u}+c$$

für $c \in \mathbb{R}$ beliebig, o.B.d.A sei also $c = 0$. Dann ist nach Resubstitution

$$\int \frac{1}{(x-2)^2}dx = \int \frac{1}{u^2}du = -\frac{1}{u} = -\frac{1}{x-2}.$$

Zusammengefasst:

$$\int \frac{1}{(x-2)^2(x+1)}dx = -\frac{1}{9}\int \frac{1}{x-2}dx + \frac{1}{3}\int \frac{1}{(x-2)^2}dx + \frac{1}{9}\int \frac{1}{x+1}dx$$

$$= -\frac{1}{9}\ln|x-2| - \frac{1}{3}\cdot\frac{1}{x-2} + \frac{1}{9}\ln|x+1| + c$$

für $c \in \mathbb{R}$ beliebig.

Im Fall von Nullstellen höherer Ordnung setzt man immer gleich an: mit Zählerpolynomen vom Grad, die eins kleiner sind als die zugehörige Nullstellenordnung des Nennerpolynoms.

Aufgepasst!

Zum Integrieren von Funktionen der Form $x \mapsto \frac{ax+b}{x^2+px+q}$ mit quadratischen Nennern ohne reelle Nullstelle denke man vor einer Partialbruchzerlegung an die quadratische Ergänzung. Wendet man diese auf den Nenner an, so kann man den Integranden auf eine Form bringen, die man leicht mithilfe der Substitutionsregel integrieren kann , z.B.

$$\int \frac{1}{x^2-4x+8}dx.$$

Da die Diskriminante $4^2 - 4 \cdot 8 < 0$ ist, besitzt $x \mapsto x^2 - 4x + 8$ keine reelle Nullstelle. Wir setzen nun keine Partialbruchzerlegung an, sondern rechnen stattdessen:

$$x^2 - 4x + 8 = x^2 - 2\cdot 2x - 2^2 + 2^2 + 8$$

$$= (x-2)^2 - 2^2 + 8$$

$$= (x-2)^2 + 4.$$

Also

$$\int \frac{1}{x^2-4x+8}dx = \int \frac{1}{(x-2)^2+4}dx$$

$$= \int \frac{1}{4\left(\frac{(x-2)^2}{4}+1\right)}dx$$

$$= \frac{1}{4}\int \frac{1}{\left(\frac{x-2}{2}\right)^2+1}dx.$$

Wir substituieren an dieser Stelle $u := \frac{x-2}{2}$. Es ist $\frac{du}{dx} = \frac{1}{2}$ und damit $dx = 2du$:

$$\frac{1}{4} \int \frac{1}{\left(\frac{x-2}{2}\right)^2 + 1} dx = \frac{1}{4} \int \frac{1}{u^2 + 1} \cdot 2du$$

$$= \frac{1}{2} \int \frac{1}{u^2 + 1} du$$

$$= \frac{1}{2} \arctan(u) + c$$

$$\overset{\text{Res.}}{=} \frac{1}{2} \arctan\left(\frac{x-2}{2}\right) + c$$

für ein $c \in \mathbb{R}$ beliebig.

Aufgabe 6.31: F19-T1-A2 - Teil 2

 Gegeben sei die Funktion $f : D \to \mathbb{R}$, definiert durch

$$f(x) = \frac{1}{x^2} \cdot \ln(x+1)$$

auf der Definitionsmenge $D =]0, \infty[$.

(a) Man bestimme $f(D)$.

(b) Man zeige

$$\int_1^2 f(x)dx = \frac{3}{2} \cdot \ln\left(\frac{4}{3}\right).$$

Lösungsvorschlag: Wir waren bei ad (b): Mithilfe der partiellen Integration hatten wir gefunden, dass

$$\int \frac{1}{x^2} \ln(x+1)dx = -\frac{1}{x} \ln(x+1) - \int \left(-\frac{1}{x} \cdot \frac{1}{x+1}\right) dx$$

$$= -\frac{\ln(x+1)}{x} + \int \frac{1}{x(x+1)} dx.$$

An dieser Stelle müssen wir das Integral $\int \frac{1}{x(x+1)} dx$ bestimmen. Wir verwenden eine Partialbruchzerlegung:

$$\frac{1}{x(x+1)} = \frac{A}{x} + \frac{B}{x+1}$$

$$= \frac{A(x+1) + Bx}{x(x+1)}$$

$$= \frac{(A+B)x + A}{x(x+1)}$$

Ein Koeffizientenvergleich zeigt, dass $A = 1$ und $B = -1$. Also ist

$$\int \frac{1}{x(x+1)}dx = \int \frac{1}{x}dx - \int \frac{1}{x+1}dx$$

$$\overset{c=0}{=} \ln|x| - \ln|x+1|.$$

Zusammenfassend ist also

$$\int \frac{1}{x^2}\ln(x+1)dx = -\frac{\ln(x+1)}{x} + \int \frac{1}{x(x+1)}dx$$

$$= -\frac{\ln(x+1)}{x} + \ln|x| - \ln|x+1| + c.$$

Wobei wir o.B.d.A $c = 0$ wählen. Wir wenden dann den HDI an und erhalten

$$\int_1^2 f(x) = \left[-\frac{\ln(x+1)}{x} + \ln|x| - \ln|x+1| \right]_1^2$$

$$= \left(-\frac{\ln(3)}{2} + \ln(2) - \ln(3) \right) - (-\ln(2) + \ln(1) - \ln(2))$$

$$= -\frac{3}{2}\ln(3) + 3\ln(2)$$

$$= \frac{3}{2}\ln\left(3^{-1}\right) + \ln\left(2^3\right)$$

$$= \frac{3}{2}\left(\ln\left(3^{-1}\right) + \frac{2}{3}\ln\left(2^3\right) \right)$$

$$= \frac{3}{2}\left(\ln\left(3^{-1}\right) + \ln\left(2^{3\frac{2}{3}}\right) \right)$$

$$= \frac{3}{2}\ln\left(\frac{1}{3} \cdot 2^2 \right)$$

$$= \frac{3}{2}\ln\left(\frac{4}{3} \right).$$

Wir wollen eine weitere Aufgabe ansehen und zwar für den Fall, dass $\deg(p) > \deg(q)$, dass also der Grad des Zählerpolynoms größer als der des Nennerpolynoms ist:

Aufgabe 6.32: F17-T2-A3

Berechnen Sie das Integral

$$\int_{-1}^1 \frac{x^3 - x^2 - 3x + 12}{x^2 + x - 6}dx.$$

Lösungsvorschlag: Wir starten mit einem wichtigen Hinweis:

Wir führen also eine Polynomdivision aus, welche zeigt, dass

$$\left(x^3 - x^2 - 3x + 12\right) : \left(x^2 + x - 6\right) = x - 2 + \frac{5x}{(x-2)(x+3)}.$$

Für den zweiten Summanden setzen wir nun eine Partialbruchzerlegung an:

$$\frac{5x}{(x-2)(x+3)} = \frac{A}{x-2} + \frac{B}{x+3}$$

$$= \frac{A(x+3) + B(x-2)}{(x-2)(x+3)}$$

$$= \frac{(A+B)x + (3A-2B)}{(x-2)(x+3)}$$

Via Koeffizientenvergleich sieht man also $A + B = 5$ und $3A - 2B = 0$. Die Lösung dieses Gleichungssystems erhält man aus $A = 5 - B$ sofort zu

$$3A - 2B = 3(5 - B) - 2B = 15 - 3B - 2B = 15 - 5B = 0 \iff B = 3$$

und damit $A = 5 - B = 2$. Damit erhalten wir insgesamt:

$$\int_{-1}^{1} \frac{x^3 - x^2 - 3x + 12}{x^2 + x - 6} dx = \int_{-1}^{1} (x - 2)\, dx + 2\int_{-1}^{1} \frac{1}{x-2} dx + 3\int_{-1}^{1} \frac{1}{x+3} dx$$

$$= \left[\frac{x^2}{2} - 2x\right]_{-1}^{1} + 2\left[\ln|x-2|\right]_{-1}^{1} + 3\left[\ln|x+3|\right]_{-1}^{1}$$

$$= -4 + 2\left(\ln|1-2| - \ln|-1-2|\right) + 3\left(\ln(4) - \ln(2)\right)$$

$$= -4 + 2\left(\ln(1) - \ln(3)\right) + 3\ln(4) - 3\ln(2)$$

$$= -4 - 2\ln(3) + 3\ln(4) - 3\ln(2)$$

$$= -4 - \ln\left(\frac{9}{8}\right)$$

6.2 Kurven und ihre Bogenlänge

Unter dem Begriff Kurve versteht man stetige Abbildungen von Teilmengen von $\mathbb{R}$ nach $\mathbb{R}^n$:

Definition 6.33 (Kurven). Stetige Abbildungen

$$\gamma = \begin{pmatrix} \gamma_1(t) \\ \vdots \\ \gamma_n(t) \end{pmatrix} : I \to \mathbb{R}^n$$

mit Definitionsbereich $I \subseteq \mathbb{R}$, nennt man *Kurven* im $\mathbb{R}^n$.

Solche Kurven sind differenzierbar, sofern es die sog. Komponentenfunktionen $\gamma_1, ..., \gamma_n$ sind. Die Ableitung einer Kurve wird mitunter auch als Geschwindigkeit bezeichnet und ergibt sich zu

$$\gamma'(t) = \begin{pmatrix} \gamma_1'(t) \\ \vdots \\ \gamma_2'(t) \end{pmatrix}.$$

In solchen Kontexten wird der Parameter t oft als Zeitparameter bezeichnet. Aus der Physik weiß man, dass eine zurückgelegte Strecke aus Geschwindigkeit und vergangener Zeit berechnet werden kann. Ist die Geschwindigkeit nicht konstant, sondern abhängig von der Zeit, so ist

$$s = \int_{t_1}^{t_2} |\vec{v}(t)| \, dt.$$

Dies kann man eins zu eins auf den Kurvenbegriff der Mathematik übertragen (bzw. ist eigentlich umgekehrt zu übertragen):

Definition 6.34 (Länge einer Kurve). Für eine stetig differenzierbare Kurve $\gamma : I \to \mathbb{R}^n$ nennt man

$$L(\gamma) := \int_I \left\| \gamma'(t) \right\| dt$$

die *Länge* oder *Bogenlänge* von γ.

Dabei ist mit $\|\cdot\|$ die euklidische Norm gemeint, d.h.,

$$\left\| \gamma'(t) \right\| = \sqrt{\gamma_1'(t)^2 + ... + \gamma_n'(t)^2}.$$

Aufgabe 6.35: F01-T2-A4

 Sei Γ die durch

$$\gamma(t) = (x(t), y(t)) = (3t^2 - 1, 3t^3 - t) \quad \left(-\frac{1}{\sqrt{3}} \le t \le \frac{1}{\sqrt{3}} \right)$$

gegebene geschlossene Kurve in der (x, y)-Ebene. Berechnen Sie die Bogenlänge von Γ.

Lösungsvorschlag: Die Kurve ist stetig differenzierbar, weil ihre Komponentenfunktionen als Polynomfunktionen in jedem Fall stetig differenzierbar sind, und besitzt die Ableitung

$$\gamma'(t) = \left(6t, 9t^2 - 1\right).$$

Damit ergibt sich die Geschwindigkeit zu

$$\left\|\gamma'(t)\right\| = \sqrt{36t^2 + (9t^2 - 1)^2}$$
$$= \sqrt{36t^2 + 81t^4 - 18t^2 + 1}$$

$$= \sqrt{84t^4 + 18t^2 + 1}$$
$$= \sqrt{\left(9t^2 + 1\right)^2}$$
$$= 9t^2 + 1.$$

Für ihre Länge gilt demnach

$$L(\gamma) = \int_{-\frac{1}{\sqrt{3}}}^{\frac{1}{\sqrt{3}}} \left\|\gamma'(t)\right\| dt$$

$$= \int_{-\frac{1}{\sqrt{3}}}^{\frac{1}{\sqrt{3}}} \left(9t^2 + 1\right) dt$$

$$= \left[3t^3 + t\right]_{-\frac{1}{\sqrt{3}}}^{\frac{1}{\sqrt{3}}}$$

$$= \frac{4}{\sqrt{3}}.$$

6.3 Länge von Funktionsgraphen stetiger Funktionen $\mathbb{R} \to \mathbb{R}$

Sei $f : [a,b] \to \mathbb{R}$ eine stetige und differenzierbare Funktion. Für die Länge des Funktionsgraphen G_f auf diesem Intervall betrachten wir zunächst die sich aus dem Satz des Pythagoras ergebende durchschnittliche Länge (Abb. 6.5):

$$\triangle s = \sqrt{(\triangle x)^2 + (\triangle y)^2} = \sqrt{(x_2 - x_1)^2 + (f(x_2) - f(x_1))^2}$$

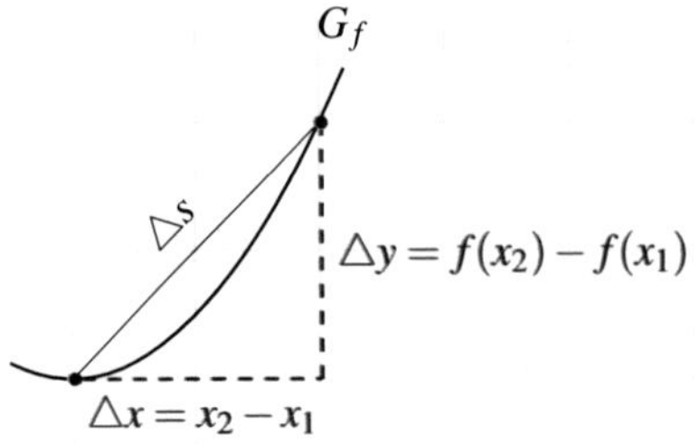

G_f

$\triangle s$

$\triangle y = f(x_2) - f(x_1)$

$\triangle x = x_2 - x_1$

Abbildung 6.5 Visualisierung der obigen Überlegung zur Länge von Funktionsgraphen.

Im Grenzübergang infinitesimaler Änderungen, d.h., $x_2 \to x_1$ bzw. $\triangle x \to 0$, schreiben wir alternativ

$$
\begin{aligned}
ds &= \sqrt{(dx)^2 + (df)^2} \\
&= dx\sqrt{1 + \left(\frac{df}{dx}\right)^2} \\
&= \sqrt{1 + (f'(x))^2}dx.
\end{aligned}
$$

Das Wegstück s, das gerade der Länge des Graphen G_f zwischen den Punkten $(a, f(a))$ und $(b, f(b))$ entspricht, erhalten wir anschließend, indem wir über die Menge $[a, b] \ni x$ integrieren. Als Notation ersetzen wir dabei s.

Definition 6.36. Sei $f : [a, b] \to \mathbb{R}$ eine stetige und differenzierbare Funktion. Die *Länge des Funktionsgraphen* von f ist dann definiert durch

$$
L_f(a, b) := \int_a^b \sqrt{1 + (f'(x))^2}dx.
$$

Aufgabe 6.37: H14-T2-A2

 Wir betrachten das Gebiet des $\mathbb{R}^2$, das von der x-Achse und dem Graphen der Funktion $f : \mathbb{R} \to \mathbb{R}$ mit

$$
f(x) = \frac{1}{6}\left(e + \frac{1}{e}\right) - \frac{1}{3}\cosh(3x)
$$

eingeschlossen wird.

(a) Berechnen Sie die Fläche des Gebietes

(b) Berechnen Sie seinen Umfang.

Lösungsvorschlag: Ad (a): Für die Integrationsgrenzen benötigen wir die Nullstellen von f. Dafür schreiben wir zunächst

$$
f(x) = \frac{1}{3} \cdot \underbrace{\left(\frac{1}{2}\left(e + \frac{1}{e}\right)\right)}_{=\cosh(1)} - \frac{1}{3}\cosh(3x) = \frac{1}{3}\left(\cosh(1) - \cosh(3x)\right).
$$

Aus $f(x) = 0$ folgt also $\cosh(1) = \cosh(3x)$ und daraus weiter aufgrund der Achsensymmetrie des $\cosh$ (Tab. 4.2):

$$
x_{1,2} = \pm\frac{1}{3}
$$

Die gesuchte Fläche A des Gebietes berechnet sich also zu

$$
\begin{aligned}
A &= \int_{-1/3}^{1/3} f(x)\mathrm{d}x \\
&= \int_{-1/3}^{1/3} \frac{1}{6}\left(e+\frac{1}{e}\right) - \frac{1}{3}\cosh(3x)\mathrm{d}x \\
&= \left[\frac{1}{6}\left(e+e^{-1}\right)x - \frac{1}{9}\sinh(3x)\right]_{-1/3}^{1/3} \\
&= \left(\frac{1}{18}\left(e+e^{-1}\right) - \frac{1}{9}\sinh(1)\right) - \left(-\frac{1}{18}\left(e+e^{-1}\right) - \frac{1}{9}\sinh(-1)\right) \\
&= \left(\frac{e+e^{-1}}{18} - \frac{e-e^{-1}}{18}\right) + \left(\frac{e+e^{-1}}{18} + \frac{e^{-1}-e}{18}\right) \\
&= \frac{1}{9e} + \frac{1}{9e} = \frac{2}{9e}.
\end{aligned}
$$

Ad (b): Das Gebiet wird einerseits begrenzt durch das Teilstück $\left[-\frac{1}{3},\frac{1}{3}\right]$ der Länge $\frac{2}{3}$ auf der x-Achse und andererseits durch die Länge des Graphen von f zwischen $f\left(-\frac{1}{3}\right)$ und $f\left(\frac{1}{3}\right)$, welches sich nach Definition 6.36 berechnet zu

$$
\begin{aligned}
L_f\left(-\frac{1}{3},\frac{1}{3}\right) &= \int_{-1/3}^{1/3} \sqrt{1+(f'(x))^2}\,\mathrm{d}x \\
&= \int_{-1/3}^{1/3} \sqrt{1+(-\sinh(3x))^2}\,\mathrm{d}x \\
&= \int_{-1/3}^{1/3} \sqrt{1+\sinh(3x)^2}\,\mathrm{d}x \\
&= \int_{-1/3}^{1/3} \sqrt{\cosh^2(3x)}\,\mathrm{d}x \\
&= \int_{-1/3}^{1/3} \cosh(3x)\,\mathrm{d}x \\
&= \left[\frac{1}{3}\sinh(3x)\right]_{-1/3}^{1/3} \\
&= \frac{1}{3}\left(\sinh(1)-\sinh(-1)\right) \\
&= \frac{2}{3}\sinh(1).
\end{aligned}
$$

Wenn U der Umfang des Gebietes ist, erhalten wir insgesamt also

$$
U = \frac{2}{3} + \frac{2}{3}\sinh(1) = \frac{2}{3}\left(\sinh(1)+1\right).
$$

6.4 Flächenintegrale

Zur Integration im Mehrdimensionalen lässt sich die eindimensionale Theorie nutzen. Man denke sich dazu eine Funktion

$$f : [a,b] \times [c,d] \to \mathbb{R},$$

die beispielsweise die Topographie einer Landschaft darstellen kann. Solche Funktionen stellen Flächen im $\mathbb{R}^3$ dar, und statt Flächeninhalte von Figuren, lassen sich so Flächeninhalte solcher krummlinig umrandeter Figuren darstellen, die Graphen solcher Funktionen, wie f, entsprechen.

Satz 6.38. Sei $f : [a,b] \times [c,d] \to \mathbb{R}$ schrittweise integrierbar, d.h., seien die auf $[c,d]$ definierte Funktion f_x mit $f_x(y) = f(x,y)$ für $x \in [a,b]$ bzw. die auf $[a,b]$ definierte Funktion f_y mit $f_y(x) = f(x,y)$ für $y \in [c,d]$ integrierbar, so gilt:

$$\int_a^b \left(\int_c^d f(x,y)\mathrm{d}y \right) \mathrm{d}x = \int_c^d \left(\int_a^b f(x,y)\mathrm{d}y \right) \mathrm{d}x$$

Dieser Satz ist eine sehr starke Vereinfacherung des allgemeineren Satzes von Fubini, der auch für höhere Dimensionen gilt. Die zentrale Aussage ist, dass wir die Integationsreihenfolge vertauschen dürfen, wenn beide Funktionen f_x und f_y integrierbar sind.

Beispiel 6.39

Die Gleichung

$$a^2 x^2 + b^2 y^2 = a^2 b^2$$

legt eine Mittelpunktsellipse fest, deren Flächeninhalt berechnet werden soll (Abb. 6.6).

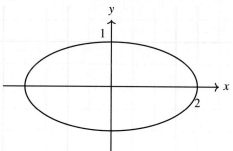

Abbildung 6.6 Die Ellipse $a^2 x^2 + b^2 y^2 = a^2 b^2$ für $a = 1$ und $b = 2$. Die Ellipsengleichung ist äquivalent zu $\frac{x^2}{b^2} + \frac{y^2}{a^2} = 1$, wobei $2a$ die Höhe und $2b$ die Breite der Ellipse ist.

Wir wollen uns aufgrund der Symmetrie um den Koordinatenursprung zunächst auf den ersten Quadranten beschränken und uns daher zuerst um die Integrationsgrenzen kümmern: Dazu löst man obige Gleichung nach einer Variable auf, z.B. nach y:

$$b^2 y^2 = a^2 b^2 - a^2 x^2 \overset{b>0}{\Longleftrightarrow} y^2 = a^2 - \frac{a^2}{b^2}x^2 = \frac{a^2}{b^2}\left(b^2 - x^2\right)$$

sodass also $y = \frac{a}{b}\sqrt{b^2 - x^2}$. Wir führen die x-Integration also von $y = 0$ nach $y = \frac{a}{b}\sqrt{b^2 - x^2}$

aus. Für die y-Integration bleibt demnach: von $x = 0$ bis

$$a^2x^2 + b^2y^2 \overset{y=0}{=} a^2x^2 = a^2b^2 \iff x = b.$$

Wir integrieren dann die Indikatorfunktion

$$1_{\text{Ellipse}}(x,y) = \begin{cases} 1, & a^2x^2 + b^2y^2 = a^2b^2, \ x,y > 0, \\ 0, & \text{sonst}, \ x,y > 0 \end{cases}$$

über den Raum. Es folgt:

$$\frac{1}{4}A_{\text{Ellipse}} = \int_{\mathbb{R}} 1_{\text{Ellipse}} dy dx$$

$$= \int_{x=0}^{b} \int_{y=0}^{\frac{a}{b}\sqrt{b^2-x^2}} dy dx$$

$$= \int_{x=0}^{b} \frac{a}{b}\sqrt{b^2 - x^2} dx$$

$$= \frac{a}{b} \int_{x=0}^{b} \sqrt{b^2 - x^2} dx$$

$$\overset{\text{F.S.}}{=} \frac{a}{b} \cdot \frac{\pi b^2}{4}$$

$$= \frac{ab\pi}{4}$$

Der Flächeninhalt der Ellipse ist also gerade $A_{\text{Ellipse}} = ab\pi$.

Aufgepasst!

Solche Symmetrieüberlegungen, wie hier z.B. die Figur erst in einem Quadranten zu betrachten, ersparen oft Rechenaufwand; insbesondere erleichtern sie das Festlegen von Integrationsgrenzen. Es ist sinnvoll, sich zunächst zu visualisieren, über welche Menge integriert werden soll, wenn das nicht ohnehin in der Aufgabenstellung verlangt wird. Dann ist es eine gute Strategie, zunächst eine Variable in Abhängigkeit der anderen darzustellen, wie hier z.B. $y(x) = \frac{a}{b}\sqrt{b^2 - x^2}$. Dann erst sollte man die andere Variable losgelöst betrachten, z.B. ausgehend von Extremwerten in definierenden (Un-)Gleichungen (hier: $x = 0$ und $x_{\max} = b$, falls $y = 0$).

Man berechne

$$\int_{\triangle} \sin\left(x^2\right) \mathrm{d}x\mathrm{d}y,$$

wobei das $\triangle$ das Dreieck mit den Eckpunkten $(0,0)$, $\left(\frac{\sqrt{\pi}}{2},0\right)$, $\left(\frac{\sqrt{\pi}}{2},\frac{\sqrt{\pi}}{2}\right)$ bezeichnet.

Lösungsvorschlag: Die durch die Punkte $(0,0)$ und $\left(\frac{\sqrt{\pi}}{2},\frac{\sqrt{\pi}}{2}\right)$ verlaufende Gerade h besitzt die Funktionsgleichung $h(x) = \frac{\sqrt{\pi}}{2}x = y$. Für $0 \leq y \leq \frac{\sqrt{\pi}}{2}$ ist also die korrespondierende x-Koordinate der Punkte gegeben durch $x = \frac{2}{\sqrt{\pi}}y$. Wir integrieren daher

$$\int_{\triangle} \sin\left(x^2\right) \mathrm{d}x\mathrm{d}y \;=\; \int_0^{\frac{\sqrt{\pi}}{2}} \int_0^{\frac{\sqrt{\pi}}{2}x} \sin\left(x^2\right) \mathrm{d}y\mathrm{d}x$$

$$=\; \frac{\sqrt{\pi}}{2} \int_0^{\frac{\sqrt{\pi}}{2}} x\sin\left(x^2\right) \mathrm{d}x.$$

Um eine Stammfunktion zu finden, substituieren wir $u = x^2$ und erhalten wegen $\mathrm{d}x = \frac{\mathrm{d}u}{2x}$:

$$\frac{\sqrt{\pi}}{2} \int_0^{\frac{\pi}{4}} x\sin\left(u\right) \frac{\mathrm{d}u}{2x}$$

$$=\; \frac{\sqrt{\pi}}{4} \int_0^{\frac{\pi}{4}} \sin(u)\mathrm{d}u$$

$$=\; \frac{\sqrt{\pi}}{4} \left[-\cos(u)\right]_0^{\frac{\pi}{4}}$$

$$=\; \frac{\sqrt{\pi}}{4} \left(\cos(0) - \cos\left(\frac{\pi}{4}\right)\right)$$

$$=\; \frac{\sqrt{\pi}}{4} \left(1 - \frac{1}{\sqrt{2}}\right)$$

6.5 Praxisteil

Berechnen Sie

$$\int_0^1 \frac{2x^2 + 12x - 22}{x^2 + 6x - 16}\,\mathrm{d}x.$$

Lösungsvorschlag: Zunächst betrachten wir den Integranden

$$\frac{2x^2 + 12x - 22}{x^2 + 6x - 16} = 2\frac{x^2 + 6x - 11}{x^2 + 6x - 16}$$

und sehen, dass Zähler und Nenner beinahe übereinstimmen. Wir schreiben daher weiter

$$2\frac{x^2+6x-11}{x^2+6x-16} \;=\; 2\left(\frac{x^2+6x-16}{x^2+6x-16}+\frac{5}{x^2+6x-16}\right)$$

$$=\; 2\left(1+\frac{5}{(x-2)(x+8)}\right)$$

$$=\; 2+\frac{10}{(x-2)(x+8)}.$$

Eine Partialbruchzerlegung liefert

$$\frac{10}{(x-2)(x+8)}=\frac{1}{x-2}-\frac{1}{x+8},$$

und wir können die Linearität des Integrals ausnutzen:

$$\int_0^1 \frac{2x^2+12x-22}{x^2+6x-16}\,dx \;=\; \int_0^1 2+\frac{1}{x-2}-\frac{1}{x+8}\,dx$$

$$=\; \int_0^1 2\,dx+\int_0^1 \frac{1}{x-2}\,dx-\int_0^1 \frac{1}{x+8}\,dx$$

$$=\; [2x]_0^1 + [\ln|x-2|]_0^1 - [\ln|x+8|]_0^1$$

$$=\; 2+\underbrace{\ln(1)}_{=0}-\ln(2)-\ln(9)+\ln(8)$$

$$=\; 2-\ln\left(\frac{2\cdot 9}{8}\right)$$

$$=\; 2-\ln\left(\frac{9}{4}\right)$$

Die Funktion $f:]-e,\infty[\to \mathbb{R}$ (mit e, der Eulerschen Zahl) sei gegeben durch

$$f(x)=\frac{x-e}{x+e}.$$

Zeigen Sie, dass der Flächeninhalt der Fläche, die durch den Graphen von f und der x-Achse im Bereich $x=0$ bis $x=3e$ eingeschlossen wird, den Wert e hat.

Lösungsvorschlag: Zunächst stellen wir fest, dass die Funktion f auf dem Intervall $[0,3e]$ keine Polstellen besitzt, jedoch an der Nullstelle e einen Vorzeichenwechsel von $-$ nach $+$ (Abb. 6.7). Das Integrieren läuft also problemlos, sofern man die Orientierung der Flächen berücksichtigt:

$$\left|\int_0^{3e} f(x)\,dx\right| = \int_e^{3e} f(x)\,dx + \left|\int_0^e f(x)\,dx\right|$$

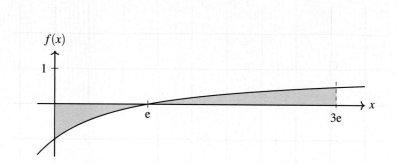

Abbildung 6.7 Schaubild des Graphen von f und der zugehörigen Fläche.

Für die Bestimmung der Stammfunktion substituieren wir $u = x + \mathrm{e}$ und erhalten mit $du = dx$ dadurch

$$\int f(x)\mathrm{d}x = \int \frac{x-\mathrm{e}}{x+\mathrm{e}}\mathrm{d}x = \int \frac{u-2\mathrm{e}}{u}\mathrm{d}u = \int 1 - \frac{2\mathrm{e}}{u}\mathrm{d}u.$$

Mit der Linearität des Integrals erhalten wir also

$$\int f(x)\mathrm{d}x = \int 1\mathrm{d}u - 2\mathrm{e}\int \frac{1}{u}\mathrm{d}u = u - 2\mathrm{e}\ln|u| + C = x - 2\mathrm{e}\ln|x+\mathrm{e}| + \mathrm{e} + C,$$

eine Stammfunktion von $f(x)$ ist also etwa $F(x) = x - 2\mathrm{e}\ln|x+\mathrm{e}|$. Es folgt

$$
\begin{aligned}
\left| \int_0^{3\mathrm{e}} f(x)\mathrm{d}x \right| &= \left[x - 2\mathrm{e}\ln|x+\mathrm{e}| \right]_{\mathrm{e}}^{3\mathrm{e}} - \left[x - 2\mathrm{e}\ln|x+\mathrm{e}| \right]_0^{\mathrm{e}} \\
&= \underbrace{(3\mathrm{e} - 2\mathrm{e}\ln(4\mathrm{e}) - \mathrm{e} + 2\mathrm{e}\ln(2\mathrm{e}))}_{=-\mathrm{e}(2\ln(4\mathrm{e})-2\ln(2\mathrm{e})-2)} - \underbrace{(\mathrm{e} - 2\mathrm{e}\ln(2\mathrm{e}) - 0 + 2\mathrm{e}\ln(\mathrm{e}))}_{=-\mathrm{e}(2\ln(2\mathrm{e})-3)} \\
&= -\mathrm{e}\left(\underbrace{2\ln(4\mathrm{e}) - 4\ln(2\mathrm{e})}_{=-2} + 1 \right) \\
&= \mathrm{e}.
\end{aligned}
$$

Die Logarithmen wurden dabei zusammengefasst gemäß

$$
\begin{aligned}
2\ln(4\mathrm{e}) - 4\ln(2\mathrm{e}) &= \ln\left((4\mathrm{e})^2\right) - \ln\left((2\mathrm{e})^4\right) \\
&= \ln\left(\frac{16\mathrm{e}^2}{16\mathrm{e}^4}\right) \\
&= \ln\left(\mathrm{e}^{-2}\right) \\
&= -2\ln(\mathrm{e}) = -2.
\end{aligned}
$$

Man berechne den größten Flächeninhalt des Dreiecks, das von der x-Achse, von der y-Achse und von der Tangente im Punkt $x = a > 0$ des Graphen von $y = (x + 1)^{-2}$ begrenzt wird.

Lösungsvorschlag: Eine Skizze der Situation legt die weitere Strategie fest (Abb. 6.8). Ist x_a die Schnittstelle der Tangente t_a mit der x-Achse und analog y_a der y-Achsenabschnitt von t_a, so ist der Flächeninhalt des Dreiecks gegeben durch $F_a = \frac{1}{2} \cdot x_a \cdot y_a$, da es im Punkt $(0,0)$ einen rechten Winkel besitzt. Wir bestimmen also zunächst die Funktionsgleichung der Tangente. Mit $f(x) = \frac{1}{(x+1)^2}$ folgt aus der Quotientenregel

$$f'(x) = -\frac{2}{(x+1)^3}.$$

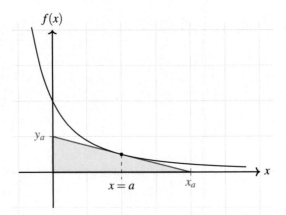

Abbildung 6.8 Schaubild des Graphen von f und der zugehörigen Fläche.

Die Steigung m_a der Tangente t_a ist also gegeben durch $m_a = f'(a) = -\frac{2}{(a+1)^3}$. Weiterhin geht sie durch den Punkt $\left(a \mid f(a) = \frac{1}{(a+1)^2} \right)$, den wir in die allgemeine Gleichung $t_a(x) = m_a \cdot x + y_a$ einsetzen:

$$\frac{1}{(a+1)^2} = -\frac{2}{(a+1)^3} \cdot a + y_a$$

$$y_a = \frac{1}{(a+1)^2} + \frac{2a}{(a+1)^3}$$

$$y_a = \frac{3a+1}{(a+1)^3}$$

Nun ist nur noch x_a zu bestimmen. Nach Voraussetzung ist $t_a(x_a) = 0$, d.h.,

$$
\begin{aligned}
x_a &= -\frac{y_a}{m_a} \\
&= \left(-\frac{3a+1}{(a+1)^3}\right) \cdot \left(\frac{(a+1)^3}{-2}\right) \\
&= \frac{3a+1}{2}.
\end{aligned}
$$

Zusammenfassend erhalten wir also

$$
F_a = \frac{1}{2} \cdot \frac{3a+1}{2} \cdot \frac{3a+1}{(a+1)^3} = \frac{(3a+1)^2}{4(a+1)^3}.
$$

Wir fassen diesen Flächeninhalt in Abhängigkeit von a nun als Funktion $F : \mathbb{R}_{>0} \to \mathbb{R}_{>0}$ auf und maximieren ihn mittels Differentialrechnung: Aus $F(a) = \frac{(3a+1)^2}{4(a+1)^3}$ folgt mit der Quotientenregel

$$
F'(a) = \frac{3(1-a)\overbrace{(3a+1)}^{>0}}{\underbrace{4(a+1)^4}_{>0}},
$$

wobei wegen $a > 0$ nur $a = 1$ als Nullstelle infrage kommt. Der Ableitungsfunktion sieht man außerdem an, dass an der Stelle $a = 1$ ein Vorzeichenwechsel von $+$ nach $-$ stattfindet, d.h. es handelt sich gemäß Satz 4.32 um ein Maximum von $F(a)$. Der größtmögliche Flächeninhalt ist also

$$
F(1) = \frac{(3 \cdot 1 + 1)^2}{4(1+1)^3} = \frac{1}{2}.
$$

Sei $f : [0,1] \to \mathbb{R}$ definiert durch

$$
f(x) = \int_0^{1+x} \frac{y-1}{1+(y-1)^{2018}}\,dy - \int_0^{1-x} \frac{y-1}{1+(y-1)^{2018}}\,dy.
$$

(a) Bestimmen Sie die Ableitung von f.

(b) Bestimmen Sie das Integral

$$
\int_0^2 \frac{y-1}{1+(y-1)^{2018}}\,dy.
$$

Lösungsvorschlag: Ad (a): Wir gehen analog zu Beispiel 6.22 vor, wobei $h_1(x) = 1+x$ für das erste Integral bzw. $h_2(x) = 1-x$ für das zweite Integral ist. Für

$$
g(y) = \frac{y-1}{1+(y-1)^{2018}}
$$

folgt daher aufgrund der Linearität der Ableitung

$$
\begin{aligned}
f'(x) &= g\left(h_1(x)\right) \cdot h_1'(x) - g\left(h_2(x)\right) \cdot h_2'(x) \\
&= g(1+x) \cdot 1 - g(1-x) \cdot (-1) \\
&= \frac{x}{1+x^{2018}} + \frac{-x}{1+(-x)^{2018}} \\
&= 0.
\end{aligned}
$$

Alternativ sieht man dies wie folgt: Wegen $x \in [0,1]$ ist $1-x \le 1+x$, und wir können schreiben

$$
f(x) = \int_0^{1+x} \frac{y-1}{1+(y-1)^{2018}}\,dy - \int_0^{1-x} \frac{y-1}{1+(y-1)^{2018}}\,dy = \int_{1-x}^{1+x} \frac{y-1}{1+(y-1)^{2018}}\,dy.
$$

Nun ist die oben definierte Funktion $g(y)$ wegen $g(1-y) = -g(1+y)$ punktsymmetrisch zu $(1,0)$. Zufälligerweise liegt das Integral ebenfalls symmetrisch zum Punkt $(1,0)$, sodass man unmittelbar darauf schließen kann, dass das Integral verschwinden muss, analog zu Aufgabe 6.8. Offensichtlicher wird dieses Argument, wenn man $y-1$ substituiert und über die übliche Punktsymmetrie zum Ursprung argumentiert (dies sei an dieser Stelle dem Leser überlassen). Die Funktion f ist also auf $[0,1]$ im Wesentlichen eine kompliziertere Darstellung der Nullfunktion $f(x) = 0$. Insbesondere gilt dies auch für ihre Ableitung f'.

Ad (b): Aus der letzten Bemerkung von Teilaufgabe (a) folgt

$$
\int_0^2 \frac{y-1}{1+(y-1)^{2018}}\,dy = f(1) = 0. \tag{6.1}
$$

Alternativ weiß man aus Teilaufgabe (a), dass f' überall verschwindet, womit f konstant sein muss. Aus

$$
f(0) = \int_0^x g(y)\,dy - \int_0^x g(y)\,dy = \int_0^x \left(g(y) - g(y)\right)\,dy = \int_0^x 0\,dx = 0
$$

folgt also $f(x) = 0$ für alle $x \in [0,1]$. Damit gelangt man ebenfalls zur Gleichung (6.1).

Als dritte Möglichkeit substituieren wir $u = y - 1$ und erhalten wegen $dy = du$ damit

$$
\int_0^2 \frac{y-1}{1+(y-1)^{2018}}\,dy = \int_{-1}^1 \frac{u}{1+u^{2018}}\,du = 0,
$$

da der Integrand ungerade ist und der Integrationsbereich symmetrisch zu 0 liegt.

Sei $f : \mathbb{R} \to \mathbb{R}$ definiert durch

$$f(x) = \int_0^x \sin\left(t^2\right) dt.$$

(a) Zeigen Sie: Für alle $x \in \mathbb{R}$ gilt

$$f(-x) = -f(x).$$

(b) Bestimmen Sie alle kritischen Stellen von f und untersuchen Sie jeweils, ob ein lokales Extremum von f vorliegt.

Lösungsvorschlag: Ad (a): Es ist

$$f(-x) = \int_0^{-x} \sin\left(t^2\right) dt,$$

und die Substitution $u = -t$ liefert wegen $du = -dt$ sofort

$$\int_0^{-x} \sin\left(t^2\right) dt = -\int_0^x \sin\left((-u)^2\right) du = -\int_0^x \sin\left(u^2\right) du = -f(x).$$

Zusammenfassend folgt $f(-x) = -f(x)$, was zu zeigen war.

Ad (b): Nach dem HDI ist die Ableitung von f gegeben durch $f'(x) = \sin\left(x^2\right)$ und besitzt daher die Nullstellen $\pm\sqrt{n\pi}$ mit $n \in \mathbb{N}$ beliebig. Nach Teilaufgabe (a) ist f jedoch eine ungerade Funktion, d.h., zu jedem Maximum $(a|f(a))$ korrespondiert ein Minimum $(-a|-f(a))$. Wir können uns daher auf die Extremstellen $x_n = \sqrt{n\pi}$ mit $n \in \mathbb{N}_0$ beschränken:

Es ist $f''(x) = 2x\cos\left(x^2\right)$ und damit wegen $\cos((2n+1)\pi) = -1$ bzw. $\cos(2n\pi) = 1$ für alle $n \in \mathbb{N}$:

$$f''(x_n) = \begin{cases} -2\sqrt{n\pi}, & \text{falls } n \text{ ungerade,} \\ 0, & \text{falls } n = 0, \\ 2\sqrt{n\pi}, & \text{falls } n \text{ gerade.} \end{cases}$$

Die Stellen x_n sind also lokale Maxima, sofern n gerade ist, und lokale Minima, sofern n ungerade ist. Die Stelle $x_0 = 0$ ist eine Sattelstelle. Für die gespiegelten Extremstellen $-x_n$ verhält es sich gemäß obiger Bemerkung natürlich umgekehrt.

Für jedes $n \in \mathbb{N}_0$ werde die Funktion $f_n : \mathbb{R} \to \mathbb{R}$ mit

$$f_n(x) = \int_0^x t^n e^{-t} \, dt$$

betrachtet. Man zeige für alle $n \in \mathbb{N}_0$ die folgenden Eigenschaften:

(a) Für alle $x \in \mathbb{R}$ gilt

$$f_{n+1}(x) = -x^{n+1} e^{-x} + (n+1) f_n(x).$$

(b) Es gilt

$$\lim_{x \to +\infty} x^{n+1} e^{-x} = 0.$$

(c) Es gilt

$$\lim_{x \to +\infty} f_n(x) = n!.$$

Lösungsvorschlag: Ad (a): Mittels partieller Integration erhalten wir

$$
\begin{aligned}
f_{n+1}(x) &= \int_0^x \underbrace{t^{n+1}}_{u} \cdot \underbrace{e^{-t}}_{v'} \, dt \\
&= \left[-t^{n+1} e^{-t} \right]_0^x + (n+1) \int_0^x t^n e^{-t} \, dt \\
&= -x^{n+1} e^{-x} + (n+1) \int_0^x t^n e^{-t} \, dt \\
&= -x^{n+1} e^{-x} + (n+1) f_n(x).
\end{aligned}
$$

Ad (b): Bekanntlich gilt $e^x = \sum_{k=0}^{\infty} \frac{x^k}{k!} = 1 + \cdots + \frac{x^{n+2}}{(n+2)!} + \ldots$ und da für $x > 0$ alle Summanden positiv sind, sehen wir

$$e^x > \frac{x^{n+2}}{(n+2)!}.$$

Damit gilt:

$$\left| x^{n+1} e^{-x} \right| = \left| \frac{x^{n+1}}{e^x} \right| < \left| \frac{x^{n+1}}{x^{n+2}} \cdot (n+2)! \right| = \left| \frac{(n+2)!}{x} \right| \xrightarrow{x \to \infty} 0$$

Die Funktion $f(x) = x^{n+1} e^{-x}$ ist also betragsmäßig stets kleiner als die im Unendlichen gegen 0 konvergierende Funktion $g(x) = \frac{(n+2)!}{x}$. Nach dem Schachtelungssatz 4.8 folgt also $\lim_{x \to \infty} f(x) = 0$.

Ad (c): Wir führen eine Induktion über n. Für den Induktionsanfang bei $n = 0$ erhalten wir aus der Definition von $f_0(x)$ über direktem Wege

$$f_0(x) = \int_0^x e^{-t} \, dt = - \left[e^{-t} \right]_0^x = - \left(e^{-x} - 1 \right) = 1 - e^{-x},$$

und wegen $\lim_{x \to \infty} e^{-x} = 0$ folgt $\lim_{x \to \infty} f_0(x) = 1 = 0!.$

Induktionsvoraussetzung: Es gelte $\lim_{n \to \infty} f_n(x) = n!$ für ein $n \in \mathbb{N}$. Wir wollen nun zeigen, dass die Aussage auch für den Nachfolger $n+1$ gilt. Dabei ist

$$\lim_{x \to \infty} f_{n+1}(x) \overset{\text{(a)}}{=} \lim_{x \to \infty} \left(-x^{n+1} e^{-x} + (n+1) f_n(x) \right),$$

wobei jeweils die beiden Grenzwerte

$$\lim_{x \to \infty} \left(-x^{n+1} e^{-x} \right) = - \lim_{x \to \infty} \left(x^{n+1} e^{-x} \right) \overset{\text{(b)}}{=} 0$$

und

$$\lim_{x \to \infty} \left((n+1) f_n(x) \right) = (n+1) \lim_{x \to \infty} f_n(x) \overset{\text{(IV)}}{=} (n+1) \cdot n! = (n+1)!$$

existieren. Nach den Rechenregeln für Grenzwerte folgern wir für den Grenzwert der Summe dieser beiden Grenzwerte also

$$\lim_{x \to \infty} f_{n+1}(x) = 0 + (n+1)! = (n+1)!,$$

was den Induktionsbeweis abschließt.

Aufgabe 6.47: H19-T2-A2

Beweisen oder widerlegen Sie die folgenden Aussagen.

(a) Für alle $c \in \mathbb{R}$ gibt es eine stetig differenzierbare Funktion $f : \mathbb{R} \to \mathbb{R}$, sodass

$$c = \int_0^\pi \left(\sin(x) f'(x) + \cos(x) f(x) \right) \mathrm{d}x$$

gilt.

(b) Für alle $c \in \mathbb{R}$ gibt es eine stetig differenzierbare Funktion $f : \mathbb{R} \to \mathbb{R}$, sodass

$$c = \int_0^\pi \sin\left(f(x) \right) f'(x) \mathrm{d}x$$

gilt.

Lösungsvorschlag: Ad (a): Die Behauptung ist falsch. Wir vereinfachen den Integralausdruck mittels Linearität zu

$$\int_0^\pi \left(\sin(x) f'(x) + \cos(x) f(x) \right) \mathrm{d}x = \int_0^\pi \sin(x) f'(x) \mathrm{d}x + \int_0^\pi \cos(x) f(x) \mathrm{d}x$$

und integrieren anschließend den hinteren Summanden partiell:

$$\int_0^\pi \underbrace{\cos(x)}_{v'}\underbrace{f(x)}_{u}\,\mathrm{d}x = [\sin(x)f(x)]_0^\pi - \int_0^\pi \sin(x)f'(x)\mathrm{d}x$$

$$= \sin(\pi)f(\pi) - \sin(0)f(0) - \int_0^\pi \sin(x)f'(x)\mathrm{d}x.$$

Dabei sind $f(\pi)$ und $f(0)$ wohldefiniert (also insbesondere endlich), da f als auf ganz $\mathbb{R}$ stetig vorausgesetzt war. Es gilt also

$$\underbrace{\sin(\pi)}_{=0} f(\pi) - \underbrace{\sin(0)}_{=0} f(0) = 0,$$

und wir erhalten insgesamt

$$\int_0^\pi \left(\sin(x)f'(x) + \cos(x)f(x) \right)\mathrm{d}x = \int_0^\pi \sin(x)f'(x)\mathrm{d}x + \int_0^\pi \cos(x)f(x)\mathrm{d}x$$

$$= \int_0^\pi \sin(x)f'(x)\mathrm{d}x - \int_0^\pi \sin(x)f'(x)\mathrm{d}x$$

$$= 0.$$

Wir sehen also, dass die Wahl von c überhaupt keine Rolle spielt. Ist $c = 0$, so ist die Gleichung für jede solche Funktion f erfüllt, andernfalls für keine.

Aufgepasst!

Bei Teilaufgabe (b) ist der Gedanke der Subsitution $u = f(x)$ verlockend. Man sollte jedoch bedenken, dass die Ableitungsfunktion f' Nullstellen auf dem Intervall $[0, \pi]$ besitzen könnte und damit der Ausdruck $\mathrm{d}x = \frac{1}{f'(x)}\mathrm{d}u$ im Allgemeinen nicht wohldefiniert ist. Hält man sich jedoch an den formalen Satz zur Substitutionsregel, spielt das keine Rolle.

Ad (b): Die Behauptung ist ebenfalls falsch. Nach der Kettenregel ist

$$\frac{\mathrm{d}}{\mathrm{d}x}\left(-\cos\left(f(x) \right) \right) = \sin\left(f(x) \right) \cdot f'(x).$$

Wir können eine Stammfunktion also direkt hinschreiben und erhalten nach dem HDI

$$\int_0^\pi \sin\left(f(x) \right) f'(x)\mathrm{d}x = -[\cos(u)]_{f(0)}^{f(\pi)}$$

$$= \cos\left(f(0) \right) - \cos\left(f(\pi) \right).$$

Wegen $-1 \le \cos(x) \le 1$ für alle $x \in \mathbb{R}$ nimmt der letzte Ausdruck unabhängig von f nur Werte in $[-2, 2]$ an. Für $|c| > 2$ kann also eine solche Funktion nicht existieren.

Folgende Teilaufgaben:

(a) Berechnen Sie die Ableitung der Funktion $f :\,]3,\infty[\,\to \mathbb{R}$ mit

$$f(x) = \int_3^{x^2+x} \frac{1}{t^3+1}\,dt.$$

(b) Gegeben sei die Kurve $f : [0,2\pi] \to \mathbb{R}^2$, definiert durch

$$f(t) = (\exp(-t)\cos(t), \exp(-t)\sin(t)).$$

Berechnen Sie die Länge der Kurve.

Lösungsvorschlag: Ad (a): Analog zu Aufgabe 6.36 erhalten wir wegen $h(x) = x^2 + x$, $g(t) = \frac{1}{t^3+1}$ und $F(x) = \int_3^{h(x)} g(t)\,dt$ zunächst

$$g'(t) = -\frac{3t^2}{(t^3+1)^2}$$

aus der Quotientenregel und schließlich

$$f'(x) = g'(h(x)) \cdot h'(x) = -\frac{3\left(x^2+x\right)^2}{\left((x^2+x)^3+1\right)^2} \cdot (2x+1).$$

Ad (b): Aus der Produktregel erhalten wir $f'(t) = (-\exp(-t)(\sin(t)+\cos(t)), e^{-t}(\cos(t)-\sin(t)))$. Eingesetzt in die Definition der Bogenlänge ergibt sich daher

$$
\begin{aligned}
L(f) &= \int_0^{2\pi} \left\| \begin{pmatrix} -e^{-t}(\sin(t)+\cos(t)) \\ e^{-t}(\cos(t)-\sin(t)) \end{pmatrix} \right\| dt \\
&= \int_0^{2\pi} e^{-t}\sqrt{(\sin(t)+\cos(t))^2 + (\cos(t)-\sin(t))^2}\,dt \\
&= \int_0^{2\pi} e^{-t}\sqrt{2\sin^2(t)+2\cos^2(t)}\,dt \\
&= \int_0^{2\pi} \sqrt{2}\,e^{-t}\,dt = \sqrt{2}\left(1-e^{-2\pi}\right).
\end{aligned}
$$

Gegeben sei die Kurve $\gamma : [1,2] \to \mathbb{R}^2$ mit

$$\gamma(t) = \left(t^3 - 3t + 2, 12 - 3t^2\right)$$

mit der Bildmenge

$$K = \{\gamma(t) : t \in [1,2]\}.$$

(a) Man berechne

$$\gamma(1), \qquad \gamma(2), \qquad \gamma'(1), \qquad \gamma'(2)$$

und skizziere die Bildmenge K.

(b) Man bestimme die Bogenlänge von K.

Lösungsvorschlag: Ad (a): Es ist wegen $\gamma'(t) = \left(3t^2 - 3, -6t\right)$:

- $\gamma(1) = (0,9)$

- $\gamma(2) = (4,0)$

- $\gamma'(1) = (0,-6)$

- $\gamma'(2) = (9,-12)$

Die Funktion $t \mapsto 3t^2 - 3$ ist auf $(1,2)$ strikt positiv, d.h., die x-Komponente von $\gamma(t)$ nimmt für $t \in (1,2)$ stetig zu. Die Funktion $t \mapsto -6t$ ist auf diesem Intervall offensichtlich negativ, d.h., die y-Komponente von $\gamma(t)$ nimmt dort stetig ab. Zusammen mit dem Anfangs- und Endpunkt erhalten wir also das in Abb. 6.9 gezeigte Bild.

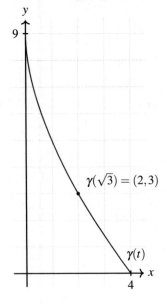

Abbildung 6.9 Schaubild der Menge K.

Ad (b): Wir setzen in die Definition ein und erhalten

$$
\begin{aligned}
L(f) &= \int_1^2 \left\| \begin{pmatrix} 3t^2 - 3 \\ -6t \end{pmatrix} \right\| \mathrm{d}t \\
&= \int_1^2 \sqrt{(3t^2 - 3)^2 + 36t^2} \mathrm{d}t \\
&= \int_1^2 \sqrt{9t^4 - 18t^2 + 9 + 36t^2} \mathrm{d}t \\
&= \int_1^2 \sqrt{9t^4 + 18t^2 + 9} \mathrm{d}t \\
&= \int_1^2 \sqrt{(3t^2 + 3)^2} \mathrm{d}t \\
&= \int_1^2 3t^2 + 3 \mathrm{d}t \\
&= \left[t^3 + 3t \right]_1^2 \\
&= (2^3 + 6) - (1^3 + 3) = 10.
\end{aligned}
$$

Aufgabe 6.50: F14-T1-A3

Berechnen Sie die Fläche von

$$F = \left\{ (x,y) \in \mathbb{R}^2 : -\pi \le x \le \pi,\ \sin(x) \le y \le \cos(x) \right\}.$$

Lösungsvorschlag: Die Schnittstellen der Sinus- und Kosinusfunktion liegen bekanntlich bei $x_k = \pi \left(k + \frac{1}{4}\right)$, wobei $k \in \mathbb{Z}$.[a] Die Funktion $f(x) := \cos(x) - \sin(x)$ besitzt im Intervall $[-\pi, \pi]$ also die beiden Nullstellen $x_{-1} = -\frac{3}{4}\pi$ und $x_0 = \frac{1}{4}\pi$. Wir teilen die Figur F daher in vier Teilfiguren F_1 bis F_4 auf (Abb. 6.10).

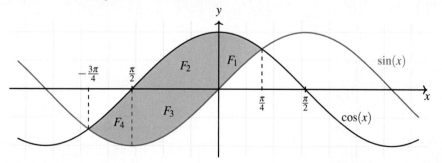

Abbildung 6.10 Schaubild des Graphen der Sinus- und Kosinusfunktion sowie der Teilflächen F_1 bis F_4.

Ist $F(F_i)$ der Flächeninhalt von Figur F_i, so berechnen wir also

- $F(F_1) = \int_0^{\pi/4} \cos(x) - \sin(x) \mathrm{d}x = \sqrt{2} - 1.$

- $F(F_2) = \int_{-\pi/2}^{0} \cos(x)\mathrm{d}x = 1.$

- $F(F_3) = \int_{-\pi/2}^{0} \sin(x)\mathrm{d}x = -1.$

- $F(F_4) = \int_{-3\pi/4}^{-\pi/2} \sin(x) - \cos(x)\mathrm{d}x = 1 - \sqrt{2}.$

Zusammen folgt $F = F_1 + F_2 + F_3 + F_4 = 0$, sofern orientierte Flächen gemeint sind (vgl. Aufgabe 6.8). Falls nicht, ergibt sich $F = F_1 + F_2 - F_3 - F_4 = 2\sqrt{2}$.

Alternativ ließe sich auch die Indikatorfunktion

$$1_F(x,y) := \begin{cases} 1, & \text{falls } (x,y) \in F, \\ 0, & \text{sonst} \end{cases}$$

über $\mathbb{R}^2$ integrieren: Ist nicht $-\frac{3\pi}{4} \le x \le \frac{\pi}{4}$, so verschwindet sie. Andernfalls ist sie 1 für $\sin(x) \le y \le \cos(x)$, also ist

$$
\begin{aligned}
F &= \int_{\mathbb{R}^2} 1_F(x,y)\mathrm{d}(x,y). \\
&= \int_{-3\pi/4}^{\pi/4} \int_{\sin(x)}^{\cos(x)} \mathrm{d}y\mathrm{d}x \\
&= \int_{-3\pi/4}^{\pi/4} (\cos(x) - \sin(x))\,\mathrm{d}x \\
&= [\sin(x) + \cos(x)]_{-3\pi/4}^{\pi/4} \\
&= 2\sqrt{2}.
\end{aligned}
$$

---

[a]Dieses Resultat lässt sich auch leicht herleiten: Aus $\sin(x) = \cos(x)$ folgt für $x \ne \pi\left(k + \frac{1}{2}\right)$ durch Division $1 = \frac{\sin(x)}{\cos(x)} = \tan(x)$. Unter Verwendung des Arkustangens erhält man die entsprechenden Lösungen $\pi\left(k + \frac{1}{4}\right)$.

7 Differentialgleichungen

Gleichungen bestehend aus Funktionen, ihren Ableitungen, den abhängigen Variablen sowie Konstanten nennt man Differentialgleichungen. Die Lösungsmenge sind dann nicht Teilmengen von Zahlenmengen, wie $\mathbb{R}$ oder $\mathbb{C}$, sondern enthalten differenzierbare Funktionen. Differentialgleichungen werden in verschiedenen Kontexten zur Beschreibung zeitlich veränderlicher Systeme genutzt, z.B. in der Physik. Differentialgleichungen, in denen Funktionen vorkommen, die nur von einer Variablen abhängen, nennt man gewöhnlich. Auf solche gewöhnlichen Differentialgleichungen wollen wir in diesem Kapitel eingehen.

Etwas konkreter versteht man unter einer expliziten eindimensionalen gewöhnlichen Differentialgleichung n-ter Ordnung eine Gleichung der Form

$$x^{(n)} = F\left(t, x, x', ..., x^{(n-1)}\right),$$

wobei $n \in \mathbb{N}$ und $F : D \to \mathbb{R}$ eine Funktion[7] mit Definitionsbereich $D \subseteq \mathbb{R} \times \mathbb{R}^n$ sind. Eine $n-$mal differenzierbare Funktion $\varphi : I \to \mathbb{R}$ mit $I \subseteq \mathbb{R}$ offen und

$$\varphi^{(n)}(t) = F\left(t, \varphi(t), \varphi'(t), ..., \varphi^{(n-1)}(t)\right)$$

für alle $t \in I$ nennt man Lösung dieser Differentialgleichung, sofern $\left(t, \varphi(t), \varphi'(t), ..., \varphi^{(n-1)}(t)\right)^T \in D$.

Müssen Lösungsfunktionen von Differentialgleichungen noch einer Anfangsbedingung

$$\varphi(t_0) = x_0, \ \varphi'(t_0) = x_1, ..., \varphi^{(n-1)}(t_0) = x_{n-1}$$

für $(t_0, x_0, ..., x_{n-1})^T \in D$ genügen, so spricht man von einem Anfangswertproblem.

Beispiel 7.1

Die Differentialgleichung

$$x' = x + t$$

ist eine explizite Differentialgleichung erster Ordnung. Unter Vorgabe der Anfangsbedingung $x(0) = -1$ wird daraus das Anfangswertproblem

$$x' = x + t, \ x(0) = -1.$$

Hier ist also $F(t, x) = x + t$ mit Definitionsbereich $D = \mathbb{R}^2$. Dieses hat die Lösung $\varphi(t) := -t - 1$, denn $\varphi(0) = -1$ und

$$\varphi'(t) = -1 = (-t - 1) + t = \varphi(t) + t.$$

---

[7]Etwas allgemeiner könnte man F als eine Funktion $D \to \mathbb{R}^m$, $m \in \mathbb{N}$, auffassen. Man spricht dann von m-dimensionalen gewöhnlichen Differentialgleichungen, die hier aber keine Rolle spielen sollen.

© Der/die Autor(en), exklusiv lizenziert durch
Springer-Verlag GmbH, DE, ein Teil von Springer Nature 2021
J. M. Veith und P. Bitzenbauer, *Schritt für Schritt zum Staatsexamen
Mathematik*, https://doi.org/10.1007/978-3-662-62948-2_7

Im Folgenden wollen wir verschiedene Fragen klären:

1. Wie findet man zu einer gegebenen Differentialgleichung bzw. einem Anfangswertproblem eine Lösung?

2. Wie kann man überprüfen, ob man zu einer gegebenen Differentialgleichung die gesamte Lösungsmenge gefunden hat?

7.1 Existenz und Eindeutigkeit

Eindeutigkeit einer Lösung können wir nur bei Anfangswertproblemen erwarten, während Differentialgleichungen im Allgemeinen beliebig viele Lösungen besitzen können. Ein wichtiger Begriff im Kontext von Aussagen zur Existenz und Eindeutigkeit von Lösungen von Differentialgleichungen ist der der Lipschitz-Stetigkeit:

Definition 7.2 (Lipschitz-Stetigkeit). Seien $D \subseteq \mathbb{R} \times \mathbb{R}^n$ offen und $f : D \to \mathbb{R}^n$, $(t,x) \mapsto f(t,x)$ ein zeitabhängiges Vektorfeld. Man sagt f ist

- *global Lipschitz-stetig* bzgl. x, wenn es eine Konstante $L > 0$ gibt mit

$$\|f(t,x_1) - f(t,x_2)\| \leq L \|x_1 - x_2\|$$

für alle $(t,x_i) \in D$ für $i \in \{1,2\}$.

- *lokal Lipschitz-stetig* bzgl. x, wenn es für alle $(t,x) \in D$ eine Umgebung $U \subseteq D$ gibt, sodass die Restriktion $f|_{U \cap D}$ global Lipschitz-stetig ist.

Teilt man in der Definition der Lipschitz-Stetigkeit beide Seiten durch $\|x_1 - x_2\|$, so sieht man, dass eine äquivalente Formulierung der Lipschitz-Bedingung lautet: Die Steigungen der Sekanten durch die Punkte $(x_1, f(x_1))$ und $(x_2, f(x_2))$ müssen eine gemeinsame obere Schranke L besitzen. Für $f(x) = x$ sieht man etwa, dass die Steigung aller Sekanten stets 1 ist, also auch durch $L = 1$ beschränkt werden kann. Die Sekantensteigungen von $g(x) = x^2$ wachsen wegen $g'(x) = 2x \xrightarrow{x \to \infty} \infty$ allerdings über jede Schranke $L > 0$ hinaus (Abb. 7.1).

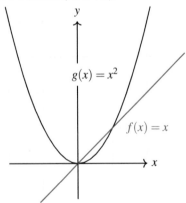

Abbildung 7.1 Anhand der Graphen der Funktionen f und g erkennt man leicht, dass die Steigung von G_f global beschränkt ist, nicht aber die von G_g.

Lipschitz-Stetigkeit ist also stark mit beschränkten Ableitungen verknüpft, wie der folgende Satz zeigt:

Satz 7.3. Seien $D \subseteq \mathbb{R} \times \mathbb{R}^n$ offen und $f : D \to \mathbb{R}^n$, $(t,x) \mapsto f(t,x)$ ein zeitabhängiges Vektorfeld, das stetig partiell differenzierbar nach x ist. Dann ist f auf D bezüglich x lokal Lipschitz-stetig.

Beispiel 7.4

Wir wollen zeigen, dass die Funktion $f : \mathbb{R}^2 \to \mathbb{R}$ mit

$$f(t,x) := |x|^c$$

für $c \geq 1$ lokal Lipschitz-stetig ist.

- Für $c = 1$ ist für alle $x_1, x_2 \in \mathbb{R}$ in jedem Fall

$$||x_1| - |x_2|| \overset{(\nabla)}{\leq} |x_1 - y_2|,$$

sodass $x \mapsto |x|$ eine globale Lipschitz-Bedingung mit Lipschitz-Konstante $L = 1$ erfüllt.

- Für $c > 1$ ist f gegeben durch

$$f(x) = |x|^c = \begin{cases} x^c, & x \geq 0, \\ (-x)^c, & x < 0. \end{cases}$$

Für $x \neq 0$ ist f in jedem Fall stetig differenzierbar. Wir müssen die stetige Differenzierbarkeit von f noch in $x = 0$ nachweisen. Zunächst ist f in $x = 0$ differenzierbar, denn

$$\frac{f(h) - f(0)}{h} = \frac{|h|^c}{h} = \frac{|h|^c}{\text{sgn}(h)\,|h|} \overset{\frac{1}{\text{sgn}(h)} = \text{sgn}(h)}{=} \text{sgn}(h)\frac{|h|^c}{|h|} = \text{sgn}(h)\,|h|^{c-1} \overset{h \to 0}{\underset{c-1>0}{\longrightarrow}} 0.$$

Damit ist $f'(0) = 0$ und zusammen

$$f'(x) = \begin{cases} cx^{c-1}, & x \geq 0, \\ c(-x)^{c-1}, & x < 0. \end{cases}$$

f' ist also insbesondere offensichtlich stetig und f damit stetig differenzierbar. Nach Satz 7.3 erfüllt f daher auch für $c > 1$ eine lokale Lipschitz-Bedingung.

Im Fall stetig differenzierbarer Funktionen F liefert der Satz von Picard-Lindelöf eine lokal eindeutige Lösung:

Satz 7.5 (Picard-Lindelöf). Die Funktion $F : D \to \mathbb{R}$ auf $D \subseteq \mathbb{R} \times \mathbb{R}^n$ genüge einer Lipschitz-Bedingung auf D. Dann existiert für alle $(\tau_0, \tilde{x}_0) \in D$ ein $\varepsilon > 0$, sodass das Anfangswertproblem

$$x' = F(t,x), \ x(\tau_0) = \tilde{x}_0$$

eine eindeutige Lösung $\varphi : [\tau_0 - \varepsilon, \tau_0 + \varepsilon] \to \mathbb{R}$ besitzt.

Das $\varepsilon > 0$ und damit das Existenzintervall für die Lösung, das der Satz von Picard-Lindelöf garantiert, hängt vom Definitionsbereich der Funktion F ab. Mit der Eindeutigkeit der Lösung ist hier gemeint, dass Lösungskurven entweder identisch sind oder keinen gemeinsamen Punkt besitzen. Jede weitere Lösung $\tilde{\varphi}$ kann demnach als Einschränkung oder Fortsetzung der Lösung φ aus obigem Satz verstanden werden. Die offene Frage ist, woher wir wissen können, dass wir bereits eine maximale Lösung gefunden haben, also eine solche, die nicht weiter fortgesetzt, sondern nur noch eingeschränkt werden kann. Dies liefert der globale Existenz- und Eindeutigkeitssatz, den wir als Nächstes nach einem kurzen Beispiel festhalten wollen.

Beispiel 7.6

 Die Anforderung des Satzes von Picard-Lindelöf an die Funktion der rechten Seite ist die Erfüllung einer Lipschitz-Bedingung. Ein Beispiel, in dem dies nicht erfüllt ist, ist das Folgende:

$$x' = \sqrt{|x|}, \ x(0) = 0$$

Die Funktion F mit $F(t,x) := \sqrt{|x|}$ ist auf ihrem Definitionsbereich $D = \mathbb{R} \times [-\alpha, \alpha]$ für $\alpha > 0$ stetig, aber nicht Lipschitz-stetig. Die Begründung hierfür sei dem Leser überlassen.

Eine Lösung dieser Differentialgleichung ist auf jeden Fall die konstante Nullfunktion $x_1(t) \equiv 0$, denn

$$x_1'(t) = 0 = \sqrt{|0|} = \sqrt{|x_1(t)|}.$$

Wir können aber auch noch eine andere Lösung angeben, zum Beispiel:

$$x_2(t) = \begin{cases} -\frac{1}{4}(t+1)^2, & x < -1 \\ 0, & -1 \le x \le 1 \\ \frac{1}{4}(t-1)^2, & x > 1 \end{cases}$$

Die fehlende Lipschitz-Bedingung verhindert also die Absicherung der Eindeutigkeit der Lösung, denn $x_1(t) \ne x_2(t)$. [a]

---

[a]Für stetige rechte Seiten, wie hier F mit $F(t,x) = \sqrt{|x|}$, kann man jedoch nach dem Satz von Peano die Existenz mindestens einer Lösung folgern.

Satz 7.7 (Globaler Existenz- und Eindeutigkeitssatz). Sei $F : D \to \mathbb{R}$ auf $D \subseteq \mathbb{R} \times \mathbb{R}^n$ definiert und genüge F einer (lokalen) Lipschitz-Bedingung auf D bezüglich dem zweiten Argument. Dann gibt es zu jedem $(\tau_0, \tilde{x}_0) \in D$ ein eindeutig bestimmtes, τ_0 enthaltendes, offenes Intervall $(\alpha, \beta) \subseteq \mathbb{R}$, sodass

1. das Anfangswertproblem

$$x' = F(t,x), \ x(\tau_0) = x_0$$

genau eine Lösung φ auf (α, β) besitzt. Das Intervall (α, β) wird maximales Intervall genannt;

2. eine weitere Lösung ϕ auf $J \subseteq \mathbb{R}$ des Anfangswertproblems eine Einschränkung von φ ist mit $J \subseteq (\alpha, \beta)$.

Wir betrachten das Anfangswertproblem

$$x' = \arctan(x), \ x(0) = \frac{\pi}{2}.$$

Die Funktion auf der rechten Seite $F : \mathbb{R}^2 \to \mathbb{R}$ mit $F(t,x) := \arctan(x)$ ist auf ganz $\mathbb{R}^2$ differenzierbar mit

$$\frac{\partial F}{\partial x}(t,x) = \frac{1}{1+x^2}.$$

Die partielle Ableitung ist auf ganz $\mathbb{R}^2$ stetig, sodass F stetig partiell differenzierbar ist. F erfüllt also nach Satz 7.3 eine lokale Lipschitz-Bedingung bezüglich x. Nach dem globalen Existenz- und Eindeutigkeitssatz existiert daher eine eindeutige maximale Lösung des Anfangswertproblems.

Bestimmen Sie die maximale Lösung des Anfangswertporblems

$$y'(x) = \frac{y(x)}{x} + x, \ y(1) = 1.$$

Lösungsvorschlag: Die Funktion $F : \mathbb{R}\backslash\{0\} \times \mathbb{R}$ definiert durch $F(x,y) := \frac{y}{x} + x$ ist ein Polynom in y. Als solches ist F auf $\mathbb{R} \backslash \{0\} \times \mathbb{R}$ nach y stetig partiell differenzierbar und erfüllt daher eine Lipschitz-Bedingung. Nach dem globalen Existenz- und Eindeutigkeitssatz gibt es daher ein $x = 1$ enthaltendes offenes Intervall, sodass das Anfangswertproblem hier eine eindeutige maximale Lösung besitzt.

Wie genau man diese Lösung findet, wollen wir in den nächsten Abschnitten lernen. Man kann aber leicht nachrechnen, dass die Funktion φ mit

$$\varphi(x) = x^2$$

das Anfangswertproblem löst. Der maximale Definitionsbereich der Lösung ist $\mathbb{R}$.

Wir wollen nachfolgend verschiedene Lösungsmethoden skalarer Differentialgleichungen diskutieren und beginnen mit Differentialgleichungen mit getrennten Variablen.

7.2 Separable Differentialgleichungen

Definition 7.10 (Separable Differentialgleichung). Seien $D_1, D_2 \subseteq \mathbb{R}$ offene Intervalle mit $\tau_0 \in D_1$ und $\tilde{x}_0 \in D_2$. Ferner seien $g : D_1 \to \mathbb{R}$ und $h : D_2 \to \mathbb{R}$ stetige Funktionen. Eine Differentialgleichung der Form

$$x' = g(t)h(x)$$

wird *separable Differentialgleichung* genannt. Das zugehörige Anfangswertproblem lautet

$$x' = g(t)h(x), \ x(\tau_0) = \tilde{x}_0.$$

Zum Lösen solcher Differentialgleichungen nimmt man üblicherweise eine Fallunterscheidung vor. Ist $h(\tilde{x}_0) = 0$, so ist $x' = 0$ und damit die konstante Funktion $x \mapsto \tilde{x}_0$ in jedem Fall eine Lösung des Anfangswertproblems. Im Fall $h(\tilde{x}_0) \neq 0$ erhält man nach Division durch $h(x) \neq 0$

$$\int \frac{dx}{h(x)} = \int g(t)dt.$$

Um das Anfangswertproblem zu lösen, integriert man diese Gleichung in den gegebenen Grenzen, nämlich von $\tilde{x}_0$ nach $\varphi(t)$ bzw. von τ_0 nach t:

$$\int_{\tilde{x}_0}^{\varphi(t)} \frac{dx}{h(x)} = \int_{\tau_0}^{t} g(t')dt'$$

In der Literatur wird die Lösung separabler Differentialgleichungen oft unter Verwendung der Leibniz-Notation für Differentiale knapp dargestellt:

$$\frac{dx}{dt} = g(t)h(x).$$

Dann wird für $h(x) \neq 0$ dividiert und mit dt multipliziert, um

$$\frac{dx}{h(x)} = g(t)dt$$

zu erhalten. Diese Gleichung wird dann auf beiden Seiten integriert. Für Schmierzettel ist diese Praxis geeignet, für eine Reinschrift aber weniger, da der Zusammenhang zur Anwendung der Substitutionsregel verdeckt wird. Das Multiplizieren mit Differentialen ist außerdem nicht ohne weitere Definitionen zulässig und erfordert Kenntnisse über Differentialformen. Es kann sich manchmal auch lohnen, die Integration

$$\int \frac{dx}{h(x)} = \int g(t)dt$$

unbestimmt vorzunehmen mit additiver Kontante $c \in \mathbb{R}$. c kann dann für Anfangswertprobleme aus der Anfangsbedingung bestimmt werden. Wir führen dies an einem Beispiel vor:

Aufgabe 7.11: F14-T3-A5

 Es seien die Menge

$$U = \left\{ (x,y) \in \mathbb{R}^2 : y > -1 \right\}$$

und die Funktion $f : U \to \mathbb{R}$ durch

$$f(x,y) = \frac{\sin(x)}{y+1}$$

gegeben. Bestimmen Sie die Lösung des Anfangswertproblems

$$y'(x) = f(x,y(x)), \; y(0) = 1.$$

Lösungsvorschlag: Es handelt sich hier um eine Differentialgleichung mit getrennten Variablen:

$$y'(x) = \frac{\sin(x)}{y+1} = \sin(x) \cdot \frac{1}{y+1}$$

---

mit $h(y) = \frac{1}{y+1}$ und $g(x) = \sin(x)$. Es ist $h(1) = \frac{1}{1+1} = \frac{1}{2} \neq 0$. Wir finden damit die Lösung φ durch

$$\int (y+1)\mathrm{d}y = \int \sin(x)\mathrm{d}x$$

$$\frac{1}{2}y^2 + y = -\cos(x) + c$$

$$\frac{1}{2}\left(y^2 + 2y + 1 - 1\right) = -\cos(x) + c$$

$$\frac{1}{2}(y^2 + 2y + 1) - \frac{1}{2} = -\cos(x) + c$$

$$\frac{1}{2}(y+1)^2 = -\cos(x) + \frac{1}{2} + c$$

$$\frac{1}{2}(y+1)^2 \stackrel{\tilde{c} = c + \frac{1}{2}}{=} -\cos(x) + \tilde{c}.$$

Zur Bestimmung von $\tilde{c} \in \mathbb{R}$ nutzen wir die Anfangsbedingung $y(0) = 1$ und finden

$$\frac{1}{2}(1+1)^2 = \frac{1}{2} \cdot 2^2 = 2 \stackrel{!}{=} -\cos(0) + \tilde{c} = \tilde{c} - 1 \Longleftrightarrow \tilde{c} = 2 + 1 = 3.$$

Also

$$\frac{1}{2}(y+1)^2 = -\cos(x) + 3 \Longleftrightarrow (y+1)^2 = 6 - 2\cos(x) \stackrel{y+1>0}{\Longleftrightarrow} y + 1 = \sqrt{6 - 2\cos(x)}$$

bzw.

$$y = \sqrt{6 - 2\cos(x)} - 1.$$

Wir haben uns hierbei für die positive Lösung der quadratischen Gleichung entschieden, weil für $(x,y) \in U$ insbesondere $y > -1$ nach Voraussetzung. Wegen $|\cos(x)| \leq 1$ ist insbesondere $6 - 2\cos(x) \geq 0$ und damit ist $\sqrt{6 - 2\cos(x)}$ für alle $x \in \mathbb{R}$ definiert. Wir erhalten als Lösung letztlich

$$y : \mathbb{R} \to \mathbb{R}, \quad y(x) = \sqrt{6 - 2\cos(x)} - 1.$$

7.3 Lineare Differentialgleichungen erster Ordnung

Lineare Differentialgleichungen erster Ordnung sind von der Form

$$a(x)y'(x) + b(x)y(x) = g(x)$$

mit stetigen Funktionen $a, b : I \to \mathbb{R}$ ($I \subseteq \mathbb{R}$) und einer Funktion g, die auch Störfunktion genannt wird. Im dem Fall, dass g nicht die Nullfunktion ist, spricht man von einer inhomogenen linearen Differentialgleichung erster Ordnung. Die linke Seite kann als lineare Abbildung auf der Menge $C^k(I)$ ($k \in \mathbb{N}$) der auf I k-mal differenzierbaren Funktionen aufgefasst werden, falls die Differentialgleichung homogen, also $g(x) \equiv 0$ ist:

$$\varphi : C^k(I) \to C^k(I), \quad \left(a(x)\frac{\mathrm{d}}{\mathrm{d}x}y(x) + b(x)\cdot\right)(y(y)) = a(x)y'(x) + b(x)y(x)$$

Die Lösungsmenge solcher Differentialgleichungen hat die gleiche Struktur wie der Kern dieser linearen Abbildung φ:

$$\ker\varphi = \left\{ f \in C^k(I) : \varphi(f) = 0 \right\} = \left\{ f \in C^k(I) : a(x)f'(x) + b(x)f(x) = 0 \right\} \subseteq C^k(I)$$

Kerne von Homomorphismen sind, wie wir in der Linearen Algebra noch sehen werden, Normalteiler, also insbesondere Untergruppen. Solche Untergruppen sind abgeschlossen, was bedeutet, dass mit zwei Lösungen f_1 und f_2 auch

$$f_1 + \lambda f_2, \ \lambda \in \mathbb{R}$$

eine Lösung der homogenen Differentialgleichung

$$a(x)y'(x) + b(x)y(x) = 0$$

gefunden werden kann. Eine Lösung der zugehörigen inhomogenen Differentialgleichung wird partikuläre Lösung genannt. Dies motiviert den folgenden Satz mit der einfachen aber wichtigen Aussage: Homogene Lösungen und partikuläre Lösungen lassen sich zu einer allgemeinen Lösung addieren.

Satz 7.12 (Lösungsstruktur linearer Differentialgleichungen). Ist y_p eine partikuläre Lösung einer linearen Differentialgleichung und y_h die allgemeine Lösung der zugehörigen homogenen Differentialgleichung, so ist die allgemeine Lösung der inhomogenen Differentialgleichung gegeben durch

$$y(x) = y_h(x) + y_p(x).$$

Aufgepasst!

Homogene lineare Differentialgleichungen erster Ordnung sind insbesondere separable Differentialgleichungen, denn aus

$$a(x)y'(x) + b(x)y(x) = 0$$

erhält man durch

$$\int \frac{dy}{y} = \int -\frac{b(x)}{a(x)}dx \implies y_h(x) = c \cdot \exp\left(-\int \frac{b(x)}{a(x)}dx \right)$$

eine Lösung mit Integrationskonstante $c \in \mathbb{R}$.

Die Frage, die nun offen bleibt, ist, wie man die partikuläre Lösung finden kann. Die Antwort darauf lautet: Variation der Konstanten, d.h., man setzt die Integrationskonstante c von oben als differenzierbare Funktion $c = c(x)$ an. Man macht damit einen Ansatz für die partikuläre Lösung:

$$y_p(x) = c(x) \cdot y_h(x)$$

Diesen setzt man in die inhomogene Differentialgleichung ein, um die Funktion $c(x)$ zu ermitteln. Wir führen dies an einem Beispiel durch.

Bestimmen Sie die Lösung des linearen Anfangswertproblems

$$y' = \frac{x}{1+x^2}y + \frac{1}{\sqrt{1+x^2}}, \quad y(0) = 0.$$

Wir betrachten zunächst die homogene Differentialgleichung

$$y' = \frac{x}{1+x^2}y$$

mit getrennten Variablen. Deren allgemeine Lösung $y_h : \mathbb{R} \to \mathbb{R}$ finden wir durch Trennung der Variablen zu $y_h(x) = c\sqrt{x^2+1}$ für $c \in \mathbb{R}$. Zum Finden der partikulären Lösung nutzen wir die Variation der Konstanten, setzen also an

$$y_p(x) = c(x)\sqrt{x^2+1}.$$

Anwendung von Produkt- und Kettenregel liefert

$$y_p'(x) = c'(x)\sqrt{x^2+1} + c(x) \cdot \frac{x}{\sqrt{x^2+1}}.$$

Einsetzen in die Differentialgleichung $y' = \frac{x}{1+x^2}y + \frac{1}{\sqrt{1+x^2}}$ liefert nun

$$\begin{aligned}
y_p'(x) = c'(x)\sqrt{x^2+1} + c(x) \cdot \frac{x}{\sqrt{x^2+1}} &= \frac{x}{1+x^2}y_p(x) + \frac{1}{\sqrt{1+x^2}} \\
&= \underbrace{\frac{x}{1+x^2}c(x)\sqrt{x^2+1}}_{=c(x)\frac{x}{\sqrt{x^2+1}}} + \frac{1}{\sqrt{1+x^2}}.
\end{aligned}$$

Subtraktion von $c(x)\frac{x}{\sqrt{x^2+1}}$ auf beiden Seiten liefert

$$c'(x)\sqrt{x^2+1} = \frac{1}{\sqrt{1+x^2}} \implies c'(x) = \frac{1}{1+x^2} \implies c(x) = \arctan(x) + \tilde{c}$$

für ein $\tilde{c} \in \mathbb{R}$. Wir finden damit eine spezielle Lösung $y : \mathbb{R} \to \mathbb{R}$ zu

$$y(x) = (\arctan(x) + \tilde{c})\sqrt{x^2+1}.$$

Aus der Anfangsbedingung $y(0) = 0$ finden wir

$$0 = y(0) = \left(\underbrace{\arctan(0)}_{=0} + \tilde{c}\right)\sqrt{0^2+1} = \tilde{c}.$$

Damit ist $y : \mathbb{R} \to \mathbb{R}$ mit

$$y(x) = \arctan(x)\sqrt{x^2+1}$$

die maximale Lösung.

7.4 Lineare Differentialgleichungen höherer Ordnung

Eine lineare Differentialgleichung höherer Ordnung ist von der Form

$$a_n y^{(n)} + a_{n-1} y^{(n-1)} + \ldots + a_1 y' + a_0 y = g(x), \tag{7.1}$$

wobei $a_i \in \mathbb{R}$, $i \in \{0, \ldots, n\}$. Für die homogene Differentialgleichung führt ein Ansatz der Form $y(x) = e^{\lambda x}$ wegen $y^{(n)}(x) = \lambda^n e^{\lambda x}$ für $n \in \mathbb{N}_0$ auf

$$a_n \lambda^n e^{\lambda x} + a_{n-1} \lambda^{n-1} e^{\lambda x} + \ldots + a_1 \lambda e^{\lambda x} + a_0 e^{\lambda x} = 0$$

$$e^{\lambda x} \left(a_n \lambda^n + a_{n-1} \lambda^{n.-1} + \ldots + a_1 \lambda + a_0 \right) = 0$$

$$\underbrace{a_n \lambda^n + a_{n-1} \lambda^{n-1} + \ldots + a_1 \lambda + a_0}_{=: \chi(\lambda)} = 0,$$

wobei dem Polynom $\chi = a_n \lambda^n + a_{n-1} \lambda^{n-1} + \ldots + a_1 \lambda + a_0$ eine größere Bedeutung zukommt:

Definition 7.14 (Charakteristisches Polynom). Gegeben sei eine Differentialgleichung der Form (7.1), so nennt man das Polynom $\chi = a_n \lambda^n + a_{n-1} \lambda^{n.-1} + \ldots + a_1 \lambda + a_0$ das *charakteristische Polynom* der Differentialgleichung (7.1).

Definition 7.15 (Fundamentalsystem). Eine Basis $\mathscr{F}$ des Lösungsraums homogener linearer Differentialgleichungen nennt man *Fundamentalsystem*.

Definition 7.16 (Allgemeine homogene Lösung). Gegeben sei eine Differentialgleichung der Form (7.1) mit Fundamentalsystem

$$\mathscr{F} = \{y_1, \ldots, y_n\},$$

dann heißt y_{hom} mit

$$y_{\text{hom}}(x) = \sum_{i=1}^{n} c_i y_i(x), \ c_i \in \mathbb{R}$$

allgemeine Lösung der zugehörigen homogenen Differentialgleichung

$$a_n y^{(n)} + a_{n-1} y^{(n-1)} + \ldots + a_1 y' + a_0 y = 0.$$

Wie genau man diese Fundamentalsysteme zu gegebenen Differentialgleichungen findet, wollen wir uns im Folgenden genauer ansehen. Die allgemeine Lösung der inhomogenen Differentialgleichung (7.1) ergibt sich gemeinsam mit einer partikulären Lösung nach Satz 7.12.

Beispiel 7.17

Gegeben sei die homogene lineare Differentialgleichung zweiter Ordnung

$$x'' + 6x' + 8x = 0.$$

Wir wollen ein Fundamentalsystem dieser Differentialgleichung bestimmen. Das charakteristische Polynom erhalten wir zu

$$\chi(\lambda) = \lambda^2 + 6\lambda + 8.$$

Die Nullstellen von χ finden wir zu

$$\lambda_{1/2} = \frac{-6 \pm \sqrt{36 - 4 \cdot 8}}{2}$$
$$= \frac{-6 \pm 2}{2},$$

also zu $\lambda_1 = -2$ und $\lambda_2 = -4$. Die allgemeine Lösung lautet also

$$x(t) = c_1 e^{-2t} + c_2 e^{-4t}, \quad c_{1/2} \in \mathbb{R},$$

und das Fundamentalsystem ist gegeben durch

$$\mathscr{F} = \left\{ e^{-2t}, e^{-4t} \right\}.$$

Es kann vorkommen, dass das charakteristische Polynom nicht nur einfache reelle Nullstellen besitzt, sondern es kann auch vorkommen, dass dieses

1. k-fache reelle Nullstellen besitzt oder

2. l-fache komplexe Nullstellen besitzt.

Wie in diesen beiden Fällen die Fundamentalsysteme aussehen, wollen wir im Nachhinein diskutieren und beginnen mit 1. Um Schreibaufwand zu minimieren, betrachten wir den Spezialfall $n = 2$, also lineare Differentialgleichungen zweiter Ordnung:

$$y'' + p y' + q y = 0, \quad p, q \in \mathbb{R}$$

Das charakteristische Polynom $\chi(\lambda) = \lambda^2 + p\lambda + q$ hat die Nullstellen $\lambda_{1/2} = -\frac{p}{2} \pm \sqrt{\left(\frac{p}{2}\right)^2 - q}$. Im Fall $\frac{p^2}{4} - q = 0$ hat χ also die doppelte reelle Nullstelle $-\frac{p}{2}$. Die Funktion

$$y(x) = c e^{-\frac{p}{2}x}$$

ist daher für alle $c \in \mathbb{R}$ eine Lösung der Differentialgleichung. Es ist aber noch nicht die allgemeine Lösung, denn der Lösungsraum ist zweidimensional. Um eine weitere unabhängige Lösung zu finden, probieren wir einen Ansatz, den wir bereits kennen: Variation der Konstanten. Wir sehen $y(x) = c(x)e^{-\frac{p}{2}x}$. Ableiten leifert

$$y'(x) = e^{-\frac{p}{2}x}\left(c'(x) - \frac{p}{2}c(x)\right)$$

bzw.

$$y''(x) = e^{-\frac{p}{2}x}\left(c''(x) - pc'(x) + \frac{p^2}{4}c(x)\right).$$

Einsetzen in die Differentialgleichung liefert

$$y''(x) + py'(x) + qy(x) = 0$$

$$e^{-\frac{p}{2}x}\left(c''(x) - pc'(x) + \frac{p^2}{4}c(x)\right) + pe^{-\frac{p}{2}x}\left(c''(x) - pc'(x) + \frac{p^2}{4}c(x)\right) + qc(x)e^{-\frac{p}{2}x} = 0$$

$$e^{-\frac{p}{2}x}\left(c''(x) + \underbrace{c'(x)(-p+p)}_{=0} + c(x)\underbrace{\left(\frac{p^2}{4} - \frac{p^2}{2} + q\right)}_{=q-\frac{p^2}{4}=-\left(\frac{p^2}{4}-q\right)=0}\right) = 0$$

$$c''(x) = 0.$$

Dies liefert

$$c''(x) = 0 \Longrightarrow c'(x) = \beta \Longrightarrow c(x) = \alpha + \beta x, \ \alpha, \beta \in \mathbb{R}.$$

Damit ist

$$y(x) = c(x)e^{-\frac{p}{2}x} = (\alpha + \beta x)e^{-\frac{p}{2}x} = \alpha e^{-\frac{p}{2}x} + \beta x e^{-\frac{p}{2}x}$$

die allgemeine Lösung. Das Fundamentalsystem ist also

$$\mathscr{F} = \left\{e^{-\frac{p}{2}x}, x e^{-\frac{p}{2}x}\right\}.$$

Etwas allgemeiner: Hat χ eine k-fache Nullstelle $\tilde{\lambda}$, so sind die Funktionen

$$e^{\tilde{\lambda}x}, \ x e^{\tilde{\lambda}x}, \ \dots, \ x^{k-1}e^{\tilde{\lambda}x}$$

linear unabhängig. Ein Beispiel verdeutlicht die Situation:

Beispiel 7.18

 Wir wollen das Fundamentalsystem von

$$y'' + 6y' + 9y = 0$$

bestimmen. Das charakteristische Polynom $\chi(\lambda) = \lambda^2 + 6\lambda + 9 = (\lambda + 3)^2$ besitzt die doppelte Nullstelle $\lambda = -3$. Das Fundamentalsystem ist daher gegeben durch

$$\mathscr{F} = \left\{e^{-3x}, x e^{-3x}\right\}$$

und die allgemeine Lösung lautet

$$y(x) = c_1 e^{-3x} + c_2 x e^{-3x}, \ c_{1/2} \in \mathbb{R}.$$

Wir wollen nun noch den Fall komplexer Nullstellen diskutieren: Sei dazu $\alpha + i\beta \in \mathbb{C}$ ($\beta \neq 0$) eine l-fache komplexe Nullstelle eines charakteristischen Polynoms χ einer linearen Differentialgleichung. Eine komplexe Lösung ist in jedem Fall

$$e^{(\alpha + i\beta)x}.$$

Mittels der Euler-Formel lässt sich dies umschreiben zu

$$e^{(\alpha+i\beta)x} = e^{\alpha x}e^{i\beta x} = e^{\alpha x}\left(\cos(\beta x) + i\sin(\beta x)\right).$$

Zu einer l-fachen komplexen Nullstelle findet man dann die $2l$ linear unabhängigen Funktionen

$$e^{\alpha x}\cos(\beta x),\ xe^{\alpha x}\cos(\beta x),...,\ x^{l-1}e^{\alpha x}\cos(\beta x)$$

und

$$e^{\alpha x}\sin(\beta x),\ xe^{\alpha x}\sin(\beta x),...,\ x^{l-1}e^{\alpha x}\sin(\beta x),$$

die das reelle Fundamentalsystem bilden.

Beispiel 7.19

 Wir betrachten die Differentialgleichung

$$y'' = -y' - \frac{5}{2}y.$$

Das charakteristische Polynom lautet $\chi(\lambda) = \lambda^2 + \lambda + \frac{5}{2}$. Seine Nullstellen sind $\lambda_{1/2} = -\frac{1}{2} \pm \frac{3}{2}i$. Wegen

$$e^{-\frac{1}{2}\pm\frac{3}{2}i} = e^{-\frac{1}{2}x}\left(\cos\left(\frac{3}{2}x\right) + i\sin\left(\frac{3}{2}x\right)\right)$$

ist das reelle Fundamentalsystem gegeben durch

$$\mathscr{F}_{\mathbb{R}} = \left\{ e^{-\frac{1}{2}x}\cos\left(\frac{3}{2}x\right), e^{-\frac{1}{2}x}\sin\left(\frac{3}{2}x\right) \right\}.$$

Wir wollen abschließend noch diskutieren, wie man geeignete Ansätze zum Lösen der inhomogenen Differentialgleichung

$$a_n y^{(n)} + a_{n-1}y^{(n-1)} + ... + a_1 y' + a_0 y = g(x)$$

finden kann. Dieser Ansatz für die partikuläre Lösung hängt dabei von der Störfunktion g ab. Den zu wählenden Ansatz kann man Tab. 7.1:

Störfunktion g	Ansatz für y_p
Polynom p_m vom Grad m	Polynom q_m vom Grad m
$p_m(x)e^{bx}$	$q_m(x)e^{bx}$
$a\sin(\omega x) + b\cos(\omega x)$	$\alpha\sin(\omega x) + \beta\cos(\omega x)$

Tabelle 7.1 Ansätze zum Finden partikulärer Lösungen, wobei $a, b, \alpha, \beta, \omega \in \mathbb{R}$.

Folgende Teilaufgaben:

(a) Bestimmen Sie ein reelles Lösungsfundamentalsystem der Differentialgleichung

$$y'' + 2y' + 2y = 0.$$

(b) Bestimmen Sie eine reelle Lösungsfunktion der inhomogenen linearen Differentialgleichung

$$y'' + 2y' + 2y = -4x^2 - 2.$$

Lösungsvorschlag: Ad (a): Das charakteristische Polynom ist gegeben durch $\chi(\lambda) = \lambda^2 + 2\lambda + 2 = (\lambda + 1)^2 + 1 = (\lambda + 1 - i)(\lambda + 1 + i)$ und besitzt die beiden komplexen Nullstellen $-1 \pm i$. Das komplexe Fundamentalsystem ist gegeben durch $\mathscr{F}_{\mathbb{C}} = \left\{ e^{(-1+i)x}, e^{(-1-i)x} \right\}$, und für das reelle Fundamentalsystem findet man entsprechend

$$\mathscr{F}_{\mathbb{R}} = \left\{ e^{-x}\cos(x), e^{-x}\sin(x) \right\}.$$

Ad (b): Tab. 7.1 liefert eine Idee für den Ansatz und zwar $y_p(x) = ax^2 + bx + c$, $a, b, c \in \mathbb{R}$. Ableiten liefert $y_p'(x) = 2ax + b$ bzw. $y_p''(x) = 2a$. Einsetzen in die Differentialgleichung führt auf:

$$2a + 2(2ax + b) + 2(ax^2 + bx + c) = -4x^2 - 2,$$
$$2ax^2 + (4a + 2b)x + (2a + 2b + 2c) = -4x^2 - 2,$$

und ein Koeffizientenvergleich liefert

$$a = -2, \ b = 4 \text{ und } c = -3.$$

Eine partikuläre Lösung findet man daher zu: $y_p : \mathbb{R} \to \mathbb{R}$,

$$y_p(x) = -2x^2 + 4x - 3.$$

Die beiden nachfolgenden Hinweise sind essentiell für das Lösen von Differentialgleichungen:

1. Für die Differentialgleichung $y''' - 2y'' + y' = e^x$ ist das Fundamentalsystem gegeben durch $\mathscr{F} = \{1, e^x, xe^x\}$, wie der Leser schnell selbst nachrechnet. Nach Tab. 7.1 können wir einen Ansatz

$$y_p(x) = \alpha e^x, \ \alpha \in \mathbb{R}$$

wählen. Dies führt hier aber zu einem Widerspruch bei Einsetzen in die Differentialgleichung. Der Grund dafür ist, dass $e^x \in \mathscr{F}$. In einem solchen Fall spricht man von Resonanz. Der Ansatz muss dann mit x multipliziert werden und zwar so oft, bis keine Resonanz mehr vorliegt.

2. Die Lösungsstruktur linearer Differentialgleichungen ist der Grund dafür, dass das Superpositionsprinzip beim Lösen hilfreich sein kann: Ist die Störfunktion g nämlich die Summe oder das Produkt verschiedener Tabelleneinträge, so kann man für den Ansatz auch die Summe oder das Produkt der einzelnen Tabelleneinträge wählen. Im Fall von Resonanz sind die einzelnen Beiträge zu betrachten.

Gleich in der ersten Aufgabe des Praxis-Teils werden wir von diesen beiden Punkten Gebrauch machen. Davor möchten wir jedoch abschließend die bisherige Theorie in einem „Fahrplan" zusammenfassen:

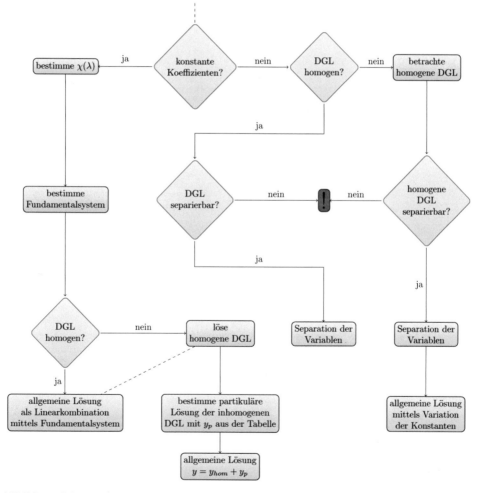

Abbildung 7.2 Fahrplan zum Lösen von Differentialgleichungen. Wer beim Ausrufezeichen ankommt, braucht fortgeschrittene Methoden.

7.5 Praxisteil

Aufgabe 7.21: H18-T3-A5

Geben Sie alle reellen Lösungen der Differentialgleichung

$$y''(x) + 9y(x) = \sin(2x) + \cos(3x)$$

an.

Lösungsvorschlag: Wir lösen zunächst die zugehörige homogene Differentialgleichung

$$y''(x) + 9y(x) = 0.$$

Das dazugehörige charakteristische Polynom ist gegeben durch

$$\chi(\lambda) = \lambda^2 + 9 = (\lambda + 3i)(\lambda - 3i)$$

und besitzt daher die Nullstellen $\lambda_1 = 3i$ und $\lambda_2 = -3i$. Das Fundamentalsystem ist also gegeben durch

$$\mathscr{F}_{\mathbb{C}} = \left\{ e^{3ix}, e^{-3ix} \right\},$$

ein entsprechendes reelles Fundamentalsystem durch

$$\mathscr{F}_{\mathbb{R}} = \{ \sin(3x), \cos(3x) \}.$$

Die homogene Lösung besitzt daher für $A, B \in \mathbb{R}$ die Gestalt

$$y_{\text{hom}}(x) = A\sin(3x) + B\cos(3x),$$

Nun wollen wir noch eine partikuläre Lösung der inhomogenen Differentialgleichung bestimmen. Die Störfunktion ist gegeben durch $g(x) = \sin(2x) + \cos(3x)$, also eine Summe zweier Störkomponenten $g_1(x) = \sin(2x)$ bzw. $g_2(x) = \cos(3x)$. Gemäß des Superpositionsprinzips können wir partikuläre Lösungen für beide Störkomponenten bestimmen und diese anschließend addieren. Dies wollen wir im Folgenden tun:

Für $g_1(x) = \sin(2x)$ setzen wir gemäß Tab. 7.1 mit $y_{p,1}(x) = C\sin(2x) + D\cos(2x)$ an und erhalten wegen $y_{p,1}''(x) = -4y_{p,1}(x)$ damit nach Einsetzen in die inhomogene Differentialgleichung

$$y''(x) + 9y(x) = \sin(2x)$$

die Gleichung

$$
\begin{aligned}
\sin(2x) &\overset{!}{=} y_{p,1}''(x) + 9y_{p,1}(x) \\
&= 5y_{p,1}(x) \\
&= 5C\sin(2x) + 5D\cos(2x),
\end{aligned}
$$

also $C = \frac{1}{5}$ und $D = 0$. Damit ist $y_{p,1}(x) = \frac{1}{5}\sin(2x)$.

Für $g_2(x) = \cos(3x)$ stellen wir fest, dass diese Störkomponente tatsächlich eine Lösung der homogenen Differentialgleichung ist, dass also Resonanz vorliegt. Wir müssen unseren Ansatz nach Tab. 7.1 also zunächst mit x multiplizieren: $y_{p,2}(x) = E \cdot x \sin(3x) + F \cdot x \cos(3x)$. Damit berechnen wir

$$
\begin{aligned}
y'_{p,2}(x) &= (E - 3F \cdot x)\sin(3x) + (F + 3E \cdot x)\cos(3x), \\
y''_{p,2}(x) &= (6E - 9F \cdot x)\cos(3x) - (6F + 9E \cdot x)\sin(3x)
\end{aligned}
$$

und setzen in die inhomogene Differentialgleichung

$$
y''(x) + 9y(x) = \cos(3x)
$$

ein. Es ergibt sich

$$
\begin{aligned}
\cos(3x) &\stackrel{!}{=} y''_{p,2}(x) + 9y_{p,2}(x) \\
&= 6E\cos(3x) - 6F\sin(x),
\end{aligned}
$$

also $E = \frac{1}{6}$ und $F = 0$. Damit ist $y_{p,2}(x) = \frac{1}{6}x\sin(3x)$.

Zusammenfassend erhalten wir unsere partikuläre Lösung zu

$$
y_p(x) = y_{p,1}(x) + y_{p,2}(x) = \frac{1}{5}\sin(2x) + \frac{1}{6}x\sin(3x)
$$

und die allgemeine Lösung der inhomogenen Differentialgleichung zu

$$
y(x) = y_{\text{hom}}(x) + y_p(x) = A\sin(3x) + B\cos(3x) + \frac{1}{5}\sin(2x) + \frac{1}{6}x\sin(3x).
$$

Aufgabe 7.22: H19-T1-A5

Bestimmen Sie die allgemeine reellwertige Lösung der Differentialgleichung

$$
y''(x) - 2y'(x) + 5y(x) - 4e^x \sin(x) = 0.
$$

Lösungsvorschlag: Wir lösen zunächst die homogene Differentialgleichung

$$
y''(x) - 2y'(x) + 5y(x) = 0.
$$

Das dazugehörige charakteristische Polynom ist gegeben durch

$$
\chi(\lambda) = \lambda^2 - 2\lambda + 5.
$$

Die Nullstellen erhalten wir über die quadratische Lösungsformel zu

$$
\lambda_{1,2} = \frac{2 \pm \sqrt{(-2)^2 - 4 \cdot 5}}{2} = \frac{2 \pm \sqrt{-16}}{2} = 1 \pm 2i.
$$

Die Basis des Lösungsraumes ist daher

$$
\mathscr{F} = \left\{ e^{(1+2i)x}, e^{(1-2i)x} \right\}.
$$

Die reelle Basis ist wie üblich gegeben durch den Real- und Imaginärteil eines Basiselements, etwa

$$e^{(1+2i)x} = e^x e^{2ix} = e^x \left(\cos(2x) + i \cdot \sin(2x) \right),$$

also

$$\mathscr{F}_{\mathbb{R}} = \{ e^x \cos(2x), e^x \sin(2x) \}.$$

Unsere allgemeine Lösung der homogenen Gleichung lautet also

$$y_{\text{hom}}(x) = A \cdot \cos(2x)e^x + B \cdot \sin(2x)e^x,$$

wobei $A, B \in \mathbb{R}$. Wir benötigen nun noch eine partikuläre Lösung. Die Störfunktion ist gegeben durch $g(x) = 4e^x \sin(x)$, sodass gemäß Tab. 7.1 und dem Superpositionsprinzip unser Ansatz also

$$y_p(x) = e^x \left(C \sin(x) + D \cos(x) \right)$$

lautet. Wir berechnen daher

$$
\begin{aligned}
y_p'(x) &= e^x \left((C - D)\sin(x) + (C + D)\cos(x) \right), \\
y_p''(x) &= 2e^x \left(C \cos(x) - D \sin(x) \right).
\end{aligned}
$$

Setzen wir unseren Ansatz nun in die inhomogene Differentialgleichung ein, so erhalten wir

$$2e^x \left(C\cos(x) - D\sin(x) \right) - 2e^x \left((C - D)\sin(x) + (C + D)\cos(x) \right) + \\ + 5e^x \left(C\sin(x) + D\cos(x) \right) = 4e^x \sin(x).$$

Diese unschöne Gleichung lässt sich zunächst vereinfachen zu

$$-2e^x \left(D\cos(x) + C\sin(x) \right) + 5e^x \left(C\sin(x) + D\cos(x) \right) = 4e^x \sin(x)$$

und wegen $e^x \neq 0$ für alle $x \in \mathbb{R}$ anschließend zu

$$3D\cos(x) + 3C\sin(x) = 4\sin(x).$$

Ein Koeffizientenvergleich liefert abschließend $D = 0$ und $C = \frac{4}{3}$. Unsere partikuläre Lösung ist daher

$$y_p(x) = \frac{4}{3}e^x \sin(x),$$

womit sich die allgemeine Lösung ergibt zu

$$y(x) = y_{\text{hom}}(x) + y_p(x) = A \cdot \cos(2x)e^x + B \cdot \sin(2x)e^x + \frac{4}{3}e^x \sin(x)$$

mit $A, B \in \mathbb{R}$.

Bestimmen Sie alle stetig differenzierbaren Funktionen

$$f : \,]0, \infty[\, \to \,]0, \infty[,$$

welche gleichzeitig die folgenden Bedingungen erfüllen:

- Für alle $x \in \,]0, \infty[$ gilt

$$f'(x) = f(x) \left(\frac{1}{x} + \cos(x) \right).$$

- Für alle $k \in \mathbb{N}$, $k \geq 1$, gilt

$$\frac{k\pi}{2e} \leq f\left(\frac{k\pi}{2} \right) \leq \frac{k\pi e}{2}.$$

Lösungsvorschlag: Wir lösen die Differentialgleichung explizit mittels Separation der Variablen. Dabei schreiben wir sie um zu

$$\int \frac{1}{f} \mathrm{d}f = \int \frac{1}{x} + \cos(x) \mathrm{d}x.$$

Aufgrund der Linearität des Integral erhalten wir daraus

$$\begin{aligned} \ln|f(x)| + C_1 &= \int \frac{1}{x} \mathrm{d}x + \int \cos(x) \mathrm{d}x \\ &= \ln|x| + \sin(x) + C_2 \end{aligned}$$

mit Konstanten $C_{1,2} \in \mathbb{R}$. Da nach Voraussetzung $f(x) > 0$ und $x > 0$ ist, erhalten wir also

$$\ln(f(x)) = \ln(x) + \sin(x) + C,$$

wobei $C = C_2 - C_1$. Umstellen nach $f(x)$ liefert

$$f(x) = e^{\ln(x) + \sin(x) + C} = e^{\ln(x)} \cdot e^{\sin(x)} \cdot \underbrace{e^C}_{=: \tilde{C}} = \tilde{C} \cdot x e^{\sin(x)}.$$

Wir müssen nun überprüfen, welche dieser Lösungen die zweite Bedingung erfüllen. Es ist

$$f\left(\frac{k\pi}{2} \right) = \tilde{C} \cdot \frac{k\pi}{2} e^{\sin\left(\frac{k\pi}{2} \right)} = \begin{cases} \tilde{C} \cdot \frac{k\pi}{2} e^{-1}, & \text{falls } k = 4n - 1, \\ \tilde{C} \cdot \frac{k\pi}{2} e^0, & \text{falls } k \text{ gerade}, \\ \tilde{C} \cdot \frac{k\pi}{2} e^1, & \text{falls } k = 4n + 1, \end{cases}$$

wobei $n \in \mathbb{N}$. Wir verschaffen uns einen ersten Überblick und setzen einmal in die Ungleichung ein:

$$\frac{k\pi}{2e} \leq \tilde{C} \cdot \frac{k\pi}{2} e^{\sin\left(\frac{k\pi}{2} \right)} \leq \frac{k\pi e}{2},$$

welche wegen $k \geq 1$ äquivalent ist zu

$$\frac{1}{e} \leq \tilde{C} e^{\sin\left(\frac{k\pi}{2} \right)} \leq e.$$

Wir sehen also zunächst, dass für $\tilde{C}$ nur positive Werte infrage kommen. Wir wenden nun den Logarithmus auf diese Ungleichung an und erhalten wegen der Monotonie

$$-1 = \ln\left(\frac{1}{e}\right) \le \ln\left(\tilde{C}e^{\sin\left(\frac{k\pi}{2}\right)}\right) = \ln\left(\tilde{C}\right) + \sin\left(\frac{k\pi}{2}\right) \le \ln(e) = 1$$

bzw.

$$-1 \le \ln\left(\tilde{C}\right) + \sin\left(\frac{k\pi}{2}\right) \le 1.$$

Da diese Ungleichung für alle $k \in \mathbb{N}$ erfüllt sein muss, erhalten wir wegen $-1 \le \sin(\cdot) \le 1$ insgesamt $\ln\left(\tilde{C}\right) = 0$, also ist $\tilde{C} = 1$. Die einzige stetig differenzierbare Funktion, die beiden Bedingungen genügt, ist daher

$$f(x) = xe^{\sin(x)}.$$

Aufgabe 7.24: H19-T3-A5

Bestimmen Sie die Lösung des Anfangswertproblems

$$y'(x) = \frac{y(x)^2}{x(x+1)}, \qquad y\left(-\tfrac{1}{2}\right) = 1,$$

und geben Sie den maximalen Definitionsbereich an.

Lösungsvorschlag: Wir lösen die Differentialgleichung explizit mittels Separation der Variablen. Dabei schreiben wir sie um zu

$$\int \frac{1}{y^2}\,dy = \int \frac{1}{x(x+1)}\,dx.$$

Das rechte Integral lösen wir mittels einer Partialbruchzerlegung

$$\frac{1}{x(x+1)} = \frac{1}{x} - \frac{1}{x+1}$$

zu

$$\begin{aligned}
-\frac{1}{y} &= \int \frac{1}{y^2}\,dy \\
&= \int \frac{1}{x}\,dx - \int \frac{1}{x+1}\,dx \\
&= \ln|x| - \ln|x+1| + C \\
&= \ln\left|\frac{x}{x+1}\right| + C.
\end{aligned}$$

Wir stellen wie gewohnt um und erhalten

$$y(x) = \frac{1}{-\ln\left|\frac{x}{x+1}\right| - C} = \frac{1}{\ln\left|\frac{x+1}{x}\right| - C}.$$

Die Integrationskonstante C ergibt sich gemäß der Anfangsbedingung aus der Gleichung

$$1 = y\left(-\frac{1}{2}\right) = \frac{1}{\ln|-1| - C} = -\frac{1}{C},$$

also $C = -1$. Damit $y(x)$ stetig und an der Stelle $x = -\frac{1}{2}$ definiert ist, lösen wir den Betrag durch Einfügen eines Minus auf:

$$y(x) = \frac{1}{\ln\left(\frac{-x-1}{x}\right) + 1}.$$

Für den maximalen Definitionsbereich von $y(x)$ wissen wir, dass er die Stelle $-\frac{1}{2}$ enthalten muss. Weiterhin darf nicht gelten:

- $\ln\left(\frac{-x-1}{x}\right) = -1$, also $\frac{-x-1}{x} \neq e^{-1}$ bzw. $x \neq -\frac{e}{1+e}$.

- $\frac{-x-1}{x} > 0$, also muss $-1 < x < 0$.

Letzteres lässt sich elementar bestimmen: Zunächst ist

$$\frac{-x-1}{x} > 0 \Leftrightarrow \frac{x+1}{x} < 0.$$

Nun ist ein Quotient genau dann größer oder gleich null, wenn Zähler und Nenner dasselbe Vorzeichen besitzen, d.h.:

$$\begin{array}{ccc}
((x > 0) \wedge (x+1 < 0)) & \vee & ((x < 0) \wedge (x+1 > 0)) \\
((x > 0) \wedge (x < -1)) & \vee & ((x < 0) \wedge (x > -1)) \\
(x \in \emptyset) & \vee & (-1 < x < 0)
\end{array}$$

Also ist zusammenfassend der Quotient $\frac{-x-1}{x}$ positiv für alle $x \in (-1, 0)$.

Zusammenfassend können wir eine stetige Funktion mit Funktionsterm $y(x)$ also maximal auf der Menge

$$(-1, 0) \setminus \left\{ -\frac{e}{e+1} \right\}$$

definieren. Da der Definitionsbereich die Stelle $-\frac{1}{2}$ enthalten muss, entscheiden wir uns wegen

$$-\frac{e}{e+1} < -\frac{e}{e+e} = -\frac{1}{2}$$

für den Definitionsbereich

$$D_y = \left(-\frac{e}{e+1}, 0 \right).$$

Sei $\alpha : \mathbb{R} \to \mathbb{R}$ eine stetig differenzierbare Funktion mit

$$\alpha(x) > 0 \qquad \text{für alle } x \in \mathbb{R}$$

sowie

$$\alpha(0) = 1.$$

171

Man bestimme die maximale Lösung des Anfangswertproblems

$$y'(x) = \frac{\alpha'(x)}{\alpha(x)} \cdot y(x) + \alpha'(x), \qquad y(0) = 1.$$

Lösungsvorschlag: Wir lösen zunächst die zugehörige homogene Differentialgleichung

$$y'(x) = \frac{\alpha'(x)}{\alpha(x)} \cdot y(x)$$

mittels Separation der Variablen. Dabei erhalten wir die Integrale

$$\int \frac{1}{y} \, \mathrm{d}y = \int \frac{\alpha'(x)}{\alpha(x)} \, \mathrm{d}x,$$

welche beide mittels logarithmischer Integration lösbar sind zu

$$\ln|y| = \ln|\alpha(x)| + C.$$

Wir isolieren y und erhalten die Lösung der homogenen Differentialgleichung zu

$$y_{\mathrm{hom}}(x) = e^{\ln(\alpha(x))} \underbrace{e^C}_{=:\tilde{C}} = \tilde{C} \cdot \alpha(x).$$

Für die inhomogene Differentialgleichung verwenden wir das Prinzip der Variation der Konstanten. Sei also $\tilde{C} = \tilde{C}(x)$, dann ist nach der Produktregel

$$y'(x) = \tilde{C}'(x) \cdot \alpha(x) + \tilde{C}(x) \cdot \alpha'(x).$$

Einsetzen in die inhomogene Differentialgleichung liefert daher

$$\tilde{C}'(x) \cdot \alpha(x) + \tilde{C}(x) \cdot \alpha'(x) = \frac{\alpha'(x)}{\alpha(x)} \cdot \tilde{C}(x) \cdot \alpha(x) + \alpha'(x)$$

bzw.

$$\tilde{C}'(x) \cdot \alpha(x) = \alpha'(x).$$

Wieder über logarithmische Integration erhalten wir daraus

$$\tilde{C}(x) = \int \frac{\alpha'(x)}{\alpha(x)} \, \mathrm{d}x = \ln|\alpha(x)| + D \stackrel{\alpha(x)>0}{=} \ln(\alpha(x)) + D.$$

Die allgemeine Lösung der inhomogenen Differentialgleichung ist also gegeben durch

$$y(x) = \alpha(x) \cdot (\ln(\alpha(x)) + D).$$

Die Integrationskonstante D erhalten wir abschließend mit $\alpha(0) = 1$ (nach Voraussetzung) aus der Anfangsbedingung:

$$1 = y(0) = \alpha(0) \cdot (\ln(\alpha(0)) + D) = 1 \cdot (1 + D) \implies D = 0$$

Die maximale Lösung des Anfangswertproblems ist also gegeben durch

$$y(x) = \alpha(x) \cdot \ln(\alpha(x)).$$

Bestimmen Sie $a \in \mathbb{R}$, sodass die Lösung des Anfangswertproblems

$$y''(x) - y(x) = -x + 1$$

$$y(0) = 1, \qquad y'(0) = a$$

die Bedingung

$$y(1) = 2e$$

erfüllt.

Lösungsvorschlag: Wir lösen zunächst die homogene Differentialgleichung $y''(x) - y(x) = 0$. Das dazugehörige charakteristische Polynom ist

$$\chi(\lambda) = \lambda^2 - 1 = (\lambda + 1)(\lambda - 1)$$

mit den Nullstellen $\lambda_{1,2} = \pm 1$. Das Fundamentalsystem der homogenen Differentialgleichung ist daher

$$\mathscr{F} = \left\{ e^{-x}, e^x \right\},$$

d.h., die allgemeine Lösung ist gegeben durch

$$y_{\text{hom}}(x) = Ae^{-x} + Be^x,$$

wobei $A, B \in \mathbb{R}$. Die Störfunktion ist gegeben durch $g(x) = -x + 1$. Unser Ansatz für die partikuläre Lösung ist daher

$$y_p(x) = Cx + D,$$

wobei $C, D \in \mathbb{R}$. Einsetzen in die inhomogene Differentialgleichung ergibt

$$-x + 1 = y_p''(x) - y_p(x) = -Cx - D,$$

nach einem Koeffizientenvergleich also $C = 1$ und $D = -1$. Die allgemeine Lösung ist also

$$y(x) = Ae^{-x} + Be^x + x - 1.$$

Nun setzen wir die Bedingungen der Reihe nach ein:

(a) $1 = y(0) = A + B - 1$, also $A + B = 2$.

(b) $a = y'(0) = -A + B + 1$, also $B - A = a - 1$.

(c) $2e = y(1) = Ae^{-1} + Be$, also $A + Be^2 = 2e^2$.

Aus (a)+(b) erhalten wir $B = \frac{a+1}{2}$ und $A = \frac{3-a}{2}$. Setzen wir weiter (a), also $A = B - 2$, in (c) ein, so erhalten wir $B(e^2 - 1) = 2(e^2 - 1)$, d.h., $B = 2$. Damit ergibt sich schließlich

$$a = 2B - 1 = 3,$$
$$A = B - 2 = 0,$$

und die allgemeine Lösung ist

$$y(x) = 2e^x + x - 1.$$

Lösen Sie das Anfangswertproblem

$$y'(x) = \frac{1}{1+y(x)}, \qquad y(0) = 0,$$

und finden Sie den maximalen Definitionsbereich der Lösung.

Lösungsvorschlag: Wir lösen die Differentialgleichung direkt mittels Separation der Variablen. Dabei erhalten wir die Integrale

$$\int (1+y)\mathrm{d}y \;=\; \int \mathrm{d}x,$$

$$y + \frac{y^2}{2} \;=\; x + C.$$

Umstellen nach y mithilfe der quadratischen Lösungsformel ergibt

$$y = \frac{-1 \pm \sqrt{1 + 4 \cdot \frac{1}{2}(x+C)}}{2 \cdot \frac{1}{2}} = -1 \pm \sqrt{1 + 2(x+C)}.$$

Die Integrationskonstante ergibt sich aus der Anfangsbedingung zu

$$0 = y(0) = -1 \pm \sqrt{1+2C} \;\Leftrightarrow\; \sqrt{1+2C} = 1 \;\Leftrightarrow\; C = 0.$$

Damit $0 = y(0)$ überhaupt lösbar war, mussten wir dabei das Vorzeichen der Wurzel auf $+$ setzen. Die allgemeine Lösung ist also

$$y(x) = -1 + \sqrt{1+2x}.$$

Der maximale Definitionsbereich ergibt sich aus der Bedingung $1 + 2x \geq 0$ bzw. $x \geq -\frac{1}{2}$ und ist daher

$$D_y = \left[-\frac{1}{2}, \infty \right[.$$

Bestimmen Sie alle $\alpha \in \mathbb{R}$, für welche die maximale reelle Lösung des Anfangswertproblems

$$y(x)y'(x) - \alpha y'(x) = \frac{1}{2+2x^2}, \qquad y(0) = 0$$

auf ganz $\mathbb{R}$ definiert ist, und geben Sie in diesen Fällen die maximale Lösung dieses Anfangswertproblems an.

Lösungsvorschlag: Wir lösen die Differentialgleichung direkt mittels Separation der Variablen. Dabei erhalten wir die Integrale

$$\int (y-\alpha)\mathrm{d}y = \int \frac{1}{2+2x^2}\mathrm{d}x = \frac{1}{2}\int \frac{1}{1+x^2}\mathrm{d}x.$$

Die linke Seite können wir direkt integrieren. Das Integral auf der rechten Seite ergibt sich dabei aus Tab. 7.1:

$$\frac{y^2}{2} - \alpha y = \frac{1}{2}\arctan(x) + C$$

Umstellen nach y mit Hilfe der quadratischen Lösungsformel ergibt

$$y(x) = \alpha \pm \sqrt{\alpha^2 + \arctan(x) + 2C}.$$

Die Integrationskonstante ergibt sich aus der Anfangsbedingung zu

$$0 = y(0) = \alpha \pm \sqrt{\alpha^2 + \underbrace{\arctan(0)}_{=0} + 2C} \Leftrightarrow -\alpha = \pm\sqrt{\alpha^2 + 2C},$$

auch hier erhalten wir also $C = 0$. Das Vorzeichen der Wurzel ist dabei auf $-$ zu setzen, sofern $\alpha > 0$. Für $\alpha < 0$ hingegen auf $+$. Damit erhalten wir für die maximale Lösung des Anfangswertproblems

$$y(x) = \begin{cases} \alpha - \sqrt{\alpha^2 + \arctan(x)}, & \text{falls } \alpha > 0, \\ \alpha + \sqrt{\alpha^2 + \arctan(x)}, & \text{falls } \alpha \leq 0. \end{cases}$$

Diese Funktionen sind überall definiert, sofern das Argument der Wurzel nichtnegativ ist. Wegen $-\frac{\pi}{2} < \arctan(x) < \frac{\pi}{2}$ muss also $\alpha^2 > \frac{\pi}{2}$ sein. Also $\alpha < -\sqrt{\frac{\pi}{2}}$ oder $\alpha > \sqrt{\frac{\pi}{2}}$. Zusammenfassend besitzt die Differentialgleichung also auf den entsprechenden Teilintervallen jeweils die auf ganz $\mathbb{R}$ definierte Lösung

$$y(x) = \begin{cases} \alpha - \sqrt{\alpha^2 + \arctan(x)}, & \text{falls } \alpha > \sqrt{\frac{\pi}{2}}, \\ \alpha + \sqrt{\alpha^2 + \arctan(x)}, & \text{falls } \alpha < -\sqrt{\frac{\pi}{2}}. \end{cases}$$

Aufgabe 7.29: H18-T2-A4

 Es sei $f:]0,\pi[\rightarrow \mathbb{R}$ eine stetig differenzierbare Funktion, die die Differentialgleichung

$$f'(x) = f(x) \cdot \left(1 + \frac{\cos(x)}{\sin(x)}\right)$$

und den Anfangswert

$$f\left(\frac{\pi}{2}\right) = e^{\frac{\pi}{2}}$$

erfüllt. Bestimmen Sie

$$\lim_{x \to \pi} f(x).$$

Lösungsvorschlag: Wir lösen die Differentialgleichung direkt mittels Separation der Variablen. Dabei erhalten wir die Integrale

$$\int \frac{1}{f} \mathrm{d}f = \int \left(1 + \frac{\cos(x)}{\sin(x)} \right) \mathrm{d}x = \int 1 \mathrm{d}x + \int \frac{\cos(x)}{\sin(x)} \mathrm{d}x.$$

Mittels logarithmischer Integration erhalten wir daraus zunächst

$$\ln|f| = x + \ln|\sin(x)| + C$$

und nach Umstellen schließlich

$$f(x) = e^x \sin(x) \cdot \underbrace{e^C}_{=: \tilde{C}}.$$

Die Integrationskonstante ergibt sich aus der Anfangsbedingung zu

$$e^{\frac{\pi}{2}} = f\left(\frac{\pi}{2} \right) = e^{\frac{\pi}{2}} \sin\left(\frac{\pi}{2} \right) \cdot \tilde{C} = \tilde{C} \cdot e^{\frac{\pi}{2}} \Leftrightarrow \tilde{C} = 1.$$

Das Anfangswertproblem wird also gelöst durch

$$f(x) = \sin(x)e^x.$$

Den Grenzwert bestimmen wir so: Es ist f als Produkt stetiger Funktionen stetig und an der Stelle $x_0 = \pi$ definiert, sodass nach Definition der Stetigkeit gilt:

$$\lim_{x \to \pi} f(x) = f\left(\lim_{x \to \pi} x \right) = f(\pi) = \underbrace{\sin(\pi)}_{=0} \cdot e^\pi = 0$$

Aufgabe 7.30: F18-T1-A5

 Bestimmen Sie zu den Anfangswertbedingungen

$$y(0) = \tfrac{1}{2} \quad \text{bzw.} \quad y(0) = 2$$

jeweils die Lösung der Differentialgleichung

$$y'(x) = y(x)^2 \cdot \cos(x)$$

und geben Sie den jeweiligen maximalen Definitionsbereich an.

Lösungsvorschlag: Die Differentialgleichung ist separierbar. Mittels Separation der Variablen erhalten wir also die Integrale

$$\int \frac{1}{y^2} \mathrm{d}y = \int \cos(x) \mathrm{d}x,$$

$$-\frac{1}{y} = \sin(x) + C.$$

Umstellen nach y liefert

$$y(x) = \frac{1}{-\sin(x) - C}.$$

Aus der ersten Anfangsbedingung erhalten wir damit

$$\frac{1}{2} = y(0) = \frac{1}{-\sin(0) - C} = -\frac{1}{C},$$

also $C = -2$. Die Lösung des ersten Anfangswertproblems ist damit gegeben durch

$$y_1(x) = \frac{1}{2 - \sin(x)},$$

wobei diese Funktion wegen $-1 \leq \sin(x) \leq 1$ auf ganz $\mathbb{R}$ definiert ist.

Aus der zweiten Anfangsbedingung erhalten wir analog $C = -\frac{1}{2}$, also

$$y_2(x) = \frac{1}{\frac{1}{2} - \sin(x)}.$$

Nun müssen wir noch den Definitionsbereich von y_2 bestimmen. Wegen des Anfangswertes $y(0) = 2$ muss dieser die Stelle $x = 0$ enthalten. Gesucht sind dann diejenigen Stellen, an denen $\sin(x) = \frac{1}{2}$ gilt. Aus $x = \arcsin\left(\frac{1}{2}\right) = \frac{\pi}{6}$ erhalten wir sofort eine Stelle und eine kleine Überlegung am Einheitskreis liefert die restlichen (Abb. 7.3).

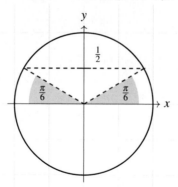

Abbildung 7.3 Der Sinus entspricht der y-Koordinate eines Puntkes auf dem Einheitskreis. Aus dieser Beobachtung ergibt sich unmittelbar ein Symmetrieargument.

Nimmt der Sinus an der Stelle $x = \frac{\pi}{6}$ den Wert $\frac{1}{2}$ an, so aufgrund der Periodizität auch an der Stelle $\pi - \frac{\pi}{6} = \frac{5\pi}{6}$. Alle weiteren Werte erhalten wir durch Umlaufen ganzer Kreise, d.h. durch Additionen von $2\pi k$ mit $k \in \mathbb{Z}$. Zusammenfassend besitzt $y_2(x)$ also jeweils Definitionslücken an den Stellen

$$x_k = \begin{cases} \frac{\pi}{6} + 2k\pi, & k \in \mathbb{Z}, \\ \frac{5\pi}{6} + 2\pi k, & k \in \mathbb{Z}. \end{cases}$$

Für den maximalen Definitionsbereich suchen wir nun also die kleinste positive und die größte negative dieser Stellen. Durch Einsetzen von k sieht man leicht, dass dies gerade $x_1 = \frac{\pi}{6}$ und $x_2 = \frac{5\pi}{6} - 2\pi = -\frac{7\pi}{6}$ sind. Es ist daher

$$D_{y_2} = \left(-\frac{7\pi}{6}, \frac{\pi}{6}\right).$$

Aufgabe 7.31: F18-T2-A5

Folgende Teilaufgaben:

(a) Bestimmen Sie für die homogene lineare Differentialgleichung

$$y''(x) - 2\alpha y'(x) + y(x) = 0$$

in Abhängigkeit vom Parameter $\alpha \in \mathbb{R}$ ein reelles Fundamentalsystem.

(b) Bestimmen Sie alle reellen Lösungen der Differentialgleichung

$$y''(x) - \frac{5}{2}y'(x) + y(x) = 2e^x$$

mit

$$y(0) = y'(0) = -1.$$

Lösungsvorschlag: Ad (a): Das zugehörige charakteristische Polynom ist gegeben durch

$$\chi(\lambda) = \lambda^2 - 2\alpha\lambda + 1$$

und besitzt nach der quadratischen Lösungsformel also die beiden Nullstellen

$$\lambda_{1,2} = \alpha \pm \sqrt{\alpha^2 - 1}.$$

Wir unterscheiden nun 3 Fälle:

1. Beide Nullstellen sind identisch. Dies ist der Fall für $\sqrt{\alpha^2 - 1} = 0$, also $\alpha = \pm 1$. In diesem Fall ist $\lambda_1 = \lambda_2 = \alpha$, und ein reelles Fundamentalsystem ist gegeben durch

$$\mathscr{F}_{\mathbb{R}} = \{e^{\alpha x}, xe^{\alpha x}\}.$$

2. Beide Nullstellen sind reell und verschieden. Dies ist der Fall für $\alpha^2 - 1 > 0$, also $-1 < \alpha < 1$. In diesem Fall ist ein reelles Fundamentalsystem gegeben durch

$$\mathscr{F}_{\mathbb{R}} = \left\{e^{\lambda_1 x}, e^{\lambda_2 x}\right\}.$$

3. Beide Nullstellen sind komplex (und damit verschieden). Dies ist der Fall für

$$\alpha^2 - 1 < 0,$$

also $\alpha \in \mathbb{R} \setminus (-1, 1)$. In diesem Fall ist das komplexe Fundamentalsystem gegeben durch

$$\mathscr{F}_{\mathbb{C}} = \left\{ e^{\lambda_1 x}, e^{\lambda_2 x} \right\}$$

und ein entsprechendes reelles durch

$$\mathscr{F}_{\mathbb{R}} = \left\{ \operatorname{Re}\left(e^{\lambda_1 x} \right), \operatorname{Im}\left(e^{\lambda_1 x} \right) \right\}.$$

Ad (b): Es ist also $2\alpha = \frac{5}{2}$ bzw. $\alpha = \frac{5}{4}$. Nach Teilaufgabe (a) ist damit also

$$\lambda_{1,2} = \frac{5}{4} \pm \sqrt{\left(\frac{5}{4} \right)^2 - 1} = \frac{5}{4} \pm \frac{3}{4} \implies \lambda_1 = 2, \ \lambda_2 = \frac{1}{2},$$

und unser reelles Fundamentalsystem daher gemäß Fall 2:

$$\mathscr{F}_{\mathbb{R}} = \left\{ e^{2x}, e^{\frac{1}{2}x} \right\}.$$

Die homogene Lösung ist also von der Gestalt $y_{\text{hom}}(x) = Ae^{2x} + Be^{\frac{1}{2}x}$, wobei $A, B \in \mathbb{R}$. Wir bestimmen nun noch eine partikuläre Lösung. Die Störfunktion ist gegeben durch $g(x) = 2e^x$, sodass gemäß Tab. 7.1 unser Ansatz $y_p(x) = Ce^x$ lautet. Es ist also $y_p(x) = y_p'(x) = y_p''(x)$, sodass wir ohne Weiteres in die inhomogene Differentialgleichung einsetzen können:

$$
\begin{aligned}
2e^x \ &\overset{!}{=}\ y_p''(x) - \frac{5}{2} y_p'(x) + y_p(x) \\
&=\ y_p(x) - \frac{5}{2} y_p(x) + y_p(x) \\
&=\ -\frac{1}{2} y_p(x) \\
&=\ -\frac{C}{2} e^x
\end{aligned}
$$

Wir erhalten also $C = -4$ bzw. $y_p(x) = -4e^x$. Die allgemeine Lösung lautet daher

$$y(x) = y_{\text{hom}}(x) + y_p(x) = Ae^{2x} + Be^{\frac{1}{2}x} - 4e^x,$$

wobei wir die Konstanten A und B aus den Anfangsbedingungen erhalten. Es ist

$$y'(x) = 2Ae^{2x} + \frac{B}{2} e^{\frac{1}{2}x} - 4e^x.$$

Einsetzen ergibt somit:

(I) $-1 = y(0) = A + B - 4$ bzw. $A + B = 3$.

(II) $-1 = y'(0) = 2A + \frac{B}{2} - 4$ bzw. $4A + B = 6$.

Wir rechnen etwa (II)−(I) und erhalten $3A = 3$, d.h., $A = 1$. Daraus folgt $B = 2$. Abschließend ist unsere Lösung zum genannten Anfangswertproblem daher

$$y(x) = e^{2x} + 2e^{\frac{1}{2}x} - 4e^x.$$

Gegeben sei die Differentialgleichung

$$y''' - 3y'' + y' - 3y = 17e^{4x}.$$

(a) Bestimmen Sie alle Lösungen der zugehörigen homogenen Differentialgleichung. Gibt es periodische Lösungen? Gibt es nicht-periodische Lösungen?

(b) Geben Sie sämtliche Lösungen der inhomogenen Differentialgleichung an, welche den Anfangsbedingungen

$$y(0) = y'(0) = 0$$

genügen.

Lösungsvorschlag: Ad (a): Das zugehörige charakteristische Polynom ist gegeben durch

$$\chi(\lambda) = \lambda^3 - 3\lambda^2 + \lambda - 3 = (\lambda - 3)(\lambda^2 + 1)$$

und besitzt daher die Nullstellen $\lambda_{1,2} = \pm i$, $\lambda_3 = 3$. Wir erhalten unser komplexes Fundamentalsystem

$$\mathscr{F}_{\mathbb{C}} = \left\{ e^{ix}, e^{-ix}, e^{3x} \right\}$$

und ein entsprechendes reelles Fundamentalsystem

$$\mathscr{F}_{\mathbb{R}} = \left\{ \sin(x), \cos(x), e^{3x} \right\},$$

sodass die Lösung des homogenen Problems die folgende Gestalt besitzt ($A, B, C \in \mathbb{R}$):

$$y_{\text{hom}}(x) = A\sin(x) + B\cos(x) + Ce^{3x}$$

Für die partikuläre Lösung des inhomogenen Problems wählen wir gemäß Tab. 7.1 den Ansatz $y_p(x) = De^{4x}$ ($D \in \mathbb{R}$), da $g(x) = 17e^{4x}$ keine Lösung des homogenen Problems ist. Einsetzen in die inhomogene Differentialgleichung liefert wegen $y_p^{(n)}(x) = 4^n \cdot De^{4x}$:

$$17e^{4x} \overset{!}{=} e^{4x} \cdot \left(4^3 \cdot D - 3 \cdot 4^2 D + 4D - 3D \right)$$
$$= e^{4x} \cdot (17D)$$

Also $D = 1$ bzw. $y_p(x) = e^{4x}$. Die allgemeine Lösung der inhomogenen Differentialgleichung ist also gegeben durch

$$y(x) = y_{\text{hom}}(x) + y_p(x) = A\sin(x) + B\cos(x) + Ce^{3x} + e^{4x}.$$

Aufgepasst!

Der Begriff der Periodizität in der Theorie der Differentialgleichungen ist kein neuer: Eine Funktion f heißt periodisch mit Periode T, falls $f(x) = f(x+T)$ für alle $x \in D_f$.

Aus dieser allgemeinen Lösung sehen wir, dass jede Lösung aufgrund der Störfunktion den Term e^{4x} beinhaltet und damit nicht periodisch sein kann. Ein Beispiel für eine nicht-periodische Lösung ergibt sich mit $A = B = C = 0$ zu $y(x) = e^{4x}$.

Ad (b): Wir setzen die Anfangsbedingungen ein und erhalten

(I) $\quad 0 = y(0) = B + C + 1,$

(II) $\quad 0 = y'(0) = A + 3C + 4.$

Aus diesem unterbestimmten Gleichungssystem können wir etwa die Variablen A und B eliminieren. Gemäß (I) ist $B = -1 - C$ und analog nach (II) $A = -4 - 3C$. Es folgt

$$y(x) = (-4 - 3C)\sin(x) + (-1 - C)\cos(x) + Ce^{3x} + e^{4x}.$$

Bestimmen Sie die allgemeine reelle Lösung der Differentialgleichung

$$y''(x) + y(x) = 2\cos(x) - 2\sin(x).$$

Lösungsvorschlag: Das zugehörige charakteristische Polynom ist gegeben durch $\chi(\lambda) = \lambda^2 + 1$ und besitzt daher die Nullstellen $\lambda_{1,2} = \pm i$. Das komplexe Fundamentalsystem ergibt sich somit zu

$$\mathscr{F}_{\mathbb{C}} = \left\{ e^{ix}, e^{-ix} \right\}$$

und ein entsprechendes reelles Fundamentalsystem zu

$$\mathscr{F}_{\mathbb{R}} = \{\sin(x), \cos(x)\}.$$

Die allgemeine Lösung der homogenen Differentialgleichung ist mit $A, B \in \mathbb{R}$ also gegeben durch

$$y_{\text{hom}}(x) = A\sin(x) + B\cos(x).$$

Wir sehen nun sofort, dass die Störfunktion $g(x) = 2\cos(x) - 2\sin(x)$ das homogene Problem löst und somit Resonanz vorliegt. Ein Ansatz für die partikuläre Lösung kann daher nicht einfach $C\cos(x) + D\sin(x)$ lauten. Wir multiplizieren stattdessen mit x, setzen also an mit

$$y_p(x) = x \cdot (C\sin(x) + D\cos(x)),$$

wobei $C, D \in \mathbb{R}$. Damit ist

$$\begin{aligned}
y_p'(x) &= (C - Dx)\sin(x) + (Cx + D)\cos(x), \\
y_p''(x) &= (2C - Dx)\cos(x) - (Cx + DB)\sin(x),
\end{aligned}$$

sodass Einsetzen in die inhomogene Differentialgleichung liefert:

$$\begin{aligned}
2\cos(x) - 2\sin(x) &\overset{!}{=} y_p''(x) + y_p(x) \\
&= 2C\cos(x) - 2D\sin(x)
\end{aligned}$$

Also $C = D = 1$ bzw.
$$y_p(x) = x\sin(x) + x\cos(x).$$

Die allgemeine Lösung der inhomogenen Differentialgleichung ergibt sich damit zusammenfassend zu

$$y(x) = y_{\text{hom}}(x) + y_p(x) = (A+x)\sin(x) + (B+x)\cos(x).$$

Bemerkung: Man kann hier analog zu Aufgabe 7.21 verfahren und zunächst für die einzelnen Störkomponenten $g_1(x) = 2\cos(x)$ bzw. $g_2(x) = -2\sin(x)$ ansetzen. Die entsprechenden Ansätze ergeben sich ebenfalls aus Tab. 7.1 zu $y_{p,1}(x) = Ax\cos(x)$ bzw. $y_{p,2}(x) = Bx\sin(x)$.

Aufgabe 7.34: F16-T2-A5

Die folgenden Funktionen $\psi_i : \mathbb{R} \to \mathbb{R}$, $i = 1,2,3$, seien Lösungen einer inhomogenen linearen Differentialgleichung 2. Ordnung mit konstanten Koeffizienten:

$$\psi_1(x) = -\frac{1}{2}\cos(x) + \exp(x),$$

$$\psi_2(x) = -\frac{1}{2}\cos(x) + 2\exp(-x),$$

$$\psi_3(x) = -\frac{1}{2}\cos(x).$$

(a) Geben Sie alle Lösungen der Differentialgleichung an.

(b) Bestimmen Sie eine Lösung $\psi : \mathbb{R} \to \mathbb{R}$ der Differentialgleichung mit den Anfangsbedingungen
$$\psi(0) = -1, \qquad \psi'(0) = -\tfrac{5}{2}.$$

Aufgepasst!

Ist eine Differentialgleichung explizit aus gegebenen Lösungen zu bestimmen, lohnt es sich, die gegebenen Funktionen hinsichtlich Linearkombinationen von Exponentialfunktionen zu untersuchen. Daraus lässt sich anschließend ein Fundamentalsystem destillieren. Übrigbleibende Summanden dienen anschließend dazu, partikuläre Lösungen zur Bestimmung der Störfunktion zu finden.

Lösungsvorschlag: Ad (a): Die gegebenen Lösungen sind Linearkombinationen von e^{-x}, e^x und einem $\cos(x)$. Aus den beiden Exponentialen schließen wir, dass

$$\mathscr{F} = \left\{ e^x, e^{-x} \right\},$$

dass also $\lambda = \pm 1$ jeweils Nullstellen des charakteristischen Polynoms der Differentialgleichung sein müssen. Da die Differentialgleichung 2. Ordnung ist, ist das charakteristische

Polynom dadurch bereits vollständig bestimmt, es ist

$$\chi(\lambda) = (\lambda - 1)(\lambda + 1) = \lambda^2 - 1.$$

Die zugehörige Differentialgleichung besitzt also die Gestalt

$$\psi''(x) - \psi(x) = g(x),$$

mit einer Störfunktion $g(x)$, die wir nun bestimmen wollen. Da $\psi_3(x) = -\frac{1}{2}\cos(x)$ eine Lösung der Differentialgleichung ist, setzen wir ein und erhalten

$$g(x) = \psi_3''(x) - \psi_3(x) = \frac{1}{2}\cos(x) + \frac{1}{2}\cos(x) = \cos(x).$$

Die zu diesen Lösungen gehörende Differentialgleichung lautet daher

$$\psi''(x) - \psi(x) = \cos(x),$$

und die allgemeine Lösung ist

$$\psi(x) = Ae^x + Be^{-x} - \frac{1}{2}\cos(x)$$

mit $A, B \in \mathbb{R}$.

Ad (b): Wir setzen ein und erhalten wegen $\psi'(x) = Ae^x - Be^{-x} + \frac{1}{2}\sin(x)$:

(I) $-1 = \psi(0) = A + B - \frac{1}{2}$ bzw. $A + B = -\frac{1}{2}$.

(II) $-\frac{5}{2} = \psi'(0) = A - B$ bzw. $A - B = -\frac{5}{2}$.

Aus z.B. (I)+(II) schließen wir daraus $2A = -3$, also $A = -\frac{3}{2}$ und schließlich $B = 1$. Zusammen wird das vorliegende Anfangswertproblem also gelöst durch

$$\psi(x) = -\frac{3}{2}e^x + e^{-x} - \frac{1}{2}\cos(x).$$

Bestimmen Sie zwei Zahlen $\alpha, \beta \in \mathbb{R}$ und eine stetige Funktion $g : \mathbb{R} \to \mathbb{R}$, sodass die drei Funktionen

$$y_1, y_2, y_3 : \mathbb{R} \to \mathbb{R},$$

die durch

$$
\begin{aligned}
y_1(x) &= 2e^{3x}\sin(2x) + 3e^{3x}\cos(2x) + e^{-x}, \\
y_2(x) &= e^{3x}\sin(2x) + 4e^{3x}\cos(2x) + e^{-x}, \\
y_3(x) &= e^{-x}
\end{aligned}
$$

definiert sind, Lösungen der Differentialgleichung

$$y''(x) + \alpha y'(x) + \beta y(x) = g(x)$$

sind.

Lösungsvorschlag: Wie gehen analog zu Aufgabe 7.34 vor und bestimmen zunächst die zu diesen Lösungen gehörige homogene Differentialgleichung. Dazu zunächst folgende Überlegung vorab:

$$e^{(3+2i)x} = e^{3x}e^{2ix} = e^{3x}\left(\cos(2x) + i \cdot \sin(2x)\right),$$

also

$$
\begin{aligned}
e^{3x}\sin(2x) &= \mathrm{Im}\left(e^{(3+2i)x}\right), \\
e^{3x}\cos(2x) &= \mathrm{Re}\left(e^{(3+2i)x}\right).
\end{aligned}
$$

Wir wissen also, dass $\lambda_1 = 3 + 2i$ eine Nullstelle des charakteristischen Polynoms sein muss. Damit muss auch $\lambda_2 = 3 - 2i$ eine Nullstelle des charakteristischen Polynoms sein. Dieses ist als Polynom zweiten Grades also wieder eindeutig bestimmt zu

$$\chi(\lambda) = (\lambda - \lambda_1)(\lambda - \lambda_2) = \lambda^2 - 6\lambda + 13.$$

Aufgepasst!

Ist $p(x)$ ein Polynom mit reellen Koeffizienten, so treten Nullstellen immer in komplex konjugierten Paaren auf. Dies sieht man wie folgt: Sei $\lambda \in \mathbb{C}$ eine Nullstelle von $p(x) = \sum_{k=0}^{n} a_k x^k$. Da die komplexe Konjugation eine lineare Abbildung $\mathbb{C} \to \mathbb{C}$ ist, können wir dann schreiben

$$p\left(\overline{\lambda}\right) = \sum_{k=0}^{n} a_k \overline{\lambda}^k = \overline{\sum_{k=0}^{n} a_k \lambda^k} = \overline{p(\lambda)} = \overline{0} = 0$$

und sehen, dass auch $\overline{\lambda}$ eine Nullstelle von $p(x)$ sein muss.

Die zugehörige homogene Differentialgleichung ergibt sich zu

$$y''(x) - 6y'(x) + 13y(x) = 0,$$

und wir sehen $\alpha = -6$ und $\beta = 13$. Um die Störfunktion g zu ermitteln, setzen wir y_3 in die inhomogene Differentialgleichung ein:

$$
\begin{aligned}
y_3(x) &= e^{-x}, \\
y_3'(x) &= -e^{-x} = -y_3(x), \\
y_3''(x) &= e^{-x} = y_3(x),
\end{aligned}
$$

also

$$g(x) = y_3''(x) - 6y_3'(x) + 13y_3(x) = y_3(x) + 6y_3(x) + 13y_3(x) = 20y_3(x) = 20e^{-x}.$$

Wir fassen zusammen und erhalten die Differentialgleichung

$$y''(x) - 6y'(x) + 13y(x) = 20e^{-x}.$$

Teil II
Lineare Algebra

In Teil II befassen wir uns mit linearer Algebra. Zentral in der linearen Algebra ist die Theorie linearer Gleichungssysteme – bereits das Lösen einfacher geometrischer Probleme führt oft auf lineare Gleichungssysteme. Damit wir die Struktur der Lösungsmenge solcher Gleichungssysteme aus algebraischem Blickwinkel eingehend analysieren können, führen wir zunächst das Konzept des Vektorraums ein. Daran anknüpfend untersuchen wir Abbildungen zwischen diesen Strukturen und ihre Darstellung mithilfe von Matrizen. Ein algebraischer Blick auf die Elementargeometrie rundet diesen zweiten Teil des Buches ab.

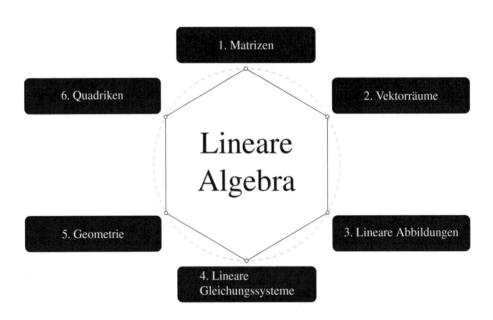

8 Matrizen

Den Matrizen kommt in der Linearen Algebra eine große Bedeutung zu. Sie werden häufig definiert als „$n \times m$"-Tabellen mit Einträgen aus einem Körper $\mathbb{K}$. Aus dieser Definition lässt sich ihre Bedeutung für die Mathematik und darüber hinaus aber nicht erahnen. Zum Beispiel in der Physik finden Matrizen auf ganz unterschiedliche Art Verwendung.

In Matrizen sind etwa die folgenden Konzepte der Linearen Algebra kondensiert:

- Matrizen beschreiben lineare Abbildungen zwischen Vektorräumen.

- Matrizen können zur Beschreibung und Lösung linearer Gleichungssysteme genutzt werden. Diese wiederrum benötigt man zum Bestimmen von Bildern und Kernen linearer Abbildungen.

- Die Menge der Matrizen mit Einträgen aus einem Körper $\mathbb{K}$ stellt selbst einen $\mathbb{K}$-Vektorraum dar. Man kann Matrizen also insbesondere addieren und mit Skalaren mutliplizieren.

Mit den Rechenoperationen $+$ und $\cdot$ auf der Menge der Matrizen mit Einträgen aus $\mathbb{K}$ – dem Handwerkszeug der linearen Algebra sozusagen – wollen wir starten.

8.1 Rechnen mit Matrizen

Um die Rechenregeln für Matrizen aufschreiben zu können, wollen wir uns zuvor auf eine Schreibweise einigen. Die Menge aller $n \times m$-Matrizen über einem Körper $\mathbb{K}$ bezeichnen wir mit $M(n \times m, \mathbb{K})$ oder mit $\mathbb{K}^{n \times m}$. n steht für die Zahl der Zeilen, m für die der Spalten. Den Eintrag in der i-ten Zeile und der j-ten Spalte der Matrix $A \in M(n \times m, \mathbb{K})$ schreiben wir als $a_{ij} \in \mathbb{K}$. Die Einheitsmatrix ist quadratisch und besitzt nur Einsen auf der Diagonale, alle anderen Einträge sind Null. Wir schreiben sie $\mathbb{E}_n$, wobei n die Zahl der Zeilen und Spalten ist.

Skalarmultiplikation und Addition von Matrizen Man multipliziert eine Matrix mit einem Skalar λ, d.h. einem Element aus $\mathbb{K}$, indem jeder Matrixeintrag mit λ multipliziert wird – die Skalarmultiplikation erfolgt also komponentenweise. Für $A = \begin{pmatrix} 1 & 2 \\ 3 & 4 \end{pmatrix} \in M(2 \times 2, \mathbb{R})$ und $\lambda \in \mathbb{R}$ wäre beispielsweise

$$\lambda \cdot A = \begin{pmatrix} \lambda & 2\lambda \\ 3\lambda & 4\lambda \end{pmatrix}.$$

Die Addition zweier Matrizen erfolgt ebenfalls Eintrag für Eintrag, z.B im einfachen Fall zweier 2×2-Matrizen:

$$\begin{pmatrix} 1 & 2 \\ 3 & 4 \end{pmatrix} + \begin{pmatrix} 5 & 6 \\ 7 & 8 \end{pmatrix} = \begin{pmatrix} 1+5 & 2+6 \\ 3+7 & 4+8 \end{pmatrix} = \begin{pmatrix} 6 & 8 \\ 10 & 12 \end{pmatrix}.$$

Die Skalarmultiplikation und die Addition von Matrizen sind kommutativ und assoziativ.

Multiplikation von Matrizen Man kann sich die Multiplikation $A \cdot B$ zweier Matrizen A, B einfach vorstellen, in dem man nacheinander die Zeilen der Matrix A auf alle Spalten der Matrix B legt. Die so übereinanderliegenden Einträge werden multipliziert und aufsummiert. Die Produktsummen aus der i-ten Zeile von A und j-Spalte von B ergeben den Eintrag c_{ij} der Matrix $C = A \cdot B$.

© Der/die Autor(en), exklusiv lizenziert durch
Springer-Verlag GmbH, DE, ein Teil von Springer Nature 2021
J. M. Veith und P. Bitzenbauer, *Schritt für Schritt zum Staatsexamen
Mathematik*, https://doi.org/10.1007/978-3-662-62948-2_8

Am Beispiel zweier 2×2-Matrizen also:

$$A \cdot B = \begin{pmatrix} a_{11} & a_{12} \\ a_{21} & a_{22} \end{pmatrix} \cdot \begin{pmatrix} b_{11} & b_{12} \\ b_{21} & b_{22} \end{pmatrix} = \begin{pmatrix} a_{11} \cdot b_{11} + a_{12} \cdot b_{21} & a_{11} \cdot b_{12} + a_{12} \cdot b_{22} \\ a_{21} \cdot b_{11} + a_{22} \cdot b_{21} & a_{21} \cdot b_{12} + a_{22} \cdot b_{22} \end{pmatrix}$$

Allgemeiner schreibt man für zwei Matrizen A, B mit Einträgen a_{ij} bzw. b_{jk} die Einträge des Produkts $C = A \cdot B$ als

$$c_{ik} = \sum_{j=1}^{n} a_{ij} \cdot b_{jk}.$$

Aufgepasst!

Damit die oben definierte Multiplikation wohldefiniert ist, muss stets die Spaltenzahl des ersten Faktors mit der Zeilenzahl des zweiten Faktors übereinstimmen. Im Spezialfall quadratischer Matrizen gleicher Größe ist dies immer der Fall.

Die Matrixmultiplikation $\cdot$ ist zwar assoziativ – d.h. $A \cdot (B \cdot C) = (A \cdot B) \cdot C$ für Matrizen mit geeigneten Zeilen- und Spaltenzahlen – aber sie ist nicht kommutativ, wie man für

$$A = \begin{pmatrix} 1 & 1 \\ 0 & 1 \end{pmatrix} \text{ und } B = \begin{pmatrix} 1 & 0 \\ 1 & 1 \end{pmatrix}$$

sieht. Denn

$$A \cdot B = \begin{pmatrix} 2 & 1 \\ 1 & 1 \end{pmatrix} \neq \begin{pmatrix} 1 & 1 \\ 1 & 2 \end{pmatrix} = B \cdot A.$$

Das Distributivgesetz gilt aber, d.h., es ist

$$A \cdot (B + C) = A \cdot B + A \cdot C$$

für Matrizen mit geeigneten Zeilen- und Spaltenzahlen.

Beispiel 8.1

Wir wollen eine Matrix

$$A = \begin{pmatrix} 3 & \frac{1}{125} & e \\ \frac{\pi^2}{6} & 0 & \ln \pi \\ \sin(e) & \cosh(1) & \sqrt{2} \end{pmatrix} \in M(3 \times 3, \mathbb{R})$$

mit den drei Einheitsvektoren $\mathbf{e}_1 = (1, 0, 0)^T$, $\mathbf{e}_2 = (0, 1, 0)^T$ und $\mathbf{e}_3 = (0, 0, 1)^T$ multiplizieren. Dazu rechnen wir

$$A \cdot \mathbf{e}_1 = \begin{pmatrix} 3 & \frac{1}{125} & e \\ \frac{\pi^2}{6} & 0 & \ln \pi \\ \sin(e) & \cosh(1) & \sqrt{2} \end{pmatrix} \cdot \begin{pmatrix} 1 \\ 0 \\ 0 \end{pmatrix} = \begin{pmatrix} 3 \\ \frac{\pi^2}{6} \\ \sin(e) \end{pmatrix}$$

sowie

$$A \cdot \mathbf{e}_2 = \begin{pmatrix} \frac{1}{125} \\ 0 \\ \cosh(1) \end{pmatrix} \text{ und } A \cdot \mathbf{e}_2 = \begin{pmatrix} e \\ \ln \pi \\ \sqrt{2} \end{pmatrix}.$$

> Wir sehen: Multiplikation einer Matrix und des i-ten Einheitsvektors ergibt stets die i-te Spalte der Matrix. Dies im Kopf zu haben, schadet nicht.

Definition 8.2 (Transponierte). Die Abbildung

$$T : M(n \times m, \mathbb{K}) \to M(m \times n, \mathbb{K}), \quad \begin{pmatrix} a_{11} & \cdots & a_{1m} \\ \vdots & \ddots & \vdots \\ a_{n1} & \cdots & a_{nm} \end{pmatrix} \mapsto \begin{pmatrix} a_{11} & \cdots & a_{n1} \\ \vdots & \ddots & \vdots \\ a_{1m} & \cdots & a_{nm} \end{pmatrix}$$

nennt man *Transpositionsabbildung*, sie spiegelt die Matrixeinträge an der Diagonalen der Matrix. Das Bild $T(A)$ von A unter T nennt man die *Transponierte* von A, man schreibt $T(A) =: A^T$. Die Transpositionsabbildung ist selbstinvers, d.h., es gilt $\left(A^T\right)^T = A$.

Definition 8.3 (Symmetrisch, Schiefsymmetrisch). Quadratische Matrizen A nennt man

- *symmetrisch*, wenn $A = A^T$ gilt,

- *schiefsymmetrisch*, wenn $A^T = -A$ gilt.

Beispiel 8.4

 Die zu

$$A = \begin{pmatrix} 1 & 2 & 3 \\ 4 & 5 & 6 \\ 7 & 8 & 9 \end{pmatrix}$$

transponierte Matrix ist

$$A^T = \begin{pmatrix} 1 & 4 & 7 \\ 2 & 5 & 8 \\ 3 & 6 & 9 \end{pmatrix}.$$

Für die Transponierte eines Matrixprodukts findet man durch Nachrechnen leicht

$$(A \cdot B)^T = B^T \cdot A^T$$

sowie

$$(A + \lambda B)^T = A^T + \lambda B^T$$

für alle $\lambda \in \mathbb{K}$, d.h. die Abbildung T ist $\mathbb{K}$-linear. Der Beweis bleibt dem Leser zur Übung.

Definition 8.5 (Spur). Sei $A \in M(n \times n, \mathbb{K})$ mit Einträgen a_{ij}, $i, j \in \{1, \ldots, n\}$. Dann heißt

$$\text{Spur}(A) = \sum_{i=1}^{n} a_{ii} = a_{11} + a_{22} + \cdots + a_{nn}$$

die *Spur* von A. Man schreibt auch $\text{Sp}(A)$ oder $\text{Tr}(A)$ (engl. Trace).

Für die Spur einer Matrix können wir folgende beim Rechnen mit Matrizen relevante Eigenschaften festhalten:

- $\text{Spur}(A) = \text{Spur}\left(A^T\right)$

- $\text{Spur}(A + \lambda B) = \text{Spur}(A) + \lambda \text{Spur}(B)$

Es handelt sich bei der Spur also um eine lineare Abbildung $M(n \times n, \mathbb{K}) \to \mathbb{K}$.

8.2 Berechnung der Determinante

In diesem Kapitel wollen wir an die wichtigsten Techniken zur Berechnung von Determinanten erinnern. Die Determinante von quadratischen Matrizen ist ein Element des Körpers $\mathbb{K}$, aus dem die Einträge der Matrix stammen. Die Determinante der Matrix $A \in M(n \times n, \mathbb{K})$ wird mathematisch mittels Leibniz-Formel definiert als

$$\det A = \sum_{\sigma \in S_n} \mathrm{sgn}(\sigma) \prod_{i=1}^{n} a_{i,\sigma(i)}.$$

Dabei bezeichnet S_n die symmetrische Gruppe auf n Elementen und $\mathrm{sgn}(\sigma)$ das Signum der Permutation $\sigma \in S_n$. Für Details sei auf Lehrbücher der Linearen Algebra verwiesen.

Die Determinante ordnet jeder Matrix einen Skalar zu, entspricht also einer Abbildung

$$M(n \times n, \mathbb{K}) \to \mathbb{K}$$

mit verschiedenen Eigenschaften, die wir im Folgenden darstellen.

Determinante von 2×2-Matrizen   Für 2×2-Matrizen lässt sich die Determinante leicht wie folgt berechnen:

$$\det \begin{pmatrix} a & b \\ c & d \end{pmatrix} = ad - bc$$

Determinante von 3×3-Matrizen   Für 3×3-Matrizen bedient man sich zur Berechnung von Determinanten der Regel von Sarrus. Man schreibt neben die Matrix zunächst die ersten beiden Spalten an. Beginnend mit dem Eintrag a_{11} werden die Einträge entlang der Diagonalen multipliziert und angeschrieben. Als Nächstes wird bei dem Eintrag a_{12} begonnen, wieder der Diagonale folgend multipliziert und zum ersten Produkt addiert. Ein letzter Summand entsteht analog mit Produktbildung entlang der Diagonale beginnend bei a_{13}. Auch dieses Produkt wird zu den anderen addiert. Nun geht man analog in die umgekehrte Richtung von links unten nach rechts oben vor, beginnend mit a_{31}. Dieses mal subtrahiert man aber die entstehenden Produkte (Abb. 8.1).

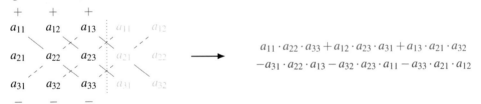

$$a_{11} \cdot a_{22} \cdot a_{33} + a_{12} \cdot a_{23} \cdot a_{31} + a_{13} \cdot a_{21} \cdot a_{32}$$
$$-a_{31} \cdot a_{22} \cdot a_{13} - a_{32} \cdot a_{23} \cdot a_{11} - a_{33} \cdot a_{21} \cdot a_{12}$$

Abbildung 8.1 Regel von Sarrus zur Berechnung der Determinante von 3×3-Matrizen.

Beispiel 8.6

Wir wollen die Determinante der Matrix

$$A = \begin{pmatrix} 1 & 2 & 3 \\ 4 & 5 & 6 \\ 7 & 8 & 9 \end{pmatrix}$$

berechnen. Mittels der Regel von Sarrus erhalten wir:

$$\det(A) = 1 \cdot 5 \cdot 9 + 2 \cdot 6 \cdot 7 + 3 \cdot 4 \cdot 8 - 7 \cdot 5 \cdot 3 - 8 \cdot 6 \cdot 1 - 9 \cdot 4 \cdot 2 = 0.$$

Determinante von $n \times n$-Matrizen für $n > 3$ Für Matrizen mit mehr als 3 Spalten bietet sich die Verwendung des Laplaceschen Entwicklungssatzes zur Berechnung von Determinanten an, insbesondere dann, wenn die zugrundeliegende Matrix eine Zeile oder Spalte mit vielen Nullen besitzt. Die Idee liegt darin, die Determinante der Zielmatrix durch die Berechnung der Determinanten von Untermatrizen zu bestimmen. Dabei entwickelt man jeweils nach einer Zeile oder Spalte und nutzt dann die folgenden Formeln:

- Für die Entwicklung nach der i-ten Zeile gilt:

$$\det(A) = \sum_{j=1}^{n} (-1)^{i+j} a_{ij} \det A_{ij}$$

- Für die Entwicklung nach der j-ten Spalte gilt:

$$\det(A) = \sum_{i=1}^{n} (-1)^{i+j} a_{ij} \det A_{ij}$$

Dabei wird mit A_{ij} die Untermatrix gemeint, die durch Streichen der i-ten Zeile und j-ten Spalte aus der Ausgangsmatrix A entsteht. Enthält die Zeile oder die Spalte, nach der entwickelt wird, viele Nullen, so schrumpfen obige Summen zu wenigen Summanden zusammen.

Beispiel 8.7

Wir wollen die Determinante der Matrix

$$A = \begin{pmatrix} 1 & 0 & 0 & 2 \\ 3 & 6 & 8 & 5 \\ 4 & 1 & 7 & 4 \\ 5 & 8 & 6 & 3 \end{pmatrix}$$

berechnen. Wir entwickeln nach der ersten Zeile, weil diese zwei Nullen besitzt; mehr als jede andere Zeile oder Spalte. Wir rechnen:

$$\det(A) = \sum_{j=1}^{n} (-1)^{i+j} a_{ij} \det A_{ij}$$

$$= (-1)^{1+1} \cdot 1 \cdot \det \begin{pmatrix} 6 & 8 & 5 \\ 1 & 7 & 4 \\ 8 & 6 & 3 \end{pmatrix} + (-1)^{4+1} \cdot 2 \cdot \det \begin{pmatrix} 3 & 6 & 8 \\ 4 & 1 & 7 \\ 5 & 8 & 6 \end{pmatrix} = \dots$$

Die beiden verbleibenden Determinanten erhält man mittels der Regel von Sarrus für 3×3-Matrizen:

$$\dots = (-1)^{1+1} \cdot 1 \cdot (-36) + (-1)^{4+1} \cdot 2 \cdot 132$$
$$= -36 - 2 \cdot 132$$
$$= -300$$

Aufgepasst!

Wer Probleme mit den richtigen Vorzeichen hat, der lege sich gedanklich ein Plus-Minus-Gitter über die Matrix, beginnend mit einem $+$ in der oberen linken Ecke:

$$\begin{pmatrix} 1 & 0 & 0 & 2 \\ 3 & 6 & 8 & 5 \\ 4 & 1 & 7 & 4 \\ 5 & 8 & 6 & 3 \end{pmatrix} \quad - - - - - \rightarrow \quad \begin{pmatrix} + & - & + & - \\ - & + & - & + \\ + & - & + & - \\ - & + & - & + \end{pmatrix}$$

Die Determinante einer Matrix ließe sich auch noch mit dem Gauß-Algorithmus ermitteln, indem man die Matrix A in eine Dreiecksform überführt. Dann ist die Determinante gerade gegeben als das Produkt der Diagonalelemente. Die folgende Liste stellt wichtige Eigenschaften oder Rechenregeln zu Determinanten zur Übersicht:

- $\det(\mathbb{E}_n) = 1 \ \forall n \in \mathbb{N}$.

- Seien $\lambda \in \mathbb{K}$ und $A \in M(n \times n, \mathbb{K})$, so gilt: $\det(\lambda A) = \lambda^n \det(A)$. Dies liegt daran, dass die Determinantenabbildung mutlilinear, d.h. linear in jeder Spalte ist.

- Die Determinante einer Matrix verschwindet, falls zwei Spaltenvektoren der Matrix Vielfache voneinander sind. Dies hängt mit dem Begriff der linearen Unabhängigkeit zusammen und Details werden im Abschnitt 9.3 geklärt.

- $\det(A) = \det(A^T)$

- Die Determinante des Produkts zweier Matrizen ist gleich dem Produkt der Determinanten: $\det(AB) = \det(A) \cdot \det(B)$. Dies ist der Determinantenmultiplikationssatz.

- Denkt man an eine Matrix als eine lineare Abbildung, so stellt sich die Frage, ob eine Umkehrabbildung existiert und wenn ja, wie die zugehörige Matrix aussieht.[8] Eine Matrix nennt

---

[8] Wie wir noch sehen werden, hängt das auch von der Wahl einer sog. Basis ab – dazu später mehr.

man invertierbar, falls $\det(A)$ eine Einheit im zugrundeliegenden Ring ist. Wir betrachten hier nur Matrizen, die über Körpern definiert sind. Weil in Körpern insbesondere alle Elemente außer dem neutralen Element 0 bzgl. $+$ Einheiten sind, gilt die einfache Regel:

$$A \text{ invertierbar} \iff \det(A) \neq 0$$

Für die inverse Matrix von A schreibt man dann A^{-1}.

- Falls A invertierbar ist, so gilt ferner $\det\left(A^{-1}\right) = \frac{1}{\det(A)}$.

- Geht B aus einer Matrix A durch Zeilenstufenumformungen hervor, so gilt :

  ▷ $\det(B) = -\det(A)$, falls zwei Zeilen oder Spalten vertauscht wurden.

  ▷ $\det(B) = \det(A)$, falls ein Vielfaches einer Zeile (oder Spalte) zu einer anderen Zeile (oder Spalte) addiert wurde.

  ▷ $\det(B) = \lambda \det(A)$, falls das λ-Fache einer Zeile oder Spalte gebildet wurde.

8.3 Die inverse Matrix

Ist $A \in M(n \times n, \mathbb{K})$ eine invertierbare Matrix, d.h., $\det(A) \neq 0$, und A^{-1} ihre Inverse, so gilt

$$A \cdot A^{-1} = A^{-1} \cdot A = \mathbb{E}_n.$$

Die Berechnung von A^{-1} ausgehend von A erfolgt mit dem Gauß-Jordan-Algorithmus. Dem zugrunde liegen simultan zu lösende Gleichungen, wie man sie aus der Bestimmungsgleichung

$$A \cdot A^{-1} = \mathbb{E}_n$$

erhält. Es werden die Matrix A und die Einheitsmatrix $\mathbb{E}_n$ in eine erweiterte Koeffizientenmatrix geschrieben:

$$(A \mid \mathbb{E}_n) = \left(\begin{array}{ccc|ccc} a_{11} & \cdots & a_{1m} & 1 & & 0 \\ \vdots & \ddots & \vdots & & \ddots & \\ a_{n1} & \cdots & a_{nm} & 0 & & 1 \end{array} \right)$$

Elementare Zeilenumformungen (Zeilen addieren und mit Skalaren multiplizieren, sowie Zeilen tauschen) werden genutzt, um links die Einheitsmatrix zu erzeugen. Ist dies gelungen, so stehts rechts die Inverse A^{-1} :

$$(A \mid \mathbb{E}_n) = \left(\begin{array}{ccc|ccc} a_{11} & \cdots & a_{1m} & 1 & & 0 \\ \vdots & \ddots & \vdots & & \ddots & \\ a_{n1} & \cdots & a_{nm} & 0 & & 1 \end{array} \right) \xrightarrow[\text{umformungen}]{\text{elem. Zeilen-}} \left(\begin{array}{ccc|ccc} 1 & & 0 & a_{11}^* & \cdots & a_{1m}^* \\ & \ddots & & \vdots & \ddots & \vdots \\ 0 & & 1 & a_{n1}^* & \cdots & a_{nm}^* \end{array} \right)$$

Die inverse Matrix steht dann auf der rechten Seite und ist gegeben durch:

$$A^{-1} = \left(\begin{array}{ccc} a_{11}^* & \cdots & a_{1m}^* \\ \vdots & \ddots & \vdots \\ a_{n1}^* & \cdots & a_{nm}^* \end{array} \right)$$

Wir bestimmen die zu

$$A = \begin{pmatrix} 2 & 0 & 1 \\ 2 & 1 & 1 \\ 0 & 1 & 1 \end{pmatrix} \in M(3 \times 3, \mathbb{R})$$

inverse Matrix. Dazu rechnen wir:

$$\left(\begin{array}{ccc|ccc} 2 & 0 & 1 & 1 & 0 & 0 \\ 2 & 1 & 1 & 0 & 1 & 0 \\ 0 & 1 & 1 & 0 & 0 & 1 \end{array} \right) \xrightarrow{\text{(II)}-\text{(I)}} \left(\begin{array}{ccc|ccc} 2 & 0 & 1 & 1 & 0 & 0 \\ 0 & 1 & 0 & -1 & 1 & 0 \\ 0 & 1 & 1 & 0 & 0 & 1 \end{array} \right)$$

$$\left(\begin{array}{ccc|ccc} 2 & 0 & 1 & 1 & 0 & 0 \\ 0 & 1 & 0 & -1 & 1 & 0 \\ 0 & 1 & 1 & 0 & 0 & 1 \end{array} \right) \xrightarrow{\text{(III)}-\text{(II)}} \left(\begin{array}{ccc|ccc} 2 & 0 & 1 & 1 & 0 & 0 \\ 0 & 1 & 0 & -1 & 1 & 0 \\ 0 & 0 & 1 & 1 & -1 & 1 \end{array} \right)$$

$$\left(\begin{array}{ccc|ccc} 2 & 0 & 1 & 1 & 0 & 0 \\ 0 & 1 & 0 & -1 & 1 & 0 \\ 0 & 0 & 1 & 1 & -1 & 1 \end{array} \right) \xrightarrow[\frac{1}{2}\cdot\text{(I)}]{\text{(I)}-\text{(III)}} \left(\begin{array}{ccc|ccc} 1 & 0 & 0 & 0 & \frac{1}{2} & -\frac{1}{2} \\ 0 & 1 & 0 & -1 & 1 & 0 \\ 0 & 0 & 1 & 1 & -1 & 1 \end{array} \right)$$

Es ist also

$$A^{-1} = \begin{pmatrix} 0 & \frac{1}{2} & -\frac{1}{2} \\ -1 & 1 & 0 \\ 1 & -1 & 1 \end{pmatrix}.$$

8.4 Blockmatrizen

Für schnelle Berechnungen oder theoretische Überlegungen ist es manchmal von Vorteil, eine Matrix in Untermatrizen einzuteilen, da sich Berechnungen von Produkten oder Determinanten erstaunlich einfach auf die jeweiligen Blöcke übertragen.

Es sei

$$A = \begin{pmatrix} 1 & 2 & e & \pi \\ 3 & 4 & \pi & e \\ 0 & 0 & 2 & 0 \\ 0 & 0 & 0 & 1 \end{pmatrix} \in \mathbb{R}^{4 \times 4}.$$

Dann kann eine Zerlegung etwa in folgende Blockmatrizen geschehen:

$$A_1 = \begin{pmatrix} 1 & 2 \\ 3 & 4 \end{pmatrix}, \qquad A_2 = \begin{pmatrix} e & \pi \\ \pi & e \end{pmatrix}$$

$$A_3 = \begin{pmatrix} 0 & 0 \\ 0 & 0 \end{pmatrix}, \qquad A_4 = \begin{pmatrix} 2 & 0 \\ 0 & 1 \end{pmatrix}$$

Wir schreiben dann

$$A = \begin{pmatrix} A_1 & A_2 \\ A_3 & A_4 \end{pmatrix}.$$

Die Blöcke müssen dabei natürlich nicht gleich groß gewählt werden.

Man kann nun zeigen, dass sich das Produkt zweier Matrizen, die wir in Blöcke zerlegt haben, so berechnen lässt, als wären die Blöcke die jeweiligen Einträge. Voraussetzung ist lediglich, dass die Matrixprodukte der Blöcke wohldefiniert sind.

Satz 8.10. Es seien $A \in M(m \times n, \mathbb{K})$ und $B \in M(n \times p, \mathbb{K})$, wobei A jeweils q Zeilenzerlegungen und r Spaltenzerlegungen besitzt und B jeweils r Zeilenzerlegungen und s Spaltenzerlegungen, d.h.

$$A = \begin{pmatrix} A_{1,1} & A_{1,2} & \cdots & A_{1,r} \\ A_{2,1} & A_{2,2} & \cdots & A_{2,r} \\ \vdots & \vdots & \ddots & \vdots \\ A_{q,1} & A_{q,2} & \cdots & A_{q,r} \end{pmatrix}$$

und

$$B = \begin{pmatrix} B_{1,1} & B_{1,2} & \cdots & B_{1,s} \\ B_{2,1} & B_{2,2} & \cdots & B_{2,s} \\ \vdots & \vdots & \ddots & \vdots \\ B_{r,1} & B_{r,2} & \cdots & B_{r,s} \end{pmatrix},$$

dann besitzt das Produkt $C = AB$ jeweils q Zeilenzerlegungen und s Spaltenzerlegungen. Die Blockmatrizen von C sind dann gegeben durch

$$C_{i,k} = \sum_{j=1}^{r} A_{ij} B_{jk}.$$

Satz 8.11. Es seien A und D jeweils quadratische Matrizen beliebiger Größe. Dann gilt

$$\det \begin{pmatrix} A & B \\ 0 & D \end{pmatrix} = \det \begin{pmatrix} A & 0 \\ C & D \end{pmatrix} = \det(A) \cdot \det(D),$$

wobei B und C die passenden Rechteckblöcke sind.

Das Rechnen mit Blöcken funktioniert also exakt analog zum Rechnen mit gewöhnlichen Einträgen (also Blöcken der Größe 1), sofern die jeweiligen Produkte wohldefiniert sind. Wir führen ein Beispiel vor.

Wir betrachten die Matrix

$$A = \begin{pmatrix} A_1 & A_2 \\ 0 & A_3 \end{pmatrix}$$

und

$$B = \begin{pmatrix} B_1 & 0 \\ 0 & B_2 \end{pmatrix},$$

wobei

$$A_1 = \begin{pmatrix} 1 & 0 \\ 2 & 3 \end{pmatrix}, A_2 = \begin{pmatrix} 0 \\ 2 \end{pmatrix} A_3 = (2), B_1 = \begin{pmatrix} 0 & 0 \\ 1 & 2 \end{pmatrix} \text{ und } B_2 = (1).$$

Dann gilt bspw.

$$AB = \begin{pmatrix} A_1B_1 & A_2B_2 \\ 0 & A_3B_2 \end{pmatrix} = \begin{pmatrix} 0 & 0 & 0 \\ 3 & 6 & 2 \\ 0 & 0 & 2 \end{pmatrix}$$

und

$$\det(A) = \det(A_1) \cdot \det(A_3) = 3 \cdot 2 = 6.$$

8.5   Praxisteil

Gegeben sei die Matrix

$$B = \begin{pmatrix} 0 & 1 & 1 & 1 & 1 \\ 1 & 0 & 2 & 2 & 2 \\ 1 & 2 & 0 & 3 & 3 \\ 1 & 2 & 3 & 0 & 4 \\ 1 & 2 & 3 & 4 & 0 \end{pmatrix} \in \mathbb{R}^{5 \times 5}.$$

(a) Man berechne die Determinante von B.

(b) Man zeige mithilfe von (a), dass die Matrix $C = -\frac{1}{2}B \in \mathbb{R}^{5 \times 5}$ die Determinante $\det(C) < -1$ besitzt.

(c) Man untersuche, ob es eine Matrix $F \in \mathbb{R}^{5 \times 5}$ mit $F^2 = C$ gibt.

Lösungsvorschlag: Ad (a): Wir bringen die Matrix B zunächst in Zeilen-Stufen-Form. In einem ersten Schritt ziehen wir dazu von den Zeilen (III) bis (V) jeweils die Zeile darüber ab, die ersten beiden Zeilen vertauschen wir:

$$B \rightarrow \begin{pmatrix} 1 & 0 & 2 & 2 & 2 \\ 0 & 1 & 1 & 1 & 1 \\ 0 & 2 & -2 & 1 & 1 \\ 0 & 0 & 3 & -3 & 1 \\ 0 & 0 & 0 & 4 & -4 \end{pmatrix} \xrightarrow{\text{(III)}-2\cdot\text{(I)}} \begin{pmatrix} 1 & 0 & 2 & 2 & 2 \\ 0 & 1 & 1 & 1 & 1 \\ 0 & 0 & -4 & -1 & -1 \\ 0 & 0 & 3 & -3 & 1 \\ 0 & 0 & 0 & 4 & -4 \end{pmatrix}$$

$$\begin{pmatrix} 1 & 0 & 2 & 2 & 2 \\ 0 & 1 & 1 & 1 & 1 \\ 0 & 0 & -4 & -1 & -1 \\ 0 & 0 & 3 & -3 & 1 \\ 0 & 0 & 0 & 4 & -4 \end{pmatrix} \xrightarrow{\text{(IV)}+\frac{3}{4}\text{(III)}} \begin{pmatrix} 1 & 0 & 2 & 2 & 2 \\ 0 & 1 & 1 & 1 & 1 \\ 0 & 0 & -4 & -1 & -1 \\ 0 & 0 & 0 & -\frac{15}{4} & \frac{1}{4} \\ 0 & 0 & 0 & 4 & -4 \end{pmatrix}$$

$$\begin{pmatrix} 1 & 0 & 2 & 2 & 2 \\ 0 & 1 & 1 & 1 & 1 \\ 0 & 0 & -4 & -1 & -1 \\ 0 & 0 & 0 & -\frac{15}{4} & \frac{1}{4} \\ 0 & 0 & 0 & 4 & -4 \end{pmatrix} \xrightarrow{\text{(V)}+\frac{16}{15}\text{(IV)}} \begin{pmatrix} 1 & 0 & 2 & 2 & 2 \\ 0 & 1 & 1 & 1 & 1 \\ 0 & 0 & -4 & -1 & -1 \\ 0 & 0 & 0 & -\frac{15}{4} & \frac{1}{4} \\ 0 & 0 & 0 & 0 & -\frac{56}{15} \end{pmatrix}$$

Die Determinante der sich in Stufenform befindenden Matrix ergibt sich nun unmittelbar aus dem Produkt der Diagonaleinträge, d.h. zu

$$1 \cdot 1 \cdot (-4) \cdot \left(-\frac{15}{4}\right) \cdot \left(-\frac{56}{15}\right) = -56.$$

Wir erhalten also $\det(B) = 56$ aufgrund der Zeilenvertauschung im ersten Schritt, die einen Faktor von -1 mitsichbringt.

Ad (b): Gemäß den Rechenregeln für Determinanten erhalten wir aufgrund der Multilinearität

$$\det(C) = \det\left(-\frac{1}{2}B\right) = \left(-\frac{1}{2}\right)^5 \det(B) \overset{(a)}{=} -\frac{56}{2^5} = -\frac{7}{4} < -1.$$

Ad (c): Eine solche Matrix kann es nicht geben wegen

$$-\frac{7}{4} \overset{(b)}{=} \det(C) = \det\left(F^2\right) = \det(F)^2 \geq 0.$$

Für $n \in \mathbb{N}$ sei die folgende $n \times n$-Matrix gegeben:

$$T_n := \begin{pmatrix} 1 & 1 & 0 & \cdots & \cdots & 0 \\ 1 & 2 & 1 & 0 & & \vdots \\ 0 & 1 & 2 & 1 & \ddots & \vdots \\ \vdots & \ddots & \ddots & \ddots & \ddots & 0 \\ \vdots & & \ddots & \ddots & \ddots & 1 \\ 0 & \cdots & \cdots & 0 & 1 & 2 \end{pmatrix}$$

(a) Zeigen Sie mithilfe des Determinanten-Entwicklungssatzes die Rekursionsformel

$$\det(T_n) = 2 \cdot \det(T_{n-1}) - \det(T_{n-2})$$

für $n > 2$.

(b) Zeigen Sie mit vollständiger Induktion

$$\det(T_n) = 1$$

für alle $n \in \mathbb{N}$.

Lösungsvorschlag: Ad (a): Wir wenden den Laplaceschen Entwicklungssatz auf die letzte Spalte an. Diese besitzt nur zwei von Null verschiedene Einträge. Durch Streichen der vorletzten Zeile und letzten Spalte erhalten wir dabei die Matrix

$$\begin{pmatrix} 1 & 1 & 0 & \cdots & \cdots & 0 \\ 1 & 2 & 1 & 0 & & \vdots \\ 0 & 1 & 2 & 1 & \ddots & \vdots \\ \vdots & \ddots & \ddots & \ddots & \ddots & 0 \\ \vdots & & \ddots & 1 & 2 & 1 \\ 0 & \cdots & \cdots & 0 & 0 & 1 \end{pmatrix},$$

die wir im Schritt (1) dann noch einmal nach der letzten Zeile entwickeln werden, um zu T_{n-2} zu gelangen. Durch Streichen der letzten Zeile und letzten Spalte entsteht aus T_n

gerade T_{n-1}. Es folgt also:

$$\det(T_n) = 2 \cdot \det \underbrace{\begin{pmatrix} 1 & 1 & 0 & \cdots & \cdots & 0 \\ 1 & 2 & 1 & 0 & & \vdots \\ 0 & 1 & 2 & 1 & \ddots & \vdots \\ \vdots & \ddots & \ddots & \ddots & \ddots & 0 \\ \vdots & & \ddots & \ddots & \ddots & 1 \\ 0 & \cdots & \cdots & 0 & 1 & 2 \end{pmatrix}}_{=T_{n-1}} - \det \begin{pmatrix} 1 & 1 & 0 & \cdots & \cdots & 0 \\ 1 & 2 & 1 & 0 & & \vdots \\ 0 & 1 & 2 & 1 & \ddots & \vdots \\ \vdots & \ddots & \ddots & \ddots & \ddots & 0 \\ \vdots & & \ddots & 1 & 2 & 1 \\ 0 & \cdots & \cdots & 0 & 0 & 1 \end{pmatrix}$$

$$\overset{(1)}{=} 2 \cdot \det(T_{n-1}) - \det \underbrace{\begin{pmatrix} 1 & 1 & 0 & \cdots & \cdots & 0 \\ 1 & 2 & 1 & 0 & & \vdots \\ 0 & 1 & 2 & 1 & \ddots & \vdots \\ \vdots & \ddots & \ddots & \ddots & \ddots & 0 \\ \vdots & & \ddots & \ddots & \ddots & 1 \\ 0 & \cdots & \cdots & 0 & 1 & 2 \end{pmatrix}}_{=T_{n-2}}$$

$$= 2 \cdot \det(T_{n-1}) - \det(T_{n-2})$$

Ad (b): Wir machen den Induktionsanfang für $n = 3$ und $n = 4$:

$$\det(T_3) = \det \begin{pmatrix} 1 & 1 & 0 \\ 1 & 2 & 1 \\ 0 & 1 & 2 \end{pmatrix} = 4 - 1 - 2 = 1$$

und

$$\det(T_4) = \det \begin{pmatrix} 1 & 1 & 0 & 0 \\ 1 & 2 & 1 & 0 \\ 0 & 1 & 2 & 1 \\ 0 & 0 & 1 & 2 \end{pmatrix} = \underbrace{\det \begin{pmatrix} 2 & 1 & 0 \\ 1 & 2 & 1 \\ 0 & 1 & 2 \end{pmatrix}}_{=4} - \underbrace{\det \begin{pmatrix} 1 & 0 & 0 \\ 1 & 2 & 1 \\ 0 & 1 & 2 \end{pmatrix}}_{=3} = 1$$

Als Induktionsvoraussetzung gelte $\det(T_n) = \det(T_{n-1}) = 1$.
Induktionsschritt: Mit Teilaufgabe (a) erhalten wir sofort

$$\det(T_{n+1}) \overset{(a)}{=} 2 \cdot \det(T_n) - \det(T_{n-1}) \overset{\text{I.V.}}{=} 2 - 1 = 1.$$

Folgende Teilaufgaben:

(a) Für $n \in \mathbb{N}$ mit $n \geq 3$ sei die Matrix $A = (a_{ij})_{ij} \in \mathbb{R}^{n \times n}$ mit

$$
a_{ij} = \begin{cases} 1 & \text{für } i = j, \\ 1 & \text{für } i = j+1, \\ a & \text{für } i = 1 \text{ und } j = n, \\ 0 & \text{sonst} \end{cases}
$$

mit einem Parameter $a \in \mathbb{R}$ gegeben; zu betrachten ist also

$$
A = \begin{pmatrix} 1 & 0 & 0 & \cdots & 0 & a \\ 1 & 1 & 0 & & & 0 \\ 0 & 1 & 1 & \ddots & & \vdots \\ \vdots & & \ddots & \ddots & \ddots & 0 \\ 0 & & & \ddots & 1 & 0 \\ 0 & 0 & \cdots & 0 & 1 & 1 \end{pmatrix} \in \mathbb{R}^{n \times n}.
$$

Man zeige $\det(A) = 1 + (-1)^{n+1} a$ etwa unter Verwendung des Laplaceschen Determinantenentwicklungssatzes.

(b) Sei V ein $\mathbb{R}$-Vektorraum mit $\dim(V) = n \geq 3$ sowie $b_1, \ldots, b_n$ eine Basis von V; ferner werden die Vektoren $v_j = b_j + b_{j+1}$ für $j \in \{1, \ldots, n-1\}$, also

$$
v_1 = b_1 + b_2, \ldots, v_{n-1} = b_{n-1} + b_n,
$$

sowie $v_n = b_n + b_1$ betrachtet. Man zeige etwa mithilfe von (a), dass

- die Vektoren $v_1, \ldots, v_{n-1}$ linear unabhängig sind,
- die Vektoren $v_1, \ldots, v_{n-1}, v_n$ genau dann eine Basis von V sind, wenn n ungerade ist.

Lösungsvorschlag: Ad (a): Wir betrachten zunächst die Matrix

$$
B_n = \begin{pmatrix} 1 & 0 & \cdots & \cdots & \cdots & 0 \\ 1 & 1 & 0 & & & \vdots \\ 0 & 1 & 1 & \ddots & & \vdots \\ \vdots & 0 & \ddots & \ddots & \ddots & \vdots \\ \vdots & \vdots & \ddots & 1 & 1 & 0 \\ 0 & 0 & \cdots & 0 & 1 & 1 \end{pmatrix} \in \mathbb{R}^{n \times n}.
$$

Durch sukzessive Entwicklung nach der ersten Zeile erhalten wir mittels des Laplaceschen Entwicklungssatzes

$$\det(B_n) = \det(B_{n-1}) = \cdots = \det(B_1) = \det(1) \overset{(1)}{=} 1.$$

Nun entwickeln wir die Matrix A nach der ersten Zeile und erhalten

$$\begin{aligned} \det(A) &= \det(B_{n-1}) + (-1)^{n+1} a \det\left(B_{n-1}^T\right) \\ &= \det(B_{n-1}) + (-1)^{n+1} a \det(B_{n-1}) \\ &\overset{(1)}{=} 1 + (-1)^{n+1} a. \end{aligned}$$

Ad (b): Wir zeigen zunächst, dass die Menge $\{v_1, \ldots, v_{n-1}, b_n\}$, also die Vektoren aus der Aufgabenstellung erweitert um den n-ten Basisvektor b_n, linear unabhängig ist. Dazu stellen wir $v_1, \ldots, v_{n-1}, b_n$ in der durch $b_1, \ldots, b_n$ gegebenen Basis dar: Es ist $v_1 = b_1 + b_2 = (1, 1, 0, \ldots, 0)^T$ usw. Anschließend schreiben wir diese Vektoren in eine Matrix

$$A' = \begin{pmatrix} 1 & 0 & 0 & \cdots & 0 & 0 \\ 1 & 1 & 0 & & & 0 \\ 0 & 1 & 1 & \ddots & & \vdots \\ \vdots & & \ddots & \ddots & \ddots & 0 \\ 0 & & & \ddots & 1 & 0 \\ 0 & 0 & \cdots & 0 & 1 & 1 \end{pmatrix}$$

und stellen fest, dass es sich um A mit $a = 0$ handelt. Nach Teilaufgabe (a) ist also $\det(A') = 1 + (-1)^{n+1} \cdot 0 = 1$, also ist die Menge linear unabhängig. Insbesondere auch jede Teilmenge davon, wie etwa $\{v_1, \ldots, v_{n-1}\}$ aus der Aufgabenstellung.

Für den zweiten Teil der Aufgabe verfahren wir analog. Schreibt man $v_1, \ldots, v_n$ in eine Matrix $\tilde{A}$, erhält man A mit $a = 1$. Aus Teilaufgabe (a) ergibt sich also

$$\det\left(\tilde{A}\right) = 1 + (-1)^{n+1} \cdot 1 = \begin{cases} 2, & \text{falls } n \text{ ungerade}, \\ 0, & \text{sonst.} \end{cases}$$

Also ist $\{v_1, \ldots, v_n\}$ linear unabhängig genau dann, wenn n gerade ist. Als n-dimensionaler Vektorraum muss V dann auch von dieser Menge erzeugt werden, sodass sie eine Basis ist.

Aufgabe 8.16: H08-T2-A2

Berechnen Sie in Abhängigkeit von $\alpha \in \mathbb{R}$ die Inverse der Matrix

$$\begin{pmatrix} 0 & -1 & \alpha \\ -1 & 2 & 0 \\ -2 & 4 & 1 \end{pmatrix}.$$

Lösungsvorschlag: Zunächst sieht man mit der Regel von Sarrus, dass die Determinante obiger Matrix unabhängig von α stets -1 ist. Die Matrix ist also für alle $\alpha \in \mathbb{R}$ invertierbar. Wir setzen an, wie üblich und wenden den Gauß-Algorithmus an:

$$\left(\begin{array}{ccc|ccc} 0 & -1 & \alpha & 1 & 0 & 0 \\ -1 & 2 & 0 & 0 & 1 & 0 \\ -2 & 4 & 1 & 0 & 0 & 1 \end{array}\right) \xrightarrow{-2(\mathrm{II})+(\mathrm{III})} \left(\begin{array}{ccc|ccc} 0 & -1 & \alpha & 1 & 0 & 0 \\ -1 & 2 & 0 & 0 & 1 & 0 \\ 0 & 0 & 1 & 0 & -2 & 1 \end{array}\right)$$

$$\left(\begin{array}{ccc|ccc} 0 & -1 & \alpha & 1 & 0 & 0 \\ -1 & 2 & 0 & 0 & 1 & 0 \\ 0 & 0 & 1 & 0 & -2 & 1 \end{array}\right) \xrightarrow{-\alpha(\mathrm{III})+(\mathrm{I})} \left(\begin{array}{ccc|ccc} 0 & -1 & 0 & 1 & 2\alpha & -\alpha \\ -1 & 2 & 0 & 0 & 1 & 0 \\ 0 & 0 & 1 & 0 & -2 & 1 \end{array}\right)$$

$$\left(\begin{array}{ccc|ccc} 0 & -1 & 0 & 1 & 2\alpha & -\alpha \\ -1 & 2 & 0 & 0 & 1 & 0 \\ 0 & 0 & 1 & 0 & -2 & 1 \end{array}\right) \xrightarrow{2(\mathrm{I})+(\mathrm{II})} \left(\begin{array}{ccc|ccc} 0 & -1 & 0 & 1 & 2\alpha & -\alpha \\ -1 & 0 & 0 & 2 & 4\alpha+1 & -2\alpha \\ 0 & 0 & 1 & 0 & -2 & 1 \end{array}\right)$$

Nun werden noch die Zeilen so vertauscht und mit (-1) multipliziert, dass links $\mathbb{E}_3$ steht:

$$\left(\begin{array}{ccc|ccc} 1 & 0 & 0 & -2 & -1-4\alpha & 2\alpha \\ 0 & 1 & 0 & -1 & -2\alpha & \alpha \\ 0 & 0 & 1 & 0 & -2 & 1 \end{array}\right)$$

Demnach ist für $\alpha \in \mathbb{R}$ die Inverse gegeben durch

$$\left(\begin{array}{ccc} -2 & -1-4\alpha & 2\alpha \\ -1 & -2\alpha & \alpha \\ 0 & -2 & 1 \end{array}\right).$$

Gleichzeitig haben wir gezeigt, dass die gegebene Matrix für alle $\alpha \in \mathbb{R}$ invertierbar ist.

9 Vektorräume

In der Schule definiert man Vektoren oft als Repräsentanten von Pfeilen mit gleicher Länge – dem Betrag des Vektors –, einer Richtung und einer Orientierung. Richtig ist: Vektoren im zwei- oder dreidimensionalen Anschauungsraum können als Pfeile visualisiert werden. Die Wahrheit ist aber, dass der Begriff Vektor sehr viel allgemeiner ist. Eine Funktion kann ein Vektor sein, auch eine Matrix oder eine komplexe Zahl können Vektoren sein. Vektoren sind also konkret Elemente aus gewissen Mengen, die mit gewissen Verknüpfungen ausgestattet sind, denn bekannterweise lassen sich Vektoren addieren und skalieren. Kurz und prägnant sagt man dann: Elemente eines Vektorraums nennt man Vektoren.

9.1 Vom Anschauungsraum zum Vektorbegriff

Ein Vektorraum V als Menge ist stets über einem Körper $\mathbb{K}$ definiert. Häufig wird $\mathbb{K} = \mathbb{R}$ sein. Die Elemente aus $\mathbb{K}$ nutzt man für die Skalarmultiplikation $\cdot$, die folgendermaßen definiert ist:

$$\odot : \mathbb{K} \times V \to V, \ (\lambda, v) \mapsto \lambda \odot v$$

Außerdem gibt es eine sogenannte Vektoraddition $+$, die man wie folgt definiert:

$$\oplus : V \times V \to V, \ (v, w) \mapsto v \oplus w$$

Um $\odot$ und $\oplus$ von $\cdot$ und $+$ zu unterscheiden, wie sie auf Zahlenmengen definiert werden, verwendet man manchmal andere Symbole, wie hier. Im Folgenden lassen wir diese unterschiedliche Notation aber weg und verwenden nur die Symbole $+$ und $\cdot$, meinen aber in Vektorräumen die oben definierten Verknüpfungen.

Definition 9.1 (Vektorraum). Seien V eine Menge, $\mathbb{K}$ ein Körper und $\cdot$ sowie $+$ die oben definierte Skalarmultiplikation bzw. Vektoraddition. Man nennt $(V, \cdot, +)$ einen *Vektorraum* über $\mathbb{K}$, wenn für alle $u, v, w \in V$ und $\lambda, \mu \in \mathbb{K}$ die folgenden Eigenschaften erfüllt sind:

- $u + v \in V$ (Abgeschlossenheit bzgl. $+$)

- $\lambda \cdot u \in V$ (Abgeschlossenheit bzgl. $\cdot$)

- $(u + v) + w = u + (v + w)$ (Assoziativität von $+$)

- $u + v = v + u$ (Kommutativität von $+$)

- $u + 0 = u$ und $u + (-u) = 0$ (Existenz eines Nullvektors)

- $\lambda \cdot (\mu \cdot u) = (\lambda \cdot \mu) \cdot u$ (Assoziativität von $\cdot$)

- $\lambda \cdot (u + v) = \lambda \cdot u + \lambda \cdot v$ (Distributivgesetz)

- $1 \cdot u = u$

Aus den Definitionen folgert man einen Satz:

Satz 9.2.   1. Jeder $\mathbb{K}$-Vektorraum V besitzt genau einen Nullvektor mit $0 + v = v = v + 0$ für alle $v \in V$.

   2. In jedem $\mathbb{K}$-Vektorraum V gibt es für alle $v \in V$ genau ein $-v \in V$ mit $v + (-v) = 0$.

Der Beweis beider Aussagen dieses Satzes funktioniert über einen Widerspruch und sei dem Leser als kleine Übung überlassen.

© Der/die Autor(en), exklusiv lizenziert durch
Springer-Verlag GmbH, DE, ein Teil von Springer Nature 2021
J. M. Veith und P. Bitzenbauer, *Schritt für Schritt zum Staatsexamen
Mathematik*, https://doi.org/10.1007/978-3-662-62948-2_9

Anschauliche und bereits bekannte Beispiele für Vektorräume sind:

1. Der $\mathbb{K}^n = \left\{ (x_1,...,x_n)^T : x_i \in \mathbb{K} \right\}$ wird mit der komponentenweisen Addition

$$(x_1,...,x_n)^T + (y_1,...,y_n)^T = (x_1+y_1,...,x_n+y_n)^T$$

   sowie der Skalarmultiplikation

$$\lambda \cdot (x_1,...,x_n) = (\lambda x_1,...,\lambda x_n)$$

   für $\lambda \in \mathbb{K}$ zu einem $\mathbb{K}$-Vektorraum. Prominente Beispiele sind der $\mathbb{R}^2$ oder der $\mathbb{R}^3$.

2. Die Menge $C^0(\mathbb{R})$ aller stetigen Funktionen $\mathbb{R} \to \mathbb{R}$ bilden einen $\mathbb{R}$-Vektorraum und zwar mit der punktweisen Addition

$$(f+g)(x) := f(x)+g(x)$$

   und der punktweisen Skalarmultiplikation

$$(\lambda \cdot f)(x) := \lambda \cdot f(x)$$

   für $f,g \in C^0(\mathbb{R})$ und $\lambda \in \mathbb{R}$.

3. Für $n,m \in \mathbb{N}$ stellt die Menge aller $n \times m$-Matrizen mit Einträgen aus einem Körper $\mathbb{K}$ und den im vorangegangenen Kapitel etablierten Verknüpfungen einen $\mathbb{K}$-Vektorraum dar.

4. Für eine fixierte natürliche Zahl n ist die Menge aller reellen Polynome vom Grad kleiner gleich n ein $\mathbb{R}$-Vektorraum. Ein Polynom

$$f = \sum_{i=0}^{n} a_i x^i \ a_i \in \mathbb{R}$$

   kann auch in Tupelschreibweise dargestellt werden, z.B. $(a_0,...,a_n)^T$. Diese Darstellung hängt von der Wahl einer Basis des Vektorraums ab, und man kann zwischen den Basen wechseln (Basiswechsel). Was man unter einer Basis versteht, klären wir in Abschnitt 9.4.

9.2 Untervektorräume

Mengen besitzen Teilmengen. Die Frage ist aber, ob bzw. unter welchen Voraussetzungen eine Teilmenge $U \subset V$ eines Vektorraums $(V,\cdot,+)$ über dem Körper $\mathbb{K}$ selbst wieder eine Vektorraumstruktur besitzt.

Definition 9.4 (Untervektorraum). Eine Teilmenge $U \subset V$ eines Vektorraums $(V, \cdot, +)$ über dem Körper $\mathbb{K}$ nennt man *Untervektorraum*, wenn die folgenden Bedingungen erfüllt sind:

1. $0 \in U$

2. $u, v \in U, \lambda \in \mathbb{K} \Longrightarrow u + \lambda \cdot v \in U$.

Aufgepasst!

Die erste Bedingung sichert ab, dass U nicht leer ist und U den Nullvektor enthält. Enthält U ein beliebiges Element aus V, so wegen 2. auch den Nullvektor. Eine zu 1. äquivalente Bedingung wäre demnach: $U \neq \emptyset$. Die Assoziativität, Kommutativität und die Distributivität muss in U nicht separat gezeigt werden, weil das bereits für alle Elemente aus V gilt, insbesondere also für die aus U. Die zweite Bedingung sichert die Abgeschlossenheit von U bezüglich $+$ bzw. $\cdot$.

Beispiel 9.5

Einfache Beispiele für Unterräume sind die folgenden:

1. Seien V ein beliebiger $\mathbb{K}$-Vektorraum und $0 \in V$ der Nullvektor. Dann ist $U = \{0\}$ ein Untervektorraum von V.

2. Sei $A \in M(m \times n, \mathbb{R})$. Es ist die Lösungsmenge $\mathbb{L} := \{x \in \mathbb{R}^n : A \cdot x = 0\}$ des linearen Gleichungssystems $A \cdot x = 0$ ein Untervektorraum des $\mathbb{R}^n$.

3. Die Menge der stetigen Funktionen $\mathbb{R} \to \mathbb{R}$ bildet einen Untervektorraum des Vektorraums aller Funktionen $\mathbb{R} \to \mathbb{R}$. Es ist dem Leser überlassen, sich einen Untervektorraum für den Vektorraum aller stetigen Funktionen $\mathbb{R} \to \mathbb{R}$ zu überlegen.

4. Die Menge

$$U := \left\{ (x, 0, z) \in \mathbb{R}^3 : x, z \in \mathbb{R} \right\} = \left\{ \lambda \begin{pmatrix} 1 \\ 0 \\ 1 \end{pmatrix} \in \mathbb{R}^3 : \lambda \in \mathbb{R} \right\}$$

ist ein Untervektorraum des $\mathbb{R}^3$. Die Menge U kann visualisiert werden als eine Gerade im $\mathbb{R}^3$. Alle Vektoren, die in U liegen, verlaufen – visualisiert als Pfeile – parallel zueinander. Dafür gibt es einen Fachbegriff: Man nennt solche Vektoren, die in einem eindimensionalen Untervektorraum enthalten sind, linear abhängig. Anders ausgedrückt kann man sagen, sie sind alle gleich bis auf einen skalaren Faktor:

$$\forall v \in U \, \exists \lambda \in \mathbb{R} : \ v = \lambda \, (1, 0, 1)^T$$

Im nächsten Abschnitt werden wir den Begriff der linearen (Un-) Abhängigkeit genauer thematisieren, um uns dem Basisbegriff zu nähern.

Wir wollen noch einige Anmerkungen machen, bevor wir ein ausführlicheres Beispiel vorführen:

- Sind $U_1, ..., U_n \subset V$ Untervektorräume des $\mathbb{K}$-Vektorraums V, so ist auch der Durchschnitt

$$\bigcap_{i=1}^{n} U_i \subset V$$

  ein Untervektorraum. Für die Vereinigung von Unterräumen gilt das im Allgemeinen nicht: Man denke sich die komplexe Ebene als $\mathbb{R}$-Vektorraum. Die reelle Achse $\mathbb{R}$ stellt einen Untervektorraum dar und auch die imaginäre Achse $i\mathbb{R}$. Die Vereinigung $\mathbb{R} \cup i\mathbb{R}$ stellt aber keinen Untervektorraum dar. Die Argumentation sei dem Leser überlassen.

- Sei $\mathcal{M} := \{v_1, ..., v_n\} \subset V$ eine Menge von Vektoren eines $\mathbb{K}$-Vektorraums V. Man kann aus diesen Vektoren einen Vektorraum konstruieren, etwa durch Bilden aller möglichen Linearkombinationen aus den Vektoren der Menge $\mathcal{M}$. Dieser Unterraum wird als Spann der Vektoren $v_1, ..., v_n$ bezeichnet, und die Menge $\mathcal{M}$ nennt man das Erzeugendensystem dieses Unterraums:

$$\mathrm{span}(\mathcal{M}) = \mathrm{span}\{v_1, ..., v_n\} := \left\{ \sum_{i=1}^{n} \lambda_i v_i \,\middle|\, \lambda_1, ..., \lambda_n \in \mathbb{K} \right\}$$

  Statt $\mathrm{span}\{v_1, ..., v_n\}$ schreibt man manchmal auch $\langle v_1, ..., v_n \rangle$ oder $\mathrm{Spann}(v_1, ..., v_n)$.

- Eine Menge $\mathcal{S} \subset V$ von Vektoren aus einem $\mathbb{K}$-Vektorrraum V nennt man Erzeugendensystem von V, wenn gilt:
$$V = \mathrm{span}(\mathcal{S}).$$

- Die Summe $U_1 + U_2 \subset V$ zweier Untervektorräume U_1 und U_2 des $\mathbb{K}$–Vektorraums V ist nach Definition wieder ein Untervektorraum. Denn $U_1 + U_2$ ist definiert als der kleinste Unterraum, der $U_1 \cup U_2$ enthält. Man kann daher auch schreiben

$$U_1 + U_2 = \mathrm{span}(U_1 \cup U_2).$$

- Die Summe $U_1 + U_2$ zweier Untervektorräume wird als direkte Summe bezeichnet, falls $U_1 \cap U_2 = \{0\}$. Man schreibt dann $U_1 \oplus U_2$. Für alle $u \in U_1 + U_2$ gibt es eindeutig bestimmte $u_1 \in U_1$ und $u_2 \in U_2$, sodass $u = u_1 + u_2$. Beispielsweise ist $\mathbb{C} = \mathbb{R} \oplus i\mathbb{R}$.

Beispiel 9.6

 Einfache Beispiele für Erzeugendensysteme sind die folgenden:

1. In Beispiel 9.5 stellt die Menge $\mathcal{M} = \left\{ (1, 0, 1)^T \right\}$ ein Erzeugendensystem des Unterraums U dar, es ist daher

$$U = \mathrm{span}\left\{ \begin{pmatrix} 1 \\ 0 \\ 1 \end{pmatrix} \right\} = \left\{ \lambda \begin{pmatrix} 1 \\ 0 \\ 1 \end{pmatrix} \in \mathbb{R}^3 : \lambda \in \mathbb{R} \right\}.$$

2. Zwei vom Nullvektor verschiedene Vektoren u, w im $\mathbb{R}^3$ spannen – sofern sie nicht parallel sind – eine Ebene $\mathbb{E} \subset \mathbb{R}^3$ auf. In der Schule spricht man dann von den Richtungsvektoren der Ebene:

$$\mathbb{E} = \text{span}\{u, w\} = \{\lambda u + \mu w : u, w \in \mathbb{R}^3\}.$$

Achtung: In der Schule schreibt man Ebenen in der Parameterdarstellung oft mit einem Aufpunkt A wie folgt:

$$\mathbb{E} : \vec{X} = \vec{A} + \lambda \vec{u} + \mu \vec{v}, \; \lambda, \mu \in \mathbb{R}.$$

Daran ist auch nichts falsch, allerdings ist die so aufgeschriebene Ebene für $\vec{A} \neq 0$ kein Untervektorraum, sondern ein affiner Unterraum. Dies behalte man im Hinterkopf.

Aufgabe 9.7: F11-T1-A5

Im Vektorraum der reellen Polynome seien die folgenden Teilmengen gegeben:

(a) $U_1 = \{P : P(x) = ax^2 + bx + c \text{ mit } a, b, c \in \mathbb{R}\}$

(b) $U_2 = \{P : P(x) = ax^2 + bx \text{ mit } a, b \in \mathbb{R}\}$

(c) $U_3 = \{P : P(x) \equiv 0 \text{ oder Grad}(P) \geq 2\}$

(d) $U_4 = \{P : P(x) = ax^2 + bx + c \text{ mit } a, b, c \in \mathbb{R} \text{ und } c \neq 0\}$

Überprüfen Sie, welche dieser Teilmengen einen linearen Unterraum bilden.

Lösungsvorschlag:

(a) Für $a = b = c = 0$ ist $P(x) = 0 \in U_1$. Sind außerdem $P, Q \in U_1$ und $\lambda \in \mathbb{R}$ mit $P(x) = ax^2 + bx + c$ und $Q(x) = dx^2 + ex + f$, so ist

$$(P + \lambda Q)(x) = P(x) + \lambda Q(x) = (a + \lambda d)x^2 + (b + \lambda e)x + (c + \lambda f) \in U_1,$$

wegen der Abgeschlossenheit der Addition und Multiplikation in $\mathbb{R}$. U_1 ist also ein linearer Unterraum.

(b) Für $a = b = 0$ ist $P(x) = 0 \in U_1$. Sind außerdem $P, Q \in U_2$ und $\lambda \in \mathbb{R}$ mit $P(x) = ax^2 + bx$ und $Q(x) = cx^2 + dx$, so ist

$$(P + \lambda Q)(x) = P(x) + \lambda Q(x) = (a + \lambda c)x^2 + (b + \lambda d)x \in U_2,$$

wegen der Abgeschlossenheit der Addition und Multiplikation in $\mathbb{R}$. U_2 ist also ein linearer Unterraum.

(c) U_3 kann kein Unterraum sein, denn er ist nicht abgeschlossen bzgl. $+$. Man denke sich die Polynome $P(x) = x^2 + x$ und $Q(x) = -x^2$, die beide in U_3 enthalten sind. Allerdings ist deren Summe

$$P(x) + Q(x) = x^2 + x - x^2 = x \notin U_3.$$

(d) U_4 kann ebenfalls kein Unterraum sein, denn die Bedingung $c \neq 0$ verhindert, dass das Nullpolynom (also der Nullvektor) in U_4 enthalten ist.

Sei V ein reeller Vektorraum.

(a) Wann nennt man eine Teilmenge $U \subseteq V$ einen Untervektorraum von V?

(b) Man nennt eine Teilmenge $A \subseteq V$ einen (nicht leeren) affinen Unterraum von V, falls ein Untervektorraum U von V und ein $p \in V$ existiert mit

$$A = p + U := \{p + U \mid u \in U\}.$$

Zeigen Sie, dass in dieser Situation auch $A = x + U$ für jeden Punkt $x \in A$ gilt.

(c) Seien A und B affine Unterräume von V, sodass $A \cap B \neq \emptyset$ gilt. Zeigen Sie, dass dann auch $A \cap B$ wieder ein affiner Unterraum von V ist.

Lösungsvorschlag: Ad (a): Hier sei auf die Definition 9.4 des Untervektorraums verwiesen.

Ad (b): Sei $x \in A$ beliebig. Es gibt dann ein $u \in U$, sodass $x = p + u$, bzw. $p = x - u$. Damit folgt wegen

$$A = p + U = x - u + U = x + (-u + U) \overset{-u \in U}{\underset{U\,\text{UVR}}{=}} x + U$$

die Behauptung.

Ad (c): Wir wollen zeigen, dass $A \cap B$ ein affiner Unterraum ist, dass es also einen Untervektorraum $\mathfrak{U} \subseteq V$ gibt und ein $\mathfrak{p} \in V$, sodass

$$A \cap B = \mathfrak{p} + \mathfrak{U}.$$

Seien dazu $p, q \in V$ und $U, W \subseteq V$ Untervektorräume mit $A = p + U$ und $B = q + W$. Ein Punkt $a \in A \cap B = (p + U) \cap (q + W) \neq \emptyset$ ist gemeinsamer Stützvektor aller Unterräume, denn damit ist

$$A \cap B = (p + U) \cap (q + W) = (a + U) \cap (a + W) = \{a + x : x \in U \cap W\} = a + (U \cap W).$$

Weil der Durchschnitt der Untervektorräume U und W wieder ein Untervektorraum ist, ist $A \cap B$ insbesondere wieder ein affiner Unterraum und zwar mit $\mathfrak{p} = a$ und $\mathfrak{U} = U \cap W$.

9.3 Lineare Unabhängigkeit

Wir haben bereits gesehen, dass Vektoren, die in einem eindimensionalen Untervektorraum enthalten sind, linear abhängig sind. Eine geometrische Anschauung erhält man im Fall des $\mathbb{R}^2$ oder $\mathbb{R}^3$: Die Vektoren liegen hier parallel zueinander und können mathematisch als skalare Vielfache voneinander dargestellt werden. Die Tatsache, dass linear abhängige Vektoren $u, v \in V$ skalare Vielfache voneinander sind, dass es also ein $\lambda \in \mathbb{R}$ gibt, sodass $u = \lambda v$ gilt, lässt sich verallgemeinern, denn

$$u = \lambda v \Longleftrightarrow u - \lambda v = 0.$$

Vektoren, für die es eine solche Linearkombination zum Nullvektor gibt, sodass mindestens ein Faktor (hier λ) ungleich 0 ist, nennt man linear abhängig.

Definition 9.9 (Lineare Unabhängigkeit). Seien V ein $\mathbb{K}$-Vektorraum und $v_1, ..., v_n \in V$ sowie $\lambda_1, ..., \lambda_n \in \mathbb{K}$. Man nennt die Menge $\{v_1, ..., v_n\}$ *linear unabhängig*, falls gilt:

$$\sum_{i=1}^{n} \lambda_i v_i = 0 \Longrightarrow \lambda_i = 0 \ \forall i \in \{1, ..., n\}$$

Die Eigenschaft einer Menge, linear unabhängig zu sein, nennt man *lineare Unabhängigkeit*.

Aufgepasst!

Eine gute Möglichkeit zur Überprüfung, ob die n Vektoren $v_1, ..., v_n$ des $\mathbb{K}^n$ linear unabhängig sind, stellt die Berechnung der Determinante der Matrix

$$(v_1 | ... | v_n)$$

dar, in der die Vektoren $v_1, ..., v_n$ die Spalten bilden. Die Vektoren sind linear unabhängig genau dann, wenn die Determinante dieser Matrix ungleich 0 ist, wenn also

$$\det(v_1 | ... | v_n) \neq 0.$$

Wir wollen noch einige Spezialfälle ganz explizit festhalten:

- Teilmengen eines Vektorraums, die den Nullvektor enthalten, sind per Definition linear abhängig.

- Die leere Menge $\emptyset$ ist linear unabhängig.

- Teilmengen linear unabhängiger Mengen sind linear unabhängig (warum?).

- Mengen, die linear abhängige Teilmengen besitzen, sind linear abhängig.

Beispiel 9.10

Die Einheitsvektoren $\mathbf{e}_1, ..., \mathbf{e}_3$ im $\mathbb{R}^3$ sind linear unabhängig, denn die zugehörige Matrix hat eine Determinante, die von Null verschieden ist:

$$\det \begin{pmatrix} 1 & 0 & 0 \\ 0 & 1 & 0 \\ 0 & 0 & 1 \end{pmatrix} = 1 \neq 0$$

9.4 Basis und Dimension

Jeder Vektor $v = (v_1, v_2, v_3) \in \mathbb{R}^3$ lässt sich als Linearkombination der Einheitsvektoren $\mathbf{e}_1, ..., \mathbf{e}_3$ darstellen, denn

$$
\begin{pmatrix} v_1 \\ v_2 \\ v_3 \end{pmatrix} = v_1 \begin{pmatrix} 1 \\ 0 \\ 0 \end{pmatrix} + v_2 \begin{pmatrix} 0 \\ 1 \\ 0 \end{pmatrix} + v_3 \begin{pmatrix} 0 \\ 0 \\ 1 \end{pmatrix}.
$$

Die linear unabhängige Menge von Vektoren $\{\mathbf{e}_1, ..., \mathbf{e}_3\}$ (vgl. Beispiel 9.10) ist also ein Erzeugendensystem des $\mathbb{R}^3$. Man nennt $\{\mathbf{e}_1, ..., \mathbf{e}_3\}$ daher eine Basis des $\mathbb{R}^3$. Jeder Vektorraum besitzt eine Basis. Es gibt zwar verschiedene Basen, aber alle Basen eines Vektorraums haben die gleiche Mächtigkeit. Die Zahl der Basiselemente ist ein zentrales Charakteristikum von Vektorräumen.

Definition 9.11 (Basis und Dimension). Sei V ein $\mathbb{K}$-Vektorraum. Ein linear unabhängiges Erzeugendensystem $\mathscr{B} \subset V$ nennt man eine *Basis* von V. Die Mächtigkeit von $\mathscr{B}$ bezeichnet man als die *Dimension* von V:

$$
\mathbb{N}_0 \cup \{\infty\} \ni \dim_{\mathbb{K}}(V) := |B|
$$

Ist der Grundkörper klar, so schreibt man auch abkürzend $\dim(V)$.

Beispiel 9.12

 Einfache Beispiele für Basen und zugehörige Dimensionen sind die folgenden:

1. Die leere Menge $\emptyset$ ist als Basis des Nullraums definiert: $\{0\} =: \mathrm{span}\{\emptyset\}$.

2. $\mathbb{C} := \{a + ib : a, b \in \mathbb{R}\} = \{1 \cdot a + i \cdot b : a, b \in \mathbb{R}\}$ als $\mathbb{R}$-Vektorraum aufgefasst besitzt die Basis $\mathscr{B} = \{1, i\}$. Es ist daher $\dim_{\mathbb{R}}(\mathbb{C}) = 2$. Fasst man $\mathbb{C}$ hingegen als $\mathbb{C}$-Vektorraum auf, so erhält man aus jedem von null verschiedenem Element $z \in \mathbb{C}$ eine Basis, und es ist $\dim_{\mathbb{C}}(\mathbb{C}) = 1$.

3. Es ist $\mathscr{B} = \{\mathbf{e}_1, ..., \mathbf{e}_n\}$ die Standardbasis des $\mathbb{R}^n$. Die Dimension des $\mathbb{R}^n$ ist daher n.

4. Der $\mathbb{K}$-Vektorraum $\mathbb{K}_n[x]$ der Polynome vom Grad kleiner gleich n besitzt die Standardbasis $\mathscr{B} = \{1, x, x^2, ..., x^n\}$, auch Monombasis genannt. Es ist also $\dim_{\mathbb{K}} \mathbb{K}_n[x] = n+1$.

5. Der $\mathbb{R}$-Vektorraum $M(2 \times 2, \mathbb{R})$ der 2×2-Matrizen mit Einträgen aus $\mathbb{R}$ hat eine Basis

$$
\mathscr{B} = \left\{ \begin{pmatrix} 1 & 0 \\ 0 & 0 \end{pmatrix}, \begin{pmatrix} 0 & 1 \\ 0 & 0 \end{pmatrix}, \begin{pmatrix} 0 & 0 \\ 1 & 0 \end{pmatrix}, \begin{pmatrix} 0 & 0 \\ 0 & 1 \end{pmatrix} \right\}
$$

und daher ist $\dim_{\mathbb{R}} M(2 \times 2, \mathbb{R}) = 4$.

6. Die Dimension des $\mathbb{K}$-Vektorraums $M(n \times m, \mathbb{K})$ ist: $\dim_{\mathbb{K}} M(n \times m, \mathbb{K}) = n \cdot m$.

Satz 9.13 (Basisergänzungssatz). Jede linear unabhängige Teilmenge $\mathscr{S} \subset V$ eines Vektorraums kann zu einer Basis $\mathscr{B}$ ergänzt werden.

Satz 9.14. Sei V ein $\mathbb{K}$-Vektorraum. Für $\mathscr{B} = \{b_1, ..., b_n\} \subset V$ sind äquivalent:

1. $\mathscr{B}$ ist eine Basis.

2. Für alle $v \in V$ existieren eindeutige $v_i \in \mathbb{K}$, sodass $v = \sum_{i=}^{n} v_i b_i$.

3. $\mathscr{B}$ ist ein minimales Erzeugendensystem von V.

4. $\mathscr{B}$ ist maximale linear unabhängige Teilmenge von V.

Aufgepasst!

Zum letztgenannten Satz sind folgende Anmerkungen relevant:

1. Die zweite Aussage besagt das Folgende: Die Einträge in der Koordinatendarstellung des Vektors sind eigentlich nur die Komponenten in der Linearkombination des Vektors v durch die Vektoren $\{b_1, ..., b_n\}$ einer gewählten Basis. Je nach Wahl der Basis sehen die einzelnen Einträge von v daher anders aus. In der Basis $\mathscr{B}' = \left\{b_1', ..., b_n'\right\}$ wäre womöglich

$$v = \sum_{i=1}^{n} v_i' b_i' \Longrightarrow v = \begin{pmatrix} v_1' \\ \vdots \\ v_n' \end{pmatrix}.$$

Grundsätzlich gibt es keinen Grund, warum $v_i = v_i'$ für $i \in \{1, ..., n\}$ sein sollte. Das nachfolgende Beispiel verdeutlicht die Situation.

2. Die dritte Aussage des obigen Satzes besagt, dass für eine echte Teilmenge $\mathscr{T} \subsetneq \mathscr{B}$ stets gilt, dass $\operatorname{span}(\mathscr{T}) \subsetneq V$.

3. Die vierte Aussage sagt aus, dass $n + 1$ Vektoren in einem n−dimensionalen Vektorraum bereits linear abhängig sein müssen.

Beispiel 9.15

Wir wollen nun einmal das Prinzip der Koordinatendarstellung anhand von Polynomvektorräumen verdeutlichen:

1. $\mathscr{B} = \left\{1, x, x^2\right\}$ ist eine Basis von $\mathbb{R}_2[x]$, des Vektorraums der reellen Polynome vom Grad kleiner gleich 2 in der Variable x. Das Vektorraumelement $f = -5 + 4x + 3x^2$ entspricht einer Linearkombination der Basiselemente und zwar:

$$f = -5 + 4x + 3x^2 = -5 \cdot 1 + 4 \cdot x + 3 \cdot x^2$$

In Koordinatendarstellung kann man f also schreiben als

$$\begin{pmatrix} -5 \\ 4 \\ 3 \end{pmatrix}$$

bezüglich der Basis $\mathscr{B}$.

2. Die Menge $\mathscr{B}' = \left\{ 1, x+2, (x+2)^2 \right\}$ ist ebenfalls eine Basis von $\mathbb{R}_2[x]$. Um dies zu zeigen, müssen wir nachweisen, dass die Basiselemente linear unabhängig sind. Wenn wir das getan haben, sind wir fertig, weil wir nach Beispiel 9.12 wissen, dass $\dim_{\mathbb{R}} \mathbb{R}_2[x] = 3$. Wir stellen die Elemente der Basis $\mathscr{B}'$ in Koordinatendarstellung bezüglich der Basis $\mathscr{B}$ dar:

$$b_1' = 1 = 1 \cdot 1 + 0 \cdot x + 0 \cdot x^2 \Longrightarrow b_1' = (1,0,0)^T$$

$$b_2' = x+2 = 2 \cdot 1 + 1 \cdot x + 0 \cdot x^2 \Longrightarrow b_2' = (2,1,0)^T$$

und

$$b_3' = (x+2)^2 = 4 \cdot 1 + 4 \cdot x + 1 \cdot x^2 \Longrightarrow b_3' = (4,4,1)^T$$

In Koordinatendarstellung bzgl. $\mathscr{B}$ können wir die Elemente aus $\mathscr{B}'$ also schreiben als

$$\mathscr{B}' = \left\{ \begin{pmatrix} 1 \\ 0 \\ 0 \end{pmatrix}, \begin{pmatrix} 2 \\ 1 \\ 0 \end{pmatrix}, \begin{pmatrix} 4 \\ 4 \\ 1 \end{pmatrix} \right\}.$$

Um zu zeigen, dass diese Vektoren linear unabhängig sind, $\mathscr{B}'$ also eine Basis ist, berechnen wir nach dem Aufgepasst-Kasten in Abschnitt 9.3 die Determinante der Matrix $\left(b_1' | b_2' | b_3' \right)$:

$$\det \begin{pmatrix} 1 & 2 & 4 \\ 0 & 1 & 4 \\ 0 & 0 & 1 \end{pmatrix} = 1 \cdot 1 \cdot 1 = 1 \neq 0$$

weil man für Dreiecksmatrizen zur Berechnung der Determinante die Diagonalelemente multipliziert. Es ist also $\mathscr{B}'$ eine von $\mathscr{B}$ verschiedene Basis von $\mathbb{R}_2[x]$.

3. Wir betrachten das Element $f = -5 + 4x + 3x^2 \in \mathbb{R}_2[x]$, das bezüglich der Basis $\mathscr{B}$ die Koordinatendarstellung $(-5,4,3)^T$ besitzt, wie wir in 1. berechnet haben. Wir wollen nun f in der Basis $\mathscr{B}'$ darstellen. Man findet leicht

$$f = 1 \cdot (x+2)^2 + 0 \cdot (x+2) - 9 \cdot 1,$$

sodass f bezüglich $\mathscr{B}'$ die Koordinatendarstellung

$$\begin{pmatrix} 1 \\ 0 \\ -9 \end{pmatrix}$$

besitzt. Wir sehen, dass diese sich von der bezüglich der Basis $\mathscr{B}$ unterscheidet.

Sei V ein n-dimensionaler $\mathbb{K}$-Vektorraum mit Basis $\mathscr{B} = \{b_1, ..., b_n\}$. Die Abbildung $\varphi_\mathscr{B} : V \to \mathbb{K}^n$ definiert durch

$$v = \sum_{i=1}^{n} v_i b_i \mapsto \begin{pmatrix} v_1 \\ \vdots \\ v_n \end{pmatrix},$$

die jedem Vektor v einen Koordinatenvektor von v bezüglich der Basis $\mathscr{B}$ zuordnet, ist ein Isomorphismus. Sie heißt *Koordinatenabbildung*. Wir haben diese Abbildung im obigen Beispiel auf natürliche Weise benutzt, um das Polynom f bezüglich der Basen $\mathscr{B}$ bzw. $\mathscr{B}'$ in Koordiantendarstellung zu schreiben. Aus der Tatsache, dass die Abbildung $\varphi_\mathscr{B}$ ein Isomorphismus ist, folgt, dass alle n-dimensionalen $\mathbb{K}$-Vektorräume isomorph – aus algebraischer Sicht also identisch – sind zum $\mathbb{K}^n$.

Beispiel 9.16

Wir wollen die Koordinatenabbildung $\varphi_\mathscr{B}$ für den vierdimensionalen $\mathbb{R}$-Vektorraum $M(2 \times 2, \mathbb{R})$ mit Basis

$$\mathscr{B} = \left\{ \begin{pmatrix} 1 & 0 \\ 0 & 0 \end{pmatrix}, \begin{pmatrix} 0 & 1 \\ 0 & 0 \end{pmatrix}, \begin{pmatrix} 0 & 0 \\ 1 & 0 \end{pmatrix}, \begin{pmatrix} 0 & 0 \\ 0 & 1 \end{pmatrix} \right\}$$

angeben. Das Vektorraumelement $\begin{pmatrix} a & b \\ c & d \end{pmatrix}$ ergibt sich durch Linearkombination aus den Basiselementen von $\mathscr{B}$ zu:

$$\begin{pmatrix} a & b \\ c & d \end{pmatrix} = a \cdot \begin{pmatrix} 1 & 0 \\ 0 & 0 \end{pmatrix} + b \cdot \begin{pmatrix} 0 & 1 \\ 0 & 0 \end{pmatrix} + c \cdot \begin{pmatrix} 0 & 0 \\ 1 & 0 \end{pmatrix} + d \cdot \begin{pmatrix} 0 & 0 \\ 0 & 1 \end{pmatrix}.$$

Die Koordinatendarstellung von $\begin{pmatrix} a & b \\ c & d \end{pmatrix}$ bezüglich der Basis $\mathscr{B}$ ist also $(a, b, c, d)^T$. Die Koordinatenabbildung ist folglich gegeben durch

$$\varphi_\mathscr{B} : M(2 \times 2, \mathbb{R}) \to \mathbb{R}^4, \quad \begin{pmatrix} a & b \\ c & d \end{pmatrix} \mapsto \begin{pmatrix} a \\ b \\ c \\ d \end{pmatrix}.$$

Wir sehen, dass $M(2 \times 2, \mathbb{R}) \cong \mathbb{R}^4$.

Aufgepasst!

Häufig soll in Aufgaben überprüft werden, ob eine Menge von Polynomen oder Matrizen eine Basis für den Vektorraum aller Polynome vom Grad kleiner gleich n oder den Vektorraum aller $n \times n$-Matrizen ist. Es lohnt sich stets, die gegebenen Elemente in Koordinatendarstellung zu überführen und mittels der Determinante der Koeffizientenmatrix die lineare Unabhängigkeit zu prüfen, wie im Beispiel 9.15 vorgeführt. Die Anzahl der Elemente in der Menge rechtfertig man zumeist über die Dimension. Mitunter lohnt sich dazu der Einbezug des folgenden Satzes.

Satz 9.17 (Dimensionssatz). Seien U, W endlichdimensionale Untervektorräume des $\mathbb{K}$-Vektorraums V. Dann gilt:

$$\dim_{\mathbb{K}} (U + W) = \dim_{\mathbb{K}} (U) + \dim_{\mathbb{K}} (W) - \dim_{\mathbb{K}} (U \cap W)$$

Aufgabe 9.18: H08-T1-A2

 Folgende Teilaufgaben:

(a) Es seien W_1 und W_2 Untervektorräume eines reellen Vektorraums V. Wie lautet die Dimensionsformel für Summe $W_1 + W_2$ und Durchschnitt $W_1 \cap W_2$ von W_1 und W_2?

(b) Welche Dimension kann $W_1 \cap W_2$ haben, wenn $\dim(W_1) = \dim(W_2) = 3$ und $V = \mathbb{R}^5$ ist? Belegen Sie jeden möglichen Wert von $\dim(W_1 \cap W_2)$ durch ein Beispiel.

Lösungsvorschlag: Ad (a): Nach dem Dimensionssatz gilt

$$\dim(W_1 + W_2) = \dim(W_1) + \dim(W_2) - \dim(W_1 \cap W_2).$$

Ad (b): Zunächst gilt nach Voraussetzung $\dim(W_1 + W_2) \leq \dim(V) = 5$. Wir stellen obigen Zusammenhang nach $W_1 \cap W_2$ um und erhalten

$$\dim(W_1 \cap W_2) = \underbrace{\dim(W_1)}_{=3} + \underbrace{\dim(W_2)}_{=3} - \underbrace{\dim(W_1 + W_2)}_{\leq 5} \geq 6 - 5 = 1.$$

Da zusätzlich jedoch $\dim(W_1 \cap W_2) \leq \dim(W_1) = 3$ gelten muss, gibt es also nur die Möglichkeiten

$$\dim(W_1 \cap W_2) \in \{1, 2, 3\}.$$

Für die Beispiele arbeiten wir mit der kanonischen Basis $\{\mathbf{e}_1, \ldots, \mathbf{e}_5\}$ des $\mathbb{R}^5$:

- Mit $W_1 := \text{span}(\mathbf{e}_1, \mathbf{e}_2, \mathbf{e}_3)$ und $W_2 := \text{span}(\mathbf{e}_3, \mathbf{e}_4, \mathbf{e}_5)$ erhalten wir zwei dreidimensionale Untervektorräume des $\mathbb{R}^5$ mit

$$W_1 \cap W_2 = \text{span}(\mathbf{e}_3),$$

  also $\dim(W_1 \cap W_2) = 1$.

- Mit $W_1 := \text{span}(\mathbf{e}_1, \mathbf{e}_2, \mathbf{e}_3)$ und $W_2 := \text{span}(\mathbf{e}_2, \mathbf{e}_3, \mathbf{e}_4)$ erhalten wir zwei dreidimensionale Untervektorräume des $\mathbb{R}^5$ mit

$$W_1 \cap W_2 = \text{span}(\mathbf{e}_2, \mathbf{e}_3),$$

  also $\dim(W_1 \cap W_2) = 2$.

- Mit $W_1 := \text{span}(\mathbf{e}_1, \mathbf{e}_2, \mathbf{e}_3)$ und $W_2 = W_1$ erhalten wir trivialerweise $W_1 \cap W_2 = W_1$, also $\dim(W_1 \cap W_1) = 3$.

9.5 Praxisteil

Aufgabe 9.19: F15-T1-A2

Sei $P_3 = \{p = a_0 + a_1X + a_2X^2 + a_3X^3 : a_0, a_1, a_2, a_3 \in \mathbb{R}\}$ der reelle Vektorraum aller reellen Polynome vom Grad höchstens 3.

(a) Zeigen Sie: $U = \{p \in P_3 : p(1) = 0\}$ ist ein Untervektorraum von P_3.

(b) Zeigen Sie: $\mathscr{B} = \{X - 1, X^2 - 1, X^3 - 1\}$ ist eine Basis von U.

(c) Geben Sie die Abbildungsvorschrift des durch die (angeordnete) Basis $\mathscr{B}$ aus Teil (b) gegebenen Vektorraumisomorphismus $\varphi_{\mathscr{B}} : \mathbb{R}^3 \to U$ an.

Lösungsvorschlag: Ad (a): Zunächst ist U nicht leer, denn das Nullpolynom ist in jedem Fall in U enthalten. Seien ferner $p, q \in U$, d.h., $p(1) = q(1) = 0$. Dann gilt für alle $\lambda \in \mathbb{R}$, dass

$$(p + \lambda q)(1) = p(1) + \lambda q(1) = 0 + \lambda \cdot 0 = 0.$$

Damit ist auch $p + \lambda q \in U$ und U ein Untervektorraum von P_3.

Ad (b): Die Standardbasis B von P_3 ist nach Beispiel 9.12 gegeben durch $B = \{1, X, X^2, X^3\}$. Es ist nun

$$p(1) = 0 \iff a_0 + a_1 + a_2 + a_3 = 0 \iff a_0 = -a_1 - a_2 - a_3.$$

Für alle $p \in U$ gilt also:

$$
\begin{aligned}
p &= a_0 + a_1X + a_2X^2 + a_3X^3 \\
&= (-a_1 - a_2 - a_3) + a_1X + a_2X^2 + a_3X^3 \\
&= a_1(X - 1) + a_2(X^2 - 1) + a_3(X^3 - 1).
\end{aligned}
$$

Jedes Element $p \in U$ kann daher mit den Elementen aus $\mathscr{B}$ mittels Linearkombination erzeugt werden. Zu zeigen bleibt, dass die Elemente aus $\mathscr{B}$ linear unabhägig sind. Dazu nutzen wir hier die Definition: Für $\alpha, \beta, \gamma \in \mathbb{R}$ folgt aus

$$
\begin{aligned}
\alpha(X - 1) + \beta(X^2 - 1) + \gamma(X^3 - 1) &= 0 \\
\alpha X + \beta X^2 + \gamma X^3 &= \alpha + \beta + \gamma,
\end{aligned}
$$

dass $\alpha = \beta = \gamma = 0$, wie man leicht mittels Koeffizientenvergleich beider Seiten sieht. Damit ist $\mathscr{B}$ eine Basis von U und $\dim_{\mathbb{R}} U = 3$. Es ist demnach $U \cong \mathbb{R}^3$.

Ad (c): Die Abbildung $\varphi_{\mathscr{B}} : \mathbb{R}^3 \to U$ ist die Umkehrabbildung der eingeführten Koordinatenabbildung $U \to \mathbb{R}^3$. Sie ist demnach definiert durch die Abbildungsvorschrift

$$\varphi_{\mathscr{B}} \begin{pmatrix} v_1 \\ v_2 \\ v_3 \end{pmatrix} = \sum_{i=1}^{3} v_i b_i,$$

wobei $b_1 = X - 1$, $b_2 = X^2 - 1$ und $b_3 = X^3 - 1$.

Im $\mathbb{R}$-Vektorraum V aller reellen Polynome p mit $\mathrm{Grad}(p) \leq 3$ betrachte man den von

$$p_1 = X^3 - X^2, \qquad p_2 = X^3 - X, \qquad p_3 = X^2 - X \qquad \text{und} \qquad p_4 = X^3 - 1$$

erzeugten Untervektorraum U von V.

(a) Man zeige: U ist die Menge aller Polynome $p \in V$, die eine Nullstelle bei 1 besitzen.

(b) Man wähle aus p_1, p_2, p_3, p_4 eine Basis von U aus und ergänze diese zu einer Basis von V.

Lösungsvorschlag: Der Übersichtlichkeit zuliebe stellen wir die Vektoren p_1 bis p_4 zunächst bezüglich der Monombasis $\{1, X, X^2, X^3\}$ dar. Es ist z.B. $p_1 = 0 \cdot 1 + 0 \cdot X - 1 \cdot X^2 + 1 \cdot X^3$, also $p_1 = (0, 0, -1, 1)^T$ usw:

$$p_1 = \begin{pmatrix} 0 \\ 0 \\ -1 \\ 1 \end{pmatrix} \qquad p_2 = \begin{pmatrix} 0 \\ -1 \\ 0 \\ 1 \end{pmatrix} \qquad p_3 = \begin{pmatrix} 0 \\ -1 \\ 1 \\ 0 \end{pmatrix} \qquad p_4 = \begin{pmatrix} -1 \\ 0 \\ 0 \\ 1 \end{pmatrix}$$

Ad (a): Sei M die Menge aller Polynome $p \in V$, die eine Nullstelle bei 1 besitzen. Zu zeigen ist also $M = U$. Die Inklusion $U \subseteq M$ ist trivial, wegen $p_1(1) = p_2(1) = p_3(1) = p_4(1) = 0$, also $p_1, p_2, p_3, p_4 \in M$ und insbesondere $\langle p_1, p_2, p_3, p_4 \rangle \subseteq M$.

Nun zur Inklusion $M \subseteq U$. Sei $p \in M$ beliebig, dann gibt es $a, b, c, d \in \mathbb{R}$ mit

$$p = aX^3 + bX^2 + cX + d,$$

und aus $p(1) = 0$ erhalten wir die Gleichung $0 = a + b + c + d$ bzw. $d = -(a + b + c)$. Das Polynom p besitzt also ferner die Gestalt

$$p = aX^3 + bX^2 + cX - (a + b + c) = \begin{pmatrix} -a - b - c \\ c \\ b \\ a \end{pmatrix},$$

und wir wollen zeigen, dass $p \in \langle p_1, p_2, p_3, p_4 \rangle$, dass sich p also linear aus den gegebenen Polynomen kombinieren lässt. Wir setzen mit einer allgemeinen Linearkombination an, wobei $\lambda_1, \lambda_2, \lambda_3, \lambda_4 \in \mathbb{R}$:

$$p = \lambda_1 p_1 + \lambda_2 p_2 + \lambda_3 p_3 + \lambda_4 p_4$$

Nach Einsetzen der Darstellungen bezüglich der Monombasis gelangen wir also auf das Gleichungssystem:

$$\begin{aligned}
-\lambda_4 &= -a - b - c \\
-\lambda_2 - \lambda_3 &= c \\
-\lambda_1 + \lambda_3 &= b \\
\lambda_1 + \lambda_2 + \lambda_4 &= a
\end{aligned}$$

Aus der ersten Gleichung erhalten wir direkt $\lambda_4 = a+b+c$, sodass sich dieses Gleichungssystem reduziert auf:

$$\begin{aligned}
-\lambda_2 - \lambda_3 &= c \\
-\lambda_1 + \lambda_3 &= b \\
\lambda_1 + \lambda_2 &= -b-c
\end{aligned}$$

Wir sehen nun, dass die dritte Gleichung das (-1)-Fache der Summe der ersten beiden Gleichungen ist, die dritte Gleichung ist also obsolet. Wir erhalten damit:

$$\begin{aligned}
-\lambda_2 - \lambda_3 &= c \\
-\lambda_1 + \lambda_3 &= b
\end{aligned}$$

Dieses Gleichungssystem ist nun einfach überbestimmt, wir dürfen also einen Parameter frei wählen. Der Einfachheit halber wählen wir $\lambda_3 =: \lambda \in \mathbb{R}$ frei. Damit erhalten wir schlussendlich unsere Parameterschar:

$$\begin{aligned}
\lambda_1 &= \lambda - b \\
\lambda_2 &= c - \lambda \\
\lambda_3 &= \lambda \\
\lambda_4 &= a+b+c
\end{aligned}$$

Die gesuchte Linearkombination ist also

$$p = (\lambda - b)p_1 - (c+\lambda)p_2 + \lambda p_3 + (a+b+c)p_4.$$

Der geneigte Leser darf an dieser Stelle eigenständig verifizieren, dass obige Linearkombination unabhängig von $\lambda \in \mathbb{R}$ immer auf das Polynom p führt. Wegen $p \in M$ beliebig, können wir also aus p_1, p_2, p_3 und p_4 ganz M erzeugen, d.h., $M \subseteq U$.

Ad (b): Wir wählen $\mathscr{B}_U = \{p_2, p_3, p_4\}$ als Basis von U. Dass dies tatsächlich eine Basis ist, sieht man so: Für beliebige $\lambda_{2,3,4} \in \mathbb{R}$ folgt aus

$$\lambda_2 p_2 + \lambda_3 p_3 + \lambda_4 p_4 = \begin{pmatrix} -\lambda_4 \\ -\lambda_2 - \lambda_3 \\ \lambda_3 \\ \lambda_2 + \lambda_4 \end{pmatrix} \overset{!}{=} \begin{pmatrix} 0 \\ 0 \\ 0 \\ 0 \end{pmatrix}$$

sofort $\lambda_2 = \lambda_3 = \lambda_4 = 0$. Um nun $\mathscr{B}_U$ zu einer Basis von V zu ergänzen, fehlt wegen $\dim(V) = 4$ genau ein weiterer Vektor. Um die lineare Unabhängigkeit jedoch aufrechtzuerhalten, werfen wir einen Blick in die obige Linearkombination. Nehmen wir das Polynom

$$\tilde{p} = \begin{pmatrix} 0 \\ 0 \\ 1 \\ 0 \end{pmatrix} = X^2$$

hinzu, dann führt dies auf die Matrix

$$A = (p_1|p_2|p_3|\tilde{p}) = \begin{pmatrix} 0 & 0 & -1 & 0 \\ -1 & -1 & 0 & 0 \\ 0 & 1 & 0 & 1 \\ 1 & 0 & 1 & 0 \end{pmatrix}$$

mit $\det(A) = -1$. Die Vektoren sind also linear unabhängig.

Alternativ sieht man dies wie folgt: Nehmen wir das Polynom $\tilde{p} = X^2$ hinzu, so können wir $X = -p_3 - \tilde{p}$ erzeugen. Damit erhalten wir dann $X^3 = p_2 + X$ und daraus $1 = X^3 - p_4$. Wir können also jeden Vektor der Monombasis $\{1, X, X^2, X^3\}$ erzeugen und damit natürlich auch ganz V. Als 4-elementiges Erzeugendensystem eines 4-dimensionalen Vektorraums ist es natürlich auch linear unabhängig und somit eine Basis.

Aufgabe 9.21: F19-T3-A4

 Sei V ein reeller Vektorraum.

(a) Geben Sie eine Definition für die lineare Unabhängigkeit von $v_1, \ldots, v_n \in V$ ($n \in \mathbb{N}$) an.

(b) Zeigen Sie: Sind $v_1, \ldots, v_n \in V$ ($n \in \mathbb{N}$) linear unabhängig, und ist

$$v_{n+1} \in V \setminus \mathrm{span}(v_1, \ldots, v_n),$$

so sind $v_1, \ldots, v_{n+1}$ ebenfalls linear unabhängig.

(c) Zeigen Sie durch vollständige Induktion nach n:
Besitzt V kein endliches Erzeugendensystem (d.h., für jede endliche Menge $M \subseteq V$ ist $\mathrm{span}(M) \neq V$), so existiert für jedes $n \in \mathbb{N}$ eine n-elementige linear unabhängige Teilmenge von M_n von V.

Lösungsvorschlag: Ad (a): Seien $\lambda_1, \ldots, \lambda_n \in \mathbb{R}$. Die Menge $\{v_1, \ldots, v_n\}$ heißt linear unabhängig, falls gilt:

$$\sum_{i=1}^{n} \lambda_i v_i = 0 \implies \forall i \in \{1, \ldots, n\}: \lambda_i = 0$$

Ad (b): Wir führen einen Widerspruchsbeweis. Angenommen, die Menge $\{v_1, \ldots, v_{n+1}\}$ sei linear abhängig. Dann gibt es $\lambda_i \in \mathbb{R}$ mit $i \in \{1, \ldots, n+1\}$, sodass

$$\lambda_1 v_1 + \cdots + \lambda_{n+1} v_{n+1} = 0,$$

wobei nicht alle Koeffizienten λ_n gleichzeitig 0 sein können. Wäre nun $\lambda_{n+1} = 0$, so folgte

$$\lambda_1 v_1 + \cdots + \lambda_n v_n = 0$$

und aus der linearen Unabhängigkeit von $\{v_1, \ldots, v_n\}$ weiter $\lambda_1 = \cdots = \lambda_n = 0$. Also wäre in diesem Fall $\lambda_i = 0$ für alle $i \in \{1, \ldots, n\}$ im Widerspruch zur Annahme. Es muss daher $\lambda_{n+1} \neq 0$. Dann können wir aber umstellen und erhalten

$$v_{n+1} = -\frac{\lambda_1}{\lambda_{n+1}} v_1 - \cdots - \frac{\lambda_n}{\lambda_{n+1}} v_n \in \operatorname{span}(v_1, \ldots, v_n),$$

was ebenfalls ein Widerspruch ist.

Ad (c): Der Induktionsanfang für $n = 1$ ist trivial, denn jede einelementige Menge $M \subset V \setminus \{0\}$ ist linear unabhängig.
Induktionsvoraussetzung: Es gibt für ein $n \in \mathbb{N}$ ein solches M_n.
Induktionsschritt: Wir wählen ein beliebiges $v \in V \setminus M_n$ Dieses existiert, denn nach Voraussetzung ist $\operatorname{span}(M_n) \neq V$. Aufgrund der linearen Unabhängigkeit von M_n folgt aus Teilaufgabe (b) nun, dass $M_{n+1} := M \cup \{v\}$ ebenfalls linear unabhängig ist. Dies schließt den Induktionsbeweis ab.

Aufgabe 9.22: F17-T1-A3

Für eine natürliche Zahl $n \geq 1$ sei J_n die Matrix in $\mathbb{R}^{n \times n}$, deren Einträge alle gleich 1 sind. Zum Beispiel ist

$$J_2 = \begin{pmatrix} 1 & 1 \\ 1 & 1 \end{pmatrix}.$$

(a) Berechnen Sie $J_n \cdot J_n$.

(b) Mit E_n werde die Einheitsmatrix im $\mathbb{R}^{n \times n}$ bezeichnet. Sei

$$V := \operatorname{span}_{\mathbb{R}}(E_n, J_n) \subseteq \mathbb{R}^{n \times n}$$

der von E_n und J_n erzeugte Untervektorraum von $\mathbb{R}^{n \times n}$.
Zeigen Sie: Für alle Matrizen $A, B \in V$ gilt $AB \in V$.

Lösungsvorschlag: Ad (a): Nach Voraussetzung ist $(J_n)_{ik} = 1$ für alle $i, k \in \{1, \ldots, n\}$. Also folgt

$$\left(J_n^2 \right)_{ik} = \sum_{j=1}^{n} (J_n)_{ij} \cdot (J_n)_{jk} = \sum_{j=1}^{n} 1 \cdot 1 = n,$$

d.h. $J_n^2 = n \cdot J_n$.

Ad (b): Zunächst halten wir die folgenden Trivialitäten fest:

- $E_n^2 = E_n$

- $E_n J_n = J_n E_n = J_n$

Seien nun $A, B \in V$. Dann gibt es $a_1, a_2 \in \mathbb{R}$, sodass $A = a_1 E_n + a_2 J_n$ und $b_1, b_2 \in \mathbb{R}$, sodass $B = b_1 E_n + b_2 J_n$. Damit erhalten wir:

$$
\begin{aligned}
A \cdot B &= (a_1 E_n + a_2 J_n) \cdot (b_1 E_n + b_2 J_n) \\
&= a_1 b_1 E_n + (a_1 b_2 + a_2 b_1) J_n + a_2 b_2 J_n^2 \\
&\overset{(a)}{=} \underbrace{a_1 b_1}_{=:\tilde{a}} E_n + \overbrace{(a_1 b_2 + a_2 b_1 + n a_2 b_2)}^{\tilde{b}} J_n \\
&= \tilde{a} E_n + \tilde{b} J_n \in V
\end{aligned}
$$

Aufgabe 9.23: H13-T3-A2

Es sei $\mathbb{R}^{3\times 3}$ der Vektorraum der reellen 3×3 Matrizen. Weiter seien

$$
M = \{ A \in \mathbb{R}^{3\times 3} \mid \det(A) = 0 \} \qquad \text{und} \qquad N = \{ A \in \mathbb{R}^{3\times 3} \mid A^T = -A \}.
$$

(a) Untersuchen Sie, ob M bzw. N einen Unterraum von $\mathbb{R}^{n\times n}$ bilden.

(b) Untersuchen Sie, ob N eine Teilmenge von M ist, bzw. ob M eine Teilmenge von N ist.

Lösungsvorschlag: Ad (a): Die Menge M ist offensichtlich nicht additiv abgeschlossen. Wir betrachten

$$
A = \begin{pmatrix} 1 & 0 & 0 \\ 0 & 0 & 0 \\ 0 & 0 & 0 \end{pmatrix} \quad \text{und } B = \begin{pmatrix} 0 & 0 & 0 \\ 0 & 1 & 0 \\ 0 & 0 & 1 \end{pmatrix}.
$$

Es ist $\det(A) = \det(B) = 0$, also $A, B \in M$, aber

$$
A + B = \begin{pmatrix} 1 & 0 & 0 \\ 0 & 0 & 0 \\ 0 & 0 & 0 \end{pmatrix} + \begin{pmatrix} 0 & 0 & 0 \\ 0 & 1 & 0 \\ 0 & 0 & 1 \end{pmatrix} = \begin{pmatrix} 1 & 0 & 0 \\ 0 & 1 & 0 \\ 0 & 0 & 1 \end{pmatrix} \implies \det(A + B) = 1,
$$

also $A + B \notin M$.

Die Menge N hingegen ist ein Unterraum. Es ist

- $\begin{pmatrix} 0 & 0 & 0 \\ 0 & 0 & 0 \\ 0 & 0 & 0 \end{pmatrix} \in N$, also N nicht leer.

- Seien $A, B \in N$ und $\lambda \in \mathbb{R}$. Dann gilt $(\lambda A + B)^T = (\lambda A)^T + B^T = -\lambda A - B = -(\lambda A + B)$, also ist $\lambda A + B \in N$.

Ad (b): Es ist $N \subseteq M$, denn für $A \in N$ gilt

$$
\det(A) = \det(A^T) = \det(-A) = (-1)^3 \det(A) = -\det(A) \implies \det(A) = 0.
$$

220

Alternativ kann man sich dies auch anschaulich überlegen: Gegeben sei die Matrix

$$A = \begin{pmatrix} a & b & c \\ d & e & f \\ g & h & i \end{pmatrix}.$$

Aus $A \in N$ folgt wegen $A^T = -A$ damit

$$\begin{pmatrix} a & d & g \\ b & e & h \\ c & f & i \end{pmatrix} \stackrel{!}{=} \begin{pmatrix} -a & -b & -c \\ -d & -e & -f \\ -g & -h & -i \end{pmatrix},$$

und da die Einträge alle reell sind, folgt nach einem Koeffizientenvergleich $a = e = f = 0$ und $b = -d$, $g = -c$, $h = -f$. Die Matrix A besitzt daher die Darstellung

$$A = \begin{pmatrix} 0 & b & c \\ -b & 0 & f \\ -c & -f & 0 \end{pmatrix}$$

und damit stets die Determinante 0.

Die umgekehrte Inklusion $M \subseteq N$ ist jedoch falsch. Hier genügt die Angabe eines Gegenbeispiels: Es ist

$$\begin{pmatrix} 1 & 0 & 0 \\ 0 & 0 & 0 \\ 0 & 0 & 0 \end{pmatrix} \in M \backslash N.$$

Aufgabe 9.24: H13-T1-A5

Es sei $a \in \mathbb{R}$ gegeben. Weiter sei U_a der von den folgenden Vektoren aufgespannte Untervektorraum von $\mathbb{R}^5$:

$$\begin{pmatrix} 1 \\ -1 \\ 0 \\ 0 \\ 1 \end{pmatrix}, \quad \begin{pmatrix} 1 \\ 1 \\ 0 \\ 1 \\ 1 \end{pmatrix}, \quad \begin{pmatrix} 1 \\ 0 \\ 0 \\ -1 \\ a \end{pmatrix}, \quad \begin{pmatrix} 1 \\ 2 \\ 0 \\ 0 \\ 0 \end{pmatrix}$$

(a) Bestimmen Sie in Abhängigkeit von a eine Basis von U_a.

(b) Ergänzen Sie jeweils die Basis von U_a aus (a) zu einer Basis von $\mathbb{R}^5$.

Lösungsvorschlag: Ad (a): Auch wenn die Vektoren etwas unhandlich wirken, so besitzen sie alle die 0 als dritte Komponente. Gemäß des obigen Aufgepasst-Kastens ist die lineare Unabhängigkeit obiger Vektoren also äquivalent zur linearen Unabhängigkeit der Vektoren

$$\begin{pmatrix} 1 \\ -1 \\ 0 \\ 1 \end{pmatrix}, \begin{pmatrix} 1 \\ 1 \\ 1 \\ 1 \end{pmatrix}, \begin{pmatrix} 1 \\ 0 \\ -1 \\ a \end{pmatrix}, \begin{pmatrix} 1 \\ 2 \\ 0 \\ 0 \end{pmatrix},$$

welche wir einfach mithilfe der Determinante prüfen können. Wir wenden den Laplaceschen Entwicklungssatz auf die dritte Zeile an und erhalten

$$\det \begin{pmatrix} 1 & 1 & 1 & 1 \\ -1 & 1 & 0 & 2 \\ 0 & 1 & -1 & 0 \\ 1 & 1 & a & 0 \end{pmatrix} = -\det \begin{pmatrix} 1 & 1 & 1 \\ -1 & 0 & 2 \\ 1 & a & 0 \end{pmatrix} - \det \begin{pmatrix} 1 & 1 & 1 \\ -1 & 1 & 2 \\ 1 & 1 & 0 \end{pmatrix}$$

$$= -(2 - a - 2a) - (2 - 1 - 1 - 2)$$

$$= 3a.$$

Für alle $a \neq 0$ sind die Vektoren also linear unabhängig und bilden damit eine Basis von U_a. Für $a = 0$ liegt einer der Vektoren im Erzeugnis der jeweils anderen. Wir versuchen, den (natürlich nicht länger) von a abhängigen Vektor zu erzeugen. Um die Rechnung zu erleichtern, streichen wir erneut die mit Nullen gefüllte Zeile, die keinerlei relevante Information beinhaltet. Wir betrachten also die Linearkombination

$$\lambda \cdot \begin{pmatrix} 1 \\ -1 \\ 0 \\ 1 \end{pmatrix} + \mu \cdot \begin{pmatrix} 1 \\ 1 \\ 1 \\ 1 \end{pmatrix} + \eta \cdot \begin{pmatrix} 1 \\ 2 \\ 0 \\ 0 \end{pmatrix} = \begin{pmatrix} 1 \\ 0 \\ -1 \\ a = 0 \end{pmatrix},$$

zu lösen ist also das Gleichungssystem

$$\left(\begin{array}{ccc|c} \lambda & \mu & \eta & 1 \\ -\lambda & \mu & 2\eta & 0 \\ 0 & \mu & 0 & -1 \\ \lambda & \mu & 0 & 0 \end{array} \right).$$

Aus der dritten Zeile erhalten wir sofort $\mu = -1$ und damit aus der letzten Zeile $\lambda = 1$. Dies nun eingesetzt in wahlweise die erste oder zweite Zeile liefert $\eta = 1$. In der Tat ist der von a abhängige Vektor also für $a = 0$ eine Linearkombination der anderen Vektoren und deshalb für eine Basis zu exkludieren. Zusammengefasst ist

$$
\bullet \ U_a = \left\{ \begin{pmatrix} 1 \\ -1 \\ 0 \\ 0 \\ 1 \end{pmatrix}, \begin{pmatrix} 1 \\ 1 \\ 0 \\ 1 \\ 1 \end{pmatrix}, \begin{pmatrix} 1 \\ 0 \\ 0 \\ -1 \\ a \end{pmatrix}, \begin{pmatrix} 1 \\ 2 \\ 0 \\ 0 \\ 0 \end{pmatrix} \right\} \quad \text{für alle } a \neq 0 \text{ und}
$$

$$
\bullet \ U_0 = \left\{ \begin{pmatrix} 1 \\ -1 \\ 0 \\ 0 \\ 1 \end{pmatrix}, \begin{pmatrix} 1 \\ 1 \\ 0 \\ 1 \\ 1 \end{pmatrix}, \begin{pmatrix} 1 \\ 2 \\ 0 \\ 0 \\ 0 \end{pmatrix} \right\}.
$$

Ad (b): Wir ergänzen zunächst sämtliche U_a mit $a \neq 0$. Dies ist besonders einfach, da offensichtlich ist, dass man etwa den dritten Einheitsvektor $\mathbf{e}_3 = (0,0,1,0,0)^T$ ergänzen kann. Denn die dritte Komponente von Vektoren aus $\mathbb{R}^5$ trifft aus U_a sonst keiner der Vektoren, außerdem berechnet sich die Determinante anschließend sehr leicht nach dem Laplaceschen Entwicklungssatz, wenn man nach der letzten Spalte entwickelt:

$$
\det \begin{pmatrix} 1 & 1 & 1 & 1 & 0 \\ -1 & 1 & 0 & 2 & 0 \\ 0 & 0 & 0 & 0 & 1 \\ 0 & 1 & -1 & 0 & 0 \\ 1 & 1 & a & 0 & 0 \end{pmatrix} = \det \begin{pmatrix} 1 & 1 & 1 & 1 \\ -1 & 1 & 0 & 2 \\ 0 & 1 & -1 & 0 \\ 1 & 1 & a & 0 \end{pmatrix} \overset{(a)}{=} 3a \neq 0
$$

und die fünf Vektoren sind linear unabhängig.

Wer nun schlau ist, ergänzt U_0 mit den beiden Vektoren aus $U_a \backslash U_0$ für $a \neq 0$ und ist sofort fertig.

Alternativ kann man auch systematisch vorgehen: Für U_0 brauchen wir noch einen zusätzlichen Vektor zu $\mathbf{e}_3$. Wir probieren es mit dem vierten Einheitsvektor $\mathbf{e}_4 = (0,0,0,1,0)^T$. Wir entwickeln zweimal hintereinander nach der letzten Spalte und erhalten

$$
\det \begin{pmatrix} 1 & 1 & 1 & 0 & 0 \\ -1 & 1 & 2 & 0 & 0 \\ 0 & 0 & 0 & 0 & 1 \\ 0 & 1 & 0 & 1 & 0 \\ 1 & 1 & 0 & 0 & 0 \end{pmatrix} = \det \begin{pmatrix} 1 & 1 & 1 & 0 \\ -1 & 1 & 2 & 0 \\ 0 & 1 & 0 & 1 \\ 1 & 1 & 0 & 0 \end{pmatrix} = -\det \begin{pmatrix} 1 & 1 & 1 \\ -1 & 1 & 2 \\ 1 & 1 & 0 \end{pmatrix} = 2.
$$

Somit sind auch in diesem Fall fünf linear unabhängige Vektoren gefunden. Man möge nun denken, man hätte mit der Wahl von $\mathbf{e}_4$ ein glückliches Händchen gehabt. Tatsächlich hätten aber auch die Wahlen $\mathbf{e}, \mathbf{e}_2$ oder $\mathbf{e}_5$ zum Ziel geführt.

10 Lineare Abbildungen

Ein gängiges Prinzip in der Mathematik ist es, mathematische Objekte zu untersuchen, indem man sie mit anderen Objekten vergleicht. Diese Vergleiche geschehen über Abbildungen zwischen ihnen, denen gewisse Eigenschaften zugeschrieben werden können. Für die Kardinalität von $\mathbb{Q}$ etwa denke man an eine Bijektion $\tau : \mathbb{N} \to \mathbb{Q}$, die auf die Gleichmächtigkeit beider Mengen $\mathbb{N}$ und $\mathbb{Q}$ schließen lässt. Alternativ denke man an Kongruenzabbildungen aus der Geometrie. Vereinfacht ausgedrückt, unterscheiden sich kongruente Figuren[9] lediglich in ihrer Lage im Raum und den Bezeichnungen der sie beschreibenden Größen (Eckpunkte, Kreise, ...). Für mathematische Berechnungen (Winkelmaße, Streckenlängen, Flächeninhalte etc.) sind diese beiden Unterschiede jedoch völlig irrelevant, sodass eine Unterscheidung nur „bis auf Kongruenz" überhaupt sinnvoll ist.

Dasselbe Prinzip greift auch in der Algebra, in der Strukturen wie z.B. Körper oder Vektorräume nur „bis auf Isomorphie" unterschieden werden. Die Objekte tragen dann zwar unterschiedliche Bezeichnungen oder werden unterschiedlich notiert, das Rechnen mit ihnen ist jedoch vollkommen identisch. Im vorangegangenen Kapitel hatten wir ausgenutzt, dass

$$M(2 \times 2, \mathbb{R}) \cong \mathbb{R}^4$$

ist. Und intuitiv ist das klar, denn die Elemente beider Mengen sind nur Sammlungen von vier reellen Zahlen in irgendeiner vorab definierten Notation. Ob man eine Matrix in Form einer Tabelle

$$\begin{pmatrix} a & b \\ c & d \end{pmatrix}$$

oder in Form einer Liste

$$\begin{pmatrix} a \\ b \\ c \\ d \end{pmatrix}$$

aufschreibt, sollte keinen Einfluss auf die mit ihr durchführbare Mathematik haben, sofern man die Verknüpfungen entsprechend anpasst. Ausgangspunkt dieser Prinzipien stellen die sog. Homomorphismen dar, die man für alle möglichen algebraischen Strukturen definieren kann. Wir beschränken uns dabei jedoch auf Vektorräume.

10.1 Homomorphismen

Definition 10.1 (Homomorphismus). Seien $\mathbb{K}$ ein Körper und V und W jeweils $\mathbb{K}$-Vektorräume. Eine Abbildung $f : V \to W$ heißt *Homomorphismus* oder *$\mathbb{K}$-lineare Abbildung*, wenn für alle $v, v' \in V$ und $\lambda \in \mathbb{K}$ gilt:

$$f(v + \lambda v') = f(v) + \lambda f(v').$$

Die Menge aller Homomorphismen $V \to W$ bezeichnet man als $\mathrm{Hom}(V, W)$. Ist klar, welcher Körper zu den Vektorräumen V und W gehört, spricht man auch abkürzend von *linearen Abbildungen*.

Wir können diese Definition auch in Worten beschreiben: Es spielt keine Rolle, ob wir mit Vektoren zuerst Operationen durchführen (skalieren, addieren, subtrahieren,...) und anschließend das Ergebnis abbilden oder ob wir zuerst alle Vektoren einzeln abbilden und anschließend im Vektorraum W entsprechende Operationen für die Bilder der Vektoren durchführen. Beides führt auf dasselbe

---

[9]Siehe Beispiel 1.6

© Der/die Autor(en), exklusiv lizenziert durch
Springer-Verlag GmbH, DE, ein Teil von Springer Nature 2021
J. M. Veith und P. Bitzenbauer, *Schritt für Schritt zum Staatsexamen Mathematik*, https://doi.org/10.1007/978-3-662-62948-2_10

Ergebnis, das Rechnen in beiden Strukturen ist also bis auf f (bis auf den Homomorphismus) identisch. Der Homomorphismus stellt insgesamt daher sicher, dass sich die durch die Verknüpfungen etablierten Strukturen auf V und W gleich verhalten.

Beispiel 10.2(H17-T2-A2 Teil a)

 Im $\mathbb{R}$-Vektorraum $\mathbb{R}^{2\times 2}$ aller reellen 2×2-Matrizen werde eine invertierbare Matrix M fest gewählt. Man betrachte die Abbildung

$$f : \mathbb{R}^{2\times 2} \to \mathbb{R}^{2\times 2}, \qquad f(X) = M\left(X + X^T\right).$$

Dabei bezeichne X^T die zu $X \in \mathbb{R}^{2\times 2}$ transponierte Matrix. Man zeige, dass f eine lineare Abbildung ist.

Seien dazu $A, B \in \mathbb{R}^{2\times 2}$ und $\lambda \in \mathbb{K}$. Wir rechnen nach:

$$
\begin{aligned}
f(A + \lambda B) &= M\left((A + \lambda B) + (A + \lambda B)^T\right) \\
&\overset{(1)}{=} M\left(A + \lambda B + A^T + \lambda B^T\right) \\
&= M\left(A + A^T\right) + M\left(\lambda B + \lambda B^T\right) \\
&= M\left(A + A^T\right) + \lambda M\left(B + B^T\right) \\
&= f(A) + \lambda f(B)
\end{aligned}
$$

Dabei haben wir bei (1) die Eigenschaften der Transposition ausgenutzt.

Definition 10.3 (Iso- und Endomorphismus). Sei $f : V \to W$ ein Vektorraum-Homomorphismus. Dann heißt f

- *Isomorphismus*, wenn f bijektiv ist;

- *Endomorphismus*, wenn $V = W$.

Definition 10.4 (Kern und Bild). Sei $f : V \to W$ ein Vektorraum-Homomorphismus. Dann heißt

- $\ker(f) = \{v \in V : f(v) = 0\}$ der *Kern* von f;

- $\mathrm{Im}(f) = \{f(v) : v \in V\}$ das *Bild* von f. Man schreibt auch alternativ Bild(f).

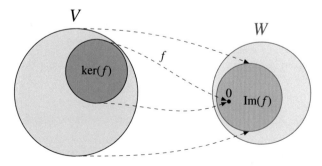

Abbildung 10.1 Visualisierung von Kern und Bild einer linearen Funktion $f : V \to W$.

Es sind $\ker(f) \subset V$ und $\operatorname{Im}(f) \subset W$ jeweils Untervektorräume. Die Dimension von $\ker(f)$ bezeichnet man als *Defekt* von f, die Dimension von $\operatorname{Im}(f)$ bezeichnet man als *Rang* von f. Man schreibt $\operatorname{def}(f)$ bzw. $\operatorname{rg}(f)$.

Satz 10.5 (Rangsatz). Sei $f : V \to W$ ein Vektorraum-Homomorphismus. Dann gilt

$$\dim(V) = \operatorname{def}(f) + \operatorname{rg}(f).$$

10.2 Darstellende Matrizen

Wie wir in Kapitel 8 zu Matrizen erwähnt haben, liegt eine ihrer Anwendungen im Beschreiben linearer Abbildungen. Diesen Punkt möchten wir nun aufgreifen. Dazu betrachten wir zunächst die linearen Abbildungen

$$f : \mathbb{R}^3 \to \mathbb{R}^3, \; v \mapsto 2v + \begin{pmatrix} 0 \\ -1 \\ 0 \end{pmatrix}$$

und

$$g : \mathbb{R}^3 \to \mathbb{R}^3, \; v \mapsto A \cdot v = \begin{pmatrix} 2 & 0 & 0 \\ -1 & 1 & -1 \\ 0 & 0 & 2 \end{pmatrix} \cdot v$$

und rechnen jeweils die Bilder der Vektoren $\mathbf{e}_1$, $\mathbf{e}_2$ und $\mathbf{e}_3$ unter ihnen aus: Es ist

$$\begin{aligned} f(\mathbf{e}_1) &= (2, -1, 0)^T, \\ f(\mathbf{e}_2) &= (0, 1, 0)^T, \\ f(\mathbf{e}_3) &= (0, -1, 2)^T \end{aligned}$$

und ebenso

$$\begin{aligned} g(\mathbf{e}_1) &= (2, -1, 0)^T, \\ g(\mathbf{e}_2) &= (0, 1, 0)^T, \\ g(\mathbf{e}_3) &= (0, -1, 2)^T. \end{aligned}$$

Aufgepasst!

Die Ergebnisse obiger Rechnung geben Anlass zu drei zentralen Feststellungen:

1. Die Abbildungen f und g verhalten sich auf der Basis $\mathscr{B} = \{\mathbf{e}_1, \mathbf{e}_2, \mathbf{e}_3\}$ identisch. Sei nun $v \in \mathbb{R}^3$ ein beliebiger Vektor. Dann gibt es $\lambda_{1,2,3} \in \mathbb{R}^3$, sodass

$$v = \lambda_1 \mathbf{e}_1 + \lambda_2 \mathbf{e}_2 + \lambda_3 \mathbf{e}_3,$$

und da beide Abbildungen linear sind (dies zu überprüfen sei dem Leser als Übung

---

überlassen), können wir folgern

$$\begin{aligned}
f(v) &= f(\lambda_1 \mathbf{e}_1 + \lambda_2 \mathbf{e}_2 + \lambda_3 \mathbf{e}_3) \\
&= \lambda_1 f(\mathbf{e}_1) + \lambda_2 f(\mathbf{e}_2) + \lambda_3 f(\mathbf{e}_3) \\
&= \lambda_1 g(\mathbf{e}_1) + \lambda_2 g(\mathbf{e}_2) + \lambda_3 g(\mathbf{e}_3) \\
&= g(\lambda_1 \mathbf{e}_1 + \lambda_2 \mathbf{e}_2 + \lambda_3 \mathbf{e}_3) \\
&= g(v).
\end{aligned}$$

Die beiden Abbildungen stimmen also auf ganz V überein, bzw. $f = g$. Ganz allgemein können wir sagen: Stimmen zwei lineare Abbilungen auf einer Basis überein, so sind sie bereits identisch. Eine lineare Abbildung ist also bereits **vollständig** über ihre Bilder einer Basis festgelegt.

2. Die zweite wichtige Beobachtung ist: Es war anscheinend möglich, die lineare Abbildung f vollständig durch die Matrix A zu beschreiben.

3. Die dritte und letzte Beobachtung ist, dass die Spalten der Matrix A gerade aus den Vektoren $f(\mathbf{e}_i)$ mit $i = 1, 2, 3$ bestehen.

Satz 10.6 (von der linearen Fortsetzung). Sei $\tau : \mathscr{B} \to W$ eine beliebige Abbildung mit $\tau(v_i) = w_i$, $i \in \{1, \dots, n\}$, wobei $\mathscr{B} = \{v_1, \dots, v_n\} \subset V$ eine Basis von V ist. Dann gibt es genau eine lineare Abbildung $f : V \to W$, sodass $f|_B = \tau$. Man nennt sie *lineare Fortsetzung* von τ.

Wir halten noch einmal allgemein fest: Jeder Vektorraum-Homomorphismus $f : V \to W$ zwischen zwei $\mathbb{K}$-Vektorräumen V und W mit $\dim(V) = n$ und $\dim(W) = m$ kann durch eine Matrix $A \in M(m \times n, \mathbb{K})$ beschrieben werden. Diese Matrix nennt man *Darstellungsmatrix* von f. Diese Beschreibung ist i.A. jedoch nicht eindeutig, sondern bezieht sich auf die in V und W gewählten Basen. Wie man eine solche Darstellung erhält, lässt sich folgendermaßen systematisieren:

1. Man bestimme eine Basis $\mathscr{B} = \{v_1, \dots, v_n\}$ von V und eine Basis $\mathscr{B}' = \{w_1, \dots, w_n\}$ von W.

2. Man bestimme sämtliche Bilder $f(v_1), \dots, f(v_n)$ dieser Basisvektoren und stelle sie bezüglich der Basis $\mathscr{B}'$ dar.

3. Die Darstellungsmatrix $A_{\mathscr{B}'}^{\mathscr{B}}(f)$ von f bezüglich $\mathscr{B}$ und $\mathscr{B}'$ besitzt als Spalten nun die Bilder der Basisvektoren. Wir notieren dabei die Basis des Urbildraums im Exponenten und die Basis des Bildraums im Index. Andere Notationen können etwa $_{\mathscr{B}}A_{\mathscr{B}'}$ oder $A_{\mathscr{B}, \mathscr{B}'}$ sein.

Beispiel 10.7

Auf den Homomorphismus

$$f : \mathbb{R}^3 \to \mathbb{R}^3, \; v \mapsto 2v + \begin{pmatrix} 0 \\ -1 \\ 0 \end{pmatrix}$$

im einleitenden Beispiel übertragen gehen wir also so vor:

1. Wir wählen der Einfachheit zuliebe die kanonische Basen $\mathscr{B} = \mathscr{B}' = \{\mathbf{e}_1, \mathbf{e}_2, \mathbf{e}_3\}$.

2. Wir wissen bereits

$$\begin{array}{rcl}
f(\mathbf{e}_1) & = & (2,-1,0)^T, \\
f(\mathbf{e}_2) & = & (0,1,0)^T, \\
f(\mathbf{e}_3) & = & (0,-1,2)^T.
\end{array}$$

3. Die Darstellung der Bilder in der Basis $\mathscr{B}'$ ist in diesem Fall trivial, da wir die kanonische Basis auch für $W = \mathbb{R}^3$ gewählt haben. Die Vektoren behalten ihre Gestalt. Abschließend schreiben wir alle Bilder nun der Reihe nach als Spalten in eine Matrix:

$$A_{\mathscr{B}}^{\mathscr{B}}(f) = \begin{pmatrix} 2 & 0 & 0 \\ -1 & 1 & -1 \\ 0 & 0 & 2 \end{pmatrix}.$$

Wir wiederholen dieses Vorgehen in einem zweiten Beispiel.

Beispiel 10.8

Wir bestimmen eine Darstellungsmatrix für den Homomorphismus f aus Beispiel 10.2. Sei dazu zunächst ganz allgemein $M = \begin{pmatrix} a & b \\ c & d \end{pmatrix}$. Dann gehen wir analog zum vorherigen Beispiel vor:

1. Als Basen von $\mathbb{R}^{2\times 2}$ wählen wir auch hier die kanonischen Basen:

$$\mathscr{B} = \mathscr{B}' = \left\{ \begin{pmatrix} 1 & 0 \\ 0 & 0 \end{pmatrix}, \begin{pmatrix} 0 & 1 \\ 0 & 0 \end{pmatrix}, \begin{pmatrix} 0 & 0 \\ 1 & 0 \end{pmatrix}, \begin{pmatrix} 0 & 0 \\ 0 & 1 \end{pmatrix} \right\}$$

2. Wir bestimmen nun das Bild des ersten Basisvektors unter f:

$$\begin{array}{rcl}
f\left(\begin{pmatrix} 1 & 0 \\ 0 & 0 \end{pmatrix} \right) & = & \begin{pmatrix} a & b \\ c & d \end{pmatrix} \left(\begin{pmatrix} 1 & 0 \\ 0 & 0 \end{pmatrix} + \begin{pmatrix} 1 & 0 \\ 0 & 0 \end{pmatrix}^T \right) \\[2mm]
& = & \begin{pmatrix} a & b \\ c & d \end{pmatrix} \begin{pmatrix} 2 & 0 \\ 0 & 0 \end{pmatrix} \\[2mm]
& = & \begin{pmatrix} 2a & 0 \\ 2c & 0 \end{pmatrix}
\end{array}$$

und analog die restlichen:

$$f\left(\begin{pmatrix} 0 & 1 \\ 0 & 0 \end{pmatrix} \right) = \begin{pmatrix} b & a \\ d & c \end{pmatrix}$$

$$f\left(\begin{pmatrix} 0 & 0 \\ 1 & 0 \end{pmatrix} \right) = \begin{pmatrix} b & a \\ d & c \end{pmatrix}$$

$$f\left(\begin{pmatrix} 0 & 0 \\ 0 & 1 \end{pmatrix} \right) = \begin{pmatrix} 0 & 2b \\ 0 & 2d \end{pmatrix}.$$

3. Bezüglich der kanonischen Basis $\mathscr{B}$ besitzt etwa

$$f\left(\begin{pmatrix} 1 & 0 \\ 0 & 0 \end{pmatrix}\right) = \begin{pmatrix} 2a & 0 \\ 2c & 0 \end{pmatrix}$$

die Koordinatendarstellung

$$\begin{pmatrix} 2a & 0 \\ 2c & 0 \end{pmatrix} = 2a \cdot \begin{pmatrix} 1 & 0 \\ 0 & 0 \end{pmatrix} + 0 \cdot \begin{pmatrix} 0 & 1 \\ 0 & 0 \end{pmatrix} + 2c \cdot \begin{pmatrix} 0 & 0 \\ 1 & 0 \end{pmatrix} + 0 \cdot \begin{pmatrix} 0 & 0 \\ 0 & 1 \end{pmatrix}$$

$$\overset{\wedge}{=} \begin{pmatrix} 2a \\ 0 \\ 2c \\ 0 \end{pmatrix}.$$

Führt man dies analog für die anderen Bilder durch, so gelangt man schließlich zur Darstellungsmatrix:

$$A_{\mathscr{B}}^{\mathscr{B}}(f) = \begin{pmatrix} 2a & b & b & 0 \\ 0 & a & a & 2b \\ 2c & d & d & 0 \\ 0 & c & c & 2d \end{pmatrix}.$$

Wir wollen uns abschließend noch ein Beispiel für den Fall zweier unterschiedlicher Basen ansehen.

Beispiel 10.9

Betrachten wir den Vektorraum-Homomorphismus

$$f : \mathbb{R}^3 \to \mathbb{R}^2, \quad \begin{pmatrix} x \\ y \\ z \end{pmatrix} \mapsto \begin{pmatrix} 2x - y \\ 3z \end{pmatrix}$$

und die Basen

$$\mathscr{B} = \{v_1, v_2, v_3\} = \left\{ \begin{pmatrix} 1 \\ 1 \\ 0 \end{pmatrix}, \begin{pmatrix} 0 \\ 1 \\ 1 \end{pmatrix}, \begin{pmatrix} 1 \\ 0 \\ 1 \end{pmatrix} \right\}$$

bzw.

$$\mathscr{B}' = \{w_1, w_2\} = \left\{ \begin{pmatrix} 1 \\ 1 \end{pmatrix}, \begin{pmatrix} 1 \\ -1 \end{pmatrix} \right\}.$$

Zunächst bestimmen wir wie üblich die Bilder

$$f(v_1) = \begin{pmatrix} 1 \\ 0 \end{pmatrix}, \quad f(v_2) = \begin{pmatrix} -1 \\ 3 \end{pmatrix}, \quad f(v_3) = \begin{pmatrix} 2 \\ 3 \end{pmatrix}.$$

Diese Bilder stellen wir nun bezüglich der Basis $\mathscr{B}'$ dar (dies führt auf Gleichungssysteme, deren systematisches Lösen wir in Kapitel 11 behandeln werden):

$$\begin{pmatrix} 1 \\ 0 \end{pmatrix} = \tfrac{1}{2} \cdot w_1 + \tfrac{1}{2} \cdot w_2 \overset{\wedge}{=} \begin{pmatrix} \tfrac{1}{2} \\ \tfrac{1}{2} \end{pmatrix}$$

$$\begin{pmatrix} -1 \\ 3 \end{pmatrix} = 1 \cdot w_1 - 2 \cdot w_2 \stackrel{\wedge}{=} \begin{pmatrix} 1 \\ -2 \end{pmatrix}$$

$$\begin{pmatrix} 2 \\ 3 \end{pmatrix} = \tfrac{5}{2} \cdot w_1 - \tfrac{1}{2} \cdot w_2' \stackrel{\wedge}{=} \begin{pmatrix} \tfrac{5}{2} \\ -\tfrac{1}{2} \end{pmatrix}$$

Unsere Darstellungsmatrix nimmt also insgesamt folgende Form an:

$$A_{\mathscr{B}'}^{\mathscr{B}}(f) = \begin{pmatrix} \tfrac{1}{2} & 1 & \tfrac{5}{2} \\ \tfrac{1}{2} & -2 & -\tfrac{1}{2} \end{pmatrix}$$

Die Bestimmung der Darstellungen bezüglich $\mathscr{B}'$, der Nachweis der Linearität von f sowie das Berechnen der Bilder der Basisvektoren sei dem Leser dabei jeweils als Übung überlassen.

10.3 Basiswechsel

Wir haben gesehen, dass man einen Homomorphismus $f : V \to W$ bezüglich zweier Basen $\mathscr{B}$ von V und $\mathscr{B}'$ von W mit einer Matrix $A_{\mathscr{B}'}^{\mathscr{B}}(f)$ darstellen kann. Nun ist es möglich, von dieser Abbildungsmatrix $A_{\mathscr{B}'}^{\mathscr{B}}(f)$ direkt zu einer Darstellungsmatrix $A_{\mathscr{C}}^{\mathscr{B}}(f)$ zu gelangen, wenn $\mathscr{C}$ irgendeine andere Basis von W ist. Dazu benötigt man eine Transformationsmatrix $T_{\mathscr{C}}^{\mathscr{B}'}$, die (unabhängig von f) den Wechsel zwischen den Basen $\mathscr{B}'$ und $\mathscr{C}$ beschreibt. Das Vorgehen ist wie folgt:

1. Man stelle die Vektoren der alten Basis $\mathscr{B}'$ bezüglich der neuen Basis $\mathscr{C}$ dar.

2. Die Transformationsmatrix $T_{\mathscr{C}}^{\mathscr{B}'}$ von $\mathscr{B}'$ nach $\mathscr{C}$ besitzt die Koeffizienten dieser Darstellungen als Spalten.

3. Die Matrix $A_{\mathscr{C}}^{\mathscr{B}}$ erhält man dann über Linksmultiplikation, d.h., $A_{\mathscr{C}}^{\mathscr{B}} = T_{\mathscr{C}}^{\mathscr{B}'} \cdot A_{\mathscr{B}'}^{\mathscr{B}}$.

Aufgepasst!

Als Lernhilfe denke man sich dabei stets, die Basen links oben und rechts unten „zu kürzen".

Beispiel 10.10

Wir greifen Beispiel 10.9 auf, wobei $\mathscr{C} = \{\mathbf{e}_1, \mathbf{e}_2\}$ nun die kanonische Basis des $\mathbb{R}^2$ ist. Es war

$$\mathscr{B}' = \{w_1, w_2\} = \left\{ \begin{pmatrix} 1 \\ 1 \end{pmatrix}, \begin{pmatrix} 1 \\ -1 \end{pmatrix} \right\},$$

und man sieht leicht

$$w_1 = 1 \cdot \mathbf{e}_1 + 1 \cdot \mathbf{e}_2,$$

$$w_2 = 1 \cdot \mathbf{e}_1 - 1 \cdot \mathbf{e}_2.$$

Also ist

$$T_{\mathscr{C}}^{\mathscr{B}'} = \begin{pmatrix} 1 & 1 \\ 1 & -1 \end{pmatrix}.$$

Zur Darstellungsmatrix von f bezüglich $\mathscr{B}$ und $\mathscr{C}$ gelangen wir nun via

$$A_{\mathscr{C}}^{\mathscr{B}}(f) = T_{\mathscr{C}}^{\mathscr{B}'} \cdot A_{\mathscr{B}'}^{\mathscr{B}}(f) = \begin{pmatrix} 1 & 1 \\ 1 & -1 \end{pmatrix} \cdot \begin{pmatrix} \frac{1}{2} & 1 & \frac{5}{2} \\ \frac{1}{2} & -2 & -\frac{1}{2} \end{pmatrix} = \begin{pmatrix} 1 & -1 & 2 \\ 0 & 3 & 3 \end{pmatrix}.$$

Diese Matrix entspräche der oberen Matrix, wenn man die Bilder der Basisvektoren direkt in eine Matrix schreiben würde, was gerade das Vorgehen bezüglich der Standardbasis ist.

Analog lässt sich natürlich auch im Urbildraum V eine andere Basis wählen. Wählt man etwa anstelle von $\mathscr{B} \subset V$ eine Basis $\mathscr{D} \subset V$, so erhält man die neue Darstellungsmatrix gemäß

$$A_{\mathscr{C}}^{\mathscr{D}} = A_{\mathscr{C}}^{\mathscr{B}}(f) \cdot \left(T_{\mathscr{D}}^{\mathscr{B}}\right)^{-1} = A_{\mathscr{C}}^{\mathscr{B}}(f) \cdot T_{\mathscr{B}}^{\mathscr{D}}.$$

Mehr als die eben erwähnte Lernhilfe mit dem „Kürzen" der Basen muss man dabei nicht im Hinterkopf behalten – man schreibt die Produkte einfach so hin, dass sie wohldefiniert sind. Intuitiv ist dabei immer klar, dass man einen Basiswechsel stets rückgängig machen kann, indem man umgekehrt die Vektoren der neuen Basis in der alten darstellt.

Satz 10.11. Sei $T_{\mathscr{C}}^{\mathscr{B}}$ eine Transformationsmatrix. Dann ist $T_{\mathscr{C}}^{\mathscr{B}}$ invertierbar, und es gilt

$$\left(T_{\mathscr{C}}^{\mathscr{B}}\right)^{-1} = T_{\mathscr{B}}^{\mathscr{C}}.$$

Wir rechnen abschließend eine Aufgabe, um die bisherigen Kenntnisse zu wiederholen.

Aufgabe 10.12: H19-T3-A4

Für eine lineare Abbildung $F : V_1 \to V_2$ bezeichne $M_{B_2}^{B_1}(F)$ die Darstellungsmatrix von F bezüglich einer Basis B_1 von V_1 und einer Basis B_2 von V_2.
Es seien nun $A := (v_1, v_2, v_3)$ eine Basis eines $\mathbb{R}$-Vektorraums V und

$$B := (v_1 + v_2, v_2 + v_3, v_3 + v_1).$$

(a) Zeigen Sie, dass B ebenfalls eine Basis von V ist.

(b) Sei $\mathrm{id}_V : V \to V : v \mapsto v$ die identische Abbildung. Berechnen Sie die Darstellungsmatrizen $M_A^A(\mathrm{id}_V)$, $M_A^B(\mathrm{id}_V)$, $M_B^A(\mathrm{id}_V)$ sowie $M_B^B(\mathrm{id}_V)$.

Lösungsvorschlag: Ad (a): Die lineare Unabhängigkeit der in B gelisteten Vektoren möge man leicht analog zu Beispiel 9.10 nachprüfen. Wir nutzen diese Aufgabe hingegen, um eine weitere Möglichkeit vorzustellen. Diese scheint zunächst etwas länger, spart aber anschließend bei Teilaufgabe (b) viel Zeit: Wir zeigen, dass B ein Erzeugendensystem von V ist, dann muss es wegen $|B| = 3$ auch linear unabhängig und damit eine Basis von V sein. Dabei gilt: Wenn $\{v_1, v_2, v_3\} \in \mathrm{span}(B)$ ist, so folgt sofort $V = \mathrm{span}(\{v_1, v_2, v_3\}) \subseteq \mathrm{span}(B)$ und wir sind fertig. Wir müssen also aus B nur die Vektoren $v_{1,2,3}$ erzeugen. Wir betrachten etwa für $\lambda_{1,2,3} \in \mathbb{R}$ die Linearkombination

$$
\begin{aligned}
v_1 &= \lambda_1 b_1 + \lambda_2 b_2 + \lambda_3 b_3 \\
&= \lambda_1(v_1 + v_2) + \lambda_2(v_2 + v_3) + \lambda_3(v_1 + v_3) \\
&= (\lambda_1 + \lambda_3)v_1 + (\lambda_1 + \lambda_2)v_2 + (\lambda_2 + \lambda_3)v_3.
\end{aligned}
$$

Ein Koeffizientenvergleich von linker und rechter Seite führt auf das Gleichungssystem

$$
\begin{aligned}
\lambda_1 + \lambda_3 &= 1, \\
\lambda_1 + \lambda_2 &= 0, \\
\lambda_2 + \lambda_3 &= 0,
\end{aligned}
$$

das wir lösen wollen. Wie man Gleichungssysteme systematisch löst, wird in Kapitel 11 besprochen. Wir verweisen an dieser Stelle daher nur auf die Lösung

$$
\lambda_1 = \tfrac{1}{2}, \qquad \lambda_2 = -\tfrac{1}{2}, \qquad \lambda_3 = \tfrac{1}{2},
$$

bzw.

$$
v_1 = \frac{1}{2}b_1 - \frac{1}{2}b_2 + \frac{1}{2}.
$$

Auf analoge Weise erhält man (es ist im Gleichungssystem lediglich die 1 auf der rechten Seite zu tauschen)

$$
\begin{aligned}
v_2 &= \frac{1}{2}b_1 + \frac{1}{2}b_2 - \frac{1}{2}b_3, \\
v_3 &= -\frac{1}{2}b_1 + \frac{1}{2}b_2 + \frac{1}{2}b_3.
\end{aligned}
$$

Wir können also aus B jeden Basisvektor aus A erzeugen, die wiederum jeden Vektor aus V erzeugen können. Dies schließt den Beweis ab.

Ad (b): Der Einfachheit halber schreiben wir $f = \mathrm{id}_V$.

- Für $M_A^A(f)$ erhalten wir wegen $f(v_i) = v_i$, $i \in \{1,2,3\}$ unmittelbar

$$
M_A^A(f) = \begin{pmatrix} 1 & 0 & 0 \\ 0 & 1 & 0 \\ 0 & 0 & 1 \end{pmatrix}.
$$

- Für $M_A^B(f)$ erhalten wir wegen

$$
\begin{aligned}
f(b_1) &= b_1 = v_1 + v_2 \overset{\wedge}{=} (1,1,0)^T, \\
f(b_2) &= b_2 = v_2 + v_3 \overset{\wedge}{=} (0,1,1)^T, \\
f(b_3) &= b_3 = v_1 + v_3 \overset{\wedge}{=} (1,0,1)^T
\end{aligned}
$$

die Darstellungsmatrix

$$
M_A^B(f) = \begin{pmatrix} 1 & 0 & 1 \\ 1 & 1 & 0 \\ 0 & 1 & 1 \end{pmatrix}.
$$

- Für M_B^A erhalten wir mittels Teilaufgabe (a) wegen

$$
\begin{aligned}
f(v_1) &= v_1 = \frac{1}{2}(b_1 + b_3 - b_2), \\
f(v_2) &= v_2 = \frac{1}{2}(b_1 + b_2 - b_3), \\
f(v_3) &= v_3 = \frac{1}{2}(b_2 + b_3 - b_1)
\end{aligned}
$$

die Darstellungsmatrix

$$
M_B^A(f) = \frac{1}{2}\begin{pmatrix} 1 & 1 & -1 \\ -1 & 1 & 1 \\ 1 & -1 & 1 \end{pmatrix}.
$$

- Für $M_B^B(f)$ folgt analog zu $M_A^A(f)$ sofort

$$
M_B^B(f) = \mathbb{E}_n.
$$

10.4 Diagonalisierbarkeit

Da eine Matrix letztlich nur ein Hilfsmittel zur Beschreibung eines mathematischen Objekts ist, die das Rechnen und ganz allgemein den Umgang mit ihm erleichtern soll, und wir zusätzlich gesehen haben, dass die einen Vektorraum-Homomorphismus f beschreibende Matrix A eine von den Basen abhängige Gestalt besitzt, ist es von Interesse, von allen infrage kommenden Gestalten diejenige auszuwählen, mit der man am einfachsten rechnen kann.

Mit anderen Worten: Bezüglich welcher Basis $\mathscr{B} \subset V$ besitzt die Darstellungsmatrix $A_{\mathscr{B}}^{\mathscr{B}}(f)$ eines Endomorphismus $f : V \to V$ eine möglichst simple Form? Die Antwort auf diese Frage lässt sich leicht finden: Das Multiplizieren/Potenzieren von Matrizen sowie das Bestimmen ihrer Determinanten ist besonders einfach, wenn alle bis auf die Diagonaleinträge verschwinden. Unter welchen Umständen es für einen Homomorphismus eine solche Basis gibt, bezüglich der seine Darstellungsmatrix Diagonalgestalt besitzt und wie man diese Basis findet, wird in diesem Abschnitt thematisiert.

Definition 10.13 (Eigenwert und Eigenvektor). Sei $f : V \to V$ ein Endomorphismus eines $\mathbb{K}$-Vektorraums V. Ein Vektor $v \in V \backslash \{0\}$ heißt *Eigenvektor* von f, wenn es ein $\lambda \in \mathbb{K}$ gibt mit

$$
f(v) = \lambda \cdot v.
$$

Das zu diesem Eigenvektor gehörige λ heißt *Eigenwert*.

Ein Eigenvektor ist also ein solcher, der unter der Abbildung f lediglich skaliert wird, der von ihm erzeugte lineare Unterraum bleibt fest. Insbesondere ist jedes andere Element in seinem Erzeugnis ein Eigenvektor zum selben Eigenwert. Eigenvektoren sind daher nicht eindeutig. Beispielsweise kann man eine Spiegelung f an einer Ursprungsgeraden betrachten (Abb. 10.2). Es ist dann klar, dass jeder Vektor v auf der Spiegelachse unverändert bleibt, d.h., $f(v) = v$ gilt und damit v ein Eigenvektor von f zum Eigenwert 1 ist. Ebenso ist klar, dass jeder Vektor w, der auf dieser Achse senkrecht steht, gerade auf das (-1)-Fache von sich selbst abgebildet wird, d.h., $f(w) = -w$ und damit ist ein solcher Vektor w ein Eigenvektor von f zum Eigenwert -1. Wir werden diese Überlegungen im Kapitel zur Geometrie noch einmal aufgreifen.

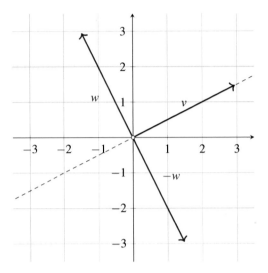

Abbildung 10.2 Die Spiegelung an der gestrichelten Ursprungsgerade bildet w auf $-w$ ab und lässt v invariant.

Durch Umstellen der Eigenwertgleichung sehen wir außerdem, dass

$$0 = f(v) - \lambda v = f(v) - \lambda \cdot \text{id}(v) = (f - \lambda \cdot \text{id})(v),$$

dass also $v \in \ker(f - \lambda \text{id})$ ist oder auf Matrixebene $v \in \ker\left(A_{\mathscr{B}}^{\mathscr{B}}(f) - \lambda \cdot \mathbb{E}_n\right)$, und umgekehrt ist jedes Element dieses Kerns natürlich ein Eigenvektor zu λ. Man nennt diesen Kern daher auch den zu λ gehörigen *Eigenraum*.

Definition 10.14 (Eigenraum). Es sei $f : V \to V$ ein Endomorphismus eines $\mathbb{K}$-Vektorraums V mit Eigenwert $\lambda \in \mathbb{K}$. Dann heißt der Untervektorraum

$$\text{Eig}_f(\lambda) = \ker(f - \lambda \text{id}) \subseteq V$$

der zu λ gehörige *Eigenraum*.

Um Eigenvektoren zu finden, ist also das unterbestimmte Gleichungssystem

$$\left(A_{\mathscr{B}}^{\mathscr{B}}(f) - \lambda \cdot \mathbb{E}_n\right) \cdot v = 0$$

zu lösen. Dieses ist genau dann lösbar, wenn $\det\left(A_{\mathscr{B}}^{\mathscr{B}}(f) - \lambda \cdot \mathbb{E}_n\right) = 0$. Dies führt auf den Begriff des charakteristischen Polynoms.

Definition 10.15 (Charakteristisches Polynom). Sei $A \in M(n \times n, \mathbb{K})$ und $\lambda \in \mathbb{K}$ eine Unbestimmte. Dann heißt

$$\chi_A(\lambda) = \det(A - \lambda \mathbb{E}_n)$$

das *charakteristische Polynom* von A.

Satz 10.16. Seien $A \in M(n \times n, \mathbb{K})$. Dann sind die Eigenwerte von A genau die Nullstellen von $\chi_A(\lambda)$. Ist A eine Darstellungsmatrix eines Endomorphismus $f : V \to V$, so bleibt $\chi_A(\lambda)$ unter Basiswechsel unverändert.

Wir bestimmen einmal exemplarisch sämtliche Eigenwerte und Eigenvektoren der Matrix

$$A = \begin{pmatrix} 1 & 0 & 2 \\ 1 & 1 & 0 \\ 2 & 0 & 1 \end{pmatrix} \in M(3 \times 3, \mathbb{R}).$$

Das charakteristische Polynom bestimmt sich zu

$$
\begin{aligned}
\chi_A(\lambda) &= \det(A - \lambda \mathbb{E}_n) \\
&= \det\left(\begin{pmatrix} 1-\lambda & 0 & 2 \\ 1 & 1-\lambda & 0 \\ 2 & 0 & 1-\lambda \end{pmatrix} \right) \\
&\overset{\text{Sarrus}}{=} (1-\lambda)^3 - 4(1-\lambda) \\
&= (1-\lambda) \cdot ((1-\lambda)^2 - 4) \\
&= (1-\lambda) \cdot (\lambda^2 - 2\lambda - 3) \\
&= (1-\lambda) \cdot (1+\lambda)(\lambda - 3).
\end{aligned}
$$

Die Eigenwerte von A sind also $\lambda_1 = 1$, $\lambda_2 = -1$ und $\lambda_3 = 3$. Um den zu λ_1 gehörigen Eigenvektor v_1 zu bestimmen, bestimmen wir den Kern der Matrix $A - \lambda_1 \mathbb{E}_n$ bzw. lösen das Gleichungssystem $(A - \lambda_1 \mathbb{E}_n)x = 0$:

$$\left(\begin{array}{ccc|c} 0 & 0 & 2x_3 & 0 \\ x_1 & 0 & 0 & 0 \\ 2x_1 & 0 & 0 & 0 \end{array} \right)$$

Man sieht leicht $x_1 = x_3 = 0$, und wir folgern $x = (0, \mu, 0)^T$ mit $\mu \in \mathbb{R}$, bzw.

$$\text{Eig}_A(\lambda_1) = \ker(A - \lambda_1 \mathbb{E}_n) = \left\langle (0, 1, 0)^T \right\rangle.$$

Ein zu λ_1 gehöriger Eigenvektor ist also bspw. $v_1 = (0, 1, 0)^T$.

Für v_2 gehen wir analog vor:

$$\left(\begin{array}{ccc|c} 2x_1 & 0 & 2x_3 & 0 \\ x_1 & 2x_2 & 0 & 0 \\ 2x_1 & 0 & 2x_3 & 0 \end{array} \right) \xrightarrow{(3)-(1)} \left(\begin{array}{ccc|c} 2x_1 & 0 & 2x_3 & 0 \\ x_1 & 2x_2 & 0 & 0 \end{array} \right)$$

Auch dieses Gleichungssystem ist wieder unterbestimmt, wir setzen etwa $x_2 = \tau$. Dann ist $x_1 = -2\tau$ und $x_3 = -x_1 = 2\tau$. Wir folgern

$$\text{Eig}_A(\lambda_2) = \ker(A - \lambda_2 \mathbb{E}_n) = \left\langle (-2, 1, 2)^T \right\rangle$$

und ein zu λ_2 gehöriger Eigenvektor ist bspw. $v_2 = (-2, 1, 2)^T$.

Für v_3 rechnen wir abschließend:

$$\left(\begin{array}{ccc|c} -2x_1 & 0 & 2x_3 & 0 \\ x_1 & 2x_2 & 0 & 0 \\ 2x_1 & 0 & -2x_3 & 0 \end{array} \right) \xrightarrow{(3)+(1)} \left(\begin{array}{ccc|c} -2x_1 & 0 & 2x_3 & 0 \\ x_1 & 2x_2 & 0 & 0 \end{array} \right)$$

Und wie eben wählen wir $x_2 = v$. Dann ist $x_1 = -2v$ und $x_3 = x_1 = 2v$. Wir folgern

$$\text{Eig}_A(\lambda_3) = \ker(A - \lambda_3 \mathbb{E}_n) = \langle (2,1,2)^T \rangle$$

und ein zu λ_3 gehöriger Eigenvektor ist bspw. $v_3 = (2,1,2)^T$.

Wie man leicht nachrechnet, ist $\mathscr{B} = \{v_1, v_2, v_3\}$ mit den Vektoren aus Beispiel 10.17 eine Basis von $\mathbb{R}^3$ gegeben. Wir erlauben uns nun einmal den Spaß, den durch die Matrix A charakterisierten Endomorphismus f in eine Matrix $A^{\mathscr{B}}_{\mathscr{B}}(f)$ zu entwickeln, mehr als das Wissen über die Eigenvektoren benötigen wir dabei nicht. Es ist

$$\begin{aligned}
f(v_1) &= \lambda_1 v_1 + 0 \cdot v_2 + 0 \cdot v_3 \\
f(v_2) &= 0 \cdot v_1 + \lambda_2 \cdot v_2 + 0 \cdot v_3 \\
f(v_3) &= 0 \cdot v_1 + 0 \cdot v_2 + \lambda \cdot v_3
\end{aligned}$$

und deshalb

$$A^{\mathscr{B}}_{\mathscr{B}}(f) = \begin{pmatrix} \lambda_1 & 0 & 0 \\ 0 & \lambda_2 & 0 \\ 0 & 0 & \lambda_3 \end{pmatrix} = \begin{pmatrix} 1 & 0 & 0 \\ 0 & -1 & 0 \\ 0 & 0 & 3 \end{pmatrix}.$$

Damit für einen Endomorphismus eine solche Diagonaldarstellung existiert, war lediglich nötig, dass die Menge der Eigenvektoren eine Basis des Vektorraums bilden.

Definition 10.18 (Diagonalisierbarkeit einer Matrix). Eine Matrix A heißt *diagonalisierbar*, wenn es eine invertierbare Matrix T gibt, sodass TAT^{-1} Diagonalgestalt besitzt.

Definition 10.19 (Algebraische und geometrische Vielfachheit). Sei $A \in M(n \times n, \mathbb{K})$ mit charakteristischem Polynom $\chi_A(\lambda)$. Dann heißt

- die Vielfachheit einer Nullstelle λ_i die *algebraische Vielfachheit des Eigenwerts* λ_i. Man schreibt auch $\alpha(\lambda_i)$.

- $\dim(\text{Eig}_A(\lambda_i))$ die *geometrische Vielfachheit des Eigenwerts* λ_i. Man schreibt auch $\beta(\lambda_i)$.

Wir wissen, dass eine solche Transformationsmatrix T einen Basiswechsel beschreibt, dass also obige Definition bedeutet: Eine Matrix ist diagonalisierbar, wenn sie bezüglich einer Basis Diagonalgestalt besitzt. Diese Basis ist gerade die Eigenbasis (sofern diese überhaupt eine Basis ist). Es stellen sich nun die Fragen, wann eine Basis aus Eigenvektoren existiert und wie die Transformationsmatrix T im Falle der Existenz bestimmt werden kann.

Satz 10.20 (Kriterien für Diagonalisierbarkeit). Eine Matrix $A \in M(n \times n, \mathbb{K})$ ist diagonalisierbar genau dann, wenn eine der folgenden Bedingungen gilt:

1. Das charakteristische Polynom $\chi_A(\lambda)$ zerfällt vollständig in Linearfaktoren und es gilt $\beta(\lambda_i) = \alpha(\lambda_i)$.

2. Die Menge der zu A gehörigen Eigenvektoren bildet eine Basis von $\mathbb{K}^n$.

3. Die Summe aller geometrischen Vielfachheiten ist n.

Wie man systematisch über die Eigenbasis der Matrix zur Transformationsmatrix gelangt, halten wir abschließend noch einmal fest:

Eine diagonalisierbare Matrix lässt sich wie folgt in Diagonalform bringen:

1. Man bestimme mithilfe des charakteristischen Polynoms $\chi_A(\lambda)$ alle Eigenwerte von $A \in M(n \times n, \mathbb{K})$.

2. Man bestimme zu jedem Eigenwert $\lambda_{1,\dots,m}$ die zugehörigen Eigenvektoren $v_{1,\dots,n}$.[a]

3. Man schreibe alle Eigenvektoren in eine Matrix $T = (v_1|\dots|v_n)$. Dies ist der Basiswechsel in die Eigenbasis von A.

4. Es ist dann $T^{-1}AT = \begin{pmatrix} \lambda_1 & & \\ & \ddots & \\ & & \lambda_n \end{pmatrix}$.

[a]Es kann auch vorkommen, dass ein Eigenraum höhere Dimension als 1 besitzt, dass also zu einem Eigenwert gleich mehrere linear unabhängige Basisvektoren des Kerns $\ker(A - \lambda \mathbb{E}_n)$ existieren. Es ist also stets $n \geq m$.

Aufgabe 10.21: H19-T2-A2

Gegeben sei die Matrix

$$A = \begin{pmatrix} 0 & -1 & 1 \\ -2 & 2 & 0 \\ 3 & 0 & 0 \end{pmatrix}.$$

(a) Zeigen Sie, dass $(1,2,3)^T$ ein Eigenvektor von A ist.

(b) Bestimmen Sie alle Eigenwerte von A.

(c) Finden Sie eine invertierbare Matrix $X \in \mathbb{R}^{3 \times 3}$, sodass $X^{-1}AX$ eine Diagonalmatrix ist.

Lösungsvorschlag: Ad (a): Sei v_1 dieser Vektor. Wir rechnen stumpf nach:

$$A \cdot v_1 = \begin{pmatrix} 0 & -1 & 1 \\ -2 & 2 & 0 \\ 3 & 0 & 0 \end{pmatrix} \cdot \begin{pmatrix} 1 \\ 2 \\ 3 \end{pmatrix} = 1 \cdot \begin{pmatrix} 1 \\ 2 \\ 3 \end{pmatrix}$$

und sehen, dass v_1 ein Eigenvektor von A zum Eigenwert $\lambda_1 = 1$ ist.

Ad (b): Wir bestimmen das charakteristische Polynom zu

$$\chi_A(\lambda) \quad = \quad \det(A - \lambda \mathbb{E}_n)$$

$$= \quad \det\left(\begin{pmatrix} -\lambda & -1 & 1 \\ -2 & 2-\lambda & 0 \\ 3 & 0 & -\lambda \end{pmatrix}\right)$$

$$\overset{\text{Sarrus}}{=} \quad \lambda^2(2-\lambda) - 3(2-\lambda) + 2\lambda$$

$$= \quad -\lambda^3 + 2\lambda^2 + 5\lambda - 6.$$

Nach Teilaufgabe (a) wissen wir, dass $\chi_A(1) = 0$, dass also $\chi_A(\lambda)$ den Faktor $(\lambda - 1)$ besitzt. Eine Polynomdivision führt dann zu

$$-\lambda^3 + 2\lambda^2 + 5\lambda - 6 = -(\lambda - 1)(\lambda^2 - \lambda - 6) = -(\lambda - 1)(\lambda + 2)(\lambda - 3)$$

und somit zu den weiteren Eigenwerten $\lambda_2 = -2$ und $\lambda_3 = 3$.

Ad (c): Die Matrix X ist gerade die Transformationsmatrix in die Basis $\{v_1, v_2, v_3\}$, bestehend aus irgendwelchen zu λ_1, λ_2 und λ_3 gehörenden Eigenvektoren, die nun im Folgenden zu bestimmen sind:

- Den Eigenvektor $v_1 = (1, 2, 3)$ kennen wir bereits aus Teilaufgabe (a).

- Für v_2 bestimmen wir wie zuvor $\ker(A - \lambda_2 \mathbb{E}_n)$ bzw. lösen das Gleichungssystem $(A - \lambda_2 \mathbb{E}_n)x = 0$:

$$\left(\begin{array}{ccc|c} 2 & -1 & 1 & 0 \\ -2 & 4 & 0 & 0 \\ 3 & 0 & 2 & 0 \end{array}\right)$$

Wir wählen $x_2 = \mu$ frei und erhalten aus der zweiten Gleichung $x_1 = 2\mu$ und damit aus der dritten Gleichung $x_3 = -3\mu$. Es ist also

$$\ker(A - \lambda_2 \mathbb{E}_n) = \left\langle (2, 1, -3)^T \right\rangle,$$

und ein Eigenvektor ist etwa $v_2 = (2, 1, -3)^T$.

- Für v_3 lösen wir analog $(A - \lambda_3 \mathbb{E}_n)x = 0$:

$$\left(\begin{array}{ccc|c} -3 & -1 & 1 & 0 \\ -2 & -1 & 0 & 0 \\ 3 & 0 & -3 & 0 \end{array}\right)$$

Wir wählen $x_2 = \eta$ frei und erhalten aus der zweiten Gleichung $x_1 = -\frac{\eta}{2}$ und damit aus der dritten Gleichung $x_3 = -\frac{\eta}{2}$. Es ist also

$$\ker(A - \lambda_3 \mathbb{E}_n) = \left\langle \left(-\frac{1}{2}, 1, -\frac{1}{2}\right)^T \right\rangle,$$

und ein Eigenvektor ist etwa $v_3 = (1, -2, 1)^T$.

Nun haben wir alles Nötige für eine Basistransformation: Die Matrix A bezüglich der Standardbasis E transformieren wir nun mittels $T_{\mathscr{B}}^{E}$ in die Basis $\mathscr{B} = \{v_1, v_2, v_3\}$. Da diese Matrix jedoch etwas schwieriger zu bestimmen ist, bestimmen wir stattdessen die dazu inverse Transformationsmatrix $T_{E}^{\mathscr{B}}$ von der Basis $\mathscr{B}$ in die Basis E. Dabei sind die Vektoren $v_{1,2,3} \in \mathscr{B}$ (also die „alte Basis") bezüglich der (neuen) Standardbasis darzustellen. Mit anderen Worten: Wir schreiben sie direkt als Spalten in eine Matrix:

$$T_{E}^{\mathscr{B}} = (v_1 | v_2 | v_3) = \begin{pmatrix} 1 & 2 & 1 \\ 2 & 1 & -2 \\ 3 & -3 & 1 \end{pmatrix}$$

Behält man sich im Hinterkopf, dass man stets die Basen links oben und rechts unten „kürzt", kann man das Matrixprodukt nun nur auf eine einzige Weise hinschreiben. Man erhält

$$T_{\mathscr{B}}^{E} \cdot A_{E}^{E} \cdot T_{E}^{\mathscr{B}} = A_{\mathscr{B}}^{\mathscr{B}} = \begin{pmatrix} 1 & 0 & 0 \\ 0 & -2 & 0 \\ 0 & 0 & 3 \end{pmatrix}.$$

Wegen $T_{\mathscr{B}}^{E} = \left(T_{E}^{\mathscr{B}}\right)^{-1}$ können wir also $X = T_{E}^{\mathscr{B}}$ wählen. Das hier in Teilaufgabe (c) verfolgte Vorgehen entspricht gerade dem in obigem Aufgepasst-Kasten geschilderten Verfahren.

Um auf die Diagonalisierbarkeit einer Matrix zu schließen, muss nicht zwingend eine Basis aus Eigenvektoren berechnet werden. Gelegentlich reocjt ein gründlicher Blick auf die Eigenwerte. Dies zeigt die folgende Aufgabe.

Aufgabe 10.22: F19-T3-A3

 Gegeben sei eine Matrix

$$A = \begin{pmatrix} a & b \\ -b & c \end{pmatrix}$$

mit $a, b, c \in \mathbb{R}$. Beweisen Sie:

(a) Wenn $|a - c| > |2b|$, dann ist A über $\mathbb{R}$ diagonalisierbar.

(b) Wenn $|a - c| < |2b|$, dann ist A über $\mathbb{R}$ nicht diagonalisierbar.

Lösungsvorschlag: Wir berechnen das charakteristische Polynom

$$\begin{aligned} \chi_A(\lambda) &= \det(A - \lambda \mathbb{E}_n) \\ &= \det\left(\begin{pmatrix} a - \lambda & b \\ -b & c - \lambda \end{pmatrix}\right) \\ &= (a - \lambda)(c - \lambda) + b^2 \\ &= \lambda^2 - (a + c)\lambda + ac + b^2. \end{aligned}$$

Dieses besitzt die Nullstellen

$$\lambda_{1,2} = \frac{a + c \pm \sqrt{(a + c)^2 - 4(ac + b^2)}}{2}.$$

Wenn diese beiden Nullstellen reell und verschieden sind, ist A nach Satz 10.20 diagonalisierbar. Wir betrachten die Diskriminante

$$
\begin{aligned}
(a+c)^2 - 4\left(ac+b^2\right) &= a^2 + 2ac + c^2 - 4ac - 4b^2 \\
&= (a-c)^2 - (2b)^2.
\end{aligned}
$$

Wenn nun $|a-c| > |2b|$ ist, so ist $(a-c)^2 > (2b)^2$, und die Diskriminante ist positiv. In diesem Fall sind beide Eigenwerte reell und verschieden. Wenn hingegen $|a-c| < |2b|$ ist, so ist $(a-c)^2 < (2b)^2$, und die Diskriminante ist negativ. In diesem Fall sind beide Eigenwerte komplex und A besitzt über $\mathbb{R}$ keine Eigenwerte.

10.5 Praxisteil

Aufgabe 10.23: H19-T1-A3

Betrachten Sie die folgenden Unterräume:

$$
E = \mathbb{R} \cdot \begin{pmatrix} 1 \\ 1 \\ 1 \end{pmatrix}, \quad F = \mathbb{R} \cdot \begin{pmatrix} 0 \\ -1 \\ 1 \end{pmatrix}, \quad G = \mathbb{R} \cdot \begin{pmatrix} -1 \\ 2 \\ 0 \end{pmatrix} \subseteq \mathbb{R}^3
$$

(a) Zeigen Sie $E + F + G = \mathbb{R}^3$.

(b) Für die lineare Abbildung $f : \mathbb{R}^3 \to \mathbb{R}^3$ gelte:

    (1) E ist Eigenraum zum Eigenwert 2,

    (2) F ist Eigenraum zum Eigenwert -1,

    (3) $G = \operatorname{Kern}(f)$.

Bestimmen Sie die zu f gehörige Matrix im Bezug zur kanonischen Basis $\mathbf{e}_1, \mathbf{e}_2, \mathbf{e}_3 \in \mathbb{R}^3$.

Lösungsvorschlag: Ad (a): Wir wissen, dass

$$
E + F + G = \operatorname{span} \left\{ \begin{pmatrix} 1 \\ 1 \\ 1 \end{pmatrix}, \begin{pmatrix} 0 \\ -1 \\ 1 \end{pmatrix}, \begin{pmatrix} -1 \\ 2 \\ 0 \end{pmatrix} \right\}.
$$

Zu zeigen bleibt wegen

$$
\left| \left\{ \begin{pmatrix} 1 \\ 1 \\ 1 \end{pmatrix}, \begin{pmatrix} 0 \\ -1 \\ 1 \end{pmatrix}, \begin{pmatrix} -1 \\ 2 \\ 0 \end{pmatrix} \right\} \right| = 3
$$

und $\dim \mathbb{R}^3 = 3$, dass die drei Vektoren linear unabhängig sind. Dies sieht man an

$$
\det \begin{pmatrix} 1 & 0 & -1 \\ 1 & -1 & 2 \\ 1 & 1 & 0 \end{pmatrix} = -4 \neq 0,
$$

wegen der Regel von Sarrus.

Ad (b): Es bezeichne $A \in M(3 \times 3, \mathbb{R})$ die gesuchte darstellende Matrix. Die drei Bedingungen liefern nacheinander bezüglich der Standardbasis des $\mathbb{R}^3$:

(1) $A \cdot (1,1,1)^T = 2 \cdot (1,1,1)^T$

(2) $A \cdot (0,-1,1)^T = -1 \cdot (0,-1,1)^T$

(3) $A \cdot (-1,2,0) = (0,0,0)^T$

Wir setzen diese Gleichungen nun explizit um und ermitteln dadurch die einzelnen Einträge $v_{ij} \in \mathbb{R}$ der Matrix $A = (v_1|v_2|v_3)$:

$$A = \begin{pmatrix} v_{1,1} & v_{2,1} & v_{3,1} \\ v_{1,2} & v_{2,2} & v_{3,2} \\ v_{1,3} & v_{2,3} & v_{3,3} \end{pmatrix}$$

Aus Gleichung (3) erhalten wir

$$-v_1 + 2v_2 = (0,0,0)^T$$

bzw. auf Ebene der einzelnen Komponenten

$$2v_{2,j} = v_{1,j} \tag{10.1}$$

für $j \in \{1,2,3\}$. Aus Gleichung (2) erhalten wir

$$-v_2 + v_3 = (0,1,-1)^T$$

bzw. auf Ebene der einzelnen Komponenten

$$v_{3,1} = v_{2,1}, \ v_{3,2} = 1 + v_{2,2} \ \text{und} \ v_{3,3} = v_{2,3} - 1. \tag{10.2}$$

Letztlich nutzen wir Gleichung (1), um

$$v_1 + v_2 + v_3 = (2,2,2)^T$$

und damit $\sum_{i=1}^{3} v_{i,j} = 2$ für $j \in \{1,2,3\}$ zu erhalten. Wir beginnen mit dieser letzten Gleichung für $j = 1$:

$$v_{1,1} + v_{2,1} + v_{3,1} = 2$$

Unter Verwendung von (10.1) liefert dies $v_{2,1} = \frac{1}{2}$ und damit $v_{1,1} = 1$, sowie $v_{3,1} = \frac{1}{2}$. Im Fall $j = 2$:

$$v_{1,2} + v_{2,2} + v_{3,2} = 2$$

und mit (10.2) also $v_{2,2} = \frac{1}{4}$. Folglich $v_{1,2} = \frac{1}{2}$ und $v_{3,2} = \frac{5}{4}$. Aus der letzten Gleichung für $j = 3$, nämlich:

$$v_{1,3} + v_{2,3} + v_{3,3} = 2,$$

erhalten wir unter Verwendung von (10.1) und (10.2) $v_{2,3} = \frac{3}{4}$, $v_{1,3} = \frac{3}{2}$ und $v_{3,3} = -\frac{1}{4}$. Die Matrix A ist demnach gegeben durch

$$A = \begin{pmatrix} 1 & \frac{1}{2} & \frac{1}{2} \\ \frac{1}{2} & \frac{1}{4} & \frac{5}{4} \\ \frac{3}{2} & \frac{3}{4} & -\frac{1}{4} \end{pmatrix}.$$

Das Überprüfen der in der Aufgabenstellung geforderten Bedingungen verbleibt dem Leser.

Für ein festes $n \in \mathbb{N}, n \geq 1$, sei V der Vektorraum der reellen Polynome vom Grad $\leq n$. Sei $S : V \to V$ die Abbildung, die jedem Polynom $p(x)$ das Polynom $p(x-1)$ zuordnet.

(a) Zeigen Sie, dass S eine lineare Abbildung (und damit ein Endomorphismus von V) ist.

(b) Zeigen Sie, dass 0 kein Eigenwert von S ist.

(c) Zeigen Sie, dass 1 ein Eigenwert von S ist, und geben Sie einen zugehörigen Eigenvektor an.

Lösungsvorschlag: Ad (a): S ist linear, denn für $f, g \in V$ und $\lambda \in \mathbb{R}$ ist

$$S(f + \lambda g)(x) = (f + \lambda g)(x-1) \overset{\text{V ist}}{\underset{\text{VR}}{=}} f(x-1) + \lambda g(x-1) = S(f) + \lambda S(g).$$

Ad (b): Angenommen 0 wäre doch ein Eigenwert von S. Dann gäbe es ein $0 \neq p \in V$ von der Form $p(x) = \sum_{i=0}^{n} a_i x^i$, mit $a_i \in \mathbb{R}$, sodass gilt:

$$S(p) = S\left(\sum_{i=0}^{n} a_i x^i\right)$$

$$\overset{(a)}{=} \sum_{i=0}^{n} a_i S\left(x^i\right)$$

$$= \sum_{i=0}^{n} a_i (x-1)^i$$

$$\overset{!}{=} 0$$

Daraus folgt $a_i = 0$ für alle $i \in \{1,..,n\}$ und damit $p \equiv 0$. Widerspruch.
Um diesen Widerspruch zu präzisieren, müssen wir jedoch etwas ausführlicher werden: Die obige Aussage muss für alle $x \in \mathbb{R}$ gelten. Der Fall $x = 1$ ist klar. Aber für den Fall $x \neq 1$ kann man nicht sofort schließen, dass alle Koeffizienten verschwinden. In der Tat ist es aber so, dass ein Polynom, das für alle $x \in \mathbb{R}$ den Wert 0 annimmt, das Nullpolynom ist. Dies sieht man so: Um die $n+1$ Koeffizienten des Grad-n-Polynoms $p = \sum_{i=1}^{n} a_i(x-1)^i$ eindeutig festzulegen, benötigt man $n+1$ unterschiedliche Stellen x_k mit

$$p(x_k) = y_k,$$

wobei $k \in \{1,...,n+1\}$. Mithilfe eines linearen Gleichungssystems können wir die Koeffizienten dann festlegen:

$$
\begin{array}{ccccccccc}
a_0 & + & a_1 x_1 & + & \cdots & + & a_n x_1^n & = & y_1 \\
a_0 & + & a_1 x_2 & + & \cdots & + & a_n x_2^n & = & y_2 \\
& & & & & & & \vdots & \\
a_0 & + & a_1 x_{n+1} & + & \cdots & + & a_n x_{n+1}^n & = & y_{n+1}
\end{array}
$$

Die zugehörige Koeffizientenmatrix

$$
\begin{pmatrix}
1 & x_1 & x_1^2 & \cdots & x_1^n \\
1 & x_2 & x_2^2 & \cdots & x_2^n \\
& & & & \vdots \\
1 & x_{n+1} & x_{n+1}^2 & & x_{n+1}^n
\end{pmatrix}
$$

nennt man Vandermonde-Matrix. Diese Matrix ist für $x_i \neq x_j$ $(i \neq j)$ – wie hier vorausgesetzt wurde – invertierbar, denn ihre Determinante kann man nachweisen zu

$$
\det
\begin{pmatrix}
1 & x_1 & x_1^2 & \cdots & x_1^n \\
1 & x_2 & x_2^2 & \cdots & x_2^n \\
& & & & \vdots \\
1 & x_{n+1} & x_{n+1}^2 & & x_{n+1}^n
\end{pmatrix}
= \prod_{1 \leq i \leq j \leq n+1} (x_j - x_i).
$$

Als invertierbare Matrix ist sie insbesondere injektiv, d.h., sie hat trivialen Kern. Das bedeutet: Wären alle y_k für $k \in \{1, ..., n+1\}$ identisch 0, so wäre $(a_1, ..., a_{n+1})^T = (0, ..., 0)^T$ die einzige mögliche Lösung. Anders ausgedrückt bedeutet das für p:

$$
a_i = 0 \, \forall i \in \{1, ..., n\} \iff p \equiv 0
$$

Dies haben wir hier genutzt. Ad (c): Es ist $p(x) = a_0 \in \mathbb{R} \setminus \{0\}$ Eigenvektor zum Eigenwert 1, denn

$$
S(p) = S(a_0) = 1 \cdot a_0.
$$

Es sei $B \in \mathbb{R}^{2 \times 2}$. Weiter sei

$$
m_B : \mathbb{R}^{2 \times 2} \to \mathbb{R}^{2 \times 2}, \quad A \mapsto BA.
$$

(a) Zeigen Sie, dass m_B eine lineare Abbildung ist und dass m_B genau dann surjektiv ist, wenn $\det(B) \neq 0$.

(b) Es seien nun $t \in \mathbb{R}$ ein Parameter sowie

$$
B = \begin{pmatrix} 2 & t-1 \\ 1 & t \end{pmatrix}.
$$

Bestimmen Sie die Eigenwerte und die zugehörigen Eigenräume von m_B. Bestimmen Sie zudem diejenigen t, für die m_B nicht diagonalisierbar ist.

Lösungsvorschlag: Ad (a): Zunächst ist m_B linear, denn für $C, D \in \mathbb{R}^{2 \times 2}$ und $\lambda \in \mathbb{R}$ gilt

$$
m_B(C + \lambda D) = B \cdot (C + \lambda \cdot D) \overset{\text{Dis.}}{=} B \cdot C + \lambda \cdot B \cdot D = m_B(C) + \lambda m_B(D).
$$

Es bleibt zu zeigen, dass m_B surjektiv ist genau dann, wenn $\det(B) \neq 0$. Dazu zeigen wir zwei Richtungen:

„$\Longrightarrow$": Für die Hin-Richtung sei m_B surjektiv, d.h., für alle $C \in \mathbb{R}^{2\times 2}$ gibt es ein $A \in \mathbb{R}^{2\times 2}$, sodass

$$m_B(A) = B \cdot A = C.$$

Wir wollen zeigen, dass hieraus bereits $\det(B) \neq 0$ folgt. Nehmen wir dazu an, es wäre $\det(B) = 0$. Dann wäre nach dem Determinantenmultiplikationssatz

$$0 = \det(B) \cdot \det(A) = \det(BA) = \det(C),$$

d.h., $\det(C) = 0$. Dies steht aber im Widerspruch zur Surjektivität von m_B, weil das bedeuten würde, dass nur solche 2×2-Matrizen C im Bild von m_B lägen, die verschwindende Determinante besitzen. Es folgt $\det(B) \neq 0$.

„$\Longleftarrow$": Für die Rück-Richtung setzen wir nun $\det(B) \neq 0$ voraus. Wir wollen zeigen, dass das impliziert, dass m_B surjektiv ist.

Zunächst wissen wir wegen $\det(B) \neq 0$, dass die Spaltenvektoren $b_1 = \left(b_1^{(1)}, b_1^{(2)}\right), b_2 = \left(b_2^{(1)}, b_2^{(2)}\right) \in \mathbb{R}^2$ von B linear unabhängig sind und damit eine Basis $\{b_1, b_2\}$ des $\mathbb{R}^2$ bilden $(*)$. Sei

$$C = \begin{pmatrix} c_{11} & c_{12} \\ c_{21} & c_{22} \end{pmatrix} \in \mathbb{R}^{2\times 2}$$

eine beliebige Matrix. Wir wollen zeigen, dass es dann ein Urbild $m_B^{-1}(C)$ von C und m_B gibt, das bedeutet, dass m_B surjektiv ist. Sei dazu

$$A = \begin{pmatrix} \lambda & \mu \\ \sigma & \eta \end{pmatrix} \in \mathbb{R}^{2\times 2}$$

mit $\lambda, \mu, \sigma, \eta \in \mathbb{R}$. Es ist

$$m_B(A) = B \cdot A$$

$$= \begin{pmatrix} b_1^{(1)} & b_2^{(1)} \\ b_1^{(2)} & b_2^{(2)} \end{pmatrix} \cdot \begin{pmatrix} \lambda & \mu \\ \sigma & \eta \end{pmatrix}$$

$$= \begin{pmatrix} \lambda b_1^{(1)} + \sigma b_2^{(1)} & \mu b_1^{(1)} + \eta b_2^{(1)} \\ \lambda b_1^{(2)} + \sigma b_2^{(2)} & \mu b_1^{(2)} + \eta b_2^{(2)} \end{pmatrix}$$

$$\overset{!}{=} \begin{pmatrix} c_{11} & c_{12} \\ c_{21} & c_{22} \end{pmatrix} = C.$$

Dies führt auf ein lineares Gleichungssystem in den vier Unbekannten $\lambda, \mu, \sigma, \eta \in \mathbb{R}$ mit vier Gleichungen:

$$\underbrace{\begin{pmatrix} b_1^{(1)} & 0 & b_2^{(1)} & 0 \\ 0 & b_1^{(1)} & 0 & b_2^{(1)} \\ b_1^{(2)} & 0 & b_2^{(2)} & 0 \\ 0 & b_1^{(2)} & 0 & b_2^{(2)} \end{pmatrix}}_{=:K} \begin{pmatrix} \lambda \\ \mu \\ \sigma \\ \eta \end{pmatrix} = \begin{pmatrix} c_{11} \\ c_{12} \\ c_{21} \\ c_{22} \end{pmatrix}$$

Mittels Laplaceschem Entwicklungssatz – die Umsetzung sei dem Leser überlassen – findet man nach wenigen Schritten, dass die Matrix K wegen

$$\det(K) = \left(b_1^{(2)} b_2^{(1)} - b_1^{(1)} b_2^{(2)}\right)^2$$

$$= \left(b_1^{(1)} b_2^{(2)} - b_1^{(2)} b_2^{(1)}\right)^2$$

$$= \left[\det \begin{pmatrix} b_1^{(1)} & b_1^{(2)} \\ b_2^{(1)} & b_2^{(2)} \end{pmatrix}\right]^2$$

$$= (\det(B))^2$$

$$\overset{(*)}{\neq} 0.$$

invertierbar ist. K stellt auf natürliche Weise eine lineare Abbildung

$$\varphi: \ \mathbb{R}^4 \to \mathbb{R}^4, \ x \mapsto K \cdot x$$

dar, die wegen $\det(K) \neq 0$ injektiv ist. Die Dimensionsformel liefert daher mit $\text{def}(\varphi) = 0$

$$\text{rk}(\varphi) + \text{def}(\varphi) = \dim \mathbb{R}^4 = 4$$

$$\text{rk}(\varphi) = 4.$$

Damit ist φ surjektiv, und das bedeutet

$$\text{Bild}(\varphi) = \text{Bild}(K) = \mathbb{R}^4.$$

Insbesondere zeigt dies also, dass das obige Gleichungssystem universell lösbar ist. Es gibt damit eine Lösung für $\lambda, \mu, \sigma, \eta \in \mathbb{R}$, und somit ist m_B surjektiv, weil man für alle $C \in \mathbb{R}^{2 \times 2}$ aus der Lösung des obigen Gleichungssystems ein Urbild konstruieren kann.

Ad (b): Bezüglich der Standardbasis

$$\mathscr{B} = \left\{ \begin{pmatrix} 1 & 0 \\ 0 & 0 \end{pmatrix}, \begin{pmatrix} 0 & 1 \\ 0 & 0 \end{pmatrix}, \begin{pmatrix} 0 & 0 \\ 1 & 0 \end{pmatrix}, \begin{pmatrix} 0 & 0 \\ 0 & 1 \end{pmatrix} \right\}$$

des $\mathbb{R}^{2 \times 2}$ erhält man:

$$m_B \left(\begin{pmatrix} 1 & 0 \\ 0 & 0 \end{pmatrix} \right) = \begin{pmatrix} 2 & 0 \\ 1 & 0 \end{pmatrix}, \ m_B \left(\begin{pmatrix} 0 & 1 \\ 0 & 0 \end{pmatrix} \right) = \begin{pmatrix} 0 & 2 \\ 0 & 1 \end{pmatrix},$$

$$m_B \left(\begin{pmatrix} 0 & 0 \\ 1 & 0 \end{pmatrix} \right) = \begin{pmatrix} t-1 & 0 \\ t & 0 \end{pmatrix}, \ m_B \left(\begin{pmatrix} 0 & 0 \\ 0 & 1 \end{pmatrix} \right) = \begin{pmatrix} 0 & t-1 \\ 0 & t \end{pmatrix}.$$

Mittels der Koordinatenabbildung $\varphi_{\mathscr{B}}: \mathbb{R}^{2 \times 2} \to \mathbb{R}^4, \begin{pmatrix} a & b \\ c & d \end{pmatrix} \mapsto (a, b, c, d)^T$ erhält man daher die darstellende Matrix

$$M = \begin{pmatrix} 2 & 0 & t-1 & 0 \\ 0 & 2 & 0 & t-1 \\ 1 & 0 & t & 0 \\ 0 & 1 & 0 & t \end{pmatrix}.$$

Das char. Polynom von M erhält man mithilfe des Laplaceschen Entwicklungssatzes zu

$$\chi_M(\lambda) = \det \begin{pmatrix} 2-\lambda & 0 & t-1 & 0 \\ 0 & 2-\lambda & 0 & t-1 \\ 1 & 0 & t-\lambda & 0 \\ 0 & 1 & 0 & t-\lambda \end{pmatrix} = (\lambda-1)^2 (-\lambda+t+1)^2 .$$

Die Eigenwerte von M sind daher $\lambda_1 = 1$ und $\lambda_2 = t+1$ mit algebraischen Vielfachheiten $\alpha(\lambda_1) = 2$ und $\alpha(\lambda_2) = 2$. Die zugehörigen Eigenräume ergeben sich zu

$$\mathrm{Eig}_M(\lambda_1) = \ker(M - 1 \cdot \mathbb{E}_2) = \ker \begin{pmatrix} 1 & 0 & t-1 & 0 \\ 0 & 1 & 0 & t-1 \\ 1 & 0 & t-1 & 0 \\ 0 & 1 & 0 & t-1 \end{pmatrix}$$

$$= \mathrm{span} \left\{ \begin{pmatrix} 0 \\ 1-t \\ 0 \\ 1 \end{pmatrix}, \begin{pmatrix} 1-t \\ 0 \\ 1 \\ 0 \end{pmatrix} \right\}$$

und

$$\mathrm{Eig}_M(\lambda_2) = \ker(M - (t+1) \cdot \mathbb{E}_2) = \ker \begin{pmatrix} 1-t & 0 & t-1 & 0 \\ 0 & 1-t & 0 & t-1 \\ 1 & 0 & -1 & 0 \\ 0 & 1 & 0 & -1 \end{pmatrix}$$

$$= \mathrm{span} \left\{ \begin{pmatrix} 0 \\ 1 \\ 0 \\ 1 \end{pmatrix}, \begin{pmatrix} 1 \\ 0 \\ 1 \\ 0 \end{pmatrix} \right\}.$$

Wir sehen, dass $\beta(\lambda_1) = \dim \mathrm{Eig}_M(\lambda_1) = 2 = \dim \mathrm{Eig}_M(\lambda_2) = \beta(\lambda_2)$ für alle $t \in \mathbb{R} \setminus \{0\}$ gilt. Damit stimmen die algebraischen und geometrischen Vielfachheiten für alle Eigenwerte und für alle $t \in \mathbb{R} \setminus \{0\}$ überein. m_B ist also nur im Fall $t = 0$ nicht diagonalisierbar.

Aufgepasst!

Zwei Matrizen $A, B \in M(n \times n, \mathbb{K})$ nennt man ähnlich, wenn es eine invertierbare Matrix $P \in M(n \times n, \mathbb{K})$ gibt, sodass

$$B = PAP^{-1}.$$

Man kann leicht zeigen, dass zueinander ähnliche Matrizen gleiche Eigenwerte mit gleichen geometrischen Vielfachheiten besitzen.

Beweis:

$$\chi_A(\lambda) = \det(A - \lambda\mathbb{E})$$
$$= \det(P) \cdot \det(A - \lambda\mathbb{E}) \cdot \det(P^{-1})$$
$$= \det(P(A - \lambda\mathbb{E})P^{-1})$$
$$= \det(PAP^{-1} - \lambda P\mathbb{E}P^{-1})$$
$$= \det(PAP^{-1} - \lambda\mathbb{E})$$
$$\overset{\text{Vor.}}{=} \det(B - \lambda\mathbb{E})$$
$$= \chi_B(\lambda).$$

Eigenwerte ähnlicher Matrizen sind also in der Tat gleich. Nun zu den geometrischen Vielfachheiten. Sei dazu λ Eigenwert von A (und damit auch von B):

$$\beta_A(\lambda) = \dim \text{Eig}_A(\lambda)$$
$$= \dim \ker(A - \lambda\mathbb{E})$$
$$= \dim \ker(P^{-1}BP - \lambda P^{-1}\mathbb{E}P)$$
$$= \dim \ker(P^{-1}(B - \lambda\mathbb{E})P)$$
$$\overset{(*)}{=} \dim \ker(B - \lambda\mathbb{E})$$
$$= \dim \text{Eig}_B(\lambda)$$
$$= \beta_B(\lambda)$$

An der Stelle $(*)$ haben wir verwendet, dass die Dimensionen von $\ker(P^{-1}(B - \lambda\mathbb{E})P)$ und $\ker(B - \lambda\mathbb{E})$ übereinstimmen, weil P und P^{-1} invertierbar sind.

Aufgabe 10.26: F19-T1-A3

 Sei $n \in \mathbb{N}$ mit $n \geq 1$, und sei $A \in \mathbb{R}^{n \times n}$.

(a) Beweisen Sie: Wenn n ungerade ist und es eine invertierbare Matrix $S \in \mathbb{R}^{n \times n}$ mit

$$SAS^{-1} = -A$$

gibt, dann ist A nicht invertierbar.

(b) Sei A invertierbar, und es gebe eine invertierbare Matrix $T \in \mathbb{R}^{n \times n}$ mit

$$TAT^{-1} = A^{-1}.$$

Beweisen Sie: Wenn $\lambda \in \mathbb{R}$ ein Eigenwert von A ist, dann ist auch $\frac{1}{\lambda}$ ein Eigenwert von A, und die geometrischen Vielfachheiten von λ und $\frac{1}{\lambda}$ sind gleich.

Lösungsvorschlag: Ad (a): Wir rechnen mit dem Determinantenmultiplikationssatz

$$\det\left(SAS^{-1}\right) = \det(S)\det(A)\underbrace{\det\left(S^{-1}\right)}_{=\det(S)^{-1}} \overset{\text{Komm.}}{=} \det(A)\cdot\frac{\det(S)}{\det(S)} = \det(A),$$

andererseits ist aber

$$\det\left(SAS^{-1}\right) \overset{\text{Vor.}}{=} \det(-A) \overset{\text{Multilin.}}{=} (-1)^n\det(A) \overset{n\in 2\mathbb{N}+1}{=} -\det(A).$$

Zusammengenommen ist also $\det(A) = -\det(A) \in \mathbb{R}$ und folglich $\det(A) = 0$, A also nicht invertierbar.

Ad (b): Weil nach der Aufgabenstellung A und A^{-1} zueinander ähnlich sind, zeigen wir, dass $\frac{1}{\lambda}$ Eigenwert von A ist, indem wir zeigen, dass $\frac{1}{\lambda}$ Eigenwert von A^{-1} ist (obiger Aufgepasst-Kasten): Sei dazu $\lambda \in \mathbb{R}$ Eigenwert von A zum Eigenvektor $v \in \mathbb{R}^n$.

- Fall $\lambda \neq 0$.

$$Av = \lambda v \overset{A\,\text{invert.}}{\Longleftrightarrow} v = A^{-1}(\lambda v) \overset{A\,\text{lin.}}{\Longleftrightarrow} v = \lambda A^{-1}v \overset{\lambda\neq 0}{\Longleftrightarrow} A^{-1}v = \frac{1}{\lambda}v.$$

Nun ist λ^{-1} also Eigenwert von A^{-1} und nach obigem Aufgepasst-Kasten also auch von A.

- Fall $\lambda = 0$. Dieser Fall kann nach Voraussetzung nicht auftreten, denn sonst wäre wegen

$$\chi_A(0) = \det(A - 0\cdot\mathbb{E}) = \det(A) = 0$$

die Matrix A nicht invertierbar.

Die geometrischen Vielfachheiten stimmen nach obigem Aufgepasst-Kasten bereits überein und es bleibt nichts zu zeigen.

Aufgabe 10.27: F19-T2-A1

 Für $t \in \mathbb{R}$ sei

$$A_t := \begin{pmatrix} 1 & 0 & 0 \\ 0 & 0 & 1 \\ 0 & -t & 1+t \end{pmatrix} \in \mathbb{R}^{3\times 3}.$$

(a) Berechnen Sie das charakteristische Polynom von A_t.

(b) Bestimmen Sie den Eigenraum von A_t zum Eigenwert 1.

(c) Geben Sie alle t an, für die die Matrix A_t diagonalisierbar ist, und begründen Sie Ihr Ergebnis.

(d) Geben Sie im Fall, dass A_t diagonalisierbar ist, eine Basis von $\mathbb{R}^3$ bestehend aus Eigenvektoren von A_t an.

Lösungsvorschlag: Ad (a): Mittels der Regel von Sarrus berechnet man direkt

$$\chi_{A_t}(\lambda) = \det \begin{pmatrix} 1-\lambda & 0 & 0 \\ 0 & -\lambda & 1 \\ 0 & -t & 1+t-\lambda \end{pmatrix} = (\lambda^2 - 2\lambda + 1)(t-\lambda).$$

Ad (b):

$$\mathrm{Eig}_{A_t}(\lambda = 1) = \ker(A_t - \mathbb{E})$$

$$= \ker \begin{pmatrix} 0 & 0 & 0 \\ 0 & -1 & 1 \\ 0 & -t & t \end{pmatrix}$$

$$= \mathrm{span} \left\{ \begin{pmatrix} 1 \\ 0 \\ 0 \end{pmatrix}, \begin{pmatrix} 0 \\ 1 \\ 1 \end{pmatrix} \right\}.$$

Ad (c): Die geometrische Vielfachheit für den Eigenwert $\lambda = 1$ stimmt mit der algebraischen Vielfachheit überein: $\beta(\lambda = 1) = 2 = \alpha(\lambda = 1)$. Wir überprüfen dies noch für den Eigenwert $\lambda = t$, wenn $t \neq 0$:

$$\mathrm{Eig}_{A_t}(\lambda = t) = \ker(A_t - t\mathbb{E})$$

$$= \ker \begin{pmatrix} 1-t & 0 & 0 \\ 0 & -t & 1 \\ 0 & -t & 1 \end{pmatrix}$$

$$= \mathrm{span} \left\{ \begin{pmatrix} 0 \\ \frac{1}{t} \\ 1 \end{pmatrix} \right\}$$

Im Fall, in dem $t = 0$ ist, wäre hingegen

$$\mathrm{Eig}_{A_t}(\lambda = 0) = \ker(A_t - 0 \cdot \mathbb{E})$$

$$= \ker \begin{pmatrix} 1 & 0 & 0 \\ 0 & 0 & 1 \\ 0 & 0 & 1 \end{pmatrix}$$

$$= \mathrm{span} \left\{ \begin{pmatrix} 0 \\ 1 \\ 0 \end{pmatrix} \right\}.$$

Im Fall $t = 1$ wäre $\mathrm{Eig}_{A_t}(\lambda = t) \subseteq \mathrm{Eig}_{A_t}(\lambda = 1)$, sodass keine Basis aus Eigenvektoren existieren könnte. A_t ist also für $t \in \mathbb{R} \setminus \{1\}$ diagonalisierbar.
Ad (d): Für $t \neq 0, 1$ ist

$$\mathcal{B} = \left\{ \begin{pmatrix} 1 \\ 0 \\ 0 \end{pmatrix}, \begin{pmatrix} 0 \\ 1 \\ 1 \end{pmatrix}, \begin{pmatrix} 0 \\ \frac{1}{t} \\ 1 \end{pmatrix} \right\}$$

eine Basis des $\mathbb{R}^3$ von Eigenvektoren. Für $t = 0$ ist eine solche Basis gegeben durch

$$\mathscr{B}' = \left\{ \begin{pmatrix} 1 \\ 0 \\ 0 \end{pmatrix}, \begin{pmatrix} 0 \\ 1 \\ 1 \end{pmatrix}, \begin{pmatrix} 0 \\ 1 \\ 0 \end{pmatrix} \right\}.$$

Es ist $|\mathscr{B}| = 3 = \dim \mathbb{R}^3$, und außerdem sind diese Vektoren linear unabhängig, denn

$$\det \begin{pmatrix} 1 & 0 & 0 \\ 0 & 1 & \frac{1}{t} \\ 0 & 1 & 1 \end{pmatrix} = \frac{t-1}{t} = 1 - \frac{1}{t} \neq 0$$

für $t \neq 0$, wie man schnell mittels der Regel von Sarrus überprüft. Analog zeigt man, dass $\mathscr{B}'$ eine Basis ist. Dies bleibt dem Leser überlassen.

Aufgabe 10.28: H13-T1-A1

 Es seien $\varphi : W \to U$ und $\psi : V \to W$ lineare Abbildungen zwischen endlichdimensionalen $\mathbb{R}$-Vektorräumen.

(a) Zeigen Sie, dass $\varphi \circ \psi : V \to U$ eine lineare Abbildung ist.

(b) Zeigen oder widerlegen Sie die folgenden Aussagen:

    i) Wenn $\varphi \circ \psi$ injektiv ist, dann ist ψ injektiv.

    ii) Wenn $\varphi \circ \psi$ injektiv ist, dann ist φ injektiv.

    iii) Wenn $\varphi \circ \psi$ surjektiv ist, dann ist ψ surjektiv.

    iv) Wenn $\varphi \circ \psi$ surjektiv ist, dann ist φ surjektiv.

Lösungsvorschlag: Ad (a): $\varphi \circ \psi$ ist linear, denn mit $v, w \in V$ und $\lambda \in \mathbb{R}$ folgt aus der Linearität von φ und ψ:

$$\begin{aligned} (\varphi \circ \psi)(v + \lambda w) &= \varphi(\psi(v + \lambda w)) \\ &= \varphi(\psi(v) + \lambda \psi(w)) \\ &= \varphi(\psi(v)) + \lambda \varphi(\psi(w)) \\ &= (\varphi \circ \psi)(v) + \lambda(\varphi \circ \psi)(w). \end{aligned}$$

Ad (b): Wir gehen die einzelnen Aussagen nacheinander durch.

    i) Diese Aussage ist wahr. Betrachte dazu $v, w \in V$ verschieden mit $\psi(v) = \psi(w)$. Dann folgt aus der Injektivität der Komposition

$$(\varphi \circ \psi)(v) = \varphi(\psi(v)) = \varphi(\psi(w)) = (\varphi \circ \psi)(w),$$

    also sofort $v = w$.

ii) Das ist falsch. Betrachte $\varphi : \mathbb{R}^3 \to \mathbb{R}^2, x \mapsto Ax$ mit

$$A = \begin{pmatrix} 0 & 1 & 0 \\ 0 & 0 & 1 \end{pmatrix}$$

und $\psi : \mathbb{R}^2 \to \mathbb{R}^3, x \mapsto Bx$ und

$$B = \begin{pmatrix} 0 & 0 \\ 1 & 0 \\ 0 & 1 \end{pmatrix}.$$

Es ist

$$(\varphi \circ \psi)(v) = \varphi(\psi(v)) = A \cdot (B \cdot v) \stackrel{\text{Ass.}}{=} (A \cdot B) \cdot v = \mathbb{E}_2 \cdot x,$$

also $\varphi \circ \psi$ injektiv, aber

$$\ker\varphi = \operatorname{span}\left\{ \begin{pmatrix} 1 \\ 0 \\ 0 \end{pmatrix} \right\}$$

und daher ist φ nicht injektiv.

iii) Auch diese Aussage stimmt nicht, und das Gegenbeispiel aus ii) führt auch hier zum Ziel. Denn $\varphi \circ \psi$ ist als Identität insbesondere surjektiv. Aber

$$\operatorname{Im}\psi = \operatorname{span}\left\{ \begin{pmatrix} 0 \\ 1 \\ 0 \end{pmatrix}, \begin{pmatrix} 0 \\ 0 \\ 1 \end{pmatrix} \right\} \subset \mathbb{R}^3.$$

iv) Das stimmt. Es ist $\varphi \circ \psi$ nach Voraussetzung surjektiv, sodass es für alle $u \in U$ ein $v \in V$ gibt mit

$$(\varphi \circ \psi)(v) = \varphi(\psi(v)) = u.$$

Es ist $\psi(v) \in V$ und φ damit surjektiv.

Aufgabe 10.29: H05-T2-A2

Entscheiden Sie bei jeder der folgenden vier Aussagen, ob sie richtig oder falsch ist, indem Sie entweder die Aussage beweisen oder durch ein Gegenbeispiel widerlegen.

(a) Die Abbildung $\mathbb{R}^{2\times 2} \to \mathbb{R}, A \mapsto \det(A)$ ist linear.

(b) Es seien V ein reeller Vektorraum, $f : V \to V$ linear und $U_1, U_2 \subset V$ Untervektorräume. Dann gilt
$$f(U_1 + U_2) = f(U_1) + f(U_2).$$

(c) Es seien $U_1, U_2 \subset V$ und $f : V \to V$ wie in b). Dann gilt
$$U_1 \cap U_2 = \{0\} \implies f(U_1) \cap f(U_2) = \{0\}.$$

(d) Es seien V und W endlichdimensionale reelle Vektorräume und $f : V \to W$ eine injektive, aber nicht surjektive lineare Abbildung. Dann gilt $\dim(V) < \dim(W)$.

Lösungsvorschlag: Ad (a): Die gegebene Abbildung ist nicht linear, dazu betrachten wir die Matrix

$$A = \begin{pmatrix} 1 & 1 \\ 0 & 1 \end{pmatrix} \in M(2 \times 2, \mathbb{R}).$$

Es ist $\det(A) = 1$, aber

$$\det(2 \cdot A) = \det \begin{pmatrix} 2 & 2 \\ 0 & 2 \end{pmatrix} = 4 \neq 2 = 2 \det(A).$$

Ad (b): Diese Aussage stimmt. Um die Gleichheit zweier Mengen $A = B$ nachzuweisen, zeigt man $A \subseteq B$ und $B \subseteq A$.

- Sei $v \in f(U_1 + U_2)$, dann gibt es ein $u = u_1 + u_2 \in U_1 + U_2$ ($u_i \in U_i$, $i \in \{1,2\}$), sodass $f(u) = v$. Damit gilt:

$$v = f(u) = f(u_1 + u_2) \overset{f \text{ lin.}}{=} f(u_1) + f(u_2) \in f(U_1) + f(U_2)$$

- Offensichtlich ist $U_i \subseteq U_1 + U_2$ für $i \in \{1,2\}$. Wendet man f auf diese Aussage an, so erhält man $f(U_i) \subseteq f(U_1 + U_2)$ für $i \in \{1,2\}$. Bilder von Unterräumen sind bekanntermaßen wieder Unterräume und diese sind additiv abgeschlossen, demnach ist

$$f(U_1) + f(U_2) \subseteq f(U_1 + U_2).$$

Es folgt die Behauptung.

Ad (c): Diese Aussage ist falsch. Man betrachte für $V = \mathbb{R}^2$ die lineare Abbildung

$$f : \mathbb{R}^2 \to \mathbb{R}^2, \ (x,y)^T \mapsto (x+y, 0)^T.$$

Betrachte die Untervektorräume $U_1 = \{(x,0) : x \in \mathbb{R}\}$ und $U_2 = \{(0,y) : y \in \mathbb{R}\}$ – die Koordinatenachsen, die offensichtlich trivialen Schnitt besitzen:

$$U_1 \cap U_2 = \{0\}$$

Es ist $f(U_1) = \{(x,0) : x \in \mathbb{R}\} = U_1$ und $f(U_2) = \{(y,0) : y \in \mathbb{R}\} = U_1$, d.h.,

$$f(U_1) \cap f(U_2) = U_1 \supsetneq \{0\}.$$

Ad (d): Diese Aussage ist wahr. Es ist f nicht surjektiv, also $\mathrm{rg}(f) < \dim(W)$. Weil f injektiv ist nach Voraussetzung, weiß man, dass $\ker(f) = \{0\}$. Demnach ist

$$\mathrm{def}(f) = \dim \ker(f) = 0.$$

Der Rangsatz 10.5 liefert dann direkt die Behauptung:

$$\dim(V) = \mathrm{def}(f) + \mathrm{rg}(f) = \mathrm{rg}(f) < \dim(W)$$

Man betrachte den $\mathbb{R}$-Vektorraum $\mathbb{R}^4$ mit der Standardbasis $\mathbf{e}_1, \mathbf{e}_2, \mathbf{e}_3, \mathbf{e}_4$ sowie den von den Vektoren

$$v_1 = \begin{pmatrix} 1 \\ 1 \\ 0 \\ 1 \end{pmatrix}, \ v_2 = \begin{pmatrix} 0 \\ 1 \\ 1 \\ 1 \end{pmatrix}, \ v_3 = \begin{pmatrix} 2 \\ 1 \\ -1 \\ 1 \end{pmatrix}, \ v_4 = \begin{pmatrix} 1 \\ 0 \\ -1 \\ 1 \end{pmatrix}, \ v_5 = \begin{pmatrix} 1 \\ 2 \\ 1 \\ 0 \end{pmatrix}$$

aufgespannten Untervektorraum $V = \mathrm{span}\{v_1, v_2, v_3, v_4, v_5\} \subseteq \mathbb{R}^4$. Ferner sei die lineare Abbildung

$$f : V \to \mathbb{R}^4, \ f(x) = A \cdot x \ \text{mit} \ A = \begin{pmatrix} 1 & 2 & 1 & 0 \\ 0 & 1 & 1 & 2 \\ 2 & 3 & 1 & -2 \\ 3 & 4 & 1 & -4 \end{pmatrix} \in \mathbb{R}^{4 \times 4}$$

gegeben.

(a) Man bestimme die Dimension von V und gebe eine Basis von V an.

(b) Man berechne die darstellende Matrix von f bezüglich der in (a) gewählten Basis von V und der Standardbasis von $\mathbb{R}^4$.

(c) Man bestimme eine Basis des Kerns von f.

Lösungsvorschlag: Ad (a): Fünf Vektoren sind im $\mathbb{R}^4$ wegen $\dim \mathbb{R}^4 = 4$ in jedem Fall linear abhängig. Wir schreiben die fünf Vektoren in die Zeilen einer Matrix und führen elementare Zeilenumformungen durch:

$$\begin{pmatrix} 1 & 1 & 0 & 1 \\ 0 & 1 & 1 & 1 \\ 2 & 1 & -1 & 1 \\ 1 & 0 & -1 & 1 \\ 1 & 2 & 1 & 0 \end{pmatrix} \longrightarrow \begin{pmatrix} 1 & 1 & 0 & 1 \\ 0 & -1 & -1 & 0 \\ 0 & 0 & 0 & -1 \\ 0 & 0 & 0 & 0 \\ 0 & 0 & 0 & 0 \end{pmatrix}$$

Die einzelnen Schritte sind hier zwar nicht explizit abgedruckt, aber das Endergebnis kann durch einfache Zeilenumformungen in wenigen Schritten vom Leser reproduziert werden. Wir sehen: $\dim V = 3$. Eine linear unabhängige dreielementige Teilmenge von $\{v_1, v_2, v_3, v_4, v_5\}$ bildet eine Basis von V. Recht schnell sieht man, dass v_1, v_2, v_3 linear abhängig sind, denn

$$v_3 - 2v_1 + v_2 = 0.$$

Betrachte daher $\{v_1, v_2, v_4\}$. Wir zeigen, dass diese Menge linear unabhängig ist, lösen also das Gleichungssystem

$$\alpha \begin{pmatrix} 1 \\ 1 \\ 0 \\ 1 \end{pmatrix} + \beta \begin{pmatrix} 0 \\ 1 \\ 1 \\ 1 \end{pmatrix} + \gamma \begin{pmatrix} 1 \\ 0 \\ -1 \\ 1 \end{pmatrix} = \begin{pmatrix} 0 \\ 0 \\ 0 \\ 0 \end{pmatrix},$$

für $\alpha, \beta, \gamma \in \mathbb{R}$. Aus der dritten Zeile folgt $\beta = \gamma$. Und damit

$$\alpha \begin{pmatrix} 1 \\ 1 \\ 0 \\ 1 \end{pmatrix} + \beta \begin{pmatrix} 0 \\ 1 \\ 1 \\ 1 \end{pmatrix} + \gamma \begin{pmatrix} 1 \\ 0 \\ -1 \\ 1 \end{pmatrix} = \begin{pmatrix} 0 \\ 0 \\ 0 \\ 0 \end{pmatrix}$$

$$\alpha \begin{pmatrix} 1 \\ 1 \\ 0 \\ 1 \end{pmatrix} + \beta \begin{pmatrix} 1 \\ 1 \\ 0 \\ 2 \end{pmatrix} = \begin{pmatrix} 0 \\ 0 \\ 0 \\ 0 \end{pmatrix}.$$

Dies liefert zwei Gleichungen für zwei Unbekannte, nämlich

1. $\alpha + \beta = 0$ und

2. $\alpha + 2\beta = 0$.

Aus der ersten Gleichung folgt $\alpha = -\beta$, und eingesetzt in die zweite Gleichung bedeutet das

$$\alpha + 2\beta = -\beta + 2\beta = \beta = 0.$$

Folglich also $\alpha = 0$ und wegen $\gamma = \beta = 0$ ist die Menge $\{v_1, v_2, v_4\}$ in der Tat linear unabhängig. Es ist daher $\mathscr{B} = \{v_1, v_2, v_4\}$ eine Basis von V.

Aufgepasst!

Ein Trick kann bei der Überprüfung linearer Unabhängigkeit darin bestehen, die Menge von zu untersuchenden Vektoren so zu ergänzen, dass man auf ihre lineare Unabhängigkeit mittels der Determinante einer quadratischen Matrix schließen kann. Im vorliegenden Fall etwa ergänze man $\{v_1, v_2, v_4\}$ zur Menge $\{v_1, v_2, v_4, \mathbf{e}_2\}$. Die Berechnung der Determinante gestaltet sich dann nach dem Laplaceschen Entwicklungssatz recht einfach, wenn man nach der durch $\mathbf{e}_2$ definierten Spalte entwickelt:

$$\det \begin{pmatrix} 1 & 0 & 1 & 0 \\ 1 & 1 & 0 & 1 \\ 0 & 1 & -1 & 0 \\ 1 & 1 & 1 & 0 \end{pmatrix} = \det \begin{pmatrix} 1 & 0 & 1 \\ 0 & 1 & -1 \\ 1 & 1 & 1 \end{pmatrix} = 1.$$

Wir sehen also, dass $\{v_1, v_2, v_4, \mathbf{e}_2\}$ linear unabhängig ist, insbesondere gilst dies daher auch für die Teilmenge $\{v_1, v_2, v_4\}$.

Ad (b): Es bezeichne B die Standardbasis des $\mathbb{R}^4$. Die darstellende Matrix $M_B^{\mathscr{B}}$ ergibt sich durch (vgl. Beispiel 10.7)

1. Abbilden der Vektoren aus $\mathscr{B}$ mit f,

2. Darstellen der Bilder $f(v_i)$ $i \in \{1, 2, 4\}$ mittels der Vektoren aus B und

3. Eintragen der Koeffizienten λ_j der Linearkombinationen $f(v_i) = \sum_{j=1}^{4} \lambda_j \mathbf{e}_j$ in eine Matrix.

Es ist

$$f(v_1) = \begin{pmatrix} 1 & 2 & 1 & 0 \\ 0 & 1 & 1 & 2 \\ 2 & 3 & 1 & -2 \\ 3 & 4 & 1 & -4 \end{pmatrix} \cdot \begin{pmatrix} 1 \\ 1 \\ 0 \\ 1 \end{pmatrix} = \begin{pmatrix} 3 \\ 3 \\ 3 \\ 3 \end{pmatrix}$$

und analog $f(v_2) = (3,4,2,1)^T$ sowie $f(v_4) = (0,1,-1,-2)^T$. Die Einträge dieser Vektoren sind bereits die Koeffizienten aus den Linearkombinationen durch die Vektoren der Standardbasis, sodass die darstellende Matrix gegeben ist als

$$M_B^{\mathscr{B}} = \begin{pmatrix} 3 & 3 & 0 \\ 3 & 4 & 1 \\ 3 & 2 & -1 \\ 3 & 1 & -2 \end{pmatrix}.$$

Ad (c): Der Kern von f entspricht dem seiner darstellenden Matrix $M_B^{\mathscr{B}}$, deren Spaltenvektoren wir mit m_1, m_2, m_3 bezeichnen wollen. Wir sehen schnell, dass

$$-m_1 + m_2 - m_3 = 0.$$

Damit sieht man sofort ein, dass der Vektor $-v_1 + v_2 - v_4 = (-2,0,2,-1)^T \in \ker(f)$. Es ist außerdem wegen obiger Rechnung das Bild von f nur zweidimensional:

$$\mathrm{Im}(f) = \mathrm{span} \left\{ \begin{pmatrix} 3 \\ 3 \\ 3 \\ 3 \end{pmatrix}, \begin{pmatrix} 3 \\ 4 \\ 2 \\ 1 \end{pmatrix} \right\}$$

Der Rangsatz liefert zusammen mit (a):

$$\underbrace{\dim V}_{=3} = \dim \ker(f) + \underbrace{\dim \mathrm{Im}(f)}_{=2},$$

sodass nur $\dim \ker(f) = 1$ bleibt und damit

$$\left\{ \begin{pmatrix} -2 \\ 0 \\ 2 \\ -1 \end{pmatrix} \right\}$$

eine Basis des Kerns von f ist.

Für $n \in \mathbb{N}$ bezeichne $Pol_n(\mathbb{R})$ den $\mathbb{R}$-Vektorraum der Polynome $p(X)$ vom $Grad(p) \leq n$ mit reellen Koeffizienten. Betrachtet werde die Abbildung

$$f : Pol_3(\mathbb{R}) \to Pol_2(\mathbb{R}), \quad p \mapsto p' - (X+1) \cdot p''.$$

Dabei bezeichnet p' bzw. p'' die erste bzw. zweite Ableitung des Polynoms p.

(a) Zeigen Sie, dass f linear ist.

(b) Bestimmen Sie die darstellende Matrix M von f bezüglich der Standardbasen $1, X, X^2, X^3$ von $Pol_3(\mathbb{R})$ und $1, X, X^2$ von $Pol_2(\mathbb{R})$.

(c) Berechnen Sie eine Basis von $\ker(f)$ sowie eine Basis von $\mathrm{Im}(f)$.

Lösungsvorschlag: Ad (a): Seien $r, s \in Pol_3(\mathbb{R})$ und ferner $\lambda \in \mathbb{R}$. Dann ist

$$f(r + \lambda s) = (r + \lambda s)' - (X+1) \cdot (r + \lambda s)''$$

$$\overset{\substack{\text{Summen-}\\\text{regel}}}{=} r' + \lambda s' - (X+1)\left(r'' + \lambda s''\right)$$

$$\overset{\text{Dis.}}{=} r' + \lambda s' - (X+1)r'' - \lambda (X+1)s''$$

$$= r' - (X+1)r'' + \lambda \left(s' - (X+1)s''\right)$$

$$= f(r) + \lambda f(s).$$

Ad (b): Wir bilden die Basiselemente von $Pol_3(\mathbb{R})$ mittels f ab und stellen sie in der Basis von $Pol_2(\mathbb{R})$ dar:

- $f(1) = 0 - (X+1) \cdot 0 = 0 \cdot 1 + 0 \cdot X + 0 \cdot X^2$
- $f(X) = 1 - (X+1) \cdot 0 = 1 = 1 \cdot 1 + 0 \cdot X + 0 \cdot X^2$
- $f(X^2) = 2X - (X+1) \cdot 2 = 2X - 2X - 2 = -2 = -2 \cdot 1 + 0 \cdot X + 0 \cdot X^2$
- $f(X^3) = 3X^2 - (X+1) \cdot 6X = 3X^2 - 6X^2 - 6X = 0 \cdot 1 - 6 \cdot X - 3 \cdot X^2$

Wir finden also die darstellende Matrix M zu

$$M = \begin{pmatrix} 0 & 1 & -2 & 0 \\ 0 & 0 & 0 & -6 \\ 0 & 0 & 0 & -3 \end{pmatrix}.$$

Ad (c): Offensichtlich ist

$$\ker(M) = \mathrm{span}\left\{ \begin{pmatrix} 1 \\ 0 \\ 0 \\ 0 \end{pmatrix}, \begin{pmatrix} 0 \\ 2 \\ 1 \\ 0 \end{pmatrix} \right\}.$$

Ausgedrückt in der Monombasis ist also $\ker(f) = \mathrm{span}\left\{1, 2X + X^2\right\}$. Das Bild von M wird erzeugt durch die Vektoren $(1,0,0)^T$ und $(0,-6,-3)^T$. Eine Basis vom Bild von f ist demnach $\left\{1, -6X - 3X^2\right\}$.

Wir betrachten die Matrix

$$A = \begin{pmatrix} 2 & 1 \\ 1 & 2 \end{pmatrix}.$$

(a) Bestimmen Sie die Eigenwerte und die zugehörigen Eigenräume von A.

(b) Finden Sie reelle 2×2-Matrizen D und S, sodass $D = \begin{pmatrix} \lambda_1 & 0 \\ 0 & \lambda_2 \end{pmatrix}$ eine Diagonalmatrix und S invertierbar ist und dass gilt

$$A = SDS^{-1}.$$

(c) Für $n \in \mathbb{N}$ sei $A^n := A \cdot \ldots \cdot A$ (n Faktoren) die n-te Potenz von A. Wir definieren $\alpha_n, \beta_n, \gamma_n, \delta_n \in \mathbb{R}$ durch

$$\begin{pmatrix} \alpha_n & \beta_n \\ \gamma_n & \delta_n \end{pmatrix} := A^n.$$

Leiten Sie eine Formel für α_n her, welche keine Matrizen mehr enthält. Welchen Wert hat α_{10}?

Lösungsvorschlag: Ad (a): Es ist

$$\chi_A(\lambda) = \begin{vmatrix} 2-\lambda & 1 \\ 1 & 2-\lambda \end{vmatrix} = (2-\lambda)^2 - 1.$$

Die Nullstellen von χ_A findet man zu

$$\chi_A(\lambda) = 0 \iff (2-\lambda)^2 - 1 = 0 \iff 2-\lambda = \pm 1 \iff \lambda = \begin{cases} 1, \\ 3. \end{cases}$$

Dies sind die Eigenwerte von A. Die zugehörigen Eigenvektoren findet man so:

- $\text{Eig}_A(\lambda = 1) = \ker \begin{pmatrix} 1 & 1 \\ 1 & 1 \end{pmatrix} = \text{span}\left\{ \begin{pmatrix} -1 \\ 1 \end{pmatrix} \right\} \implies v_1 = (-1, 1)^T$ und

- $\text{Eig}_A(\lambda = 3) = \ker \begin{pmatrix} -1 & 1 \\ 1 & -1 \end{pmatrix} = \text{span}\left\{ \begin{pmatrix} 1 \\ 1 \end{pmatrix} \right\} \implies v_2 = (1, 1)^T$

Ad (b): Nach (a) ist A diagonalisierbar, d.h., es gibt eine Basis von Eigenvektoren von A, nämlich

$$\left\{ \begin{pmatrix} -1 \\ 1 \end{pmatrix}, \begin{pmatrix} 1 \\ 1 \end{pmatrix} \right\}.$$

Wählen wir daher

$$S = \begin{pmatrix} -1 & 1 \\ 1 & 1 \end{pmatrix},$$

mit der Inversen

$$S^{-1} = \begin{pmatrix} -\frac{1}{2} & \frac{1}{2} \\ \frac{1}{2} & \frac{1}{2} \end{pmatrix},$$

so ist

$$D = S^{-1}AS = \begin{pmatrix} 1 & 0 \\ 0 & 3 \end{pmatrix}$$

bzw.

$$A = SDS^{-1},$$

wie gewünscht.

Ad (c): Wir berechnen

$$
\begin{aligned}
A^n &= \left(SDS^{-1}\right)^n \\
&= \left(SDS^{-1}\right) \cdot \left(SDS^{-1}\right) \cdot \ldots \cdot \left(SDS^{-1}\right) \\
&\overset{\text{Ass.}}{=} SD\left(S^{-1}S\right)D\left(S^{-1}S\right) \cdot \ldots \cdot \left(S^{-1}S\right)DS^{-1} \\
&= SD^n S^{-1} \\
&= \begin{pmatrix} -1 & 1 \\ 1 & 1 \end{pmatrix} \cdot \begin{pmatrix} 1 & 0 \\ 0 & 3^n \end{pmatrix} \cdot \begin{pmatrix} -\frac{1}{2} & \frac{1}{2} \\ \frac{1}{2} & \frac{1}{2} \end{pmatrix} \\
&= \begin{pmatrix} -1 & 3^n \\ 1 & 3^n \end{pmatrix} \cdot \begin{pmatrix} -\frac{1}{2} & \frac{1}{2} \\ \frac{1}{2} & \frac{1}{2} \end{pmatrix} \\
&= \begin{pmatrix} \frac{1}{2} + \frac{1}{2} \cdot 3^n & -\frac{1}{2} + \frac{1}{2} \cdot 3^n \\ -\frac{1}{2} + \frac{1}{2} \cdot 3^n & \frac{1}{2} + \frac{1}{2} \cdot 3^n \end{pmatrix} \\
&= \frac{1}{2} \begin{pmatrix} 1 + 3^n & -1 + 3^n \\ -1 + 3^n & 1 + 3^n \end{pmatrix}.
\end{aligned}
$$

Es ist demnach $\alpha_n = \frac{1}{2}\left(1 + 3^n\right)$ und damit $\alpha_{10} = \frac{1}{2}\left(1 + 3^{10}\right) = 29525$.

11 Lineare Gleichungssysteme

Ein lineares Gleichungssystem in m Variablen $x_1,...,x_m \in \mathbb{K}$ ist eine Menge von $n \in \mathbb{N}$ linearen Gleichungen der Gestalt

$$a_{11} \cdot x_1 + ... + a_{1m} \cdot x_m = b_1,$$
$$a_{21} \cdot x_1 + ... + a_{2m} \cdot x_m = b_2,$$
$$\vdots$$
$$a_{n1} \cdot x_1 + ... + a_{nm} \cdot x_m = b_n,$$

wobei $a_{ij}, b_i \in \mathbb{K}$ für $i \in \{1,...,n\}$ und $j \in \{1,...,m\}$. Man schreibt ein solches Gleichungssystem auch in der Form

$$A \cdot x = b,$$

wobei

$$A = \begin{pmatrix} a_{11} & \cdots & a_{1m} \\ \vdots & \ddots & \vdots \\ a_{n1} & \cdots & a_{nm} \end{pmatrix} \in M(n \times m, \mathbb{K}),$$

$x = (x_1,...,x_m)^T \in \mathbb{K}^m$ und $b = (b_1,...,b_n)^T \in \mathbb{K}^n$. Man bezeichnet b als Inhomogenität. Ist $b = 0$, so spricht man für $A \cdot x = 0$ von einem *homogenen Gleichungssystem*, sonst von einem *inhomogenen Gleichungssystem*. Lineare Gleichungssysteme treten in der Mathematik in ganz unterschiedlichen Kontexten auf und wir haben auch schon einigedavon kennengelernt:

- Beispielsweise wissen wir, dass jeder Vektor v eines beliebigen n-dimensionalen $\mathbb{K}$-Vektorraums als Linearkombination der Basisvektoren $\{b_1,...,b_n\}$ geschrieben werden kann. Um diese Linearkombination explizit angeben zu können, löst man für $\lambda_1,...,\lambda_n \in \mathbb{K}$ das inhomogene lineare Gleichungssystem

$$\lambda_1 b_1 + ... + \lambda_n b_n = v.$$

- Um zu untersuchen, ob die Vektoren $v_1,...,v_k \in V$ (definiert wie oben) linear unabhängig sind, lösen wir für $\lambda = (\lambda_1,...,\lambda_k)^T$ das homogene lineare Gleichungssystem

$$\lambda_1 v_1 + ... + \lambda_k v_k = 0.$$

Das Ziel ist es nun – wie in der Mathematik üblich – folgende Fragen zu klären:

1. Ist das Gleichungssystem $A \cdot x = b$ für gegebenes A und b lösbar?

2. Wenn ja, wie viele Lösungen x gibt es?

11.1 Von Abbildungen zu Gleichungssystemen

Wir wissen aus dem vorherigen Kapitel, dass jede Matrix aus $M(n \times m, \mathbb{K})$ eine lineare Abbildung $\mathbb{K}^m \to \mathbb{K}^n$ darstellt. Solche linearen Abbildungen können verschiedene Eigenschaften haben. Jede dieser Eigenschaften einer linearen Abbildung findet man in der zugehörigen darstellenden Matrix A (bzgl. gewissen Basen des $\mathbb{K}^m$ und des $\mathbb{K}^n$) wieder. So ist eine lineare Abbildung etwa

- injektiv, wenn es die zugehörige lineare Abbildung ist, wenn also $\ker(A) = \{0\}$;

- surjektiv, wenn es die zugehörige lineare Abbildung ist, wenn also $\mathrm{Im}(A) = \mathbb{K}^n$.

© Der/die Autor(en), exklusiv lizenziert durch
Springer-Verlag GmbH, DE, ein Teil von Springer Nature 2021
J. M. Veith und P. Bitzenbauer, *Schritt für Schritt zum Staatsexamen
Mathematik*, https://doi.org/10.1007/978-3-662-62948-2_11

Was bedeutet das für lineare Gleichungssysteme? Man denke sich ein solches, also ein $A \in M(n \times m, \mathbb{K})$ und ein $b \in \mathbb{K}^n$. Gesucht seien $x \in \mathbb{K}^m$, sodass

$$A \cdot x = b.$$

Aufgefasst als Abbildung ist klar: Dieses Gleichungssystem ist lösbar, falls $b \in \text{Im}(A)$. Es gibt dann eine eindeutige Lösung des Gleichungssystems, falls A zusätzlich injektiv ist. Wir können festhalten:

Satz 11.1 (Universelle Lösbarkeit linearer Gleichungssysteme). Ein lineares Gleichungssystem $A \cdot x = b$ ist für ein festes $A \in M(n \times m, \mathbb{K})$ für alle $b \in \mathbb{K}^n$ universell lösbar, wenn $\text{Im}(A) = \mathbb{K}^n$ bzw. wenn A surjektiv ist.

Betrachten wir nun das zugehörige homogene Gleichungssystem

$$A \cdot x = 0,$$

so erkennen wir, dass dieses lösbar ist, falls

$$x \in \text{ker}(A).$$

Wir können mit den bisherigen Feststellungen bereits die Lösungsstruktur linearer Gleichungssysteme $A \cdot x = b$ erkennen. Sei x_0 eine Lösung, d.h.,

$$A \cdot x_0 = b.$$

Dann gilt für jede weitere Lösung des Gleichungssystems:

$$\begin{aligned}
A \cdot x = b &\Longleftrightarrow A \cdot x = A \cdot x_0 \\
&\Longleftrightarrow A \cdot x - A \cdot x_0 = 0 \\
&\overset{\text{Lin.}}{\Longleftrightarrow} A \cdot (x - x_0) = 0 \\
&\Longleftrightarrow x - x_0 \in \text{ker}(A) \\
&\Longleftrightarrow x - x_0 = v \in \text{ker}(A) \\
&\Longleftrightarrow x = x_0 + v, \; v \in \text{ker}(A)
\end{aligned}$$

Man kann daher jede Lösung eines linearen Gleichungssystems schreiben als Summe einer Lösung x_0 des inhomogenen Gleichungssystems und einer Lösung v des zugehörigen homogenen Gleichungssystems. Man nennt dann x_0 eine spezielle Lösung und $x_0 + v$ eine allgemeine Lösung. Insbesondere ist die Summe zweier Lösungen und das Vielfache einer Lösung wieder eine Lösung. Der Lösungsraum eines linearen Gleichungssystems trägt die Struktur eines affinen Untervektorraums.

Beispiel 11.2

Das Gleichungssystem $A \cdot x = b$ mit

$$A = \begin{pmatrix} 1 & 0 & 1 \\ 0 & 1 & 1 \\ 0 & 1 & 0 \end{pmatrix} \in M(3 \times 3, \mathbb{R})$$

ist für alle $b \in \mathbb{R}^3$ universell lösbar, denn die Spaltenvektoren von A bilden wegen

$$\det(A) = -1$$

eine Basis des $\mathbb{R}^3$, wie man mithilfe der Regel von Sarrus schnell sieht, d.h.,

$$\text{Im}(A) = \text{span}\left\{ \begin{pmatrix} 1 \\ 0 \\ 0 \end{pmatrix}, \begin{pmatrix} 0 \\ 1 \\ 1 \end{pmatrix}, \begin{pmatrix} 1 \\ 1 \\ 0 \end{pmatrix} \right\} = \mathbb{R}^3,$$

A ist also surjektiv.

Eine Lösung des homogenen Gleichungssystems $A \cdot x = 0$ ist jedes $v \in \ker(A)$. Wegen $\text{rg}(A) = \dim \text{Im}(A) = 3$, bleibt nach der Dimensionsformel nur noch $\dim \ker(A) = 0$, also $\ker(A) = \{0\}$, d.h., $v = 0$ ist Lösung des homogenen Problems.

Die Matrix A ist invertierbar. Somit findet man leicht eine spezielle Lösung x_0 des inhomogenen Gleichungssystems aus

$$A \cdot x_0 = b \Longleftrightarrow x_0 = A^{-1} \cdot b.$$

Wir bestimmen die Inverse von A wie üblich:

$$\left(\begin{array}{ccc|ccc} 1 & 0 & 1 & 1 & 0 & 0 \\ 0 & 1 & 1 & 0 & 1 & 0 \\ 0 & 1 & 0 & 0 & 0 & 1 \end{array} \right) \longrightarrow \left(\begin{array}{ccc|ccc} 1 & 0 & 0 & 1 & -1 & 1 \\ 0 & 1 & 0 & 0 & 0 & 1 \\ 0 & 0 & 1 & 0 & 1 & -1 \end{array} \right)$$

Das Nachvollziehen der einzelnen Schritte sei an dieser Stelle dem Leser überlassen. Für eine konkrete Inhomogenität $b = (2, 1, 1)^T$ können wir daher eine spezielle Lösung finden:

$$x_0 = A^{-1} \cdot b = \begin{pmatrix} 1 & -1 & 1 \\ 0 & 0 & 1 \\ 0 & 1 & -1 \end{pmatrix} \cdot \begin{pmatrix} 2 \\ 1 \\ 1 \end{pmatrix} = \begin{pmatrix} 2 \\ 1 \\ 0 \end{pmatrix}$$

Weil A bijektiv ist, wissen wir, dass diese Lösung bereits die einzige Lösung des linearen Gleichungssystem mit dem gegebenen A und b ist.

Nun ist nicht jedes lineare Gleichungssystem universell lösbar. Ein einfaches Kriterium kann schnell Einblicke in die Lösbarkeit linearer Gleichungssysteme ermöglichen. Diesem wollen wir uns im Folgenden annähern.

11.2 Der Rang einer Matrix

Wir haben den Rangbegriff bereits im Kontext linearer Abbildungen kennengelernt und zwar als Dimension des Bildes. Die Dimension des Bildes einer linearen Abbildung bestimmt man üblicherweise anhand einer darstellenden Matrix, indem man die linear unabhängigen Spaltenvektoren der darstellenden Matrix als Basis des Bildes auffasst:

Definition 11.3 (Rang einer Matrix). Der *Rang* $\text{rg}(A)$ einer Matrix $A \in M(n \times m, \mathbb{K})$ ist definiert als die maximale Anzahl linear unabhängiger Spaltenvektoren von A.

Der Rang einer Matrix ist also minimal 0 und maximal m:

$$0 \leq \mathrm{rg}(A) \leq \text{Spaltenzahl } m \text{ von } A$$

Beispiel 11.4

Die Matrix

$$A = \begin{pmatrix} 1 & 0 & 1 \\ 0 & 1 & 1 \\ 0 & 1 & 0 \end{pmatrix} \in M(3 \times 3, \mathbb{R})$$

hat $\mathrm{rg}(A) = 3$, weil alle drei Spaltenvektoren linear unabhängig sind. Hingegen ist

$$\mathrm{rg}\begin{pmatrix} 1 & 4 \\ 2 & 8 \end{pmatrix} = 1,$$

weil die Spaltenvektoren $(1,2)^T$ und $(4,8)^T$ offensichtlich linear abhängig sind.

Man unterscheidet genau genommen Zeilen- und Spaltenrang. Folgender Satz besagt, dass diese identisch sind:

Satz 11.5. Für eine Matrix $A \in M(n \times m, \mathbb{K})$ gilt, dass der Spaltenrang und der Zeilenrang übereinstimmen. Die maximale Anzahl linear unabhängiger Spaltenvektoren ist gleich der maximalen Anzahl linear unabhängiger Zeilenvektoren

11.3 Lösbarkeit linearer Gleichungssysteme

Mithilfe des Rangs einer Matrix lässt sich nun ein einfaches Kriterium für die Lösbarkeit linearer Gleichungssysteme benennen, dazu aber noch ein Begriff:

Definition 11.6 (Erweiterte Koeffizientenmatrix). Es sei für $A \in M(n \times m, \mathbb{K})$ und $b \in \mathbb{K}^n$ das lineare Gleichungssystem $A \cdot x = b$ gegeben. Die Matrix $(A|b) \in M(n \times (m+1), \mathbb{K})$ definiert durch

$$(A|b) := \begin{pmatrix} a_{1,1} & \cdots & a_{1,m} & b_1 \\ \vdots & \ddots & \vdots & \vdots \\ a_{n,1} & \cdots & a_{n,m} & b_n \end{pmatrix}$$

nennt man *erweiterte Koeffizientenmatrix*.

Satz 11.7. Das lineare Gleichungssystem mit $A \cdot x = b$ mit $A \in M(n \times m, \mathbb{K})$ und $b \in \mathbb{K}^n$ besitzt genau dann eine Lösung, wenn gilt

$$\mathrm{rg}(A) = \mathrm{rg}(A|b).$$

Beispiel 11.8

Wir wollen Beispiel 11.2 aufgreifen, also das lineare Gleichungssystem

$$\begin{pmatrix} 1 & 0 & 1 \\ 0 & 1 & 1 \\ 0 & 1 & 0 \end{pmatrix} \cdot x = \begin{pmatrix} 2 \\ 1 \\ 1 \end{pmatrix}.$$

Es ist

$$\mathrm{rg}\begin{pmatrix} 1 & 0 & 1 \\ 0 & 1 & 1 \\ 0 & 1 & 0 \end{pmatrix} = \dim\mathrm{span}\left\{ \begin{pmatrix} 1 \\ 0 \\ 0 \end{pmatrix}, \begin{pmatrix} 0 \\ 1 \\ 1 \end{pmatrix}, \begin{pmatrix} 1 \\ 1 \\ 0 \end{pmatrix} \right\} = 3.$$

Die erweiterte Koeffizientenmatrix ist gegeben durch

$$(A|b) = \left(\begin{array}{ccc|c} 1 & 0 & 1 & 2 \\ 0 & 1 & 1 & 1 \\ 0 & 1 & 0 & 1 \end{array} \right).$$

Es ist $\mathrm{rg}(A|b) = 3 = \mathrm{rg}(A)$. Also liefert das Kriterium, dass das gegebene Gleichungssystem lösbar ist.

Nun ist der Rang manchmal nicht direkt ablesbar. Es hilft dann der bekannte Gauß-Algorithmus. Dabei wird mittels elementarer Zeilenumformungen die Matrix, deren Rang bestimmt werden soll, in Zeilenstufenform gebracht. Die erlaubten elementaren Umformungen – auf die wir später noch genauer eingehen werden – sind

- Vertauschen von Zeilen,

- Multiplikation einer Zeile mit einem von 0 verschiedenen Skalar,

- Addition einer Zeile zu einer anderen Zeile.

Es gilt dann: Der Rang einer Matrix entspricht der Anzahl an Nichtnullzeilen der Matrix in Zeilenstufenform.

Beispiel 11.9

Wir wollen den Rang der Matrizen aus dem vorherigen Beispiel einmal aus der Zeilenstufenform ablesen:

$$A = \begin{pmatrix} 1 & 0 & 1 \\ 0 & 1 & 1 \\ 0 & 1 & 0 \end{pmatrix} \xrightarrow{\text{(II)}\curvearrowright\text{(III)}} \begin{pmatrix} 1 & 0 & 1 \\ 0 & 1 & 0 \\ 0 & 1 & 1 \end{pmatrix} \xrightarrow{-\text{(II)}+\text{(III)}} \begin{pmatrix} 1 & 0 & 1 \\ 0 & 1 & 0 \\ 0 & 0 & 1 \end{pmatrix}$$

$$\begin{pmatrix} 1 & 0 & 1 \\ 0 & 1 & 0 \\ 0 & 0 & 1 \end{pmatrix} \xrightarrow{-\text{(III)}+\text{(I)}} \begin{pmatrix} 1 & 0 & 0 \\ 0 & 1 & 0 \\ 0 & 0 & 1 \end{pmatrix}$$

Damit liegt A in Zeilenstufenform vor. Es gibt drei Nichtnullzeilen, sodass – wie bereits gesehen – $\mathrm{rg}(A) = 3$. Wir widmen uns nun der erweiterten Koeffizientenmatrix $(A|b)$:

$$(A|b) = \left(\begin{array}{ccc|c} 1 & 0 & 1 & 2 \\ 0 & 1 & 1 & 1 \\ 0 & 1 & 0 & 1 \end{array} \right) \xrightarrow{-\text{(III)}\to\text{(II)}} \left(\begin{array}{ccc|c} 1 & 0 & 1 & 2 \\ 0 & 0 & 1 & 0 \\ 0 & 1 & 0 & 1 \end{array} \right) \xrightarrow{\text{(II)}\curvearrowright\text{(III)}} \left(\begin{array}{ccc|c} 1 & 0 & 1 & 2 \\ 0 & 1 & 0 & 1 \\ 0 & 0 & 1 & 0 \end{array} \right).$$

Damit liegt $(A|b)$ in Zeilenstufenform vor. Es gibt drei Nichtnullzeilen, und wieder ist $\mathrm{rg}(A|b) = 3$.

Mithilfe des Rangsatzes lässt sich die Dimension des Lösungsraums linearer Gleichungssysteme bestimmen:

Satz 11.10. Seien $A \in M(n \times m, \mathbb{K})$ und $b \in \mathbb{K}^n$. Der Lösungsraum $\mathbb{L}$ des linearen Gleichungssystems $A \cdot x = b$ ist dann ein Untervektorraum von $\mathbb{K}^m$ mit Dimension

$$\dim \mathbb{L} = \mathrm{def}(A) = m - \mathrm{rg}(A).$$

Beispiel 11.11

 Das lineare Gleichungssystem

$$\underbrace{\begin{pmatrix} 1 & 3 & 5 \\ 0 & 2 & 1 \\ 0 & 0 & 0 \end{pmatrix}}_{=A} x = \underbrace{\begin{pmatrix} 0 \\ 1 \\ 0 \end{pmatrix}}_{=b}$$

ist wegen $\mathrm{rg}(A) = 2 = \mathrm{rg}(A|b)$ lösbar, wie man leicht sieht. Es ist $\mathrm{rg}(A) = \mathrm{rg}(A|b) < 3$, d.h., die Dimension des Lösungsraums $\mathbb{L}$ wird

$$\dim \mathbb{L} = m - \mathrm{rg}(A) = 3 - 2 = 1.$$

Es gibt also unendlich viele Lösungen des Gleichungssystems $A \cdot x = b$. Wie genau man diese Lösungen berechnet, wollen wir im nächsten Abschnitt klären.

Abb. 11.1 fasst die Lösbarkeit linearer Gleichungssysteme zusammen.

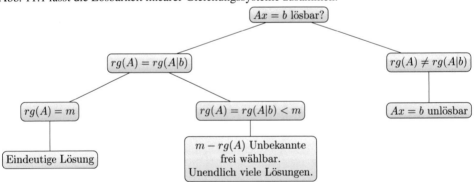

Abbildung 11.1 Überlegungen zur Lösbarkeit eines linearen Gleichungssystems $A \cdot x = b$ mit $A \in M(n \times m, \mathbb{K})$ und $b \in \mathbb{K}^n$. Dies entspricht der Situation von n Gleichungen in m Unbekannten.

11.4 Lösen linearer Gleichungssysteme

Wir kennen nun Kriterien, mit denen wir sehr genau die Lösungsstruktur linearer Gleichungssysteme ermitteln können. Zum konkreten Lösen linearer Gleichungssysteme wendet man den Gauß-Algorithmus an. Hinter diesem Verfahren steckt zunächst der folgende Satz:

Satz 11.12. Jedes lineare Gleichungssystem lässt sich durch elementare Zeilenumformungen in ein äquivalentes System überführen, das eine Zeilenstufenform oder reduzierte Zeilenstufenform aufweist.

Unter elementaren Zeilenumformungen versteht man die von uns bereits mehrfach angewandten Umformungen:

1. Zeilen einer Matrix werden vertauscht.

2. Eine Zeile wird mit einem Skalar $\lambda \in \mathbb{K} \setminus \{0\}$ multipliziert.

3. Zu einer Gleichung wird das λ-fache einer anderen Gleichung addiert.

Das Ziel solcher Umformungen ist es, einzelne Koeffizienten null werden zu lassen, ohne dass sich die Lösungsmenge des Systems ändert.

Beispiel 11.13

 Wir betrachten das lineare Gleichungssystem

$$-3x_1 + x_2 = -3,$$
$$-x_1 + x_2 = 1.$$

Addiert man das (-3)-Fache der zweiten Zeile zur ersten, so erhält man:

$$-2x_2 = -6$$
$$-x_1 + x_2 = 1$$

Jetzt hat man erreicht, dass in der ersten Zeile der Koeffizient vor x_1 Null ist, und man kann $x_2 = 3$ bestimmen. Nun setzt man noch in die zweite Zeile ein und erhält

$$x_1 = x_2 - 1 = 3 - 1 = 2.$$

Die eindeutige Lösung des Gleichungssystems ist also $(2,3)$. Wo taucht hier nun eine Zeilenstufenform auf? Schreiben wir dazu das Gleichungssystem in der Form $Ax = b$:

$$\begin{pmatrix} -3 & 1 \\ -1 & 1 \end{pmatrix} x = \begin{pmatrix} -3 \\ 1 \end{pmatrix}$$

Die erweiterte Koeffizientenmatrix ist gegeben durch

$$\left(\begin{array}{cc|c} -3 & 1 & -3 \\ -1 & 1 & 1 \end{array} \right).$$

Wir führen wieder den gleichen Schritt durch wie oben, indem wir das (-3)-Fache der zweiten Zeile zur ersten addieren:

$$\left(\begin{array}{cc|c} -3 & 1 & -3 \\ -1 & 1 & 1 \end{array} \right) \xrightarrow{-3(\mathrm{II}) + (\mathrm{I})} \left(\begin{array}{cc|c} 0 & -2 & -6 \\ -1 & 1 & 1 \end{array} \right)$$

Tauschen wir nun die beiden Zeilen, so liefert das die Zeilenstufenform von $(A|b)$. Spätestens jetzt dürfte der Begriff klar sein:

$$\left(\begin{array}{cc|c} 0 & -2 & -6 \\ -1 & 1 & 1 \end{array} \right) \xrightarrow{(\mathrm{I}) \curvearrowright (\mathrm{II})} \left(\begin{array}{cc|c} -1 & 1 & 1 \\ 0 & -2 & -6 \end{array} \right)$$

Für den Fall, dass ein Gleichungssystem unendlich viele Lösungen besitzt, können wir Unbekannte frei wählen. Wie man das beim konkreten Lösen tut, wollen wir zum Abschluss an einem Beispiel zeigen:

Beispiel 11.14

 Wir wollen das lineare Gleichungssytem

$$x_1 + 3x_2 - x_3 = 4,$$
$$2x_1 + x_2 + x_3 = 7,$$
$$2x_1 - 4x_2 + 4x_3 = 6,$$

lösen. Dazu schreiben wir es in der Form $Ax = b$:

$$\begin{pmatrix} 1 & 3 & -1 \\ 2 & 1 & 1 \\ 2 & -4 & 4 \end{pmatrix} \cdot x = \begin{pmatrix} 4 \\ 7 \\ 6 \end{pmatrix}$$

Aufgepasst!

 Man rechnet an dieser Stelle leicht nach, dass $\operatorname{rg}(A) = 2$. Für die erweiterte Koeffizientenmatrix findet man ebenfalls $\operatorname{rg}(A|b) = 2$. Das heißt, dass das Gleichungssystem lösbar ist und zwar wegen

$$\operatorname{rg}(A) = \operatorname{rg}(A|b) < 3$$

mit einem eindimensionalen Lösungsraum. Es gibt also unendlich viele Lösungen; eine Unbekannte dürfen wir frei wählen. Es ist sinnvoll, solche Überlegungen vor dem Lösen des Gleichungssystems anzustellen. Ist allerdings explizit eine Lösung gefragt, ist das nicht notwendig. Denn findet man eine Lösung, so hat man gleichzeitig den Beweis erbracht, dass das bearbeitete Gleichungssystem lösbar ist.

Wir bringen die erweiterte Koeffizientenmatrix in Zeilenstufenform:

$$\left(\begin{array}{ccc|c} 1 & 3 & -1 & 4 \\ 2 & 1 & 1 & 7 \\ 2 & -4 & 4 & 6 \end{array} \right) \rightarrow \left(\begin{array}{ccc|c} 1 & 3 & -1 & 4 \\ 0 & -5 & 3 & -1 \\ 0 & 0 & 0 & 0 \end{array} \right)$$

Die einzelnen Schritte seien dem Leser zur Übung überlassen. Wir können nun eine Unbekannte frei wählen und entscheiden uns o.B.d.A. für x_3. Das heißt: wir drücken nun x_1 und x_2 durch x_3 aus. Aus der zweiten Zeile sehen wir

$$-5x_2 + 3x_3 = -1 \implies x_2 = \frac{1}{5} + \frac{3}{5}x_3.$$

Diesen Ausdruck setzen wir in die erste Zeile ein, um x_1 zu ermitteln:

$$x_1 + 3x_2 - x_3 = 4 \implies x_1 = 4 - 3x_2 + x_3 = \frac{17}{5} - \frac{4}{5}x_3$$

Eine spezielle Lösung $(x_1, x_2, x_3)^T \in \mathbb{R}^3$ kann man also schreiben als

$$x_0 = \begin{pmatrix} x_1 \\ x_2 \\ x_3 \end{pmatrix} = \begin{pmatrix} \frac{17}{5} - \frac{4}{5}x_3 \\ \frac{1}{5} + \frac{3}{5}x_3 \\ x_3 \end{pmatrix} = \begin{pmatrix} \frac{17}{5} \\ \frac{1}{5} \\ 0 \end{pmatrix} + x_3 \begin{pmatrix} -\frac{4}{5} \\ \frac{3}{5} \\ 1 \end{pmatrix} = \begin{pmatrix} \frac{17}{5} \\ \frac{1}{5} \\ 0 \end{pmatrix} + \underbrace{\frac{x_3}{5}}_{\in \mathbb{R}} \begin{pmatrix} -4 \\ 3 \\ 5 \end{pmatrix}.$$

Wir können die Lösungsmenge letztlich schreiben als

$$\mathbb{L} = \left\{ \begin{pmatrix} \frac{17}{5} \\ \frac{1}{5} \\ 0 \end{pmatrix} + \lambda \begin{pmatrix} -4 \\ 3 \\ 5 \end{pmatrix} \,\middle|\, \lambda \in \mathbb{R} \right\}.$$

11.5 Praxisteil

Aufgabe 11.15: H08-T1-A1

 Zeigen Sie, dass das lineare Gleichungssystem

$$\begin{array}{rcrcrcrcr} x_1 &+& (\lambda+1)x_2 &+& 2\lambda x_3 &+& 2\lambda x_4 &=& 2, \\ x_1 &+& \lambda x_2 &+& \lambda x_3 &+& \lambda x_4 &=& 1, \\ x_1 &+& \lambda x_2 &+& 2\lambda x_3 &+& 2\lambda x_4 &=& 2, \\ x_1 &+& \lambda x_2 &+& \lambda x_3 &+& 2\lambda x_4 &=& 1 \end{array}$$

je nach Wahl von $\lambda \in \mathbb{R}$ entweder unlösbar oder eindeutig lösbar ist. Bestimmen Sie im zweiten Fall die Lösung.

Lösungsvorschlag: Wir bringen die erweiterte Koeffizientenmatrix in Zeilenstufenform. Die elementaren Zeilenumformungen vorzunehmen, sei dem Leser überlassen. Man erhält

$$(A|b) = \left(\begin{array}{cccc|c} 1 & \lambda+1 & 2\lambda & 2\lambda & 2 \\ 1 & \lambda & \lambda & \lambda & 1 \\ 1 & \lambda & 2\lambda & 2\lambda & 2 \\ 1 & \lambda & \lambda & 2\lambda & 1 \end{array} \right) \to \dots \to \left(\begin{array}{cccc|c} 1 & 0 & 0 & 0 & 0 \\ 0 & 1 & 0 & 0 & 0 \\ 0 & 0 & \lambda & 0 & 1 \\ 0 & 0 & 0 & \lambda & 0 \end{array} \right).$$

Wir erhalten in Zeile 3 einen Widerspruch für

$$\lambda x_3 = 1,$$

wenn $\lambda = 0$. Daher ist für $\lambda = 0$ das lineare Gleichungssystem nicht lösbar. Man kann hier auch mit dem Rang argumentieren, denn in diesem Fall ist

$$\mathrm{rg}(A) = \mathrm{rg} \left(\begin{array}{cccc} 1 & 0 & 0 & 0 \\ 0 & 1 & 0 & 0 \\ 0 & 0 & 0 & 0 \\ 0 & 0 & 0 & 0 \end{array} \right) = 2 < 3 = \mathrm{rg} \left(\begin{array}{cccc|c} 1 & 0 & 0 & 0 & 0 \\ 0 & 1 & 0 & 0 & 0 \\ 0 & 0 & 0 & 0 & 1 \\ 0 & 0 & 0 & 0 & 0 \end{array} \right) = \mathrm{rg}(A|b).$$

Man beachte für obiges Argument, dass elementare Zeilenumformungen den Rang einer Matrix nicht ändern.

Sei nun $\lambda \neq 0$. In diesem Fall liefert das Rangkriterium wegen

$$\mathrm{rg}(A) = \mathrm{rg}\begin{pmatrix} 1 & 0 & 0 & 0 \\ 0 & 1 & 0 & 0 \\ 0 & 0 & \lambda & 0 \\ 0 & 0 & 0 & \lambda \end{pmatrix} = 4 = \mathrm{rg}\left(\begin{array}{cccc|c} 1 & 0 & 0 & 0 & 0 \\ 0 & 1 & 0 & 0 & 0 \\ 0 & 0 & \lambda & 0 & 1 \\ 0 & 0 & 0 & \lambda & 0 \end{array}\right) = \mathrm{rg}\,(A|b)$$

die Lösbarkeit des Gleichungssystems. Die eindeutige Lösung liest man dann ab zu

$$\lambda x_4 = 0 \Longrightarrow x_4 = 0,$$
$$\lambda x_3 = 1 \Longrightarrow x_3 = \lambda^{-1},$$
$$x_2 = 0,$$
$$x_1 = 0.$$

Die Lösungsmenge ist gegeben durch $\mathbb{L} = \left\{ (0,0,\lambda^{-1},0)^T,\ \lambda \in \mathbb{R}\backslash\{0\} \right\}$.

Aufgabe 11.16: H17-T1-A1

Zeigen Sie, dass das mit λ parametrisierte lineare Gleichungssystem

$$\begin{array}{rcrcrcl} 2\lambda x_1 & + & 3x_2 & + & 2\lambda x_3 & = & 2, \\ & - & 2x_2 & + & 3x_3 & = & 3, \\ 2x_1 & + & \lambda x_2 & + & 5x_3 & = & 4 \end{array}$$

für jedes feste $\lambda \in \mathbb{R}$ höchstens eine Lösung hat.

Lösungsvorschlag: Wir bringen die zugehörige erweiterte Koeffizientenmatrix $(A|b)$ in Zeilenstufenform:

$$\left(\begin{array}{ccc|c} 2\lambda & 3 & 2\lambda & 2 \\ 0 & -2 & 3 & 3 \\ 2 & \lambda & 5 & 4 \end{array}\right) \xrightarrow{\text{(I)}-\lambda\text{(III)}} \left(\begin{array}{ccc|c} 0 & 3-\lambda^2 & -3\lambda & 2-4\lambda \\ 0 & -2 & 3 & 3 \\ 2 & \lambda & 5 & 4 \end{array}\right)$$

Nun addieren wir zu Gleichung (I) das $\frac{1}{2}\left(3-\lambda^2\right)$-Fache von Gleichung (II) und gelangen zu

$$\left(\begin{array}{ccc|c} 0 & 0 & -3\lambda + \frac{3}{2}(3-\lambda^2) & 2-4\lambda + \frac{3}{2}\left(3-\lambda^2\right) \\ 0 & -2 & 3 & 3 \\ 2 & \lambda & 5 & 4 \end{array}\right).$$

Abschließendes Umsortieren und Vereinfachen liefert

$$(A|b) = \left(\begin{array}{ccc|c} 2 & \lambda & 5 & 4 \\ 0 & -2 & 3 & 3 \\ 0 & 0 & -\frac{3}{2}\left(\lambda^2+2\lambda-3\right) & -\frac{1}{2}\left(3\lambda^2+8\lambda-13\right) \end{array}\right),$$

und wir sehen, dass die Lösbarkeit des Systems von der letzten Zeile abhängt. Es ist

$$-\frac{3}{2}\left(\lambda^2+2\lambda-3\right)x_3 = -\frac{1}{2}\left(3\lambda^2+8\lambda-13\right),$$

bzw.

$$-\frac{3}{2}(\lambda-1)(\lambda+3)x_3 = -\frac{1}{2}\left(3\lambda^2+8\lambda-13\right).$$

Der Fall $0 = 0$, der zu einem unterbestimmten Gleichungssystem führt, kann also nicht eintreten, da das Polynom auf der rechten Seite weder in 1 noch in -3 eine Nullstelle besitzt. Es ist dann

$$x_3 = \frac{\left(3\lambda^2+8\lambda-13\right)}{3(\lambda-1)(\lambda+3)}$$

entweder eindeutig (es gibt also genau eine Lösung) oder nicht definiert (es gibt keine Lösung).

Aufgepasst!

 Man kann hier selbstverständlich auch über die Ränge argumentieren. Seien dazu $p_1(\lambda) = \lambda^2+2\lambda-3$ und $p_2(\lambda) = 3\lambda^2+8\lambda-13$. Da p_1 und p_2 keine gemeinsamen Nullstellen besitzen, ist es für die Matrix $(A|b)$ nicht möglich, eine Nullzeile zu haben. Es ist also entweder

- $\mathrm{rg}(A) = 2 < 3 = \mathrm{rg}(A|b)$ im Falle $p_1 = 0$, sodass das Gleichungssystem keine Lösung besitzt,

- oder $\mathrm{rg}(A) = 3 = \mathrm{rg}(A|b)$ im Falle $p_1 \neq 0$, sodass das Gleichungssystem eine eindeutige Lösung besitzt.

Aufgabe 11.17: F17-T3-A1

 Es seien a, b, c beliebige reelle Zahlen.

(a) Für welche $\lambda \in \mathbb{R}$ ist das lineare Gleichungssystem

$$\begin{cases} x & & + & \lambda z & = & a, \\ x & + & \lambda y & & = & b, \\ \lambda x & + & y & + & z & = & c \end{cases}$$

eindeutig lösbar?

(b) Bestimmen Sie die Lösungsmenge des Systems in (a) für den Fall $\lambda = 1$.

(c) Unter welchen Bedingungen an $a, b, c \in \mathbb{R}$ ist das Gleichungssystem für $\lambda = 0$ lösbar?

Lösungsvorschlag: Ad (a): Sei A die zu dem Gleichungssystem gehörige Koeffizientenmatrix. Genau dann wenn A invertierbar ist, besitzt das Gleichungssystem $A \cdot x = (a,b,c)^T$ die eindeutige Lösung $x = A^{-1} \cdot (a,b,c)^T$. Wir bestimmen also, für welche $\lambda \in \mathbb{R}$ die Matrix

A invertierbar ist. Dazu berechnen wir die Determinante

$$\det(A) = \det \begin{pmatrix} 1 & 0 & \lambda \\ 1 & \lambda & 0 \\ \lambda & 1 & 1 \end{pmatrix} = \lambda \left(2 - \lambda^2\right)$$

und sehen, dass $\det(A) \neq 0$ genau dann, wenn $\lambda \in \mathbb{R} \setminus \left\{0, \pm\sqrt{2}\right\}$.

Ad (b): Für $\lambda = 1$ berechnen wir

$$\begin{pmatrix} 1 & 0 & 1 & \bigm| & a \\ 1 & 1 & 0 & \bigm| & b \\ 1 & 1 & 1 & \bigm| & c \end{pmatrix} \xrightarrow[\text{(III)} \frown \text{(I)}]{\text{(I)} \frown \text{(II)}} \begin{pmatrix} 1 & 1 & 1 & \bigm| & c \\ 1 & 0 & 1 & \bigm| & a \\ 1 & 1 & 0 & \bigm| & b \end{pmatrix},$$

$$\begin{pmatrix} 1 & 1 & 1 & \bigm| & c \\ 1 & 0 & 1 & \bigm| & a \\ 1 & 1 & 0 & \bigm| & b \end{pmatrix} \xrightarrow[\text{(III)}-\text{(I)}]{\text{(II)}-\text{(I)}} \begin{pmatrix} 1 & 1 & 1 & \bigm| & c \\ 0 & -1 & 0 & \bigm| & a-c \\ 0 & 0 & -1 & \bigm| & b-c \end{pmatrix},$$

und die erweiterte Koeffizientenmatrix befindet sich bereits in Zeilenstufenform. Wir lesen ab:

$$\begin{aligned} z &= c - b \\ y &= c - a \\ x &= c - y - z = a + b - c \end{aligned}$$

Der nach Teilaufgabe (a) eindeutige Lösungsvektor ist daher $v = (a+b-c, c-a, c-b)^T$, bzw.

$$L = \left\{ (a+b-c, c-a, c-b)^T \right\}.$$

Ad (c): Für $\lambda = 0$ erhalten wir

$$\begin{pmatrix} 1 & 0 & 0 & \bigm| & a \\ 1 & 0 & 0 & \bigm| & b \\ 0 & 1 & 1 & \bigm| & c \end{pmatrix}$$

und lesen ab: $x = a = b$ und $y + z = c$. Die Bedingung ist also gerade $a = b$.

Im Mobile

seien alle horizontalen Stäbe und alle Fäden als gewichtslos angenommen. Alle Stäbe sind genau im Mittelpunkt aufgehängt. Anhänger der gleichen Form haben dieselbe Masse. Insgesamt wiegt das Mobile 320g.

(a) Beschreiben Sie den Gleichgewichtszustand des Mobiles durch ein inhomogenes Gleichungssystem.

(b) Bestimmen Sie die Masse der Anhänger, für die sich das Mobile im Gleichgewicht befindet.

Lösungsvorschlag: Ad (a): Wir kodieren zunächst das Gewicht aller Anhänger mit Variablen:

$$\blacktriangledown = a, \qquad \bullet = b, \qquad \text{⬡} = c, \qquad \blacksquare = d, \qquad \bigstar = e.$$

Nun notieren wir die zu den einzelnen Ästen gehörigen Gleichungen:

1. Aus dem Ast

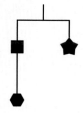

   folgt die Gleichung $c + d = e$.

2. Aus dem Ast

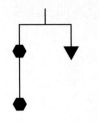

folgt die Gleichung $2c = a$.

3. Aus dem Ast

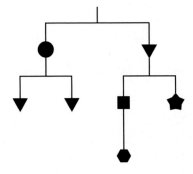

folgt die Gleichung $b + 2a = a + c + d + e$.

4. Aus dem Ast

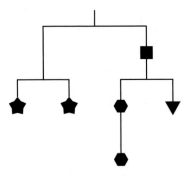

folgt die Gleichung $2e = d + 2c + a$.

5. Aus dem gesamten Mobile folgt die Gleichung $3a + b + c + d + e = a + b + 2c + d + 2e$.

6. Aus der Masse des Mobiles folgt schlussendlich $4a + 2b + 3c + 2d + 3e = 320$.

Wir erhalten also nach Umstellen der einzelnen Gleichungen das inhomogene Gleichungssystem

$$
\begin{aligned}
0 &= c + d - e, \\
0 &= -a + 2c, \\
0 &= a + b - c - d - e, \\
0 &= -a - 2c - d + 2e, \\
0 &= 2a - c - e, \\
320 &= 4a + 2b + 3c + 2d + 3e.
\end{aligned}
$$

Ad (b): Wir ignorieren zunächst die letzte Gleichung, sodass wir für das homogene Gleichungssystem den Kern der zugehörigen Koeffizientenmatrix berechnen können:

$$
A = \begin{pmatrix}
0 & 0 & 1 & 1 & -1 \\
-1 & 0 & 2 & 0 & 0 \\
1 & 1 & -1 & -1 & -1 \\
-1 & 0 & -2 & -1 & 2 \\
2 & 0 & -1 & 0 & -1
\end{pmatrix}
$$

Wir vertauschen zu Beginn die Zeilen 3 und 1 und führen dann elementare Zeilenumformungen durch:

$$
\begin{pmatrix}
1 & 1 & -1 & -1 & -1 \\
-1 & 0 & 2 & 0 & 0 \\
0 & 0 & 1 & 1 & -1 \\
-1 & 0 & -2 & -1 & 2 \\
2 & 0 & -1 & 0 & -1
\end{pmatrix}
\xrightarrow{\text{(IV)}+2\cdot\text{(II)}}
\begin{pmatrix}
1 & 1 & -1 & -1 & -1 \\
-1 & 0 & 2 & 0 & 0 \\
0 & 0 & 1 & 1 & -1 \\
-1 & 0 & -2 & -1 & 2 \\
0 & 0 & 3 & 0 & -1
\end{pmatrix}
$$

$$
\begin{pmatrix}
1 & 1 & -1 & -1 & -1 \\
-1 & 0 & 2 & 0 & 0 \\
0 & 0 & 1 & 1 & -1 \\
-1 & 0 & -2 & -1 & 2 \\
0 & 0 & 3 & 0 & -1
\end{pmatrix}
\xrightarrow[\text{(IV)}+\text{(I)}]{\text{(II)}+\text{(I)}}
\begin{pmatrix}
1 & 1 & -1 & -1 & -1 \\
0 & 1 & 1 & -1 & -1 \\
0 & 0 & 1 & 1 & -1 \\
0 & 1 & -3 & -2 & 1 \\
0 & 0 & 3 & 0 & -1
\end{pmatrix}
$$

$$
\begin{pmatrix}
1 & 1 & -1 & -1 & -1 \\
0 & 1 & 1 & -1 & -1 \\
0 & 0 & 1 & 1 & -1 \\
0 & 1 & -3 & -2 & 1 \\
0 & 0 & 3 & 0 & -1
\end{pmatrix}
\xrightarrow[\text{(I)}-\text{(II)}]{\text{(IV)}+\text{(V)}}
\begin{pmatrix}
1 & 0 & -2 & 0 & 0 \\
0 & 1 & 1 & -1 & -1 \\
0 & 0 & 1 & 1 & -1 \\
0 & 1 & 0 & -2 & 0 \\
0 & 0 & 3 & 0 & -1
\end{pmatrix}
$$

$$
\begin{pmatrix}
1 & 0 & -2 & 0 & 0 \\
0 & 1 & 1 & -1 & -1 \\
0 & 0 & 1 & 1 & -1 \\
0 & 1 & 0 & -2 & 0 \\
0 & 0 & 3 & 0 & -1
\end{pmatrix}
\xrightarrow{\text{(II)}-\text{(III)}}
\begin{pmatrix}
1 & 0 & -2 & 0 & 0 \\
0 & 1 & 0 & -2 & 0 \\
0 & 0 & 1 & 1 & -1 \\
0 & 1 & 0 & -2 & 0 \\
0 & 0 & 3 & 0 & -1
\end{pmatrix}
$$

Wir sehen nun, dass die Zeilen 2 und 4 identisch sind, das homogene Gleichungssystem ist also unterbestimmt, und wir wählen $c \in \mathbb{R}$ frei. Wir streichen Zeile 4 und es folgt

- aus Gleichung (I) sofort $a = 2c$,

- aus Gleichung (V) sofort $e = 3c$,

- nun zusammen aus Gleichung (IV) $d = e - c = 2c$

- und schlussendlich aus Gleichung (II) $b = 2d = 4c$.

Es ist also

$$\ker(A) = \left\langle (2,4,1,2,3)^T \right\rangle,$$

und wir können über die letzte Gleichung alle Anhängergewichte ermitteln:

$$
\begin{aligned}
320 &= 4a + 2b + 3c + 2d + 3e, \\
&= 8c + 8c + 3c + 6c + 9c, \\
&= 34c,
\end{aligned}
$$

also $c = \frac{160}{17}$. Wir erhalten schlussendlich also

$$a = \frac{320}{17}\,\mathrm{g}, \qquad b = \frac{640}{17}\,\mathrm{g}, \qquad c = \frac{160}{17}\,\mathrm{g}, \qquad d = \frac{320}{17}\,\mathrm{g}, \qquad e = \frac{480}{3}\,\mathrm{g} \ .$$

Aufgabe 11.19: H18-T3-A1

Man bestimme in Abhängigkeit vom Parameter $\alpha \in \mathbb{R}$ die Lösungsmenge L_α des linearen Gleichungssystems

$$
\begin{array}{rcrcrcrcl}
x_1 &+& x_2 &+& x_3 &-& x_4 &=& 0, \\
&& x_2 &-& x_3 &+& \alpha x_4 &=& 1, \\
2x_1 &+& x_2 &+& \alpha x_3 &+& x_4 &=& 1, \\
x_1 &+& x_2 && &+& \alpha x_4 &=& 1.
\end{array}
$$

Lösungsvorschlag: Wir bringen die zugehörige erweiterte Koeffizientenmatrix in Zeilenstufenform:

$$
\left(\begin{array}{cccc|c}
1 & 1 & 1 & -1 & 0 \\
0 & 1 & -1 & \alpha & 1 \\
2 & 1 & \alpha & 1 & 1 \\
1 & 1 & 0 & \alpha & 1
\end{array}\right)
\xrightarrow{\text{(II)-(IV)}}
\left(\begin{array}{cccc|c}
1 & 1 & 1 & -1 & 0 \\
-1 & 0 & -1 & 0 & 0 \\
2 & 1 & \alpha & 1 & 1 \\
1 & 1 & 0 & \alpha & 1
\end{array}\right)
$$

$$
\left(\begin{array}{cccc|c}
1 & 1 & 1 & -1 & 0 \\
-1 & 0 & -1 & 0 & 0 \\
2 & 1 & \alpha & 1 & 1 \\
1 & 1 & 0 & \alpha & 1
\end{array}\right)
\xrightarrow{\text{(I)+(II)}}
\left(\begin{array}{cccc|c}
0 & 1 & 0 & -1 & 0 \\
-1 & 0 & -1 & 0 & 0 \\
2 & 1 & \alpha & 1 & 1 \\
1 & 1 & 0 & \alpha & 1
\end{array}\right)
$$

$$
\left(\begin{array}{cccc|c}
0 & 1 & 0 & -1 & 0 \\
-1 & 0 & -1 & 0 & 0 \\
2 & 1 & \alpha & 1 & 1 \\
1 & 1 & 0 & \alpha & 1
\end{array}\right)
\xrightarrow{\text{(I)}\frown\text{(II)}}
\left(\begin{array}{cccc|c}
-1 & 0 & -1 & 0 & 0 \\
0 & 1 & 0 & -1 & 0 \\
2 & 1 & \alpha & 1 & 1 \\
1 & 1 & 0 & \alpha & 1
\end{array}\right)
$$

$$\begin{pmatrix} -1 & 0 & -1 & 0 & | & 0 \\ 0 & 1 & 0 & -1 & | & 0 \\ 2 & 1 & \alpha & 1 & | & 1 \\ 1 & 1 & 0 & \alpha & | & 1 \end{pmatrix} \xrightarrow[\text{(IV)+(I)}]{\text{(III)+2(I)}} \begin{pmatrix} -1 & 0 & -1 & 0 & | & 0 \\ 0 & 1 & 0 & -1 & | & 0 \\ 0 & 1 & \alpha-2 & 1 & | & 1 \\ 0 & 1 & -1 & \alpha & | & 1 \end{pmatrix}$$

$$\begin{pmatrix} -1 & 0 & -1 & 0 & | & 0 \\ 0 & 1 & 0 & -1 & | & 0 \\ 0 & 1 & \alpha-2 & 1 & | & 1 \\ 0 & 1 & -1 & \alpha & | & 1 \end{pmatrix} \xrightarrow[\text{(IV)-(II)}]{\text{(III)-(II)}} \begin{pmatrix} -1 & 0 & -1 & 0 & | & 0 \\ 0 & 1 & 0 & -1 & | & 0 \\ 0 & 0 & \alpha-2 & 2 & | & 1 \\ 0 & 0 & -1 & \alpha+1 & | & 1 \end{pmatrix}$$

$$\begin{pmatrix} -1 & 0 & -1 & 0 & | & 0 \\ 0 & 1 & 0 & -1 & | & 0 \\ 0 & 0 & \alpha-2 & 2 & | & 1 \\ 0 & 0 & -1 & \alpha+1 & | & 1 \end{pmatrix} \xrightarrow{\text{(III)+}(\alpha-2)\text{(IV)}} \begin{pmatrix} -1 & 0 & -1 & 0 & | & 0 \\ 0 & 1 & 0 & -1 & | & 0 \\ 0 & 0 & 0 & \alpha^2-\alpha & | & \alpha-1 \\ 0 & 0 & -1 & \alpha+1 & | & 1 \end{pmatrix}$$

$$\begin{pmatrix} -1 & 0 & -1 & 0 & | & 0 \\ 0 & 1 & 0 & -1 & | & 0 \\ 0 & 0 & 0 & \alpha^2-\alpha & | & \alpha-1 \\ 0 & 0 & -1 & \alpha+1 & | & 1 \end{pmatrix} \xrightarrow{\text{(III)}\curvearrowright\text{(IV)}} \begin{pmatrix} -1 & 0 & -1 & 0 & | & 0 \\ 0 & 1 & 0 & -1 & | & 0 \\ 0 & 0 & -1 & \alpha+1 & | & 1 \\ 0 & 0 & 0 & \alpha^2-\alpha & | & \alpha-1 \end{pmatrix}$$

Die Matrix befindet sich nun in Zeilenstufenform, und ihr Rang bestimmt sich dadurch über die Anzal der Nicht-Nullzeilen. Wegen $\alpha^2 - \alpha = \alpha(\alpha - 1)$ ist also rg$(A|b) = 4$ und das Gleichungssystem eindeutig lösbar, falls $\alpha \in \mathbb{R}\backslash\{0,1\}$ ist. Wie diese Lösung konkret aussieht und wie sich in den Fällen $\alpha = 0$ und $\alpha = 1$ die Lösungsmenge ändert, sehen wir uns in getrennten Fällen an:

1. Fall: Für $\alpha \in \mathbb{R}\backslash\{0,1\}$ folgt aus Zeile 4 sofort $x_4 = \frac{\alpha-1}{\alpha^2-\alpha} = \frac{1}{\alpha}$. Aus Zeile 2 folgt damit dann $x_2 = x_4 = \frac{1}{\alpha}$. Zeile 3 liefert $x_3 = 1 - (\alpha+1)x_4 = 1 - \frac{\alpha+1}{\alpha} = \frac{1}{\alpha}$ und Zeile 1 damit schlussendlich $x_1 = -x_3 = -\frac{1}{\alpha}$. In diesem Fall ist daher

$$L_\alpha = \left\{ \left(-\frac{1}{\alpha}, \frac{1}{\alpha}, \frac{1}{\alpha}, \frac{1}{\alpha} \right)^T \right\}.$$

2. Fall: Für $\alpha = 0$ erhalten wir

$$\begin{pmatrix} -1 & 0 & -1 & 0 & | & 0 \\ 0 & 1 & 0 & -1 & | & 0 \\ 0 & 0 & -1 & 1 & | & 1 \\ 0 & 0 & 0 & 0 & | & -1 \end{pmatrix},$$

und wir sehen anhand der letzten Zeile, dass das Gleichungssystem nicht lösbar ist, bzw. rg$(A|b) = 4 > 3 = $ rg(A) ist. In diesem Fall ist daher

$$L_\alpha = \emptyset.$$

3. Fall: Für $\alpha = 1$ erhalten wir

$$\left(\begin{array}{cccc|c} -1 & 0 & -1 & 0 & 0 \\ 0 & 1 & 0 & -1 & 0 \\ 0 & 0 & -1 & 2 & 1 \\ 0 & 0 & 0 & 0 & 0 \end{array}\right),$$

und das Gleichungssystem besitzt wegen $\mathrm{rg}(A|b) = 3 = \mathrm{rg}(A)$ eine Lösung. Das Gleichungssystem ist unterbestimmt, und wir wählen $x_4 = \lambda \in \mathbb{R}$ frei. Damit folgt aus Zeile (II) direkt $x_2 = x_4 = \lambda$ und aus Zeile (III) analog $x_3 = 1 - 2x_2 = 2\lambda - 1$. Schlussendlich erhalten wir aus Zeile (I) dann $x_1 = -x_3 = 1 - 2\lambda$. In diesem Fall ist daher

$$L_\alpha = \left\{ (1 - 2\lambda, \lambda, 2\lambda - 1, \lambda)^T : \lambda \in \mathbb{R} \right\} = \left\langle (1, 0, -1, 0)^T \right\rangle.$$

Wir halten abschließend fest, dass das Gleichungssystem für $\alpha = 0$ keine Lösung, für $\alpha \in \mathbb{R} \backslash \{0,1\}$ genau eine Lösung und für $\alpha = 1$ unendlich viele Lösungen besitzt.

Aufgabe 11.20: H18-T2-A4

Das folgende Rätsel sei gegeben.

$$\square + \diamondsuit + \bigcirc + \pentagon = 15$$
$$+ \qquad + \qquad + \qquad +$$
$$\pentagon + \triangle + \diamondsuit + \square = 21$$
$$+ \qquad + \qquad + \qquad +$$
$$\diamondsuit + \bigcirc + \square + \pentagon = C$$
$$+ \qquad + \qquad + \qquad +$$
$$\triangle + \bigcirc + \diamondsuit + \triangle = D$$
$$\| \qquad\quad \| \qquad\quad \| \qquad\quad \|$$
$$A \qquad 19 \qquad B \qquad 24$$

Es sollen positive ganze Zahlen $\{1, 2, \ldots, 9\}$ in die Felder eingetragen werden, sodass die Summe der Zahlen in einer Zeile bzw. einer Spalte die am Rand angegebene Zahl ergibt. Felder mit dem gleichen Symbol (Kreis, Quadrat, etc.) enthalten dieselbe Zahl.

(a) Beschreiben Sie das obige Rätsel als lineares Gleichungssystem und bringen Sie die zugehörige Matrix in Zeilenstufenform.

(b) Bestimmen Sie alle Lösungen des Rätsels und die zugehörigen Summen A, B, C und D.

Lösungsvorschlag: Ad (a): Wir kodieren die Symbole zunächst mit Variablen:

$$\triangle = a, \qquad \bigcirc = b, \qquad \diamondsuit = c, \qquad \square = d, \qquad \pentagon = e$$

Die Zeilen führen auf die vier Gleichungen

$$
\begin{aligned}
15 &= d + c + b + e, \\
21 &= e + a + c + d, \\
C &= c + b + d + e, \\
D &= 2a + b + c
\end{aligned}
$$

und die Spalten auf die zusätzlichen vier Gleichungen

$$
\begin{aligned}
A &= d + e + c + a, \\
19 &= c + a + 2b, \\
B &= b + 2c + d, \\
24 &= 2e + d + a.
\end{aligned}
$$

Damit ergibt sich insgesamt das einfach unterbestimmte Gleichungssystem

$$
\begin{aligned}
15 &= b + c + d + e, \\
21 &= a + c + d + e, \\
19 &= a + 2b + c, \\
24 &= a + d + 2e, \\
0 &= a + c + d + e - A, \\
0 &= b + 2c + d - B, \\
0 &= b + c + d + e - C, \\
0 &= 2a + b + c - D.
\end{aligned}
$$

Für die Aufgabe werden jedoch nur die Unbestimmten a, b, c, d, e als Variablen betrachtet. Die zugehörige Koeffizientematrix ergibt sich daher ausschließlich aus den ersten vier Gleichungen:

$$
\left(\begin{array}{ccccc|c}
0 & 1 & 1 & 1 & 1 & 15 \\
1 & 0 & 1 & 1 & 1 & 21 \\
1 & 2 & 1 & 0 & 0 & 19 \\
1 & 0 & 0 & 1 & 2 & 24
\end{array}\right)
\rightsquigarrow
\left(\begin{array}{ccccc|c}
1 & -1 & 0 & 0 & 0 & 6 \\
3 & 0 & 1 & 0 & 0 & 31 \\
5 & 0 & 0 & 1 & 0 & 44 \\
3 & 0 & 0 & 0 & 1 & 34
\end{array}\right)
$$

Die Schritt-für-Schritt-Überführung in Zeilenstufenform sei hier übersprungen. Alternativ kann man das obige Gleichungssystem auch einfach lösen und die Zeilenstufenform daraus rekonstruieren (hier wäre das wohl tatsächlich schneller).

Ad (b): Die Lösung des Gleichungssystems lässt sich aus der Zeilenstufenform direkt ablesen. Wir stellen einen Ansatz vor, der ohne Zeilenstufenform auskommt: Dazu erkennen wir, dass die ersten vier Gleichungen wie das gesamte System einfach unterbestimmt sind. Wählen wir dort also unseren freien Parameter und ignorieren die anderen Gleichungen, können wir daraus alle Symbole bereits lösen. Die Lösung für die

Randsummen ergeben sich dann ebenfalls sofort in Abhängigkeit des freien Parameters aus den anderen vier Gleichungen. Das gesamte System lässt sich auf diese Weise also schlagartig lösen: Wählen wir etwa $a \in \mathbb{R}$ frei, so erhalten wir

- aus (II)−(I): $6 = a - b$ bzw. $b = a - 6$,

- aus (III) anschließend $c = 19 - a - 2b = 19 - a - 2(a - 6) = 31 - 3a$,

- aus (IV)−(II) dann: $3 = e - c$ bzw. $e = 3 + c = 34 - 3a$,

- aus (I) abschließend $d = 15 - b - c - e = 15 - (a - 6) - (31 - 3a) - (34 - 3a) = 5a - 44$.

Das System besitzt also unendlich viele Lösungen

$$(a,b,c,d,e) = (a, a - 6, 31 - 3a, 5a - 44, 34 - 3a)^T,$$

und die zugehörigen Randsummen lauten

$$
\begin{aligned}
A &= a + c + d + e = a + 31 - 3a + 5a - 44 + 34 - 3a = 21, \\
B &= b + 2c + d = a - 6 + 2(31 - 3a) + 5a - 44 = 12, \\
C &= b + c + d + e = a - 6 + 31 - 3a + 5a - 44 + 34 - 3a = 15, \\
D &= 2a + b + c = 2a + a - 6 + 31 - 3a = 25.
\end{aligned}
$$

Die Bedingung $(a,b,c,d,e) \in \{1,\ldots,9\}^5$ führt letztlich auf $a = 9$ und damit auf die eindeutige Lösung

$$(9,3,4,1,7).$$

Aufgabe 11.21: H14-T3-A1

Zu $A \in \mathbb{R}^{2\times2}$ und $b \in \mathbb{R}^2$ sei $\mathscr{L}_{A,b}$ die Lösungsmenge der Gleichung $Ax = b$.

(a) Beweisen oder widerlegen Sie:

   (i) Für alle $A \in \mathbb{R}^{2\times2}$ gibt es ein $b \in \mathbb{R}^2$, sodass $\mathscr{L}_{A,b}$ genau aus einem Punkt besteht.

   (ii) Für alle $b \in \mathbb{R}^2$ gibt es ein $A \in \mathbb{R}^{2\times2}$, sodass $\mathscr{L}_{A,b}$ genau aus einem Punkt besteht.

   (iii) Ist $\mathscr{L}_{A,b}$ ein Untervektorraum, so ist $b = 0$.

(b) Bestimmen Sie eine Matrix $A \in \mathbb{R}^{2\times2}$, sodass für $b = \begin{pmatrix} -1 \\ 1 \end{pmatrix}$ gilt:

$$\mathscr{L}_{A,b} = \begin{pmatrix} 1 \\ 1 \end{pmatrix} + \mathbb{R} \begin{pmatrix} 1 \\ -2 \end{pmatrix}.$$

Lösungsvorschlag: Ad (a):

(i) Die Aussage ist falsch. Wenn A die Nullmatrix ist, so ist $\mathcal{L}_{A,b}$ entweder leer (nämlich für $b \neq 0$) oder $\mathcal{L}_{A,b} = \mathbb{R}^2$ (nämlich für $b = 0$).

(ii) Die Aussage ist wahr. Sei A irgendeine invertierbare Matrix, dann ist die Gleichung $Ax = b$ äquivalent zu $x = A^{-1}b$, es gibt also immer eine Lösung. Diese ist aufgrund der Bijektivität von A natürlich auch eindeutig.

(iii) Die Aussage ist wahr. Sei $\mathcal{L}_{A,b}$ ein Untervektorraum. Dann ist $0 \in \mathcal{L}_{A,b}$, also der Nullvektor eine Lösung von $Ax = b$. Es folgt $b = Ax = A \cdot 0 = 0$.

Ad (b): Wir wissen (vgl. Beispiel 11.2), dass $\mathbb{R} \begin{pmatrix} 1 \\ -2 \end{pmatrix}$ gerade den Lösungsraum des homogenen Problems $Ax = 0$ beschreibt, oder anders ausgedrückt:

$$\ker(A) = \left\langle (1, -2)^T \right\rangle$$

Sei nun

$$A = \begin{pmatrix} a & b \\ c & d \end{pmatrix},$$

dann ist also

$$\begin{pmatrix} 0 \\ 0 \end{pmatrix} = A \cdot \begin{pmatrix} 1 \\ -2 \end{pmatrix} = \begin{pmatrix} a & b \\ c & d \end{pmatrix} \cdot \begin{pmatrix} 1 \\ -2 \end{pmatrix} = \begin{pmatrix} a - 2b \\ c - 2d \end{pmatrix}.$$

Wir erhalten damit $a = 2b$ und $c = 2d$ und können schreiben

$$A = \begin{pmatrix} 2b & b \\ 2d & d \end{pmatrix}.$$

Außerdem wissen wir, dass $x = (1,1)^T$ eine Lösung des inhomogenen Problems $Ax = b$ ist. Setzen wir x und b ein, erhalten wir

$$\begin{pmatrix} -1 \\ 1 \end{pmatrix} = \begin{pmatrix} 2b & b \\ 2d & d \end{pmatrix} \cdot \begin{pmatrix} 1 \\ 1 \end{pmatrix} = \begin{pmatrix} 3b \\ 3d \end{pmatrix},$$

also $b = -\frac{1}{3}$ und $d = \frac{1}{3}$. Die gesuchte Matrix ist damit

$$A = \frac{1}{3} \begin{pmatrix} -2 & -1 \\ 2 & 1 \end{pmatrix}.$$

Sei $n \in \mathbb{N}, n \geq 2$. Bestimmen Sie die Lösungsmenge $L \subset \mathbb{R}^n$ des folgenden Systems von n linearen Gleichungen:

$$\begin{cases} \sum_{j=1}^k x_j - \sum_{j=k+1}^n x_j = 1, \quad k = 1,2,\ldots,n-1 \text{ (gibt } n-1 \text{ Gleichungen)} \\ \sum_{j=1}^n x_j = 1 \end{cases}$$

Lösungsvorschlag: Wir schreiben die Gleichungen aus zu:

$$\begin{array}{rcrcrcrccrcl} x_1 & - & x_2 & - & x_3 & - & x_4 & \ldots & - & x_n & = & 1 \\ x_1 & + & x_2 & - & x_3 & - & x_4 & \ldots & - & x_n & = & 1 \\ x_1 & + & x_2 & + & x_3 & - & x_4 & \ldots & - & x_n & = & 1 \\ \vdots & & \vdots & & \vdots & & \vdots & \ddots & & \vdots & = & \vdots \\ x_1 & + & x_2 & + & x_3 & + & x_4 & \ldots & + & x_n & = & 1 \end{array}$$

und betrachten die zugehörige erweiterte Koeffizientenmatrix

$$(A|b) = \left(\begin{array}{ccccccc|c} 1 & -1 & -1 & -1 & \ldots & -1 & & 1 \\ 1 & 1 & -1 & -1 & \ldots & -1 & & 1 \\ 1 & 1 & 1 & -1 & \ldots & -1 & & 1 \\ \vdots & \vdots & \vdots & & \ddots & \vdots & & \vdots \\ 1 & 1 & 1 & 1 & \ldots & 1 & & 1 \end{array} \right).$$

Wir addieren nun zu jeder Zeile die n-te Zeile hinzu und erhalten

$$\left(\begin{array}{cccccc|c} 2 & 0 & 0 & 0 & \ldots & 0 & 2 \\ 2 & 2 & 0 & 0 & \ldots & 0 & 2 \\ 2 & 2 & 2 & 0 & \ldots & 0 & 2 \\ \vdots & \vdots & \vdots & \vdots & \ddots & \vdots & \vdots \\ 1 & 1 & 1 & 1 & \ldots & 1 & 1 \end{array} \right),$$

die Koeffizientenmatrix ist also danach bereits in Zeilenstufenform. Aus der ersten Gleichung erhalten wir daraus $x_1 = 1$. Eingesetzt in die zweite folgt

$$2 + 2x_2 = 2 \implies x_2 = 0$$

und analog dann $x_3 = 0$ usw. Der Lösungsvektor ist also gegeben durch $(1,0,\ldots,0)^T$.

Es kann manchmal ratsam sein, sich die Koeffizientenmatrix erst einmal genauer anzusehen. In diesem Beispiel sehen wir etwa, dass der Lösungsvektor gerade dem ersten Spaltenvektor von A entspricht. Da das Produkt $A \cdot \mathbf{e}_1$ gerade die erste Spalte von A wiedergibt, sehen wir also, dass $\mathbf{e}_1$ diese Gleichung löst. Die Frage, ob es noch eine andere Lösung gibt, kann man anschließend über die Invertierbarkeit von A lösen: Aus der Zeilenstufenform von A entnehmen wir direkt

$$\det(A) = 2^{n-1} \neq 0,$$

womit A invertierbar und die Lösung eindeutig ist. Neben dem gefundenen Lösungsvektor $\mathbf{e}_1 = (1, 0, \ldots, 0)^T$ können also keine weiteren existieren. Es folgt

$$L = \left\{ (1, 0, \ldots, 0)^T \right\}.$$

12 Geometrie

In Kapitel 9 haben wir uns mit Vektorräumen beschäftigt. Um in diesen Vektorräumen geometrische Betrachtungen anstellen zu können, ist es zunächst einmal notwendig, einen Längenbegriff zu definieren. Ein weiterer offener Punkt, der hinsichtlich der Vektorraumstruktur unbefriedigend ist, ist der einer Multiplikation $\odot : V \times V \to \mathbb{K}$ von Vektoren, die wir bisher nur mit Skalaren multipliziert haben. Beide Lücken werden nun vom *Skalarprodukt* geschlossen.

12.1 Skalarprodukte

12.1.1 Von der Bilinearform zum Skalarprodukt

Definition 12.1 (Bilinearform). Seien V und W jeweils $\mathbb{K}$-Vektorräume. Eine Abbildung

$$B : V \times W \to \mathbb{K}$$

heißt *Bilinearform* oder *bilineare Abbildung*, wenn sie in beiden Argumenten linear ist, d.h., wenn für alle $v_1, v_2 \in V$, $w_1, w_2 \in W$ und $\lambda \in \mathbb{K}$ gilt:

1. $B(v_1 + \lambda v_2, w_1) = B(v_1, w_1) + \lambda B(v_2, w_1)$

2. $B(v_1, w_1 + \lambda w_2) = B(v_1, w_1) + \lambda B(v_1, w_2)$

Für eine Bilinearform $B : V \times V \to \mathbb{K}$ spricht man auch von einer Bilinearform *auf V*.

Beispiel 12.2

Gegeben sei eine Matrix $A \in M(2 \times 2, \mathbb{R})$. Wir definieren

$$B : \mathbb{R}^2 \times \mathbb{R}^2 \to \mathbb{R}, \ (v, w) \mapsto v^T \cdot A \cdot w.$$

Diese Abbildung ist eine Bilinearform auf $\mathbb{R}^2$, denn mit den Bezeichnungen von oben gilt

1. $B(v_1 + \lambda v_2, w_1) = (v_1 + \lambda v_2)^T A w_1 = v_1^T A w_1 + \lambda v_2^T A w_1 = B(v_1, w_1) + \lambda B(v_2, w_1)$ und

2. $B(v_1, w_1 + \lambda w_2) = v_1^T A(w_1 + \lambda w_2) = v_1^T A w_1 + \lambda v_1^T A w_2 = B(v_1, w_1) + \lambda B(v_1, w_2).$

Wir sehen anhand dieses Beispiels, dass die definierte Bilinearform B ausschließlich von einer willkürlich gewählten Matrix $A \in M(2 \times 2, \mathbb{R})$ abhängt. Jede solche Matrix A definiert also eine Bilinearform auf $\mathbb{R}^2$ via

$$(v, w) \mapsto v^T A w.$$

Umgekehrt kann man zeigen, dass jede Bilinearform auf $\mathbb{R}^2$ eine solche Darstellung besitzt, und wir können dieses Argument auf beliebige Dimensionen und Körper übertragen. Der Begriff der Darstellungsmatrix lässt sich also auch von linearen Abbildungen auf bilineare Abbildungen übertragen. Es ist jedoch Vorsicht geboten: Lineare Abbildungen kann man verketten, sofern die jeweiligen Bild- und Urbildmengen dafür kompatibel sind. Bilineare Abbildungen hingegen kann man nicht verketten, denn ihr Bild liegt im zugrunde liegenden Körper $\mathbb{K}$.

Wir sehen insgesamt, dass eine Bilinearform aus zwei Vektoren einen Skalar produziert. Stimmen beide Argumente überein, d.h., berechnet man $B(v, v)$, so könnte man auch vereinfacht sagen:

J. M. Veith und P. Bitzenbauer, *Schritt für Schritt zum Staatsexamen
Mathematik*, https://doi.org/10.1007/978-3-662-62948-2_12

Einem Vektor wird eine Zahl zugeordnet. Unter gewissen Umständen kann die dem Vektor auf diese Weise zugeordnete Zahl mit kleinen Modifikationen als Länge aufgefasst werden. Dazu stellen wir an B gewisse Forderungen, die wir nachfolgend definieren wollen.

Definition 12.3. Eine Bilinearform $B : V \times V \to \mathbb{R}$ heißt

- *symmetrisch*, wenn $B(v,w) = B(w,v)$ für alle $v,w \in V$ gilt;

- *positiv definit*, wenn $B(v,v) \geq 0$ für alle $v,w \in V$ gilt;

- *nicht entartet*, wenn $B(v,v) = 0$ nur für $v = 0$.

Möchten wir einem Vektor eine Länge zuordnen, so möchten wir natürlich insbesondere, dass diese Länge stets nicht negativ ist. Weiterhin soll nur der Nullvektor die Länge 0 besitzen. Die Eigenschaft „symmetrisch" wird erst zu einem späteren Zeitpunkt wichtig, wenn wir mithilfe dieser Bilinearformen Winkel definieren möchten: Der Winkel zwischen v und w soll dann vom selben Maß sein wie der Winkel zwischen w und v.

Definition 12.4 (Skalarprodukt). Eine positiv definite, symmetrische und nicht entartete Bilinearform

$$B : V \times V \to \mathbb{R}$$

heißt *Skalarprodukt auf V*. Man schreibt auch $B(v,w) = \langle v,w \rangle$ oder $B(v,w) = v \circ w$.

Aufgabe 12.5: F19-T2-A3 - Teil a

Es sei $V = \mathbb{R}^{2\times 2}$ der Vektorraum aller reellen 2×2-Matrizen. Für

$$A = \begin{pmatrix} a_{11} & a_{12} \\ a_{21} & a_{22} \end{pmatrix} \in V$$

sei die Spur von A definiert durch

$$\mathrm{Sp}(A) = a_{11} + a_{22}.$$

Die Spur von A ist also die Summe der Diagonaleinträge der Matrix A. Es sei

$$\sigma : V \times V \to \mathbb{R} : (A,B) \mapsto \mathrm{Sp}(AB^T),$$

wobei B^T die zu B transponierte Matrix bezeichnet. Zeigen Sie, dass σ ein Skalarprodukt ist.

Lösungsvorschlag: Es sei vorab angemerkt, dass die Spur eine lineare Abbildung $\mathbb{R}^{2\times 2} \to \mathbb{R}$ darstellt. Damit erleichtert sich der Schreibaufwand im Folgenden erheblich. Der Nachweis sei dem Leser als Übung überlassen.

Bei dieser Aufgabe sind nun eine ganze Reihe von Eigenschaften zu zeigen. Zunächst einmal ist σ in der Tat eine Abbildung von $V \times V$ in den Grundkörper $\mathbb{R}$. Wir überprüfen nun zunächst, ob es sich dabei auch um eine Bilinearform handelt. Seien dazu $A_1, A_2, B_1, B_2 \in \mathbb{R}^{2\times 2}$ und $\lambda \in \mathbb{R}$. Wir rechnen

- für die Linearität im ersten Argument:

$$
\begin{aligned}
\sigma(A_1 + \lambda A_2, B_1) &= \mathrm{Sp}\left((A_1 + \lambda A_2)B_1^T\right) \\
&= \mathrm{Sp}\left(A_1 B_1^T + \lambda A_2 B_1^T\right) \\
&\underset{\substack{\mathrm{Sp} \\ \mathrm{linear}}}{=} \mathrm{Sp}\left(A_1 B_1^T\right) + \lambda \mathrm{Sp}\left(A_2 B_1^T\right) \\
&= \sigma(A_1, B_1) + \lambda \sigma(A_2, B_1)
\end{aligned}
$$

- für die Linearität im zweiten Argument, weil die Transpositionsabbildung $\mathbb{R}^{2\times 2} \to \mathbb{R}^{2\times 2}$ ebenfalls linear ist:

$$
\begin{aligned}
\sigma(A_1, B_1 + \lambda B_2) &= \mathrm{Sp}\left(A_1\left(B_1 + \lambda B_2\right)^T\right) \\
&\underset{\substack{\mathrm{T} \\ \mathrm{linear}}}{=} \mathrm{Sp}\left(A_1\left(B_1^T + \lambda B_2^T\right)\right) \\
&= \mathrm{Sp}\left(A_1 B_1^T + \lambda A_1 B_2^T\right) \\
&\underset{\substack{\mathrm{Sp} \\ \mathrm{linear}}}{=} \sigma(A_1, B_1) + \lambda \sigma(A_1, B_2)
\end{aligned}
$$

Die Abbildung σ ist also eine Bilinearform auf V. Diese ist

- Symmetrisch, denn für $A, B \in V$ ist

$$
\begin{aligned}
\sigma(A,B) &= \mathrm{Sp}\left(AB^T\right) \\
&= \mathrm{Sp}\left(\begin{pmatrix} a_{11} & a_{12} \\ a_{21} & a_{22} \end{pmatrix} \cdot \begin{pmatrix} b_{11} & b_{21} \\ b_{12} & b_{22} \end{pmatrix}\right) \\
&= \mathrm{Sp}\left(\begin{pmatrix} a_{11}b_{11} + a_{12}b_{12} & a_{11}b_{21} + a_{12}b_{22} \\ a_{21}b_{11} + a_{22}b_{12} & a_{21}b_{21} + a_{22}b_{22} \end{pmatrix}\right) \\
&\overset{(\star)}{=} a_{11}b_{11} + a_{12}b_{12} + a_{21}b_{21} + a_{22}b_{22} \\
&= \mathrm{Sp}\left(\begin{pmatrix} b_{11}a_{11} + b_{12}a_{12} & b_{11}a_{21} + b_{12}a_{22} \\ b_{21}a_{11} + b_{22}a_{12} & b_{21}a_{21} + b_{22}a_{22} \end{pmatrix}\right) \\
&= \mathrm{Sp}\left(\begin{pmatrix} b_{11} & b_{12} \\ b_{21} & b_{22} \end{pmatrix} \cdot \begin{pmatrix} a_{11} & a_{21} \\ a_{12} & a_{22} \end{pmatrix}\right) \\
&= \mathrm{Sp}\left(BA^T\right) \\
&= \sigma(B,A);
\end{aligned}
$$

- positiv definit und nicht entartet, denn ersetzen wir b_{ij} mit a_{ij} im Term $(\star)$, können wir sofort

$$
\sigma(A,A) = a_{11}^2 + a_{12}^2 + a_{21}^2 + a_{22}^2 \geq 0
$$

hinschreiben und sehen, dass nur $\sigma(A,A) = 0$, falls $a_{11} = a_{12} = a_{21} = a_{22} = 0$ ist, bzw. $A = 0 \in V$.

Insgesamt ist σ also eine symmetrische, positiv definite und nicht entartete Bilinearform auf V, also ein Skalarprodukt.

Definition 12.6 (Standardskalarprodukt). Es sei V ein n-dimensionaler $\mathbb{R}$-Vektorraum und $\{\mathbf{e}_1, \mathbf{e}_2, \ldots, \mathbf{e}_n\}$ die Standardbasis. Dann heißt

$$\langle \cdot, \cdot \rangle : V \times V \to \mathbb{R}, \ (v, w) \mapsto \sum_{i=1}^{n} v_i w_i$$

das *Standardskalarprodukt* auf V, wobei v_i und w_i die Koeffizienten von v bzw. w bezüglich der Standardbasis sind.

Satz 12.7. Seien V ein $\mathbb{R}$-Vektorraum der Dimension n und $A \in M(n \times n, \mathbb{R})$ eine positiv definite und symmetrische Matrix. Dann definiert

$$\langle \cdot, \cdot \rangle : V \times V \to \mathbb{R}, \ (v, w) \mapsto v^T A w$$

ein Skalarprodukt auf V.

Definition 12.8 (Euklidischer Vektorraum). Ein $\mathbb{R}$-Vektorraum V zusammen mit einem Skalarprodukt heißt *euklidischer Vektorraum*.

12.1.2 Längen und Winkel

Wie wir gesehen haben, eignet sich das Skalarprodukt dazu, einen plausiblen Längenbegriff auf einem Vektorraum einzuführen. Dies wollen wir im Folgenden tun.

Definition 12.9 (Norm). Sei V ein $\mathbb{R}$-Vektorraum. Eine Abbildung

$$\|\cdot\| : V \to \mathbb{R}_{\geq 0}$$

heißt *Norm auf V*, wenn für alle $v, w \in V$ und $\lambda \in \mathbb{R}$ gilt:

(1) Definitheit: $\|v\| = 0 \implies v = 0$,

(2) Homogenität: $\|\lambda v\| = |\lambda| \cdot \|v\|$,

(3) Dreiecksungleichung: $\|v + w\| \leq \|v\| + \|w\|$.

Wir nennen $\|v\|$ auch *Länge von v*.

Jedes Skalarprodukt induziert bereits eine Norm. Aus jedem euklidischen Vektorraum lässt sich also ein Vektorraum mit Norm basteln.

Satz 12.10. Seien V ein $\mathbb{R}$-Vektorraum und $\langle \cdot, \cdot \rangle$ ein Skalarprodukt auf V. Dann ist

$$\|\cdot\| : V \to \mathbb{R}, \ v \mapsto \sqrt{\langle v, v \rangle}$$

eine Norm auf V.

Wenn nicht anders vermerkt, meinen wir im Folgenden mit $\|\cdot\|$ stets die zum Skalarprodukt gehörige Norm, sofern eines gegeben ist. Andernfalls meinen wir die euklidische Norm, die im folgenden Beispiel beschrieben wird.

Beispiel 12.11

Betrachten wir etwa das Standardskalarprodukt $\langle \cdot, \cdot \rangle$ auf $\mathbb{R}^3$, so ist die dadurch induzierte Norm gegeben durch

$$\|\cdot\| : \mathbb{R}^3 \to \mathbb{R}, \ v \mapsto \sqrt{\langle v, v \rangle} = \sqrt{v_1^2 + v_2^2 + v_3^2}.$$

Dies entspricht gerade dem mit dem Satz des Pythagoras verknüpften Längenbegriff im $\mathbb{R}^3$. Man spricht daher auch von der *euklidischen Norm*.

Aus diesem Längenbegriff ergibt sich nun, wie aus der Schule bekannt, eine Möglichkeit, ein Winkelmaß zu definieren.

Definition 12.12 (Winkel und Winkelmaß). Seien V ein $\mathbb{R}$-Vektorraum und $v, w \in V \setminus \{0\}$. Dann nennen wir das geordnete Tupel (v, w) *Winkel zwischen den Vektoren v und w* und

$$\alpha := \arccos\left(\frac{\langle v, w \rangle}{\sqrt{\langle v, v \rangle} \cdot \sqrt{\langle w, w \rangle}} \right)$$

das *Maß des Winkels zwischen v und w*.

Mit Satz 12.10 können wir alternativ auch schreiben

$$\alpha = \arccos\left(\frac{\langle v, w \rangle}{\|v\| \cdot \|w\|} \right).$$

Da wir, wie in Kapitel 9 gesehen, Vektorraumstrukturen auf allen möglichen Mengen etablieren können, kann ein Winkel ein Tupel von Matrizen, Polynomen, Funktionen und vielen weiteren mathematischen Objekten sein. Wir setzen Aufgabe 12.5 fort, um dies zu illustrieren.

Aufgabe 12.13: F19-T2-A3 - Teil b

Berechnen Sie den Kosinus des Winkels zwischen den Vektoren

$$A = \begin{pmatrix} 4 & -2 \\ 3 & 1 \end{pmatrix} \quad \text{und} \quad B = \begin{pmatrix} 7 & 1 \\ -2 & 3 \end{pmatrix}$$

bezüglich des Skalarprodukts σ.

Lösungsvorschlag: Wir berechnen zunächst

$$AB^T = \begin{pmatrix} 4 & -2 \\ 3 & 1 \end{pmatrix} \cdot \begin{pmatrix} 7 & -2 \\ 1 & 3 \end{pmatrix} = \begin{pmatrix} 26 & -14 \\ 22 & -3 \end{pmatrix},$$

$$AA^T = \begin{pmatrix} 4 & -2 \\ 3 & 1 \end{pmatrix} \cdot \begin{pmatrix} 4 & 3 \\ -2 & 1 \end{pmatrix} = \begin{pmatrix} 20 & 10 \\ 10 & 10 \end{pmatrix},$$

$$BB^T = \begin{pmatrix} 7 & 1 \\ -2 & 3 \end{pmatrix} \begin{pmatrix} 7 & -2 \\ 1 & 3 \end{pmatrix} = \begin{pmatrix} 50 & -11 \\ -11 & 13 \end{pmatrix}$$

und erhalten somit

$$\sigma(A, B) = 23, \qquad \sigma(A, A) = 30, \qquad \sigma(B, B) = 63.$$

Eingesetzt in die Definition des Winkelmaßes erhalten wir also

$$\cos(\alpha) = \frac{\sigma(A,B)}{\sqrt{\sigma(A,A)} \cdot \sqrt{\sigma(B,B)}} = \frac{23}{\sqrt{30} \cdot \sqrt{63}} \approx 0.529$$

für den Winkel (A,B).

Aufgepasst!

Dem aufmerksamen Leser wird obige Aufgabenstellung merkwürdig vorgekommen sein. Wie man zwischen Körpern und ihrem Volumen und zwischen Figuren und ihrem Flächeninhalt unterscheidet, so wollen wir auch hier zwischen Winkeln und ihren Winkelmaßen unterscheiden. Wann immer in einer Aufgabe also vom „Berechnen eines Winkels" die Rede ist, bedeutet das für uns, dass das Winkelmaß zu berechnen ist.

12.2 Orthogonalität

Mit einem etablierten Winkelbegriff und seinem Maß sind wir nun in der Lage, über die Lagebeziehung „senkrecht" zu sprechen.

12.2.1 Orthonormalbasen

Definition 12.14 (Orthogonal). Es sei V ein euklidischer Vektorraum. Zwei Vektoren $v, w \in V$ nennen wir *orthogonal* oder *senkrecht*, falls $\langle v, w \rangle = 0$.

Definition 12.15 (Orthogonalbasis und Orthonormalbasis). Es sei V ein euklidischer Vektorraum. Eine Basis $\{v_1, \dots, v_n\}$ nennen wir *Orthogonalbasis*, wenn $\langle v_i, v_j \rangle = 0$ für alle $i \neq j$. Gilt zusätzlich $\|v_i\| = 1$ für alle $i \in \{1, \dots, n\}$, so nennen wir sie *Orthonormalbasis*.

Aufgepasst!

Orthogonalität bezieht sich stets auf ein konkretes Skalarprodukt, insbesondere also der Begriff Orthonormalbasis. Die Standardbasis $\{\mathbf{e}_1, \mathbf{e}_2\}$ des $\mathbb{R}^2$ etwa ist eine Orthonomalbasis bezüglich des Standardskalarprodukts. Bezüglich des Skalarprodukts

$$\langle \cdot, \cdot \rangle : \mathbb{R}^2 \times \mathbb{R}^2 \to \mathbb{R}, \ (v, w) \mapsto v^T \begin{pmatrix} 2 & 0 \\ 0 & 3 \end{pmatrix} w$$

hingegen sind die Vektoren jedoch nicht länger auf die Länge 1 normiert und bilden somit lediglich eine Orthogonalbasis. Wählen wir alternativ das Skalarprodukt

$$\langle \cdot, \cdot \rangle : \mathbb{R}^2 \times \mathbb{R}^2 \to \mathbb{R}, \ (v, w) \mapsto v^T \begin{pmatrix} 2 & -1 \\ -1 & 3 \end{pmatrix} w,$$

so sind $\mathbf{e}_1$ und $\mathbf{e}_2$ nicht einmal orthogonal und bilden somit weder eine Orthogonal- noch eine Orthonormalbasis. Dass die so definierten Abbildungen tatsächlich Skalarprodukte darstellen, folgt aus Satz 12.7, denn die jeweiligen Matrizen sind positiv definit und symmetrisch.

12.2.2 Das Gram-Schmidt-Verfahren

Es stellt sich nun die Frage, wie man bezüglich eines Skalarprodukts eine Basis finden kann, sodass diese eine Orthonormalbasis ist. Glücklicherweise gibt es dazu ein konstruktives Verfahren, genannt Gram-Schmidt-Verfahren, das wir im Folgenden vorstellen möchten. Ausgangslage ist dabei eine Menge $\{v_1, \ldots, v_n\} \subset V$ linear unabhängiger Vektoren in einem $\mathbb{R}$-Vektorraum V. Nun bilden wir iterativ die Vektoren

$$w_j = v_j - \sum_{i=1}^{j-1} \frac{\langle w_i, v_j \rangle}{\langle w_i, w_i \rangle} w_i$$

für $j \in \{1, \ldots, n\}$. Oder vereinfacht ausgedrückt:

1. Setze $w_1 := v_1$.

2. Berechne $w_2 = v_2 - \frac{\langle w_1, v_2 \rangle}{\langle w_1, w_1 \rangle} w_1$.

3. Berechne $w_3 = v_3 - \frac{\langle w_1, v_3 \rangle}{\langle w_1, w_1 \rangle} w_1 - \frac{\langle w_2, v_3 \rangle}{\langle w_2, w_2 \rangle} w_2$.

4. Usw. bis $w_n = v_n - \sum_{i=1}^{n-1} \frac{\langle w_i, v_n \rangle}{\langle w_i, w_i \rangle} w_i$.

Man kann dann durch Einsetzen und direktes Nachrechnen leicht verifizieren, dass $\{w_1, \ldots, w_n\} \subset V$ bezüglich $\langle \cdot, \cdot \rangle$ eine Orthogonalbasis ist. Zur Orthonormalbasis gelangen wir anschließend, indem wir über

$$\tilde{w}_i := \frac{w_i}{\|w_i\|}$$

jeden Vektor auf die Länge 1 normieren. Um das Prinzip hinter der Gram-Schmidt-Konstruktion zu visualisieren, betrachten wir den Spezialfall zweier linear unabhängiger Vektoren $v, w \in \mathbb{R}^2$, aus denen wir eine solche Basis konstruieren wollen (Abb. 12.1).

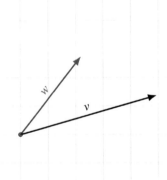

Abbildung 12.1 Wir starten mit zwei beliebigen Vektoren, aus denen wir im Folgenden zwei orthogonale Vektoren konstruieren.

Nun muss man lediglich wissen, dass

$$\frac{\langle w, v \rangle}{\langle v, v \rangle} v$$

gerade den „Anteil" des Vektors w beschreibt, den er in Richtung v besitzt. Analog beschreibt natürlich

$$\frac{\langle w, v \rangle}{\langle w, w \rangle} w$$

den Anteil, den v in Richtung w besitzt. Wir bestimmen also den Anteil, den w in Richtung von v besitzt und ziehen diesen von w ab (Abb. 12.2).

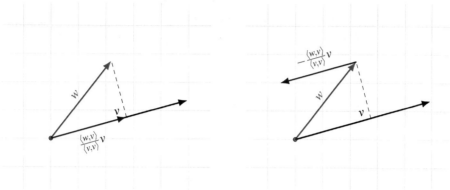

Abbildung 12.2 Wir ziehen von w seinen Anteil in Richtung von v ab.

Dadurch gelangen wir letztlich zu dem Vektor

$$w - \frac{\langle w, v \rangle}{\langle v, v \rangle} v,$$

der in Richtung v keine Anteile mehr besitzt und mit v zusammen deshalb ein Paar orthogonaler Vektoren bildet (Abb. 12.3).

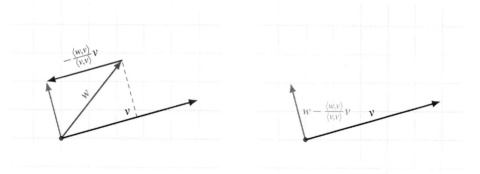

Abbildung 12.3 Übrig bleibt ein Vektor, der orthogonal zu v ist.

Insbesondere sind die beiden Vektoren linear unabhängig und spannen so den gesamten $\mathbb{R}^2$ auf. Befänden wir uns im $\mathbb{R}^3$ und hätten noch einen dritten Vektor u, so müssten wir von diesem lediglich seinen Anteil

$$\frac{\langle u, v \rangle}{\langle v, v \rangle} v$$

in v-Richtung und seinen Anteil

$$\frac{\langle u, w \rangle}{\langle w, w \rangle} w$$

in w-Richtung abziehen. Dies führt anschließend auf den zu v und w orthogonalen Vektor

$$u - \frac{\langle u, v \rangle}{\langle v, v \rangle} v - \frac{\langle u, w \rangle}{\langle w, w \rangle} w.$$

Wir wollen uns das Verfahren zunächst einmal ganz konkret an einem Beispiel anschauen und anschließend die Praktikabilität davon anhand einer Staatsexamensaufgabe verdeutlichen.

 Man überzeugt sich (etwa mit der Determinante) leicht davon, dass

$$\left\{ v_1 = \begin{pmatrix} 1 \\ 1 \\ 0 \end{pmatrix}, v_2 = \begin{pmatrix} 1 \\ 0 \\ 1 \end{pmatrix}, v_3 = \begin{pmatrix} 0 \\ 1 \\ 1 \end{pmatrix} \right\} \subset \mathbb{R}^3$$

linear unabhängig ist. Bezüglich des Standardskalarprodukts gilt jedoch

$$\langle v_i, v_j \rangle \;=\; 1 \neq 0$$

für alle $i \neq j$ sowie

$$\langle v_1, v_1 \rangle = \langle v_2, v_2 \rangle = \langle v_3, v_3 \rangle = 2.$$

Die Vektoren sind also weder orthogonal noch normiert. Wir wollen sie nun mithilfe des Gram-Schmidt-Verfahrens orthonormalisieren:

1. Wir setzen $w_1 = v_1 = (1, 1, 0)^T$.

2. Nun berechnen wir

$$w_2 = v_2 - \frac{\langle w_1, v_2 \rangle}{\langle w_1, w_1 \rangle} w_1 = \begin{pmatrix} 1 \\ 0 \\ 1 \end{pmatrix} - \frac{1}{2} \begin{pmatrix} 1 \\ 1 \\ 0 \end{pmatrix} = \begin{pmatrix} \frac{1}{2} \\ -\frac{1}{2} \\ 1 \end{pmatrix}.$$

3. Und abschließend

$$\begin{aligned}
w_3 &= v_3 - \frac{\langle w_1, v_3 \rangle}{\langle w_1, w_1 \rangle} w_1 - \frac{\langle w_2, v_3 \rangle}{\langle w_2, w_2 \rangle} w_2 \\[2mm]
&= \begin{pmatrix} 0 \\ 1 \\ 1 \end{pmatrix} - \frac{1}{2} \begin{pmatrix} 1 \\ 1 \\ 0 \end{pmatrix} - \frac{\frac{1}{2}}{\frac{3}{2}} \begin{pmatrix} \frac{1}{2} \\ -\frac{1}{2} \\ 1 \end{pmatrix} \\[2mm]
&= \begin{pmatrix} 0 \\ 1 \\ 1 \end{pmatrix} - \frac{1}{2} \begin{pmatrix} 1 \\ 1 \\ 0 \end{pmatrix} - \frac{1}{3} \begin{pmatrix} \frac{1}{2} \\ -\frac{1}{2} \\ 1 \end{pmatrix} \\[2mm]
&= \frac{2}{3} \begin{pmatrix} -1 \\ 1 \\ 1 \end{pmatrix}.
\end{aligned}$$

Man kann sich nun leicht davon überzeugen, dass die Vektoren in der Tat orthogonal sind:

$$\langle w_1, w_2 \rangle = \left\langle \begin{pmatrix} 1 \\ 1 \\ 0 \end{pmatrix}, \begin{pmatrix} \frac{1}{2} \\ -\frac{1}{2} \\ 1 \end{pmatrix} \right\rangle = 0$$

$$\langle w_1, w_3 \rangle = \left\langle \begin{pmatrix} 1 \\ 1 \\ 0 \end{pmatrix}, \frac{2}{3} \begin{pmatrix} -1 \\ 1 \\ 1 \end{pmatrix} \right\rangle = 0$$

$$\langle w_2, w_3 \rangle = \left\langle \begin{pmatrix} \frac{1}{2} \\ -\frac{1}{2} \\ 1 \end{pmatrix}, \frac{2}{3} \begin{pmatrix} -1 \\ 1 \\ 1 \end{pmatrix} \right\rangle = 0$$

Um daraus nun schlussendlich eine Orthonormalbasis zu destillieren, normieren wir jeden Vektor. Es ist

$$\|w_1\| = \sqrt{2}, \qquad \|w_2\| = \sqrt{\tfrac{3}{2}}, \qquad \text{und} \quad \|w_3\| = \frac{2}{\sqrt{3}}.$$

Eine Orthonormalbasis von $\mathrm{span}\left(\{v_1, v_2, v_3\}\right) = \mathbb{R}^3$ ist also gegeben durch

$$\left\{ \frac{w_1}{\|w_1\|}, \frac{w_2}{\|w_2\|}, \frac{w_3}{\|w_3\|} \right\} = \left\{ \frac{1}{\sqrt{2}} \begin{pmatrix} 1 \\ 1 \\ 0 \end{pmatrix}, \sqrt{\frac{2}{3}} \begin{pmatrix} \frac{1}{2} \\ -\frac{1}{2} \\ 1 \end{pmatrix}, \frac{1}{\sqrt{3}} \begin{pmatrix} -1 \\ 1 \\ 1 \end{pmatrix} \right\}.$$

Aufgabe 12.17: F16-T1-A4

Seien

$$A = \begin{pmatrix} 1 & 1 & 0 \\ 1 & 2 & 0 \\ 0 & 0 & 3 \end{pmatrix} \in \mathbb{R}^{3 \times 3}, \ \mathbf{e}_1 := \begin{pmatrix} 1 \\ 0 \\ 0 \end{pmatrix} \in \mathbb{R}^3, \ \mathbf{e}_2 := \begin{pmatrix} 0 \\ 1 \\ 0 \end{pmatrix} \in \mathbb{R}^3$$

und

$$\sigma : \mathbb{R}^3 \times \mathbb{R}^3 \to \mathbb{R}, \ (x, y) \mapsto \sigma(x, y) := x^T \cdot A \cdot y.$$

(a) Zeigen Sie, dass σ ein Skalarprodukt auf $\mathbb{R}^3$ ist.

(b) Das Skalarprodukt σ definiert einen Winkel $\angle_\sigma(v, w)$ zwischen Vektoren $v, w \in \mathbb{R}^3 \setminus \{0\}$. Berechnen Sie

$$\cos\left(\angle_\sigma(\mathbf{e}_1, \mathbf{e}_2)\right).$$

(c) Bestimmen Sie eine Orthonormalbasis $\{b_1, b_2, b_3\}$ von $\mathbb{R}^3$ bezüglich des Skalarprodukts σ, sodass gilt

$$\mathrm{span}\left(\{b_1\}\right) = \mathrm{span}\left(\{\mathbf{e}_1\}\right) \qquad \text{und} \qquad \mathrm{span}\left(\{b_1, b_2\}\right) = \mathrm{span}\left(\{\mathbf{e}_1, \mathbf{e}_2\}\right).$$

Hierbei bezeichnet $\mathrm{span}(M)$ den von der Teilmenge $M \subset \mathbb{R}^3$ aufgespannten Untervektorraum von $\mathbb{R}^3$.

Lösungsvorschlag: Ad (a): Wir wollen Satz 12.7 verwenden und müssen daher zeigen, dass A symmetrisch und positiv definit ist, wobei $A = A^T$ trivial ist. Für die positive Definitheit berechnen wir jeweils die Hauptminoren

$$\det(1) = 1 > 0,$$

$$\det \begin{pmatrix} 1 & 1 \\ 1 & 2 \end{pmatrix} = 1 > 0$$

und

$$\det(A) = \det \begin{pmatrix} 1 & 1 & 0 \\ 1 & 2 & 0 \\ 0 & 0 & 3 \end{pmatrix} \overset{\text{Laplace}}{=} 3 \det \begin{pmatrix} 1 & 1 \\ 1 & 2 \end{pmatrix} = 3 > 0,$$

sodass A nur positive Hauptminoren besitzt, d.h. positiv definit ist. Die angegebene Abbildung σ ist somit nach Satz 12.7 ein Skalarprodukt auf $\mathbb{R}^3$. Im Folgenden schreiben wir statt $\sigma(x, y)$ daher einfach $\langle x, y \rangle$.

Ad (b): Wir berechnen zunächst

$$\langle \mathbf{e}_1, \mathbf{e}_2 \rangle = (1,0,0) \cdot \begin{pmatrix} 1 & 1 & 0 \\ 1 & 2 & 0 \\ 0 & 0 & 3 \end{pmatrix} \cdot \begin{pmatrix} 0 \\ 1 \\ 0 \end{pmatrix} = (1,0,0) \cdot \begin{pmatrix} 1 \\ 2 \\ 0 \end{pmatrix} = 1,$$

$$\langle \mathbf{e}_1, \mathbf{e}_1 \rangle = (1,0,0) \cdot \begin{pmatrix} 1 & 1 & 0 \\ 1 & 2 & 0 \\ 0 & 0 & 3 \end{pmatrix} \cdot \begin{pmatrix} 1 \\ 0 \\ 0 \end{pmatrix} = (1,0,0) \cdot \begin{pmatrix} 1 \\ 1 \\ 0 \end{pmatrix} = 1,$$

$$\langle \mathbf{e}_2, \mathbf{e}_2 \rangle = (0,1,0) \cdot \begin{pmatrix} 1 & 1 & 0 \\ 1 & 2 & 0 \\ 0 & 0 & 3 \end{pmatrix} \cdot \begin{pmatrix} 0 \\ 1 \\ 0 \end{pmatrix} = (0,1,0) \cdot \begin{pmatrix} 1 \\ 2 \\ 0 \end{pmatrix} = 2,$$

sodass wir insgesamt erhalten

$$\cos\left(|\angle_\sigma(\mathbf{e}_1, \mathbf{e}_2)|\right) = \frac{\langle \mathbf{e}_1, \mathbf{e}_2 \rangle}{\sqrt{\langle \mathbf{e}_1, \mathbf{e}_1 \rangle} \cdot \sqrt{\langle \mathbf{e}_2, \mathbf{e}_2 \rangle}} = \frac{1}{1 \cdot \sqrt{2}} = \frac{1}{\sqrt{2}}.$$

Ad (c): Wir sehen sofort, dass wir $b_1 = \mathbf{e}_1$ setzen können, denn dieser Vektor ist bezüglich des Skalarprodukts bereits normiert. Wir bestimmen nun mit dem Gram-Schmidt-Verfahren eine Orthonormalbasis des Vektorraums span$(\{\mathbf{e}_1, \mathbf{e}_2\})$:

1. Wir setzen dazu $b_1 = \mathbf{e}_1$, wie erklärt.

2. Nun berechnen wir

$$
\begin{aligned}
b_2 &= \mathbf{e}_2 - \frac{\langle b_1, \mathbf{e}_2 \rangle}{\langle b_1, b_1 \rangle} b_1 \\
&= \mathbf{e}_2 - \frac{\langle \mathbf{e}_1, \mathbf{e}_2 \rangle}{\langle \mathbf{e}_1, \mathbf{e}_1 \rangle} \mathbf{e}_1 \\
&\overset{\text{(a)}}{=} \begin{pmatrix} 0 \\ 1 \\ 0 \end{pmatrix} - \frac{1}{1} \begin{pmatrix} 1 \\ 0 \\ 0 \end{pmatrix} \\
&= \begin{pmatrix} -1 \\ 1 \\ 0 \end{pmatrix}.
\end{aligned}
$$

Es ist daher

$$\|b_2\| = \sqrt{\langle b_2, b_2 \rangle} = \sqrt{(-1,1,0) \cdot \begin{pmatrix} 1 & 1 & 0 \\ 1 & 2 & 0 \\ 0 & 0 & 3 \end{pmatrix} \cdot \begin{pmatrix} -1 \\ 1 \\ 0 \end{pmatrix}} = \sqrt{1} = 1,$$

d.h., b_2 ist bezüglich $\langle \cdot, \cdot \rangle$ bereits normiert. Insgesamt ist also $\{(1,0,0)^T, (-1,1,0)^T\}$ eine Orthonormalbasis von $\operatorname{span}(\{\mathbf{e}_1, \mathbf{e}_2\})$.

In einem letzten Schritt müssen wir diese Basis noch ergänzen zu einer Basis des $\mathbb{R}^3$. Dazu benötigen wir lediglich einen Vektor v, sodass $\{v, b_1, b_2\}$ linear unabhängig ist, denn dann können wir auf diese Menge wieder das Gram-Schmidt-Verfahren anwenden. Die erste Wahl ist natürlich $v = \mathbf{e}_3$ und glücklicherweise sehen wir wegen

$$\langle b_1, v \rangle = (1,0,0) \cdot \begin{pmatrix} 1 & 1 & 0 \\ 1 & 2 & 0 \\ 0 & 0 & 3 \end{pmatrix} \cdot \begin{pmatrix} 0 \\ 0 \\ 1 \end{pmatrix} = (1,0,0) \cdot \begin{pmatrix} 0 \\ 0 \\ 3 \end{pmatrix} = 0,$$

$$\langle b_2, v \rangle = (-1,1,0) \cdot \begin{pmatrix} 1 & 1 & 0 \\ 1 & 2 & 0 \\ 0 & 0 & 3 \end{pmatrix} \cdot \begin{pmatrix} 0 \\ 0 \\ 1 \end{pmatrix} = (-1,1,0) \cdot \begin{pmatrix} 0 \\ 0 \\ 3 \end{pmatrix} = 0,$$

dass $\{v, b_1, b_2\}$ bereits eine Orthogonalbasis ist. Wir berechnen daher einfach

$$\|v\| = \sqrt{\langle v, v \rangle} = \sqrt{(0,0,1) \cdot \begin{pmatrix} 1 & 1 & 0 \\ 1 & 2 & 0 \\ 0 & 0 & 3 \end{pmatrix} \cdot \begin{pmatrix} 0 \\ 0 \\ 1 \end{pmatrix}} = \sqrt{3}$$

und wählen $b_3 = \frac{1}{\sqrt{3}} \mathbf{e}_3$.

Wir schließen mit einem nach diesem Verfahren offensichtlichen Satz.

Satz 12.18. Jeder Untervektorraum $U \subseteq V$ eines euklidischen Vektorraums V besitzt eine Orthonormalbasis.

12.2.3 Das orthogonale Komplement

Der Begriff der Orthogonalität eignet sich dazu, einen Vektorraum in zwei bis auf den Nullvektor disjunkte Teile zu zerlegen, sodass beide Teile jeweils wieder einen Untervektorraum bilden.

Definition 12.19 (Orthogonales Komplement). Seien V ein euklidischer Vektorraum und $U \subseteq V$ ein Untervektorraum. Dann heißt

$$U^\perp := \{v \in V \mid \langle v, u \rangle = 0 \text{ für alle } u \in U\}$$

das *orthogonale Komplement* von U in V.

Aufgrund der Bilinearität des Skalarprodukts folgert man leicht, dass $U^\perp \subseteq V$ einen Untervektorraum bildet.

Satz 12.20. Seien V ein euklidischer Vektorraum und $U \subseteq V$ ein Untervektorraum. Dann ist

$$U \oplus U^\perp = V.$$

Aufgepasst!

Besonders einfach zu handhaben sind orthogonale Komplemente, wenn man mit Orthogonalbasen arbeitet. Ist etwa $\dim(V) = n$ und $\dim(U) = k$, so gibt es eine Orthonormalbasis $\{v_1, \dots, v_k\}$ von U und eine Orthonormalbasis $\{u_1, \dots, u_{n-k}\}$ von $U^\perp$. Es ist dann $\{v_1, \dots, v_k, u_1, \dots, u_{n-k}\}$ eine Orthonormalbasis von V.

Beispiel 12.21

Wir wollen das orthogonale Komplement des Unterraums

$$U = \mathbb{R} \begin{pmatrix} 1 \\ 1 \\ 1 \end{pmatrix} = \left\{ \lambda \begin{pmatrix} 1 \\ 1 \\ 1 \end{pmatrix} : \lambda \in \mathbb{R} \right\}$$

im $\mathbb{R}^3$ bezüglich des Skalarprodukts aus Aufgabe 12.17 bestimmen. Gesucht sind also alle Vektoren, die zu jedem Vektor in U bezüglich $\langle \cdot, \cdot \rangle$ senkrecht stehen. Dies tun sie aufgrund der Bilinearität des Skalarprodukts natürlich genau dann, wenn sie zu $(1,1,1)$ senkrecht stehen, denn dann gilt

$$\left\langle v, \begin{pmatrix} \lambda \\ \lambda \\ \lambda \end{pmatrix} \right\rangle = \lambda \left\langle v, \begin{pmatrix} 1 \\ 1 \\ 1 \end{pmatrix} \right\rangle = \lambda \cdot 0 = 0.$$

Sei also $(x, y, z)^T \in V$ beliebig. Dann muss gelten:

$$
\begin{aligned}
0 &= \left\langle (x,y,z)^T, (1,1,1)^T \right\rangle \\
&= (x,y,z) \cdot \begin{pmatrix} 1 & 1 & 0 \\ 1 & 2 & 0 \\ 0 & 0 & 3 \end{pmatrix} \cdot \begin{pmatrix} 1 \\ 1 \\ 1 \end{pmatrix} \\
&= (x,y,z) \cdot \begin{pmatrix} 2 \\ 3 \\ 3 \end{pmatrix} \\
&= 2x + 3y + 3z
\end{aligned}
$$

Es ist also

$$U^\perp = \left\{ (x,y,z)^T \in V : 2x + 3y + 3z = 0 \right\}.$$

Dieser Unterraum beschreibt eine Ebene, es ist also $U^\perp$ ein Untervektorraum der Dimension 2. Da U ein Untervektorraum der Dimension 1 ist, war $\dim\left(U^\perp\right) = 2$ wegen Satz 12.20 und $\dim(V) = 3$ gerade zu erwarten.

12.3 Orthogonale Abbildungen

Eine wichtige Klasse linearer Abbildungen sind solche, die das Skalarprodukt unverändert lassen, also keinerlei Auswirkungen auf Längen- und Winkelmaßberechnungen haben.

Definition 12.22 (Orthogonale Abbildung). Seien V und W euklidische Vektorräume mit Skalarprodukten $\langle \cdot, \cdot \rangle_V$ und $\langle \cdot, \cdot \rangle_W$. Eine Abbildung $f : V \to W$ nennen wir *orthogonal*, wenn

$$\langle v, w \rangle_V = \langle f(v), f(w) \rangle_W$$

für alle $v, w \in V$ gilt.

Man kann mithilfe der Bilinearität der Skalarprodukte leicht zeigen, dass orthogonale Abbildungen stets linear sind. Außerdem sehen wir wegen

$$0 = \langle f(v), f(v) \rangle = \langle v, v \rangle \implies v = 0,$$

dass aus $f(v) = 0$ stets $v = 0$ folgt. Orthogonale Abbildungen sind also grundsätzlich injektiv. Aus dem Rangsatz 10.5 für endlichdimensionale Vektorräume folgt damit, dass für $V = W$ stets

$$\mathrm{rg}(f) = \dim(V) - \mathrm{def}(f) = \dim(V)$$

gilt, also f auch surjektiv ist. Wir können daher insgesamt sagen, dass orthogonale Abbildungen von einem Vektorraum V auf sich selbst stets bijektiv sind, also Selbstabbildungen von V beschreiben.

Beispiel 12.23

Wir betrachten die Abbildung

$$f : \mathbb{R}^2 \to \mathbb{R}^2, \quad \begin{pmatrix} x \\ y \end{pmatrix} \mapsto \begin{pmatrix} \frac{1}{\sqrt{2}}x - \frac{1}{\sqrt{2}}y \\ \frac{1}{\sqrt{2}}x + \frac{1}{\sqrt{2}}y \end{pmatrix}$$

und rechnen bezüglich des Standardskalarprodukts mit $v = (v_1, v_2)^T$ und $w = (w_1, w_2)^T$:

$$
\begin{aligned}
\langle f(v), f(w) \rangle &= \left\langle \begin{pmatrix} \frac{1}{\sqrt{2}}v_1 - \frac{1}{\sqrt{2}}v_2 \\ \frac{1}{\sqrt{2}}v_1 + \frac{1}{\sqrt{2}}v_2 \end{pmatrix}, \begin{pmatrix} \frac{1}{\sqrt{2}}w_1 - \frac{1}{\sqrt{2}}w_2 \\ \frac{1}{\sqrt{2}}w_1 + \frac{1}{\sqrt{2}}w_2 \end{pmatrix} \right\rangle \\
&= \frac{1}{2} \left\langle \begin{pmatrix} v_1 - v_2 \\ v_1 + v_2 \end{pmatrix}, \begin{pmatrix} w_1 - w_2 \\ w_1 + w_2 \end{pmatrix} \right\rangle \\
&= \frac{1}{2} \left((v_1 - v_2)(w_1 - w_2) + (v_1 + v_2)(w_1 + w_2) \right) \\
&= \frac{1}{2} \left(2v_1 w_1 + 2v_2 w_2 \right) \\
&= v_1 w_1 + v_2 w_2 \\
&= \langle v, w \rangle
\end{aligned}
$$

Also ist f eine orthogonale Abbildung. Wir werden in Kürze sehen, dass f gerade einer Drehung um den Ursprung mit Drehwinkelmaß $45°$ entspricht.

Da wir jede lineare Abbildung durch Matrizen beschreiben können, ist dies insbesondere auch für orthogonale Abbildungen möglich, und die zugehörige Darstellungsmatrix wird dabei invertierbar sein.

Definition 12.24 (Orthogonale Matrix). Sei $f : V \to V$ eine orthogonale Abbildung mit Darstellungsmatrix A. Dann heißt A *orthogonale Matrix*.

Satz 12.25. Sei $A \in M(n \times n, \mathbb{R})$ orthogonal. Dann gilt $A^{-1} = A^T$, und A besitzt nur Eigenwerte aus $\{\pm 1\}$, insbesondere ist $\det(A)^2 = 1$.

Die orthogonalen Abbildungen lassen sich in zwei Klassen einteilen: In Drehungen und Spiegelungen. Beide wollen wir uns nun näher ansehen.

12.3.1 Drehungen

Jede Drehung ist eine Kongruenzabbildung, lässt also Längen und Winkel invariant und ist somit eine orthogonale Abbildung. Drehungen sind als orthogonale Abbildungen also linear und damit darstellbar durch eine Matrix. Welche Eigenschaften solchen Matrizen inhärent sind und wie man die zugehörige Drehachse sowie das Maß des Drehwinkels bestimmt, besagt der folgende Satz.

Satz 12.26. Es sei $A \in M(n \times n, \mathbb{R})$, dann ist A darstellende Matrix einer Drehung genau dann, wenn A orthogonal ist mit $\det(A) = 1$. Es gilt weiterhin

- für die Drehachse: A besitzt den Eigenwert $\lambda = 1$ mit geometrischer Vielfachheit $\beta = 1$. Die Drehachse ist dann gerade der eindimensionale Eigenraum $\mathrm{Eig}_A(\lambda)$;

- für das Maß α des Drehwinkels:

$$\cos(\alpha) = \frac{1}{2}\left(\mathrm{Spur}(A) + 2 - n\right)$$

In einer Handvoll einfacher Fälle lassen sich Drehmatrizen auch allgemein hinschreiben. Eine Drehung um den Ursprung mit zugehörigem Winkel vom Betrag α lässt sich im $\mathbb{R}^2$ etwa beschreiben durch die Darstellungsmatrix

$$D_\alpha = \begin{pmatrix} \cos(\alpha) & -\sin(\alpha) \\ \sin(\alpha) & \cos(\alpha) \end{pmatrix}$$

und im $\mathbb{R}^3$ entsprechend als

- $D_{\alpha,x} = \begin{pmatrix} 1 & 0 & 0 \\ 0 & \cos(\alpha) & -\sin(\alpha) \\ 0 & \sin(\alpha) & \cos(\alpha) \end{pmatrix}$ für eine Drehung um die x-Achse,

- $D_{\alpha,y} = \begin{pmatrix} \cos(\alpha) & 0 & \sin(\alpha) \\ 0 & 1 & 0 \\ -\sin(\alpha) & 0 & \cos(\alpha) \end{pmatrix}$ für eine Drehung um die y-Achse,

- $D_{\alpha,z} = \begin{pmatrix} \cos(\alpha) & -\sin(\alpha) & 0 \\ \sin(\alpha) & \cos(\alpha) & 0 \\ 0 & 0 & 1 \end{pmatrix}$ für eine Drehung um die z-Achse.

12.3.2 Spiegelungen

Da orthogonale Matrizen, wie erläutert, stets Determinante ± 1 besitzen und diejenigen mit $+1$ als Drehungen interpretiert werden können, stellt sich die Frage, wie orthogonale Matrizen mit Determinante -1 zu interpretieren sind. Es stellt sich dabei heraus, dass die andere „Hälfte" der orthogonalen Abbildungen gerade Spiegelungen sind.

Satz 12.27. Es sei $A \in M(n \times n, \mathbb{R})$, dann ist A eine darstellende Matrix einer Spiegelung genau dann, wenn A orthogonal ist mit $\det(A) = -1$.

Aufgepasst!

Ist eine Spiegelung konkret zu konstruieren, so sind folgende Überlegungen stets zielführend:

1. Für die Spiegelung an einer Ebene durch den Ursprung benötigen wir zunächst den Normalenvektor n der Ebene (siehe Abschnitt 12.5). Die Spiegelungsmatrix berechnet sich dann zu

$$A = \mathbb{E}_n - \frac{2}{\langle n, n \rangle} n \cdot n^T.$$

2. Man kann sich die Spiegelungsmatrix allerdings auch elementar überlegen: Die Spiegelung an einer vorgegebenen Ebene $E = \lambda v + \mu w$ (siehe Abschnitt 12.5) durch den Ursprung lässt jeden Vektor in ihr invariant, insbesondere also ihre Basis $\{v, w\}$. Es müssen daher v und w jeweils Eigenvektoren zum Eigenwert 1 sein, bzw.

$$\text{Eig}_A(1) = \text{span}\{v_1, v_2\}.$$

Andererseits wird der Normalenvektor n der Ebene umgedreht, also auf das (-1)-fache von sich selbst abgebildet. Mit anderen Worten: n muss Eigenvektor zum Eigenwert -1 sein. Setzt man für eine allgemeine Matrix $A = (a_{ij})$ alle diese Bedingungen der Reihe nach ein, erhält man ein Gleichungssystem, aus dem sich die Einträge von A und damit A selbst bestimmen lassen.

3. Eine Spiegelung ist nur dann linear, also als Matrix darstellbar, wenn an einem Untervektorraum gespiegelt wird. Wird hingegen an einem affinen Unterraum gespiegelt, so erhält man eine affine Abbildung.

Wir illustrieren diese Ideen an einer Beispielaufgabe.

Aufgabe 12.28: H14-T3-A3

Es seien

$$S = \frac{1}{3} \begin{pmatrix} 1 & -2 & -2 \\ -2 & 1 & -2 \\ -2 & -2 & 1 \end{pmatrix} \quad \text{und} \quad D = \begin{pmatrix} -1 & 0 & 0 \\ 0 & 0 & 0 \\ 0 & 0 & 2 \end{pmatrix}.$$

(a) Zeigen Sie, dass S im $\mathbb{R}^3$ eine Spiegelung beschreibt und berechnen Sie die Spiegelebene.

(b) Bestimmen Sie die Eigenwerte der Matrix $A := SDS$.

Lösungsvorschlag: Ad (a): Nach obigem Aufgepasst-Kasten wissen wir: Es muss span$(\{v, w\})$ ein zweidimensionaler Eigenraum zum Eigenwert 1 sein. Wir bestimmen also die Eigenräume von S. Dabei ist

$$\begin{aligned} \chi_S(\lambda) &= \det(S - \lambda \mathbb{E}_n) \\ &= \det\left(\frac{1}{3} \begin{pmatrix} 1 - 3\lambda & -2 & -2 \\ -2 & 1 - 3\lambda & -2 \\ -2 & -2 & 1 - 3\lambda \end{pmatrix} \right) \\ &= -\lambda^3 + \lambda^2 + \lambda - 1 \\ &= -(\lambda - 1)^2(\lambda + 1), \end{aligned}$$

also besitzt S den zweifachen Eigenwert $\lambda_1 = 1$. Wenn der zugehörige Eigenraum nun zweidimensional ist (λ_1 also geometrische Vielfachheit 2 besitzt), so entspricht er gerade einer Spiegelebene. Wir berechnen

$$E_S(\lambda_1) = \ker\left(\frac{1}{3} \begin{pmatrix} -2 & -2 & -2 \\ -2 & -2 & -2 \\ -2 & -2 & -2 \end{pmatrix} \right) = \operatorname{span}\left\{ \begin{pmatrix} -1 \\ 0 \\ 1 \end{pmatrix}, \begin{pmatrix} -1 \\ 1 \\ 0 \end{pmatrix} \right\}$$

und verifizieren diese Vermutung. Die Spiegelebene ist also gegeben durch $E_S(\lambda_1)$.

Ad (b): Wer das Matrixprodukt SDS konkret ausrechnet und die Eigenwerte anschließend über das charakteristische Polynom von A bestimmt, wird im Examen viel Zeit verschenken. Stattdessen vermuten wir bei dieser Aufgabe, dass Teilaufgabe (a) eine wichtige Rolle spielt. Und in der Tat haben wir bereits in Teilaufgabe (a) herausgefunden, dass S eine Spiegelung und damit insbesondere eine orthogonale Abbildung ist, d.h., es gilt $S^{-1} = S^T$. Weiterhin ist aber S symmetrisch, wie man unschwer erkennt. Es gilt also

$$S^{-1} = S^T = S$$

und damit beschreibt A dieselbe lineare Abbildung wie die Matrix D, es wurde lediglich mit S ein Basiswechsel durchgeführt. Die Eigenwerte (die ja nicht von der Basis der Darstellungsmatrix abhängen) müssen daher übereinstimmen, und aus D können wir sie direkt ablesen: $\mu_1 = -1$, $\mu_2 = 0$, $\mu_3 = 2$.

12.4 Nicht Orthogonale Abbildungen

Nicht alle relevanten Abbildungen der Geometrie sind linear oder orthogonal. Für manche Abbildungen (etwa Verschiebungen) ist es nur relevant, ob sie Abstände unverändert lassen. Ist dies der Fall, so spricht man von einer Bewegung oder Isometrie.

Definition 12.29 (Isometrie). Sei V ein $\mathbb{R}$-Vektorraum. Eine Abbildung $f : V \to V$ heißt *Isometrie* oder *Bewegung*, falls gilt:

$$\|v - w\| = \|f(v) - f(w)\|$$

für alle $v, w \in V$.

Beispiel 12.30

Sei $a \in \mathbb{R}^2 \setminus \{(0,0)\}$, dann ist die Abbildung $f : V \to V$, definiert durch $f(v) = v + a$ eine Isometrie. Sie ist aber offensichtlich nicht linear, denn $f(0) = a \neq 0$. Man überlegt sich leicht folgende Äquivalenz:

- f ist linear und eine Isometrie.

- f ist orthogonal.

Definition 12.31 (Affine Abbildung). Sei V ein $\mathbb{R}$-Vektorraum. Eine Abbildung $f : V \to V$ heißt *affine Abbildung*, wenn es eine Matrix $A \in M(n \times n, \mathbb{R})$ und einen Vektor $v \in V$ gibt, sodass gilt:

$$f(x) = Ax + v$$

Affine Abbildungen setzen sich also zusammen aus einem linearen Teil und einer Verschiebung.

12.4.1 Gleitspiegelungen

Eine Gleitspiegelung ist eine Komposition einer Spiegelung und einer Parallelverschiebung, wobei die Parallelverschiebung parallel zu demjenigen Unterraum zu erfolgen hat, an dem gespiegelt wurde. Im Falle einer Geraden wird also zunächst an dieser gespiegelt und anschließend um ein skalares Vielfaches ihres Richtungsvektors verschoben. Für Ebenen gilt dies analog. Eine Gleitspiegelung besitzt als affine Abbildung die Gestalt $f(x) = Ax + v$ mit einer Spiegelungsmatrix A und einem Verschiebungsvektor v. Es ist offensichtlich, dass f i.A. nicht das Skalarprodukt erhält, dass also

$$\langle v, w \rangle \neq \langle f(v), f(w) \rangle$$

gilt (man nehme etwa $A = \mathbb{E}_n$ und $b \neq 0$ beliebig). Diese Abbildungen sind also nicht orthogonal und auch nicht linear, beschreiben aber dennoch Bewegungen im Raum, bzw. sind Isometrien.

Definition 12.32 (Gleitspiegelung). Seien V ein $\mathbb{R}$-Vektorraum der Dimension n und $A \in M(n \times n, \mathbb{R})$ eine Spiegelungsmatrix. Dann heißt

$$f : V \to V, \ x \mapsto Ax + v$$

Gleitspiegelung, falls $v \in \mathrm{Eig}_A(1)$.

Folgende Teilaufgaben:

(a) Zeigen Sie, dass durch

$$\begin{pmatrix} 0 \\ 0 \end{pmatrix} \mapsto \begin{pmatrix} 1 \\ 1 \end{pmatrix}, \quad \begin{pmatrix} 2 \\ 0 \end{pmatrix} \mapsto \begin{pmatrix} 1 \\ 3 \end{pmatrix}, \quad \begin{pmatrix} 1 \\ 1 \end{pmatrix} \mapsto \begin{pmatrix} 2 \\ 2 \end{pmatrix}$$

genau eine affine Abbildung $b : \mathbb{R}^2 \to \mathbb{R}^2$ festgelegt ist und bestimmen Sie diese Abbildung b konkret.

(b) Zeigen Sie, dass b eine Gleitspiegelung ist, und bestimmen Sie die Spiegelungsachse s, an welcher dabei zunächst gespiegelt wird, und den zu s parallelen Vektor v, um welchen anschließend verschoben wird.

Lösungsvorschlag: Ad (a): Als affine Abbildung besitzt b die Gestalt $b(x) = Ax + v$. Die Matrix A ist etwa durch die Bilder von e_1 und e_2 eindeutig festgelegt, der Verschiebungsvektor v durch das Bild des Nullvektors. Wir berechnen also

$$\begin{pmatrix} 1 \\ 1 \end{pmatrix} = f(0) = v$$

und erhalten somit einerseits

$$b\left(\begin{pmatrix} 2 \\ 0 \end{pmatrix} \right) = A \begin{pmatrix} 2 \\ 0 \end{pmatrix} + \begin{pmatrix} 1 \\ 1 \end{pmatrix} \overset{!}{=} \begin{pmatrix} 1 \\ 3 \end{pmatrix},$$

d.h.,

$$A \begin{pmatrix} 2 \\ 0 \end{pmatrix} = \begin{pmatrix} 0 \\ 2 \end{pmatrix} \tag{12.1}$$

und andererseits

$$b\left(\begin{pmatrix} 1 \\ 1 \end{pmatrix} \right) = A \begin{pmatrix} 1 \\ 1 \end{pmatrix} + \begin{pmatrix} 1 \\ 1 \end{pmatrix} \overset{!}{=} \begin{pmatrix} 2 \\ 2 \end{pmatrix},$$

d.h.,

$$A \begin{pmatrix} 1 \\ 1 \end{pmatrix} = \begin{pmatrix} 1 \\ 1 \end{pmatrix}. \tag{12.2}$$

Aus (12.1) folgt aufgrund der Linearität

$$A \begin{pmatrix} 1 \\ 0 \end{pmatrix} = A \left(\frac{1}{2} \begin{pmatrix} 0 \\ 2 \end{pmatrix} \right) = \frac{1}{2} A \left(\begin{pmatrix} 0 \\ 2 \end{pmatrix} \right) = \frac{1}{2} \begin{pmatrix} 0 \\ 2 \end{pmatrix} = \begin{pmatrix} 0 \\ 1 \end{pmatrix}$$

und aus (12.2) damit

$$A \begin{pmatrix} 0 \\ 1 \end{pmatrix} = A \left(\begin{pmatrix} 1 \\ 1 \end{pmatrix} - \begin{pmatrix} 1 \\ 0 \end{pmatrix} \right) = A \begin{pmatrix} 1 \\ 1 \end{pmatrix} - A \begin{pmatrix} 1 \\ 0 \end{pmatrix} = \begin{pmatrix} 1 \\ 1 \end{pmatrix} - \begin{pmatrix} 0 \\ 1 \end{pmatrix} = \begin{pmatrix} 1 \\ 0 \end{pmatrix}.$$

Wir erhalten also

$$A = \begin{pmatrix} 0 & 1 \\ 1 & 0 \end{pmatrix}$$

bzw.

$$b(x) = \begin{pmatrix} 0 & 1 \\ 1 & 0 \end{pmatrix} x + \begin{pmatrix} 1 \\ 1 \end{pmatrix}.$$

Ad (b): Den Nachweis, dass A eine Spiegelungsmatrix ist, machen wir direkt mit Satz 12.27. Es ist $A = A^T$ und $\det(A) = -1$, und wir sind fertig. Alternativ sehen wir, dass

$$A \begin{pmatrix} x \\ y \end{pmatrix} = \begin{pmatrix} y \\ x \end{pmatrix},$$

dass also x- und y-Koordinaten vertauscht werden. Dies entspricht gerade einer Spiegelung an der Ursprungsgeraden $y = x$. Dementsprechend ist es nicht verwunderlich, dass A den Eigenvektor $(1,1)$ (der ja auf dieser Geraden liegt) zum Eigenwert 1 besitzt. Die Spiegelungsgerade ist also gegeben durch

$$s = \mathbb{R} \begin{pmatrix} 1 \\ 1 \end{pmatrix}.$$

Der Verschiebungsvektor $v = \begin{pmatrix} 1 \\ 1 \end{pmatrix}$ ist offensichtlich parallel zu dieser Geraden. Insgesamt spiegelt die Abbildung b also zunächst an der Geraden s und verschiebt anschließend um den dazu parallelen Vektor v, es handelt sich daher um eine Gleitspiegelung (Abb. 12.4).

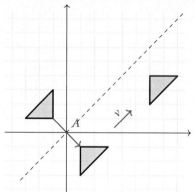

Abbildung 12.4 Darstellung der Wirkung der Gleitspiegelung b auf ein Dreieck.

12.4.2 Projektionen

Der zweite Typ nicht orthogonaler Abbildungen sind orthogonale Projektionen. Im Gegensatz zu Gleitspiegelungen sind diese jedoch linear.

Definition 12.34 (Orthogonale Projektion). Seien V ein euklidischer Vektorraum und $U \subseteq V$ ein Untervektorraum. Eine lineare Abbildung $P_U : V \to V$ nennen wir *orthogonale Projektion* auf U, falls gilt:

(1) $P_U(v) \in U$ für alle $v \in V$.

(2) $\langle P_U(v) - v, u \rangle = 0$ für alle $u \in U$.

Die erste Eigenschaft stellt sicher, dass das Bild jedes Vektors auch tatsächlich in U landet. Wenn wir einen Vektor v bereits mittels $P_U(v)$ auf den Unterraum U projiziert haben, bleibt sein Bild w durch weitere Anwendungen von P_U unverändert, d.h., es gilt $P_U^n(v) = w$ für alle $n \in \mathbb{N}$, sofern bereits $P_U(v) = w$ war. Für alle $u \in U$ gilt deswegen auch $P_U(u) = u$, bzw. $P_U|_U = \mathrm{id}$.

Die zweite Eigenschaft stellt sicher, dass der Differenzvektor zwischen w und v im orthogonalen Komplement $U^\perp$ von U liegt. Dies rechtfertigt die Bezeichnung der „orthogonalen" Projektion. Im $\mathbb{R}^3$ und $\mathbb{R}^2$ kann man sich die Abbildung P_U wie folgt vorstellen: Man nehme einen beliebigen Punkt $v \in V \backslash U$ und fälle das Lot l auf U durch v. Dann ist $P_U(v) = l \cap U$. Jeder Punkt $u \in U$ wird auf sich selbst abgebildet (Abb. 12.5).

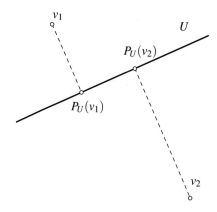

Abbildung 12.5 Visualisierung der orthogonalen Projektion im $\mathbb{R}^2$. Das Bild jedes Vektors liegt in dem Unterraum U, und die Verbindungsvektoren zwischen v_i und $P_U(v_i)$ sind orthogonal auf jedem Element aus U.

Aufgepasst!

Sei $\{u_1, \dots, u_n\} \subset U$ eine Orthogonalbasis von U. Dann ergibt sich für die Projektion P_U auf diesen Untervektorraum die Abbildungsvorschrift

$$P_U(v) = \sum_{i=1}^{n} \frac{\langle v, u_i \rangle}{\langle u_i, u_i \rangle} u_i, \ v \in V.$$

Die einzelnen Summanden $\frac{\langle v, u_i \rangle}{\langle u_i, u_i \rangle} u_i$ der Summe entsprechen dabei gerade den Anteilen von v in den Richtungen von u_i, wie wir in Abschnitt 12.2.2 zum Gram-Schmidt-Verfahren gesehen haben. Ist $\{u_1, \dots, u_n\}$ sogar eine Orthonormalbasis, so vereinfacht sich obige Abbildungsvorschrift zu

$$P_U(v) = \sum_{i=1}^{n} \langle v, u_i \rangle u_i, \ v \in V.$$

Hier sehen wir ganz direkt, dass das Bild $P_U(v)$ eines Vektors $v \in V$ einfach seiner Darstellung bezüglich der Basis $\{u_1, \ldots, u_n\}$ von U entspricht. Natürlich wird dabei Information verloren gehen, denn $\{u_1, \ldots, u_n\}$ ist keine Basis von V; alle Anteile senkrecht zu U fallen bei der Darstellung weg. Es bleiben von v also nur noch die Anteile der Richtungen von Vektoren aus U übrig.

Satz 12.35. Seien V ein euklidischer Vektorraum, $U \subseteq V$ ein Untervektorraum und $P_U : V \to V$ die orthogonale Projektion auf U. Dann ist P_U linear, und es gilt $\mathrm{Im}(P_U) = U$ sowie $\ker(P_U) = U^\perp$.

Wir sehen, dass Projektionen offensichtlich nicht bijektiv sind und somit auch nicht orthogonal. Da sie linear aber nicht orthogonal sind, sind sie auch keine Isometrien.

Aufgabe 12.36: H19-T3-A1

Es sei $n \in \mathbb{N}$ mit $n \geq 2$. Zeigen Sie:

(a) Es sei $A \in \mathbb{R}^{n \times n}$. Ist A^2 diagonalisierbar, so ist nicht unbedingt auch A diagonalisierbar.

(b) Ist $U \subseteq \mathbb{R}^n$ ein Untervektorraum mit $\dim_\mathbb{R}(U) = k < n$, so gibt es lineare Abbildungen $f_1, \ldots, f_{n-k} \in \mathrm{Hom}_\mathbb{R}(\mathbb{R}^n, \mathbb{R})$ mit

$$U = \bigcap_{i=1}^{n-k} \mathrm{Kern}(f_i).$$

Lösungsvorschlag: Ad (a): Wir betrachten die nilpotente Matrix

$$A = \begin{pmatrix} 0 & -1 & 0 \\ 1 & 0 & 0 \\ 0 & 0 & 1 \end{pmatrix}.$$

Es ist

$$A^2 = \begin{pmatrix} -1 & 0 & 0 \\ 0 & -1 & 0 \\ 0 & 0 & 1 \end{pmatrix}$$

als Diagonalmatrix in jedem Fall diagonalisierbar. Allerdings ist A nicht diagonalisierbar, denn das charkteristische Polynom von A ist

$$\chi_A(\lambda) = -\left(\lambda^2 + 1\right)(\lambda - 1)$$

und zerfällt daher über $\mathbb{R}$ nicht in Linearfaktoren.

Ad (b): Man betrachte eine Orthonormalbasis $\{v_1, \ldots, v_k\} \subseteq V$ von U, d.h.,

$$U = \mathrm{span}\{v_1, \ldots, v_k\}.$$

Diese Basis von U kann nach dem Basisergänzungssatz zu einer Basis $\{v_1, \ldots, v_k, v_{k+1}, \ldots, v_n\}$ des $\mathbb{R}^n$ ergänzt werden, die wir O.B.d.A als orthonormiert betrachten drüfen. Wir wählen nun die orthogonalen Projektionen $f_1, \ldots, f_{n-k} \in \mathrm{Hom}_\mathbb{R}(\mathbb{R}^n, \mathbb{R})$

von $\mathbb{R}^n$ in die zu $\mathbb{R}$ isomorphen Unterräume $\langle v_{k+i} \rangle$, die von den einzelnen Basisvektoren aufgespannt werden, d.h.

$$f_i : \mathbb{R}^n \to \langle v_{k+i} \rangle$$

für $i \in \{1, \dots, n-k\}$. Es ist also $\mathrm{Im}(f_i) = \mathrm{span}\,\{v_{k+i}\}$. Nach Konstruktion und Satz 12.35 also

$$\ker(f_i) = \langle v_{k+i} \rangle^{\perp} = \mathrm{span}\,\{v_1, \dots, v_{k+i-1}, v_{k+i+1}, \dots, v_{k+n}\}.$$

Es folgt

$$\bigcap_{i=1}^{n-k} \ker(f_i) = \bigcap_{i=1}^{n-k} \mathrm{span}\,\{v_1, \dots, v_{k+i-1}, v_{k+i+1}, \dots, v_{k+n}\} = \mathrm{span}\,\{v_1, \dots, v_k\} = U.$$

12.5 Geometrie auf affinen Unterräumen

Wir haben uns auf abstrakte Weise bisher mit affinen Unterräumen und ihren Transformationen beschäftigt. Abschließend möchten wir zwei typische Probleme thematisieren:

1. Welche Lagebeziehung herrscht zwischen zwei vorgegebenen (affinen) Unterräumen U_1 und U_2 aus V?

2. Welchen „Abstand" haben U_1 und U_2?

12.5.1 Geraden und Ebenen

Wir wollen zunächst einen Abstandsbegriff und die beiden zentralen Begriffe Gerade und Ebene definieren.

Definition 12.37 (Abstand). Seien $M_1, M_2 \subseteq V$ beliebige Teilmengen eines euklidischen Vektorraums V. Dann nennt man

$$d(M_1, M_2) := \min_{(m_1, m_2) \in M_1 \times M_2} \{\|m_1 - m_2\| : m_1 \in M_1, m_2 \in M_2\}$$

den *Abstand* von M_1 und M_2.

Definition 12.38 (Gerade). Esen sei V ein $\mathbb{R}$-Vektorraum und $a, v \in V$. Dann nennt man die Menge

$$a + \mathbb{R}v = \{a + \lambda v : \lambda \in \mathbb{R}\}$$

Gerade, dabei heißen a *Aufpunkt der Geraden* und v *Richtungsvektor der Geraden*. Den Term $a + \lambda v$ nennt man für $\lambda \in \mathbb{R}$ *Parameterdarstellung der Geraden*.

Geht die Gerade durch den Ursprung, so ist sie ein Untervektorraum, es ist dann $a = 0$ und $\{v\}$ eine Basis.

Definition 12.39 (Ebene). Es seien V ein $\mathbb{R}$-Vektorraum und $a, v, w \in V$. Dann nennt man die Menge

$$a + \mathbb{R}v + \mathbb{R}w = \{a + \lambda v + \mu w : \lambda, \mu \in \mathbb{R}\}$$

Ebene, dabei heißen a *Aufpunkt der Ebene* und v und w *Richtungsvektoren der Ebenen*. Den Term $a + \lambda v + \mu w$ nennt man für $\lambda, \mu \in \mathbb{R}$ *Parameterdarstellung der Ebenen*.

Geht die Ebene durch den Ursprung, so ist sie ein Untervektorraum, es ist dann $a = 0$, und $\{v, w\}$ ist eine Basis. Alternativ lässt sich eine Ebene auch eindeutig durch einen Normalenvektor n und ihren Abstand d zum Ursprung charakterisieren. Achtung: In Vektorräumen der Dimension $n > 3$ ist $\dim\left(E^\perp\right) = n - 2 > 1$, es gibt also mehrere verschiedene Normalenvektoren, und die hier beschriebene Alternative ist keine mehr.

Definition 12.40 (Hessesche Normalform). Sei E eine Ebene im $\mathbb{R}^3$ mit Normalenvektor

$$n = (n_1, n_2, n_3)^T,$$

dann besitzt sie eine Darstellung der Form

$$n_1 x + n_2 y + n_3 z = d,$$

wobei d der Abstand von E zum Ursprung ist. Man nennt diese Form die *Normalform* der Ebene. Ist n normiert, so spricht man auch von der *Hesseschen Normalform*.

Aufgepasst!

Das Wechseln zwischen der (Hesseschen) Normalform und der Parameterdarstellung einer Ebene geschieht so: Wir betrachten die in Hessescher Normalform gegebene Ebene

$$\frac{1}{\sqrt{2}}x - \frac{1}{2}y + \frac{1}{2}z = 1$$

und wählen $x = \lambda$ und $y = \mu$ frei. Ein allgemeiner Punkt auf der Ebene besitzt daher die Koordinaten

$$\begin{pmatrix} \lambda \\ \mu \\ 2\left(1 - \frac{1}{\sqrt{2}}\lambda + \frac{1}{2}\mu\right) \end{pmatrix} = \begin{pmatrix} 0 \\ 0 \\ 2 \end{pmatrix} + \lambda \begin{pmatrix} 1 \\ 0 \\ -\sqrt{2} \end{pmatrix} + \mu \begin{pmatrix} 0 \\ 1 \\ 1 \end{pmatrix}.$$

Ist nun umgekehrt eine Ebene durch obige Gleichung gegeben, so berechnen wir den Normalenvektor, der ja senkrecht auf v und w steht, über das Kreuzprodukt

$$\tilde{n} = w \times v = \begin{pmatrix} 1 \\ 0 \\ -\sqrt{2} \end{pmatrix} \times \begin{pmatrix} 0 \\ 1 \\ 1 \end{pmatrix} = \begin{pmatrix} \sqrt{2} \\ -1 \\ 1 \end{pmatrix},$$

d.h., wegen

$$\|\tilde{n}\| = \sqrt{\left(\sqrt{2}\right)^2 + (-1)^2 + 1^2} = \sqrt{4} = 2$$

ist der Normalenvektor gegeben durch

$$n = \frac{1}{2}\tilde{n}_0 = \begin{pmatrix} \frac{1}{\sqrt{2}} \\ -\frac{1}{2} \\ \frac{1}{2} \end{pmatrix}.$$

Den Abstand d erhalten wir nun aus dem Skalarprodukt eines beliebigen Vektors der Ebene

---

mit n, wir wählen der Einfachheit halber den Aufpunkt $(0,0,2)$, d.h.,

$$d = \langle a, n \rangle = \left\langle \begin{pmatrix} 0 \\ 0 \\ 2 \end{pmatrix}, \begin{pmatrix} \frac{1}{\sqrt{2}} \\ -\frac{1}{2} \\ \frac{1}{2} \end{pmatrix} \right\rangle = 1.$$

Fertig ist die Hessesche Normalform, die über

$$1 = d = \langle n, (x,y,z)^T \rangle$$

auf die ursprüngliche Gleichung führt.

12.5.2 Lagebeziehungen

Anschaulich ist klar, dass sich zwei verschiedene Geraden entweder in einem Punkt schneiden oder diskunkt sind. In letzterem Fall können sie parallel sein, also linear abhängige Richtungsvektoren besitzen oder sie sind nicht parallel – dann spricht man von windschiefen Geraden.

Definition 12.41 (Windschiefe Geraden). Zwei Geraden mit leerem Schnitt und linear unabhängigen Richtungsvektoren heißen *windschief*.

Für Ebenen können wir dieselben Beobachtungen anstellen. Zwei verschiedene Ebenen im $\mathbb{R}^3$ schneiden sich entweder in einer Geraden oder sind parallel. Der Fall, dass zwei nicht parallele Ebenen einen leeren Schnitt besitzen, kann erst in Dimensionen ≥ 4 auftreten. Mit windschiefen Ebenen werden wir uns allerdings nicht auseinandersetzen.

Die Frage, wie man diese Schnittmengen nun identifizieren kann, lässt sich dabei zurückführen auf das Lösen von Gleichungssystemen:

- Geraden und Geraden: Man nehme jeweils einen allgemeinen Punkt auf beiden Geraden und setze diese gleich. Dies führt auf ein Gleichungssystem mit $\dim(V)$ Gleichungen und zwei Unbekannten. Es besitzt also entweder eine eindeutige Lösung (Schnittpunkt) oder gar keine (die Geraden sind parallel oder windschief).

- Geraden und Ebenen: Man setze einen allgemeinen Punkt der Geraden in die Normalform der Ebene ein. Dies liefert eine Gleichung mit einer Unbekannten. Es gibt also entweder unendlich viele Lösungen (Gerade liegt in der Ebene), eine (Schnittpunkt) oder gar keine (die Gerade verläuft außerhalb und ist entweder parallel oder windschief zu ihr).

- Ebenen und Ebenen: Man nehme beide Normalformen und erhält daraus ein Gleichungssystem mit zwei Gleichungen und $\dim(V)$ Unbekannten. Die Lösung ist entweder leer oder ergibt wieder einen affinen Unterraum.

Wir demonstrieren diese Fälle kurz.

Gegeben seien die beiden Geraden

$$g \quad : \quad \begin{pmatrix} 1 \\ 0 \\ 1 \end{pmatrix} + \mathbb{R} \begin{pmatrix} 2 \\ 3 \\ 0 \end{pmatrix},$$

$$h \quad : \quad \begin{pmatrix} 2 \\ 2 \\ 1 \end{pmatrix} + \mathbb{R} \begin{pmatrix} 0 \\ 0 \\ 1 \end{pmatrix}$$

und die beiden Ebenen

$$E \quad : \quad 2x + 3y - z = 4,$$

$$F : \quad x - y + 4z \ = 0.$$

Wir berechnen einige Schnittmengen:

- Für $g \cap h$ bestimmen wir zunächst die allgemeinen Punkte zu $(1 + 2\lambda, 3\lambda, 1)^T$ und $(2, 2, 1 + \mu)^T$ und setzen diese nun gleich:

$$\begin{aligned} 1 + 2\lambda &= 2 \\ 3\lambda &= 2 \\ 1 &= 1 + \mu \end{aligned}$$

Damit daraus ein vernünftiger Längenbegriff werden kann, müssen wir jedoch gewisse Forderungen an die Bilinearform stellen. Die beiden ersten Gleichungen führen bereits auf einen Widerspruch, d.h. $g \cap h = \emptyset$. Da die Richtungsvektoren der Geraden linear unabhängig sind, sind sie also windschief.

- Für $g \cap E$ setzen wir den allgemeinen Punkt $(1 + 2\lambda, 3\lambda, 1)^T$ in die Ebenengleichung ein:

$$\begin{aligned} 4 &= 2 \cdot (1 + 2\lambda) + 3 \cdot 3\lambda - 1 \\ &= 13\lambda + 1 \\ \lambda &= \frac{3}{13} \end{aligned}$$

die Gleichung ist also eindeutig lösbar, und wir erhalten den eindeutigen Schnittpunkt

$$\left(1 + 2 \cdot \frac{3}{13}, 3 \cdot \frac{3}{13}, 1 \right)^T = \frac{1}{13} (19, 9, 13)^T.$$

- Für $E \cap F$ ist das Gleichungssystem

$$\begin{aligned} 2x + 3y - z &= 4, \\ x - y + 4z &= 0 \end{aligned}$$

zu lösen. Wir wählen dabei $x = \lambda \in \mathbb{R}$ frei und erhalten damit $y = \frac{16-9\lambda}{11}$ und $z = \frac{4-5\lambda}{11}$, also die Lösungsgerade

$$\frac{1}{11}\begin{pmatrix} 11\lambda \\ 16-9\lambda \\ 4-5\lambda \end{pmatrix} = \frac{1}{11}\begin{pmatrix} 0 \\ 16 \\ 4 \end{pmatrix} + \frac{\lambda}{11}\begin{pmatrix} 1 \\ -9 \\ -5 \end{pmatrix}.$$

12.5.3 Abstandsberechnungen

Zum Schluss dieses Kapitels thematisieren wir Abstandsberechnungen. Wir unterscheiden dabei die Fälle Punkt-Punkt, Punkt-Gerade und Punkt-Ebene. Alle anderen Fälle lassen sich darauf zurückführen, indem man die allgemeinen Geraden- bzw. Ebenenpunkte aus der Parameterdarstellung verwendet. In diesem Kontext ist der Begriff Punkt lediglich als Synonym für den Begriff Vektor zu verstehen.

(1) Für den Fall Punkt-Punkt seien zwei Punkte $P, Q \in V$ eines euklidischen Vektorraums V gegeben. Der Abstand $d(P, Q)$ entspricht dann lediglich der Norm des Verbindungsvektors PQ, d.h.,

$$d(P,Q) = \|PQ\| = \|P - Q\|.$$

(2) Für den Fall Punkt-Gerade seien ein Punkt $P \in V$ und eine Gerade $g = \{a + \lambda v : \lambda \in \mathbb{R}\} \subset V$ gegeben, parametrisiert durch den allgemeinen Punkt Q_λ. Wir errichten nun ein Lot l auf g durch den Punkt P, d.h., wir setzen den allgemeinen Verbindungsvektor $\vec{PQ_\lambda}$ zwischen g und P ein in das Skalarprodukt:

$$\langle \vec{PQ_\lambda}, v \rangle \overset{!}{=} 0.$$

Diese lineare Gleichung in λ ist zu lösen. Wenn etwa $\lambda = \lambda_0$ löst, so ist $l \cap g = \{Q_{\lambda_0}\}$ und wir sind im Fall Punkt-Punkt. Es ergibt sich

$$d(P,g) = d\left(P, Q_{\lambda_0}\right).$$

(3) Für den Fall Punkt-Ebene seien ein Punkt $P \in V$ und eine Ebene $E = \{a + \lambda v + \mu w : \lambda, \mu \in \mathbb{R}\} \subset V$ gegeben. Wir gehen analog vor: Es muss P senkrecht auf der durch $a + \lambda v$ definierten Geraden sowie auf der durch $a + \mu w$ definierten Geraden stehen. Wenn $Q_{\lambda, \mu}$ die jeweiligen allgemeinen Geradenpunkte sind, so berechnen wir die zugehörigen λ und μ also aus den Gleichungen

$$\langle \vec{PQ_\lambda}, v \rangle \overset{!}{=} 0,$$
$$\langle \vec{PQ_\lambda}, w \rangle \overset{!}{=} 0$$

und erhalten damit den Fußpunkt des Lotes von l auf E durch P. Wir sind also auch hier wieder im Fall Punkt-Punkt. Im Spezialfall des $\mathbb{R}^2$ reicht es aus, den Punkt in die Hessesche Normalform einzusetzen.

12.6 Praxisteil

Es seien $A \in \mathbb{R}^{n\times n}$ und $B \in \mathbb{R}^{n\times n}$ symmetrische Matrizen. Weiter habe A den Rang n, und B sei positiv definit, d.h., für jedes $x \in \mathbb{R}^n \setminus \{0\}$ gelte $x^T B x > 0$. Zeigen Sie, dass die Bilinearform $f(x,y) = x^T ABAy$ ein Skalarprodukt auf $\mathbb{R}^n$ ist.

Lösungsvorschlag: Wir zeigen, dass f symmetrisch und positive Bilinearform ist, um zu folgern, dass f ein Skalarprodukt auf dem $\mathbb{R}^n$ definiert. Um dies zu zeigen, genügt es nach Satz 12.7, dass die Matrix $ABA \in \mathbb{R}^{n\times n}$ symmetrisch und positiv definit ist. Dazu gehen wir wie folgt vor:

- Die Matrix ABA ist in der Tat symmetrisch, denn es gilt

$$(ABA)^T = A^T B^T A^T \overset{\substack{A,B \\ \text{sym.}}}{=} ABA.$$

- Ferner ist ABA positiv definit, und das sieht man so: Sei $x \in \mathbb{R}^n \setminus \{0\}$, dann gilt

$$f(x,x) = x^T ABAx$$
$$= x^T A^T BAx$$
$$= (Ax)^T B(Ax)$$
$$\overset{\tilde{x}:=Ax}{=} \tilde{x}^T B\tilde{x}$$
$$> 0.$$

Für $x = 0$ ist $\tilde{x} = Ax = A \cdot 0 \overset{\text{rg}(A)=n}{=} 0$. Denn aus $\text{rg}(A) = n$ folgt, dass A invertierbar, also insbesondere, dass $\ker(A) = \{0\}$ ist. In diesem Fall sieht man also:

$$f(0,0) = \tilde{x}^T B\tilde{x} = 0$$

- Zusammenfassend definiert f also in der Tat ein Skalarprodukt.

Es sei V der $\mathbb{R}$-Vektorraum der reellen Polynome vom Grad höchstens 2.

(a) Zeigen Sie, dass die Abbildung

$$V \times V \to \mathbb{R}, \quad (f,g) \mapsto f(0)g(0) + f(1)g(1) + f(2)g(2)$$

ein Skalarprodukt ist.

(b) Bestimmen Sie eine Orthonormalbasis von V bezüglich des in (a) definierten Skalarprodukts.

Lösungsvorschlag: Ad (a): Offensichtlich ist die Abbildung linear in beiden Argumenten, denn für $f, g, h, k \in V$ und $\lambda, \mu \in \mathbb{R}$ gilt:

$$
\begin{aligned}
(\lambda f, \mu g) &\mapsto (\lambda f)(0) \cdot (\mu g)(0) + (\lambda f)(1) \cdot (\mu g)(1) + (\lambda f)(2) \cdot (\mu g)(2) \\
&\overset{\text{Ass.}}{=} \lambda \mu f(0) g(0) + \lambda \mu f(1) g(1) + \lambda \mu f(2) g(2) \\
&\overset{\text{Dis.}}{=} \lambda \mu \left(f(0) g(0) + f(1) g(1) + f(2) g(2) \right) \\
&= \lambda \mu \left(f, g \right)
\end{aligned}
$$

und

$$
\begin{aligned}
(f+h, g+k) &\mapsto (f+h)(0) \cdot (g+k)(0) + (f+h)(1) \cdot (g+k)(1) + (f+h)(2) \cdot (g+k)(2) \\
&= [f(0) + h(0)] \cdot [g(0) + k(0)] + \ldots + [f(2) + h(2)] \cdot [g(2) + k(2)] \\
&\overset{\text{Dis.}}{=} (f, g) + (f, k) + (h, g) + (h, k)
\end{aligned}
$$

Wir können daher die die bilineare Abbildung beschreibende Matrix angeben: Wir betrachten dazu die kanonische Basis $\mathscr{B} = \left\{ 1, x, x^2 \right\}$ von V, und die in der Aufgabenstellung definierte Abbildung nennen wir σ. Wir berechnen nun die Bilder von σ auf $\mathscr{B}$, dies führt auf:

$$
\begin{array}{lll}
\sigma(1, 1) = 3 & \sigma(1, x) = 3 & \sigma(1, x^2) = 5 \\
\sigma(x, 1) = 3 & \sigma(x, x) = 5 & \sigma(x, x^2) = 9 \\
\sigma(x^2, 1) = 5 & \sigma(x^2, x) = 9 & \sigma(x^2, x^2) = 17
\end{array}
$$

Wir können nun σ schreiben als

$$
\sigma(v, w) = v^T \begin{pmatrix} 3 & 3 & 5 \\ 3 & 5 & 9 \\ 5 & 9 & 17 \end{pmatrix} w,
$$

wobei $v, w \in \mathbb{R}^3$. Wir weisen nun nach, dass σ ein Skalarprodukt ist, indem wir zeigen, dass die Matrix

$$
M = \begin{pmatrix} 3 & 3 & 5 \\ 3 & 5 & 9 \\ 5 & 9 & 17 \end{pmatrix}
$$

symmetrisch und positiv definit ist. Ersteres sieht man sofort. Für Letzteres berechnen wir die Hauptminoren, also die Determinanten der Untermatrizen. Es sind

$$
\det(3) > 0, \ \det \begin{pmatrix} 3 & 3 \\ 3 & 5 \end{pmatrix} = 15 - 9 = 6 > 0 \ \text{und} \ \det(M) = 4,
$$

wobei man zur Berechnung von $\det(M)$ wie üblich die Regel von Sarrus verwendet. Alle Hauptminoren von M sind also positiv, sodass M positiv definit ist.

Ad (b): Wir orthonormalisieren die Basis $\{ v_1 = 1, v_2 = x, v_3 = x^2 \}$ mit dem Gram-Schmidt-Verfahren:

1. Es ist $w_1 = v_1 = 1$.

2. Daraus erhalten wir

$$w_2 = v_2 - \frac{\overbrace{\sigma(w_1,v_2)}^{=\sigma(1,x)=3}}{\underbrace{\sigma(w_1,w_1)}_{=\sigma(1,1)=3}}w_1 = x - \frac{3}{3}\cdot 1 = x - 1.$$

3. Weiter ergibt sich damit

$$\begin{aligned}
w_3 &= v_3 - \frac{\sigma(w_2,v_3)}{\sigma(w_2,w_2)}w_2 - \frac{\sigma(w_1,v_3)}{\sigma(w_1,w_1)}w_1 \\
&= x^2 - \frac{\sigma(x-1,x^2)}{\sigma(x-1,x-1)}\cdot(x-1) - \frac{\sigma(1,x^2)}{\sigma(1,1)}\cdot 1 \\
&= x^2 - \frac{4}{2}(x-1) - \frac{5}{3} \\
&= x^2 - 2x + \frac{1}{3}.
\end{aligned}$$

Dabei kann man sich die Bilinearität von σ zu Nutze machen, etwa ist

$$\sigma\left(x-1,x^2\right) = \sigma\left(x,x^2\right) - \sigma\left(1,x^2\right)$$

und Letzteres haben wir bereits oben berechnet.

Nun sind die Basisvektoren lediglich zu normieren. Wir berechnen

$$\begin{aligned}
\|w_1\| &= \sqrt{\sigma(1,1)} = \sqrt{3}, \\
\|w_2\| &= \sqrt{\sigma(x-1,x-1)} = \sqrt{2}, \\
\|w_3\| &= \sqrt{\sigma\left(x^2-2x+\frac{1}{3},x^2-2x+\frac{1}{3}\right)} = \sqrt{\frac{2}{3}}.
\end{aligned}$$

Eine Orthonormalbasist ist also insgesamt gegeben durch

$$\left\{\frac{1}{\sqrt{3}}, \frac{x-1}{\sqrt{2}}, \sqrt{\frac{3}{2}}x^2 - \sqrt{6}x + \frac{1}{\sqrt{6}}\right\}.$$

Gegeben seien die folgenden drei Geraden $L_1, L_2, L_3 \subset \mathbb{R}^3$:

$$L_1: \left\{ \begin{pmatrix} x \\ y \\ z \end{pmatrix} \in \mathbb{R}^3 \,|\, x+y-z=1 \right\} \cap \left\{ \begin{pmatrix} x \\ y \\ z \end{pmatrix} \in \mathbb{R}^3 \,|\, 2x-y-2z=-1 \right\}$$

$$L_2: \left\{ \begin{pmatrix} 1 \\ 2-t \\ t \end{pmatrix} \in \mathbb{R}^3 \,|\, t \in \mathbb{R} \right\}$$

$$L_3: \text{ Verbindungsgerade durch } \begin{pmatrix} 0 \\ 3 \\ -2 \end{pmatrix} \text{ und } \begin{pmatrix} -2 \\ -1 \\ 0 \end{pmatrix}.$$

(a) Zeigen Sie, dass sich die Geraden paarweise schneiden, und bestimmten Sie die Schnittpunkte p_1, p_2 und p_3.

(b) Sei $\Delta \subset \mathbb{R}^3$ das Dreieck mit den Ecken p_1, p_2 und p_3. Bestimmen Sie alle drei Innenwinkel sowie den Flächeninhalt von Δ.

Lösungsvorschlag: Ad (a): Wenn wir Schnittpunkte der Geraden angeben, so haben wir damit auch den Beweis erbracht, dass sie sich schneiden. Wir beginnen mit den Geraden L_1 und L_2: Ein Punkt $P_t = (x=1, y=2-t, z=t)^T \in L_2$ ($t \in \mathbb{R}$) liegt in L_3, wenn er den beiden Gleichungen genügt:

$$1+(2-t)-t=1 \text{ und } 2-(2-t)-2t=-1$$

Aus der ersten Gleichung folgt $1+2-2t = 3-2t = 1$, was für $t=1$ erfüllt ist. Dies stimmt auch für die zweite Gleichung, und der Schnittpunkt p_1 ist gegeben durch

$$p_{t=1} = (1,1,1)^T.$$

Wir fahren fort mit den Geraden L_1 und L_3. Die Gerade L_3 kann parametrisiert werden zu

$$L_3 = \begin{pmatrix} 0 \\ 3 \\ -2 \end{pmatrix} + \mathbb{R} \begin{pmatrix} -2-0 \\ -1-3 \\ 0-(-2) \end{pmatrix} = \begin{pmatrix} 0 \\ 3 \\ -2 \end{pmatrix} + \mathbb{R} \begin{pmatrix} -2 \\ -4 \\ 2 \end{pmatrix}.$$

Ein allgemeiner Geradenpunkt von L_3 kann daher mit $\lambda \in \mathbb{R}$ geschrieben werden als

$$p_\lambda = (-2\lambda, 3-4\lambda, -2+2\lambda)^T.$$

Wieder setzen wir diesen in die beiden Gleichungen aus der Definition von L_1 ein:

$$-2\lambda + (3-4\lambda) - (-2+2\lambda) = 1 \text{ und } 2 \cdot (-2\lambda) - (3-4\lambda) - 2(-2+2\lambda) = -1.$$

Wir erhalten aus der Ersten $-8\lambda = -4$, sodass $\lambda = \frac{1}{2}$. Das stimmt auch für die zweite Gleichung und damit erhalten wir den Schnittpunkt p_2 zu

$$p_{\lambda=\frac{1}{2}} = (-1,1,-1)^T.$$

Letztlich bestimmen wir den Schnittpunkt der Geraden L_2 und L_3 aus dem Gleichungssystem $p_t = p_\lambda$, also

$$\begin{pmatrix} 1 \\ 2-t \\ t \end{pmatrix} = \begin{pmatrix} -2\lambda \\ 3-4\lambda \\ -2+2\lambda \end{pmatrix}.$$

Aus der ersten Gleichung sehen wir sofort $\lambda = -\frac{1}{2}$. Die letzte Gleichung liefert $t = -2 - 1 = -3$. Die mittlere Gleichung liefert keinen Widerspruch, und wir erhalten damit den Schnittpunkt p_3 zu

$$p_{t=-3} = (1,5,-3)^T = p_{\lambda=-\frac{1}{2}}.$$

Insbesondere schneiden sich alle drei Geraden paarweise, weil jeweils ein Schnittpunkt existiert.

Ad (b): Die Verbindungsstrecken der Punkte p_1, p_2 und p_3 beranden das Dreieck Δ, diese sind:

$$p_1 - p_2 = (2,0,2)^T,\ p_3 - p_2 = (2,4,-2)^T \text{ und } p_3 - p_1 = (0,4,-4)^T$$

Für den Flächeninhalt von Δ rechnen wir

$$\begin{aligned} F_\Delta &= \frac{1}{2} \|(p_1 - p_2) \times (p_3 - p_2)\| \\ &= \frac{1}{2} \left\| \begin{pmatrix} 2 \\ 0 \\ 2 \end{pmatrix} \times \begin{pmatrix} 2 \\ 4 \\ -2 \end{pmatrix} \right\| \\ &= \frac{1}{2} \left\| \begin{pmatrix} -8 \\ 8 \\ 8 \end{pmatrix} \right\| \\ &= \frac{1}{2} \sqrt{3 \cdot 8^2} \\ &= 4\sqrt{3}. \end{aligned}$$

Für die Innenwinkel sehen wir zunächst sehr einfach, dass bezüglich des Standardskalarprodukts $\langle \cdot, \cdot \rangle$ gilt, dass

$$\langle p_1 - p_2, p_3 - p_2 \rangle = 0,$$

d.h., der Winkel bei der Ecke p_2 ist ein rechter Winkel: $\beta = 90^\circ$. Die Strecke $p_1 p_3$ ist daher die Hypothenuse, da sie p_2 gegenüber liegt. Wir erhalten das Maß α des Winkels bei p_1 daher beispielsweise aus dem Sinus zu

$$\sin(\alpha) = \frac{\|p_3 - p_2\|}{\|p_3 - p_1\|} =$$
$$= \frac{\sqrt{2 \cdot 2^2 + 4^2}}{\sqrt{2 \cdot 4^2}}$$
$$= \frac{2\sqrt{6}}{4\sqrt{2}}$$
$$= \frac{\sqrt{3}}{2}.$$

Demnach ist $\alpha = \arcsin \frac{\sqrt{3}}{2} = \frac{\pi}{6} = 30^\circ$. Das Maß des Innenwinkels bei der Ecke p_3 erhalten wir aus der Innenwinkelsumme im Dreieck also zu

$$\alpha + \beta + \gamma = 180^\circ \implies \gamma = 60^\circ.$$

Aufgabe 12.46: H09-T1-A3

 Es sei W ein euklidischer Vektorraum mit dem Skalarprodukt φ. Für $U \subset W$ definiert man

$$U^\perp = \{ w \in W : \varphi(u, w) = 0 \text{ für alle } u \in U \}.$$

Zeigen Sie, dass für alle Untervektorräume $U, V \subset W$ gilt:

(a) $(U + V)^\perp = U^\perp \cap V^\perp$.

(b) $(U \cap V)^\perp \supset U^\perp + V^\perp$.

Lösungsvorschlag: Ad (a): Wir zeigen wie üblich für den Nachweis von der Gleichheit zweier Mengen beide Inklusionen.

- Zu „$\subseteq$": Wir wissen, dass für Unterräume X, Y von W mit $X \subseteq Y$ gilt, dass: $Y^\perp \subseteq X^\perp$ ($*$), weil

$$y_2 \in Y^\perp \implies \varphi(y_1, y_2) = 0 \text{ für alle } y_1 \in Y$$
$$\overset{X \subseteq Y}{\implies} \varphi(y_1, y_2) = 0 \text{ für alle } y_1 \in X$$
$$\implies y_2 \in X^\perp.$$

Dies können wir nutzen, denn $U, V \subseteq U + V$, also $(U + V)^\perp \subseteq U, V$ und damit letztlich

$$(U + V)^\perp \subseteq U^\perp \cap V^\perp.$$

- Zu „$\supseteq$": Sei $\tilde{u} \in U^{\perp} \cap V^{\perp}$ beliebig, also $\tilde{u} \in U^{\perp}$ und $\tilde{u} \in V^{\perp}$. Wir zeigen, dass bereits $\tilde{u} \in (U+V)^{\perp}$ und damit die Inklusion $U^{\perp} \cap V^{\perp} \subseteq (U+V)^{\perp}$ folgt, indem wir zeigen, dass

$$\varphi(\tilde{u}, \tilde{v}) = 0$$

für alle $\tilde{v} \in U+V$. Für ein solches $\tilde{v} \in U+V$ gibt es eine Darstellung $\tilde{v} = u' + v'$ mit $u' \in U$ und $v' \in V$. Es gilt:

$$\begin{aligned}
\varphi(\tilde{u}, \tilde{v}) &= \varphi\left(\tilde{u}, u' + v'\right) \\
&= \varphi\left(\tilde{u}, u'\right) + \varphi\left(\tilde{u}, v'\right) \\
&\overset{\substack{\tilde{u} \in U^{\perp} \\ \tilde{u} \in V^{\perp}}}{=} 0 + 0 \\
&= 0
\end{aligned}$$

- Damit haben wir beide Inklusionen und damit die Behauptung gezeigt.

Ad (b): Es gilt $U \cap V \subset U, V$, also damit nach $(*)$ bereits $U^{\perp}, V^{\perp} \subset (U \cap V)^{\perp}$. Wegen der Abgeschlossenheit von Unterräumen folgt damit sofort die Behauptung

$$U^{\perp} + V^{\perp} \subset (U \cap V).$$

Aufgabe 12.47: H14-T1-A4

Betrachten Sie die inhomogene lineare Gleichung

$$2x - y + z = 1.$$

(a) Geben Sie die Lösungsmenge U in Parameterform an.

(b) Sei U_0 der zu U parallele Untervektorraum. Bestimmen Sie die Matrix M der Spiegelung an U_0.

(c) Bestimmen Sie die Spiegelung S an der affinen Ebene U als eine affine Abbildung

$$S: \mathbb{R}^3 \to \mathbb{R}^3 : x \mapsto Ax + t$$

mit $A \in \mathbb{R}^{3 \times 3}$ und $t \in \mathbb{R}^3$.

Lösungsvorschlag: Ad (a): Wir finden mit $x = \lambda, y = \mu$ ($\lambda, \mu \in \mathbb{R}$) die Parameterdarstellung aus $z = 1 - 2\lambda + \mu$ zu

$$\begin{pmatrix} 0 \\ 0 \\ 1 \end{pmatrix} + \lambda \begin{pmatrix} 1 \\ 0 \\ -2 \end{pmatrix} + \mu \begin{pmatrix} 0 \\ 1 \\ 1 \end{pmatrix}.$$

Ad (b): Es ist

$$U_0 = \operatorname{span}\left\{ \begin{pmatrix} 1 \\ 0 \\ -2 \end{pmatrix}, \begin{pmatrix} 0 \\ 1 \\ 1 \end{pmatrix} \right\}.$$

Für die Spiegelung an U_0 müssen die beiden Basisvektoren invariant bleiben, diese werden also Eigenvektoren zum Eigenwert 1 von M sein. Außerdem wird der Normalenvektor

$$n = \begin{pmatrix} 2 \\ -1 \\ 1 \end{pmatrix}$$

ein Eigenvektor zum Eigenwert -1. Man setzt diese drei Bedingungen an, um die Einträge m_{ij} für $i, j \in \{1, 2, 3\}$ zu bestimmen:

$$M \begin{pmatrix} 1 \\ 0 \\ -2 \end{pmatrix} = \begin{pmatrix} 1 \\ 0 \\ -2 \end{pmatrix} \implies \begin{cases} m_{1,1} - 2m_{1,3} = 1 \\ m_{2,1} = 2m_{2,3} \\ m_{3,1} = -2 + 2m_{3,3} \end{cases}$$

$$M \begin{pmatrix} 0 \\ 1 \\ 1 \end{pmatrix} = \begin{pmatrix} 0 \\ 1 \\ 1 \end{pmatrix} \implies \begin{cases} m_{1,2} = -m_{1,3} \\ m_{2,2} = 1 - m_{2,3} \\ m_{3,2} = 1 - m_{3,3} \end{cases}$$

und letztlich:

$$M \begin{pmatrix} 2 \\ -1 \\ 1 \end{pmatrix} = \begin{pmatrix} -2 \\ 1 \\ -1 \end{pmatrix} \implies \begin{cases} 2m_{1,1} - m_{1,2} + m_{1,3} = -2 \\ 2m_{2,1} - m_{2,2} + m_{2,3} = 1 \\ 2m_{3,1} - m_{3,2} + m_{3,3} = -1 \end{cases}$$

Lösen dieser neun Gleichungen in neun Unbekannten liefert die Matrix

$$M = \frac{1}{3} \begin{pmatrix} -1 & 2 & -2 \\ 2 & 2 & 1 \\ -2 & 1 & 2 \end{pmatrix}.$$

Ad (c): Für die Spiegelung an U muss nun der Punkt $p(0|0|1)$ invariant bleiben. Wir setzen daher an

$$S(x) = Mx + t$$

und bestimmen $t \in \mathbb{R}^3$ aus

$$S(p) = Mp + t = p \iff t = \left(\frac{2}{3}, -\frac{1}{3}, \frac{1}{3} \right)^T$$

und damit

$$S(x) = \frac{1}{3} \left[\begin{pmatrix} -1 & 2 & -2 \\ 2 & 2 & 1 \\ -2 & 1 & 2 \end{pmatrix} + \begin{pmatrix} 2 \\ -1 \\ 1 \end{pmatrix} \right].$$

Es seien φ_1 bzw. φ_2 die Drehungen um die x-Achse bzw. die z-Achse des $\mathbb{R}^3$ mit

$$\varphi_1 : \begin{pmatrix} 0 \\ 0 \\ 1 \end{pmatrix} \mapsto \frac{1}{\sqrt{2}} \begin{pmatrix} 0 \\ 1 \\ 1 \end{pmatrix} \quad \text{und} \quad \varphi_2 : \begin{pmatrix} 1 \\ 0 \\ 0 \end{pmatrix} \mapsto \frac{1}{\sqrt{2}} \begin{pmatrix} 1 \\ 1 \\ 0 \end{pmatrix}.$$

(a) Zeigen Sie, dass die Hintereinanderausführung $\varphi_1 \circ \varphi_2$ eine Drehung ist.

(b) Zeigen Sie, dass $\varphi_1 \circ \varphi_2$ durch die Matrix

$$\begin{pmatrix} \frac{1}{\sqrt{2}} & -\frac{1}{\sqrt{2}} & 0 \\ \frac{1}{2} & \frac{1}{2} & \frac{1}{\sqrt{2}} \\ -\frac{1}{2} & -\frac{1}{2} & \frac{1}{\sqrt{2}} \end{pmatrix}$$

gegeben wird.

(c) Bestimmen Sie die Drehachse von $\varphi_1 \circ \varphi_2$ sowie den Kosinus des Drehwinkels α.

Lösungsvorschlag: Ad (a): Wir wissen, dass die beiden Abbildungen $\varphi_{1,2}$ mittels darstellender Matrizen D_1 und D_2 dargestellt werden können. Beide Matrizen sind als Drehmatrizen orthogonal mit Determinante 1. Die darstellende Matrix von $\varphi_1 \circ \varphi_2$ ist gegeben durch

$$D = D_1 \cdot D_2.$$

Dieses Produkt ist wohldefiniert, denn $D_1, D_2 \in \mathbb{R}^{3 \times 3}$. Es ist nun D als das Produkt orthogonaler Matrizen auch orthogonal und gemäß dem Determinantenmultiplikationssatz folgt auch $\det(D) = 1$. Demnach ist D eine Drehmatrix und damit auch $\varphi_1 \circ \varphi_2$ eine Drehung.

Ad (b): Wir bestimmen die darstellenden Matrizen D_1 und D_2, um im Anschluss die darstellende Matrix der Komposition, wie in (a) beschrieben, als Produkt dieser Matrizen zu erhalten. Eine Drehung um die x-Achse um einen Winkel mit Maß ψ stellen wir bekanntermaßen dar als (vgl. Abschnitt 12.3.1)

$$D_1 = \begin{pmatrix} 1 & 0 & 0 \\ 0 & \cos\psi & -\sin\psi \\ 0 & \sin\psi & \cos\psi \end{pmatrix}.$$

Eine Drehung um die z-Achse um einen Winkel vom Maß Ψ entsprechend als

$$D_2 = \begin{pmatrix} \cos\Psi & -\sin\Psi & 0 \\ \sin\Psi & \cos\Psi & 0 \\ 0 & 0 & 1 \end{pmatrix}.$$

Wir wollen nun die Maße ψ und Ψ der Drehungen $\varphi_{1,2}$ ermitteln und nutzen dazu die angegebenen Bilder:

- Für φ_1 erhalten wir aus

$$\varphi_1 : \begin{pmatrix} 0 \\ 0 \\ 1 \end{pmatrix} \mapsto \frac{1}{\sqrt{2}} \begin{pmatrix} 0 \\ 1 \\ 1 \end{pmatrix}$$

sofort, dass

$$D_1 \cdot \mathbf{e}_3 = \begin{pmatrix} 1 & 0 & 0 \\ 0 & \cos\psi & -\sin\psi \\ 0 & \sin\psi & \cos\psi \end{pmatrix} \begin{pmatrix} 0 \\ 0 \\ 1 \end{pmatrix}$$

$$= \begin{pmatrix} 0 \\ -\sin\psi \\ \cos\psi \end{pmatrix} \overset{!}{=} \frac{1}{\sqrt{2}} \begin{pmatrix} 0 \\ 1 \\ 1 \end{pmatrix}.$$

Damit ist $\cos\psi = \frac{1}{\sqrt{2}} = -\sin\psi$. Für D_1 ergibt sich nun

$$D_1 = \begin{pmatrix} 1 & 0 & 0 \\ 0 & \frac{1}{\sqrt{2}} & \frac{1}{\sqrt{2}} \\ 0 & -\frac{1}{\sqrt{2}} & \frac{1}{\sqrt{2}} \end{pmatrix}.$$

- Analog gehen wir für φ_2 vor. Hier erhalten wir aus

$$D_2 \cdot \mathbf{e}_1 = \begin{pmatrix} \cos\Psi \\ \sin\Psi \\ 0 \end{pmatrix} \overset{!}{=} \frac{1}{\sqrt{2}} \begin{pmatrix} 1 \\ 1 \\ 0 \end{pmatrix}$$

sofort $\cos\Psi = \frac{1}{\sqrt{2}} = \sin\Psi$ und damit die Matrix D_2 konkret zu

$$D_2 = \begin{pmatrix} \frac{1}{\sqrt{2}} & -\frac{1}{\sqrt{2}} & 0 \\ \frac{1}{\sqrt{2}} & \frac{1}{\sqrt{2}} & 0 \\ 0 & 0 & 1 \end{pmatrix}.$$

- Die darstellende Matrix D von $\varphi_1 \circ \varphi_2$ erhalten wir nun als das Produkt

$$D = D_1 \cdot D_2 = \begin{pmatrix} 1 & 0 & 0 \\ 0 & \frac{1}{\sqrt{2}} & \frac{1}{\sqrt{2}} \\ 0 & -\frac{1}{\sqrt{2}} & \frac{1}{\sqrt{2}} \end{pmatrix} \cdot \begin{pmatrix} \frac{1}{\sqrt{2}} & -\frac{1}{\sqrt{2}} & 0 \\ \frac{1}{\sqrt{2}} & \frac{1}{\sqrt{2}} & 0 \\ 0 & 0 & 1 \end{pmatrix} = \begin{pmatrix} \frac{1}{\sqrt{2}} & -\frac{1}{\sqrt{2}} & 0 \\ \frac{1}{2} & \frac{1}{2} & \frac{1}{\sqrt{2}} \\ -\frac{1}{2} & -\frac{1}{2} & \frac{1}{\sqrt{2}} \end{pmatrix}.$$

Ad (c): Wir wollen abschließend die Drehachse d und das Maß α des Drehwinkels ermitteln. Nach Satz 12.26 entspricht die Drehachse gerade dem Eigenraum zum Eigenwert 1. Wir rechnen daher

$$d = \text{Eig}_D(\lambda = 1) = \ker \begin{pmatrix} \frac{1}{\sqrt{2}} - 1 & -\frac{1}{\sqrt{2}} & 0 \\ \frac{1}{2} & \frac{1}{2} - 1 & \frac{1}{\sqrt{2}} \\ -\frac{1}{2} & -\frac{1}{2} & \frac{1}{\sqrt{2}} - 1 \end{pmatrix}.$$

Wir führen elementare Zeilenumformungen durch, deren Reproduktion dem Leser überlassen sei, und erhalten schließlich

$$\begin{pmatrix} \frac{1}{\sqrt{2}}-1 & -\frac{1}{\sqrt{2}} & 0 \\ \frac{1}{2} & \frac{1}{2}-1 & \frac{1}{\sqrt{2}} \\ -\frac{1}{2} & -\frac{1}{2} & \frac{1}{\sqrt{2}}-1 \end{pmatrix} \rightarrow \begin{pmatrix} 1 & -1 & \sqrt{2} \\ 0 & -1 & \sqrt{2}-1 \\ 0 & 0 & 0 \end{pmatrix}.$$

Wir wählen nun $z = \lambda \in \mathbb{R}$ frei. Damit besitzt das homogene Gleichungssystem

$$\begin{pmatrix} \frac{1}{\sqrt{2}}-1 & -\frac{1}{\sqrt{2}} & 0 \\ \frac{1}{2} & \frac{1}{2}-1 & \frac{1}{\sqrt{2}} \\ -\frac{1}{2} & -\frac{1}{2} & \frac{1}{\sqrt{2}}-1 \end{pmatrix} x = 0$$

wegen $y = \left(\sqrt{2}-1\right)z = \left(\sqrt{2}-1\right)\lambda$ und $x = y - \sqrt{2}z = -\lambda$ den eindimensionalen Lösungsraum

$$\mathbb{L} = \mathbb{R}\left(-1, \quad \sqrt{2}-1, \quad 1 \right)^T.$$

Die Drehachse ist also gerade

$$\begin{aligned} d &= \text{Eig}_D(\lambda = 1) \\ &= \ker \begin{pmatrix} \frac{1}{\sqrt{2}}-1 & -\frac{1}{\sqrt{2}} & 0 \\ \frac{1}{2} & \frac{1}{2}-1 & \frac{1}{\sqrt{2}} \\ -\frac{1}{2} & -\frac{1}{2} & \frac{1}{\sqrt{2}}-1 \end{pmatrix} \\ &= \mathbb{R}\begin{pmatrix} -1 \\ \sqrt{2}-1 \\ 1 \end{pmatrix}. \end{aligned}$$

Für das Maß α des Drehwinkels erhält man nach Satz 12.26

$$\text{Spur}(D) = n-2+2\cos\alpha \implies \cos\alpha = \frac{\text{Spur}(D)-3+2}{2} = \frac{\frac{2}{\sqrt{2}}-\frac{1}{2}}{2} = \frac{1}{\sqrt{2}}-\frac{1}{4} \implies \alpha \approx 62.8°.$$

Aufgabe 12.49: H14-T1-A3

Sei f die lineare Abbildung

$$f : \mathbb{R}^3 \rightarrow \mathbb{R}^3 : x \mapsto Ax$$

mit

$$A = \begin{pmatrix} 1 & -1 & 3 \\ 0 & 2 & -1 \\ -1 & 1 & -3 \end{pmatrix}$$

und, sei G die durch die Gleichungen

$$x+y-z = 1,$$
$$x-z = 0$$

bestimmte Gerade. Berechnen Sie den Abstand des Punktes $p = (5, 3, -1)^T$ zu G und zu Bild (f).

Lösungsvorschlag: Die Parameterdarstellung von G ist wegen $x = z$ und $y = 1 - x + z = 1 - x + x = 1$ gegeben durch

$$G = \left\{ \begin{pmatrix} 0 \\ 1 \\ 0 \end{pmatrix} + \lambda \begin{pmatrix} 1 \\ 0 \\ 1 \end{pmatrix} \Bigg| \lambda \in \mathbb{R} \right\}.$$

Um deren Abstand von p zu berechnen, ermitteln wir zunächst den Verbindungsvektor pQ_λ vom allgemeinen Geradenpunkt

$$Q_\lambda = (\lambda, 1, \lambda)^T$$

zum Punkt p:

$$pQ_\lambda = Q_\lambda - p = \begin{pmatrix} \lambda \\ 1 \\ \lambda \end{pmatrix} - \begin{pmatrix} 5 \\ 3 \\ -1 \end{pmatrix} = \begin{pmatrix} \lambda - 5 \\ -2 \\ \lambda + 1 \end{pmatrix}$$

Dieser Verbindungsvektor soll nun orthogonal auf G stehen, also:

$$\begin{pmatrix} \lambda - 5 \\ -2 \\ \lambda + 1 \end{pmatrix} \perp G \Longleftrightarrow pQ_\lambda \circ \begin{pmatrix} 1 \\ 0 \\ 1 \end{pmatrix} = 0$$

Dabei meint $\circ$ das Standardskalarprodukt auf $\mathbb{R}^3$ und $(1, 0, 1)^T$ ist der Richtungsvektor von G. Diese Bedingung liefert $\lambda = 2$. Die Länge des Verbindungsvektors $pQ_{\lambda=2}$ entspricht dann dem gesuchten Abstand:

$$d(p, G) = \|pQ_{\lambda=2}\| = \left\| \begin{pmatrix} -3 \\ -2 \\ 3 \end{pmatrix} \right\| = \sqrt{2 \cdot 3^2 + 2^2} = \sqrt{22}$$

Wir bestimmen nun $d(p, \text{Bild}(f))$ und dazu zunächst Bild (f). Aus

$$A = \begin{pmatrix} 1 & -1 & 3 \\ 0 & 2 & -1 \\ -1 & 1 & -3 \end{pmatrix} \rightarrow \begin{pmatrix} 1 & -1 & 3 \\ 0 & 2 & -1 \\ 0 & 0 & 0 \end{pmatrix}$$

folgt, dass $\dim \text{Bild}(f) = 2$. Der erste und der dritte Spaltenvektor sind linear unabhängig, sodass

$$E := \text{Bild}(f) = \text{span} \left\{ \begin{pmatrix} 1 \\ 0 \\ -1 \end{pmatrix}, \begin{pmatrix} 3 \\ -1 \\ -3 \end{pmatrix} \right\}.$$

Die Ebene E in Parameterform erhalten wir mithilfe des Normalenvektors

$$n = \begin{pmatrix} 1 \\ 0 \\ -1 \end{pmatrix} \times \begin{pmatrix} 3 \\ -1 \\ -3 \end{pmatrix} = \begin{pmatrix} -1 \\ 0 \\ -1 \end{pmatrix}$$

und wegen $0 \in E$ zu

$$E : -x - z = 0.$$

Hier sehen wir $p \notin E$. Mittels der Hesseschen Normalform findet man wegen $\|n\| = \sqrt{2}$:

$$\frac{1}{\sqrt{2}}(-x - z)$$

Damit ist

$$d(p,E) = \left| \frac{1}{\sqrt{2}}(-5 + 1) \right| = 2\sqrt{2}.$$

Aufgabe 12.50: F18-T3-A4

Gegeben seien die Geraden

$$g = \begin{pmatrix} 2 \\ -5 \\ -3 \\ -3 \end{pmatrix} + \mathbb{R} \begin{pmatrix} 1 \\ 2 \\ 3 \\ 4 \end{pmatrix}$$

und

$$h = \begin{pmatrix} 1 \\ -3 \\ 0 \\ -1 \end{pmatrix} + \mathbb{R} \begin{pmatrix} 2 \\ 3 \\ 4 \\ 5 \end{pmatrix}$$

in $\mathbb{R}^4$.

(a) Berechnen Sie alle gemeinsamen Lote von g und h.

(b) Berechnen Sie den Abstand zwischen g und h.

(c) Berechnen Sie den kleinsten affinen Unterraum von $\mathbb{R}^4$, welcher g und h enthält.

Lösungsvorschlag: Ad (a): Man sieht einfach, dass die beiden Richtungsvektoren

$$v_1 = \begin{pmatrix} 1 \\ 2 \\ 3 \\ 4 \end{pmatrix}$$

von g und

$$v_2 = \begin{pmatrix} 2 \\ 3 \\ 4 \\ 5 \end{pmatrix}$$

von h linear unabhängig sind. Falls l ein gemeinsames Lot von g und h ist, so wird sein Richtungsvektor in $U^\perp$ liegen, wobei $U := \mathrm{span}\{v_1, v_2\}$. Wir bestimmen also eine Basis von $U^\perp$. Wegen $U \oplus U^\perp = \mathbb{R}^4$ wird das Komplement von U zweidimensional sein. Sei $B = \{b_1, b_2\}$ eine Basis von $U^\perp$. Dann gilt

$$
\begin{aligned}
x \in U^\perp \quad &\Longleftrightarrow \quad x \perp u \text{ für alle } u \in U \\
&\overset{U=\mathrm{span}\{v_1,v_2\}}{\Longleftrightarrow} \quad x \perp v_1 \text{ und } x \perp v_2 \\
&\Longleftrightarrow \quad v_1^T x = 0 \text{ und } v_2^T x = 0 \\
&\Longleftrightarrow \quad Ax = 0,
\end{aligned}
$$

wobei

$$
A = \begin{pmatrix} v_1^T \\ v_2^T \end{pmatrix} = \begin{pmatrix} 1 & 2 & 3 & 4 \\ 2 & 3 & 4 & 5 \end{pmatrix}.
$$

Das heißt, es ist $U^\perp = \ker(A)$. Diesen berechnen wir mittels Zeilenumformungen:

$$
A = \begin{pmatrix} 1 & 2 & 3 & 4 \\ 2 & 3 & 4 & 5 \end{pmatrix} \to \begin{pmatrix} 1 & 2 & 3 & 4 \\ 0 & -1 & -2 & -3 \end{pmatrix}
$$

Es folgt

$$
\ker(A) = \mathrm{span}\left\{ \begin{pmatrix} 2 \\ -3 \\ 0 \\ 1 \end{pmatrix}, \begin{pmatrix} -1 \\ 1 \\ 1 \\ -1 \end{pmatrix} \right\} = U^\perp.
$$

Die Gerade g wird parametrisiert durch

$$
p_\lambda := \begin{pmatrix} 2 + \lambda \\ -5 + 2\lambda \\ -3 + 3\lambda \\ -3 + 4\lambda \end{pmatrix},
$$

die Gerade h durch

$$
q_\mu := \begin{pmatrix} 1 + 2\mu \\ -3 + 3\mu \\ 4\mu \\ -1 + 5\mu \end{pmatrix},
$$

also besitzt der Verbindungsvektor von g und h die Gestalt

$$
w_{\lambda,\mu} := p_\lambda \vec{q}_\mu = \begin{pmatrix} -1 + 2\mu - \lambda \\ 2 + 3\mu - 2\lambda \\ 4\mu + 3 - 3\lambda \\ 2 + 5\mu - 4\lambda \end{pmatrix}.
$$

Soll dieser nun ein Richtungsvektor von l sein, so muss also $w_{\lambda,\mu} \in U^\perp$ sein, sein Skalarprodukt mit den Richtungsvektoren von g und h muss also verschwinden:

$$
\langle w_{\lambda,\mu}, v_1 \rangle = \langle w_{\lambda,\mu}, v_2 \rangle = 0.
$$

Setzt man alle Vektoren ein, erhält man das Gleichungssystem

$$
\begin{aligned}
20 + 40\mu - 30\lambda &= 0, \\
26 + 54\mu - 40\lambda &= 0,
\end{aligned}
$$

welches durch $\mu = 1$ und $\lambda = 2$ eindeutig gelöst wird. Wir erhalten also eine eindeutige Lotgerade

$$l = p_2 + \mathbb{R}w_{2,1} = q_1 + \mathbb{R}w_{2,1} = \begin{pmatrix} 4 \\ -1 \\ 3 \\ 5 \end{pmatrix} + \mathbb{R}\begin{pmatrix} -1 \\ 1 \\ 1 \\ -1 \end{pmatrix}.$$

Man beachte, dass der Richtungsvektor von l tatsächlich im oben berechneten Vektorraum $U^{\perp}$ liegt.

Ad (b): Nach Konstruktion ist p_2 der Schnittpunkt von l mit g und q_1 der Schnittpunkt von l mit h. Der Verbindungsvektor beider Geraden ist also der Richtungsvektor $w_{2,1}$ von l, damit erhalten wir

$$d(g,h) = \sqrt{(-1)^2 + 1^2 + 1^2 + (-1)^2} = 2.$$

Ad (c): Der kleinste affine Unterraum A, der g und h enthält, muss also sowohl von den Richtungsvektoren beider Geraden sowie ihrem Verbindungsvektor aufgespannt werden. A verläuft also (bspw.) durch p_2 und besitzt als Richtungsvektoren die Richtungsvektoren v_1 von g und v_2 von h, sowie den Verbindungsvektor $w_{2,1}$. Wir erhalten also

$$A = p_2 + \mathbb{R}v_1 + \mathbb{R}v_2 + \mathbb{R}w_{2,1} = p_2 + \text{span}\{v_1, v_2, w_{2,1}\}.$$

Dies ist sinnvoll, da ein zweidimensionaler Raum hier nicht infrage kommt, denn g und h sind windschief.

Aufgabe 12.51: F18-T2-A3

Betrachten Sie die folgenden linearen Unterräume des $\mathbb{R}^3$:

$$E = \left\{ \begin{pmatrix} x_1 \\ x_2 \\ x_3 \end{pmatrix} \middle| x_1 - x_3 = 0 \right\} \text{ und } F = \mathbb{R}\begin{pmatrix} 1 \\ 1 \\ 0 \end{pmatrix} + \mathbb{R}\begin{pmatrix} 0 \\ 1 \\ 1 \end{pmatrix}.$$

(a) Bestimmen Sie eine orthonormale Basis von $E \cap F$.

(b) Ergänzen Sie diese Basis zu orthonormalen Basen von E, F und $\mathbb{R}^3$.

(c) Es seien $P_E : \mathbb{R}^3 \to \mathbb{R}^3$ und $P_F : \mathbb{R}^3 \to \mathbb{R}^3$ die orthogonalen Projektionen auf E bzw. F. Zeigen Sie $P_E \circ P_F = P_F \circ P_E$, und dass $P_F \circ P_E$ eine orthogonale Projektion P_G auf einen Unterraum G ist. Bestimmen Sie G.

Lösungsvorschlag: Ad (a): Die Normalenvektoren der Ebenen sind gegeben zu

$$n_E = (1,0,-1)^T \text{ und } n_F = \begin{pmatrix} 1 \\ 1 \\ 0 \end{pmatrix} \times \begin{pmatrix} 0 \\ 1 \\ 1 \end{pmatrix} = \begin{pmatrix} 1 \\ -1 \\ 1 \end{pmatrix}.$$

Diese sind offensichtlich linear unabhängig, sodass $E \cap F$ eine Gerade ist. Diese erhalten wir, indem wir einen allgemeinen Ebenenpunkt $P_{\lambda,\mu} = (\lambda, \lambda + \mu, \mu)$ von F für $\lambda, \mu \in \mathbb{R}$ in E einsetzen. Wir erhalten wegen

$$x_1 - x_3 = \lambda - \mu = 0 \implies \lambda = \mu$$

sofort

$$F \ni P_{\lambda,\lambda} = \lambda \begin{pmatrix} 1 \\ 2 \\ 1 \end{pmatrix} \in E.$$

Damit ist wegen

$$\left\| \begin{pmatrix} 1 \\ 2 \\ 1 \end{pmatrix} \right\| = \sqrt{6}$$

eine Orthonormalbasis von $E \cap F$ gegeben durch

$$B_{E \cap F} = \left\{ \frac{1}{\sqrt{6}} \begin{pmatrix} 1 \\ 2 \\ 1 \end{pmatrix} \right\}.$$

Ad (b): Wir betrachten den zu

$$b_1 = \frac{1}{\sqrt{6}} \begin{pmatrix} 1 \\ 2 \\ 1 \end{pmatrix}$$

linear unabhängigen Basisvektor $v_1 = (1,0,1)^T \in E$. Wir wenden das Gram-Schmidt-Verfahren mit dem Standardskalarprodukt im $\mathbb{R}^3$ an und erhalten aus

$$
\begin{aligned}
w &= v - \langle v, b_1 \rangle b_1 \\
&= \begin{pmatrix} 1 \\ 0 \\ 1 \end{pmatrix} - \frac{1}{6} \left\langle \begin{pmatrix} 1 \\ 0 \\ 1 \end{pmatrix}, \begin{pmatrix} 1 \\ 2 \\ 1 \end{pmatrix} \right\rangle \begin{pmatrix} 1 \\ 2 \\ 1 \end{pmatrix} \\
&= \frac{2}{3} \begin{pmatrix} 1 \\ -1 \\ 1 \end{pmatrix} \in E.
\end{aligned}
$$

Normieren liefert letztlich

$$
\begin{aligned}
b_2 &= \frac{1}{\|w\|} w \\
&= \frac{1}{\sqrt{3 \cdot \left(\frac{2}{3}\right)^2}} \cdot \frac{2}{3} \begin{pmatrix} 1 \\ -1 \\ 1 \end{pmatrix} \\
&= \frac{1}{\sqrt{3}} \begin{pmatrix} 1 \\ -1 \\ 1 \end{pmatrix}.
\end{aligned}
$$

Also ist die Orthonormalbasis von E gegeben durch

$$B_E = \left\{ \frac{1}{\sqrt{6}} \begin{pmatrix} 1 \\ 2 \\ 1 \end{pmatrix}, \frac{1}{\sqrt{3}} \begin{pmatrix} 1 \\ -1 \\ 1 \end{pmatrix} \right\}.$$

Man erhält die Orthonormalbasis von F ganz analog und zwar mit dem Basisvektor $v' = (1, 1, 0)^T \in F$, der ebenfalls offensichtlich linear unabhängig zu b_1 ist. Wir erhalten mithilfe des Gram-Schmidt-Verfahrens

$$\begin{aligned} w' &= v' - \left\langle v', b_1 \right\rangle b_1 \\ &= \begin{pmatrix} 1 \\ 1 \\ 0 \end{pmatrix} - \frac{1}{6} \left\langle \begin{pmatrix} 1 \\ 1 \\ 0 \end{pmatrix}, \begin{pmatrix} 1 \\ 2 \\ 1 \end{pmatrix} \right\rangle \begin{pmatrix} 1 \\ 2 \\ 1 \end{pmatrix} \\ &= \frac{1}{2} \begin{pmatrix} 1 \\ 0 \\ -1 \end{pmatrix} \in F. \end{aligned}$$

Normieren liefert letztlich

$$\begin{aligned} b_3 &= \frac{1}{\|w'\|} w' \\ &= \frac{1}{\sqrt{2 \cdot \left(\frac{1}{2} \right)^2}} \cdot \frac{1}{2} \begin{pmatrix} 1 \\ 0 \\ -1 \end{pmatrix} \\ &= \frac{1}{\sqrt{2}} \begin{pmatrix} 1 \\ 0 \\ -1 \end{pmatrix}. \end{aligned}$$

Also ist die Orthonormalbasis von F gegeben durch

$$B_E = \left\{ \frac{1}{\sqrt{6}} \begin{pmatrix} 1 \\ 2 \\ 1 \end{pmatrix}, \frac{1}{\sqrt{2}} \begin{pmatrix} 1 \\ 0 \\ -1 \end{pmatrix} \right\}.$$

Wir weisen nun noch nach, dass die gefundenen Vektoren b_1, b_2, b_3 auch in der Tat schon eine Basis des $\mathbb{R}^3$ bilden. Wegen

$$\frac{1}{\sqrt{6}} \cdot \frac{1}{\sqrt{3}} \cdot \frac{1}{\sqrt{2}} \cdot \det \begin{pmatrix} 1 & 1 & 1 \\ 2 & -1 & 0 \\ 1 & 1 & -1 \end{pmatrix} = \frac{1}{6} \cdot 6 = 1 \neq 0,$$

sind diese in jedem Fall linear unabhängig, wie man mit der Regel von Sarrus leicht prüft. Aus $\dim \mathbb{R}^3 = 3$ folgt dann aus der Normierung der drei Vektoren und weil diese per Konstruktion paarweise orthogonal sind, direkt, dass

$$B_{\mathbb{R}^3} = \left\{ \frac{1}{\sqrt{6}} \begin{pmatrix} 1 \\ 2 \\ 1 \end{pmatrix}, \frac{1}{\sqrt{3}} \begin{pmatrix} 1 \\ -1 \\ 1 \end{pmatrix}, \frac{1}{\sqrt{2}} \begin{pmatrix} 1 \\ 0 \\ -1 \end{pmatrix} \right\}$$

eine Orthonormalbasis des $\mathbb{R}^3$ ist.

Ad (c): Wir bestimmen zunächst die darstellenden Matrizen der Projektionen P_E und P_F. Dazu nutzen wir, dass für eine Projektion auf einen Unterraum $U \subset V$ eines euklidischen Vektorraums V mit Orthonormalbasis $\{u_1, \ldots, u_n\}$ nach Definition 12.34 gilt, dass

$$P_U(v) = \sum_{i=1}^{n} \langle v, u_i \rangle u_i \ \forall v \in V.$$

Wir rechnen also für die Projektion $P_E(v)$ von $v = (v_1, v_2, v_3)^T \in \mathbb{R}^3$ auf E mit Orthonormalbasis $B_E = \{b_1, b_2\}$ aus (b):

$$
\begin{aligned}
P_E(v) &= \langle v, b_1 \rangle b_1 + \langle v, b_2 \rangle b_2 \\[2mm]
&= \frac{1}{6}(v_1 + 2v_2 + v_3) \begin{pmatrix} 1 \\ 2 \\ 1 \end{pmatrix} + \frac{1}{3}(v_1 - v_2 + v_3) \begin{pmatrix} 1 \\ -1 \\ 1 \end{pmatrix} \\[4mm]
&= \frac{1}{6} \begin{pmatrix} v_1 + 2v_2 + v_3 \\ 2v_1 + 4v_2 + 2v_3 \\ v_1 + 2v_2 + v_3 \end{pmatrix} + \frac{1}{6} \begin{pmatrix} 2v_1 - 2v_2 + 2v_3 \\ -2v_1 + 2v_2 - 2v_3 \\ 2v_1 - 2v_2 + 2v_3 \end{pmatrix} \\[4mm]
&= \frac{1}{6} \begin{pmatrix} 3v_1 & & +3v_3 \\ & 6v_2 & \\ 3v_1 & & +3v_3 \end{pmatrix} \\[4mm]
&= \frac{1}{6} \begin{pmatrix} 3 & 0 & 3 \\ 0 & 6 & 0 \\ 3 & 0 & 3 \end{pmatrix} \begin{pmatrix} v_1 \\ v_2 \\ v_3 \end{pmatrix}
\end{aligned}
$$

Die darstellende Matrix von P_E bezüglich der kanonischen Basis des $\mathbb{R}^3$ ist demnach gegeben durch

$$\frac{1}{6} \begin{pmatrix} 3 & 0 & 3 \\ 0 & 6 & 0 \\ 3 & 0 & 3 \end{pmatrix}.$$

Wir rechnen ganz analog, um die darstellende Matrix von P_F zu erhalten:

$$
\begin{aligned}
P_E(v) &= \langle v, b_1 \rangle b_1 + \langle v, b_3 \rangle b_3 \\[2mm]
&= \frac{1}{6}(v_1 + 2v_2 + v_3) \begin{pmatrix} 1 \\ 2 \\ 1 \end{pmatrix} + \frac{1}{2}(v_1 - v_3) \begin{pmatrix} 1 \\ 0 \\ -1 \end{pmatrix} \\[2mm]
&= \frac{1}{6} \begin{pmatrix} v_1 + 2v_2 + v_3 \\ 2v_1 + 4v_2 + 2v_3 \\ v_1 + 2v_2 + v_3 \end{pmatrix} + \frac{1}{2} \begin{pmatrix} v_1 - v_3 \\ 0 \\ -v_1 + v_3 \end{pmatrix} \\[2mm]
&= \frac{1}{6} \begin{pmatrix} v_1 + 2v_2 + v_3 \\ 2v_1 + 4v_2 + 2v_3 \\ v_1 + 2v_2 + v_3 \end{pmatrix} + \frac{1}{6} \begin{pmatrix} 3v_1 - 3v_3 \\ 0 \\ -3v_1 + 3v_3 \end{pmatrix} \\[2mm]
&= \frac{1}{6} \begin{pmatrix} 4v_1 & +2v_2 & -2v_3 \\ 2v_1 & +4v_2 & +2v_3 \\ -2v_1 & +2v_2 & +4v_3 \end{pmatrix} \\[2mm]
&= \frac{1}{6} \begin{pmatrix} 4 & 2 & -2 \\ 2 & 4 & 2 \\ -2 & 2 & 4 \end{pmatrix} \begin{pmatrix} v_1 \\ v_2 \\ v_3 \end{pmatrix}
\end{aligned}
$$

Die darstellende Matrix von P_F bezüglich der kanonischen Basis des $\mathbb{R}^3$ ist demnach gegeben durch

$$
\frac{1}{6} \begin{pmatrix} 4 & 2 & -2 \\ 2 & 4 & 2 \\ -2 & 2 & 4 \end{pmatrix}.
$$

Wir wollen nun zeigen:

1. $P_F \circ P_E = P_E \circ P_F$, d.h., die beiden Abbildungen kommutieren.

2. $P_F \circ P_E$ ist eine Projektion auf einen Unterraum G. Diesen sollen wir bestimmen.

Wir beginnen mit 1.: Die beiden Abbildungen kommutieren, wenn es die darstellenden Matrizen tun, und daher rechnen wir für $v \in \mathbb{R}^3$:

$$
\begin{aligned}
(P_F \circ P_E)(v) &= \frac{1}{36} \cdot \begin{pmatrix} 4 & 2 & -2 \\ 2 & 4 & 2 \\ -2 & 2 & 4 \end{pmatrix} \cdot \begin{pmatrix} 3 & 0 & 3 \\ 0 & 6 & 0 \\ 3 & 0 & 3 \end{pmatrix} \\[2mm]
&= \frac{1}{36} \begin{pmatrix} 6 & 12 & 6 \\ 12 & 24 & 12 \\ 6 & 12 & 6 \end{pmatrix} \\[2mm]
&= \frac{1}{36} \cdot \begin{pmatrix} 3 & 0 & 3 \\ 0 & 6 & 0 \\ 3 & 0 & 3 \end{pmatrix} \cdot \begin{pmatrix} 4 & 2 & -2 \\ 2 & 4 & 2 \\ -2 & 2 & 4 \end{pmatrix} \\[2mm]
&= (P_E \circ P_F)(v)
\end{aligned}
$$

Nun zu 2. Wir sehen, dass

$$
\text{Bild}(P_F \circ P_E) = \text{Bild} \frac{1}{36} \begin{pmatrix} 6 & 12 & 6 \\ 12 & 24 & 12 \\ 6 & 12 & 6 \end{pmatrix} = \text{span} \left\{ \begin{pmatrix} 6 \\ 12 \\ 6 \end{pmatrix} \right\} = \mathbb{R} \begin{pmatrix} 1 \\ 2 \\ 1 \end{pmatrix} = G.
$$

Wir zeigen, dass $P_F \circ P_E$ eine Projektion auf G ist. Sei dazu $g \in G$ beliebig, d.h., $g = \lambda (1,2,1)^T$ für ein $\lambda \in \mathbb{R}$.

- Es ist

$$(P_F \circ P_E)(g) = \frac{1}{36} \begin{pmatrix} 6 & 12 & 6 \\ 12 & 24 & 12 \\ 6 & 12 & 6 \end{pmatrix} \begin{pmatrix} \lambda \\ 2\lambda \\ \lambda \end{pmatrix}$$

$$= \frac{\lambda}{36} \begin{pmatrix} 36 \\ 72 \\ 36 \end{pmatrix}$$

$$= \lambda \begin{pmatrix} 1 \\ 2 \\ 1 \end{pmatrix} \in G.$$

- Letztlich zeigen wir noch, dass für $v \in \mathbb{R}^3 : \langle (P_F \circ P_E)(v) - v, g \rangle = 0$ für alle $g \in G$. Sei dazu $v = (v_1, v_2, v_3)^T \in \mathbb{R}^3$ und $g \in G$ wie oben:

$$\langle (P_F \circ P_E)(v) - v, g \rangle = \left\langle \frac{1}{36} \begin{pmatrix} 6 & 12 & 6 \\ 12 & 24 & 12 \\ 6 & 12 & 6 \end{pmatrix} \begin{pmatrix} v_1 \\ v_2 \\ v_3 \end{pmatrix} - \begin{pmatrix} v_1 \\ v_2 \\ v_3 \end{pmatrix}, \lambda \begin{pmatrix} 1 \\ 2 \\ 1 \end{pmatrix} \right\rangle$$

$$= \left\langle \frac{1}{36} \begin{pmatrix} -30v_1 + 12v_2 + 6v_3 \\ 12v_1 - 12v_2 + 12v_3 \\ 6v_1 + 12v_2 - 30v_3 \end{pmatrix}, \lambda \begin{pmatrix} 1 \\ 2 \\ 1 \end{pmatrix} \right\rangle$$

$$= \frac{1}{36} \cdot \lambda (-30v_1 + 12v_2 + 6v_3 + 24v_1 - 24v_2$$

$$+ \quad 24v_3 + 6v_1 + 12v_2 - 30v_3)$$

$$= \quad 0.$$

- Damit haben wir gezeigt: $P_F \circ P_E$ ist eine orthogonale Projektion auf den Unterraum

$$G = \mathbb{R} \begin{pmatrix} 1 \\ 2 \\ 1 \end{pmatrix}.$$

13 Quadriken

Wir haben bisher stets lineare Gleichungen

$$a_1 x_1 + \ldots + a_n x_n = b$$

für $a_i \in \mathbb{R}$ $(1 \leq i \leq n)$ gelöst, einzeln oder in Systemen. Solche linearen Gleichungen beschreiben Hyperebenen im $\mathbb{R}^n$. Für $b = 0$ verlaufen diese durch den Nullpunkt, sonst nicht. Auch in der Schule werden solche Gleichungen benutzt, um Hyperebenen zu beschreiben: Bereits in der Mittelstufe schreibt man beispielsweise

$$ax + by = c$$

mit $a, b \in \mathbb{R} \setminus \{0\}$ und $c \in \mathbb{R}$ zur Beschreibung von Geraden im $\mathbb{R}^2$. In der Oberstufe beschreibt man dann auch Ebenen im $\mathbb{R}^3$ durch lineare Gleichungen:

$$n_1 x_1 + n_2 x_2 + n_3 x_3 = c$$

mit $(n_1, n_2, n_3)^T \in \mathbb{R}^3$ und $c \in \mathbb{R}$.

In diesem Kapitel wollen wir uns nicht mit linearen, sondern mit quadratischen Gleichungen beschäftigen. Die Nullstellenmengen von quadratischen Funktionen in mehreren Variablen nennt man Quadriken. Im Spezialfall von Quadriken im $\mathbb{R}^2$ spricht man über die bekannten Kegelschnitte Ellipse, Hyperbel und Parabel. Auf diese wollen wir uns in diesem Kapitel beschränken.

13.1 Quadratische Formen im $\mathbb{R}^2$

13.1.1 Hauptachsentransformation

Quadratische Funktionen in n Variablen, die keine Konstante und keinen linearen Anteil besitzen, werden auch als quadratische Formen bezeichnet.

Definition 13.1 (Quadratische Form). Eine Abbildung $q : \mathbb{R}^2 \to \mathbb{R}$ mit

$$q(x_1, x_2) := a x_1^2 + 2b x_1 x_2 + c x_2^2 \tag{13.1}$$

bezeichnet man als *quadratische Form*.

Die rechte Seite definiert dabei eine Bilinearform $\mathbb{R}^2 \times \mathbb{R}^2 \to \mathbb{R}$, und wir können q mit Hilfe einer zugehörigen Matrix $A \in M(2 \times 2, \mathbb{R})$ schreiben als

$$q(x) = (x_1, x_2) \cdot A \cdot \begin{pmatrix} x_1 \\ x_2 \end{pmatrix} \tag{13.2}$$
$$= x^T A x.$$

Dabei wird A von der Gestalt

$$A = \begin{pmatrix} a & b \\ b & c \end{pmatrix}$$

sein. Dass die beiden Darstellungen (13.1) und (13.2) von q äquivalent sind, sieht man leicht durch

J. M. Veith und P. Bitzenbauer, *Schritt für Schritt zum Staatsexamen Mathematik*, https://doi.org/10.1007/978-3-662-62948-2_13

Ausmultiplizieren:

$$q(x) = (x_1, x) \begin{pmatrix} a & b \\ b & c \end{pmatrix} \begin{pmatrix} x_1 \\ x_2 \end{pmatrix}$$

$$= (x_1, x_2) \begin{pmatrix} ax_1 + bx_2 \\ bx_1 + cx_2 \end{pmatrix}$$

$$= x_1 (ax_1 + bx_2) + x_2 (bx_1 + cx_2)$$

$$= ax_1^2 + bx_2 + bx_2 x_1 + cx_2^2$$

$$= ax_1^2 + 2bx_1 x_2 + cx_2^2$$

Wir haben bereits im Kapitel über lineare Abbildungen gesehen, dass es manchmal zielführend ist einen Koordinatenwechsel derart vorzunehmen, dass die zugehörige Matrix eine einfache Form – z.B. Diagonalgestalt – annimmt. Wir wollen also die zugehörige Matrix A der quadratischen Form q in Diagonalform darstellen. Dass das geht, sichert der folgende Satz:

Satz 13.2 (Hauptachsentransformation für quadratische Formen). Sei $q : \mathbb{R}^n \to \mathbb{R}$ eine quadratische Form mit zugehöriger Matrix A. Dann gibt es eine Transformationsmatrix T in eine Basis $\mathscr{B}$, in der die darstellende Matrix von q Diagonalgestalt hat:

$$D = T^{-1} \cdot A \cdot T$$

Dabei ist T eine orthogonale Matrix, für die $T^T = T^{-1}$ gilt, sodass wir auch

$$D = T^T A T$$

schreiben können. Mittels der Transformation T können wir zwischen den Koordinten $(x_1, ..., x_n)^T$ und $(y_1, ..., y_n)^T$ wechseln, gemäß:

$$x = T \cdot y, \tag{13.3}$$

wie wir bereits im Kapitel zum Basiswechsel gesehen haben. Wir können q dann bezüglich der Diagonalmatrix D ausdrücken, denn

$$q(x) = x^T A x$$

$$= (T \cdot y)^T A \cdot (T \cdot y)$$

$$= y^T (T^T A T) y$$

$$= y^T D y.$$

Aufgepasst!

Man wählt die Matrix T zu

$$T = \left(\left. \frac{v_1}{\|v_1\|} \right| \frac{v_2}{\|v_2\|} \right),$$

wobei v_1 und v_2 die Eigenvektoren von A sind. Bei einer Hauptachsentransformation handelt es sich also um nichts anderes als eine Diagonalisierung. Dabei wird in eine Darstellung von A bezüglich ihrer Eigenbasis gewechselt. Diese ist in diesem Fall nun eben orthonormal.

13.1.2 Signatur und Trägheit quadratischer Formen

Man kann die Diagonalmatrix D aus Abschnitt 13.1.1 sogar auf eine Diagonalform bringen mit Elementen aus $\{-1,0,1\}$ auf der Diagonalen und zwar mittels der Transformation

$$S^T DS,$$

wobei D die Diagonalmatrix von oben und

$$S := \begin{pmatrix} \sqrt{\lambda_1}^{-1} & & & & & & \\ & \ddots & & & & & \\ & & \sqrt{\lambda_p}^{-1} & & & & \\ & & & \sqrt{|\lambda_{p+1}|}^{-1} & & & \\ & & & & \ddots & & \\ & & & & & \sqrt{|\lambda_m|}^{-1} & \\ & & & & & & \mathbb{E}_z \end{pmatrix}$$

ist. Dabei sind $\lambda_1,...,\lambda_p \in \mathbb{R}^+$, $\lambda_{p+1},...,\lambda_m \in \mathbb{R}^-$ positive und negative Eigenwerte von D. Sind die Eigenwerte gleich 0, schreibt man Einsen auf die Diagonale von S. Man erhält auf diese Weise eine Matrix der Form

$$S^T DS = \begin{pmatrix} \mathbb{E}_p & & \\ & -\mathbb{E}_m & \\ & & 0_z \end{pmatrix},$$

also mit p Einträgen $+1$, m Einträgen -1 und z Einträgen 0 auf der Diagonale. Das Tupel (p,m) nennt man Trägheit von q und $p-m$ ist die Signatur von q.

Satz 13.3 (Trägheitssatz von Sylvester für quadratische Formen). Sei q eine quadratische Form auf dem $\mathbb{R}^n$. Die Zahlen p, m und z von oben sind gegeben durch

- $p = \max\left\{\dim(U) \middle| U \text{ Unterraum mit } q(u,u) > 0 \ \forall u \in U \setminus \{0\}\right\},$
- $m = \max\left\{\dim(U) \middle| U \text{ Unterraum mit } q(u,u) < 0 \ \forall u \in U \setminus \{0\}\right\},$
- $z = \max\left\{\dim(U) \middle| U \text{ Unterraum mit } q(v,u) = 0 \ \forall u \in U, v \in \mathbb{R}^n\right\}.$

Beispiel 13.4

Wir betrachten die quadratische Form

$$q : \begin{cases} \mathbb{R}^2 \to \mathbb{R}, \\ (x,y) \mapsto 17x^2 - 12xy + 8y^2. \end{cases}$$

Die zugehörige Matrix A ist

$$A = \begin{pmatrix} 17 & -6 \\ -6 & 8 \end{pmatrix}.$$

Sie hat das charakteristische Polynom

$$\chi_A(\lambda) = (\lambda - 5)(\lambda - 20),$$

---

also die Eigenwerte $\lambda = 5$ und $\lambda = 20$. Die zugehörigen Eigenräume findet man zu

$$\mathrm{Eig}_A(\lambda = 5) = \ker\begin{pmatrix} 12 & -6 \\ -6 & 3 \end{pmatrix} = \mathrm{span}\left\{(1,2)^T\right\}$$

und

$$\mathrm{Eig}_A(\lambda = 20) = \ker\begin{pmatrix} -3 & -6 \\ -6 & -12 \end{pmatrix} = \mathrm{span}\left\{(-2,1)^T\right\}.$$

Es ist $\|v_1\| = \|v_2\| = \sqrt{1^2 + 2^2} = \sqrt{5}$. Also wählen wir die Transformationsmatrix nach obigem Aufgepasst-Kasten zu

$$T = \frac{1}{\sqrt{5}}\begin{pmatrix} 1 & -2 \\ 2 & 1 \end{pmatrix}.$$

Wir finden die Diagonalmatrix D wegen

$$T^{-1} = T^T = \frac{1}{\sqrt{5}}\begin{pmatrix} 1 & 2 \\ -2 & 1 \end{pmatrix}$$

zu

$$D = T^T A T$$

$$= \frac{1}{5}\begin{pmatrix} 1 & 2 \\ -2 & 1 \end{pmatrix}\begin{pmatrix} 17 & -6 \\ -6 & 8 \end{pmatrix}\begin{pmatrix} 1 & -2 \\ 2 & 1 \end{pmatrix}$$

$$= \frac{1}{5}\begin{pmatrix} 1 & 2 \\ -2 & 1 \end{pmatrix}\begin{pmatrix} 5 & -40 \\ 10 & 20 \end{pmatrix}$$

$$= \frac{1}{5}\begin{pmatrix} 25 & 0 \\ 0 & 100 \end{pmatrix}$$

$$= \begin{pmatrix} 5 & 0 \\ 0 & 20 \end{pmatrix}.$$

Wir wollen nun noch Elemente aus $\{-1, 0, 1\}$ auf der Diagonale erzeugen, um die Signatur der quadratischen Form q zu ermitteln. Dazu wählen wir

$$S = \begin{pmatrix} \frac{1}{\sqrt{5}} & 0 \\ 0 & \frac{1}{\sqrt{20}} \end{pmatrix},$$

wie oben beschrieben, und $S^T = S$, um

$$S^T D S = \begin{pmatrix} \frac{1}{\sqrt{5}} & 0 \\ 0 & \frac{1}{\sqrt{20}} \end{pmatrix}\begin{pmatrix} 5 & 0 \\ 0 & 20 \end{pmatrix}\begin{pmatrix} \frac{1}{\sqrt{5}} & 0 \\ 0 & \frac{1}{\sqrt{20}} \end{pmatrix}$$

$$= \begin{pmatrix} \frac{1}{\sqrt{5}} & 0 \\ 0 & \frac{1}{\sqrt{20}} \end{pmatrix}\begin{pmatrix} \sqrt{5} & 0 \\ 0 & 2\sqrt{5} \end{pmatrix}$$

$$= \begin{pmatrix} 1 & 0 \\ 0 & 1 \end{pmatrix}$$

zu erhalten. Es sind also $p = 2$, $m = z = 0$ und damit die Signatur von q gerade $(2,0)$ und der Index $p - m = 2$.

Man nutzt die Signatur, um quadratische Funktionen zu unterscheiden:

Definition 13.5. Eine quadratische Form q nennt man

- *positiv definit* genau dann, wenn $m = z = 0$,

- *negativ definit* genau dann, wenn $p = z = 0$,

- *indefinit* genau dann, wenn $p \neq 0$ und $m \neq 0$.

Streng genommen nimmt man hier sogar noch die Begriffe positiv/negativ semi-definit dazu und zwar, wenn p bzw. m gleich null sind.

13.2 Kegelschnitte

Kegelschnitte entstehen als Schnittmengen eines Doppelkegels mit einer Ebene. Enthält die Schnittmenge von Doppelkegel und Ebene die Kegelspitze nicht, so entstehen die nicht entarteten Kegelschnitte Ellipse, Hyperbel und Parabel (Abb. 13.1).

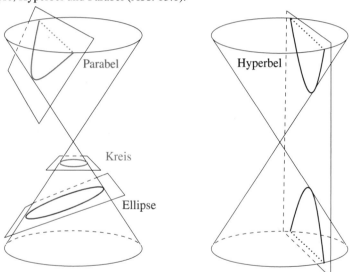

Abbildung 13.1 Die vier relevantesten Kegelschnitte.

Kegelschnitte entsprechen gerade Quadriken im $\mathbb{R}^2$, denn sie lassen sich durch eine Gleichung zweiten Grades schreiben:

$$ax^2 + 2bxy + cy^2 + dx + ey + f = 0$$

mit $a, b, c, d, e, f \in \mathbb{R}$, $a \neq 0$ oder $c \neq 0$.

Definition 13.6 (Quadrik). Eine Menge der Form

$$\mathscr{Q} := \left\{ (x, y) \in \mathbb{R}^2 : ax^2 + 2bxy + cy^2 + dx + ey + f = 0 \right\} \subseteq \mathbb{R}^2$$

mit $a, b, c, d, e, f \in \mathbb{R}$, $a \neq 0$ oder $c \neq 0$ nennt man *Quadrik*.

Quadriken stellen also gerade die Nullstellenmengen quadratischer Funktionen auf Vektorräumen dar, hier im Spezialfall des $\mathbb{R}^2$. Ziel dieses Abschnitts ist es, die Darstellung der Gleichung

$$ax^2 + 2bxy + cy^2 + dx + ey + f = 0$$

derat umzuformen, dass wir anhand dieser erkennen können, welchem Kegelschnitt die vorliegende Quadrik entspricht. Zentrales Ziel ist es dabei, den Mischterm $2bxy$ aus obiger Gleichung zu eliminieren. Dies erreichen wir auf zwei verschiedene Arten:

1. Mittels Bewegungen – auch Isometrien genannt –, die nur die Lage des Kegelschnitts, nicht aber Längen, Winkel und Gestalt ändern. Dies führt auf die euklidische oder auch metrische Normalform. Durchgeführt wird das durch eine Hauptachsentransformation zur Eliminierung des gemischten Terms $2bxy$, gefolgt von einer quadratischen Ergänzung, um die linearen Summanden dx und ey loszuwerden.

2. Mittels affiner Transformation umgesetzt durch quadratische Ergänzung. Dies führt auf die affine Normalform.

Man erhält einen der folgenden Kegelschnitte (Tab. 13.1).

Satz 13.7 (Klassifikation der Kegelschnitte in euklidischer Normalform). Jede Gleichung eines Kegelschnitts in der Ebene $\mathbb{R}^2$ lässt sich durch eine Bewegung auf eine der in Tab. 13.1 aufgelisteten euklidischen Normalformen umformen

	Kegelschnitt	**Gleichung in Normalform**
nicht entartete Kegelschnitte	Ellipse	$\frac{x^2}{a^2} + \frac{y^2}{b^2} = 1$
	Hyperbel	$\frac{x^2}{a^2} - \frac{y^2}{b^2} = 1$
		$\frac{y^2}{a^2} - \frac{x^2}{b^2} = 1$
	Parabel	$y = px^2$
entartete Kegelschnitte	leere Menge	$\frac{x^2}{a^2} + \frac{y^2}{b^2} = -1$
		$x^2 = -a^2$
	Punkt	$\frac{x^2}{a^2} + \frac{y^2}{b^2} = 0$
	Geradenpaar	$\frac{x^2}{a^2} - \frac{y^2}{b^2} = 0$
	Parallelenpaar	$y^2 = a^2$
	Doppelgerade	$y^2 = 0$

Tabelle 13.1 Übersicht über alle Kegelschnitte und ihrer zugehörigen Gleichung in Normalform.

Definition 13.8 (Metrische Äquivalenz). Zwei Quadriken $\mathcal{Q}_1$ und $\mathcal{Q}_2$ im $\mathbb{R}^2$ nennt man *metrisch äquivalent*, falls sie dieselbe euklidische Normalform besitzen.

13.2.1 Ellipsen

Ellipsen sind spiegelsymmetrisch zu ihren beiden Hauptachsen, die bei achsenparallelen Ellipsen mit den Koordinatenachsen zusammenfallen. Die Hauptachsenabschnitte sind für Ellipsen, beschrieben durch

$$\frac{x^2}{a^2} + \frac{y^2}{b^2} = 1,$$

gerade a auf der x- und b auf der y-Achse.

13.2.2 Hyperbeln

Eine Hyperbel, beschrieben durch

$$\frac{x^2}{a^2} - \frac{y^2}{b^2} = 1,$$

besitzt die Hauptachsenabschnitte a auf der x- und b auf der y-Achse. Jede Hyperbel schneidet nur eine ihrer Hauptachsen. Die beiden Geraden mit den Steigungen $\pm\frac{b}{a}$ verlaufen durch den Koordinatenursprung und werden als Asymptoten bezeichnet. Diesen kommt die Hyperbel weit entfernt vom Koordinatenursprung beliebig nahe.

13.2.3 Parabeln

Parabeln werden beschrieben durch die Gleichung $y = px^2$ und sind anders als Hyperbeln und Ellipsen nur zu einer Koordinatenachse spiegelsymmetrisch.

13.3 Euklidische und metrische Normalform von Quadriken im $\mathbb{R}^2$

Zum Finden der euklidischen oder metrischen Normalform einer Quadrik

$$\mathcal{Q} := \left\{ (x,y) \in \mathbb{R}^2 : ax^2 + 2bxy + cy^2 + dx + ey + f = 0 \right\}$$

gehen wir in drei Schritten vor:

1. Schreibe die Gleichung $ax^2 + 2bxy + cy^2 + dx + ey + f = 0$ in der Gestalt

$$(x,y) \cdot A \cdot \begin{pmatrix} x \\ y \end{pmatrix} + v^T \cdot \begin{pmatrix} x \\ y \end{pmatrix} + f = 0, \tag{13.4}$$

   wobei

$$A = \begin{pmatrix} a & b \\ b & c \end{pmatrix},$$

   die zur quadratischen Form $q(x,y) = x^2 + 2bxy + cy^2$ gehörige Matrix ist und $v^T = (d,e)$ die Koeffizienten vor den linearen Summanden enthält.

2. Wir betrachten zunächst die durch $q(x,y) = x^2 + 2bxy + cy^2$ festgelegte quadratische Form. Wir wenden die in Abschnitt 13.1.1 diskutierte Hauptachsentransformation an, um die zugehörige Matrix A in Diagonalform zu überführen. Dazu nutzen wir die Transformationsmatrix

$$T = \left(\frac{v_1}{\|v_1\|} \,\middle|\, \frac{v_2}{\|v_2\|} \right),$$

   in die die Eigenvektoren v_1, v_2 von A eingehen.

3. Wir führen dann gemäß Gleichung (13.3) einen Koordinatenwechsel mithilfe der Matrix T durch:

$$\begin{pmatrix} x \\ y \end{pmatrix} = T \begin{pmatrix} \eta \\ \xi \end{pmatrix} \implies (x,y) = \left[T \begin{pmatrix} \eta \\ \xi \end{pmatrix} \right]^T = (\eta,\xi) \cdot T^T$$

durch und schreiben damit Gleichung (13.4) in den neuen Koordinaten $(\eta,\xi)^T$:

$$\underbrace{(x,y)}_{=(\eta,\xi) \cdot T^T} \cdot A \cdot \underbrace{\begin{pmatrix} x \\ y \end{pmatrix}}_{=T \begin{pmatrix} \eta \\ \xi \end{pmatrix}} + v^T \cdot \underbrace{\begin{pmatrix} x \\ y \end{pmatrix}}_{=T \begin{pmatrix} \eta \\ \xi \end{pmatrix}} + f = 0$$

Wir erhalten damit die äquivalente Gleichung im Hauptachsensystem zu

$$(\eta,\xi) \cdot T^T A T \begin{pmatrix} \eta \\ \xi \end{pmatrix} + v^T \cdot T \begin{pmatrix} \eta \\ \xi \end{pmatrix} + f = 0.$$

Schreibt man die Summe dieser Matrix-Vektorprodukte aus, so erhält man eine quadratische Form $q(\eta,\xi)$, die keine gemischten Summanden $\eta\xi$ mehr enthält.

4. Mittels einer quadratischer Ergänzung eliminiert man die linearen Terme und erhält letztlich die euklidische Normalform der Quadrik $\mathscr{Q}$.

5. Die quadratische Ergänzung führt im Allgemeinen noch einmal auf einen Koordiantenwechsel

$$P \left(\begin{pmatrix} \eta \\ \xi \end{pmatrix} \right) = \begin{pmatrix} \eta' \\ \xi' \end{pmatrix}.$$

Damit kann die insgesamt auf die Quadrik Q angewandte Bewegung angegeben werden, die sie auf euklidische Normalform überführt hat als

$$\psi = P \circ T.$$

Wir führen dieses Vorgehenan einem Beispiel vor.

Beispiel 13.9 (H13-T2-A5)

 Folgende Teilaufgaben:

(a) Sei $Q \subseteq \mathbb{R}^2$ die durch die Gleichung

$$5x^2 + 2xy + 5y^2 - 2\sqrt{2}x + 14\sqrt{2}y + 10 = 0$$

gegebene Quadrik. Bestimmen Sie die euklidische Normalform von Q als Teilmenge $Q' \subseteq \mathbb{R}^2$.

(b) Geben Sie eine Bewegung (d.h. eine abstandserhaltende Selbstabbildung) f von $\mathbb{R}^2$ an, welche Q' in Q überführt, im Sinne $f\left(Q'\right) = Q$.

Lösungsvorschlag: Ad (a): Wir gehen hier exemplarisch Schritt für Schritt die Punkte der obigen Anleitung durch. Dazu lesen wir die Koeffizienten aus der Gleichung $ax^2 + 2bxy + cy^2 + dx + ey + f = 0$ ab zu $a = 5$, $b = 1$, $c = 5$, $d = -2\sqrt{2}$, $e = 14\sqrt{2}$ und $f = 10$.

1. Wir schreiben die gegebene Gleichung dazu als

$$(x,y) \cdot A \cdot \begin{pmatrix} x \\ y \end{pmatrix} + v^T \cdot \begin{pmatrix} x \\ y \end{pmatrix} + f = 0$$

mit

$$A = \begin{pmatrix} a & b \\ b & c \end{pmatrix} = \begin{pmatrix} 5 & 1 \\ 1 & 5 \end{pmatrix}$$

und

$$v = \begin{pmatrix} d \\ e \end{pmatrix} = \begin{pmatrix} -2\sqrt{2} \\ 14\sqrt{2} \end{pmatrix}.$$

2. Wir nehmen eine Koordinatentransformation T durch und benötigen dazu die Eigenvektoren von A. Es ist

$$\chi_A(\lambda) = \begin{vmatrix} 5 - \lambda & 1 \\ 1 & 5 - \lambda \end{vmatrix} = (4 - \lambda)(6 - \lambda) = 0 \Longleftrightarrow \lambda_1 = 4 \vee \lambda_2 = 6.$$

Die Eigenräume sind

$$\mathrm{Eig}_A(\lambda_1) = \ker \begin{pmatrix} 1 & 1 \\ 1 & 1 \end{pmatrix} = \mathrm{span} \left\{ \begin{pmatrix} -1 \\ 1 \end{pmatrix} \right\}$$

und

$$\mathrm{Eig}_A(\lambda_2) = \ker \begin{pmatrix} -1 & 1 \\ 1 & -1 \end{pmatrix} = \mathrm{span} \left\{ \begin{pmatrix} 1 \\ 1 \end{pmatrix} \right\},$$

sodass die zugehörigen Eigenvektoren $v_1 = (-1, 1)^T$ und $v_2 = (1, 1)^T$ sind. Beide besitzen Norm $\sqrt{1^2 + 1^2} = \sqrt{2}$. Die Transformationsmatrix T erhalten wir deswegen zu

$$T = \frac{1}{\sqrt{2}} \begin{pmatrix} -1 & 1 \\ 1 & 1 \end{pmatrix}.$$

Wir nehmen damit eine Koordiantentransformation

$$\begin{pmatrix} x \\ y \end{pmatrix} = \frac{1}{\sqrt{2}} \begin{pmatrix} -1 & 1 \\ 1 & 1 \end{pmatrix} \begin{pmatrix} \eta \\ \xi \end{pmatrix}$$

vor.

3. Damit erhalten wir mit

$$T^T A T = D = \begin{pmatrix} 4 & 0 \\ 0 & 6 \end{pmatrix}$$

die Gleichung

$$(\eta, \xi) \cdot T^T A T \begin{pmatrix} \eta \\ \xi \end{pmatrix} + v^T \cdot T \begin{pmatrix} \eta \\ \xi \end{pmatrix} + f = 0,$$

$$(\eta, \xi) \begin{pmatrix} 4 & 0 \\ 0 & 6 \end{pmatrix} \begin{pmatrix} \eta \\ \xi \end{pmatrix} + \left(-2\sqrt{2} \ \ 14\sqrt{2} \right) \cdot \frac{1}{\sqrt{2}} \begin{pmatrix} -1 & 1 \\ 1 & 1 \end{pmatrix} \begin{pmatrix} \eta \\ \xi \end{pmatrix} + 10 = 0.$$

Wir schreiben nun diese Summe von Matrix-Vektor-Produkten Schritt für Schritt aus und erhalten damit eine quadratische Gleichung ohne gemischte Summanden:

$$4\eta^2 + 6\xi^2 + 16\eta + 12\xi + 10 = 0$$

4. Mittels quadratischer Ergänzung eliminieren wir nun die linearen Ausdrücke. Wir führen eine quadratische Ergänzung in η sowie eine in ξ durch:

$$4\eta^2 + 6\xi^2 + 16\eta + 12\xi + 10 = 0$$

$$4\left(\eta^2 + 4\eta\right) + 6\left(\xi^2 + 2\xi\right) + 10 = 0$$

$$4\left(\underbrace{\eta^2 + 2\cdot 2\eta + 2^2}_{=(\eta+2)^2} - 2^2\right) + 6\left(\underbrace{\xi^2 + 2\cdot 1\xi + 1^2}_{=(\xi+1)^2} - 1^2\right) + 10 = 0$$

$$4\left(\eta + 2\right)^2 - 4\cdot 2^2 + 6\left(\xi + 1\right)^2 - 6\cdot 1^2 + 10 = 0$$

$$4\left(\eta + 2\right)^2 + 6\left(\xi + 1\right)^2 = 12$$

5. Wir führen nun noch eine Koordinatentransformation durch und zwar

$$P\left(\begin{pmatrix} \eta \\ \xi \end{pmatrix}\right) = \begin{pmatrix} \eta + 2 \\ \xi + 1 \end{pmatrix} =: \begin{pmatrix} \eta' \\ \xi' \end{pmatrix}.$$

Damit können wir die in 4. erhaltene Gleichung nun in euklidischer Normalform angeben zu

$$4\eta'^2 + 6\xi'^2 = 12 \iff \frac{\eta'^2}{\sqrt{3}^2} + \frac{\xi'^2}{\sqrt{2}^2} = 1.$$

Bei der Quadrik $\mathscr{Q}$ handelt es sich also um eine Ellipse, die in euklidischer Normalform so geschrieben werden kann (Abb. 13.2):

$$\mathscr{Q}' = \left\{ \begin{pmatrix} \eta' \\ \xi' \end{pmatrix} \in \mathbb{R}^2 \,\middle|\, \frac{\eta'^2}{\sqrt{3}^2} + \frac{\xi'^2}{\sqrt{2}^2} = 1 \right\}$$

Man erkennt: Die grüne Ellilpse geht durch eine Verkettung von Verschiebung und Drehung aus der blauen hervor, die wesentliche Gestalt bleibt allerdings unverändert. Dies ist bei der euklidischen Normalform immer der Fall. Wir werden im nächsten Abschnitt sehen, dass dies bei affinen Normalformen anders sein wird.

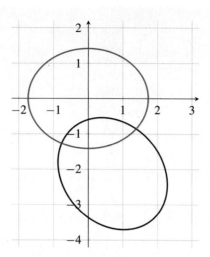

Abbildung 13.2 Graphische Darstellung des Kegelschnitts einmal in der gegebenen Form (blau) und einmal in seiner Normalform (grün).

Ad (b): Anzugeben ist eine Bewegung mit $f(\mathscr{Q}') = Q$. Diese Abbildung entspricht genau der zu $P \circ T$ inversen Abbildung, wie wir sie im 5. Punkt der obigen Anleitung angegeben haben. Es ist also

$$f\begin{pmatrix} \eta' \\ \xi' \end{pmatrix} = (P \circ T)^{-1} \begin{pmatrix} \eta' \\ \xi' \end{pmatrix}$$

$$= T^{-1} P^{-1} \begin{pmatrix} \eta' \\ \xi' \end{pmatrix}. \tag{13.5}$$

Wir hatten die Abbildung P definiert via

$$P\left(\begin{pmatrix} \eta \\ \xi \end{pmatrix}\right) = \begin{pmatrix} \eta + 2 \\ \xi + 1 \end{pmatrix} = \begin{pmatrix} \eta' \\ \xi' \end{pmatrix},$$

sodass die Umkehrabbildung gegeben ist durch

$$P^{-1}\begin{pmatrix} \eta' \\ \xi' \end{pmatrix} = \begin{pmatrix} \eta' - 2 \\ \xi' - 1 \end{pmatrix},$$

denn

$$(P \circ P^{-1})\begin{pmatrix} \eta' \\ \zeta' \end{pmatrix} = \begin{pmatrix} \eta' \\ \zeta' \end{pmatrix} = (P^{-1} \circ P)\begin{pmatrix} \eta' \\ \zeta' \end{pmatrix}.$$

Wir rechnen daher weiter in Gleichung (5) und erhalten

$$f\begin{pmatrix} \eta' \\ \xi' \end{pmatrix} = (P \circ T)^{-1} \begin{pmatrix} \eta' \\ \xi' \end{pmatrix}$$

$$= T^{-1} P^{-1} \begin{pmatrix} \eta' \\ \xi' \end{pmatrix}$$

$$= T^{-1} \begin{pmatrix} \eta' - 2 \\ \xi' - 1 \end{pmatrix}.$$

Verwendet man nun

$$T^{-1} \underset{\text{orth.}}{=} T^T = T,$$

so folgt:

$$f\left(\begin{array}{c} \eta' \\ \xi' \end{array}\right) = (P \circ T)^{-1}\left(\begin{array}{c} \eta' \\ \xi' \end{array}\right)$$

$$= T^{-1} P^{-1}\left(\begin{array}{c} \eta' \\ \xi' \end{array}\right)$$

$$= T^{-1}\left(\begin{array}{c} \eta' - 2 \\ \xi' - 1 \end{array}\right)$$

$$= T\left(\begin{array}{c} \eta' - 2 \\ \xi' - 1 \end{array}\right)$$

$$\underset{\text{lin.}}{\overset{T}{=}} T\left(\begin{array}{c} \eta' \\ \xi' \end{array}\right) + T\left(\begin{array}{c} -2 \\ -1 \end{array}\right)$$

$$= T\left(\begin{array}{c} \eta' \\ \xi' \end{array}\right) + \frac{1}{\sqrt{2}}\left(\begin{array}{cc} -1 & 1 \\ 1 & 1 \end{array}\right)\left(\begin{array}{c} -2 \\ -1 \end{array}\right)$$

$$= T\left(\begin{array}{c} \eta' \\ \xi' \end{array}\right) + \frac{1}{\sqrt{2}}\left(\begin{array}{c} 1 \\ -3 \end{array}\right)$$

Die gesuchte Bewegung f ist daher gegeben durch

$$f : \mathbb{R}^2 \to \mathbb{R}^2, \quad \left(\begin{array}{c} \eta' \\ \xi' \end{array}\right) \mapsto \frac{1}{\sqrt{2}}\left(\begin{array}{cc} -1 & 1 \\ 1 & 1 \end{array}\right)\left(\begin{array}{c} \eta' \\ \xi' \end{array}\right) + \frac{1}{\sqrt{2}}\left(\begin{array}{c} 1 \\ -3 \end{array}\right).$$

13.4   Affine Normalform von Quadriken im $\mathbb{R}^2$

Im vorherigen Abschnitt haben wir gesehen, wie wir mittels Bewegungen $f : x \mapsto T \cdot x + t$ mit einer orthogonalen Matrix T und einem Vektor t die Gleichung eines Kegelschnitts in euklidische Normalform überführen können. Dies kann auch ohne eine solche Bewegung gelingen, nämlich mit affinen Transformationen, was auf die affine Normalform führt. Dazu benötigt man technisch nur die quadratische Ergänzung, weshalb wir dies direkt an einem Beispiel vorführen.

Aufgepasst!

Um die affine Normalform zu erhalten, führt man zwei quadratische Ergänzungen durch, je eine in x und eine in y. In der quadratischen Ergänzung in x behandle man y als Zahl, und umgekehrt in der in y. Manchmal erfordert die Situation, dass man mit einer quadratischen Ergänzung in nur einer Variable beginnt und sich erst später die in der anderen Variable ergibt. Dies ist üblicherweise der Fall, wenn in der Ausgangsgleichung eine Variable nur linear eingeht. Ein Beispiel dafür sieht man in der folgenden Aufgabe.

Bestimmen Sie die affine Normalform, sowie den Typ des Kegelschnitts, der in der affinen Ebene $\mathbb{R}^2$ mit den Koordinaten x und y durch die Gleichung

$$x^2 + xy + 3x + y = 1$$

gegeben wird.

Lösungsvorschlag: Wir führen in x und y jeweils eine quadratische Ergänzungen durch. Für die quadratische Ergänzung in x fassen wir zunächst y als Zahl auf:

$$x^2 + xy + 3x + y = 1$$

$$\left(x^2 + x(y+3)\right) + y = 1$$

$$\left(x^2 + 2 \cdot \frac{y+3}{2}x + \left(\frac{y+3}{2}\right)^2 - \left(\frac{y+3}{2}\right)^2\right) + y = 1$$

$$\left(x + \frac{y+3}{2}\right)^2 - \left(\frac{y+3}{2}\right)^2 + y = 1$$

$$\left(x + \frac{y}{2} + \frac{3}{2}\right)^2 - \frac{(y+3)^2}{4} + y = 1$$

$$\left(x + \frac{y}{2} + \frac{3}{2}\right)^2 - \frac{y^2 + 6y + 9}{4} + y = 1$$

$$\left(x + \frac{y}{2} + \frac{3}{2}\right)^2 - \frac{y^2}{4} - \frac{3}{2}y + y = \frac{13}{4}$$

Hier angekommen, können wir nun auch eine quadratische Ergänzung in y durchführen:

$$\left(x + \frac{y}{2} + \frac{3}{2}\right)^2 - \frac{y^2}{4} - \frac{1}{2}y = \frac{13}{4}$$

$$\left(x + \frac{y}{2} + \frac{3}{2}\right)^2 - \frac{1}{4}\left(y^2 + 2y\right) = \frac{13}{4}$$

$$\left(x + \frac{y}{2} + \frac{3}{2}\right)^2 - \frac{1}{4}\left(y^2 + 2 \cdot 1y + 1^2 - 1^2\right) = \frac{13}{4}$$

$$\left(x + \frac{y}{2} + \frac{3}{2}\right)^2 - \frac{1}{4}\left(y + 1\right)^2 + \frac{1}{4} = \frac{13}{4}$$

$$\left(x + \frac{y}{2} + \frac{3}{2}\right)^2 - \frac{1}{4}\left(y + 1\right)^2 = 3$$

$$\frac{1}{3}\left(x + \frac{y}{2} + \frac{3}{2}\right)^2 - \frac{1}{12}\left(y + 1\right)^2 = 1$$

Wir führen nun eine Koordinatentransformation

$$\begin{pmatrix} \eta \\ \xi \end{pmatrix} = \begin{pmatrix} \frac{1}{\sqrt{3}}\left(x + \frac{y}{2} + \frac{3}{2}\right) \\ \frac{1}{\sqrt{12}}\left(y + 1\right) \end{pmatrix}$$

durch und erhalten damit die affine Normalform

$$\eta^2 - \xi^2 = 1$$

einer Hyperbel (Abb. 13.3). Es bleibt dem Leser als Übungsaufgabe, zu prüfen, ob er mittels euklidischer Normalform denselben Kegelschnitt herausbekommt.

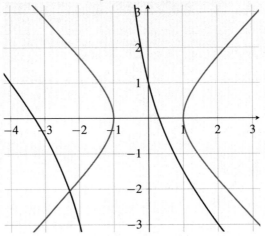

Abbildung 13.3 Graphische Darstellung des Kegelschnitts einmal in der gegebenen Form (blau) und einmal in seiner Normalform (grün).

Hier sieht man nun, im Gegensatz zur euklidischen Normalform, dass mit der Position und Ausrichung auch die „Form" der Quadrik verändert wird.

13.5 Praxisteil

Aufgabe 13.11: H17-T1-A5

Bestimmen Sie für den Kegelschnitt in $\mathbb{R}^2$, der durch die Gleichung

$$x^2 + 4xy - 2y^2 - 1 = 0$$

gegeben ist, die euklidische Normalform und die Symmetrieachsen.

Lösungsvorschlag: Wir folgen dem Lösungsalgorithmus aus Abschnit 13.3:

1. Wir lesen aus $x^2 + 4xy - 2y^2 - 1 = 0$ die Koeffizienten ab zu

$$a = 1, \qquad b = 2, \qquad c = -2,$$

$$d = 0, \qquad e = 0, \qquad f = -1$$

und erhalten somit die zugehörige Matrix

$$A = \begin{pmatrix} 1 & 2 \\ 2 & -2 \end{pmatrix}$$

sowie den Vektor

$$v = (0,0)^T,$$

da die Gleichung keine linearen Anteile enthält.

2. Es ist

$$\chi_A(\lambda) = \lambda^2 + \lambda - 6 = (\lambda - 2)(\lambda + 3)$$

und somit $\lambda_1 = 2$ bzw. $\lambda_2 = -3$. Die zugehörigen Eigenvektoren bestimmen wir zu $v_1 = (2,1)^T$ und $v_2 = (-1,2)^T$, d.h., die Transformationsmatrix ist wegen $\|v_1\| = \|v_2\| = \sqrt{5}$ gegeben durch

$$T = \frac{1}{\sqrt{5}} \begin{pmatrix} 2 & -1 \\ 1 & 2 \end{pmatrix},$$

also ist

$$T^{-1}AT = \begin{pmatrix} 2 & 0 \\ 0 & -3 \end{pmatrix} =: D.$$

3. Die Koordinatentransformation führt nun auf

$$(\eta, \xi) D \begin{pmatrix} \eta \\ \xi \end{pmatrix} + v^T T \begin{pmatrix} \eta \\ \xi \end{pmatrix} + f = 0,$$

also ausmultipliziert zu

$$0 = (\eta, \xi) \begin{pmatrix} 2 & 0 \\ 0 & -3 \end{pmatrix} \begin{pmatrix} \eta \\ \xi \end{pmatrix} - 1 = (\eta, \xi) \cdot \begin{pmatrix} 2\eta \\ -3\xi \end{pmatrix} - 1 = 2\eta^2 - 3\xi^2 - 1$$

und umgestellt zu

$$2\eta^2 - 3\xi^2 = 1.$$

4. Ein quadratische Ergänzung ist nicht weiter notwendig, da keine linearen Summanden mehr vorliegen, und wir sehen (vgl. Tab. 13.1) dass es sich um eine Hyperbel (Abb. 13.4) handelt und schreiben sie in der üblichen Form

$$\frac{\eta^2}{\left(\frac{1}{\sqrt{2}}\right)^2} - \frac{\xi^2}{\left(\frac{1}{\sqrt{3}}\right)^2} = 1.$$

Aufgepasst!

Sucht man bei einem gegebenen Kegelschnitt nach seinen Symmetrieachsen, Asymptoten oder Foki (je nach Kegelschnitt), so bietet es sich an, diesen zunächst in eine Normalform zu überführen. Ist dies geschehen, so können diese Charakteristika zumindest für die Normalform sofort angegeben werden und anschließend mit der entsprechenden Koordinatentransformation wieder zurück in das ursprüngliche Koordinatensystem übertragen werden.

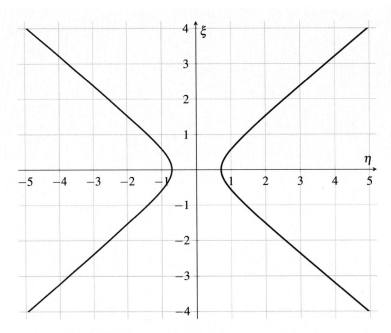

Abbildung 13.4 Die Hyperbel in Normalform.

Für die Symmetrieachsen stellen wir folgende Überlegung an: Die Hyperbel in Normalform besitzt offensichtlich die Symmetrieachsen $\eta = 0$ und $\xi = 0$. Sie werden durch die Vektoren

$$\begin{pmatrix} \eta \\ 0 \end{pmatrix} \quad \text{und} \quad \begin{pmatrix} 0 \\ \xi \end{pmatrix}$$

beschrieben. Diese transformieren wir nun einfach gemäß T, um die neuen Symmetrieachsen zu erhalten. Es ist

$$T \begin{pmatrix} \eta \\ 0 \end{pmatrix} = \frac{1}{\sqrt{5}} \begin{pmatrix} 2 & -1 \\ 1 & 2 \end{pmatrix} \begin{pmatrix} \eta \\ 0 \end{pmatrix} = \begin{pmatrix} \frac{2}{\sqrt{5}}\eta \\ \frac{\eta}{\sqrt{5}} \end{pmatrix} \overset{\tilde{x}:=\frac{2}{\sqrt{5}}\eta}{=} \begin{pmatrix} \tilde{x} \\ \frac{\tilde{x}}{2} \end{pmatrix},$$

dabei haben wir im letzten Schritt so substituiert, dass wir die Geradengleichung möglichst einfach ablesen können. Es ist also $f_1(x) = \frac{x}{2}$ unsere erste Symmetrieachse. Analog bestimmen wir für die zweite Symmetrieachse

$$T \begin{pmatrix} 0 \\ \xi \end{pmatrix} = \frac{1}{\sqrt{5}} \begin{pmatrix} 2 & -1 \\ 1 & 2 \end{pmatrix} \begin{pmatrix} 0 \\ \xi \end{pmatrix} = \begin{pmatrix} -\frac{\xi}{\sqrt{5}} \\ \frac{2}{\sqrt{5}}\xi \end{pmatrix} \overset{\tilde{y}:=-\frac{\xi}{\sqrt{5}}}{=} \begin{pmatrix} \tilde{y} \\ -2\tilde{y} \end{pmatrix},$$

also $f_2(x) = -2x$ (Abb. 13.5).

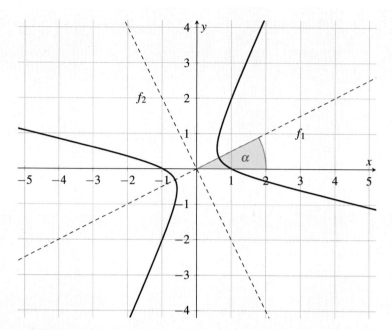

Abbildung 13.5 Die ursprüngliche Hyperbel mit ihren Symmetrieachsen.

Aufgabe 13.12: F15-T3-A5

Bestimmen Sie in Abhängigkeit des reellen Parameters r die affine Normalform des durch

$$(1+r)x^2 + ry^2 - 2rxy + y - x = 0$$

gegebenen Kegelschnitts.

Lösungsvorschlag: Wir betrachten zunächst den Fall $r = -1$, um danach problemlos durch $(1+r)$ teilen zu können: In diesem Fall nimmt die Gleichung die Form

$$y^2 - 2xy - y + x = 0$$

an, und wir ergänzen analog zu Beispiel 13.10 zunächst quadratisch nach y:

$$y^2 - (2x+1)y + x \;=\; 0$$

$$y^2 - (2x+1)y + \left(x+\frac{1}{2}\right)^2 - \left(x+\frac{1}{2}\right)^2 + x \;=\; 0$$

$$\left(y - \left(x+\frac{1}{2}\right)\right)^2 - \left(x^2 + x + \frac{1}{4}\right) + x \;=\; 0$$

$$\left(y - \left(x+\frac{1}{2}\right)\right)^2 - x^2 \;=\; \frac{1}{4}$$

$$\frac{\xi^2}{\left(\frac{1}{2}\right)^2} - \frac{\eta^2}{\left(\frac{1}{2}\right)^2} \;=\; 1$$

Dabei haben wir im letzten Schritt den Koordinatenwechsel $\xi = y - x - \frac{1}{2}$ und $\eta = x$ durchgeführt. Wir sehen also anhand von Tab. 13.1, dass für $r = -1$ eine Hyperbel beschrieben wird.

Nun zum Fall $r \neq -1$. Wir teilen durch den Leitkoeffizienten und erhalten

$$x^2 - \frac{2ry+1}{r+1}x + \frac{r}{r+1}y^2 + \frac{1}{r+1}y = 0.$$

Nun ergänzen wir quadratisch nach x:

$$x^2 - \frac{2ry+1}{r+1}x + \left(\frac{2ry+1}{2r+2}\right)^2 - \left(\frac{2ry+1}{2r+2}\right)^2 + \frac{ry^2+y}{r+1} \;=\; 0$$

$$\left(x - \frac{2ry+1}{2r+2}\right)^2 + \frac{r}{(r+1)^2}y^2 + \frac{1}{(r+1)^2}y - \frac{1}{4}\frac{1}{(r+1)^2} \;=\; 0 \qquad (13.6)$$

Jetzt ergänzen wir noch quadratisch nach y:

$$\frac{r}{(r+1)^2}y^2 + \frac{1}{(r+1)^2}y - \frac{1}{4}\frac{1}{(r+1)^2} \;=\; \frac{r}{(r+1)^2}\left(y^2 + \frac{1}{r}y - \frac{1}{4r}\right)$$

$$=\; \frac{r}{(r+1)^2}\left(y^2 + \frac{1}{r}y + \left(\frac{1}{2r}\right)^2 - \left(\frac{1}{2r}\right)^2 - \frac{1}{4r}\right)$$

$$=\; \frac{r}{(r+1)^2}\left(\left(y + \frac{1}{2r}\right)^2 - \frac{1}{4r^2} - \frac{1}{4r}\right)$$

$$=\; \frac{r}{(r+1)^2}\left(y + \frac{1}{2r}\right)^2 - \underbrace{\frac{r}{4(r+1)^2}\left(\frac{1}{r^2} + \frac{1}{r}\right)}_{=:c^2}$$

Setzen wir dies nun in (13.6) ein und führen sogleich den Koordinatenwechsel

$$\eta \;:=\; x - \frac{2ry+1}{2r+2}$$

$$\xi \;:=\; y + \frac{1}{2r}$$

durch, so gelangen wir schließlich zur affinen Normalform

$$\frac{\eta^2}{c^2} + \frac{r}{(r+1)^2}\frac{\xi^2}{c^2} = 1.$$

Nach Tab. 13.1 handelt es sich also für $r > 0$ um eine Ellipse, für $r = 0$ um eine Parabel und für $r < 0$ um eine Hyperbel (Abb. 13.6).

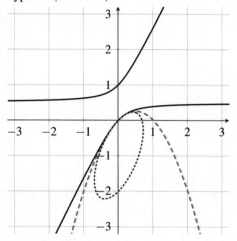

Abbildung 13.6 Der Kegelschnitt entspricht für $r > 0$ einer Ellipse (rot, $r = \frac{1}{2}$), für $r = 0$ einer Parabel (grün) und für $r < 0$ einer Hyperbel (blau, $r = -1$).

Aufgabe 13.13: F17-T3-A5

Die Menge $D := \{(x,y,z)^T \in \mathbb{R}^3 : x^2 + y^2 = z^2\}$ ist ein Doppelkegel. Ist $E \subset \mathbb{R}^3$ eine Ebene, so nennt man $D \cap E$ einen *Kegelschnitt*. Wir betrachten nun speziell die durch die Parameter $\lambda \in \mathbb{R}$ parametrisierten Ebenen

$$E_\lambda = \left\{ \begin{pmatrix} -1 \\ 0 \\ 0 \end{pmatrix} + u \begin{pmatrix} 1 \\ 0 \\ \lambda \end{pmatrix} + v \begin{pmatrix} 0 \\ 1 \\ 0 \end{pmatrix} : u, v \in \mathbb{R} \right\}.$$

(a) Sei $\lambda \in \mathbb{R}$ fest. Zeigen Sie, dass es (von λ abhängige) $a,b,c,d,e,f \in \mathbb{R}$ gibt, sodass der Punkt

$$P_\lambda(u,v) = \begin{pmatrix} -1 \\ 0 \\ 0 \end{pmatrix} + u \begin{pmatrix} 1 \\ 0 \\ \lambda \end{pmatrix} + v \begin{pmatrix} 0 \\ 1 \\ 0 \end{pmatrix}$$

von E_λ genau dann in D liegt, wenn

$$au^2 + 2buv + cv^2 + du + ev + f = 0$$

gilt.

(b) Bestimmen Sie den affinen Typ des Kegelschnitts $E_\lambda \cap D$ in Abhängigkeit von λ.

Lösungsvorschlag: Ad (a): Wir setzen den Punkt

$$P_\lambda(u,v) = (u-1, v, \lambda u)^T$$

in die Bestimmungsgleichung von D ein und erhalten:

$$
\begin{aligned}
(u-1)^2 + v^2 &= (\lambda u)^2 \\
u^2 - 2u + 1 + v^2 - \lambda^2 u^2 &= 0 \\
(1 - \lambda^2) u^2 + v^2 - 2u + 1 &= 0
\end{aligned}
$$

Es sind also $a = 1 - \lambda^2$, $b = 0$, $c = 1$, $d = -2$, $e = 0$ und $f = 1$.

Ad (b): Analog zu Aufgabe 13.12 betrachten wir zunächst die Fälle $\lambda = \pm 1$. In diesen Fällen wird obige Gleichung zu

$$v^2 - 2u + 1 = 0$$

bzw. zu

$$u(v) = \frac{1}{2}\left(v^2 + 1\right)$$

und bei $E_\lambda \cap D$ handelt es sich um eine Parabel (vgl. Tab. 13.1).

In allen anderen Fällen $\lambda \neq \pm 1$ teilen wir durch den Leitkoeffizienten

$$u^2 + \frac{1}{1-\lambda^2} v^2 - \frac{2}{1-\lambda^2} u + \frac{1}{1-\lambda^2} = 0$$

und führen eine quadratische Ergänzung nach u durch:

$$
\begin{aligned}
0 &= u^2 - \frac{2}{1-\lambda^2} u + \frac{1}{1-\lambda^2} v^2 + \frac{1}{1-\lambda^2} \\
&= \left(u - \frac{1}{1-\lambda^2}\right)^2 - \left(\frac{1}{1-\lambda^2}\right)^2 + \frac{1}{1-\lambda^2} v^2 + \frac{1}{1-\lambda^2} \\
&= \left(u - \frac{1}{1-\lambda^2}\right)^2 + \frac{1}{1-\lambda^2} v^2 + \frac{1}{1-\lambda^2} - \left(\frac{1}{1-\lambda^2}\right)^2 \\
&= \left(u - \frac{1}{1-\lambda^2}\right)^2 + \frac{1}{1-\lambda^2} v^2 - \frac{\lambda^2}{(1-\lambda^2)^2}
\end{aligned}
$$

Wir formen um und führen den Koordinatenwechsel $\xi = u - \frac{1}{1-\lambda^2}$, $\eta = v$ durch. Dies liefert

$$\xi^2 + \frac{1}{1-\lambda^2} \eta^2 = \frac{\lambda^2}{(1-\lambda^2)^2}.$$

Nun müssen wir nur noch die von λ abhängige Form in Tab. 13.1 suchen. Für $\lambda = 0$ entspricht obige Gleichung gerade einem Punkt. Für $\lambda \neq 0$ müssen wir letztlich nur noch das Vorzeichen von $\frac{1}{1-\lambda^2}$ beachten, das den Typ des Kegelschnitts eindeutig festlegt. Für $\lambda \in (-1, 1)$ ist dieses Vorzeichen positiv und $E_\lambda \cap D$ daher eine Ellipse. Für $\lambda \in \mathbb{R} \backslash [-1, 1]$ hingegen ist das Vorzeichen negativ, und $E_\lambda \cap D$ ist eine Hyperbel (Abb. 13.7).

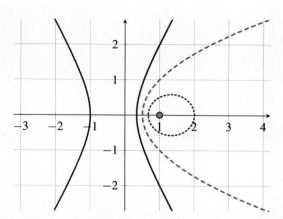

Abbildung 13.7 Der Kegelschnitt entspricht für $\lambda = 0$ einem Punkt (orange), für $\lambda = \pm 1$ einer Parabel (grün), für $\lambda \in (-1,1)$ einer Ellipse (rot, $\lambda = \pm\frac{1}{2}$) und für alle $\lambda \in \mathbb{R}\backslash[-1,1]$ einer Hyperbel (blau, $\lambda = 2$).

Aufgabe 13.14: F18-T1-A5

 In Abhängigkeit von $a \in \mathbb{R}$ sei eine Familie von Quadriken Q_a durch die folgende Gleichung gegeben:

$$(a+4)x^2 + (4-4a)xy + (4a+1)y^2 - 5a = 0$$

Man bestimme die euklidische Normalform und den Typ von Q_a in Abhängigkeit von a.

Lösungsvorschlag: Wir gehen völlig analog zu Aufgabe 13.11 vor. Die zugehörige Matrix A und den zugehörigen Vektor v liest man ab zu

$$A = \begin{pmatrix} a+4 & 2-2a \\ 2-2a & 4a+1 \end{pmatrix} \quad \text{und} \quad v = \begin{pmatrix} 0 \\ 0 \end{pmatrix}.$$

Damit bestimmt man das charakteristische Polynom zu

$$\chi_A(\lambda) = \lambda^2 - (5+5a)\lambda + 25a = (\lambda - 5)(\lambda - 5a)$$

und damit die Eigenwerte zu $\lambda_1 = 5$ bzw. $\lambda_2 = 5a$. Die zugehörigen Eigenvektoren berechnet man zu $v_1 = (2,1)^T$ und $v_2 = (-1,2)^T$, d.h., die Transformationsmatrix ist wegen $\|v_1\| = \|v_2\| = \sqrt{5}$ gegeben durch

$$T = \frac{1}{\sqrt{5}} \begin{pmatrix} 2 & -1 \\ 1 & 2 \end{pmatrix},$$

damit ist

$$D = T^{-1}AT = \begin{pmatrix} 5 & 0 \\ 0 & 5a \end{pmatrix}.$$

Dies führt auf die abgewandelte Form

$$(\eta,\xi)\cdot D\cdot\begin{pmatrix}\eta\\\xi\end{pmatrix}-5a=0,$$

die ausmultipliziert zunächst auf

$$0=(\eta,\xi)\begin{pmatrix}5&0\\0&5a\end{pmatrix}\begin{pmatrix}\eta\\\xi\end{pmatrix}-5a=(\eta,\xi)\cdot\begin{pmatrix}5\eta\\5a\xi\end{pmatrix}-5a=5\eta^2+5a\xi^2-5a$$

und durch Umstellen anschließend auf die euklidische Normalform

$$5\eta^2+5a\xi^2=5a$$

führt. Es handelt sich also im Falle $a=0$ um ein Parallelenpaar. In allen anderen Fällen formen wir um zu

$$\frac{1}{a}\eta^2+\xi^2=1.$$

Es handelt sich also (Abb. 13.8)

- für $a>0$ und $a\neq1$ um eine Ellipse.

- für $a<0$ um eine Hyperbel.

- für $a=1$ um einen Kreis.

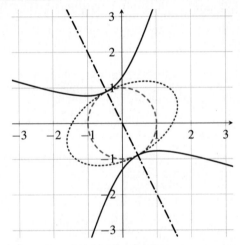

Abbildung 13.8 Der Kegelschnitt entspricht für $a=0$ einem Parallelenpaar (schwarz), für $a=1$ einem Kreis (grün), für $a>0$ und $a\neq1$ einer Ellipse (rot, $a=3$) und für $a<0$ einer Hyperbel (blau, $a=-1$).

Aufgepasst!

 Es handelt sich bei T um dieselbe Transformation aus Aufgabe 13.11. Dem Parallelenpaar aus Abb. 13.8 ist ungefähr anzusehen, dass nach einer Drehung (mit zugehörigem Drehwinkelmaß 26.57°) sämtliche Kegelschnitte symmetrisch zu den Hauptachsen bzw. in Normalform vorliegen.

Für den Parameter $\lambda \in \mathbb{R}$ mit $\lambda > 0$ sei

$$E_\lambda : \frac{x^2}{\lambda} + \frac{y^2}{3\lambda} = 1$$

eine von λ abhängige Ellipse.

(a) Bestimmen Sie mithilfe einer geeigneten Koordinatentransformation die Gleichung der zu E_λ kongruenten Ellipse F_λ, deren große Halbachse auf der Geraden $y = x + 2$ und deren kleine Halbachse auf der Geraden $y = -x + 6$ liegt.

(b) Bestimmen Sie alle Werte von λ, für die F_λ den Nullpunkt enthält.

Lösungsvorschlag: Ad (a): Machen wir uns die Lage klar: Die Ellipse E_λ ist zentriert im Ursprung, und ihre Halbachsen liegen jeweils auf den Koordinatenachsen. Die Halbachsen der Ellipse F_λ liegen jedoch schräg, außerdem ist F_λ nicht im Ursprung zentriert, sondern im Schnittpunkt beider Geraden. Eine geeignete Koordinatentransformation wird also eine Parallelverschiebung und eine Drehung um das Zentrum beinhalten (Abb. 13.9).

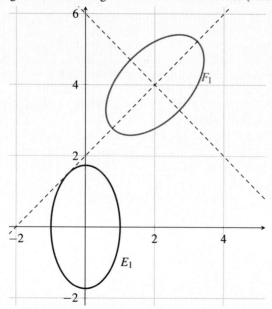

Abbildung 13.9 Die Kegelschnitte E_1 und F_1.

Wir berechnen zunächst das neue Zentrum: Es muss $-x + 6 = y = x + 2$, also $x = 2$ und damit $y = 4$ sein. Die Ellipse F_λ ist also zentriert um $(2, 4)$. Dies definiert die Parallelverschiebung

$$T_1 : \mathbb{R}^2 \to \mathbb{R}^2, \begin{pmatrix} x \\ y \end{pmatrix} \mapsto \begin{pmatrix} x - 2 \\ y - 4 \end{pmatrix}.$$

Für die Drehung bedienen wir uns einfach einer Drehmatrix. Die beiden Geraden sind gegenüber den Koordinatenachsen um den Winkel $45°$ (oder eben $\frac{\pi}{4}$) verdreht, denn beide

Geraden haben eine Steigung vom Betrag 1 – man betrachte dafür etwa in Abb. 13.9 den Punkt $(2,4)$. Die zugehörige Drehung bestimmt sich damit zu

$$T_2:\ \mathbb{R}^2 \to \mathbb{R}^2,\ \begin{pmatrix} x \\ y \end{pmatrix} \mapsto \begin{pmatrix} \cos\left(\frac{\pi}{4}\right) & -\sin\left(\frac{\pi}{4}\right) \\ \sin\left(\frac{\pi}{4}\right) & \cos\left(\frac{\pi}{4}\right) \end{pmatrix} \cdot \begin{pmatrix} x \\ y \end{pmatrix} = \frac{1}{\sqrt{2}}\begin{pmatrix} x-y \\ x+y \end{pmatrix}.$$

Die gesamte Koordinatentransformation T ergibt sich anschließend aus der Komposition von Verschiebung und Drehung zu

$$T = T_2 \circ T_1:\ \mathbb{R}^2 \to \mathbb{R}^2,\ \begin{pmatrix} x \\ y \end{pmatrix} \mapsto \begin{pmatrix} \frac{1}{\sqrt{2}}(x-2) - \frac{1}{\sqrt{2}}(y-4) \\ \frac{1}{\sqrt{2}}(x-2) + \frac{1}{\sqrt{2}}(y-4) \end{pmatrix}.$$

Die Gleichung der Ellipse F_λ ist also gegeben durch

$$\frac{\left(\frac{1}{\sqrt{2}}(x-2) - \frac{1}{\sqrt{2}}(y-4)\right)^2}{\lambda} + \frac{\left(\frac{1}{\sqrt{2}}(x-2) + \frac{1}{\sqrt{2}}(y-4)\right)^2}{3\lambda} = 1$$

oder vereinfacht

$$\frac{1}{2\lambda}(x+y+2)^2 + \frac{1}{6\lambda}(x+y-6)^2 = 1.$$

Man beachte hierbei, dass bei obiger Abbildung der Eindruck entsteht, man müsse E_λ zunächst um $-\frac{\pi}{4}$ rotieren und anschließend um den Vektor $(2,4)^T$ verschieben. Wir wollen jedoch die Parametrisierung von F_λ bezüglich der „alten" Koordinaten x und y ausdrücken, tatsächlich ist also genau die umgekehrte Transformation die gesuchte; man verschiebt zunächst um den Vektor $(-2,-4)^T$ und rotiert anschließend um $\frac{\pi}{4}$, dies führt dann also auf die oben verwendete Transformation T.

Ad (b): Wir setzen den Punkt $(0,0)$ in die Gleichung der Ellipse F_λ ein:

$$\begin{aligned} \frac{1}{2\lambda}(0+0+2)^2 + \frac{1}{6\lambda}(0+0-6)^2 &= 1 \\ \frac{2}{\lambda} + \frac{6}{\lambda} &= 1 \\ \frac{8}{\lambda} &= 1 \\ \lambda &= 8 \end{aligned}$$

Es gibt also nur ein solches $\lambda \in \mathbb{R}_{>0}$ (Abb. 13.10).

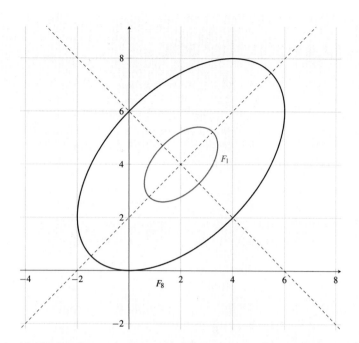

Abbildung 13.10 Die Ellipsen F_λ für jeweils $\lambda = 1$ (wie oben) und $\lambda = 8$. Man sieht, dass F_8 den Nullpunkt enthält.

Teil III
Staatsexamensaufgaben

Im nun abschließenden Teil III stellen wir die Staatsexamensaufgaben von Frühjahr 2019 bis Frühjahr 2020 vor. Die Examen werden dabei jeweils so vorgestellt, wie sie am Tag der Prüfung im Mantelbogen vorlagen. Die Lösungsvorschläge folgen dann gebündelt nach jedem Thema. So kann der Leser selbst entscheiden, ob die Aufgaben einzeln oder wie in einer Prüfungssituation bearbeitet werden. Es sei an dieser Stelle angemerkt, dass sämtliche Aufgaben mit der bisher behandelten Theorie lösbar sind.

14 Analysis

14.1 Frühjahr 2019 – Thema Nr. 1

1. Aufgabe

Gegeben sei die Funktion

$$f : \left] -\infty, \frac{1}{4} \right[\to \mathbb{R},$$

definiert durch

$$f(x) = \frac{1}{\sqrt{1-4x}}.$$

(a) Man zeige für alle $n \in \mathbb{N}_0$,

$$f^{(n)}(x) = \frac{(2n)!}{n!}(1-4x)^{-\left(n+\frac{1}{2}\right)} \text{ für alle } x \in \left] -\infty, \frac{1}{4} \right[$$

mit Hilfe von vollständiger Induktion.

(b) Man bestimme die Taylorreihe von f mit dem Entwicklungspunkt $a = 0$ und berechne ihren Konvergenzradius.

2. Aufgabe

Gegeben sei die Funktion $f : D \to \mathbb{R}$, definiert durch

$$f(x) = \frac{1}{x^2} \cdot \ln(x+1)$$

auf der Definitionsmenge $D =]0, \infty[$.

(a) Man bestimme $f(D)$.

(b) Man zeige

$$\int_1^2 f(x)\mathrm{d}x = \frac{3}{2} \cdot \ln\left(\frac{4}{3}\right).$$

3. Aufgabe

Man zeige, dass für alle $a, b \in \mathbb{R}$ mit $0 \leq a < b$ die Beziehung

$$\frac{b-a}{1+b^2} < \arctan(b) - \arctan(a) < \frac{b-a}{1+a^2}$$

gilt.

4. Aufgabe

Auf der Menge

$$D = \left\{ (x,y) \in \mathbb{R}^2 : x \geq 0,\ y \geq 0 \text{ und } x^2 + y^2 \leq 2 \right\}$$

werde die Funktion $f : D \to \mathbb{R}$ mit

$$f(x,y) = x^2 + y^2 - x - y$$

betrachtet. Man bestimme die globalen Extremstellen von f auf D.

© Der/die Autor(en), exklusiv lizenziert durch
Springer-Verlag GmbH, DE, ein Teil von Springer Nature 2021
J. M. Veith und P. Bitzenbauer, *Schritt für Schritt zum Staatsexamen
Mathematik*, https://doi.org/10.1007/978-3-662-62948-2_14

5. Aufgabe

Sei $\alpha : \mathbb{R} \to \mathbb{R}$ eine stetig differenzierbare Funktion mit

$$\alpha(x) > 0 \qquad \text{für alle } x \in \mathbb{R}$$

sowie

$$\alpha(0) = 1.$$

Man bestimme die maximale Lösung des Anfangswertproblems

$$y'(x) = \frac{\alpha'(x)}{\alpha(x)} \cdot y(x) + \alpha'(x), \qquad y(0) = 1.$$

Lösungsvorschläge

Lösungsvorschlag zu Aufgabe 1

Siehe Aufgabe 4.51 auf Seite 89.

Lösungsvorschlag zu Aufgabe 2

Siehe Aufgabe 6.28 auf Seite 124 und Aufgabe 6.31 auf Seite 128.

Lösungsvorschlag zu Aufgabe 3

Wir betrachten die Funktion $f(x) = \arctan(x)$ auf dem Intervall $[a, b]$. Da f bekanntermaßen stetig und auf (a, b) differenzierbar ist, gibt es nach dem Mittelwertsatz ein $x_0 \in (a, b)$ mit

$$f'(x_0) = \frac{f(b) - f(a)}{b - a}. \tag{14.1}$$

Wir wissen außerdem (vgl. Tab. 4.2), dass

$$f'(x_0) = \frac{1}{1 + x_0^2}$$

ist. Dies setzen wir nun in Gleichung (14.1) ein, die wir auch nach $f(b) - f(a)$ umstellen:

$$f(b) - f(a) = \frac{b - a}{1 + x_0^2}.$$

Wegen $a < x_0 < b$ gilt dabei

$$\frac{b - a}{1 + b^2} < \frac{b - a}{1 + x_0^2} < \frac{b - a}{1 + a^2},$$

also auch wegen $f(b) - f(a) = \arctan(b) - \arctan(a)$ die zu beweisende Ungleichung

$$\frac{b - a}{1 + b^2} < \arctan(b) - \arctan(a) < \frac{b - a}{1 + a^2}.$$

356

Wir untersuchen f zunächst im Inneren von D und berechnen dafür die partiellen Ableitungen zu

$$\partial_x f(x,y) = 2x - 1 \quad \text{und} \quad \partial_y f(x,y) = 2y - 1.$$

Der Gradient ist daher gegeben durch

$$\nabla f(x,y) = \begin{pmatrix} 2x - 1 \\ 2y - 1 \end{pmatrix},$$

und für die kritischen Stellen $(x,y) \in \mathbb{R}^2$ erhalten wir aus $\nabla f(x,y) = 0$ sofort $x_0 = y_0 = \frac{1}{2}$. Wegen $x_0^2 + y_0^2 = \frac{1}{2} \leq 2$ gilt außerdem $(x_0, y_0) \in D$, also haben wir eine eindeutige kritische Stelle von f im Inneren von D gefunden. Um diese kritische Stelle zu klassifizieren, berechnen wir die Hesse-Matrix $H_f(x,y)$ von f. Es ist

$$\partial_x^2 f(x,y) = 2 \quad \text{und} \quad \partial_y^2 f(x,y) = 2,$$

$$\partial_x \partial_y f(x,y) = 0 \quad \text{und} \quad \partial_y \partial_x f(x,y) = 0,$$

also

$$H_f(x,y) = \begin{pmatrix} 2 & 0 \\ 0 & 2 \end{pmatrix}$$

eine positiv definite Matrix (beide Eigenwerte $\lambda_1 = \lambda_2 = 2$ sind positiv). Es handelt sich bei $\left(\frac{1}{2}, \frac{1}{2}\right)$ also um ein isoliertes lokales Minimum von f, wobei $f\left(\frac{1}{2}, \frac{1}{2}\right) = -\frac{1}{2}$.

Nun sehen wir uns die Randmaxima von f an. Dabei zerlegen wir den Rand ∂D von D in die drei Teile

$$
\begin{aligned}
D_1 &= \left\{ (x,y) \in \mathbb{R}^2 : x = 0, \, 0 \leq y \leq \sqrt{2} \right\}, \\
D_2 &= \left\{ (x,y) \in \mathbb{R}^2 : y = 0, \, 0 \leq x \leq \sqrt{2} \right\}, \\
D_3 &= \left\{ (x,y) \in \mathbb{R}^2 : x \geq 0, y \geq 0, x^2 + y^2 = 2 \right\}.
\end{aligned}
$$

- Für $(x,y) \in D_1$ erhalten wir

$$f(x,y) = y^2 - y = \left(y - \frac{1}{2}\right)^2 - \frac{1}{4} =: g(y),$$

also

$$-\frac{1}{4} \leq g(y) \leq g\left(\sqrt{2}\right) = 2 - \sqrt{2}.$$

- Für $(x,y) \in D_2$ dasselbe.

- Für $(x,y) \in D_3$ erhalten wir wegen $y^2 = 2 - x^2$ sofort

$$f(x,y) \overset{y \geq 0}{=} x^2 + 2 - x^2 - x - \sqrt{2 - x^2} = 2 - x - \sqrt{2 - x^2} =: g(x).$$

Für die Maxima und Minima dieser Funktion g auf $[0, \sqrt{2}]$ müssen wir etwas rechnen: Es ist

$$g'(x) = \frac{x}{\sqrt{2-x^2}} - 1 = \frac{x - \sqrt{2-x^2}}{\sqrt{2-x^2}},$$

und aus $x > \sqrt{2-x^2}$ folgt zunächst $x^2 > 2 - x^2$, bzw. $x^2 > 1$. Wegen $x \in [0, \sqrt{2}]$ ist letztere Ungleichung äquivalent zu $x \in [1, \sqrt{2}]$. Die Funktion g ist also auf $(0, 1)$ streng monoton fallend und auf $(1, \sqrt{2}]$ streng monoton steigend. Das Minimum liegt damit bei $g(1) = 0$, und für die Maxima berechnen wir $g(0) = 2 - \sqrt{2} = g(\sqrt{2})$. Abschließend ist also

$$0 \leq g(x) \leq 2 - \sqrt{2}$$

für alle $x \in \left[0, \sqrt{2}\right]$.

Wir sehen also insgesamt, dass die Stelle $\left(\frac{1}{2}, \frac{1}{2}\right)$ ein globales Minimum von f ist, während $\left(0, \sqrt{2}\right)$ und $\left(\sqrt{2}, 0\right)$ jeweils globale Maxima sind.

Lösungsvorschlag zu Aufgabe 5

Siehe Aufgabe 7.25 auf Seite 171.

14.2 Frühjahr 2019 – Thema Nr. 2

1. Aufgabe

Sei $x_1 \in {]0,1[}$ und sei die Folge $(x_n)_{n \in \mathbb{N}}$ durch

$$x_{n+1} = \frac{x_n + x_n^3 - x_n^5}{2}$$

für $n \in \mathbb{N}, n \geq 1$, rekursiv definiert.

(a) Zeigen Sie
$$0 < x_n < 1 \qquad \text{für alle } n \in \mathbb{N}, n \geq 1.$$

(b) Zeigen Sie, dass die Folge $(x_n)_{n \in \mathbb{N}}$ konvergiert, und bestimmen Sie den Grenzwert.

2. Aufgabe

Sei $f : \mathbb{R} \to \mathbb{R}$ definiert durch

$$f(x) = \begin{cases} \frac{\sin(x) - x}{x^2} & \text{für } x \neq 0, \\ 0 & \text{für } x = 0. \end{cases}$$

Zeigen Sie, dass f stetig differenzierbar ist.

3. Aufgabe

Sei $f : [0,1] \to \mathbb{R}$ definiert durch

$$f(x) = \int_0^{1+x} \frac{y-1}{1 + (y-1)^{2018}}\,dy - \int_0^{1-x} \frac{y-1}{1 + (y-1)^{2018}}\,dy.$$

(a) Bestimmen Sie die Ableitung von f.

(b) Bestimmen Sie das Integral
$$\int_0^2 \frac{y-1}{1 + (y-1)^{2018}}\,dy.$$

4. Aufgabe

Sei

$$K = \left\{ (x,y) \in \mathbb{R}^2 : 0 \leq x \leq 1,\ 1 \leq y \leq e^x \right\},$$

und sei $f : K \to \mathbb{R}$ definiert durch

$$f(x,y) = x - 2xy + \ln(y).$$

(a) Skizzieren Sie K.

(b) Bestimmen Sie die globalen Extremstellen von f auf K.

5. Aufgabe

Bestimmen Sie $a \in \mathbb{R}$, sodass die Lösung des Anfangswertproblems

$$y''(x) - y(x) = -x + 1,$$

$$y(0) = 1, \qquad y'(0) = a$$

die Bedingung

$$y(1) = 2e$$

erfüllt.

Lösungsvorschläge

Lösungsvorschlag zu Aufgabe 1

Ad (a): Wir führen Induktion über n. Der Induktionsanfang für $n = 1$ folgt dabei bereits aus der Voraussetzung $x_1 \in]0, 1[$.

Induktionsvoraussetzung: Es gelte $0 < x_n < 1$ für ein $n \in \mathbb{N}$. Wir wollen nun zeigen, dass diese Ungleichung dann auch für $n + 1$ gilt.

Induktionsschritt: Nach der Induktionsvoraussetzung gilt $0 < x_n < 1$, also insbesondere $x_n^3 > x_n^5$ und damit $x_n^3 - x_n^5 > x_n^5 - x_n^5 = 0$. Wir folgern

$$x_{n+1} = \frac{x_n + \overbrace{x_n^3 - x_n^5}^{>0}}{2} > \frac{x_n}{2} > 0.$$

Auf analoge Weise folgern wir mittels $x_n > x_n^3$, dass $x_n^3 - x_n^5 < x_n - x_n^5 < x_n$, denn es ist $x_n^5 > 0$. Damit erhalten wir

$$x_{n+1} = \frac{x_n + \overbrace{x_n^3 - x_n^5}^{<x_n}}{2} < \frac{2x_n}{2} \overset{(\star)}{=} x_n < 1.$$

Zusammen folgt also $0 < x_{n+1} < x_n$. Dies schließt den Induktionsschritt.

Ad (b): Nach Teilaufgabe (a) ist die Folge $(x_n)_{n \in \mathbb{N}}$ nach unten beschränkt, und nach $(\star)$ ist sie außerdem streng monoton fallend. Nach Satz 2.9 der monotonen Konvergenz ist die Folge also konvergent. Sei der Grenzwert $a = \lim_{n \to \infty} x_n$, dann gilt

$$a = \lim_{n \to \infty} x_n = \lim_{n \to \infty} x_n = \lim_{n \to \infty} \frac{x_n + x_n^3 - x_n^5}{2},$$

und aus den Rechenregeln für Grenzwerte erhalten wir daraus

$$a = \frac{1}{2} \lim_{n \to \infty} x_n + \frac{1}{2} \left(\lim_{n \to \infty} x_n \right)^3 - \frac{1}{2} \left(\lim_{n \to \infty} x_n \right)^5 = \frac{1}{2} \left(a + a^3 - a^5 \right) = \frac{a}{2} \left(1 + a^2 - a^4 \right).$$

Wir stellen um und erhalten

$$0 = -\frac{a}{2} \left(1 - a^2 + a^4 \right),$$

also entweder $a = 0$ oder $1 - a^2 + a^4 = 0$. Letzteres ist aber nicht möglich, wie die Substitution $u := a^2$ zeigt: Die Funktion f mit $f(u) = u^2 - u + 1$ besitzt wegen

$$u_{1,2} = \frac{1 \pm \sqrt{1-4}}{2} \notin \mathbb{R}$$

keine reellen Nullstellen. Also muss $a = 0$ sein.

Lösungsvorschlag zu Aufgabe 2

Wir zeigen zunächst, dass f differenzierbar ist. Dazu unterscheiden wir die beiden Fälle $x = 0$ und $x \neq 0$. Sei zunächst $x \neq 0$. Hier ist f als Quotient der differenzierbaren Funktionen g mit $g(x) = \sin(x) - x$ und h mit $h(x) = x^2$ offensichtlich differenzierbar. Betrachten wir nun also den Fall $x = 0$. Es ist

$$\frac{f(h) - f(0)}{h} = \frac{f(h)}{h}$$

$$= \frac{\sin(h) - h}{h^3}$$

$$= \frac{1}{h^3} \cdot \left(\sum_{k=0}^{\infty} (-1)^k \frac{h^{2k+1}}{(2k+1)!} - h \right)$$

$$= \frac{1}{h^3} \cdot \left(\left(h - \frac{1}{6} h^3 + \frac{1}{120} h^5 \mp \ldots \right) - h \right)$$

$$= -\frac{1}{6} + \frac{1}{120} h^2 \mp \ldots$$

$$\overset{h \to 0}{\longrightarrow} -\frac{1}{6} < \infty.$$

Also ist f auch in $x = 0$ differenzierbar mit $f'(0) = -\frac{1}{6}$. Die Ableitungsfunktion f' ist demnach definiert durch

$$f'(x) = \begin{cases} -\frac{2\sin(x) - x\cos(x) - x}{x^3}, & x \neq 0, \\ -\frac{1}{6}, & x = 0. \end{cases}$$

Verbleibt zu zeigen, dass f' stetig ist. Für $x \neq 0$ ist dies offensichtlich der Fall, weil die Zählerfunktion k mit $k(x) = -2\sin(x) + x\cos(x) + x$ als Summe stetiger Funktionen stetig ist und die Nennerfunktion l mit $l(x) = x^3$ als Polynom stetig ist. Somit ist f' für $x \neq 0$ als Quotient stetiger Funktionen k und l stetig. Wir zeigen, dass f' auch für $x = 0$ stetig ist. Wegen

$$\lim_{x \to 0} (-2\sin(x) + x\cos(x) + x) = 0 = \lim_{x \to 0} x^3$$

sind wir in der Situation von L'Hospital, bzw. Satz 4.20. Dreifaches Anwenden von L'Hospital führt zu

$$-\lim_{x \to 0} \frac{2\sin(x) - x\cos(x) - x}{x^3} \overset{(3x)}{\underset{\text{L'H}}{=}} -\lim_{x \to 0} \frac{\cos(x) - x\sin(x)}{6} = -\frac{1}{6} = f'(0).$$

Damit folgt die Stetigkeit von f' auch in $x = 0$. Folglich ist f stetig differenzierbar.

Siehe Aufgabe 6.44 auf Seite 141.

Lösungsvorschlag zu Aufgabe 4

Ad (a): Eine Skizze des Gebiets K ist in Abb. 14.1 gegeben.

Ad (b): Wir suchen die globalen Extremstellen von f auf K. Der Standardweg geht so: Zunächst betrachten wir die kritischen Stellen auf $\overset{\circ}{K} = \left\{(x,y) \in \mathbb{R}^2 : 0 < x < 1,\, 1 < y < e^x\right\}$ und dann separat auf dem Rand ∂K von K. Um die kritischen Stellen im Inneren von K zu bestimmen, berechnet man die Nullstelle(n) des Gradienten

$$\nabla f(x,y) = \left(1 - 2y, \frac{1}{y} - 2x\right)^T \overset{!}{=} (0,0)^T$$

zu $(x_0, y_0) = \left(1, \frac{1}{2}\right) \notin \overset{\circ}{K}$.

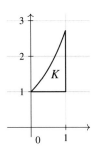

Abbildung 14.1 Visualisierung von K.

Im Inneren von K finden wir also keine kritischen Stellen, also auch keine globalen Maxima. Wir wissen aber nach Satz 5.12 von Bolzano-Weierstraß, dass die stetige Funktion f auf K in jedem Fall ein Maximum und ein Minimum annimmt, weil K kompakt ist. Für die weiteren Untersuchungen können wir uns dabei ganz auf den Rand von K beziehen, weil es keine kritischen Stellen im Inneren $\overset{\circ}{K}$ gibt, wie oben gesehen. Der Rand von K ist gegeben durch $\partial K = R_1 \cup R_2 \cup R_3$, wobei

- $R_1 = \{(x, 1)) : x \in [0,1]\}$,

- $R_2 = \{(1, y) : y \in [1, e]\}$ und

- $R_3 = \{(x, e^x) : x \in [0,1]\}$.

Wir betrachten nun f auf R_1:

$$f|_{R_1}(x) = x - 2x = -x$$

Auf R_1 ist f also maximal an der Stelle $(0,1) \in R_1$ mit $f(0,1) = 0$ und minimal an der Stelle $(1,1) \in R_1$ mit $f(1,1) = -1$.

Wir betrachten nun f auf R_2:

$$f|_{R_2}(y) = 1 - 2y + \ln(y)$$

Auf R_2 ist f also maximal an der Stelle $(1,1) \in R_2$ mit $f(1,1) = -1$ und minimal an der Stelle $(1,e) \in R_2$ mit $f(1,e) \approx -3.44$. Denn es ist

$$f'|_{R_2}(y) = -2 + \frac{1}{y} = \frac{1-2y}{y} < 0$$

wegen $y \in (1,e)$ und damit $f|_{R_2}$ auf R_2 streng monoton fallend. Der größte Funktionswert wird damit für $y = 1$ angenommen, der kleinste für $y = e$.

Wir betrachten nun f auf R_3:

$$f|_{R_3}(x) = x - 2xe^x + x = 2x(1 - e^x)$$

Auf R_3 ist f also maximal an der Stelle $(0,1) \in R_3$ mit $f(0,1) = 0$ und minimal an der Stelle $(1,e) \in R_3$ mit $f(1,e) \approx -3.44$. Denn es ist erneut

$$f'|_{R_3}(y) = 2(x+1)(1 - e^x) < 0$$

für alle $x \in (0,1]$ und damit $f|_{R_3}$ wieder streng monoton fallend.

Zusammengefasst ist also auf dem Rand:

- $f(0,1) = 0$

- $f(1,1) = -1$

- $f(1,e) = 2 - 2e = 2(1 - e) < -1$

Somit liegt das globale Minimum $2(1 - e) \approx -3.44$ von f auf K an der Stelle $(1,e)$ und das globale Maximum von f auf K bei 0 an der Stelle $(0,1)$.

Lösungsvorschlag zu Aufgabe 5

Siehe Aufgabe 7.26 auf Seite 173.

14.3 Frühjahr 2019 – Thema Nr. 3

1. Aufgabe

(a) Berechnen Sie

$$1 - \frac{1}{10} + \frac{1}{100} - \frac{1}{1000} + - \ldots$$

(b) Sei $(a_n)_{n \in \mathbb{N}}$ eine Folge in $\mathbb{R}$ mit $a_n \neq 0$ für alle $n \in \mathbb{N}$, $n \geq 1$, und es gebe eine Konstante $c \in \mathbb{R}$ mit

$$\log(|a_n|) < nc \text{ für alle } n \in \mathbb{N}, n \geq 1.$$

Zeigen Sie für den Konvergenzradius r der Potenzreihe

$$\sum_{n=1}^{\infty} a_n x^n$$

die Abschätzung $r > e^{-c}$.

2. Aufgabe

(a) Weisen Sie nach, dass die Gerade $T_p(x) = (p - x + 1) \cdot e^{-p}$ die Tangente an die Funktion $f(x) = e^{-x}$ im Punkt $p \in \mathbb{R}$ ist.

(b) Jede dieser Tangenten umschließt mit der x-Achse und der y-Achse ein Dreieck. Maximieren Sie die Fläche dieses Dreiecks für $p \geq 0$. Weisen Sie dabei nach, dass es sich tatsächlich um ein Maximum auf $[0, \infty)$ handelt.

3. Aufgabe

Überprüfen Sie in Abhängigkeit von $a \in \mathbb{R}$ die Funktion $f_a : \mathbb{R}^2 \to \mathbb{R}$, definiert durch

$$f_a(x, y) = x^3 - y^2 - axy$$

auf kritische Punkte und lokale Extrema.

4. Aufgabe

Überprüfen Sie, ob die Funktion $f : \,]-1, 1[\, \setminus \{0\} \to \mathbb{R}$, die für $x \neq 0$ durch

$$f(x) = \begin{cases} \frac{1}{3e}(1+x)^{\frac{1}{x}} & \text{für } x > 0, \\ \frac{\tan(x) - x}{\sin(x)^3} & \text{für } x < 0 \end{cases}$$

definiert ist, in 0 stetig fortsetzbar ist.

5. Aufgabe

Lösen Sie das Anfangswertproblem

$$y'(x) = \frac{1}{1 + y(x)}, \quad y(0) = 0,$$

und finden Sie den maximalen Definitionsbereich der Lösung.

Lösungsvorschläge

Lösungsvorschlag zu Aufgabe 1

Ad (a): Wir bezeichnen die gegebene Summe als $s = \sum_{i=0}^{\infty}(-1)^i \frac{1}{10^i}$. Nach dem Leibniz-Kriterium konvergiert diese Reihe. Wir wollen im Folgenden jedoch die einzelnen Summanden vertauschen und benötigen dafür absolute Konvergenz. Wir betrachten deshalb die Potenzreihe

$$R(x) = \sum_{i=0}^{\infty} \left(\frac{-1}{10}\right)^i x^i$$

mit dem Konvergenzradius

$$r = \lim_{i \to \infty} \left| \frac{(-1)^i}{10^i} \cdot \frac{10^{i+1}}{(-1)^{i+1}} \right| = \lim_{i \to \infty} 10 = 10.$$

Die Potenzreihe $R(x)$ konvergiert also mindestens auf dem Intervall $[-10, 10]$ und damit insbesondere für $x = 1$, wobei $R(1) = s$. Da Potenzreihen stets absolut konvergieren, konvergiert damit auch s absolut. Wir dürfen nun umsortieren:

$$
\begin{aligned}
s + 10 \cdot s &= \left(1 - \frac{1}{10} + \frac{1}{100} - \frac{1}{1000} + - \dots\right) + 10 \cdot \left(1 - \frac{1}{10} + \frac{1}{100} - \frac{1}{1000} + - \dots\right) \\
&= \left(1 - \frac{1}{10} + \frac{1}{100} - \frac{1}{1000} + - \dots\right) + \left(10 - 1 + \frac{1}{10} - \frac{1}{100} + - \dots\right) \\
&= 10 + (1 - 1) + \left(\frac{1}{10} - \frac{1}{10}\right) + \left(\frac{1}{100} - \frac{1}{100}\right) + \dots \\
&= 10
\end{aligned}
$$

Damit folgt $11s = 10$, bzw. $s = \frac{10}{11}$.

Ad (b): Aus der gegebenen Ungleichung folgt aus $\log(|a_n|) < nc$ sogleich $|a_n| < e^{nc}$ für $n \geq 1$. Mit der Monotonie von $\sqrt[n]{\cdot}$ und der Formel von Cauchy-Hadamard, bzw. Satz 3.24 folgt nun

$$\frac{1}{r} = \limsup_{n \to \infty} \left(\sqrt[n]{|a_n|}\right) < \limsup_{n \to \infty} \left(\sqrt[n]{e^{nc}}\right) = \limsup_{n \to \infty} e^c = e^c.$$

Dies führt auf die Abschätzung $r > e^{-c}$.

Lösungsvorschlag zu Aufgabe 2

Ad (a): T_p stimmt in $x = p$ mit f überein, denn

$$f(p) = e^{-p} = (p - p + 1)e^{-p} = T_p(p).$$

Auch die Werte der Ableitungen T_p' und f' stimmen in $x = p$ überein, denn $f'(p) = -e^{-x}|_{x=p} = -e^{-p}$ und $T_p'(p) = -e^{-p}$. Also verläuft der Graph von T_p in $x = p$ tangential an den Graphen von f.

Ad (b): Wir integrieren T_p in den Grenzen $x = 0$ und $x = x_N$, wobei x_N die Nullstelle von T_p ist, die wir bestimmen zu $x_N = p - 1$. Es ist $T_p(0) = (p+1)e^{-p} > 0$ und T_p monoton fallend, sodass $T_p(x) \geq 0$ für alle $x \in [0, x_N]$. Wir können also ohne weitere Einschränkungen integrieren. Es folgt für den Flächeninhalt der eingeschlossenen Figur:

$$A(p) = \int_0^{p+1} T_p(x)\,\mathrm{d}x$$

$$= e^{-p}(p+1)\int_0^{p+1} 1\,\mathrm{d}x - e^{-p}\int_0^{p+1} x\,\mathrm{d}x$$

$$= e^{-p}(p+1)^2 - e^{-p}\frac{(p+1)^2}{2}$$

$$= \frac{(p+1)^2 e^{-p}}{2}$$

Wir erhalten das Maximum von A durch Ableiten nach p. Zunächst finden wir den Term der Ableitung von A durch Anwenden der Produktregel:

$$A'(p) = -\frac{(p^2-1)e^{-p}}{2}$$

Für die kritischen Stellen berechnen wir aus $A'(p) = 0$ zunächst $p = \pm 1$ als Kandidaten. Da nach Voraussetzung aber $p \geq 0$ sein soll, ist $p = 1$ die einzige kritische Stelle. Mit Hilfe der zweiten Ableitung

$$A''(p) = \frac{(p^2 - 2p - 1)\,e^{-p}}{2}$$

kann entschieden werden, ob ein Maximum oder ein Minimum vorliegt: Wegen $A''(1) \approx -0.36 < 0$ liegt bei $p = 1$ ein Maximum vor mit $A(p=1) = \frac{2}{e}$.

Lösungsvorschlag zu Aufgabe 3

Wir berechnen zunächst die kritischen Punkte als Nullstellen des Gradienten:

$$\nabla f(x,y) = \begin{pmatrix} \partial_x f \\ \partial_y f \end{pmatrix} = \begin{pmatrix} 3x^2 - ay \\ -2y - ax \end{pmatrix} \overset{!}{=} \begin{pmatrix} 0 \\ 0 \end{pmatrix}$$

Aus der zweiten Gleichung findet man $y = -\frac{ax}{2}$. Eingesetzt in die erste Gleichung erhält man

$$3x^2 - ay = x\left(3x + \frac{a^2}{2}\right) = 0,$$

also $x_1 = 0$ oder $x_2 = -\frac{a^2}{6}$. Die beiden kritischen Stellen sind also $(x_1, y_1) = (0,0)$ und $(x_2, y_2) = \left(-\frac{a^2}{6}, \frac{a^3}{12}\right)$. Wir untersuchen nun zwei Fälle. Der erste Fall ist der Fall $a = 0$. Dann fallen die beiden kritischen Stellen von oben zusammen, es bleibt nur $(0,0)$ mit $f_0(0,0) = 0$. Via Hesse-Matrix gelingt keine Klassifikation, denn die Hesse-Matrix

$$H_{f_0}(x,y) = \begin{pmatrix} 6x & 0 \\ 0 & -2 \end{pmatrix}$$

ist für $(0,0)$ negativ semi-definit:

$$H_{f_0}(0,0) = \begin{pmatrix} 0 & 0 \\ 0 & -2 \end{pmatrix}$$

Wir müssen hier also anders argumentieren und wollen zeigen, dass es keine Umgebung U von $(0,0)$ gibt, sodass alle Funktionswerte von f_0 auf U kleiner oder größer als $f_0(0,0) = 0$ sind. Betrachte $U = K_\varepsilon(0,0)$ für ein $\varepsilon > 0$. Betrachte dann $(\varepsilon/2, 0) \in U$:

$$f\left(\frac{\varepsilon}{2}, 0\right) = \left(\frac{\varepsilon}{2}\right)^3 - 0^2 = \frac{\varepsilon^3}{8} > 0$$

Betrachte andererseits $(0, \varepsilon/2) \in U$:

$$f(0, \varepsilon/2) = 0 - \frac{\varepsilon^2}{4} = -\frac{\varepsilon^2}{4} < 0$$

Demnach besitzt f_0 bei $(0,0)$ weder Maximum noch Minimum, sodass bei $(0,0)$ ein Sattelpunkt liegt.

Betrachten wir nun den Fall $a \neq 0$. Hier müssen wir die beiden kritischen Stellen $(x_1, y_1) = (0,0)$ und $(x_2, y_2) = \left(-\frac{a^2}{6}, \frac{a^3}{12}\right)$ diskutieren. Analog zu oben zeigt man, dass f_a bei $(0,0)$ einen Sattelpunkt besitzt mit $f_a(0,0) = 0^3 - 0^2 - a \cdot 0 = 0$. Es bleibt die kritische Stelle $(x_2, y_2) = \left(-\frac{a^2}{6}, \frac{a^3}{12}\right)$. Wir nutzen nun die Hesse-Matrix

$$Hf_a(x,y) = \begin{pmatrix} 6x & -a \\ -a & -2 \end{pmatrix}.$$

Für $(x_2, y_2) = \left(-\frac{a^2}{6}, \frac{a^3}{12}\right)$ ergibt sich

$$Hf_a\left(-\frac{a^2}{6}, \frac{a^3}{12}\right) = \begin{pmatrix} -a^2 & -a \\ -a & -2 \end{pmatrix}.$$

Nach dem Hauptminorenkriterium (vgl. Seite 101) ist $Hf_a\left(-\frac{a^2}{6}, \frac{a^3}{12}\right)$ negativ definit, denn $\det(-a^2) < 0$ und $\det\begin{pmatrix} -a^2 & -a \\ -a & -2 \end{pmatrix} = a^2 > 0$. Damit besitzt f_a für $a \neq 0$ an der Stelle $(x_2, y_2) = \left(-\frac{a^2}{6}, \frac{a^3}{12}\right)$ ein lokales Maximum mit

$$f_a\left(-\frac{a^2}{6}, \frac{a^3}{12}\right) = \frac{a^6}{432}.$$

Lösungsvorschlag zu Aufgabe 4

Siehe Aufgabe 4.41 auf Seite 76.

Lösungsvorschlag zu Aufgabe 5

Siehe Aufgabe 7.27 auf Seite 174.

14.4 Herbst 2019 – Thema Nr. 1

1. Aufgabe

(a) Beweisen Sie: Für alle $n \in \mathbb{N}$, $n \geq 1$, gilt

$$\sum_{k=1}^{n} k^2 = \frac{1}{6}n(n+1)(2n+1).$$

(b) Für $n \in \mathbb{N}$, $n \geq 1$, sei

$$a_n = \frac{1}{n^3} \sum_{k=1}^{n} k^2.$$

Berechnen Sie

$$\lim_{n \to \infty} a_n.$$

(c) Für $n \in \mathbb{N}$, $n \geq 2$, sei

$$b_n = \prod_{k=2}^{n} \left(1 - \frac{1}{k}\right).$$

Berechnen Sie $\lim_{n \to \infty} b_n$.

2. Aufgabe

Beweisen oder widerlegen Sie die folgenden Aussagen.

(a) Sei $(a_n)_{n \in \mathbb{N}}$ eine konvergente Folge mit

$$0 < a_n < 1 \quad \text{für alle } n \in \mathbb{N},$$

und sei $f :]0,1[\to \mathbb{R}$ eine stetige Funktion. Dann konvergiert auch die Folge $(f(a_n))_{n \in \mathbb{N}}$.

(b) Sei $f :]0,1[\to \mathbb{R}$ eine beschränkte Funktion mit $f(0) = f(1)$, sodass f auf $]0,1[$ differenzierbar ist. Dann existiert ein $\xi \in]0,1[$ mit $f'(\xi) = 0$.

(c) Sei $(a_n)_{n \in \mathbb{N}}$ eine positive reelle Folge, sodass

$$\sum_{n=1}^{\infty} a_n$$

konvergiert. Dann konvergiert auch

$$\sum_{n=1}^{\infty} \frac{1 - a_n}{1 + a_n}.$$

3. Aufgabe

Berechnen Sie den Flächeninhalt der kompakten Teilmenge des $\mathbb{R}^2$, welche von der x-Achse und dem Graphen der Funktion

$$f : \left[0, \frac{5}{2}\pi\right] \to \mathbb{R},$$

definiert durch

$$f(x) = x \cdot \cos(x),$$

berandet wird.

4. Aufgabe

Zeigen Sie, dass die Gleichung

$$e^x = x^2 + 2x + 2$$

genau eine Lösung $x \in \mathbb{R}$ hat.

5. Aufgabe

Bestimmen Sie die allgemeine reellwertige Lösung der Differentialgleichung

$$y''(x) - 2y'(x) + 5y(x) - 4e^x \sin(x) = 0.$$

Lösungsvorschläge

Lösungsvorschlag zu Aufgabe 1

Siehe Aufgabe 2.14 auf Seite 30.

Lösungsvorschlag zu Aufgabe 2

Ad (a): Diese Aussage ist falsch. Nach Definition 4.10 vertauschen stetige Funktionen definitionsgemäß mit der Grenzwertbildung. Allerdings ist Voraussetzung dafür, dass die Funktion im Grenzwert der Folge definiert ist. Wir wählen also die durch $f(x) = \frac{1}{x}$ definierte Funktion f sowie die durch $a_n = \frac{1}{n}$ definierte Folge $(a_n)_{n \in \mathbb{N}}$. Offensichtlich gilt $0 < a_n < 1$ für alle $n \in \mathbb{N}$, und die Folge konvergiert gegen den Grenzwert $a = 0$. Außerdem ist f auf dem offenen Intervall $]0,1[$ stetig. Es ist aber $f(a_n) = n$, die dazugehörige Folge also divergent.

Ad (b): Diese Aussage ist wahr. Denn f ist auf $]0,1[$ stetig, und nach dem Zwischenwertsatz existiert damit ein $\xi \in]0,1[$, sodass

$$f'(\xi) = \frac{f(1) - f(0)}{1 - 0} = f(1) - f(0) = 0.$$

Ad (c): Diese Aussage ist falsch. Wählen wir für a_n eine Nullfolge, so folgt aus den Rechenregeln für Grenzwerte, dass die durch

$$b_n := \frac{1 - a_n}{1 + a_n}$$

definierte Folge gegen den Grenzwert $b = 1$ konvergiert. Insbesondere ist $(b_n)_{n \in \mathbb{N}}$ also keine Nullfolge und $\sum_{n=1}^{\infty} b_n$ divergiert. Wir müssen also für a_n lediglich eine Nullfolge wählen, sodass $\sum_{n=1}^{\infty} a_n$ konvergiert. Gemäß Tab. 3.1 leistet dies etwa $a_n = \frac{1}{n^2}$.

Lösungsvorschlag zu Aufgabe 3

Wir bestimmen zunächst die Nullstellen von f auf dem Intervall $\left[0, \frac{5}{2}\pi\right]$. Als Produkt ist der Term $x \cdot \cos(x)$ genau dann Null, wenn einer der Faktoren Null ist, also für $x = 0$ oder $x \in \pi\mathbb{Z} - \frac{\pi}{2}$. Auf dem vorgegebenen Intervall erhalten wir damit $x \in \left\{0, \frac{\pi}{2}, \frac{3\pi}{2}, \frac{5\pi}{2}\right\}$. Damit ist der Flächeninhalt A der gesuchten Figur gegeben durch

$$A = \left| \int_0^{\frac{\pi}{2}} f(x)\mathrm{d}x \right| + \left| \int_{\frac{\pi}{2}}^{\frac{3\pi}{2}} f(x)\mathrm{d}x \right| + \left| \int_{\frac{3\pi}{2}}^{\frac{5\pi}{2}} f(x)\mathrm{d}x \right|,$$

wobei wir mittels partieller Integration jeweils

$$\int_a^b \underbrace{x}_{=:u} \cdot \underbrace{\cos(x)}_{=:v'} \mathrm{d}x = [x\sin(x)]_a^b - \int_a^b 1 \cdot \sin(x)\mathrm{d}x = [x\sin(x)]_a^b + [\cos(x)]_a^b$$

erhalten. Damit erhalten wir also

$$\begin{aligned}
A &= \left| \int_0^{\frac{\pi}{2}} f(x)\mathrm{d}x \right| + \left| \int_{\frac{\pi}{2}}^{\frac{3\pi}{2}} f(x)\mathrm{d}x \right| + \left| \int_{\frac{3\pi}{2}}^{\frac{5\pi}{2}} f(x)\mathrm{d}x \right| \\
&= \left| \frac{\pi}{2} - 1 \right| + |-2\pi| + |4\pi| \\
&= \frac{13}{2}\pi - 1.
\end{aligned}$$

Lösungsvorschlag zu Aufgabe 4

Um die Existenz einer Lösung nachzuweisen, betrachten wir die Funktion $f : \mathbb{R} \to \mathbb{R}$, definiert durch

$$f(x) = \mathrm{e}^x - x^2 - 2x - 2.$$

Es sind

$$f(2) = \mathrm{e}^2 - 10 \overset{\mathrm{e}<3}{<} 3^2 - 10 = -1 < 0$$

und

$$f(10) = \mathrm{e}^{10} - 100 - 20 - 2 = \mathrm{e}^{10} - 122 \overset{\mathrm{e}>2}{>} 2^{10} - 122 = 1024 - 122 > 0.$$

Außerdem ist f als Komposition stetiger Funktionen stetig. Nach dem Zwischenwertsatz muss es also ein $x_0 \in [2, 10]$ geben mit $f(x_0) = 0$. Dieses x_0 ist dann gerade eine Lösung der angegebenen Gleichung $\mathrm{e}^x = x^2 + 2x + 2$.

Nun zur Eindeutigkeit. Wir zeigen, dass f höchstens eine Nullstelle besitzen kann und betrachten dazu die durch

$$f'(x) = \mathrm{e}^x - 2x - 2$$

definierte Ableitungsfunktion. Wegen $f'(0) = -1$ sehen wir, dass die durch $2x + 2$ definierte Gerade an der Stelle $x = 0$ die Exponentialfunktion dominiert. Da die Exponentialfunktion überall streng monoton steigt und die Gerade überall dieselbe Steigung besitzt, muss es jeweils links und rechts von $x = 0$ genau einen Schnittpunkt zwischen ihnen geben. Alternativ überlegt man sich, dass der Graph der Exponentialfunktion konvex ist und damit mit jeder Geraden zwei Schnittpunkte besitzt, sofern die Gerade an irgendeiner Stelle einen größeren Funktionswert annimmt als die Exponentialfunktion. Der linke Schnittpunkt ergibt sich dabei aus der Tatsache $\lim_{x \to -\infty} e^x = 0$ und $\lim_{x \to -\infty} 2x + 2 = -\infty$. Diese beiden Schnittpunkte x_1 und x_2 ($x_1 < x_2$) sind insbesondere natürlich die Nullstellen der Ableitungsfunktion f' und damit kritische Stellen von f. Nach Konstruktion ist $f'(x) < 0$ für $x \in (-\infty, x_1) \cup (x_2, \infty)$ und $f'(x) > 0$ für $x \in (x_1, x_2)$ und damit x_1 ein lokales Maximum und x_2 ein lokales Minimum von f.

Nun eine zentrale Beobachtung: Für $x \neq 0$ ist $x^2 > 0$ und damit

$$f(x) = e^x - x^2 - 2x - 2 = f'(x) - x^2 < f'(x)$$

für alle $x \neq 0$. Insbesondere erhalten wir daraus

$$f(x_1) < 0$$

wegen $x_2 \neq 0$. Da die Funktion f bis x_1 streng monoton steigt, verläuft sie also auf dem Intervall $(-\infty, x_1]$ stets unterhalb der x-Achse. Und da f auf dem Intervall (x_1, x_2) streng monoton fällt, gilt dasselbe auch für dieses Intervall. Zusammen ist also $f(x) < 0$ für $x \in (-\infty, x_2]$, dort kann es also keine Nullstelle geben. Außerhalb des Intervalls, also für $x \in (x_2, \infty)$ ist f jedoch streng monoton steigend und kann damit höchstens eine Nullstelle besitzen (Abb. 14.2).

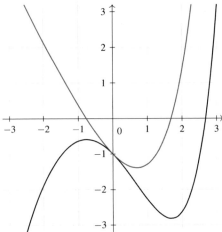

Abbildung 14.2 Graphen der Funktion f (blau) und f' (grün). Zu erahnen ist einerseits, dass f genau zwei Extremstellen besitzt und andererseits dass $f' < f$ für alle $x \neq 0$ gilt.

Lösungsvorschlag zu Aufgabe 5

Siehe Aufgabe 7.22 auf Seite 167.

14.5 Herbst 2019 – Thema Nr. 2

1. Aufgabe

Bestimmen Sie alle $N \in \mathbb{N}$, $N \geq 1$, für die die Reihe

$$\sum_{k=1}^{\infty} (-1)^{kN} \frac{k^N}{k^5 + N}$$

konvergiert.

2. Aufgabe

Beweisen oder widerlegen Sie die folgenden Aussagen.

(a) Für alle $c \in \mathbb{R}$ gibt es eine stetig differenzierbare Funktion $f : \mathbb{R} \to \mathbb{R}$, sodass

$$c = \int_0^{\pi} \left(\sin(x) f'(x) + \cos(x) f(x) \right) \mathrm{d}x$$

gilt

(b) Für alle $c \in \mathbb{R}$ gibt es eine stetig differenzierbare Funktion $f : \mathbb{R} \to \mathbb{R}$, sodass

$$c = \int_0^{\pi} \sin\left(f(x) \right) f'(x) \mathrm{d}x$$

gilt.

3. Aufgabe

(a) Zeigen Sie: Die Reihe

$$\sum_{k=0}^{\infty} \frac{k!}{2^{k!}} x^{2k+1}$$

konvergiert für alle $x \in \mathbb{R}$.

(b) Untersuchen Sie die Funktion $f : \mathbb{R} \to \mathbb{R}$, definiert durch

$$f(x) = \sum_{k=0}^{\infty} \frac{k!}{2^{k!}} x^{2k+1},$$

auf Monotonie.

4. Aufgabe

Gegeben sei die Funktion $f : \mathbb{R}^2 \to \mathbb{R}$, definiert durch

$$f(x,y) = \begin{cases} \arctan(xy) - x^2, & \text{falls } y \leq x, \\ xy - \arctan\left(x^2\right), & \text{falls } y > x. \end{cases}$$

(a) Untersuchen Sie, ob f auf ganz $\mathbb{R}^2$ stetig ist.

(b) Bestimmen Sie die globalen Extrema der Funktion f auf der Menge

$$\triangle = \{(x,y) \in \mathbb{R}^2 : 0 \leq y \leq x \leq 1\}.$$

5. Aufgabe

Bestimmen Sie alle stetig differenzierbaren Funktionen

$$f :]0, \infty[\ \to \ ]0, \infty[,$$

welche gleichzeitig die folgenden Bedingungen erfüllen.

- Für alle $x \in]0, \infty[$ gilt

$$f'(x) = f(x) \left(\frac{1}{x} + \cos(x) \right).$$

- Für alle $k \in \mathbb{N}, k \geq 1$, gilt

$$\frac{k\pi}{2e} \leq f \left(\frac{k\pi}{2} \right) \leq \frac{k\pi e}{2}.$$

Lösungsvorschläge

Lösungsvorschlag zu Aufgabe 1

Notwendige Voraussetzung für Konvergenz der zugehörigen Reihe ist, dass $a_k = (-1)^{kN} \frac{k^N}{k^5 + N}$ eine Nullfolge ist. Für $N \geq 5$ ist das nicht der Fall wegen

$$\frac{k^5}{k^5 + 5} = \frac{k^5}{k^5 \left(1 + \frac{5}{k^5} \right)} = \frac{1}{1 + \frac{5}{k^5}} \overset{k \to \infty}{\longrightarrow} 1$$

für $N = 5$ und

$$\frac{k^N}{k^5 + N} = \frac{k^{N-5}}{1 + \frac{N}{k^5}} \overset{k \to \infty}{\longrightarrow} \infty$$

für $N > 5$. Für $N \geq 5$ divergiert die Reihe also. Sei im Folgenden also $N \leq 4$. Wir unterscheiden vier Fälle:

- Für $N = 1$ ist $\sum_{k=1}^{\infty} (-1)^k \frac{k}{k^5 + 1}$ konvergent nach dem Leibniz-Kriterium (vgl. Satz 3.11), denn $\frac{k}{k^5 + 1}$ ist offensichtlich eine monoton fallende Nullfolge.

- Für $N = 2$ ist

$$\sum_{k=1}^{\infty} (-1)^{2k} \frac{k^2}{k^5 + 2} = \sum_{k=1}^{\infty} \frac{k^2}{k^5 + 2}$$

konvergent. Wir sehen das, weil wegen

$$\frac{k^2}{k^5 + 2} = \frac{k^2}{k^2 \left(k^3 + \frac{2}{k^2} \right)} = \frac{1}{k^3 + \underbrace{\frac{2}{k^2}}_{\geq 0}} \leq \frac{1}{k^3}$$

$\sum_{k=1}^{\infty} \frac{1}{k^3}$ eine Majorante ist. Diese ist als allg. harmonische Reihe konvergent gemäß Tab. 3.1.

- Für $N = 3$ ist $\sum_{k=1}^{\infty} (-1)^{3k} \frac{k^3}{k^5 + 3} = \sum_{k=1}^{\infty} (-1)^k \frac{k^3}{k^5 + 3}$ analog zum Fall $N = 1$ nach dem Leibniz-Kriterium konvergent.

- Für $N = 4$ ist

$$\sum_{k=1}^{\infty} (-1)^{4k} \frac{k^4}{k^5+4} = \sum_{k=1}^{\infty} \frac{k^4}{k^5+4}.$$

Wir formen wieder um und erhalten

$$\frac{k^4}{k^5+4} = \frac{1}{k+\frac{4}{k^4}} =: b_k.$$

Wir nutzen das Grenzwertkriterium (Satz 3.17) mit der Folge $c_k = \frac{1}{k}$. Es ist

$$\frac{b_k}{c_k} = \frac{1}{k+\frac{4}{k^4}} \cdot \frac{k}{1} = \frac{k}{k+\frac{4}{k^4}} \xrightarrow{k \to \infty} 1.$$

Weil die Reihe $\sum_{k=1}^{\infty} c_k$ als harmonische Reihe bekanntermaßen divergiert, gilt dies nun nach dem Grenzwertkriterium auch für $\sum_{k=1}^{\infty} b_k$.

Lösungsvorschlag zu Aufgabe 2

Siehe Aufgabe 6.47 auf Seite 145.

Lösungsvorschlag zu Aufgabe 3

Ad (a): Wir nutzen Satz 3.24 zur Bestimmung des Konvergenzradius und berechnen zunächst

$$\left| \frac{a_{k+1}}{a_k} \right| = \left| \frac{(k+1)!}{2^{(k+1)!}} \cdot \frac{2^{k!}}{k!} \right|$$

$$= \left| \frac{(k+1) \cdot 2^{k!}}{2^{(k+1)!}} \right|$$

$$= \left| \frac{(k+1) \cdot 2^{k!}}{2^{(k+1)!}} \right|.$$

Wir betrachten nun die durch $b_k := \frac{(k+1) \cdot 2^{k!}}{2^{(k+1)!}}$ definierte Folge. Dabei ist zunächst

$$2^{(k+1)!} = 2^{(k+1) \cdot k!} = 2^{k \cdot k! + k!} = 2^{k \cdot k!} \cdot 2^{k!},$$

und wir folgern

$$0 \le b_k = \frac{(k+1) \cdot 2^{k!}}{2^{(k+1)!}} = \frac{k+1}{2^{k \cdot k!}} \cdot \frac{2^{k!}}{2^{k!}} = \frac{k+1}{2^{k \cdot k!}} \xrightarrow{k \to \infty} 0.$$

Also ist nach dem Sandwichlemma 2.10 $\lim_{k \to \infty} b_k = 0$. Folglich ist

$$\frac{1}{r} = \lim_{k \to \infty} \left| \frac{a_{k+1}}{a_k} \right| = 0 \Longrightarrow r = \infty.$$

Die gegebene Potenzreihe mit Entwicklungspunkt $a = 0$ konvergiert folglich für alle $x \in \mathbb{R}$.

Ad (b): In Teilaufgabe (a) haben wir gezeigt, dass f auf ganz $\mathbb{R}$ differenzierbar ist, weil Potenzreihen im Inneren ihres Konvergenzbereichs differenzierbare Funktionen darstellen. Wir dürfen also summandenweise differenzieren. Dies führt auf:

$$f'(x) = \sum_{k=0}^{\infty} (2k+1) \frac{k!}{2^{k!}} x^{2k}.$$

Nun ist $(2k+1)\frac{k!}{2^{k!}} > 0$ für alle $k \in \mathbb{N}_0$ und $x^{2k} > 0$ für alle $x \in \mathbb{R} \setminus \{0\}$. Damit steigt f für $x \neq 0$ streng monoton. In $x = 0$ ist:

$$f'(0) = \sum_{k=0}^{\infty} (2k+1) \frac{k!}{2^{k!}} \cdot 0^{2k} = 0,$$

hier besitzt f also einen Sattelpunkt.

Lösungsvorschlag zu Aufgabe 4

Siehe Aufgabe 5.20 auf Seite 110.

Lösungsvorschlag zu Aufgabe 5

Siehe Aufgabe 7.23 auf Seite 169.

14.6 Herbst 2019 – Thema Nr. 3

1. Aufgabe

Überprüfen Sie die beiden folgenden Reihen auf Konvergenz:

$$\sum_{n=1}^{\infty} \frac{n!}{n^n}, \qquad \sum_{n=1}^{\infty} \frac{n^n}{n!+n^n}$$

2. Aufgabe

Die Funktion $f : \mathbb{R} \to \mathbb{R}$ sei definiert durch

$$f(x) = e^x \cdot \cos(x) + x^2.$$

Zeigen Sie, dass sowohl die Funktion f als auch ihre Ableitung f' unendlich viele reelle Nullstellen besitzt.

3. Aufgabe

(a) Für welche $x \in \mathbb{R}$ konvergiert die Reihe

$$\sum_{n=0}^{\infty} (-1)^n x^{2n}?$$

Begründen Sie Ihre Antwort.

(b) Stellen Sie die Reihe für diejenigen $x \in \mathbb{R}$, für die sie konvergiert, als elementare Funktion dar.

(c) Geben Sie für $x \in]-1,1[$ eine Reihenentwicklung des Arcustangens (mit Begründung) an.

4. Aufgabe

Die Funktion $f : \mathbb{R}^2 \to \mathbb{R}$ sei definiert durch

$$f(x,y) = x^3 + 3xy^2 - 15x - 12y + 7.$$

Bestimmen Sie alle lokalen Extrema von f und begründen Sie Ihre Ergebnisse.

5. Aufgabe

Bestimmen Sie die Lösung des Anfangswertproblems

$$y'(x) = \frac{y(x)^2}{x(x+1)}, \qquad y\left(-\frac{1}{2}\right) = 1,$$

und geben Sie den maximalen Definitionsbereich an.

Lösungsvorschläge

Lösungsvorschlag zu Aufgabe 1

Für die erste Reihe betrachten wir die durch $a_n = \frac{n!}{n^n}$ definierte Folge. Dabei ist

$$a_n = \frac{n!}{n^n} = \frac{1 \cdot 2 \cdots \cdots n}{n \cdot n \cdots \cdots n} = \frac{1}{n} \cdot \frac{2}{n} \cdots \cdots \frac{n}{n}.$$

Offensichtlich sind alle Faktoren stets kleiner oder gleich 1. Wir schätzen also ab:

$$a_n = \frac{1}{n} \cdot \frac{2}{n} \cdot \underbrace{\ldots}_{\leq 1} \cdot \underbrace{\frac{n}{n}}_{=1} \leq \frac{2}{n^2} \cdot 1 = \frac{2}{n^2}$$

Damit ist die Reihe

$$\sum_{n=1}^{\infty} \frac{2}{n^2}$$

eine Majorante der gegebenen Reihe, wobei die Majorante nach Tab. 3.1 konvergiert. Somit konvergiert auch die Reihe $\sum_{n=1}^{\infty} \frac{n!}{n^n}$ nach dem Majorantenkriterium.

Für die zweite Reihe machen wir eine ähnliche Überlegung. Es ist

$$n! = 1 \cdot 2 \cdot 3 \cdots \cdots n \leq n \cdot n \cdot n \cdots \cdots n = n^n$$

und damit

$$\frac{n^n}{n! + n^n} \geq \frac{n^n}{n^n + n^n} = \frac{1}{2}.$$

Es ist also die durch $a_n = \frac{n^n}{n! + n^n}$ definierte Folge keine Nullfolge. Damit kann $\sum_{n=1}^{\infty} a_n$ nicht konvergieren. Eine divergente Minorante wäre nach obiger Abschätzung bspw. $\sum_{n=1}^{\infty} \frac{1}{2}$.

Lösungsvorschlag zu Aufgabe 2

Wir betrachten zunächst die Hilfsfunktion $g(x) = e^x - x^2$. Durch Einsetzen der Taylor-Reihe für e^x erhalten wir damit:

$$g(x) = \sum_{n=0}^{\infty} \frac{x^n}{n!} - x^2 = \left(1 + \frac{x}{1!} + \frac{x^2}{2!} + \ldots\right) - x^2 = 1 + x - \frac{x^2}{2} + \frac{x^3}{6} + \ldots$$

Wir sehen nun leicht, dass wegen

$$\frac{x^3}{6} > \frac{x^2}{2} \Leftrightarrow x > 3$$

die Funktion $g(x)$ stets positive Werte annimmt, sofern wir $x > 3$ voraussetzen. Denn dann gilt

$$g(x) = \underbrace{1 + x}_{>0} + \underbrace{\frac{x^3}{6} - \frac{x^2}{2}}_{>0} + \underbrace{\frac{x^4}{4!} + \frac{x^5}{5!}}_{>0} + \ldots > 0.$$

Mit anderen Worten: Für $x > 3$ dominiert der Term e^x den Term x^2 (das tut er natürlich auch schon für kleinere x, was an dieser Stelle jedoch keine Rolle spielt). Nun zurück zur Funktion f. Wir wissen, dass die Gleichungen $\cos(x) = 1$ sowie $\cos(x) = -1$ unendlich viele Lösungen besitzen, die größer als 3 sind. Im ersten Fall sind das die Elemente aus $2\pi\mathbb{Z}_{\geq 1}$, im zweiten Fall die Elemente aus $2\pi\mathbb{Z}_{\geq 0} + \pi$. Wir nehmen uns nun zwei solche Lösungen, die nebeneinanderliegen, also

$$x_k = 2\pi k \qquad \text{und} \qquad y_k = 2\pi k + \pi.$$

Dann gilt nach der Überlegung am Anfang

$$f(x_k) = e^{x_k}\cos(x_k) + x_k^2 = e^{x_k} + x_k^2 > 0$$

und

$$f(y_k) = e^{y_k}\cos(y_k) + y_k^2 = -e^{y_k} + y_k^2 < 0.$$

Nun ist die Funktion f als Komposition stetiger Funktionen stetig und besitzt damit nach dem Zwischenwertsatz eine Nullstelle $\tilde{x} \in [x_k, y_k]$. Da es unendlich viele verschiedene Paare von x_k und y_k gibt, sodass die Intervalle $[x_k, y_k]$ paarweise disjunkt sind, gibt es damit auch unendlich viele verschiedene Nullstellen von f.

Für die Funktion f' ist die Begründung völlig analog. Man rechnet mithilfe des geeigneten Additionstheorems, dass

$$f'(x) = e^x(\cos(x) - \sin(x)) + 2x = \sqrt{2} \cdot e^x \cos\left(x + \frac{\pi}{4}\right) + 2x$$

ist, wobei der Term $\cos\left(x + \frac{\pi}{4}\right)$ lediglich eine um $\frac{\pi}{4}$ auf der x-Achse nach links verschobene Version des Terms $\cos(x)$ ist – die Periodizität bleibt unverändert. Ebenso überlegt man sich analog wie oben mit Hilfe der Taylor-Reihen leicht, dass der Term $\sqrt{2} \cdot e^x$ den Term $2x$ dominiert. Wir sind also in derselben Situation wie bei f, und da f' ebenfalls als Komposition stetiger Funktionen stetig ist, können wir mit dem Zwischenwertsatz analog folgern, dass auch f' unendlich viele reelle Nullstellen besitzen muss.

Lösungsvorschlag zu Aufgabe 3

Ad (a): Bei der Reihe handelt es sich wegen

$$\sum_{n=0}^{\infty} (-1)^n x^{2n} = \sum_{n=0}^{\infty} 1 \cdot \left(-x^2\right)^n$$

um die geometrische Reihe, wobei $a = 1$ und $q = -x^2$. Diese konvergiert nach Tab. 3.1 genau dann, wenn $q \in (-1, 1)$, also für alle $x \in \mathbb{R}$, sodass gelten muss $-x^2 \in (-1, 1)$. Letzteres ist genau für alle $x \in (-1, 1)$ der Fall.

Ad (b): Nach Teilaufgabe (a) und Tab. 3.1 können wir die geometrische Reihe innerhalb ihres Konvergenzbereichs $(-1, 1)$ umschreiben zu

$$\sum_{n=0}^{\infty} (-1)^n x^{2n} = \sum_{n=0}^{\infty} 1 \cdot \left(-x^2\right)^n = \frac{1}{1+x^2}.$$

Ad (c): Wir wissen, dass $\frac{d}{dx} \arctan(x) = \frac{1}{1+x^2}$ gilt und dass wir Potenzreihen innerhalb ihres Konvergenzkreises gliedweise differenzieren bzw. integrieren können $(\star)$. Damit folgt:

$$
\begin{aligned}
\arctan(x) &= \int \frac{1}{1+x^2} dx \\
&= \int \sum_{n=0}^{\infty} (-1)^n \cdot x^{2n} dx \\
&\overset{(\star)}{=} \sum_{n=0}^{\infty} (-1)^n \int x^{2n} dx \\
&= \sum_{n=0}^{\infty} (-1)^n \frac{x^{2n+1}}{2n+1}
\end{aligned}
$$

Dies entspricht gerade der in Tab. 4.3 aufgelisteten Taylor-Reihe der durch $f(x) = \arctan(x)$ definierten Funktion auf dem Bereich $]-1, 1[$ mit Entwicklungspunkt 0.

Lösungsvorschlag zu Aufgabe 4

Siehe Aufgabe 5.18 auf Seite 106.

Lösungsvorschlag zu Aufgabe 5

Siehe Aufgabe 7.24 auf Seite 170.

14.7 Frühjahr 2020 – Thema Nr. 1

1. Aufgabe

(a) Zeigen Sie: Für alle $n \in \mathbb{N}$ mit $n \geq 2$ gilt:

$$\sum_{k=2}^{n} \frac{1}{k(k^2-1)} = \frac{1}{4} - \frac{1}{2n(n+1)}$$

(b) Untersuchen Sie die Reihe

$$\sum_{n=2}^{\infty} \frac{1}{n(n^2-1)}$$

auf Konvergenz und bestimmen Sie gegebenenfalls ihre Summe.

2. Aufgabe

Betrachten Sie die Funktion $f_{m,t} : \mathbb{R} \to \mathbb{R}$ mit

$$f_{m,t}(x) = \begin{cases} \cos(\sqrt{x}), & \text{für } x \geq 0, \\ mx + t, & \text{für } x < 0, \end{cases}$$

in Abhängigkeit von den reellen Parametern $m, t \in \mathbb{R}$.

(a) Bestimmen Sie alle Werte $m, t \in \mathbb{R}$, für die die Funktion $f_{m,t}$ stetig ist.

(b) Ermitteln Sie, für welche Wetrte von $m, t \in \mathbb{R}$ die Funktion $f_{m,t}$ sogar differenzierbar ist! Bestimmen Sie in diesem Fall die Ableitung $f'_{m,t}$ von $f_{m,t}$.

3. Aufgabe

Auf der Menge $D_f = {]}0, +\infty{[}$ betrachte man die Funktion $f : D_f \to \mathbb{R}$ mit

$$f(x) = \frac{1}{x} + \arctan(x).$$

(a) Untersuchen Sie f auf Monotonie und bestimmen Sie $W_f = f(D_f)$.

(b) Zeigen Sie, dass die Ungleichung

$$|f(b) - f(a)| < \frac{b-a}{2}$$

für alle $1 \leq a < b$ gilt.

(c) Zeigen Sie, dass f eine differenzierbare Umkehrabbildung $f^{-1} : W_f \to \mathbb{R}$ besitzt, und bestimmen Sie die Ableitung

$$\left(f^{-1}\right)'\left(1 + \frac{\pi}{4}\right).$$

4. Aufgabe

(a) Skizzieren Sie die Menge

$$K = \left\{ (x,y) \in \mathbb{R}^2 : x^2 \leq y \text{ und } y^2 \leq x \right\}$$

und bestimmen Sie ihren Flächeninhalt.

(b) Gegeben sei die Funktion $f : K \to \mathbb{R}$ mit

$$f(x,y) = \left(y - x^2 \right) \left(x - y^2 \right)$$

auf der Menge $K \subseteq \mathbb{R}^2$ von Teilaufgabe (a). Zeigen Sie, dass f im Inneren von K genau einen kritischen Punkt besitzt, und geben Sie diesen Punkt an.

(c) Begründen Sie, warum es sich bei dem in Teilaufgabe (b) bestimmten Punkt um eine globale Maximalstelle der Funktion f auf K handelt.

5. Aufgabe

Betrachten Sie die homogene lineare Differentialgleichung dritter Ordnung

$$y'''(x) + 2y''(x) + ry'(x) + 2ry(x) = 0 \tag{14.2}$$

mit konstanten Koeffizienten. Dabei ist $r \in \mathbb{R}$ ein reeller Parameter.

(a) Zeigen Sie durch Rechnung, dass die Funktion $\phi : \mathbb{R} \to \mathbb{R}$ mit

$$\phi(x) = e^{-2x}$$

unabhängig von $r \in \mathbb{R}$ eine Lösung von (14.2) ist.

(b) Bestimmen Sie, in Abhängigkeit von $r \in \mathbb{R}$, ein reelles Fundamentalsystem von (14.2).

Lösungsvorschläge

Lösungsvorschlag zu Aufgabe 1

Ad (a): Wir führen eine Induktion über n durch. Der Induktionsanfang für $n = 2$ ist

$$\sum_{k=2}^{2} \frac{1}{k(k^2 - 1)} = \frac{1}{2 \cdot (2^2 - 1)} = \frac{1}{6} = \frac{1}{4} - \frac{1}{2 \cdot 2 \cdot (2 + 1)}.$$

Induktionsvoraussetzung: Obige Aussage gelte für ein $n \in \mathbb{N}_{\geq 2}$. Wir wollen zeigen, dass sie dann auch für den Nachfolger $n + 1$ gilt, d.h.,

$$\sum_{k=2}^{n+1} \frac{1}{k(k^2 - 1)} = \frac{1}{4} - \frac{1}{2(n+1)(n+2)}.$$

Induktionsschritt:

$$\sum_{k=2}^{n+1} \frac{1}{k(k^2-1)} = \sum_{k=2}^{n} \frac{1}{k(k^2-1)} + \frac{1}{(n+1)((n+1)^2-1)}$$

$$= \sum_{k=2}^{n} \frac{1}{k(k^2-1)} + \frac{1}{n(n+1)(n+2)}$$

$$\overset{(IV)}{=} \frac{1}{4} - \frac{1}{2n(n+1)} + \frac{1}{n(n+1)(n+2)}$$

$$= \frac{1}{4} - \frac{1}{2(n+1)(n+2)}$$

Ad (b): Wir nutzen Teilaufgabe (a) und sehen

$$\sum_{n=2}^{\infty} \frac{1}{n(n^2-1)} = \lim_{n\to\infty} \left(\sum_{k=2}^{n} \frac{1}{k(k^2-1)} \right)$$

$$\overset{(a)}{=} \lim_{n\to\infty} \left(\frac{1}{4} - \frac{1}{2n(n+1)} \right)$$

$$= \frac{1}{4},$$

da der hintere Teil $\frac{1}{2n(n+1)}$ offensichtlich gegen 0 konvergiert und damit nach den Rechenregeln für Grenzwerte auch der Ausdruck $\frac{1}{4} - \frac{1}{2n(n+1)}$. Damit konvergiert die Reihe mit Summe $\frac{1}{4}$.

Lösungsvorschlag zu Aufgabe 2

Ad (a): Für $x > 0$ ist $f_{m,t}$ als Komposition der stetigen Funktionen $x \mapsto \cos(x)$ und $x \mapsto \sqrt{x}$ in jedem Fall stetig, für $x < 0$ als Polynom ebenfalls. Bleibt die Stelle $x = 0$. Wegen

$$f(0) = \cos(\sqrt{0}) = 1$$

und

$$\lim_{x\to 0} (mx+t) = t$$

ist $f_{m,t}$ für alle $(m,t) \in \mathbb{R} \times \{1\}$ stetig in $x = 0$ und damit auf ganz $\mathbb{R}$.

Ad (b): Für $x > 0$ ist $f_{m,t}$ als Komposition der differenzierbaren Funktionen $x \mapsto \cos(x)$ und $x \mapsto \sqrt{x}$ in jedem Fall differenzierbar, für $x < 0$ als Polynom ebenfalls. Bleibt wieder die Stelle $x = 0$. Wir berechnen den Grenzwert des Differenzenquotienten

$$\frac{f_{m,t}(h) - f(0)}{h - 0}$$

für $h \to 0$, einmal für $h > 0$ (von rechts) und einmal für $h < 0$ (von links). Es genügt dabei $f_{m,1}$ zu betrachten, da $f_{m,t}$ nach Teilaufgabe (a) sonst nicht stetig und damit insbesondere nicht differenzierbar ist. Von links bekommen wir

$$\frac{f_{m,1}(h) - f(0)}{h - 0} = \frac{m \cdot h + 1 - 1}{h} = \frac{mh}{h} = m$$

für $h \to 0$. Von rechts entsprechend

$$\frac{f_{m,1}(h) - f(0)}{h - 0} = \frac{\cos\left(\sqrt{h}\right) - 1}{h}.$$

Wegen

$$\cos\left(\sqrt{h}\right) - 1 \overset{h \to 0}{\longrightarrow} 0$$

sind wir in der Situation von L'Hospital:

$$\lim_{h \to 0} \frac{\cos\left(\sqrt{h}\right) - 1}{h} = -\lim_{h \to 0} \frac{\sin\left(\sqrt{h}\right)}{2\sqrt{h}}$$

Wieder ist $2\sqrt{h} \overset{h \to 0}{\longrightarrow} 0$ und $\sin\left(\sqrt{h}\right) \overset{h \to 0}{\longrightarrow} 0$, sodass wir noch einmal L'Hospital anwenden. Wir bekommen in diesem Schritt durch Ableiten von Zähler und Nenner:

$$-\lim_{h \to 0} \frac{\sin\left(\sqrt{h}\right)}{2\sqrt{h}} = -\lim_{h \to 0} \frac{\cos\left(\sqrt{h}\right)}{2\sqrt{h}} \cdot \sqrt{h}$$

$$= -\lim_{h \to 0} \frac{\cos\left(\sqrt{h}\right)}{2}$$

$$= -\frac{1}{2}$$

Links- und rechtsseitiger Grenzwert stimmen also im Fall $m = -\frac{1}{2}$ überein. Die Ableitung von $f_{-\frac{1}{2},1}$ ist letztlich also gegeben durch

$$f'_{-\frac{1}{2},1}(x) = \begin{cases} -\frac{\sin(\sqrt{x})}{2x}, & x \geq 0, \\ -\frac{1}{2}, & x < 0. \end{cases}$$

Lösungsvorschlag zu Aufgabe 3

Ad (a): f ist die Summe der auf D_f differenzierbaren Funktionen $x \mapsto x^{-1}$ und $x \mapsto \arctan(x)$ und als solche differenzierbar mit Ableitung

$$f'(x) = -\frac{1}{x^2} + \frac{1}{x^2 + 1}$$

$$= -\frac{1}{x^4 + x^2} < 0.$$

Der Graph von f fällt also auf D_f streng monoton. Wir sehen ferner

$$\lim_{x \to 0} \left(\frac{1}{x} + \underbrace{\arctan(x)}_{\geq -\frac{\pi}{2}} \right) \geq \lim_{x \to 0} \left(\frac{1}{x} + \frac{\pi}{2} \right) = +\infty$$

und

$$\lim_{x \to \infty} \left(\underbrace{\frac{1}{x}}_{\to 0} + \underbrace{\arctan(x)}_{\to \frac{\pi}{2}} \right) = \frac{\pi}{2}$$

mit den Rechenregeln für Grenzwerte. Gemeinsam mit der Stetigkeit von f folgt aus der Tatsache, dass f streng monoton fällt, bereits $W_f = \left(\frac{\pi}{2}, +\infty \right)$.

Ad (b): f ist stetig und insbesondere auf $(a,b) \in D_f$ differenzierbar nach Teilaufgabe (a). Nach dem Mittelwertsatz gibt es dann ein $x_0 \in (a,b)$ mit

$$f'(x_0) = \frac{f(b) - f(a)}{b - a}.$$

Wir wissen aus (a), dass $f'(x_0) = -\frac{1}{x_0^4 + x_0^2}$, also

$$f(b) - f(a) = (b-a)f'(x_0) = -\frac{b-a}{x_0^4 + x_0^2}.$$

Wegen $x_0 \in (a,b)$ ist insbesondere $x_0 > a \geq 1$. Wir erhalten damit die zu beweisende Ungleichung, denn

$$|f(b) - f(a)| = \left| -\frac{b-a}{x_0^4 + x_0^2} \right| = \frac{b-a}{\underbrace{x_0^4}_{>1} + \underbrace{x_0^2}_{>1}} < \frac{b-a}{2}.$$

$$\underbrace{}_{>2}$$

Ad (c): f ist auf D_f bijektiv; dies folgt aus der strengen Monotonie, die wir in (a) gezeigt haben. Außerdem ist f auf D_f differenzierbar, und $x_0 = 1 \in D_f$ mit

$$f(x_0) = f(1) = 1 + \frac{\pi}{4}$$

sowie

$$f'(1) = -\frac{1}{1^4 + 1^2} \neq 0.$$

Also ist nach der Umkehrregel 4.25 f^{-1} differenzierbar in $f(x_0)$ mit

$$(f^{-1})' \left(1 + \frac{\pi}{4} \right) = \frac{1}{f'\left(f^{-1}\left(1 + \frac{\pi}{4} \right) \right)} = \frac{1}{f'(1)} = -2.$$

Ad (a): Die Menge K wird berandet von den Graphen der Funktionen $x \mapsto \sqrt{x}$ und $x \mapsto x^2$. Für $0 \leq x \leq 1$ ist dabei stets $x^2 \leq \sqrt{x}$, wobei die Schnittstellen der Graphen bei $x_1 = 0$ und $x_2 = 1$ sind. Es ergibt sich die in Abb. 14.3 dargestellte Skizze.

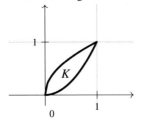

Abbildung 14.3 Visualisierung der Menge K.

Den Flächeninhalt von K berechnet man nun mithilfe der Skizze zu

$$A_K = \int_0^1 \left(\sqrt{x} - x^2 \right) dx$$

$$= \left[\frac{2x^{\frac{3}{2}}}{3} - \frac{x^3}{3} \right]_0^1$$

$$= \frac{1}{3}.$$

Ad (b): Wir finden die kritischen Stellen von f aus den Nullstellen des Gradienten:

$$\nabla f(x,y) = \begin{pmatrix} \partial_x f(x,y) \\ \partial_y f(x,y) \end{pmatrix} = \begin{pmatrix} -3x^2 + 2xy^2 + y \\ 2x^2y + x - 3y^2 \end{pmatrix} \overset{!}{=} \begin{pmatrix} 0 \\ 0 \end{pmatrix}$$

Die kritischen Stellen finden wir zu $(0,0), (1/2, 1/2)$ und $(1,1)$, wobei nur $(1/2, 1/2)$ im Inneren von K liegt. Um diese Stellen zu finden, ist im Gradienten lediglich die untere Gleichung von der oberen zu subtrahieren. Dies führt auf

$$(y - x)(2xy + 3x + 3y + 1) = 0,$$

also $x = y$ oder $2xy + 3x + 3y + 1 = 0$. Umstellen letzterer Gleichung nach y liefert

$$y = -\frac{2x + 1}{2x + 3}$$

wegen $x \neq -\frac{3}{2}$. Man sieht nun wegen $0 \leq x \leq 1$ leicht, dass stets $y < 0$ ist. Nach Voraussetzung ist jedoch $0 \leq y \leq 1$, dieser Fall kann also nicht eintreten, und es muss $x = y$ gelten. Eingesetzt liefert dies wiederum Polynome dritten Grades, die sich leicht faktorisieren lassen.

Ad (c): Wir wollen zeigen, dass $(1/2, 1/2)$ globale Maximalstelle ist und berechnen dazu die Hesse-Matrix von f zu

$$H_f(x,y) = \begin{pmatrix} -6x + 2y^2 & 4xy + 1 \\ 4xy + 1 & 2x^2 - 6y \end{pmatrix}.$$

An der Stelle $(1/2, 1/2)$ ergibt dies

$$H_f\left(\frac{1}{2}, \frac{1}{2}\right) = \begin{pmatrix} -\frac{5}{2} & 2 \\ 2 & -\frac{5}{2} \end{pmatrix}$$

mit dem charakteristischen Polynom

$$\chi_{H_f\left(\frac{1}{2}, \frac{1}{2}\right)}(\lambda) = \lambda^2 + 5\lambda + \frac{9}{4}.$$

Die Eigenwerte ergeben sich folglich zu $\lambda_1 = -\frac{9}{2}$ und $\lambda_2 = -\frac{1}{2}$, sodass die Hesse-Matrix an der Stelle $(1/2, 1/2)$ negativ definit ist. Daraus folgt, dass bei $(1/2, 1/2)$ ein Maximum liegt mit

$$f\left(\frac{1}{2}, \frac{1}{2}\right) = \frac{1}{16}.$$

Dieses ist auch global, denn $f(0,0) = 0 = f(1,1)$, und auf dem Rand von K ist f ebenfalls stets 0, damit ist

$$f(x, x^2) = (x^2 - x^2) \cdot (x - x^4) = 0 < \frac{1}{16}$$

und

$$f(y^2, y) = (y - y^4) \cdot (y^2 - y^2) = 0 < \frac{1}{16}.$$

Lösungsvorschlag zu Aufgabe 5

Ad (a): Wir sehen mittels der Kettenregel einfach, dass $\phi^{(n)}(x) = (-2)^n e^{-2x}$ für $n \in \mathbb{N}$. Einsetzen in die Differentialgleichung ergibt

$$\phi'''(x) + 2\phi''(x) + r\phi'(x) + 2r\phi(x) = -8e^{-2x} + 8e^{-2x} - 2re^{-2x} + 2re^{-2x} = 0.$$

Ad (b): Wir finden die charakteristische Gleichung zu

$$\lambda^3 + 2\lambda^2 + r\lambda + 2r = 0.$$

Eine Lösung kennen wir aus (a), nämlich $\lambda_1 = -2$. Weitere Lösungen finden wir nach einer Polynomdivision sofort zu $\lambda_{2/3} = \pm i\sqrt{r}$. Wir machen nun eine Fallunterscheidung.

- Fall 1: $r = 0$. In diesem Fall ist $\lambda_2 = \lambda_3 = 0$, d.h., es liegt eine doppelte Nullstelle des charakteristischen Polynoms vor. In diesem Fall sind die Funktionen $e^{0 \cdot x} = 1$ und $xe^{0 \cdot x} = x$ gemäß Seite 7.4 linear unabhängig, und ein reelles Fundamentalsystem ist gegeben durch

$$\mathscr{F}_{r=0} = \left\{1, x, e^{-2x}\right\}.$$

- Fall 2: $r > 0$. In diesem Fall sind $\lambda_{2/3} = \pm i\sqrt{r}$ zwei komplex konjugierte Nullstellen des charakteristischen Polynoms. Wir sehen, dass wegen

$$e^{i\sqrt{r} \cdot x} = \cos(\sqrt{r} \cdot x) + i\sin\left(\sqrt{r} \cdot x\right)$$

ein reelles Fundamentalsystem (vgl. Seite 163) gegeben ist durch

$$\mathscr{F}_{r>0} = \left\{e^{-2x}, \cos\left(\sqrt{r} \cdot x\right), \sin\left(\sqrt{r} \cdot x\right)\right\}.$$

- Fall 3: $r < 0$. In diesem Fall gibt es wegen

$$\lambda_{2/3} = \pm i \sqrt{r} = \pm i \sqrt{-|r|} = \pm i^2 \sqrt{|r|} = \mp \sqrt{|r|}$$

neben $\lambda_1 = -2$ zwei weitere und wegen $r \neq 0$ verschiedene reelle Nullstellen $\lambda_2 = \sqrt{|r|}$ und $\lambda_3 = -\sqrt{|r|}$ des charakteristischen Polynoms. Das reelle Fundamentalsystem ist deswegen in diesem Fall gegeben durch

$$\mathscr{F}_{r<0} = \left\{ e^{-2x}, e^{\sqrt{|r|} \cdot x}, e^{-\sqrt{|r|} \cdot x} \right\}.$$

14.8 Frühjahr 2020 – Thema Nr. 2

1. Aufgabe

(a) Zeigen Sie

$$\sin(x) > x - \frac{x^3}{6}$$

für alle $x > 0$.

(b) Seien $x_0 > 0$ und die Folge $(x_n)_{n \in \mathbb{N}_0}$ rekursiv durch

$$x_{n+1} = \sin(x_n) + \frac{x_n^3}{6}$$

für $n \geq 0$ definiert. Zeigen Sie, dass die Folge $(x_n)_{n \in \mathbb{N}}$ monoton wächst und

$$\lim_{n \to \infty} x_n = +\infty.$$

2. Aufgabe

(a) Beweisen Sie

$$\lim_{x \to 0} \frac{\ln(1 + x - x^2)}{x} = 1$$

und

$$\lim_{n \to \infty} \left(1 + \frac{1}{n} - \frac{1}{n^2}\right)^n = e.$$

(b) Untersuchen Sie, für welche $x \in \mathbb{R}$ die Reihe

$$\sum_{n=1}^{\infty} \left(1 + \frac{1}{n} - \frac{1}{n^2}\right)^{-n^2} x^n$$

konvergent ist.

3. Aufgabe

Bestimmen Sie alle stetig differenzierbaren Funktionen $f : \mathbb{R} \to \mathbb{R}$ mit

$$f(0) = 0$$

und der zusätzlichen Eigenschaft, dass die Funktion $g : \mathbb{R} \to \mathbb{R}$ mit

$$g(x) = \int_0^x f(t)\,dt$$

für $x \in \mathbb{R}$ die gewöhnliche Differentialgleichung

$$g''(x) + 4g(x) = 5e^x$$

löst.

4. Aufgabe

Sei die Kurve $\gamma \colon [0, 2\pi] \to \mathbb{R}$ definiert durch

$$\gamma(t) = \left(t^2 \sin(t), t^2 \cos(t)\right).$$

Bestimmen Sie die Länge der Kurve γ.

5. Aufgabe

Seien

$$K = \left\{(x, y) \in \mathbb{R}^2 : 0 \leq x \leq 2,\ 0 \leq y \leq x \cdot (2 - x)\right\}$$

und die Funktoin $f : K \to \mathbb{R}$ durch

$$f(x, y) = \frac{x^3}{3} + 4y - xy$$

gegeben.

(a) Skizzieren Sie K.

(b) Zeigen Sie, dass f an der Stelle $(1, 1)$ das globale Maximum auf K annimmt.

Lösungsvorschläge

Lösungsvorschlag zu Aufgabe 1

Ad (a): Sei $f : \mathbb{R}^+ \to \mathbb{R},\ x \mapsto \sin(x) - \left(x - \frac{x^3}{6}\right)$. Wir zeigen, dass $f(x) > 0$ für alle $x > 0$ ist. Offenbar ist $f(0) = \sin(0) - (0 - 0) = 0$. Wir sind also fertig, falls f auf $\mathbb{R}^+$ streng monoton steigt, falls also

$$f'(x) = \cos(x) - 1 + \frac{x^2}{2} > 0$$

für $x > 0$. Gleiches Argument: Wegen $f'(0) = 0$ genügt es zu zeigen, dass f' streng monoton steigt, dass also

$$f''(x) = -\sin(x) + x > 0$$

für $x > 0$. Wir nutzen noch einmal dasselbe Argument. Es ist $f''(x) > 0$ für $x > 0$, wenn wegen $f''(0) = 0$ auch f'' streng monoton steigt. Dies ist der Fall, wenn

$$f'''(x) = -\cos(x) + 1 \geq 0.$$

Dies ist wegen $\cos(x) \in [-1, 1]$ der Fall. Denn f''' ist auf einer punktierten ε-Umgebung $U_\varepsilon(0) \backslash \{0\}$ strikt positiv ($0 < \varepsilon < \frac{\pi}{2}$). Also folgt die Behauptung.

Ad (b): Die Folge wächst offensichtlich monoton, denn

$$x_{n+1} = \sin(x_n) + \frac{x_n^3}{6} \overset{\text{(a)}}{>} x_n.$$

Angenommen die Folge wäre nicht unbeschränkt, d.h. besitze eine obere Schranke. Dann konvergt sie nach Satz 2.9 von der monotonen Konvergenz und besitzt folglich einen Grenzwert $a \in \mathbb{R}$, dann wäre

$$a = \lim_{n \to \infty} x_{n+1} = \lim_{n \to \infty} \left(\sin(x_n) + \frac{x_n^3}{6} \right) \overset{\text{stetig}}{=} \sin(a) + \frac{a^3}{6}.$$

Dies ist ein Widerspruch zu (a), also kann die Folge nicht nach oben beschränkt sein. Also folgt wegen der strengen Monotonie und $x_0 > 0$ sofort die Behauptung.

Lösungsvorschlag zu Aufgabe 2

Ad (a): Weil $\ln(1 + x - x^2) \overset{x \to 0}{\longrightarrow} 0$, sind wir offensichtlich in der Situation von L'Hospital. Wir erhalten:

$$\lim_{x \to 0} \frac{\ln(1 + x - x^2)}{x} \overset{\text{L'H}}{=} \lim_{x \to 0} \frac{\frac{1}{1 + x - x^2} \cdot (-2x + 1)}{1} = \lim_{x \to 0} \frac{1 - 2x}{1 + x - x^2} = 1$$

Für den nächsten Grenzwert formen wir zunächst um:

$$\left(1 + \frac{1}{n} - \frac{1}{n^2} \right)^n = \exp \left(n \cdot \ln \left(1 + \frac{1}{n} - \frac{1}{n^2} \right) \right)$$

$$\overset{x := \frac{1}{n}}{=} \exp \left(\frac{\ln(1 + x - x^2)}{x} \right)$$

Nun nutzen wir die Stetigkeit von $\exp(\cdot)$ aus und erhalten:

$$\lim_{n \to \infty} \left(1 + \frac{1}{n} - \frac{1}{n^2} \right)^n = \lim_{x \to 0} \exp \left(\frac{\ln(1 + x - x^2)}{x} \right)$$

$$= \exp \left(\lim_{x \to 0} \frac{\ln(1 + x - x^2)}{x} \right)$$

$$= \exp(1)$$

$$= e$$

Ad (b): Wir nutzen Satz 3.24 und erhalten damit den Konvergenzradius wie folgt:

$$\sqrt[n]{|a_n|} = \left(\left(1 + \frac{1}{n} - \frac{1}{n^2} \right)^{-n^2} \right)^{\frac{1}{n}}$$

$$= \left(1 + \frac{1}{n} - \frac{1}{n^2} \right)^{-\frac{n^2}{n}}$$

$$= \left(1 + \frac{1}{n} - \frac{1}{n^2} \right)^{-n}$$

$$= \left(\left(1 + \frac{1}{n} - \frac{1}{n^2} \right)^n \right)^{-1}$$

Nun ist also

$$\frac{1}{r} = \limsup_{n \to \infty} \left(\left(1 + \frac{1}{n} - \frac{1}{n^2} \right)^n \right)^{-1}$$

$$\stackrel{x^{-1} \text{ stetig}}{=} \left(\limsup_{n \to \infty} \left(1 + \frac{1}{n} - \frac{1}{n^2} \right)^n \right)^{-1}$$

$$\stackrel{(a)}{=} e^{-1}.$$

Demnach ist $r = e$, und der Entwicklungspunkt der Potenzreihe ist $a = 0$. Die Reihe konvergiert also auf jeden Fall für alle $x \in (-e, e)$. Wir untersuchen nun noch den Rand des Konvergenzbereichs, also $x = \pm e$. Für $x = e$ erhalten wir

$$\sum_{n=1}^{\infty} \left(1 + \frac{1}{n} - \frac{1}{n^2} \right)^{-n^2} e^n.$$

Sei

$$a_n := \left(1 + \frac{1}{n} - \frac{1}{n^2} \right)^{-n^2} e^n$$

$$= \exp\left(-n^2 \log\left(1 + \frac{1}{n} - \frac{1}{n^2} \right) \right) \exp(n)$$

$$= \exp\left(n - n^2 \log\left(1 + \frac{1}{n} - \frac{1}{n^2} \right) \right).$$

Nun verwenden wir die Taylor-Entwicklung des Logarithmus an der Stelle $x + 1$ gemäß Tab. 4.3, es ist

$$\log(1 + x) = \sum_{k=1}^{\infty} (-1)^{k+1} \frac{x^k}{k} = x - \frac{x^2}{2} \pm \dots$$

Diese Reihe konvergiert für $|x| < 1$, also auch für $x = \frac{1}{n} - \frac{1}{n^2}$ ($n \in \mathbb{N}$ beliebig). Einsetzen liefert

$$a_n = \exp\left(n - n^2 \left(\frac{1}{n} - \frac{1}{n^2} - \frac{1}{2} \left(\frac{1}{n^2} - \frac{2}{n^3} + \frac{1}{n^4} \right) \pm \dots \right) \right)$$

$$= \exp\left(n - n^2 \left(\frac{1}{n} - \frac{1}{n^2} - \frac{1}{2n^2} + O\left(\frac{1}{n^3} \right) \right) \right)$$

mit einem Restglied $O\left(\frac{1}{n^3} \right)$, das nur aus Potenzen kleiner gleich n^{-3} besteht. Ausmultiplizieren und Grenzwertbildung mit den Rechenregeln für Grenzwerte liefert letztlich

$$a_n = \exp\left(n - n + 1 + \frac{1}{2} - O\left(\frac{1}{n} \right) \right)$$

$$= \exp\left(\frac{3}{2} - O\left(\frac{1}{n} \right) \right)$$

$$\xrightarrow{n \to \infty} \exp\left(\frac{3}{2} \right).$$

Es ist also die durch a_n definierte Folge keine Nullfolge, und damit divergiert die Reihe $\sum_{n=1}^{\infty} a_n$. Ebenso ist dann $(-1)^n a_n$ keine Nullfolge, und die Reihe $\sum_{n=1}^{\infty} (-1)^n a_n$ divergiert. Letzteres entspricht gerade der Potenzreihe an der Stelle $x = -\mathrm{e}$. Damit konvergiert die Potenzreihe also insgesamt nur auf dem offenen Intervall $(-\mathrm{e}, \mathrm{e})$.

Lösungsvorschlag zu Aufgabe 3

Wir gehen folgendermaßen vor: Zunächst lösen wir die gegebene Differentialgleichung, um die Funktion g zu erhalten. Diese leiten wir dann ab, denn

$$g'(x) = \frac{\mathrm{d}}{\mathrm{d}x} \int_0^x f(t)\,\mathrm{d}t = \frac{\mathrm{d}}{\mathrm{d}x}[F(x) - F(0)] = f(x).$$

Dann legen wir noch mögliche Konstanten derart fest, dass $f(0) = 0$ erfüllt ist. Zum Lösen der Differentialgleichung betrachten wir zunächst das homogene Problem $g''(x) + 4g(x) = 0$. Die Nullstellen des charakteristischen Polynoms ergeben sich aus

$$\lambda^2 + 4 = (\lambda + 2\mathrm{i})(\lambda - 2i) = 0$$

zu $\lambda_{1/2} = \pm 2i$. Somit ist wegen

$$\mathrm{e}^{2\mathrm{i}x} = \cos(2x) + \mathrm{i}\sin(2x)$$

die Lösung gegeben zu

$$g_h(x) = c_1 \cos(2x) + c_2 \sin(2x)$$

mit $c_{1/2} \in \mathbb{R}$. Um eine partikuläre Lösung zu finden, machen wir einen Ansatz $g_p(x) = \alpha \mathrm{e}^x$ gemäß Tab. 7.1. Einsetzen in die Differentialgleichung ergibt

$$\alpha \mathrm{e}^x + 4\alpha \mathrm{e}^x = 5\alpha \mathrm{e}^x \overset{!}{=} 5\mathrm{e}^x,$$

sodass $\alpha = 1$, und die allgemeine Lösung der Differentialgleichung findet sich folglich zu

$$g(x) = c_1 \cos(2x) + c_2 \sin(2x) + \mathrm{e}^x.$$

Ableiten ergibt

$$f(x) = g'(x) = -2c_1 \sin(x) + 2c_2 \cos(x) + \mathrm{e}^x.$$

Nun muss $f(0) = 0$ erfüllt sein:

$$f(0) = -2c_1 \sin(0) + 2c_2 \cos(0) + \mathrm{e}^0$$
$$= 2c_2 + 1$$
$$\overset{!}{=} 0.$$

Also bleibt nur $c_2 = -\frac{1}{2}$. Die gesuchten Funktionen f_c besitzen also den Term

$$f_c(x) = -2c \sin(x) - \cos(x) + \mathrm{e}^x,$$

wobei $c \in \mathbb{R}$ beliebig.

Wir berechnen zunächst

$$\gamma'(t) = \left(2t\sin(t) + t^2\cos(t), 2t\cos(t) - t^2\sin(t)\right)$$

und damit

$$
\begin{aligned}
\left\|\gamma'(t)\right\| &= \sqrt{\left(2t\sin(t) + t^2\cos(t)\right)^2 + \left(2t\cos(t) - t^2\sin(t)\right)^2} \\
&= \sqrt{t^4 + 4t^2} \\
&\overset{t\geq 0}{=} t\cdot\sqrt{t^2 + 4}.
\end{aligned}
$$

Für die Bogenlänge erhalten wir damit nach Definition

$$
\begin{aligned}
L(\gamma) &= \int_0^{2\pi}\left\|\gamma'(t)\right\|\,\mathrm{d}t \\
&= \int_0^{2\pi} t\cdot\sqrt{t^2 + 4}\,\mathrm{d}t.
\end{aligned}
$$

Um dieses Integral zu lösen, substituieren wir $u := t^2$ und erhalten mit $\mathrm{d}t = \frac{\mathrm{d}u}{2t}$:

$$
\begin{aligned}
L(\gamma) &= \frac{1}{2}\int_0^{4\pi^2}\sqrt{u + 4}\,\mathrm{d}u \\
&= \frac{1}{2}\left[\frac{2}{3}(u+4)^{\frac{3}{2}}\right]_0^{4\pi^2} \\
&= \frac{1}{2}\left(\frac{16}{3}\left(1+\pi^2\right)^{3/2} - \frac{16}{3}\right) \\
&= \frac{8}{3}\left(1+\pi^2\right)^{\frac{3}{2}} - 1
\end{aligned}
$$

Ad (a): Die quadratische Ergänzung

$$x\cdot(2-x) = -(x^2 - 2x) = -(x-1)^2 + 1$$

lässt erkennen, dass K von oben durch eine nach unten geöffnete Parabel mit Scheitelpunkt $(1|1)$ berandet wird. Damit ergibt sich die Skizze in Abb. 14.4 dargestellte Skizze.

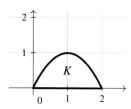

Abbildung 14.4 Visualisierung von K.

Ad (b): Wie üblich, suchen wir zunächst im Inneren von K nach kritischen Stellen. Es ist

$$\nabla f(x,y) = \begin{pmatrix} \partial_x f \\ \partial_y f \end{pmatrix} = \begin{pmatrix} x^2 - y \\ 4 - x \end{pmatrix},$$

und aus $\nabla f = 0$ erhalten wir damit $x = 4$ und $y = 16$. Es ist jedoch $(4|16) \notin K$, sodass f im Inneren von K keine kritischen Stellen besitzt. Wir unterteilen nun den Rand von K in die Mengen

$$R_1 := \left\{ (x,y) \in \mathbb{R}^2 : 0 \le x \le 2,\, y = 0 \right\} = \left\{ (x,0) \in \mathbb{R}^2 : 0 \le x \le 2 \right\} \text{ und}$$
$$R_2 := \left\{ (x,y) \in \mathbb{R}^2 : 0 \le x \le 2,\, y = x \cdot (2-x) \right\} = \left\{ (x, -x^2 + 2x) \in \mathbb{R}^2 : 0 \le x \le 2 \right\}$$

und betrachten die Funktion auf den jeweiligen Teilrändern:

- Für $x \in R_1$ ist $f(x,y) = f(x,0) = \frac{x^3}{3} =: g(x)$. Wegen $g'(x) = x^2 > 0$ für alle $x \in (0,2]$ ist g dort also streng monoton steigend und nimmt sein Maximum an der Stelle $x = 2$ zu $g(2) = \frac{8}{3}$ an.

- Für $x \in R_2$ ist

$$f(x,y) = \frac{x^3}{3} + 4(-x^2 + 2x) - x(-x^2 + 2x) = \frac{4}{3}x^3 - 6x^2 + 8x =: h(x).$$

Es ist $h'(x) = 4x^2 - 12x + 8 = 4(x-1)(x-2)$, also ist die Funktion h streng monoton steigend auf $(0,1)$ und streng monoton fallend auf $(1,2)$, das Maximum von h auf $(1,2)$ befindet sich somit an der Stelle $x = 1$, wobei $h(1) = \frac{10}{3}$.

Wegen $h(1) > g(2)$ wird also das globale Maximum auf R_2 für $x = 1$ angenommen. Da dort $y = -x^2 + 2x$ gilt, erhalten wir die Stelle $(1,1)$.

14.9 Frühjahr 2020 – Thema Nr. 3

1. Aufgabe

Entscheiden Sie, ob die folgenden Reihen absolut konvergieren, konvergieren oder divergieren.

(a)

$$\sum_{n=1}^{\infty} \frac{(n!)^2}{(2n)!}$$

(b)

$$\sum_{n=1}^{\infty} \frac{n}{1+n^2}$$

2. Aufgabe

Sei $f : \,]-2,1[\, \to \mathbb{R}$ definiert durch

$$f(x) = 2x^3 + 3x^2 - 12x.$$

(a) Ermitteln Sie $W_f = f(\,]-2,1[\,)$.

(b) Zeigen Sie, dass f eine differenzierbare Umkehrfunktion $f^{-1} : W_f \to \mathbb{R}$ hat, und berechnen Sie die Ableitung von f^{-1} im Punkt $y = 0$.

3. Aufgabe

(a) Sei die Funktion $h : \,]0,\infty[\, \to \mathbb{R}$ definiert durch

$$h(x) = 1 + \log(x).$$

Zeigen Sie, dass die Funktion $f :]0,\infty[\to \mathbb{R}$, definiert durch

$$f(x) = h(x) - x,$$

im Intervall $]0,\infty[$ genau eine Nullstelle im Punkt $x = 1$ hat und dass $f(x) < 0$ für alle $x > 1$ gilt.

(b) Zeigen Sie, dass die rekursiv definierte Folge $(x_n)_{n \in \mathbb{N}_0}$ mit

$$x_{n+1} = 1 + \log(x_n) = h(x_n)$$

mit dem Anfangswert $x_0 = 2$ streng monoton fallend gegen 1 konvergiert.

4. Aufgabe

Eine Funktion $f : \mathbb{R} \to \mathbb{R}$ heißt gerade, wenn $f(x) = f(-x)$ für alle $x \in \mathbb{R}$ gilt, und ungerade, wenn $f(x) = -f(-x)$ für alle $x \in \mathbb{R}$ gilt.
Sei $f : \mathbb{R} \to \mathbb{R}$ unendlich oft differenzierbar und gerade. Beweisen Sie, dass für alle $n \in \mathbb{N}$ die Funktionen $f^{(2n-1)}$ ungerade und die Funktionen $f^{(2n)}$ gerade sind.

5. Aufgabe

Lösen Sie das Anfangswertproblem

$$y'(x) = x \cdot (y(x)^2 + y(x) - 2), \ y(0) = 0,$$

und geben Sie das maximale Definitionsintervall an.

Lösungsvorschläge

Lösungsvorschlag zu Aufgabe 1

Ad (a): Die zur Reihe gehörende Folge ist definiert durch $a_n = \frac{(n!)^2}{(2n)!}$. Wir wollen das Quotientenkriterium anwenden und betrachten daher

$$\left| \frac{a_{n+1}}{a_n} \right| = \frac{((n+1)!)^2}{(2n+2)!} \cdot \frac{(2n)!}{(n!)^2} = \frac{(2n)!}{(2n+2)!} \cdot \frac{((n+1)!)^2}{(n!)^2} = \frac{(n+1)^2}{(2n+2)(2n+1)} = \frac{n^2 + 2n + 1}{4n^2 + 6n + 2}.$$

Wegen $n \geq 1$ können wir jeweils $2n^2 > n^2$ und $3n > 2n$ abschätzen, zusammen also

$$2n^2 + 3n + 1 > n^2 + 2n + 1.$$

Damit folgern wir weiter

$$\left| \frac{a_{n+1}}{a_n} \right| = \frac{n^2 + 2n + 1}{2(2n^2 + 3n + 1)} < \frac{n^2 + 2n + 1}{2(n^2 + 2n + 1)} = \frac{1}{2} < 1.$$

Nach dem Quotientenkriterium konvergiert die Reihe also absolut.

Ad (b): Wegen $n \geq 1$ können wir $1 + n^2 \leq n^2 + n^2 = 2n^2$ abschätzen und erhalten damit

$$\frac{n}{1 + n^2} \geq \frac{n}{2n^2} = \frac{1}{2n}.$$

Es folgt

$$\sum_{n=1}^{\infty} \frac{n}{1 + n^2} \geq \sum_{n=1}^{\infty} \frac{1}{2n} = \frac{1}{2} \sum_{n=1}^{\infty} \frac{1}{n},$$

also ist die harmonische Reihe eine divergente Minorante. Nach dem Minorantenkriterium divergiert die Reihe somit.

Lösungsvorschlag zu Aufgabe 2

Ad (a): f ist als Polynomfunktion stetig und nimmt daher nach dem Satz vom Minimum und Maximum auf der kompakten Menge $[-2, 1]$ sowohl ein Minimum als auch ein Maximum an. Für die Bestimmung der Extrema berechnen wir die Ableitungsfunktion:

$$f'(x) = 6x^2 + 6x - 12 = 6(x+2)(x-1)$$

Die Funktion besitzt also kritische Stellen bei $x_1 = 1$ und $x_2 = -2$. Es ist $f''(x) = 12x + 6$, also $f''(x_1) = 18$ und $f''(x_2) = -18$. Damit ist x_1 ein lokales Minimum und x_2 ein lokales

Maximum, die zugehörigen Funktionswerte sind $f(x_1) = -7$ und $f(x_2) = 20$, jeder Wert dazwischen wird nach dem Zwischenwertsatz ebenfalls angenommen. Wir halten also abschließend fest:

$$W_f = f(]-2,1[) =]-7,20[$$

Ad (b): Zwischen dem lokalen Minimum bei x_1 und dem lokalen Maximum bei x_2 muss die Funktion streng monoton steigen, ansonsten müsste es weitere Extremstellen geben. Als streng monotone Funktion auf $]-2,1[$ ist f insbesondere bijektiv und damit umkehrbar. Mit der Umkehrregel 4.25 erhalten wir damit

$$\left(f^{-1}\right)'(0) = \frac{1}{f'(f^{-1}(0))} = \frac{1}{f'(0)} = -\frac{1}{12},$$

da $f(0) = 0$ und somit wegen der Bijektivität von f die Zahl 0 das eindeutige Urbild von sich selbst ist.

Lösungsvorschlag zu Aufgabe 3

Ad (a): Es ist

$$f(x) = h(x) - x = 1 + \log(x) - x$$

und damit $f(1) = 1 + 0 - 1 = 0$. Um die restlichen Aussagen zu zeigen, betrachten wir das Monotonieverhalten von f. Es ist

$$f'(x) = \frac{1}{x} - 1 \overset{x \neq 0}{=} \frac{1-x}{x}$$

und damit $x = 1$ die einzige kritische Stelle von f. Für $x < 1$ ist $f'(x) > 0$ und für $x > 1$ ist $f'(x) < 0$, also muss es sich um ein globales Maximum von f auf $(0, \infty)$ handeln. Damit ist $f(1) = 0$ der größte Funktionswert (der nur in $x = 1$ angenommen wird), und es kann keine weitere Nullstelle geben. Auch ist damit $f(x) < 0$ für alle $x \neq 1$, insbesondere für $x > 1$ (Abb. 14.5).

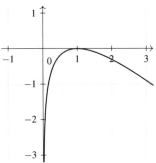

Abbildung 14.5 Der Graph der Funktion f. Für $x \neq 1$ bleibt dieser stets unterhalb der x-Achse.

Ad (b): Wir zeigen zunächst mit Induktion, dass die Folge stets oberhalb von 1 liegt. Für den Induktionsanfang ist wegen $x_0 = 2 > 1$ nichts zu zeigen.

Induktionsvoraussetzung: Es sei $x_n > 1$ für ein $n \in \mathbb{N}_0$. Wir wollen nun zeigen, dass dann auch $x_{n+1} > 1$ ist.

Induktionsschritt: Aus der Tatsache, dass der Logarithmus streng monoton steigend ist, folgern wir

$$x_{n+1} = 1 + \log(x_n) \overset{(IV)}{>} 1 + \log(1) = 1.$$

Es gilt also $x_n > 1$ für alle $n \in \mathbb{N}_0$. Insbesondere ist also $x_n \neq 1$ für alle $n \in \mathbb{N}_0$ und mittels Teilaufgabe (a) folgt

$$x_{n+1} - x_n = 1 + \log(x_n) - x_n = f(x_n) \overset{(a)}{<} 0,$$

also $x_{n+1} < x_n$, womit die Folge streng monoton fallend ist. Da $(x_n)_{n \in \mathbb{N}_0}$ streng monoton fallend und nach unten beschränkt ist, konvergiert sie nach Satz 2.9. Sei $a \in \mathbb{R}_{\geq 1}$ der Grenzwert der Folge, dann berechnen wir wie üblich mit den Rechenregeln für Grenzwerte

$$
\begin{aligned}
a &= \lim_{n \to \infty} x_n = \lim_{n \to \infty} x_{n+1} \\
&= \lim_{n \to \infty} (1 + \log(x_n)) \\
&= 1 + \lim_{n \to \infty} (\log(x_n)) \\
&\overset{\substack{\log(x) \\ \text{stetig}}}{=} 1 + \log\left(\lim_{n \to \infty} x_n\right) \\
&= 1 + \log(a).
\end{aligned}
$$

Es gilt also $1 + \log(a) - a = 0$. Diese Gleichung besitzt nach Teilaufgabe (a) die eindeutige Lösung $a = 1$. Zusammenfassend konvergiert die Folge $(x_n)_{n \in \mathbb{N}_0}$ streng monoton fallend gegen 1.

Lösungsvorschlag zu Aufgabe 4

Wir machen den Induktionsanfang für $n = 1$ und $n = 2$: Es folgt mit der Kettenregel, da f und $x \mapsto -x$ jeweils differenzierbar sind und folglich auch ihre Verkettung:

$$f'(x) = \frac{\mathrm{d}}{\mathrm{d}x}(f(x)) \overset{\substack{f \text{ ist} \\ \text{gerade}}}{=} \frac{\mathrm{d}}{\mathrm{d}x}(f(-x)) \overset{\text{Kettenr.}}{=} -f'(-x)$$

also f' ungerade. Analog zeigt man, dass f'' wegen

$$f''(x) = \frac{\mathrm{d}}{\mathrm{d}x}(f'(x)) \overset{\substack{f' \text{ ist} \\ \text{ungerade}}}{=} \frac{\mathrm{d}}{\mathrm{d}x}(-f'(-x)) = -\frac{\mathrm{d}}{\mathrm{d}x}(f'(-x)) \overset{\text{Kettenr.}}{=} (-1)^2 f''(-x) = f''(-x)$$

gerade ist.

Induktionsvoraussetzung: Für ein $n \in \mathbb{N}$ seien $f^{(2n-1)}$ ungerade und $f^{(2n)}$ gerade. Wir wollen nun zeigen, dass dann $f^{(2n+1)}$ ungerade und $f^{(2n+2)}$ gerade sind.

Induktionsschritt: Analog zum Induktionsanfang rechnet man

$$f^{(2n+1)}(x) = \frac{\mathrm{d}}{\mathrm{d}x}\left(f^{(2n)}(x)\right) \overset{\text{I.V.}}{=} \frac{\mathrm{d}}{\mathrm{d}x}\left(f^{(2n)}(-x)\right) \overset{\text{Kettenr.}}{=} -f^{(2n+1)}(-x)$$

und

$$\begin{aligned} f^{(2n+2)}(x) &= \frac{\mathrm{d}}{\mathrm{d}x}\left(f^{(2n+1)}(x)\right) \overset{\text{I.V.}}{=} \frac{\mathrm{d}}{\mathrm{d}x}\left(-f^{(2n+1)}(-x)\right) \overset{\text{Kettenr.}}{=} (-1)^2 f^{(2n+2)}(-x) \\ &= f^{(2n+2)}(-x), \end{aligned}$$

also ist $f^{(2n+1)}$ ungerade und $f^{(2n+2)}$ gerade.

Lösungsvorschlag zu Aufgabe 5

Die Differentialgleichung ist separierbar, mithilfe der Trennung der Variablen erhalten wir also

$$\int \frac{1}{y^2 + y - 2}\,\mathrm{d}y = \int x\,\mathrm{d}x.$$

Eine Stammfunktion der rechten Seite ist definiert durch $\frac{1}{2}x^2 + c_1$, $c_1 \in \mathbb{R}$. Für die linke Seite führen wir eine Partialbruchzerlegung durch. Es ist $y^2 + y - 2 = (y-1)(y+2)$, und wir setzen

$$\frac{1}{y^2 + y - 2} \overset{!}{=} \frac{A}{y-1} + \frac{B}{y+2}.$$

Zusammenfassen liefert

$$\frac{A}{y-1} + \frac{B}{y+2} = \frac{A(y+2)}{(y-1)(y+2)} + \frac{B(y-1)}{(y-1)(y+2)} = \frac{(A+B)y + 2A - B}{(y-1)(y+2)},$$

sodass ein Koeffizientenvergleich $A = -B = \frac{1}{3}$ ergibt. Damit erhalten wir

$$\begin{aligned} \int \frac{1}{y^2 + y - 2}\,\mathrm{d}y &= \int \frac{1}{3}\cdot\frac{1}{y-1} - \frac{1}{3}\cdot\frac{1}{y+2}\,\mathrm{d}y \\ &= \frac{1}{3}\int \frac{1}{y-1}\,dy - \frac{1}{3}\int \frac{1}{y+2}\,\mathrm{d}y \\ &= \frac{1}{3}\log|y-1| - \frac{1}{3}\log|y+2| + c_2 \\ &= \frac{1}{3}\log\left|\frac{y-1}{y+2}\right| + c_2 \end{aligned}$$

mit $c_2 \in \mathbb{R}$. Wir setzen in die Anfangsgleichung ein und erhalten

$$\log\left|\frac{y-1}{y+2}\right| = \frac{3}{2}x^2 + c$$

mit einer neuen Konstante $c \in \mathbb{R}$. Weiteres Umformen liefert schließlich

$$y(x) = \frac{1 - 2Ce^{\frac{3}{2}x^2}}{1 + Ce^{\frac{3}{2}x^2}}.$$

mit $C \in \mathbb{R}$. Aus $y(0) = 0$ erhalten wir

$$0 = \frac{1 - 2C}{1 + C} \implies C = \frac{1}{2}$$

und damit

$$y(x) = \frac{1 - e^{\frac{3}{2}x^2}}{1 + \frac{1}{2}e^{\frac{3}{2}x^2}}.$$

Diese Funktion ist überall wohldefiniert, da $\frac{1}{2}e^{\frac{3}{2}x^2} \geq \frac{1}{2}$ für alle $x \in \mathbb{R}$. Der maximale Definitionsbereich ist daher $\mathbb{R}$.

15 Lineare Algebra

15.1 Frühjahr 2019 – Thema Nr. 1

1. Aufgabe

Bestimmen Sie in Abhängigkeit von den reellen Parametern a und b den Rang der Matrix

$$A = \begin{pmatrix} 1 & a & 1 & a \\ b & 1 & b & 1 \\ a & 1 & a & 1 \\ 1 & b & 1 & b \end{pmatrix} \in \mathbb{R}^{4 \times 4}.$$

2. Aufgabe

(a) Geben Sie eine orthogonale Matrix $A \in \mathbb{R}^{3 \times 3}$ mit $\det(A) = -1$ und $A \neq E_3$ an, die keine Spiegelung an einem zweidimensionalen Untervektorraum des $\mathbb{R}^3$ beschreibt, und begründen Sie, weshalb die von Ihnen angegebene Matrix die gewünschten Eigenschaften hat.

(b) Beweisen Sie: Eine orthogonale Matrix $A \in \mathbb{R}^{3 \times 3}$, die eine Spiegelung an einer Ursprungsgeraden im $\mathbb{R}^3$ beschreibt, hat Determinante 1.

3. Aufgabe

Sei $n \in \mathbb{N}$ mit $n \geq 1$, und sei $A \in \mathbb{R}^{n \times n}$.

(a) Beweisen Sie: Wenn n ungerade ist und es eine invertierbare Matrix $S \in \mathbb{R}^{n \times n}$ mit

$$SAS^{-1} = -A$$

gibt, dann ist A nicht invertierbar.

(b) Sei A invertierbar, und es gebe eine invertierbare Matrix $T \in \mathbb{R}^{n \times n}$ mit

$$TAT^{-1} = A^{-1}.$$

Beweisen Sie: Wenn $\lambda \in \mathbb{R}$ ein Eigenwert von A ist, dann ist auch $\frac{1}{\lambda}$ ein Eigenwert von A, und die geometrischen Vielfachheiten von λ und $\frac{1}{\lambda}$ sind gleich.

4. Aufgabe

Sei $n \in \mathbb{N}$ mit $n \geq 1$, und sei V ein n-dimensionaler reller Vektorraum.

(a) Zeigen Sie: Ist $\{b_1, \ldots, b_n\}$ eine Basis von V, so gibt es ein Skalarprodukt $\langle \cdot, \cdot \rangle$ auf V, sodass $\{b_1, \ldots, b_n\}$ eine Orthonormalbasis bezüglich $\langle \cdot, \cdot \rangle$ ist.

(b) Seien $\langle \cdot, \cdot \rangle_1$ und $\langle \cdot, \cdot \rangle_2$ zwei Skalarprodukte auf V. Zeigen Sie: Es gibt eine bijektive lineare Abbildung $f : V \to V$, sodass für alle $v, w \in V$ gilt:

$$\langle v, w \rangle_1 = \langle f(v), f(w) \rangle_2$$

© Der/die Autor(en), exklusiv lizenziert durch
Springer-Verlag GmbH, DE, ein Teil von Springer Nature 2021
J. M. Veith und P. Bitzenbauer, *Schritt für Schritt zum Staatsexamen Mathematik*, https://doi.org/10.1007/978-3-662-62948-2_15

5. Aufgabe

Bestimmen Sie alle Scheitelpunkte der Quadrik

$$Q = \left\{ \begin{pmatrix} x \\ y \end{pmatrix} \in \mathbb{R}^2 : 5x^2 - 6xy + 5y^2 + 4x + 4y = 12 \right\}.$$

Die Scheitelpunkte einer Quadrik sind die Schnittpunkte der Quadrik mit ihren Symmetrieachsen.

Lösungsvorschläge

Lösungsvorschlag zu Aufgabe 1

Der Rang einer Matrix ist definiert als die Anzahl der linear unabhängigen Spaltenvektoren. Wenn

$$A = (v_1 \mid v_2 \mid v_3 \mid v_4)$$

ist, sehen wir, dass $v_1 = v_3$ und $v_2 = v_4$. Unabhängig von a und b kann der Rang von A also höchstens 2 sein. Andererseits sind $v_1, v_2 \neq 0$, sodass $\mathrm{rg}(A) > 0$ sein muss.
Mit anderen Worten: Sind v_1 und v_2 linear unabhängig, so ist $\mathrm{rg}(A) = 2$, sonst ist $\mathrm{rg}(A) = 1$. Wir müssen also überprüfen, für welche a und b diese beiden Vektoren linear unabhängig sind. Dies sind sie genau dann, wenn sie nicht linear abhängig ist, also wenn es kein $\lambda \in \mathbb{R}$ gibt mit $v_1 = \lambda v_2$. Letztere Gleichung bedeutet

$$\begin{pmatrix} 1 \\ b \\ a \\ 1 \end{pmatrix} \overset{!}{=} \lambda \begin{pmatrix} a \\ 1 \\ 1 \\ b \end{pmatrix} = \begin{pmatrix} \lambda a \\ \lambda \\ \lambda \\ \lambda b \end{pmatrix}.$$

Aus der Gleichheit der zweiten Koordinate folgt $b = \lambda$, aus der Gleichheit der letzten Koordinate folgt $1 = \lambda b$. Beides zusammen bedeutet $b^2 = 1$, bzw. $b = \pm 1$. Analog folgert man $a = \pm 1$ und $a = b$. Für $a = b = 1$ folgt $v_1 = v_2 = (1,1,1,1)^T$ und für $a = b = -1$ folgt $v_1 = (1,-1,-1,1)^T = -(-1,1,1,-1)^T = -v_2$, in der Tat sind die Vektoren für diese Werte also linear abhängig. Wir halten abschließend fest

$$\mathrm{rg}(A) = \begin{cases} 1, & \text{falls } (a,b) \in \{(1,1),(-1,-1)\}, \\ 2, & \text{sonst.} \end{cases}$$

Lösungsvorschlag zu Aufgabe 2

Ad (a): Wir wählen $-E_3$ und tauschen Zeilen. Damit die Determinante unverändert bleibt, muss (siehe Seite 193) eine gerade Anzahl von Zeilenvertauschungen durchgeführt werden. Wir tauschen also jeweils zweimal zwei Zeilen und erhalten

$$A = \begin{pmatrix} 0 & 0 & -1 \\ -1 & 0 & 0 \\ 0 & -1 & 0 \end{pmatrix}.$$

Man rechnet leicht $A^T A = A A^T = E_3$, also ist A eine orthogonale Matrix. Zusätzlich folgt mit der Regel von Sarrus sofort $\det(A) = -1$. Die Matrix erfüllt also alle geforderten Eigenschaften, wenn wir gezeigt haben, dass sie keine Spiegelung an einem zweidimensionalen Unterraum beschreibt. Dazu berechnen wir die Eigenwerte von A:

$$\chi_A(\lambda) = \det(A - \lambda E_3) = \det \begin{pmatrix} -\lambda & 0 & -1 \\ -1 & -\lambda & 0 \\ 0 & -1 & -\lambda \end{pmatrix} = -\lambda^3 - 1 = -(\lambda + 1)(\lambda^2 - \lambda + 1)$$

Dabei besitzt der Term $\lambda^2 - \lambda + 1$ keine reelle Nullstelle, wie man leicht nachrechnet. Insbesondere besitzt A nur den einfachen Eigenwert -1. Wenn nun A eine Spiegelung an einem zweidimensionalen Unterraum $U = \mu v + \eta w$, ($\mu, \eta \in \mathbb{R}$) beschreiben würde, so wären v und w aber invariant unter A, also Eigenvektoren zum Eigenwert 1. Widerspruch.

Ad (b): Sei $U = \mathbb{R}v$ die zur Spiegelung A gehörige Spiegelgerade. Dann ist $Av = v$, also v ein Eigenvektor von A mit Eigenwert 1. Andererseits gilt für alle $w \in U^\perp$ jeweils $Aw = -w$, sodass alle Vektoren aus dem orthogonalen Komplement von U jeweils Eigenvektoren von A zum Eigenwert -1 sind. Aus Satz 12.20 folgt

$$\dim\left(U^\perp\right) = \dim\left(\mathbb{R}^3\right) - \dim(U) = 3 - 1 = 2,$$

sodass -1 ein zweifacher Eigenwert von A ist. Da $\det(A)$ das Produkt aller Eigenwerte ist, folgt

$$\det(A) = 1 \cdot (-1) \cdot (-1) = 1.$$

Lösungsvorschlag zu Aufgabe 3

Siehe Aufgabe 10.26 auf Seite 247.

Lösungsvorschlag zu Aufgabe 4

Ad (a): Da $\{b_1, \ldots, b_n\}$ eine Basis ist, besitzt jeder Vektor $v \in V$ eine eindeutige Darstellung

$$v = \sum_{i=1}^n v_i b_i,$$

wobei $v_i \in \mathbb{R}$. Wir definieren damit nun die Abbildung $\langle \cdot, \cdot \rangle : V \to \mathbb{R}$ über

$$\langle v, w \rangle := \sum_{i=1}^n v_i \cdot w_i$$

und zeigen, dass es sich dabei um ein Skalarprodukt mit den gewünschten Eigenschaften handelt:

- Es ist $\langle \cdot, \cdot \rangle$ symmetrisch, da das Produkt $\cdot$ auf $\mathbb{R}$ kommutativ ist, also

$$\langle v, w \rangle = \sum_{i=1}^n v_i \cdot w_i = \sum_{i=1}^n w_i \cdot v_i = \langle w, v \rangle.$$

- Es ist $\langle \cdot, \cdot \rangle$ positiv definit und nicht entartet, denn

$$\langle v, v \rangle = \sum_{i=1}^{n} v_i^2 \geq 0$$

und $\langle v, v \rangle = 0$ genau dann, wenn $v_i = 0$ für alle $i \in \{1, \ldots, n\}$, also $v = 0$.

- Für die Linearität im ersten Argument seien $v, u, w \in V$ und $\lambda \in \mathbb{R}$. Dann rechnet man mithilfe der Linearität endlicher Summen

$$\begin{aligned} \langle v + \lambda u, w \rangle &= \sum_{i=1}^{n} (v_i + \lambda u_i) w_i \\ &= \sum_{i=1}^{n} v_i w_i + \lambda \sum_{i=1}^{n} u_i w_i \\ &= \langle v, w \rangle + \lambda \langle u, w \rangle. \end{aligned}$$

Analog folgt die Linearität im zweiten Argument, also ist $\langle \cdot, \cdot \rangle$ ein Skalarprodukt auf V.

- Bezüglich $\{b_1, \ldots, b_n\}$ besitzen die Basisvektoren nun trivialerweise die Darstellung

$$b_i = (0, \ldots, 0, 1, 0, \ldots, 0)^T,$$

wobei die 1 in der i-ten Komponente steht. Damit folgt sofort $\langle b_i, b_j \rangle = 0$ für $i \neq j$ und $\langle b_i, b_i \rangle = 1$ für alle $i \in \{1, \ldots, n\}$. Also ist $\{b_1, \ldots, b_n\}$ bezüglich dieses Skalarprodukts orthonormal.

Ad (b): Nach dem Gram-Schmidt-Verfahren gibt es in V jeweils eine Basis $\{b_1, \ldots, b_n\}$, die bezüglich $\langle \cdot, \cdot \rangle_1$ eine Orthonormalbasis ist und eine Basis $\{c_1, \ldots, c_n\}$, die bezüglich $\langle \cdot, \cdot \rangle_2$ eine Orthonormalbasis ist. Wir definieren nun $f : V \to V$, $b_i \mapsto c_i$ und zeigen, dass diese Abbildung die gewünschten Eigenschaften besitzt:

- Zunächst einmal dürfen wir f nach Satz 10.6 von der linearen Fortsetzung o.B.d.A als linear annehmen.

- Da jeder Basisvektor c_i für $i \in \{1, \ldots, n\}$ im Bild von f liegt, ist f surjektiv, d.h $\mathrm{rg}(f) = n = \dim(V)$. Aus dem Rangsatz 10.5 folgt dann $\mathrm{def}(f) = 0$, also ist f injektiv. Insgesamt ist f daher bijektiv.

- Nun zur Erhaltung der Skalarprodukte: für $v, w \in V$ und $\lambda \in \mathbb{R}$ gibt es jeweils Darstellungen bezüglich der Basen

$$v = \sum_{i=1}^{n} \alpha_i b_i \qquad \text{und} \qquad w = \sum_{i=1}^{n} \beta_i b_i,$$

und wir sehen einerseits

$$\langle f(v), f(w)\rangle_2 \ = \ \left\langle f\left(\sum_{i=1}^n \alpha_i b_i\right), f\left(\sum_{j=1}^n \beta_j b_j\right)\right\rangle_2$$

$$\overset{f \text{ lin.}}{=} \ \left\langle \sum_{i=1}^n \alpha_i f(b_i), \sum_{j=1}^n \beta_j f(b_j)\right\rangle_2$$

$$\overset{\langle\cdot,\cdot\rangle_2}{\underset{\text{bilin.}}{=}} \ \sum_{i=1}^n \sum_{j=1}^n \alpha_i \beta_j \langle f(b_i), f(b_j)\rangle_2$$

$$= \ \sum_{i=1}^n \sum_{j=1}^n \alpha_i \beta_j \langle c_i, c_j\rangle_2$$

$$= \ \sum_{i=1}^n \alpha_i \beta_i,$$

da $\langle c_i, c_j\rangle = 0$ für alle $i \neq j$ und $\langle c_i, c_j\rangle = 1$ für $i = j$ gilt.
Andererseits sehen wir analog

$$\langle v, w\rangle_1 \ = \ \left\langle \sum_{i=1}^n \alpha_i b_i, \sum_{j=1}^n \beta_j b_j\right\rangle_1$$

$$\overset{\langle\cdot,\cdot\rangle_1}{\underset{\text{bilin.}}{=}} \ \sum_{i=1}^n \sum_{j=1}^n \alpha_i \beta_j \langle b_i, b_j\rangle_1$$

$$= \ \sum_{i=1}^n \alpha_i \beta_i.$$

In der Tat gilt also $\langle f(v), f(w)\rangle_2 = \langle v, w\rangle_1$ für alle $v, w \in V$.

Lösungsvorschlag zu Aufgabe 5

Wir berechnen die euklidische Normalform von Q, um uns ein Bild über den Kegelschnitt zu machen. Die die Quadrik beschreibende Gleichung

$$5x^2 - 6xy + 5y^2 + 4x + 4y - 12 = 0$$

führt auf die zugehörige Matrix

$$A = \begin{pmatrix} 5 & -3 \\ -3 & 5 \end{pmatrix}$$

und den zugehörigen Vektor $v^T = (4, 4)$. Man berechnet

$$\chi_A(\lambda) = \det(A - \lambda\,\mathrm{id}) = \det\begin{pmatrix} 5-\lambda & -3 \\ -3 & 5-\lambda \end{pmatrix} = (\lambda - 8)(\lambda - 2),$$

erhält also die Eigenwerte $\lambda_1 = 2$ und $\lambda_2 = 8$. Die zugehörigen Eigenvektoren berechnet man zu

- $\text{Eig}_A(\lambda_1) = \ker(A - \lambda_1 \text{id}) = \ker \begin{pmatrix} 3 & -3 \\ -3 & 3 \end{pmatrix} = \left\langle \begin{pmatrix} 1 \\ 1 \end{pmatrix} \right\rangle$, also können wir etwa wählen $v_1 = (1,1)^T$ mit $\|v_1\| = \sqrt{2}$.

- $\text{Eig}_A(\lambda_2) = \ker(A - \lambda_2 \text{id}) = \ker \begin{pmatrix} -3 & -3 \\ -3 & -3 \end{pmatrix} = \left\langle \begin{pmatrix} -1 \\ 1 \end{pmatrix} \right\rangle$, also können wir etwa wählen $v_2 = (-1,1)^T$ mit $\|v_2\| = \sqrt{2}$.

Die zugehörige Koordinatentransformation ist also gegeben durch

$$T = \frac{1}{\sqrt{2}} \begin{pmatrix} 1 & -1 \\ 1 & 1 \end{pmatrix},$$

wobei die zu A ähnliche Diagonalmatrix gegeben ist durch

$$D = \begin{pmatrix} 2 & 0 \\ 0 & 8 \end{pmatrix}.$$

Damit erhalten wir die Gleichung im Hauptachsensystem zu

$$(\eta, \xi) \cdot D \cdot \begin{pmatrix} \eta \\ \xi \end{pmatrix} + v^T \cdot T \cdot \begin{pmatrix} \eta \\ \xi \end{pmatrix} - 12 = 0$$

und ausmultipliziert ergibt dies

$$2\eta^2 + 8\xi^2 + \frac{8}{\sqrt{2}}\eta - 12 = 0,$$

bzw.

$$\eta^2 + 4\xi^2 + 2\sqrt{2}\eta - 6 = 0.$$

Eine quadratische Ergänzung in η führt schließlich auf

$$\left(\eta + \sqrt{2}\right)^2 + 4\xi^2 - 8 = 0$$

und nach einem weiteren Koordinatenwechsel

$$P\left(\begin{pmatrix} \eta \\ \xi \end{pmatrix}\right) = \begin{pmatrix} \eta - \sqrt{2} \\ \xi \end{pmatrix} =: \begin{pmatrix} \mu \\ \xi \end{pmatrix}$$

erhalten wir schlussendlich

$$\mu^2 + 4\xi^2 - 8 = 0,$$

bzw.

$$\frac{\mu^2}{8} + \frac{\xi^2}{2} = 1.$$

Dies entspricht nach Tab. 13.1 gerade einer Ellipse, und die Hauptachsenabschnitte (siehe Seite 335) sind gegeben durch $(\pm\sqrt{8}, 0)$ und $\left(0, \pm\sqrt{2}\right)$. Um nun die Hauptachsenabschnitte der ursprünglichen Ellipse Q zu finden, müssen wir lediglich die Koordinatentransformationen für diese Punkte rückgängig machen. Für die ersten beiden Punkte berechnen wir

$$\begin{pmatrix} \eta \\ \xi \end{pmatrix} = P^{-1} \begin{pmatrix} \pm\sqrt{8} \\ 0 \end{pmatrix} = \begin{pmatrix} \pm\sqrt{8} - \sqrt{2} \\ 0 \end{pmatrix}$$

und weiter

$$\begin{pmatrix} x \\ y \end{pmatrix} = T \begin{pmatrix} \eta \\ \xi \end{pmatrix} = \frac{1}{\sqrt{2}} \begin{pmatrix} 1 & -1 \\ 1 & 1 \end{pmatrix} \cdot \begin{pmatrix} \pm\sqrt{8} - \sqrt{2} \\ 0 \end{pmatrix} = \begin{pmatrix} \pm 2 - 1 \\ \pm 2 - 1 \end{pmatrix},$$

also die beiden Scheitelpunkte $S_1 = (1 \mid 1)$ und $S_2 = (-3 \mid -3)$. Und analog erhält man für die anderen Scheitelpunkte

$$\begin{pmatrix} \eta \\ \xi \end{pmatrix} = P^{-1} \begin{pmatrix} 0 \\ \pm\sqrt{2} \end{pmatrix} = \begin{pmatrix} -\sqrt{2} \\ \pm\sqrt{2} \end{pmatrix}$$

und weiter

$$\begin{pmatrix} x \\ y \end{pmatrix} = T \begin{pmatrix} \eta \\ \xi \end{pmatrix} = \frac{1}{\sqrt{2}} \begin{pmatrix} 1 & -1 \\ 1 & 1 \end{pmatrix} \cdot \begin{pmatrix} -\sqrt{2} \\ \pm\sqrt{2} \end{pmatrix} = \begin{pmatrix} -1 \mp 1 \\ -1 \pm 1 \end{pmatrix},$$

also die beiden Scheitelpunkte $S_3 = (-2 \mid 0)$ und $S_4 = (0 \mid -2)$ (Abb. 15.1).

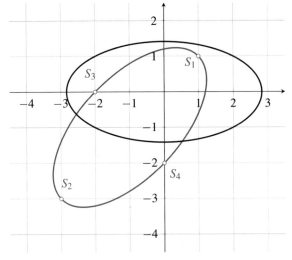

Abbildung 15.1 Die Quadrik in euklidischer Normalform (blau) und in der ursprünglichen Form mit sämtlichen Scheitelpunkten (grün).

15.2 Frühjahr 2019 – Thema Nr. 2

1. Aufgabe

Für $t \in \mathbb{R}$ sei

$$A_t := \begin{pmatrix} 1 & 0 & 0 \\ 0 & 0 & 1 \\ 0 & -t & 1+t \end{pmatrix} \in \mathbb{R}^{3 \times 3}.$$

(a) Berechnen Sie das charakteristische Polynom von A_t.

(b) Bestimmen Sie den Eigenraum von A_t zum Eigenwert 1.

(c) Geben Sie alle t an, für die die Matrix A_t diagonalisierbar ist, und begründen Sie Ihr Ergebnis.

(d) Geben Sie im Fall, dass A_t diagonalisierbar ist, eine Basis von $\mathbb{R}^3$ bestehend aus Eigenvektoren von A_t an.

2. Aufgabe

Es seien V ein endlichdimensionaler Vektorraum und $\varphi : V \to V$ ein Endomorphismus. Beweisen oder widerlegen Sie:

(a) Gilt $\operatorname{Kern}\varphi = \operatorname{Kern}\varphi^2$, so ist φ injektiv.

(b) Ist φ injektiv, so gilt $\operatorname{Kern}\varphi = \operatorname{Kern}\varphi^2$.

(c) Gilt $\operatorname{Kern}\varphi = \operatorname{Kern}\varphi^2$, so folgt $\operatorname{Kern}\varphi^2 = \operatorname{Kern}\varphi^3$.

3. Aufgabe

Es sei $V = \mathbb{R}^{2 \times 2}$ der Vektorraum aller reellen 2×2-Matrizen. Für

$$A = \begin{pmatrix} a_{11} & a_{12} \\ a_{21} & a_{22} \end{pmatrix} \in V$$

sei die Spur von A definiert durch

$$\operatorname{Sp}(A) = a_{11} + a_{22}.$$

Die Spur von A ist also die Summe der Diagonaleinträge der Matrix A. Es sei

$$\sigma : V \times V \to \mathbb{R} : (A, B) \mapsto \operatorname{Sp}(AB^T),$$

wobei B^T die zu B transponierte Matrix bezeichnet.

(a) Zeigen Sie, dass σ ein Skalarprodukt ist.

(b) Berechnen Sie den Kosinus des Winkels zwischen den Vektoren

$$\begin{pmatrix} 4 & -2 \\ 3 & 1 \end{pmatrix} \quad \text{und} \quad \begin{pmatrix} 7 & 1 \\ -2 & 3 \end{pmatrix}$$

bezüglich des Skalarprodukts σ.

4. Aufgabe

Es sei $\varphi : \mathbb{R}^3 \to \mathbb{R}^3$ ein Endomorphismus, der

$$\varphi^2 = \text{id}, \qquad \varphi\begin{pmatrix} 1 \\ 2 \\ -2 \end{pmatrix} = \begin{pmatrix} 1 \\ 0 \\ 0 \end{pmatrix}, \qquad \varphi\begin{pmatrix} 0 \\ 0 \\ 1 \end{pmatrix} = \begin{pmatrix} 0 \\ -6 \\ 7 \end{pmatrix}$$

erfüllt. Geben Sie die Darstellungsmatrix $M_B^B(\varphi)$ von φ bezüglich der Basis

$$B = \left(\begin{pmatrix} 1 \\ 2 \\ -2 \end{pmatrix}, \begin{pmatrix} 1 \\ 0 \\ 0 \end{pmatrix}, \begin{pmatrix} 0 \\ 0 \\ 1 \end{pmatrix} \right)$$

und die Darstellungmatrix $M_E^E(\varphi)$ von φ bezüglich der kanonischen Basis

$$E = \left(\begin{pmatrix} 1 \\ 0 \\ 0 \end{pmatrix}, \begin{pmatrix} 0 \\ 1 \\ 0 \end{pmatrix}, \begin{pmatrix} 0 \\ 0 \\ 1 \end{pmatrix} \right)$$

an.

5. Aufgabe

Betrachten Sie für $t \in \mathbb{R}$ den Kegelschnitt

$$K_t := \left\{ \begin{pmatrix} x \\ y \end{pmatrix} \in \mathbb{R}^2 \mid x^2 + (t-1)y^2 + 2xy - 4x + (4t-12)y + (4t-5) = 0 \right\}.$$

(a) Bestimmen Sie in Abhängigkeit von t den affinen Typ von K_t.

(b) Geben Sie für $t = 1$ eine bijektive affine Abbildung an, die K_1 auf

$$H = \left\{ \begin{pmatrix} x \\ y \end{pmatrix} \in \mathbb{R}^2 \mid xy = 1 \right\}$$

abbildet.

Lösungsvorschläge

Lösungsvorschlag zu Aufgabe 1

Siehe Aufgabe 10.27 auf Seite 248.

Lösungsvorschlag zu Aufgabe 2

Ad (a): Diese Aussage ist falsch. Man betrachte etwa die Nullabbildung $\varphi : V \to V$, $v \mapsto 0$ mit $\ker(\varphi) = V$. Wegen $\varphi^2 = \varphi$ gilt $\ker(\varphi^2) = \ker(\varphi)$, aber die Nullabbildung ist natürlich nicht injektiv.

Ad (b): Diese Aussage ist wahr. Für die Inklusion „$\subseteq$" sei $v \in \ker(\varphi)$ beliebig. Dann ist also $\varphi(v) = 0$, und es folgt

$$\varphi^2(v) = \varphi\left(\varphi(v)\right) = \varphi(0) = 0,$$

da φ linear ist. Es folgt $v \in \ker\left(\varphi^2\right)$ und damit $\ker(\varphi) \subseteq \ker\left(\varphi^2\right)$. Für die umgekehrte Inklusion „$\supseteq$" sei $v \in \ker\left(\varphi^2\right)$ beliebig. Es gilt also $\varphi^2(v) = 0$ und damit

$$0 \stackrel{(\star)}{=} \varphi\left(\varphi(v)\right).$$

Da φ injektiv ist, ist $\ker(\varphi) = \{0\}$, also muss $\varphi(v) = 0$ sein, damit $(\star)$ nicht zu einem Widerspruch führt. Mit anderen Worten ist also $v \in \ker(\varphi)$ und damit $\ker(\varphi) \supseteq \ker\left(\varphi^2\right)$.

Ad (c): Diese Aussage ist wahr. Die Inklusion $\ker\left(\varphi^2\right) \subseteq \ker\left(\varphi^3\right)$ rechnet man völlig analog zu Teilaufgabe (b) nach. Für die umgekehrte Inklusion sei $v \in \ker\left(\varphi^3\right)$, d.h.,

$$\varphi\left(\varphi\left(\varphi(v)\right)\right) = 0.$$

Setzen wir nun $w := \varphi(v)$, so folgt daraus $\varphi^2(w) = 0$, also $w \in \ker\left(\varphi^2\right)$. Da nach Voraussetzung $\ker\left(\varphi^2\right) = \ker(\varphi)$ gilt, muss also auch $w \in \ker(\varphi)$ sein, d.h., $\varphi(w) = 0$. Anders ausgedrückt gilt

$$0 = \varphi(w) = \varphi\left(\varphi(v)\right) = \varphi^2(v),$$

also ist $v \in \ker\left(\varphi^2\right)$ und damit gilt auch $\ker\left(\varphi^2\right) \supseteq \ker\left(\varphi^3\right)$.

Lösungsvorschlag zu Aufgabe 3

Siehe Aufgabe 12.5 auf Seite 283 und Aufgabe 12.13 auf Seite 286.

Lösungsvorschlag zu Aufgabe 4

Für die Darstellungsmatrizen benötigen wir lediglich die Bilder der Basisvektoren, die wir wieder als Linearkombinationen der Basis darstellen müssen. Bezüglich $B =: \{b_1, b_2, b_3\}$ kennen wir diese Bilder bereits, denn es ist:

- $\varphi \begin{pmatrix} 1 \\ 2 \\ -2 \end{pmatrix} \stackrel{\text{Def.}}{=} \begin{pmatrix} 1 \\ 0 \\ 0 \end{pmatrix} = 0 \cdot b_1 + 1 \cdot b_2 + 0 \cdot b_3 \stackrel{\triangle}{=} (0,1,0)^T$

- $\varphi \begin{pmatrix} 1 \\ 0 \\ 0 \end{pmatrix} = \varphi^2 \begin{pmatrix} 1 \\ 2 \\ -2 \end{pmatrix} \stackrel{\varphi^2 = \text{id}}{=} \begin{pmatrix} 1 \\ 2 \\ -2 \end{pmatrix} = 1 \cdot b_1 + 0 \cdot b_2 + 0 \cdot b_3 \stackrel{\triangle}{=} (1,0,0)^T$

- $\varphi \begin{pmatrix} 0 \\ 0 \\ 1 \end{pmatrix} \stackrel{\text{Def.}}{=} \begin{pmatrix} 0 \\ -6 \\ 7 \end{pmatrix} = (-3) \cdot b_1 - 3 \cdot b_2 - 1 \cdot b_3 \stackrel{\triangle}{=} (-3,-3,-1)^T$

Damit erhalten wir

$$M_B^B(\varphi) = \begin{pmatrix} 0 & 1 & -3 \\ 1 & 0 & -3 \\ 0 & 0 & -1 \end{pmatrix}.$$

Bezüglich der Basis $E =: \{e_1, e_2, e_3\}$ ist natürlich exakt dasselbe zu tun. Die Bilder von e_1 und e_3 unter φ kennen wir bereits aus der Definition. Für das Bild von e_2 müssen wir etwas arbeiten – wir drücken e_2 als Linearkombination bezüglich der Basis B aus, lösen also das Gleichungssystem

$$e_2 = \lambda b_1 + \mu b_2 + \eta b_3$$

bzw.

$$\begin{pmatrix} 0 \\ 1 \\ 0 \end{pmatrix} = \begin{pmatrix} \lambda + \mu \\ 2\lambda \\ -2\lambda + \eta \end{pmatrix}.$$

Man liest sofort $\lambda = \frac{1}{2}$ ab und erhält damit $\mu = -\lambda = -\frac{1}{2}$ sowie $\eta = 2\lambda = 1$, also

$$e_2 = \frac{1}{2}b_1 - \frac{1}{2}b_2 + b_3.$$

Damit erhalten wir nun:

- $\varphi(e_1) = \varphi(b_2) = (1, 2, -2)^T$
- $\varphi(e_2) = \varphi\left(\frac{1}{2}b_1 - \frac{1}{2}b_2 + b_3\right) = \frac{1}{2}\varphi(b_1) - \frac{1}{2}\varphi(b_2) + \varphi(b_3) = (0, -7, 8)^T$
- $\varphi(e_3) = \varphi(b_3) = (0, -6, 7)^T$

Dies führt also abschließend auf die Darstellungsmatrix

$$M_E^E(\varphi) = \begin{pmatrix} 1 & 0 & 0 \\ 2 & -7 & -6 \\ -2 & 8 & 7 \end{pmatrix}.$$

Lösungsvorschlag zu Aufgabe 5

Ad (a): Wir führen die Quadrik über in ihre affine Normalform, indem wir wie üblich jeweils in x und y quadratisch ergänzen. Eine quadratische Ergänzung in x führt zunächst auf die Gleichung

$$(x + (y-2))^2 - (y-2)^2 + (t-1)y^2 + (4t-12)y + (4t-5) = 0,$$

also ausmultipliziert

$$\underbrace{(x + (y-2))^2}_{=:\tilde{x}^2} + (t-2)y^2 + 4(t-2)y + 4t - 9 = 0. \tag{15.1}$$

Den Fall $t = 2$ betrachten wir anschließend getrennt. Für alle $t \neq 2$ können wir uns an eine quadratische Ergänzung in y machen. Es ist

$$(t-2)\left[y^2+4y+\frac{4t-9}{t-2}\right] = (t-2)\left[\underbrace{(y+2)^2}_{=:\tilde{y}^2}-4+\frac{4t-9}{t-2}\right],$$

und wir erhalten

$$(t-2)\left[\tilde{y}^2-\frac{1}{t-2}\right] = (t-2)\tilde{y}^2-1.$$

Zusammenfassend erhalten wir also die affine Normalform der Quadrik zu

$$\tilde{x}^2+(t-2)\tilde{y}^2 = 1.$$

Wir vergleichen mit Tab. 13.1 und sehen, dass wir für $t<2$ eine Hyperbel und für $t>2$ eine Ellipse erhalten. Für den Fall $t=2$ vereinfacht sich Gleichung (15.1) zu

$$\tilde{x}^2 = 1,$$

und wir erhalten ein Parallelenpaar.

Ad (b): Hier halten wir zunächst fest, dass die affine Normalform $\tilde{K}_1$ von K_1 gegeben ist durch

$$\tilde{x}^2-\tilde{y}^2 = 1 \tag{15.2}$$

und diese nach Konstruktion die x- und y-Achsen als Symmetrieachsen besitzt. Die durch $xy=1$ beschriebene Hyperbel hingegen besitzt die beiden Winkelhalbierenden $y=x$ und $y=-x$ als Symmetrieachsen. Eine affine Abbildung von $\tilde{K}_1$ nach H muss also zumindest eine Drehung um den Ursprung mit Winkelmaß $45°$ beinhalten. Diese ist gegeben durch (siehe Seite 296)

$$D=\begin{pmatrix} \cos\left(\frac{\pi}{4}\right) & -\sin\left(\frac{\pi}{4}\right) \\ \sin\left(\frac{\pi}{4}\right) & \cos\left(\frac{\pi}{4}\right) \end{pmatrix} = \frac{1}{\sqrt{2}}\begin{pmatrix} 1 & -1 \\ 1 & 1 \end{pmatrix}.$$

Wir transformieren also einmal die Koordinaten mittels D zu

$$\begin{pmatrix} \hat{x} \\ \hat{y} \end{pmatrix} := D\begin{pmatrix} \tilde{x} \\ \tilde{y} \end{pmatrix} = \frac{1}{\sqrt{2}}\begin{pmatrix} 1 & -1 \\ 1 & 1 \end{pmatrix}\cdot\begin{pmatrix} \tilde{x} \\ \tilde{y} \end{pmatrix} = \frac{1}{\sqrt{2}}\begin{pmatrix} \tilde{x}-\tilde{y} \\ \tilde{x}+\tilde{y} \end{pmatrix}.$$

Wir testen einmal durch Einsetzen in Gleichung (15.2), ob unser Ergebnis soweit passt. Dazu müssen wir zunächst jedoch $\tilde{x}$ und $\tilde{y}$ in Abhängigkeit dieser Koordinaten ausdrücken. Man findet leicht

$$\begin{pmatrix} \tilde{x} \\ \tilde{y} \end{pmatrix} := \frac{1}{\sqrt{2}}\begin{pmatrix} \hat{x}+\hat{y} \\ \hat{y}-\hat{x} \end{pmatrix}$$

und eingesetzt in (15.2) ergibt sich damit

$$\frac{1}{2}(\hat{x}+\hat{y})^2-\frac{1}{2}(\hat{y}-\hat{x})^2 = 1$$

bzw. nach Auflösen und Vereinfachen

$$\hat{x}\cdot\hat{y} = \frac{1}{2}.$$

Das passt also noch nicht ganz – um auf $\hat{x} \cdot \hat{y} = 1$ zu kommen, sind beide Koordinaten noch mit $\sqrt{2}$ zu skalieren. Wir erhalten also die Koordinatentransformation von $\tilde{K}_1$ nach H zu

$$\begin{pmatrix} \hat{x} \\ \hat{y} \end{pmatrix} := \begin{pmatrix} \tilde{x} - \tilde{y} \\ \tilde{x} + \tilde{y} \end{pmatrix}$$

Andererseits wissen wir, dass sich eine Koordinatentransformation von K_1 nach $\tilde{K}_1$ zu

$$\begin{pmatrix} \tilde{x} \\ \tilde{y} \end{pmatrix} = \begin{pmatrix} x + y - 2 \\ y + 2 \end{pmatrix}.$$

ergibt. Zusammenfassend also

$$\begin{pmatrix} \hat{x} \\ \hat{y} \end{pmatrix} = \begin{pmatrix} \tilde{x} - \tilde{y} \\ \tilde{x} + \tilde{y} \end{pmatrix} = \begin{pmatrix} x - 4 \\ x + 2y \end{pmatrix}. \tag{15.3}$$

Um nun abschließend eine Koordinatentransformation von K_1 nach H zu erhalten, müssen wir obige Zuordnung wieder umdrehen, man erhält dabei

$$\begin{pmatrix} x \\ y \end{pmatrix} = \begin{pmatrix} \hat{x} + 4 \\ \frac{1}{2}(\hat{y} - x) \end{pmatrix} = \begin{pmatrix} \hat{x} + 4 \\ \frac{1}{2}(\hat{y} - \hat{x} - 4) \end{pmatrix} = \begin{pmatrix} \hat{x} + 4 \\ \frac{1}{2}\hat{y} - \frac{1}{2}\hat{x} - 2 \end{pmatrix}.$$

Die dazugehörige affine Abbildung lautet also

$$A\begin{pmatrix} x \\ y \end{pmatrix} = \begin{pmatrix} 1 & 0 \\ -\frac{1}{2} & \frac{1}{2} \end{pmatrix} \cdot \begin{pmatrix} x \\ y \end{pmatrix} + \begin{pmatrix} 4 \\ -2 \end{pmatrix}.$$

Und in der Tat wird man nun feststellen, dass die Substitution $x = \hat{x} + 4$, $y = \frac{1}{2}\hat{y} - \frac{1}{2}\hat{x} - 2$ in der Gleichung

$$x^2 + 2xy - 4x - 8y - 1 = 0$$

für K_1 auf die Gleichung $\hat{x} \cdot \hat{y} = 1$ führt (Abb. 15.2).

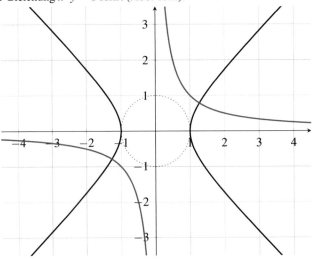

Abbildung 15.2 Die zu $\tilde{K}_1$ (blau) und H (grün) gehörigen Kegelschnitte. Man sieht: Eine Rotation um $45°$ allein wird nicht ausreichen für eine Abbildung $\tilde{K}_1 \to H$ (die Scheitelpunkte von $\tilde{K}_1$ werden sich entlang des Kreises bewegen).

Den Beweis, dass A bijektiv ist, haben wir bereits damit erbracht, die Koordinaten x und y durch $\hat{x}$ und $\hat{y}$ auszudrücken. Aus Gleichung (15.3) erhalten wir nämlich sofort die zu A inverse Abbildung

$$A^{-1}\begin{pmatrix} \hat{x} \\ \hat{y} \end{pmatrix} = \begin{pmatrix} x-4 \\ x+2y \end{pmatrix} = \begin{pmatrix} 1 & 0 \\ 1 & 2 \end{pmatrix} \cdot \begin{pmatrix} x \\ y \end{pmatrix} + \begin{pmatrix} -4 \\ 0 \end{pmatrix}.$$

15.3 Frühjahr 2019 – Thema Nr. 3

1. Aufgabe

(a) Berechnen Sie für $\lambda \in \mathbb{R}$ Determinante und Rang von

$$\begin{pmatrix} (\lambda-1)\lambda & 2\lambda & -4 \\ 2(\lambda-1)\lambda & 2\lambda & 2 \\ 2(\lambda-1)\lambda & \lambda & 6 \end{pmatrix}.$$

(b) Bestimmen Sie über $\mathbb{R}$ ein Gleichungssystem in den Unbestimmten X_1, X_2, X_3 mit Lösungsmenge

$$\begin{pmatrix} 0 \\ 1 \\ 0 \end{pmatrix} + \mathbb{R} \begin{pmatrix} 1 \\ 0 \\ -1 \end{pmatrix}.$$

2. Aufgabe

Zu gegebenem $B \in \mathbb{R}^{2\times2}$ betrachten wir die Abbildung

$$\rho_B : \mathbb{R}^{2\times2} \to \mathbb{R}^{2\times2}, \, A \mapsto AB.$$

(a) Weisen Sie nach, dass ρ_B ein Endomorphismus von $\mathbb{R}^{2\times2}$ ist.

(b) Geben Sie die Darstellungsmatrix von ρ_B bezüglich der Basis

$$\left(\begin{pmatrix} 1 & 0 \\ 0 & 0 \end{pmatrix}, \begin{pmatrix} 0 & 1 \\ 0 & 0 \end{pmatrix}, \begin{pmatrix} 0 & 0 \\ 1 & 0 \end{pmatrix}, \begin{pmatrix} 0 & 0 \\ 0 & 1 \end{pmatrix} \right)$$

von $\mathbb{R}^{2\times2}$ an.

(c) Bestimmen Sie den Rang ρ_B in Abhängigkeit vom Rang von B.

3. Aufgabe

Gegeben sei eine Matrix

$$A = \begin{pmatrix} a & b \\ -b & c \end{pmatrix}$$

mit $a, b, c \in \mathbb{R}$. Beweisen Sie:

(a) Wenn $|a - c| > |2b|$, dann ist A über $\mathbb{R}$ diagonalisierbar.

(b) Wenn $|a - c| < |2b|$, dann ist A über $\mathbb{R}$ nicht diagonalisierbar.

4. Aufgabe

Sei V ein reeller Vektorraum.

(a) Geben Sie eine Definition für die lineare Unabhängigkeit von $v_1, \dots, v_n \in V$ ($n \in \mathbb{N}$) an.

(b) Zeigen Sie: Sind $v_1, \dots, v_n \in V$ ($n \in \mathbb{N}$) linear unabhängig, und ist

$$v_{n+1} \in V \backslash \text{span}(v_1, \dots, v_n),$$

so sind $v_1, \dots, v_{n+1}$ ebenfalls linear unabhängig.

(c) Zeigen Sie durch vollständige Induktion nach n:

Besitzt V kein endliches Erzeugendensystem (d.h., für jede endliche Menge $M \subseteq V$ ist span$(M) \neq V$), so existiert für jedes $n \in \mathbb{N}$ eine n-elementige linear unabhängige Teilmenge von M_n von V.

5. Aufgabe

(a) Sei α ein reeller Parameter. Die Teilmenge Q_α von $\mathbb{R}^2$ soll aus allen $(x,y)^T \in \mathbb{R}^2$ mit

$$\left(16\alpha^2 - 16\alpha + 25\right)x^2 + \left(9\alpha^2 - 9\alpha + 25\right)y^2 + 24\left(\alpha - \alpha^2\right)xy = 25(\alpha + 1)^2$$

bestehen. Bestimmen Sie die metrische Normalform der Quadrik Q_α in Abhängigkeit von $\alpha \in \mathbb{R}$.

[Tipp für die Rechnung: Links $\beta := \alpha^2 - \alpha$ substituieren]

(b) Bestimmen Sie alle Werte von α, für die Q_α ein Kreis ist.

Lösungsvorschläge

Lösungsvorschlag zu Aufgabe 1

Ad (a): Sei A die Matrix aus der Aufgabenstellung. Wir wissen, dass A im Falle $\det(A) \neq 0$ invertierbar und somit surjektiv ist. Insbesondere ist dann rg$(A) = 3$. Wir berechnen daher

$$\det(A) = \det \begin{pmatrix} (\lambda - 1)\lambda & 2\lambda & -4 \\ 2(\lambda - 1)\lambda & 2\lambda & 2 \\ 2(\lambda - 1)\lambda & \lambda & 6 \end{pmatrix} \overset{\text{Sarrus}}{=} 2\lambda^2(\lambda - 1)$$

und sehen, dass wir für den Rang nur die Fälle $\lambda = 0$ und $\lambda = 1$ gesondert betrachten müssen.

- Für $\lambda = 0$ erhalten wir

$$A = \begin{pmatrix} 0 & 0 & -4 \\ 0 & 0 & 2 \\ 0 & 0 & 6 \end{pmatrix},$$

  also rg$(A) = 1$.

- Für $\lambda = 1$ erhalten wir

$$A = \begin{pmatrix} 0 & 2 & -4 \\ 0 & 2 & 2 \\ 0 & 1 & 6 \end{pmatrix},$$

  also rg$(A) = 2$.

Wir erhalten daher insgesamt

$$\text{rg}(A) = \begin{cases} 1, & \text{falls } \lambda = 0, \\ 2, & \text{falls } \lambda = 1, \\ 3, & \text{sonst.} \end{cases}$$

Ad (b): Man liest aus

$$\begin{pmatrix} 0 \\ 1 \\ 0 \end{pmatrix} + \lambda \begin{pmatrix} 1 \\ 0 \\ -1 \end{pmatrix} = \begin{pmatrix} \lambda \\ 1 \\ -\lambda \end{pmatrix}$$

unmittelbar ab, dass $X_2 = 1$ und $X_1 = -X_3$ ein gewünschtes Gleichungssystem ist.

Sieht die Lösungsmenge etwas komplizierter aus, kann man alternativ auch so vorgehen: Sei $Ax = b$ das zu bestimmende Gleichungssystem. Gemäß der allgemeinen Struktur von linearen Gleichungssystemen wissen wir, dass $(1,0,-1)^T$ die Lösung des homogenen Systems $Ax = 0$ ist. Anders ausgedrückt bedeutet dies

$$\ker(A) = \operatorname{span}\left\{(1,0,-1)^T\right\}.$$

Für die Matrix A bedeutet dies, dass die erste und letzte Spalte gleich sind. Wir starten also mit der Matrix

$$A = \begin{pmatrix} 1 & \star & 1 \\ 1 & \star & 1 \\ 1 & \star & 1 \end{pmatrix}.$$

Andererseits muss $b = (0,1,0)^T$ die Lösung des inhomogenen Systems sein, d.h., $b \in \operatorname{Im}(A)$. Gesucht ist also eine mittlere Spalte von A derart, dass $Av = b$ möglich ist für ein $v \in \mathbb{R}^3$. Wir setzen der Einfachheit halber

$$A = \begin{pmatrix} 1 & 0 & 1 \\ 1 & 1 & 1 \\ 1 & 0 & 1 \end{pmatrix}$$

und das zugehörge Gleichungssystem $Ax = b$ lautet

$$\begin{pmatrix} 1 & 0 & 1 \\ 1 & 1 & 1 \\ 1 & 0 & 1 \end{pmatrix} \begin{pmatrix} X_1 \\ X_2 \\ X_3 \end{pmatrix} = \begin{pmatrix} 0 \\ 1 \\ 0 \end{pmatrix}$$

bzw.

$$\begin{aligned} X_1 + X_3 &= 0, \\ X_1 + X_2 + X_3 &= 1. \end{aligned}$$

Dieses Gleichungssystem ist zum obigen natürlich äquivalent.

Lösungsvorschlag zu Aufgabe 2

Ad (a): Da Bild- und Urbildraum übereinstimmen, verbleibt lediglich die Linearität von ρ_B zu überprüfen. Diese ergibt sich jedoch unmittelbar aus den Rechenregeln für Matrizen, denn für $A, C \in \mathbb{R}^{2 \times 2}$ und $\lambda \in \mathbb{R}$ gilt stets

$$\rho_B(A + \lambda C) = (A + \lambda C)B = AB + \lambda CB = \rho_B(A) + \lambda \rho_B(C).$$

Ad (b): Seien im Folgenden

$$B = \begin{pmatrix} a & b \\ c & d \end{pmatrix}$$

und b_1, b_2, b_3, b_4 die jeweiligen Basisvektoren. Dann ist:

- $\rho_B \left(\begin{pmatrix} 1 & 0 \\ 0 & 0 \end{pmatrix} \right) = \begin{pmatrix} 1 & 0 \\ 0 & 0 \end{pmatrix} \cdot \begin{pmatrix} a & b \\ c & d \end{pmatrix} = \begin{pmatrix} a & b \\ 0 & 0 \end{pmatrix} \stackrel{\wedge}{=} (a,b,0,0)^T$

- $\rho_B \left(\begin{pmatrix} 0 & 1 \\ 0 & 0 \end{pmatrix} \right) = \begin{pmatrix} 0 & 1 \\ 0 & 0 \end{pmatrix} \cdot \begin{pmatrix} a & b \\ c & d \end{pmatrix} = \begin{pmatrix} c & d \\ 0 & 0 \end{pmatrix} \stackrel{\wedge}{=} (c,d,0,0)^T$

- $\rho_B \left(\begin{pmatrix} 0 & 0 \\ 1 & 0 \end{pmatrix} \right) = \begin{pmatrix} 0 & 0 \\ 1 & 0 \end{pmatrix} \cdot \begin{pmatrix} a & b \\ c & d \end{pmatrix} = \begin{pmatrix} 0 & 0 \\ a & b \end{pmatrix} \stackrel{\wedge}{=} (0,0,a,b)^T$

- $\rho_B \left(\begin{pmatrix} 0 & 0 \\ 0 & 1 \end{pmatrix} \right) = \begin{pmatrix} 0 & 0 \\ 0 & 1 \end{pmatrix} \cdot \begin{pmatrix} a & b \\ c & d \end{pmatrix} = \begin{pmatrix} 0 & 0 \\ c & d \end{pmatrix} \stackrel{\wedge}{=} (0,0,c,d)^T$

Wir erhalten also die Darstellungsmatrix

$$M = \begin{pmatrix} a & c & 0 & 0 \\ b & d & 0 & 0 \\ 0 & 0 & a & c \\ 0 & 0 & b & d \end{pmatrix} = \begin{pmatrix} B^T & 0 \\ 0 & B^T \end{pmatrix}.$$

Ad (c): Aus der Darstellungsmatrix aus Teilaufgabe (b) ergibt sich sofort

$$\mathrm{rg}\,(\rho_B) = \mathrm{rg}(M) = 2 \cdot \mathrm{rg}\left(B^T\right) = 2 \cdot \mathrm{rg}(B).$$

Lösungsvorschlag zu Aufgabe 3

Siehe Aufgabe 10.22 auf Seite 239.

Lösungsvorschlag zu Aufgabe 4

Siehe Aufgabe 9.21 auf Seite 218.

Lösungsvorschlag zu Aufgabe 5

Ad (a): Wir folgen dem Tipp und substituieren $\beta := \alpha^2 - \alpha$ auf der linken Seite. Dies führt auf die Gleichung

$$(16\beta + 25)x^2 + (9\beta + 25)y^2 - 24\beta xy = 25(\alpha + 1)^2.$$

Die zugehörige Matrix ist also

$$A = \begin{pmatrix} 16\beta + 25 & -12\beta \\ -12\beta & 9\beta + 25 \end{pmatrix},$$

und der zugehörige Vektor lautet $v = (0,0)^T$. Wir bestimmen wie üblich die Transformation in die normierte Eigenbasis von A. Es ist

$$
\begin{aligned}
\chi_A(\lambda) &= \det(A - \lambda\,\mathrm{id}) \\
&= \det\begin{pmatrix} 16\beta + 25 - \lambda & -12\beta \\ -12\beta & 9\beta + 25 - \lambda \end{pmatrix} \\
&= \lambda^2 - 25(\beta + 2)\lambda + 625 + 625\beta.
\end{aligned}
$$

Das charakteristische Polynom besitzt also die Nullstellen $\lambda_1 = 25$ und $\lambda_2 = 25(\beta + 1)$.

- Für den ersten Eigenvektor berechnen wir

$$
\mathrm{Eig}_A(\lambda_1) = \ker(A - 25\,\mathrm{id}) = \ker\begin{pmatrix} 16\beta & -12\beta \\ -12\beta & 9\beta \end{pmatrix} = \left\langle \begin{pmatrix} 1 \\ \frac{4}{3} \end{pmatrix} \right\rangle,
$$

wir können also etwa $v_1 = \left(1, \frac{4}{3}\right)^T$ wählen, wobei $\|v_1\| = \sqrt{1^2 + \left(\frac{4}{3}\right)^2} = \frac{5}{3}$.

- Für den zweiten Eigenvektor berechnen wir analog

$$
\mathrm{Eig}_A(\lambda_2) = \ker(A - 25(\beta + 1)\,\mathrm{id}) = \ker\begin{pmatrix} -9\beta & -12\beta \\ -12\beta & -16\beta \end{pmatrix} = \left\langle \begin{pmatrix} 1 \\ -\frac{3}{4} \end{pmatrix} \right\rangle,
$$

wir können also etwa $v_2 = \left(1, -\frac{3}{4}\right)^T$ wählen, wobei $\|v_2\| = \sqrt{1^2 + \left(\frac{3}{4}\right)^2} = \frac{5}{4}$.

Damit erhalten wir also

$$
T = \left(\frac{v_1}{\|v_1\|} \,\middle|\, \frac{v_2}{\|v_2\|} \right),
$$

wobei die konkrete Form irrelevant ist, da $v = 0$ ist. Für uns ist lediglich die Diagonalmatrix

$$
D = \begin{pmatrix} 25 & 0 \\ 0 & 25(\beta + 1) \end{pmatrix}
$$

relevant, denn die zur obigen Gleichung äquivalente besitzt nun die Gestalt

$$
(\eta, \xi)^T \cdot D \cdot \begin{pmatrix} \eta \\ \xi \end{pmatrix} = 25(\alpha + 1)^2,
$$

also ausmultipliziert und gekürzt

$$
\eta^2 + (\beta + 1)\xi^2 = (\alpha + 1)^2.
$$

Für $\alpha \neq -1$ können wir beide Seiten durch $(\alpha + 1)^2$ teilen, dies führt zusammen mit der Resubstitution $\beta = \alpha^2 - \alpha$ abschließend auf

$$
\frac{\eta^2}{(\alpha + 1)^2} + \frac{\alpha^2 - \alpha + 1}{(\alpha + 1)^2}\xi^2 = 1.
$$

Für $\alpha = -1$ hingegen erhalten wir wegen $\beta = 2$ die metrische Normalform

$$
\eta^2 + 3\xi^2 = 0.
$$

Ad (b): Der metrischen Normalform im Fall $\alpha \neq -1$ können wir wegen $\alpha^2 - \alpha + 1 > 0$ für alle $\alpha \in \mathbb{R}$ sofort ablesen, dass es sich bei den zugehörigen Kegelschnitten gemäß Tab. 13.1 stets um Ellipsen handelt. Den Spezialfall des Kreises erhalten wir genau dann, wenn beide Koeffizienten übereinstimmen, also wenn

$$\frac{1}{(\alpha+1)^2} = \frac{\alpha^2 - \alpha + 1}{(\alpha+1)^2}$$

gilt. Dies ist genau dann der Fall, wenn $1 = \alpha^2 - \alpha + 1$ bzw. $\alpha^2 - \alpha = 0$ ist. Q_α ist also ein Kreis für $\alpha \in \{0, 1\}$, für $\alpha = -1$ ein Punkt und andernfalls eine Ellipse.

1. Aufgabe

Im Mobile

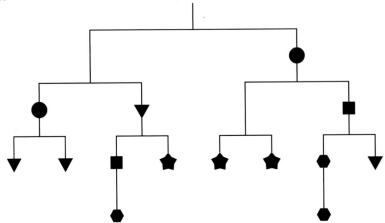

seien alle horizontalen Stäbe und alle Fäden als gewichtslos angenommen. Alle Stäbe sind genau im Mittelpunkt aufgehängt. Anhänger der gleichen Form haben dieselbe Masse. Insgesamt wiegt das Mobile 320 g.

(a) Beschreiben Sie den Gleichgewichtszustand des Mobiles durch ein inhomogenes Gleichungssystem

(b) Bestimmen Sie die Masse der Anhänger, für die sich das Mobile im Gleichgewicht befindet.

2. Aufgabe

Sei Q_s die vom Parameter $s \in \mathbb{R}$ abhängige Quadrik

$$Q_s : x^2 + 2xy + (s+1)y^2 + 2x - (2s^2 - 2)y + 1 = 0.$$

Bestimmen Sie den affinen Typ von Q_s in Abhängigkeit von s.

3. Aufgabe

Betrachten Sie die folgenden Unterräume in $\mathbb{R}^3$:

$$E = \mathbb{R} \cdot \begin{pmatrix} 1 \\ 1 \\ 1 \end{pmatrix}, \quad F = \mathbb{R} \cdot \begin{pmatrix} 0 \\ -1 \\ 1 \end{pmatrix}, \quad G = \mathbb{R} \cdot \begin{pmatrix} -1 \\ 2 \\ 0 \end{pmatrix}$$

(a) Zeigen Sie $E + F + G = \mathbb{R}^3$.

(b) Für die lineare Abbildung $f : \mathbb{R}^3 \to \mathbb{R}^3$ gelte:

    (1) E ist Eigenraum zum Eigenwert 2

    (2) F ist Eigenraum zum Eigenwert -1

(3) $G = \mathrm{Kern}(f)$

Bestimmen Sie die zu f gehörige Matrix im Bezug zur kanonischen Basis $\mathbf{e}_1, \mathbf{e}_2, \mathbf{e}_3 \in \mathbb{R}^3$.

4. Aufgabe

Gegeben seien in $\mathbb{R}^2$ die Punkte

$$u = \begin{pmatrix} 1 \\ 1 \end{pmatrix}, \quad v = \begin{pmatrix} 0 \\ 1 \end{pmatrix}, \quad w = \begin{pmatrix} -1 \\ 0 \end{pmatrix}.$$

Sei $f : \mathbb{R}^2 \to \mathbb{R}^2$ eine Bewegung mit

$$u' := f(u) = \begin{pmatrix} -2 \\ 0 \end{pmatrix}, \quad v' := f(v) = \begin{pmatrix} -2 \\ 1 \end{pmatrix}.$$

(a) Bestimmen Sie alle Möglichkeiten für $w' := f(w)$.

(b) Bestimmen Sie für jede der oben genannten Möglichkeiten den Typ der Bewegung f und die zugehörigen Eigenschaften (je nach Fall Drehzentrum, Drehwinkel, Translationsvektor, Spiegelachse oder Schubvektor).

5. Aufgabe

Sei $n \in \mathbb{N}$ mit $n \geq 2$. Sei $A \in \mathbb{R}^{n \times n}$ eine von der Nullmatrix verschiedene Matrix, deren Zeilenvektoren alle gleich sind. Untersuchen Sie A (zum Beispiel in Abhängigkeit von ihrer Spur) auf Diagonalisierbarkeit.

Lösungsvorschläge

Lösungsvorschlag zu Aufgabe 1

Siehe Aufgabe 11.18 auf Seite 271.

Lösungsvorschlag zu Aufgabe 2

Wir führen zunächst eine quadratische Ergänzung nach x durch. Es ist die zugehörige quadratische Form äquivalent zu

$$x^2 + (2y + 2)x + (y + 1)^2 - (y + 1)^2 + (s + 1)y^2 - (2s^2 - 2)y + 1$$

und diese weiter zu

$$(x + y + 1)^2 - (y + 1)^2 + (s + 1)y^2 - (2s^2 - 2)y + 1.$$

Wir setzen $\eta := x + y + \frac{1}{2}$ und führen anschließend noch eine quadratische Ergänzung in y durch. Die quadratische Form wird dabei zunächst zu

$$\eta^2 - (y + 1)^2 + (s + 1)y^2 - (2s^2 - 2)y + 1$$

und durch Auflösen und Umformen anschließend zu

$$\eta^2 + sy^2 - 2s^2 y.$$

Eine quadratische Ergänzung macht daraus

$$\eta^2 + s\left((y-s)^2 - s^2\right),$$

und durch $\xi = y - s$ erhalten wir die affine Normalform der Quadrik zu

$$\eta^2 + s\xi^2 - s^3 = 0.$$

Für $s = 0$ entspricht dies nach Tab. 13.1 einer Doppelgeraden. Für alle $s \neq 0$ stellen wir diese Gleichung um zu

$$\frac{\eta^2}{s^3} + \frac{\xi^2}{s^2} = 1$$

und brauchen nur noch aus der Tab. abzulesen: Für $s < 0$ erhalten wir eine Hyperbel und für $s > 0$ eine Ellipse (Abb. 15.3).

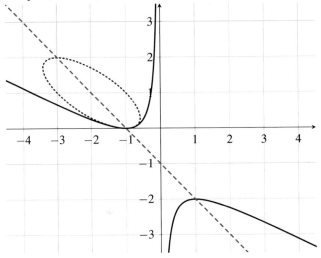

Abbildung 15.3 Die Quadrik in ihrer usprünglichen Form für $s = -1$ (blau), $s = 0$ (grün) und $s = 1$ (rot).

Lösungsvorschlag zu Aufgabe 3

Siehe Aufgabe 10.23 auf Seite 240.

Lösungsvorschlag zu Aufgabe 4

Ad (a): Als Isometrie besitzt f die Gestalt einer affin-linearen Abbildung, d.h., $f(x) = Ax + y$, wobei $A \in \mathbb{R}^{2 \times 2}$ orthogonal ist. Nehmen wir an, f sei linear, d.h., $y = 0$, so folgern wir aus

$$f\left(\begin{pmatrix} 0 \\ 1 \end{pmatrix}\right) = \begin{pmatrix} -2 \\ 1 \end{pmatrix}$$

und

$$f\left(\begin{pmatrix} 1 \\ 0 \end{pmatrix}\right) = f(u-v) = f(u) - f(v) = \begin{pmatrix} -2 \\ 0 \end{pmatrix} - \begin{pmatrix} -2 \\ 1 \end{pmatrix} = \begin{pmatrix} 0 \\ -1 \end{pmatrix},$$

dass

$$A = \begin{pmatrix} -2 & 0 \\ 1 & -1 \end{pmatrix}$$

und somit nicht orthogonal ist. Es muss also $y \neq 0$ sein. Sei nun allgemein

$$A = \begin{pmatrix} a & b \\ c & d \end{pmatrix},$$

dann erhalten wir durch Einsetzen in f:

$$\begin{pmatrix} -2 \\ 0 \end{pmatrix} = \begin{pmatrix} a & b \\ c & c \end{pmatrix}\begin{pmatrix} 1 \\ 1 \end{pmatrix} + y$$

$$\begin{pmatrix} -2 \\ 1 \end{pmatrix} = \begin{pmatrix} a & b \\ c & d \end{pmatrix}\begin{pmatrix} 0 \\ 1 \end{pmatrix} + y$$

Wir ziehen diese beiden Gleichungen voneinander ab und erhalten

$$\begin{pmatrix} 0 \\ -1 \end{pmatrix} = \begin{pmatrix} a & b \\ c & d \end{pmatrix}\begin{pmatrix} 1 \\ 0 \end{pmatrix} = \begin{pmatrix} a \\ c \end{pmatrix},$$

also $a = 0$ und $c = -1$, d.h., es ist

$$A = \begin{pmatrix} 0 & b \\ -1 & d \end{pmatrix}.$$

Nun wissen wir, dass A orthogonal sein muss, dass also $AA^T = \mathbb{E}_2$ ist. Wir berechnen also

$$AA^T = \begin{pmatrix} 0 & b \\ -1 & d \end{pmatrix} \cdot \begin{pmatrix} 0 & -1 \\ b & d \end{pmatrix} = \begin{pmatrix} b^2 & bd \\ bd & d^2+1 \end{pmatrix} \stackrel{!}{=} \mathbb{E}_2$$

und sehen, dass $d = 0$ und $b = \pm 1$ sein muss. Es gibt also lediglich zwei Möglichkeiten, wie der lineare Teil von f aussehen kann:

$$A_1 = \begin{pmatrix} 0 & -1 \\ -1 & 0 \end{pmatrix} \qquad \text{oder} \qquad A_2 = \begin{pmatrix} 0 & 1 \\ -1 & 0 \end{pmatrix}$$

A_1 führt eingesetzt in $u' = f(u)$ auf den Verschiebungsvektor

$$v_1 = u' - A_1 u = \begin{pmatrix} -2 \\ 0 \end{pmatrix} - \begin{pmatrix} 0 & -1 \\ -1 & 0 \end{pmatrix}\begin{pmatrix} 1 \\ 1 \end{pmatrix} = \begin{pmatrix} -1 \\ 1 \end{pmatrix}$$

und A_2 analog auf

$$v_2 = u' - A_2 u = \begin{pmatrix} -2 \\ 0 \end{pmatrix} - \begin{pmatrix} 0 & 1 \\ -1 & 0 \end{pmatrix}\begin{pmatrix} 1 \\ 1 \end{pmatrix} = \begin{pmatrix} -3 \\ 1 \end{pmatrix}.$$

Wir erhalten also abschließend die zwei möglichen Isometrien

$$f_1(x) = \begin{pmatrix} 0 & -1 \\ -1 & 0 \end{pmatrix} x + \begin{pmatrix} -1 \\ 1 \end{pmatrix}$$

und

$$f_2(x) = \begin{pmatrix} 0 & 1 \\ -1 & 0 \end{pmatrix} x + \begin{pmatrix} -3 \\ 1 \end{pmatrix}.$$

Dementsprechend gibt es zwei Möglichkeiten für w', nämlich

$$w_1' = f_1(w) = \begin{pmatrix} -1 \\ 2 \end{pmatrix}$$

und

$$w_2' = f_2(w) = \begin{pmatrix} -3 \\ 2 \end{pmatrix}.$$

Ad (b): Es ist $\det(A_1) = -1$, also beschreibt A_1 nach Satz 12.27 eine Spiegelung mit Spiegelachse

$$\text{Eig}_{A_1}(\lambda = 1) = \ker(A - \mathbb{E}_2) = \ker \begin{pmatrix} -1 & -1 \\ -1 & -1 \end{pmatrix} = \text{Span} \left(\begin{pmatrix} -1 \\ 1 \end{pmatrix} \right).$$

Der Verschiebungsvektor $v_1 = (-1,1)^T$ liegt parallel zu diesem Raum, also ist f_1 eine Gleitspiegelung (vgl. Definition 12.32).

Für f_2 berechnen wir $\det(A_2) = 1$, also beschreibt A_2 nach Satz 12.26 eine Drehung. Wir vergleichen mit der Drehmatrix auf Seite 296

$$\begin{pmatrix} 0 & 1 \\ -1 & 0 \end{pmatrix} \overset{!}{=} \begin{pmatrix} \cos(\alpha) & -\sin(\alpha) \\ \sin(\alpha) & \cos(\alpha) \end{pmatrix}$$

und sehen, dass es sich um eine Drehung um den Ursprung mit Drehwinkelmaß $\alpha = 270°$ handelt. Insgesamt besteht f_2 also aus einer Drehung und einer Verschiebung.

Lösungsvorschlag zu Aufgabe 5

Sei $a = (a_1, \ldots, a_n)$ dieser Zeilenvektor, d.h.,

$$A = \begin{pmatrix} a_1 & \cdots & a_n \\ \vdots & & \vdots \\ a_1 & \cdots & a_n \end{pmatrix}.$$

Da $a \neq 0$ nach Voraussetzung, gibt es ein $i \in \{1, \ldots, n\}$, sodass $a_i \neq 0$. Wir sehen nun, dass jede andere Spalte von der i-ten Spalte linear abhängig ist, denn es gilt $a_j = \frac{a_j}{a_i} a_i$. Es ist also $\text{rg}(A) = 1$. Aus dem Rangsatz 10.5 folgt damit $\text{def}(A) = n - 1$, d.h., A besitzt $n - 1$ linear unabhängige Eigenvektoren zum Eigenwert $\lambda = 0$.
Wir wissen, dass A diagonalisierbar ist genau dann, wenn es eine Basis von $\mathbb{R}^n$ von

Eigenvektoren von A gibt. Da wir bereits $n-1$ linear unabhängige Eigenvektoren gefunden haben, wird die Diagonalisierbarkeit von A also allein vom Bild $\mathrm{Im}(A)$ abhängen.

Betrachten wir nun den Vektor

$$v = \begin{cases} v_i = \frac{1}{a_i}, \\ v_j = 0 & \text{für alle } j \neq i, \end{cases}$$

so stellen wir fest, dass $Av = (1,\ldots,1)^T \neq 0$ ist. Es ist also $w := (1,\ldots,1)^T \in \mathrm{Im}(A)$, und da das Bild eindimensional ist, muss schon

$$\mathrm{Im}(A) = \mathrm{Span}(w)$$

sein. Insbesondere gibt es ein $\mu = \sum_{i=1}^{n} a_i = \mathrm{Spur}(A) \in \mathbb{R}$, sodass

$$A \cdot \begin{pmatrix} 1 \\ \vdots \\ 1 \end{pmatrix} = \mu \cdot \begin{pmatrix} 1 \\ \vdots \\ 1 \end{pmatrix},$$

also ist $w = (1,\ldots,1)^T$ auch ein Eigenvektor von A zum Eigenwert μ. Wenn dieser nun nicht in $\ker(A)$ enthalten ist, haben wir unseren n-ten Eigenvektor gefunden und sind fertig. Falls hingegen $w \in \ker(A)$ liegt, besitzt A nur $(n-1)$-viele linear unabhängige Eigenvektoren und wird nicht diagonalisierbar sein. Wir berechnen also

$$Aw = \begin{pmatrix} a_1 + a_2 + \cdots + a_n \\ \vdots \\ a_1 + a_2 + \cdots + a_n \end{pmatrix} = \begin{pmatrix} \mathrm{Spur}(A) \\ \vdots \\ \mathrm{Spur}(A) \end{pmatrix}$$

und sehen, dass $w \notin \ker(A)$ genau dann, wenn $\mathrm{Spur}(A) \neq 0$.

Wir folgern abschließend: A ist diagonalisierbar genau dann, wenn $\mathrm{Spur}(A) \neq 0$.

15.5 Herbst 2019 – Thema Nr. 2

1. Aufgabe

Für $a \in \mathbb{R}$ sei die reelle Matrix

$$M_a = \begin{pmatrix} a & 0 & 1 & 0 \\ 0 & a & 0 & 1 \\ 1 & 0 & a & 0 \\ 0 & 1 & 0 & a \end{pmatrix} \in \mathbb{R}^{4 \times 4}$$

gegeben.

(a) Zeigen Sie, dass die Determinante von M_a den Wert

$$\det(M_a) = a^4 - 2a^2 + 1$$

hat.

(b) Sei $b = (1, 1, 1, 1)^T$. Bestimmen Sie alle $a \in \mathbb{R}$, für welche die Lösungsmenge

$$\{x \in \mathbb{R}^4 : M_a x = b\}$$

mehr als ein Element hat. Geben Sie in diesem Fall bzw. diesen Fällen die Lösungsmenge konkret an.

2. Aufgabe

Gegeben sei die Matrix

$$A = \begin{pmatrix} 0 & -1 & 1 \\ -2 & 2 & 0 \\ 3 & 0 & 0 \end{pmatrix}.$$

(a) Zeigen Sie, dass $(1, 2, 3)^T$ ein Eigenvektor von A ist.

(b) Bestimmen Sie alle Eigenwerte von A.

(c) Finden Sie eine invertierbare Matrix $X \in \mathbb{R}^{3 \times 3}$, sodass $X^{-1}AX$ eine Diagonalmatrix ist.

3. Aufgabe

Für ein festes $n \in \mathbb{N}$, $n \geq 1$, sei V der Vektorraum der reellen Polynome vom Grad $\leq n$. Sei $S : V \to V$ die Abbildung, die jedem Polynom $p(x)$ das Polynom $p(x - 1)$ zuordnet.

(a) Zeigen Sie, dass S eine lineare Abbildung (und damit ein Endomorphismus von V) ist.

(b) Zeigen Sie, dass 0 kein Eigenwert von S ist.

(c) Zeigen Sie, dass 1 ein Eigenwert von S ist, und geben Sie einen zugehörigen Eigenvektor an.

4. Aufgabe

Gegeben sei die Matrix

$$A = \frac{1}{3} \begin{pmatrix} 1 & 2 & a \\ 2 & 1 & b \\ -2 & 2 & c \end{pmatrix} \in \mathbb{R}^{3 \times 3},$$

wobei a, b, c reelle Zahlen seien.

(a) Bestimmen Sie alle $(a, b, c)^T \in \mathbb{R}^3$, für welche die Matrix A orthogonal ist.

(b) Für welche $(a, b, c)^T \in \mathbb{R}^3$ beschreibt A eine Drehung? Geben Sie den Kosinus des Drehwinkels sowie die Drehachse an.

(c) Für welche $(a, b, c)^T \in \mathbb{R}^3$ beschreibt A eine Spiegelung? An welchem Unterraum wird gespiegelt?

5. Aufgabe

Sei Q die Menge aller Punkte in der euklidischen Ebene, deren Abstände zur Winkelhalbierenden $\mathbb{R} \cdot \begin{pmatrix} 1 \\ 1 \end{pmatrix}$ und zum Punkt $\begin{pmatrix} 0 \\ \sqrt{2} \end{pmatrix}$ gleich sind.

Zeigen Sie, dass Q ein Kegelschnitt ist, und bestimmen Sie die euklidische Normalform und den Typ von Q.

Lösungsvorschläge

Lösungsvorschlag zu Aufgabe 1

Ad (a): Wir wenden den Laplaceschen Entwicklungssatz für die erste Zeile an und erhalten

$$\det(M_a) = a \det \begin{pmatrix} a & 0 & 1 \\ 0 & a & 0 \\ 1 & 0 & a \end{pmatrix} + \det \begin{pmatrix} 0 & a & 1 \\ 1 & 0 & 0 \\ 0 & 1 & a \end{pmatrix}$$

$$= a \cdot (a^3 - a) + 1 - a^2$$

$$= a^4 - 2a^2 + 1.$$

Ad (b): Nach Teilaufgabe (a) ist

$$\det(M_a) = a^4 - 2a^2 + 1 = (a-1)^2 (a+1)^2.$$

Gilt $\det(M_a) \neq 0$, so ist M_a invertierbar und die Lösung eindeutig. Damit die Lösungsmenge überhaupt mehr als ein Element haben kann, muss also $a = 1$ oder $a = -1$ sein. Wir betrachten zunächst den Fall $a = 1$:

$$(M_1 | b) = \left(\begin{array}{cccc|c} 1 & 0 & 1 & 0 & 1 \\ 0 & 1 & 0 & 1 & 1 \\ 1 & 0 & 1 & 0 & 1 \\ 0 & 1 & 0 & 1 & 1 \end{array} \right) \xrightarrow[\text{(III)}-\text{(I)}]{\text{(IV)}-\text{(II)}} \left(\begin{array}{cccc|c} 1 & 0 & 1 & 0 & 1 \\ 0 & 1 & 0 & 1 & 1 \\ 0 & 0 & 0 & 0 & 0 \\ 0 & 0 & 0 & 0 & 0 \end{array} \right)$$

Wir wählen $x_4 = \lambda \in \mathbb{R}$ und $x_3 = \mu \in \mathbb{R}$ frei und erhalten $x_2 = 1 - \lambda$ und $x_1 = 1 - \mu$. Die Lösungsmenge ist also gegeben durch

$$\left\{ \begin{pmatrix} 1-\mu \\ 1-\lambda \\ \mu \\ \lambda \end{pmatrix} : \lambda, \mu \in \mathbb{R} \right\}$$

und besitzt unendlich viele Elemente. Für $a = -1$ erhalten wir hingegen

$$(M_{-1}|b) = \begin{pmatrix} -1 & 0 & 1 & 0 & | & 1 \\ 0 & -1 & 0 & 1 & | & 1 \\ 1 & 0 & -1 & 0 & | & 1 \\ 0 & 1 & 0 & -1 & | & 1 \end{pmatrix} \xrightarrow[\text{(IV)+(II)}]{\text{(III)+(I)}} \begin{pmatrix} -1 & 0 & 1 & 0 & | & 1 \\ 0 & -1 & 0 & 1 & | & 1 \\ 0 & 0 & 0 & 0 & | & 2 \\ 0 & 0 & 0 & 0 & | & 2 \end{pmatrix},$$

und die Lösungsmenge ist offensichtlich leer.

Lösungsvorschlag zu Aufgabe 2

Siehe Aufgabe 10.21 auf Seite 237.

Lösungsvorschlag zu Aufgabe 3

Siehe Aufgabe 10.24 auf Seite 242.

Lösungsvorschlag zu Aufgabe 4

Ad (a): Damit A orthogonal ist, muss $A^T = A^{-1}$ sein, bzw. $AA^T = \mathbb{E}_3$. Wir berechnen also

$$\begin{aligned} AA^T &= \frac{1}{9} \begin{pmatrix} 1 & 2 & a \\ 2 & 1 & b \\ -2 & 2 & c \end{pmatrix} \cdot \begin{pmatrix} 1 & 2 & -2 \\ 2 & 1 & 2 \\ a & b & c \end{pmatrix} \\ &= \frac{1}{9} \begin{pmatrix} a^2+5 & ab+4 & ac+2 \\ & b^2+5 & bc-2 \\ & & c^2+8 \end{pmatrix} \\ &\overset{!}{=} \begin{pmatrix} 1 & 0 & 0 \\ 0 & 1 & 0 \\ 0 & 0 & 1 \end{pmatrix}, \end{aligned}$$

wobei die Einträge unterhalb der Diagonalen nicht berechnet werden müssen (bei dem Produkt AA^T ergibt sich zwangsweise eine symmetrische Matrix). An der Diagonalen lesen wir direkt ab: $a = \pm 2$, $b = \pm 2$ und $c = \pm 1$. Aus $ac+2 = 0$ und $bc-2 = 0$ folgt durch Addition sofort $a = -b$ und anschließend $c = \frac{2}{b}$. Wir erhalten also

$$(a,b,c)^T \in \left\{ (2,-2,-1)^T, (-2,2,1)^T \right\}.$$

Ad (b): Da Drehungen orthogonale Abbildungen sind, kommen nur die in Teilaufgabe (a) berechneten Werte für a, b und c infrage. Für $(a,b,c)^T = (2,-2,-1)^T$ erhalten wir $\det(A) = 1$, also nach Satz 12.26 eine Drehung mit Drehachse

$$\text{Eig}_A(\lambda = 1) = \ker(A - \mathbb{E}_3) = \ker\left(\frac{2}{3}\begin{pmatrix} -1 & 1 & 1 \\ 1 & -1 & -1 \\ -1 & 1 & -2 \end{pmatrix}\right) = \mathbb{R}\begin{pmatrix} 1 \\ 1 \\ 0 \end{pmatrix}$$

und

$$\cos(\alpha) = \frac{1}{2}\left(\text{Spur}(A) + 2 - 3\right) = -\frac{1}{3}.$$

Ad (c): Analog zu Teilaufgabe (b) erhalten wir mit $(a,b,c)^T = (-2,2,1)^T$ gerade $\det(A) = -1$. Nach Satz 12.26 beschreibt A damit eine Spiegelung mit Spiegelebene

$$\text{Eig}_A(\lambda = 1) = \ker(A - \mathbb{E}_3) = \ker\left(\frac{2}{3}\begin{pmatrix} -1 & 1 & -1 \\ 1 & -1 & 1 \\ -1 & 1 & -1 \end{pmatrix}\right) = \mathbb{R}\begin{pmatrix} 1 \\ 1 \\ 0 \end{pmatrix} + \mathbb{R}\begin{pmatrix} -1 \\ 0 \\ 1 \end{pmatrix}.$$

Lösungsvorschlag zu Aufgabe 5

Wir bezeichnen die Winkelhalbierende als g. Es muss dann nach Aufgabenstellung gelten:

$$p \in Q \Leftrightarrow d(p,g) = d\left(p, \left(0,\sqrt{2}\right)^T\right). \tag{15.4}$$

Die rechte Seite von Gleichung (15.4) berechnet sich dabei leicht zu

$$\begin{aligned} d\left(p, \left(0,\sqrt{2}\right)^T\right) &= \left\|\begin{pmatrix} x \\ y \end{pmatrix} - \begin{pmatrix} 0 \\ \sqrt{2} \end{pmatrix}\right\| \\ &= \left\|\begin{pmatrix} x \\ y - \sqrt{2} \end{pmatrix}\right\| \\ &= \sqrt{x^2 + \left(y - \sqrt{2}\right)^2}. \end{aligned}$$

Für die linke Seite müssen wir ein wenig mehr tun. Sei dazu l das Lot von p auf g, dann ist klar, dass l den Richtungsvektor $(1,-1)^T$ besitzt und $p = (x,y)$ ein Aufpunkt ist, also

$$l = \begin{pmatrix} x \\ y \end{pmatrix} + \mathbb{R}\begin{pmatrix} 1 \\ -1 \end{pmatrix}.$$

Um nun den Fußpunkt p' des Lotes l zu ermitteln, berechnen wir $l \cap g$. Dies ist hier besonders einfach, da von l einfach derjenige Punkt auf g liegt, deren x- und y-Koordinate übereinstimmen. Mit $r \in \mathbb{R}$ ist der allgemeine Geradenpunkt von l gegeben durch

$$\begin{pmatrix} x+r \\ y-r \end{pmatrix},$$

sodass gelten muss $x + r = y - r$ bzw.

$$r = \frac{y-x}{2}.$$

Eingesetzt in l ergibt dies den Punkt

$$p' = \begin{pmatrix} x \\ y \end{pmatrix} + \frac{y-x}{2} \begin{pmatrix} 1 \\ -1 \end{pmatrix} = \frac{1}{2} \begin{pmatrix} x+y \\ x+y \end{pmatrix}.$$

Damit erhalten wir nun schließlich

$$\begin{aligned} d(p,g) &= d(p,p') \\ &= \left\| \begin{pmatrix} x \\ y \end{pmatrix} - \frac{1}{2} \begin{pmatrix} x+y \\ x+y \end{pmatrix} \right\| \\ &= \left\| \frac{1}{2} \begin{pmatrix} x-y \\ y-x \end{pmatrix} \right\| \\ &= \frac{1}{2} \sqrt{(x-y)^2 + (y-x)^2} \\ &= \frac{1}{2} \sqrt{2(x-y)^2} \\ &\overset{x \leq y}{=} \frac{1}{\sqrt{2}} (y-x). \end{aligned}$$

Man beachte dabei, dass sich die Menge Q zusammen mit dem Punkt $\left(0 \mid \sqrt{2}\right)$ oberhalb der Winkelhalbierenden befinden muss, da sonst die Abstände nicht gleich sein können. Für $(x,y) \in Q$ muss also $x < y$ gelten.

Setzen wir nun linke und rechte Seite in (15.4) ein, so erhalten wir die Gleichung

$$\frac{1}{\sqrt{2}} (y-x) = \sqrt{x^2 + \left(y - \sqrt{2}\right)^2}$$

bzw. nach Umformen

$$-x^2 - 2xy + 4\sqrt{2}y - y^2 - 4 = 0.$$

Es handelt sich also um einen Kegelschnitt. Die zugehörige Matrix A und Vektor b lauten

$$A = \begin{pmatrix} -1 & 1 \\ 1 & -1 \end{pmatrix}, \ b = \begin{pmatrix} 0 \\ 4\sqrt{2} \end{pmatrix},$$

und wir erhalten die Eigenvektoren $(-1,1)$ und $(1,1)$ zu den Eigenwerten $\lambda_1 = -2$ und $\lambda_2 = 0$. Die zugehörige Transformationsmatrix lautet also

$$T = \frac{1}{\sqrt{2}} \begin{pmatrix} -1 & 1 \\ 1 & 1 \end{pmatrix}$$

und die Diagonalmatrix

$$D = \begin{pmatrix} -2 & 0 \\ 0 & 0 \end{pmatrix}.$$

Wir berechnen nun

$$b^T T = \left(0, 4\sqrt{2}\right) \cdot \frac{1}{\sqrt{2}} \begin{pmatrix} -1 & 1 \\ 1 & 1 \end{pmatrix} = (4,4)$$

und erhalten zusammengefasst

$$(\eta, \xi) \cdot D \cdot \begin{pmatrix} \eta \\ \xi \end{pmatrix} + b^T \cdot T \cdot \begin{pmatrix} \eta \\ \xi \end{pmatrix} - 4 = 0$$

bzw.

$$-2\eta^2 + 4\eta + 4\xi - 4 = 0.$$

Diese Gleichung müssen wir nun nicht einmal quadratisch ergänzen, es folgt sofort

$$(\eta - 1)^2 - 2\xi = 0.$$

Wir setzen abschließend $\eta' := \eta - 1$ und erhalten mit

$$\xi = \frac{1}{2} (\eta')^2$$

offensichtlich eine Parabel (Abb. 15.4).

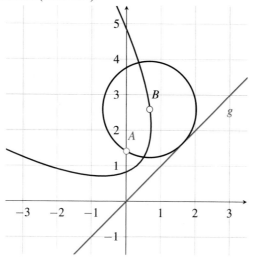

Abbildung 15.4 Die Parabel (blau) in ihrer ursprünglichen Form. Wie ihre Normalform, die durch die Gleichung $y = \frac{1}{2}x^2$ beschrieben wird, aussieht, ist offensichtlich.. Man sieht (ungefähr): Jeder Punkt auf Q hat von A und der Winkelhalbierenden g (jeweils in grün) denselben Abstand. Visualisiert ist dies am Beispiel des Punktes B.

15.6 Herbst 2019 – Thema Nr. 3

1. Aufgabe

Es sei $n \in \mathbb{N}$ mit $n \geq 2$. Zeigen Sie:

(a) Es sei $A \in \mathbb{R}^{n \times n}$. Ist A^2 diagonalisierbar, so ist nicht unbedingt auch A diagonalisierbar.

(b) Ist $U \subseteq \mathbb{R}^n$ ein Untervektorraum mit $\dim_{\mathbb{R}}(U) = k < n$, so gibt es lineare Abbildungen

$$f_1, ..., f_{n-k} \in \mathrm{Hom}_{\mathbb{R}}\left(\mathbb{R}^n, \mathbb{R}\right)$$

mit

$$U = \bigcap_{i=1}^{n-k} \mathrm{Kern}\,(f_i).$$

2. Aufgabe

Es seien $n \in \mathbb{N}$ und $A \in \mathbb{R}^{n \times n}$. Weiter bezeichne E_r, $1 \leq r \leq n$, die $r \times r$-Einheitsmatrix. Zeigen Sie: Ist

$$B = \begin{pmatrix} E_r & 0 \\ 0 & 0 \end{pmatrix} \in \mathbb{R}^{n \times n},$$

so ist das charakteristische Polynom f_{AB} von AB gleich dem charakteristischen Polynom f_{BA} von BA.

3. Aufgabe

Es sei $B \in \mathbb{R}^{2 \times 2}$. Weiter sei

$$m_B : \mathbb{R}^{2 \times 2} \to \mathbb{R}^{2 \times 2}, \quad A \mapsto BA.$$

(a) Zeigen Sie, dass m_B eine lineare Abbildung ist und dass m_B genau dann surjektiv ist, wenn $\det(B) \neq 0$.

(b) Es seien nun $t \in \mathbb{R}$ ein Parameter sowie

$$B = \begin{pmatrix} 2 & t-1 \\ 1 & t \end{pmatrix}.$$

Bestimmen Sie die Eigenwerte und die zugehörigen Eigenräume von m_B. Bestimmen Sie zudem diejenigen t, für die m_B nicht diagonalisierbar ist.

4. Aufgabe

Für eine lineare Abbildung $F : V_1 \to V_2$ bezeichne $M_{B_2}^{B_1}(F)$ die Darstellungsmatrix von F bezüglich einer Basis B_1 von V_1 und einer Basis B_2 von V_2.
Es seien nun $A := (v_1, v_2, v_3)$ eine Basis eines $\mathbb{R}$-Vektorraums V und

$$B := (v_1 + v_2, v_2 + v_3, v_3 + v_1).$$

(a) Zeigen Sie, dass B ebenfalls eine Basis von V ist.

(b) Sei $\mathrm{id}_V : V \to V$, $v \mapsto v$ die identische Abbildung. Berechnen Sie die Darstellungsmatrizen $M_A^A(\mathrm{id}_V), M_A^B(\mathrm{id}_V), M_B^A(\mathrm{id}_V)$ sowie $M_B^B(\mathrm{id}_V)$.

5. Aufgabe

Es sei $\alpha \in \mathbb{R}$ ein Parameter. Weiter sei

$$A = \begin{pmatrix} \frac{3+\alpha}{4} & \frac{\sqrt{3}(1-\alpha)}{4} \\ \frac{\sqrt{3}(1-\alpha)}{4} & \frac{1+3\alpha}{4} \end{pmatrix} \in \mathbb{R}^{2\times 2}.$$

(a) Zeigen Sie, dass 1 ein Eigenwert von A ist.

(b) Es sei Q_α die von dem Parameter α abhängige Quadrik, welche durch die folgende Gleichung definiert wird:

$$(x,y) \begin{pmatrix} \frac{3+\alpha}{4} & \frac{\sqrt{3}(1-\alpha)}{4} \\ \frac{\sqrt{3}(1-\alpha)}{4} & \frac{1+3\alpha}{4} \end{pmatrix} \begin{pmatrix} x \\ y \end{pmatrix} + \sqrt{3}x + y = 0$$

Bestimmen Sie in Abhängigkeit von α die euklidische Normalform sowie den affinen Typ von Q_α.

Lösungsvorschläge

Lösungsvorschlag zu Aufgabe 1

Siehe Aufgabe 12.36 auf Seite 303.

Lösungsvorschlag zu Aufgabe 2

Wir teilen $A \in \mathbb{R}^{n\times n}$ wie B in vier Blöcke ein, deren Größe jeweils von r abhängt: Mit $A_1 \in \mathbb{R}^{r\times r}$, $A_2 \in \mathbb{R}^{r\times(n-r)}$, $A_3 \in \mathbb{R}^{(n-r)\times r}$ und $A_4 \in \mathbb{R}^{(n-r)\times(n-r)}$ ergibt sich also

$$A = \begin{pmatrix} A_1 & A_2 \\ A_3 & A_4 \end{pmatrix}$$

und nach Satz 8.10 ist

$$AB = \begin{pmatrix} A_1 & A_2 \\ A_3 & A_4 \end{pmatrix} \cdot \begin{pmatrix} E_r & 0 \\ 0 & 0 \end{pmatrix} = \begin{pmatrix} A_1 & 0 \\ A_3 & 0 \end{pmatrix}$$

bzw.

$$BA = \begin{pmatrix} E_r & 0 \\ 0 & 0 \end{pmatrix} \cdot \begin{pmatrix} A_1 & A_2 \\ A_3 & A_4 \end{pmatrix} = \begin{pmatrix} A_1 & A_2 \\ 0 & 0 \end{pmatrix}.$$

Nach Satz 8.11 ergibt sich damit

$$f_{AB}(\lambda) = \det(AB - \lambda E_n) = \det \begin{pmatrix} A_1 - \lambda E_r & 0 \\ A_3 & -\lambda E_{n-r} \end{pmatrix} = (A_1 - \lambda E_r) \cdot (-\lambda E_{n-r})$$

sowie

$$f_{BA}(\lambda) = \det(BA - \lambda E_n) = \det \begin{pmatrix} A_1 - \lambda E_r & A_2 \\ 0 & -\lambda E_{n-r} \end{pmatrix} = (A_1 - \lambda E_r) \cdot (-\lambda E_{n-r}).$$

In der Tat ist also $f_{AB} = f_{BA}$.

Lösungsvorschlag zu Aufgabe 5

Ad (a): Wir bestimmen

$$
\begin{aligned}
\chi_A(\lambda) &= \det(A - \lambda\,\mathrm{id}) \\
&= \det\begin{pmatrix} \frac{3+\alpha-4\lambda}{4} & \frac{\sqrt{3}(1-\alpha)}{4} \\ \frac{\sqrt{3}(1-\alpha)}{4} & \frac{1+3\alpha-4\lambda}{4} \end{pmatrix} \\
&= \lambda^2 - (1+\alpha)\lambda + \alpha \\
&= (\lambda - 1)\cdot(\lambda - \alpha)
\end{aligned}
$$

und sehen, dass A die Eigenwerte $\lambda_1 = 1$ und $\lambda_2 = \alpha$ besitzt.

Ad (b): Wir kennen aus Teilaufgabe (a) bereits die Diagonalmatrix

$$
D = \begin{pmatrix} 1 & 0 \\ 0 & \alpha \end{pmatrix}
$$

und bestimmen deshalb nun die Eigenvektoren und damit die Transformationsmatrix T. Dabei ist

$$
\mathrm{Eig}_A(\lambda_1) = \ker(A - \mathrm{id}) = \ker\begin{pmatrix} \frac{\alpha-1}{4} & \frac{\sqrt{3}(1-\alpha)}{4} \\ \frac{\sqrt{3}(1-\alpha)}{4} & \frac{3\alpha-3}{4} \end{pmatrix} = \mathrm{Span}\left(\begin{pmatrix} \sqrt{3} \\ 1 \end{pmatrix}\right)
$$

und

$$
\mathrm{Eig}_A(\lambda_2) = \ker(A - \alpha\,\mathrm{id}) = \ker\begin{pmatrix} \frac{3-3\alpha}{4} & \frac{\sqrt{3}(1-\alpha)}{4} \\ \frac{\sqrt{3}(1-\alpha)}{4} & \frac{1-\alpha}{4} \end{pmatrix} = \mathrm{Span}\left(\begin{pmatrix} -\frac{1}{\sqrt{3}} \\ 1 \end{pmatrix}\right),
$$

also $v_1 = \left(\sqrt{3}, 1\right)^T$ mit $\|v_1\| = 2$ und $v_2 = \left(-\frac{1}{\sqrt{3}}, 1\right)^T$ mit $\|v_2\| = \frac{2}{\sqrt{3}}$. Es ist also

$$
T = \left(\frac{v_1}{\|v_1\|} \;\middle|\; \frac{v_2}{\|v_2\|}\right) = \frac{1}{2}\begin{pmatrix} \sqrt{3} & -1 \\ 1 & \sqrt{3} \end{pmatrix},
$$

und mit $v = \left(\sqrt{3}, 1\right)^T$ aus der Gleichung der Quadrik finden wir

$$
v^T \cdot T = \left(\sqrt{3}, 1\right)^T \cdot \frac{1}{2}\begin{pmatrix} \sqrt{3} & -1 \\ 1 & \sqrt{3} \end{pmatrix} = \begin{pmatrix} 2 \\ 0 \end{pmatrix}.
$$

Die euklidische Normalform ergibt sich damit insgesamt zu

$$(\eta, \xi) \cdot D \cdot \begin{pmatrix} \eta \\ \xi \end{pmatrix} + (2,0)^T \cdot \begin{pmatrix} \eta \\ \xi \end{pmatrix} = 0,$$

bzw.

$$\eta^2 + \alpha \xi^2 + 2\eta = 0.$$

Eine quadratische Ergänzung in η führt damit auf

$$(\eta + 1)^2 + \alpha \xi^2 = 1,$$

und mit dem Koordinatenwechsel $\eta' := \eta + 1$ erhalten wir abschließend die euklidische Normalform zu

$$\left(\eta'\right)^2 + \alpha \xi^2 = 1,$$

die nach Tab. 13.1 für $\alpha < 0$ eine Hyperbel, für $\alpha = 0$ ein Parallelenpaar und für $\alpha > 0$ eine Ellipse mit dem Spezialfall des Kreises für $\alpha = 1$ beschreibt (Abb. 15.5).

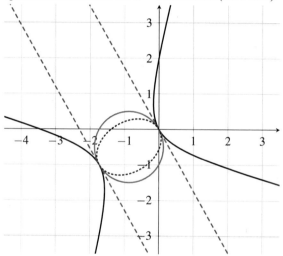

Abbildung 15.5 Die Quadrik in ihrer usprünglichen Form für $\alpha = -1$ (blau), $\alpha = 0$ (grün), $\alpha = 1$ (orange) und $\alpha = 2$ (rot).

15.7 Frühjahr 2020 – Thema Nr. 1

1. Aufgabe

Bestimmen Sie eine Matrix $A \in \mathbb{R}^{2 \times 2}$ und einen Vektor $t \in \mathbb{R}^2$, sodass

$$f : \mathbb{R}^2 \to \mathbb{R}^2, \quad x \mapsto A \cdot x + t$$

die Gleitspiegelung mit Gleitspiegelachse

$$\begin{pmatrix} 4 \\ 0 \end{pmatrix} + \mathbb{R} \begin{pmatrix} 1 \\ -1 \end{pmatrix}$$

und Verschiebevektor $v = \begin{pmatrix} 3 \\ -3 \end{pmatrix}$ ist.

2. Aufgabe

Im $\mathbb{R}^3$ seien folgende Geraden gegeben:

$$g = \left\{ \begin{pmatrix} x \\ y \\ z \end{pmatrix} : x+y+z = 1 \text{ und } x+y-z = 1 \right\} \quad \text{und}$$

$$h = \begin{pmatrix} 1 \\ 1 \\ 1 \end{pmatrix} + \mathbb{R} \begin{pmatrix} 1 \\ 0 \\ -1 \end{pmatrix}$$

(a) Entscheiden Sie, ob g und h parallel sind, sich schneiden oder windschief sind.

(b) Bestimmen Sie die gemeinsame Lotgerade l von g und h, und berechnen Sie den Abstand $d(g,h)$ von g und h.

3. Aufgabe

Sei $n \in \mathbb{N}$ mit $n \geq 1$.

(a) Berechnen Sie für $x = (x_1, \ldots, x_n)^T \in \mathbb{R}^n$ und $y = (y_1, \ldots, y_n)^T \in \mathbb{R}^n$ die Matrix xy^T.

(b) Beweisen Sie: Sind $x, y \in \mathbb{R}^n$, dann gilt Rang $(xy^T) \leq 1$.

(c) Beweisen Sie: Ist $A \in \mathbb{R}^{n \times n}$ eine Matrix mit Rang$(A) \leq 1$, dann gibt es Vektoren $x, y \in \mathbb{R}^n$ mit $A = xy^T$.

4. Aufgabe

Sei $n \in \mathbb{N}$ mit $n \geq 1$ und sei $A \in \mathbb{R}^{n \times n}$ eine symmetrische Matrix. Beweisen Sie:

(a) Bezüglich des euklidischen Standardskalarprodukts $\langle \cdot, \cdot \rangle$ von $\mathbb{R}^n$ stehen Kern(A) und Bild(A) aufeinander senkrecht.

(b) Es gilt $\mathbb{R}^n = \text{Kern}(A) \oplus \text{Bild}(A)$.

5. Aufgabe

Beweisen oder widerlegen Sie folgende Aussagen:

(a) Hat eine Quadrik Q im $\mathbb{R}^2$ zwei aufeinander senkrecht stehende Symmetrieachsen s_1 und s_2, dann ist der Schnittpunkt m dieser Symmetrieachsen ein Mittelpunkt von Q.

(b) Sind Q_1 und Q_2 zwei kongruente (metrisch äquivalente) Quadriken im $\mathbb{R}^2$, dann gibt es nur endlich viele euklidische Bewegungen $f : \mathbb{R}^2 \to \mathbb{R}^2$ mit $f(Q_1) = Q_2$.

Lösungsvorschläge

Lösungsvorschlag zu Aufgabe 1

Sei U der affine Unterraum, an dem f spiegeln soll. Bevor wir nun die Abbildung f bestimmen, bestimmen wir diejenige Abbildung g, die die Spiegelung an U beschreibt. Da U kein Unterraum ist, ist g selbst keine lineare Abbildung, sondern eine affine Abbildung, also von der Form

$$g(x) = Bx + w$$

mit $B \in \mathbb{R}^{2 \times 2}$ und $w \in \mathbb{R}^2$. Der lineare Anteil B von g ist dabei eindeutig durch die Bilder der Standardbasis $\{(1,0)^T, (0,1)^T\}$ festgelegt, der inhomogene Anteil w offensichtlich durch das Bild des Nullvektors. Eine sehr effiziente Variante besteht darin, diese Bilder grafisch zu ermitteln (Abb. 15.6).

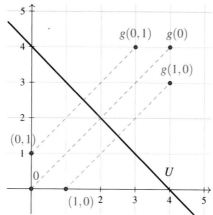

Abbildung 15.6 Die Bildpunkte $g(0)$, $g(1,0)$ und $g(0,1)$.

Es ist

$$(4,0)^T = g(0) = B \cdot 0 + w = w,$$

und damit ermitteln wir nun die Matrix

$$B = \begin{pmatrix} a & b \\ c & d \end{pmatrix},$$

denn es gilt

$$\begin{pmatrix} 3 \\ 4 \end{pmatrix} = g(0,1) = \begin{pmatrix} a & b \\ c & d \end{pmatrix} \cdot \begin{pmatrix} 0 \\ 1 \end{pmatrix} + \begin{pmatrix} 4 \\ 0 \end{pmatrix} = \begin{pmatrix} b+4 \\ d+4 \end{pmatrix}$$

und
$$\begin{pmatrix} 4 \\ 3 \end{pmatrix} = g(1,0) = \begin{pmatrix} a & b \\ c & d \end{pmatrix} \cdot \begin{pmatrix} 1 \\ 0 \end{pmatrix} + \begin{pmatrix} 4 \\ 0 \end{pmatrix} = \begin{pmatrix} a+4 \\ c+4 \end{pmatrix},$$

woraus wir sofort $b = c = -1$ und $a = d = 0$ ablesen. Damit erhalten wir die Spiegelung an U zu

$$g(x) = \begin{pmatrix} 0 & -1 \\ -1 & 0 \end{pmatrix} x + \begin{pmatrix} 4 \\ 0 \end{pmatrix}.$$

Nun soll f aus der Spiegelung g zusammen mit einer Translation um v bestehen, d.h.,

$$f(x) = g(x) + v = \begin{pmatrix} 0 & -1 \\ -1 & 0 \end{pmatrix} x + \begin{pmatrix} 4 \\ 0 \end{pmatrix} + \begin{pmatrix} 3 \\ -3 \end{pmatrix} = \begin{pmatrix} 0 & -1 \\ -1 & 0 \end{pmatrix} x + \begin{pmatrix} 7 \\ 1 \end{pmatrix}.$$

Es ist also

$$A = \begin{pmatrix} 0 & -1 \\ -1 & 0 \end{pmatrix} \quad \text{und} \quad t = \begin{pmatrix} 7 \\ 1 \end{pmatrix}.$$

Lösungsvorschlag zu Aufgabe 2

Ad (a): Wir bestimmen zunächst die Parameterdarstellung für g. Subtrahiert man beide Gleichungen voneinander, erhält man $z = 0$. Einsetzen in eine der beiden Gleichungen führt anschließend auf $y = 1 - x$, und wir können schreiben

$$\begin{aligned} g &= \left\{ \begin{pmatrix} x \\ 1-x \\ 0 \end{pmatrix} : x \in \mathbb{R} \right\} \\ &= \left\{ \begin{pmatrix} 0 \\ 1 \\ 0 \end{pmatrix} + \lambda \begin{pmatrix} 1 \\ -1 \\ 0 \end{pmatrix} : \lambda \in \mathbb{R} \right\} \\ &= \begin{pmatrix} 0 \\ 1 \\ 0 \end{pmatrix} + \mathbb{R} \begin{pmatrix} 1 \\ -1 \\ 0 \end{pmatrix}. \end{aligned}$$

Offensichtlich sind die beiden Richtungsvektoren von g und h also linear unabhängig. Damit können wir Parallelität ausschließen. Um die Geraden auf Windschiefe zu prüfen, berechnen wir nun also einen Schnittpunkt via $g \cap h$. Das zugehörige Gleichungssystem besitzt die Gestalt

$$\begin{aligned} \lambda &= 1 + \mu, \\ 1 - \lambda &= 1, \\ 0 &= 1 - \mu. \end{aligned}$$

Es muss also offensichtlich $\lambda = 0$ sein und $\mu = 1$. Dies liefert in der ersten Gleichung allerdings den Widerspruch $0 = 2$. Die Geraden sind also windschief.

Ad (b): Wir wissen, dass die Lotgerade l auf g und h senkrecht steht. Wir bestimmen nun einen Verbindungsvektor v, der sowohl auf g als auch auf h senkrecht steht. Dazu setzen wir zunächst einen allgemeinen Verbindungsvektor an, erst im Anschluss sichern wir die Orthogonalität. Wir nutzen aus, dass alle Elemente auf der Gerade g von der Form

$$\vec{P}_\lambda = \begin{pmatrix} \lambda \\ 1 - \lambda \\ 0 \end{pmatrix}$$

für $\lambda \in \mathbb{R}$ sind und entsprechend für die Elemente auf h

$$\vec{G}_\mu = \begin{pmatrix} 1 + \mu \\ 1 \\ 1 - \mu \end{pmatrix}$$

für $\mu \in \mathbb{R}$. Daraus folgt für den Vektor v sofort

$$v = \overrightarrow{P_\lambda G_\mu} = \begin{pmatrix} 1 + \mu - \lambda \\ \lambda \\ 1 - \mu \end{pmatrix}.$$

Dieser Vektor muss nun orthogonal auf den Richtungsvektoren der beiden Geraden g und h stehen, dann ist es gerade der Richtungsvektor der Lotgeraden. Sogleich bekommen wir auf diese Weise die Lotfußpunkte und somit $d(g,h)$ mitgeliefert. Wir rechnen also

$$\left\langle v, \begin{pmatrix} 1 \\ -1 \\ 0 \end{pmatrix} \right\rangle = \left\langle \begin{pmatrix} 1 + \mu - \lambda \\ \lambda \\ 1 - \mu \end{pmatrix}, \begin{pmatrix} 1 \\ -1 \\ 0 \end{pmatrix} \right\rangle = 1 + \mu - 2\lambda = 0$$

und

$$\left\langle v, \begin{pmatrix} 1 \\ 0 \\ -1 \end{pmatrix} \right\rangle = \left\langle \begin{pmatrix} 1 + \mu - \lambda \\ \lambda \\ 1 - \mu \end{pmatrix}, \begin{pmatrix} 1 \\ 0 \\ -1 \end{pmatrix} \right\rangle = 2\mu - \lambda = 0.$$

Wir erhalten also ein lineares Gleichungssystem mit zwei Variablen. Gleichung zwei führt auf $\lambda = 2\mu$, und eingesetzt in Gleichung eins führt dies auf $\mu = \frac{1}{3}$ und schließlich auf $\lambda = \frac{2}{3}$. Wir erhalten die Lotgerade l demnach zu

$$l = \vec{P}_{\frac{2}{3}} + \mathbb{R} \overrightarrow{P_{\frac{2}{3}} G_{\frac{1}{3}}}$$

$$= \begin{pmatrix} \frac{2}{3} \\ \frac{1}{3} \\ 0 \end{pmatrix} + \mathbb{R} \begin{pmatrix} \frac{2}{3} \\ \frac{2}{3} \\ \frac{2}{3} \end{pmatrix}.$$

Der Abstand zwischen g und h entspricht nun gerade der Länge des Vektors $\overrightarrow{P_{\frac{2}{3}} G_{\frac{1}{3}}}$:

$$d(g,h) = \left\| \begin{pmatrix} \frac{2}{3} \\ \frac{2}{3} \\ \frac{2}{3} \end{pmatrix} \right\| = \sqrt{3 \cdot \left(\frac{2}{3} \right)^2} = \frac{2\sqrt{3}}{3}$$

Ad (a): Mit dem üblichen Matrixprodukt bestimmt man

$$xy^T = \begin{pmatrix} x_1 \\ \vdots \\ x_n \end{pmatrix} \cdot (y_1, \ldots, y_n) = \begin{pmatrix} x_1y_1 & x_1y_2 & \cdots & x_1y_n \\ x_2y_1 & x_2y_2 & \cdots & x_2y_n \\ \vdots & \vdots & \ddots & \vdots \\ x_ny_1 & x_ny_2 & \cdots & x_ny_n \end{pmatrix}.$$

Ad (b): Wir zeigen, dass für die Matrix aus Teilaufgabe (a) sämtliche Zeilenvektoren linear abhängig sind. Ist $x_i = 0$, so ist die Zeile offensichtlich eine Nullzeile, und es bleibt nichts zu zeigen, da jede Menge, die den Nullvektor enthält, linear abhängig ist. Seien also $x_j \neq 0$ und $x_k \neq 0$ und y nicht der Nullvektor. Dann erhalten wir zwei von Null verschiedene Zeilenvektoren

$$v_1 = (x_jy_1, \ldots, x_jy_n)^T \text{ und}$$
$$v_2 = (x_ky_1, \ldots, x_ky_n)^T.$$

Es gilt dann $\frac{1}{x_j}v_1 - \frac{1}{x_k}v_2 = 0$, bzw. $v_2 = \frac{x_k}{x_j}v_1$, also $\{v_1, v_2\}$ linear abhängig. Man beachte dabei, dass die Ausdrücke $\frac{1}{x_j}$ und $\frac{1}{x_k}$ wohldefiniert sind. Da also alle Zeilenvektoren linear abhängig sind, kann die Matrix xy^T höchstens den Rang 1 besitzen. Der Rang ist null, wenn alle Zeilenvektoren aus dem Nullvektor bestehen.

Ad (c): Ist Rang$(A) \leq 1$, so sind alle Spaltenvektoren von A linear abhängig. Es gibt also ein $v \in \mathbb{R}^n$ und Skalare $\lambda_1, \ldots, \lambda_{n-1}$, sodass wir schreiben können:

$$A = (v \mid \lambda_1 v \mid \cdots \mid \lambda_{n-1}v) = v \cdot (1, \lambda_1, \ldots, \lambda_{n-1})$$

Wir können also $x = v$ und $y = (1, \lambda_1, \ldots, \lambda_n)^T$ wählen.

Beachten Sie, dass über $\mathbb{R}$ jeweils Zeilen- und Spaltenrang übereinstimmen, es spielt also keine Rolle, ob man linear unabhängige Zeilen- oder Spaltenvektoren voraussetzt. Wählt man hier allerdings die Spaltenvektoren als linear unabhängig, so lässt sich der Beweis besser aufschreiben.

Ad (a): Seien $v \in \text{Kern}(A)$ und $w \in \text{Bild}(A)$ beliebig. Dann gibt es ein $v' \in \mathbb{R}^n$, sodass $Av' = w$ gilt. Es folgt

$$\begin{aligned} \langle v, w \rangle &= \langle v, Av' \rangle \\ &= v^T A v' \\ &\stackrel{\substack{A \text{ ist} \\ \text{sym.}}}{=} v^T A^T v' \end{aligned}$$

$$= (Av)^T v'$$

$$= \langle Av, v' \rangle$$

$$\overset{v \in \ker(A)}{=} \langle 0, v' \rangle$$

$$= 0$$

wegen der positiven Definitheit des Skalarprodukts. Also sind v und w orthogonal und damit auch Kern und Bild von A.

Ad (b): Sei $v \in \mathrm{Kern}(A) \cap \mathrm{Bild}(A)$, dann muss nach Teilaufgabe (a) gelten $\langle v, v \rangle = 0$. Aus der positiven Definitheit des Skalarprodukts folgt sofort $v = 0$. Der Schnitt beider Räume ist somit trivial und für die Dimension der Summe folgt

$$\dim(\mathrm{Kern}(A) + \mathrm{Bild}(A)) = \dim(\mathrm{Kern}(A)) + \dim(\mathrm{Bild}(A)) - \underbrace{\dim(\mathrm{Kern}(A) \cap \mathrm{Bild}(A))}_{=0}$$

$$= \mathrm{def}(A) + \mathrm{rg}(A)$$

$$= \dim(\mathbb{R}^n).$$

Die letzte Gleichheit folgt dabei aus dem Rangsatz 10.5. Insbesondere ist die Summe aufgrund des trivialen Schnitts direkt, wir können also schreiben

$$\mathrm{Kern}(A) \oplus \mathrm{Bild}(A) = \mathbb{R}^n.$$

Lösungsvorschlag zu Aufgabe 5

Ad (a): Die Aussage ist wahr. Sei Q eine Quadrik mit zwei Symmetrieachsen, dann hat Q gemäß der Hauptachsentransformation eine euklidische Normalform Q' mit Symmetrieachsen $x = 0$ und $y = 0$. Insbesondere ist der Schnittpunkt $(0,0)$ ein Mittelpunkt von Q'. Da euklidische Bewegungen Winkelgrößen und Längen invariant lassen und folglich auch Symmetrieeigenschaften erhalten, muss also der Schnittpunkt der Symmetrieachsen auch ein Mittelpunkt von Q gewesen sein.

Ad (b): Diese Aussage ist falsch. Seien Q_1 der Ursprung (die zugehörige Gleichung ist $x^2 + y^2 = 0$) und $Q_2 = Q_1$. Dann sind beide Quadriken identisch und damit insbesondere metrisch äquivalent. Außerdem ist die durch die Drehmatrix

$$D_\alpha = \begin{pmatrix} \cos(\alpha) & -\sin(\alpha) \\ \sin(\alpha) & \cos(\alpha) \end{pmatrix}$$

vermittelte lineare Abbildung f eine euklidische Bewegung, die für alle $\alpha \in \mathbb{R}$ stets Q_1 auf sich selbst abbildet. Es gibt also unendlich viele verschiedene Abbildungen f mit $f(Q_1) = Q_2$.

15.8 Frühjahr 2020 – Thema Nr. 2

1. Aufgabe

Bestimmen Sie alle $\alpha, \beta \in \mathbb{R}$, für die die Lösungsmenge des Gleichungssystems

$$\begin{pmatrix} 1 & 1 & \alpha \\ \alpha & \beta & 1 \\ 1 & \alpha & -1 \end{pmatrix} x = \begin{pmatrix} \alpha \\ 0 \\ \alpha \end{pmatrix}$$

ein eindimensionaler Untervektorraum von $\mathbb{R}^3$ ist.

2. Aufgabe

Es seien V ein reeller Vektorraum mit Basis v_1, v_2, v_3, v_4 und W ein reeller Vektorraum mit Basis w_1, w_2, w_3, w_4. Weiter sei $f : V \to W$ linear, und es gelte für alle $k = 1, 2, 3, 4$

$$f(v_k) = \sum_{i=1}^{4} (|k - i| - 1) w_i.$$

Bestimmen Sie den Rang von f.

3. Aufgabe

Beweisen oder widerlegen Sie:

(a) Die Menge

$$M_1 = \left\{ X \in \mathbb{R}^{2 \times 2} \mid \text{Null ist Eigenwert von } X \right\}$$

ist ein Untervektorraum von $\mathbb{R}^{2 \times 2}$.

(b) Die Menge

$$M_1 = \left\{ X \in \mathbb{R}^{2 \times 2} \mid \begin{pmatrix} 1 \\ 2 \end{pmatrix} \text{ ist Eigenvektor von } X \right\}$$

ist ein Untervektorraum von $\mathbb{R}^{2 \times 2}$.

4. Aufgabe

Es seien $G_1 = \left\{ x \in \mathbb{R}^2 \mid x_1 - 2x_2 = 3 \right\}$ und $G_2 = \left\{ x \in \mathbb{R}^2 \mid x_1 + x_2 = 0 \right\}$. Weiter sei $f : \mathbb{R}^2 \to \mathbb{R}^2$ eine euklidische Bewegung, welche die Bedingungen $f(G_1) = G_2$ und $f(G_2) = G_1$ erfüllt.

(a) Begründen Sie, dass f einen Fixpunkt hat.

(b) Untersuchen Sie, ob f eine Drehung, eine Translation, eine Spiegelung oder eine Gleitspiegelung ist.

5. Aufgabe

Zu $\alpha \in \mathbb{R} \backslash \{0\}$ sei

$$Q_\alpha = \left\{ x \in \mathbb{R}^2 \mid x^T \begin{pmatrix} 1 + \alpha & 1 - \alpha \\ 1 - \alpha & 1 + \alpha \end{pmatrix} x = 1 - \frac{1}{\alpha} \right\}.$$

Bestimmen Sie die euklidische Normalform sowie den affinen Typ der Quadrik Q_α in Abhängigkeit von α.

Lösungsvorschläge

Das gegebene Gleichungssystem $Ax = b$ besitzt einen eindimensionalen Lösungsraum, falls

$$\mathrm{rg}(A) = \mathrm{rg}(A|b) < 3$$

und $3 - \mathrm{rg}(A) = 1$, vgl. Satz 11.10. Es muss also $\mathrm{rg}(A) = \mathrm{rg}(A|b) = 2$ gelten. Wir berechnen also den Rang von A, indem wir A durch elementare Zeilenumformungen auf die Zeilenstufenform bringen:

$$\begin{pmatrix} 1 & 1 & \alpha \\ \alpha & \beta & 1 \\ 1 & \alpha & -1 \end{pmatrix} \xrightarrow[-\alpha \mathrm{I}+\mathrm{II}]{(-1)\mathrm{I}+\mathrm{III}} \begin{pmatrix} 1 & 1 & \alpha \\ 0 & \beta - \alpha & 1 - \alpha^2 \\ 0 & \alpha - 1 & -\alpha - 1 \end{pmatrix}$$

Die Zeilen I/III und I/II sind stets linear unabhängig. Wir wählen nun also (α, β) derart, dass die Zeilenvektoren II und III linear abhängig sind: sei dazu $k \in \mathbb{R}$. Dann fordern wir

- $\beta - \alpha = k(\alpha - 1)$ und

- $1 - \alpha^2 = k(-\alpha - 1)$.

Aus der ersten Gleichung erhält man $\beta = (k+1)\alpha - k$, und aus der zweiten Gleichung bekommen wir die quadratische Gleichung

$$\alpha^2 - k\alpha - (k+1) = 0$$

in α. Diese besitzt die beiden Lösungen $\alpha_1 = -1$ und $\alpha_2 = k+1$. Entsprechend bekommen wir aus der ersten Gleichung auch $\beta_1 = (k+1) \cdot (-1) - k = -2k - 1$ und $\beta_2 = (k+1)(k+1) - k = k^2 + k + 1$. Wir halten also fest: Für

$$(\alpha, \beta) \in \left\{ (-1, -2k - 1), \left(k+1, k^2 + k + 1 \right) \right\}$$

und $k \in \mathbb{R}$ ist $\mathrm{rg}(A) = 2$.

Für die Lösbarkeit müssen wir nun noch $\mathrm{rg}(A|b) = \mathrm{rg}(A) = 2$ sicherstellen.

- Fall 1: Für $k \in \mathbb{R}$ sei $(\alpha, \beta) = (-1, -2k - 1)$. In diesem Fall ist

$$\mathrm{rg} \left(\begin{array}{ccc|c} 1 & 1 & -1 & -1 \\ -1 & -2k - 1 & 1 & 0 \\ 1 & -1 & -1 & -1 \end{array} \right) = \mathrm{rg} \left(\begin{array}{ccc|c} 0 & -2k & 0 & -1 \\ -1 & -2k - 1 & 1 & 0 \\ 0 & -2k - 2 & 0 & -1 \end{array} \right).$$

Dabei haben wir die mittlere Zeile jeweils auf die erste und letzte Zeile addiert. Wegen $-2k \neq -2k - 2$ für alle $k \in \mathbb{R}$ gibt es im Fall $(\alpha, \beta) = (-1, -2k - 1)$ keinen eindimensionalen Lösungsraum.

- Fall 2: Für $k \in \mathbb{R}$ sei $(\alpha, \beta) = \left(k+1, k^2 + k + 1 \right)$. In diesem Fall ist

$$\mathrm{rg} \left(\begin{array}{ccc|c} 1 & 1 & k+1 & k+1 \\ k+1 & k^2 + k + 1 & 1 & 0 \\ 1 & k+1 & -1 & k+1 \end{array} \right) = \mathrm{rg} \left(\begin{array}{ccc|c} 1 & 1 & k+1 & k+1 \\ 0 & k & -(k+2) & 0 \\ 0 & 0 & 0 & -(k+1)^2 \end{array} \right).$$

Hier haben wir eine Nullzeile erzeugt, falls $-(k+1)^2 = 0$, falls also $k = -1$. Das bedeutet, dass der Lösungsraum für

$$(\alpha, \beta) = (0, 1)$$

eindimensional ist.

Lösungsvorschlag zu Aufgabe 2

Wir bestimmen zunächst die darstellende Matrix von f bzgl. $\mathscr{B}_V = \{v_1, v_2, v_3, v_4\}$ und $\mathscr{B}_W = \{w_1, w_2, w_3, w_4\}$: $A_{\mathscr{B}_W}^{\mathscr{B}_V}$. Dazu gehen wir analog zu Beispiel 10.7 vor: Die Bilder $f(v_k)$ für $k \in \{1, 2, 3, 4\}$ sind bzgl. der Basis $\mathscr{B}_W$ darzustellen:

$$f(v_1) = \sum_{i=1}^{4} (|1-i|-1) w_i = -1 \cdot w_1 + 0 \cdot w_2 + 1 \cdot w_3 + 2 \cdot w_4 \,\hat{=}\, \begin{pmatrix} -1 \\ 0 \\ 1 \\ 2 \end{pmatrix}$$

$$f(v_2) = \sum_{i=1}^{4} (|2-i|-1) w_i = 0 \cdot w_1 - 1 \cdot w_2 + 0 \cdot w_3 + 1 \cdot w_4 \,\hat{=}\, \begin{pmatrix} 0 \\ -1 \\ 0 \\ 1 \end{pmatrix}$$

$$f(v_3) = \sum_{i=1}^{4} (|3-i|-1) w_i = 1 \cdot w_1 + 0 \cdot w_2 - 1 \cdot w_3 + 0 \cdot w_4 \,\hat{=}\, \begin{pmatrix} 1 \\ 0 \\ -1 \\ 0 \end{pmatrix}$$

$$f(v_4) = \sum_{i=1}^{4} (|4-i|-1) w_i = 2 \cdot w_1 + 1 \cdot w_2 + 0 \cdot w_3 - 1 \cdot w_4 \,\hat{=}\, \begin{pmatrix} 2 \\ 1 \\ 0 \\ -1 \end{pmatrix}$$

Wir erhalten also

$$A_{\mathscr{B}_W}^{\mathscr{B}_V} = \begin{pmatrix} -1 & 0 & 1 & 2 \\ 0 & -1 & 0 & 1 \\ 1 & 0 & -1 & 0 \\ 2 & 1 & 0 & -1 \end{pmatrix}$$

und führen nun elementare Zeilenstufenumformungen durch:

$$\begin{pmatrix} -1 & 0 & 1 & 2 \\ 0 & -1 & 0 & 1 \\ 1 & 0 & -1 & 0 \\ 2 & 1 & 0 & -1 \end{pmatrix} \longrightarrow \dots \longrightarrow \begin{pmatrix} 1 & 0 & -1 & 0 \\ 0 & 1 & 2 & -1 \\ 0 & 0 & 2 & 0 \\ 0 & 0 & 0 & 2 \end{pmatrix}$$

Es ist demnach sofort

$$\mathrm{rg}(f) = \mathrm{rg}\left(A_{\mathscr{B}_W}^{\mathscr{B}_V}\right) = 4.$$

Ad (a): Die Menge M_1 ist kein Unterraum von $\mathbb{R}^{2\times 2}$. Wir wählen etwa

$$A = \begin{pmatrix} 1 & 0 \\ 0 & 0 \end{pmatrix}, B = \begin{pmatrix} 0 & 0 \\ 0 & 1 \end{pmatrix} \in \mathbb{R}^{2\times 2}$$

und sehen, dass $A \cdot (0,1)^T = 0$ und $B \cdot (1,0)^T = 0$ ist, beide Matrizen also einen nicht trivialen Kern besitzen und damit in M_1 liegen. Es ist aber $A + B = \mathbb{E}_2$, und die Einheitsmatrix besitzt den zweifachen Eigenwert 1. Damit ist $A + B \notin M_1$ und die Menge M_1 nicht abgeschlossen unter Addition.

Ad (b): Die Menge M_2 ist ein Unterraum von $\mathbb{R}^{2\times 2}$. Zunächst einmal ist die Menge nicht leer wegen $\mathbb{E}_2 \in M_2$. Seien nun $A, B \in M_2$ und $\lambda \in \mathbb{R}$ beliebig. Dann gibt es $a, b \in \mathbb{R}$ mit $A \cdot (1,2)^T = a \cdot (1,2)^T$ und $B \cdot (1,2)^T = b \cdot (1,2)^T$. Damit rechnen wir

$$(A + \lambda B) \cdot \begin{pmatrix} 1 \\ 2 \end{pmatrix} = A \begin{pmatrix} 1 \\ 2 \end{pmatrix} + \lambda B \begin{pmatrix} 1 \\ 2 \end{pmatrix} = a \begin{pmatrix} 1 \\ 2 \end{pmatrix} + \lambda b \begin{pmatrix} 1 \\ 2 \end{pmatrix} = (a + \lambda b) \begin{pmatrix} 1 \\ 2 \end{pmatrix}$$

und sehen, dass $(1,2)^T$ ein Eigenvektor von $A + \lambda B$ ist. Damit ist M_2 linear abgeschlossen und somit ein Unterraum von $\mathbb{R}^{2\times 2}$.

Ad (a): Die Mengen G_1 und G_2 beschreiben jeweils Geraden im $\mathbb{R}^2$. Für einen Fixpunkt $g \in \mathbb{R}^2$ muss $f(g) = g$ sein. Inbesondere bedeutet das $g \in G_1 \cap G_2$. Wenn die Menge $G_1 \cap G_2$ einelementig ist, haben wir mit g also einen Fixpunkt. Es gilt also das Gleichungssystem

$$\begin{aligned} 3 &= x_1 - 2x_2, \\ 0 &= x_1 + x_2 \end{aligned}$$

zu lösen. Ziehen wir von der ersten Gleichung die zweite ab, erhalten wir $3 = -3x_2$, also $x_2 = 1$. Eingesetzt in eine der beiden Gleichungen führt dies wiederum auf $x_1 = -1$. Das Gleichungssystem ist also eindeutig lösbar, wobei $g = (1,-1)$ ist.

Ad (b): Intuitiv ist klar, dass f eine Spiegelung an einer der beiden „Winkelhalbierenden" von G_1 und G_2 ist. Dies wollen wir noch einmal formal nachweisen. Um auszuschließen, dass f eine Drehung ist, betrachten wir den Drehwinkel. Die beiden Richtungsvektoren der Geraden G_1 und G_2 sind dabei gegeben durch $v_1 = (2,1)^T$ und $v_2 = (1,-1)^T$. Wir berechnen daher

$$\alpha = \arccos\left(\frac{\langle v_1, v_2 \rangle}{||v_1|| \cdot ||v_2||}\right) = \arccos\left(\frac{1}{\sqrt{5} \cdot \sqrt{2}}\right) \approx 72°.$$

Wäre f nun eine Drehung, so müsste wegen $f^2(G_1) = f(G_2) = G_1$ der Drehwinkel 180° sein. Dies ist offenbar nicht der Fall, also kann f keine Drehung sein. Da die Geraden aber auch nicht parallel verlaufen (v_1 und v_2 sind offensichtlich linear unabhängig), kann f auch keine Translation sein. Aus demselben Grund kann f auch keine Gleitspiegelung (mit nicht trivialem Translationsvektor) sein. Denn durch wiederholtes Anwenden von f bewegen sich G_1 bzw. G_2 entlang der Spiegelachse, sodass $f^2(G_1) = G_1$ verletzt würde. Damit bleibt nur noch die Spiegelung übrig. Intuitiv ist klar, dass dies für f infrage kommt. Spiegelt man etwa G_1 an einer der beiden Winkelhalbierenden von G_1 und G_2, so trifft man nach Konstruktion gerade G_2 und umgekehrt. Da Spiegelungen selbstinvers sind, ist die Bedingung $f^2(G_1) = G_1$ trivialerweise erfüllt (Abb. 15.7).

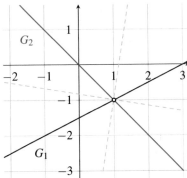

Abbildung 15.7 Die Mengen G_1 und G_2 mit ihren beiden Winkelhalbierenden.

Lösungsvorschlag zu Aufgabe 5

Wir bestimmen die Eigenwerte der Matrix

$$A = \begin{pmatrix} 1+\alpha & 1-\alpha \\ 1-\alpha & 1+\alpha \end{pmatrix},$$

dabei ist das charakteristische Polynom gegeben durch

$$p(\lambda) = \det(A - \lambda\,\mathrm{id}) = \det \begin{pmatrix} 1+\alpha-\lambda & 1-\alpha \\ 1-\alpha & 1+\alpha-\lambda \end{pmatrix} = (\lambda - 2)(\lambda - 2\alpha)$$

und die Eigenwerte folglich durch $\lambda_1 = 2$ und $\lambda_2 = 2\alpha$. Da die Quadrik keinen linearen Anteil besitzt, müssen wir auch keine Transformationsmatrix bestimmen. Die Diagonalmatrix ist gegeben durch

$$D = \begin{pmatrix} 2 & 0 \\ 0 & 2\alpha \end{pmatrix},$$

woraus wir sofort die Gleichung im Hauptachsensystem zu

$$(\eta, \xi) \cdot D \cdot \begin{pmatrix} \eta \\ \xi \end{pmatrix} = 1 - \frac{1}{\alpha}$$

erhalten bzw. nach Einsetzen und Umstellen

$$\eta^2 + \alpha\xi^2 = \frac{\alpha - 1}{2\alpha}.$$

Für $\alpha = 1$ erhalten wir mit $\eta^2 + \xi^2 = 0$ einen Punkt (den Ursprung), und für $\alpha \neq 1$ formen wir ein letztes Mal um zu

$$\frac{2\alpha}{\alpha-1}\eta^2 + \frac{2\alpha^2}{\alpha-1}\xi^2 = 1.$$

Mit Hilfe einer Vorzeichentabelle kann man nun zügig alle auftretenden Kombinationen von Vorzeichen ermitteln und anschließend aus Tab. 13.1 den Typen bestimmen. (Abb. 15.8).

	$\alpha < 0$	$0 < \alpha < 1$	$1 < \alpha$
Vorzeichen von $\frac{2\alpha}{\alpha-1}$	$+$	$-$	$+$
Vorzeichen von $\frac{2\alpha^2}{\alpha-1}$	$-$	$-$	$+$
Typ der Quadrik	Hyperbel	leere Menge	Ellipse

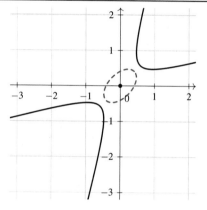

Abbildung 15.8 Die ursprüngliche Quadrik für $\alpha = -3$ (blau), $\alpha = 1$ (rot) und $\alpha = 3$ (grün).

15.9 Frühjahr 2020 – Thema Nr. 3

1. Aufgabe

Wir betrachten ein lineares Gleichungssystem

$$Ax = b \tag{15.5}$$

mit $A \in \mathbb{R}^{m \times n}$, $b \in \mathbb{R}^m$ für den unbekannten Vektor $x \in \mathbb{R}^n$ ($m, n \in \mathbb{N}$). Beweisen oder widerlegen Sie jede der folgenden Aussagen:

(a) Ist $m < n$, so ist (15.5) nie (d.h. für keine Wahl von $A \in \mathbb{R}^{m \times n}$ und $b \in \mathbb{R}^m$) eindeutig lösbar.

(b) Ist $m > n$, so ist (15.5) nie (d.h. für keine Wahl von $A \in \mathbb{R}^{m \times n}$ und $b \in \mathbb{R}^m$) eindeutig lösbar.

(c) Ist $m = n$, so ist (15.5) immer (d.h. für jede Wahl von $A \in \mathbb{R}^{m \times n}$ und $b \in \mathbb{R}^m$) eindeutig lösbar.

2. Aufgabe

Für welche $t \in \mathbb{R}$ ist die reelle 2×2-Matrix

$$A_t = \begin{pmatrix} t+2 & t \\ -t & t-2 \end{pmatrix} \in \mathbb{R}^{2 \times 2}$$

über $\mathbb{R}$ diagonalisierbar?

3. Aufgabe

Auf dem Unterraum

$$U := \left\{ x \in \mathbb{R}^4 : x_1 + x_2 + x_3 + x_4 = 0 \right\}$$

des $\mathbb{R}^4$ werde die symmetrische Bilinearform

$$\sigma : U \times U \to \mathbb{R}, \ (x,y) \mapsto x^T \begin{pmatrix} 1 & 0 & -1 & 0 \\ 0 & 1 & 0 & -1 \\ -1 & 0 & 2 & -1 \\ 0 & -1 & -1 & 2 \end{pmatrix} y$$

betrachtet.

(a) Zeigen Sie, dass die Abbildung σ ein Skalarprodukt auf dem Untervektorraum U ist.

(b) Geben Sie eine Orthonormalbasis von U bezüglich σ an.

4. Aufgabe

Für Punkte $p, q \in \mathbb{R}^2$ bezeichne $\overline{pq}$ die (ungerichtete) Strecke von p nach q.

(a) Geben Sie vier verschiedene Bewegungen $\varphi_1, \varphi_2, \varphi_3$ und φ_4 der Ebene $\mathbb{R}^2$ an, welche die Strecke $\overline{\begin{pmatrix} 0 \\ 0 \end{pmatrix} \begin{pmatrix} 1 \\ 0 \end{pmatrix}}$ auf die Strecke $\overline{\begin{pmatrix} 3 \\ 0 \end{pmatrix} \begin{pmatrix} 4 \\ 0 \end{pmatrix}}$ abbilden.

(b) Bestimmen Sie $\varphi_i \begin{pmatrix} 0 \\ 1 \end{pmatrix}$ für $i = 1, 2, 3, 4$.

(b) Geben Sie (mit Begründung) für jede der Bewegungen $\varphi_1, \varphi_2, \varphi_3$ und φ_4 an, um welchen Typ von Bewegung es sich handelt. Als Typen stehen zur Verfügung:

    ▷ *Translation*

    ▷ *Drehung*

    ▷ *Achsenspiegelung*

    ▷ *Gleitspiegelung* (auch *Schubspiegelung* genannt)

5. Aufgabe

Zeigen Sie, dass der Kegelschnitt

$$H = \left\{ (x,y)^T \in \mathbb{R}^2 : \ -11x^2 - 4y^2 + 24xy + 26x - 32y - 20 = 0 \right\}$$

eine Hyperbel ist und bestimmen Sie die Gleichungen der Asymptoten von H.

Lösungsvorschläge

Lösungsvorschlag zu Aufgabe 1

Ad (a): Diese Aussage ist wahr. Denn $Ax = b$ ist lösbar, falls $\mathrm{rg}(A) = \mathrm{rg}(A|b)$. Nun ist

$$\mathrm{rg}(A) = \dim(\mathrm{Bild}(A)) \leq m < n.$$

Demnach gilt: Falls es eine Lösung gibt, so unendlich viele, nie aber eine eindeutige.

Ad (b): Diese Aussage ist falsch, denn das Gleichungssystem

$$\begin{pmatrix} 1 & 0 \\ 0 & 1 \\ 1 & 1 \end{pmatrix} \begin{pmatrix} x \\ y \end{pmatrix} = \begin{pmatrix} 0 \\ 1 \\ 1 \end{pmatrix}$$

ist eindeutig lösbar mit $x = 0$, $y = 1$.

Ad (c): Diese Aussage ist falsch, denn betrachte das Gleichungssystem

$$\begin{pmatrix} 1 & 3 & 5 \\ 0 & 2 & 1 \\ 0 & 0 & 0 \end{pmatrix} \begin{pmatrix} x \\ y \\ z \end{pmatrix} = \begin{pmatrix} 0 \\ 1 \\ 0 \end{pmatrix}.$$

Es ist wegen $\mathrm{rg}(A) = \mathrm{rg}(A|b) = 2 < 3$ lösbar mit einem eindimensionalen Lösungsraum $\mathbb{L}$, denn

$$\dim \mathbb{L} = 3 - \mathrm{rg}(A) = 3 - 2 = 1.$$

Alternativ kann man natürlich auch einfach $A = 0$ wählen, dann ist das zugehörige Gleichungssystem unabhängig von b nie eindeutig lösbar. Denn für $b = 0$ ist $\mathbb{L} = \mathbb{R}^3$ und für $b \neq 0$ ist $\mathbb{L} = \emptyset$.

Wir berechnen zunächst das charakteristische Polynoms von A_t zu

$$\chi_{A_t}(\lambda) = \lambda^2 - 2\lambda t + (2t^2 - 4).$$

A_t ist über $\mathbb{R}$ diagonalisierbar, wenn es zwei verschiedene reelle Eigenwerte gibt. Dies ist der Fall, wenn für die Diskriminante D gilt:

$$D = 4t^2 - 4 \cdot \left(2t^2 - 4\right)$$
$$= 16 - 4t^2 > 0$$

Der Graph von $t \mapsto 16 - 4t^2$ ist eine nach unten geöffnete Parabel mit Nullstellen bei $t_{1/2} = \pm 2$, sodass $D > 0$ für alle $t \in (-2, 2)$. In diesem Fall gibt es also zwei verschiedene reelle Eigenwerte und A_t ist über $\mathbb{R}$ diagonalisierbar. Im Fall $t \in \{\pm 2\}$ sehen wir:

- Für $t = 2$ ist $\lambda_1 = 2 = \lambda_2$ und somit die algebraischen Vielfachheit $\alpha(\lambda = 2) = 2$. Wir bestimmen die geometrische Vielfachheit aus

$$\text{Eig}_{A_2}(\lambda = 2) = \ker \begin{pmatrix} 2 & 2 \\ -2 & -2 \end{pmatrix} = \text{span}\left\{ \begin{pmatrix} -1 \\ 1 \end{pmatrix} \right\}.$$

Wegen $\beta(\lambda = 2) = 1 \neq 2 = \alpha(\lambda = 2)$ ist also A_2 nicht diagonalisierbar.

- Für $t = -2$ ist $\lambda_1 = -2 = \lambda_2$ und somit die algebraische Vielfachheit $\alpha(\lambda = -2) = 2$. Wir bestimmen die geometrische Vielfachheit aus

$$\text{Eig}_{A_{-2}}(\lambda = -2) = \ker \begin{pmatrix} 2 & -2 \\ 2 & -2 \end{pmatrix} = \text{span}\left\{ \begin{pmatrix} 1 \\ 1 \end{pmatrix} \right\}.$$

Wegen $\beta(\lambda = -2) = 1 \neq 2 = \alpha(\lambda = -2)$ ist also A_{-2} nicht diagonalisierbar.

Für $t \in \mathbb{R} \setminus [-2, 2]$ besitzt χ_{A_t} keine reellen Nullstellen, zerfällt also über $\mathbb{R}$ nicht in Linearfaktoren. Somit kann A_t in diesem Fall nicht diagonalisierbar sein.

Ad (a): σ ist ein Skalarprodukt auf U, denn die Matrix

$$A = \begin{pmatrix} 1 & 0 & -1 & 0 \\ 0 & 1 & 0 & -1 \\ -1 & 0 & 2 & -1 \\ 0 & -1 & -1 & 2 \end{pmatrix}$$

ist symmetrisch und sie ist auch positiv definit, denn das charakteristische Polynom

$$\chi_A(\lambda) = \lambda^4 - 6\lambda^3 + 10\lambda^2 - 4\lambda,$$

das man schnell mittels des Laplaceschen Entwicklungssatzes erhält, hat die Nullstellen

$$\lambda_1 = 0, \qquad \lambda_2 = 2, \quad \text{und} \quad \lambda_{3/4} = 2 \pm \sqrt{2}.$$

Hinsichtlich der positiven Definitheit macht also lediglich λ_1 Probleme, die anderen Eigenwerte sind strikt positiv. Nun ist

$$E_A(\lambda_1 = 0) = \left\langle (1,1,1,1)^T \right\rangle,$$

die zu λ_1 gehörigen Eigenvektoren liegen damit nicht in U.

Ad (b): Wir finden eine Basis von U aus $x_4 = -x_1 - x_2 - x_3$ und wegen

$$U \ni \begin{pmatrix} x_1 \\ x_2 \\ x_3 \\ x_4 \end{pmatrix} = \begin{pmatrix} x_1 \\ x_2 \\ x_3 \\ -x_1 - x_2 - x_3 \end{pmatrix} = x_1 \begin{pmatrix} 1 \\ 0 \\ 0 \\ -1 \end{pmatrix} + x_2 \begin{pmatrix} 0 \\ 1 \\ 0 \\ -1 \end{pmatrix} + x_3 \begin{pmatrix} 0 \\ 0 \\ 1 \\ -1 \end{pmatrix}$$

zu

$$\mathscr{B}_U = \left\{ \begin{pmatrix} 1 \\ 0 \\ 0 \\ -1 \end{pmatrix}, \begin{pmatrix} 0 \\ 1 \\ 0 \\ -1 \end{pmatrix}, \begin{pmatrix} 0 \\ 0 \\ 1 \\ -1 \end{pmatrix} \right\}.$$

Wir wenden nun das Gram-Schmidt-Verfahren an, um eine Orthonormalbasis von U zu erhalten: Dazu wählen wir

$$w_1 := \begin{pmatrix} 1 \\ 0 \\ 0 \\ -1 \end{pmatrix}$$

mit $\|w_1\| = \sigma(w_1, w_1)^{\frac{1}{2}} = \sqrt{3}$. Ferner erhalten wir

$$w_2 = v_2 - \frac{\sigma(w_1, v_2)}{\sigma(w_1, w_1)} w_1 = \begin{pmatrix} 0 \\ 1 \\ 0 \\ -1 \end{pmatrix} - \frac{3}{3} \begin{pmatrix} 1 \\ 0 \\ 0 \\ -1 \end{pmatrix} = \begin{pmatrix} -1 \\ 1 \\ 0 \\ 0 \end{pmatrix},$$

wobei $\|w_2\| = \sigma(w_2, w_2)^{\frac{1}{2}} = \sqrt{2}$. Den letzten Vektor bekommen wir zu

$$w_3 = v_3 - \frac{\sigma(w_1, v_3)}{\sigma(w_1, w_1)} w_1 - \frac{\sigma(w_2, v_3)}{\sigma(w_2, w_2)} w_2$$

$$= \begin{pmatrix} 0 \\ 0 \\ 1 \\ -1 \end{pmatrix} - \frac{2}{3} \begin{pmatrix} 0 \\ 0 \\ 1 \\ -1 \end{pmatrix} - \frac{2}{2} \begin{pmatrix} -1 \\ 1 \\ 0 \\ 0 \end{pmatrix}$$

$$= \begin{pmatrix} \frac{1}{3} \\ -1 \\ 1 \\ -\frac{1}{3} \end{pmatrix}$$

mit $\|w_3\| = \sigma(w_3, w_3)^{\frac{1}{2}} = \frac{2\sqrt{6}}{3}$. Die gesuchte Orthonormalbasis finden wir folglich zu

$$\mathscr{B}_\perp = \left\{ \frac{1}{\sqrt{3}} \begin{pmatrix} 1 \\ 0 \\ 0 \\ -1 \end{pmatrix}, \frac{1}{\sqrt{2}} \begin{pmatrix} -1 \\ 1 \\ 1 \\ 0 \end{pmatrix}, \frac{3}{2\sqrt{6}} \begin{pmatrix} \frac{1}{3} \\ -1 \\ 1 \\ -\frac{1}{3} \end{pmatrix} \right\}.$$

Lösungsvorschlag zu Aufgabe 4

Ad (a): Wir betrachten nacheinander die vier Abbildungen.

- Es ist eine Verschiebung um drei Einheiten in positiver x-Richtung gegeben durch

$$\varphi_1 : \mathbb{R}^2 \to \mathbb{R}^2, \ v \mapsto v + \begin{pmatrix} 3 \\ 0 \end{pmatrix}.$$

- φ_2 ist eine Drehung um π um den Koordinatenursprung mit anschließender Translation um vier Einheiten in positiver x-Richtung:

$$\varphi_2 : \mathbb{R}^2 \to \mathbb{R}^2, \ v \mapsto \begin{pmatrix} -1 & 0 \\ 0 & -1 \end{pmatrix} v + \begin{pmatrix} 4 \\ 0 \end{pmatrix}$$

- φ_3 ist eine Achsenspiegelung an der Achse $\mathbb{R}\begin{pmatrix} 0 \\ 1 \end{pmatrix} + \begin{pmatrix} 2 \\ 0 \end{pmatrix}$ von der Form $v \mapsto Av + t$. Wir bestimmen nun die Matrix A und den Vektor t. Wir wissen, dass $(0,1)^T$ ein Eigenvektor von A zum Eigenwert 1 ist und dass $(1,0)^T$ ein Eigenvektor von A zum Eigenwert -1 ist. Demnach bleibt also nur

$$A = \begin{pmatrix} -1 & 0 \\ 0 & 1 \end{pmatrix}.$$

Bei der Spiegelung an $\mathbb{R}\begin{pmatrix} 0 \\ 1 \end{pmatrix} + \begin{pmatrix} 2 \\ 0 \end{pmatrix}$ bleibt auch $(2|0)$ invariant, d.h.,

$$\begin{pmatrix} -1 & 0 \\ 0 & 1 \end{pmatrix} \begin{pmatrix} 2 \\ 0 \end{pmatrix} + t = \begin{pmatrix} -2 \\ 0 \end{pmatrix} + t \overset{!}{=} \begin{pmatrix} 2 \\ 0 \end{pmatrix}.$$

Demnach muss $t = (4,0)^T$. Es bleibt:

$$\varphi_3 : \mathbb{R}^2 \to \mathbb{R}^2, \ v \mapsto \begin{pmatrix} -1 & 0 \\ 0 & 1 \end{pmatrix} v + \begin{pmatrix} 4 \\ 0 \end{pmatrix}$$

- Für φ_4 konstruieren wir eine Gleitspiegelung mit Gleitspiegelachse $y = 0$. Auch hier haben wir die Form $v \mapsto Av + t$ und bestimmen zunächst die Matrix A. Es muss $(1,0)^T$ ein Eigenvektor zum Eigenwert 1 sein und $(0,1)^T$ ein Eigenvektor zum Eigenwert -1, wir erhalten also

$$A = \begin{pmatrix} 1 & 0 \\ 0 & -1 \end{pmatrix}.$$

Die Strecke $\overline{pq}$ wird von A auf sich selbst abgebildet, d.h., wir benötigen anschließend eine Translation um den Vektor $t = (3,0)^T$, was offensichtlich parallel zur Spiegelachse verläuft. Damit ist

$$\varphi_4 : \mathbb{R}^2 \to \mathbb{R}^2, \ v \mapsto \begin{pmatrix} 1 & 0 \\ 0 & -1 \end{pmatrix} v + \begin{pmatrix} 3 \\ 0 \end{pmatrix}$$

Ad (b): Wir berechnen direkt:

- $\varphi_1 \begin{pmatrix} 0 \\ 1 \end{pmatrix} = \begin{pmatrix} 3 \\ 1 \end{pmatrix}$.

- $\varphi_2 \begin{pmatrix} 0 \\ 1 \end{pmatrix} = \begin{pmatrix} 4 \\ -1 \end{pmatrix}$

- $\varphi_3 \begin{pmatrix} 0 \\ 1 \end{pmatrix} = \begin{pmatrix} 4 \\ 1 \end{pmatrix}$

- $\varphi_4 \begin{pmatrix} 0 \\ 1 \end{pmatrix} = \begin{pmatrix} 3 \\ -1 \end{pmatrix}$

Ad (c):

- φ_1 ist von der Form $v \mapsto v + t$, dabei handelt es sich also um eine Translation mit Translationsvektor $t = (3,0)^T$.

- φ_2 ist Drehung mit Drehwinkel π um den Drehpunkt $(0,0)$ mit anschließender Translation. Dass es sich bei der Matrix um eine Drehmatrix handelt, sieht man leicht: erstens ist sie orthogonal und zweitens ist ihre Determinante 1. Da die anschließende Translation nichts am Abbildungstyp ändert, handelt es sich insgesamt daher um eine Drehung mit Drehzentrum $(2,0)^T$ und Drehwinkel π. Das Drehzentrum ermittelt man dabei aus der Gleichung $\varphi_2(v) \overset{!}{=} v$. Mit $v = (x,y)^T$ folgt nämlich

$$\begin{pmatrix} x \\ y \end{pmatrix} = \begin{pmatrix} -1 & 0 \\ 0 & -1 \end{pmatrix} \begin{pmatrix} x \\ y \end{pmatrix} + \begin{pmatrix} 4 \\ 0 \end{pmatrix} = \begin{pmatrix} 4 - x \\ -y \end{pmatrix}$$

also $y = 0$ und $x = 2$.

- φ_3 ist Achsenspiegelung an der Achse

$$\mathbb{R} \begin{pmatrix} 0 \\ 1 \end{pmatrix} + \begin{pmatrix} 2 \\ 0 \end{pmatrix}.$$

Dass es sich bei der Matrix um eine Spiegelungsmatrix handelt, sieht man leicht: erstens ist sie orthogonal und zweitens ist ihre Determinante -1. Die Spiegelachse erhält man analog zu φ_2, wenn man das Gleichungssystem $\varphi_3(v) \overset{!}{=} v$ löst:

$$\begin{pmatrix} x \\ y \end{pmatrix} = \begin{pmatrix} -1 & 0 \\ 0 & 1 \end{pmatrix} \begin{pmatrix} x \\ y \end{pmatrix} + \begin{pmatrix} 4 \\ 0 \end{pmatrix} = \begin{pmatrix} 4 - x \\ y \end{pmatrix},$$

also $x = 2$ und $y \in \mathbb{R}$ beliebig.

- φ_4 ist von der Form $v \mapsto Av + t$, wobei A eine Spiegelmatrix ist (analoge Begründung zu φ_3) und t ein Translationsvektor, der im Eigenraum zum Eigenwert 1 von A liegt. Also ist φ_4 eine Gleitspiegelung.

Wir führen die Quadrik über in ihre affine Normalform, indem wir wie üblich jeweils in x und y quadratisch ergänzen. Die Rechnung ist allerdings etwas unschön. Wir multiplizieren die Gleichung zunächst mit -1 und stellen um:

$$11x^2 + (-26 - 24y)x + 4y^2 + 32y + 20 = 0$$

Nun führen wir eine quadratische Ergänzung in x durch, es ist

$$11x^2 + (-26 - 24y)x = 11\left(x + \left(\frac{-13 - 12y}{11}\right)\right)^2 - \frac{144y^2 + 312y + 169}{11}.$$

Setzen wir dies in obige Gleichung ein, erhalten wir zusammen mit

$$\tilde{x} := x + \left(\frac{-13 - 12y}{11}\right)$$

die neue Gleichung

$$11\tilde{x}^2 - \frac{144y^2 + 312y + 169}{11} + 4y^2 + 32y + 20 = 0,$$

bzw.

$$11\tilde{x}^2 + \frac{1}{11}(-100y^2 + 40y + 51) = 0.$$

Nun führen wir eine quadratische Ergänzung in y durch, es ist

$$-100y^2 + 40y + 51 = -100\left(y - \frac{1}{5}\right)^2 + 55.$$

Eingesetzt in die Gleichung, führt dies zusammen mit $\tilde{y} := y - \frac{1}{5}$ auf

$$11\tilde{x}^2 - \frac{100}{11}\tilde{y}^2 + 5 = 0,$$

bzw.

$$-\frac{11}{5}\tilde{x}^2 + \frac{20}{11}\tilde{y}^2 = 1.$$

Tab. 13.1 entnimmt man nun, dass es sich bei diesem Kegelschnitt um eine Hyperbel handelt (Abb. 15.9). Wir erinnern an dieser Stelle daran, dass die Hyperbel $-\frac{x^2}{a^2} + \frac{y^2}{b^2} = 1$ die Asymptoten

$$y = \pm\sqrt{\frac{b}{a}}x$$

besitzt. In unserem Fall sind $a = \sqrt{\frac{5}{11}}$ und $b = \sqrt{\frac{11}{20}}$, die Asymptoten sind daher gegeben durch

$$\tilde{y}_{1,2} = \pm\frac{11}{10}\tilde{x}.$$

Um die Asymptoten der ursprünglichen Quadrik zu erhalten, müssen wir die Koordinaten resubstituieren. Wir setzen also $\tilde{x}$ und $\tilde{y}$ ein und erhalten

$$y_{1,2} - \frac{1}{5} = \pm\frac{11}{10}\left(x + \left(\frac{-13 - 12y_{1,2}}{11}\right)\right).$$

Umstellen nach $y_{1,2}$ liefert abschließend

$$y_1 = \frac{x}{2} - \frac{1}{2}, \quad \text{und} \quad y_2 = \frac{11x}{2} - \frac{15}{2}.$$

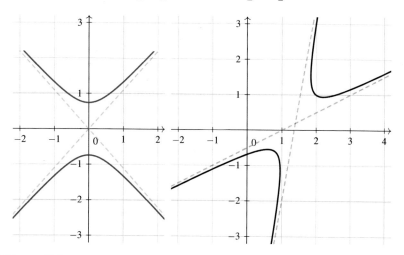

Abbildung 15.9 Der Kegelschnitt H in seiner affinen (grün) und ursprünglichen Form (blau), jeweils mit den Asymptoten $\tilde{y}_{1,2}$ (grün) und $y_{1,2}$ (blau).

Anhang

16 Aufgabenverzeichnis

Analysis

© Der/die Autor(en), exklusiv lizenziert durch
Springer-Verlag GmbH, DE, ein Teil von Springer Nature 2021
J. M. Veith und P. Bitzenbauer, *Schritt für Schritt zum Staatsexamen
Mathematik*, https://doi.org/10.1007/978-3-662-62948-2_16

Die Aufgaben aus den Jahrgängen F2019 bis F2020 finden Sie in Teil III: Staatsexamensaufgaben.

Lineare Algebra

Die Aufgaben aus den Jahrgängen F2019 bis F2020 finden Sie in Teil III: Staatsexamensaufgaben.

17 Satzverzeichnis

Analysis

© Der/die Autor(en), exklusiv lizenziert durch
Springer-Verlag GmbH, DE, ein Teil von Springer Nature 2021
J. M. Veith und P. Bitzenbauer, *Schritt für Schritt zum Staatsexamen
Mathematik*, https://doi.org/10.1007/978-3-662-62948-2_17

Lineare Algebra

Satz	Kapitel	Seite
Basisergänzungssatz	9.4	210
Dimensionssatz	9.4	214
Rangsatz	10.1	226
Satz von der linearen Fortsetzung	10.2	227
Satz über die Kriterien für Diagonalisierbarkeit	10.4	236
Satz über die universelle Lösbarkeit linearer Gleichungssysteme	11.1	260
Satz von der Hauptachsentransformation für quadratische Formen	13.1.1	330
Trägheitssastz von Sylvester für quadratische Formen	13.1.2	331
Satz über die Klassifikation der Kegelschnitte in euklidischer Normalform	13.2	334

Index

Printed in the United States
By Bookmasters